U0340886

CHANYE ZHUANLI
FENXI BAOGAO

产业专利分析报告

（第35册）——关键基础零部件

杨铁军◎主编

1.高速精密轴承
2.液压阀
3.高精度齿轮
4.精密模具

知识产权出版社
全国百佳图书出版单位

图书在版编目（CIP）数据

产业专利分析报告. 第 35 册，关键基础零部件/杨铁军主编. —北京：知识产权出版社，2015.6
ISBN 978 - 7 - 5130 - 3347 - 3

Ⅰ. ①产… Ⅱ. ①杨… Ⅲ. ①零部件—专利—研究报告—世界 Ⅳ. ①G306.71②TB4

中国版本图书馆 CIP 数据核字（2015）第 025638 号

内容提要

本书是关键基础零部件行业的专利分析报告。报告从该行业的专利（国内、国外）申请、授权、申请人的已有专利状态、其他先进国家的专利状况、同领域领先企业的专利壁垒等方面入手，充分结合相关数据，展开分析，并得出分析结果。本书是了解该行业技术发展现状并预测未来走向，帮助企业做好专利预警的必备工具书。

责任编辑：卢海鹰　王祝兰　　　　　　责任校对：董志英
内文设计：王祝兰　胡文彬　　　　　　责任出版：刘译文
执行编辑：王玉茂

产业专利分析报告（第 35 册）
——关键基础零部件

杨铁军　主　编

出版发行：知识产权出版社 有限责任公司		网　　址：http：//www.ipph.cn	
社　　址：北京市海淀区马甸南村 1 号		邮　　编：100088	
责编电话：010 - 82000860 转 8555		责编邮箱：wzl@cnipr.com	
发行电话：010 - 82000860 转 8101/8102		发行传真：010 - 82000893/82005070/82000270	
印　　刷：保定市中画美凯印刷有限公司		经　　销：各大网络书店、新华书店及相关专业书店	
开　　本：787mm×1092mm　1/16		印　　张：41.25	
版　　次：2015 年 6 月第 1 版		印　　次：2015 年 6 月第 1 次印刷	
字　　数：903 千字		定　　价：168.00 元	

ISBN 978 - 7 - 5130 - 3347 - 3

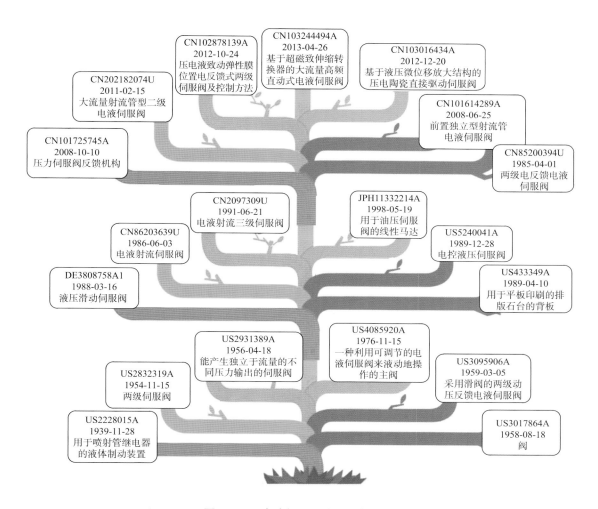

（关键技术二）图2-3-3　电液伺服阀的重要专利申请发展树状图

（正文说明见第183页）

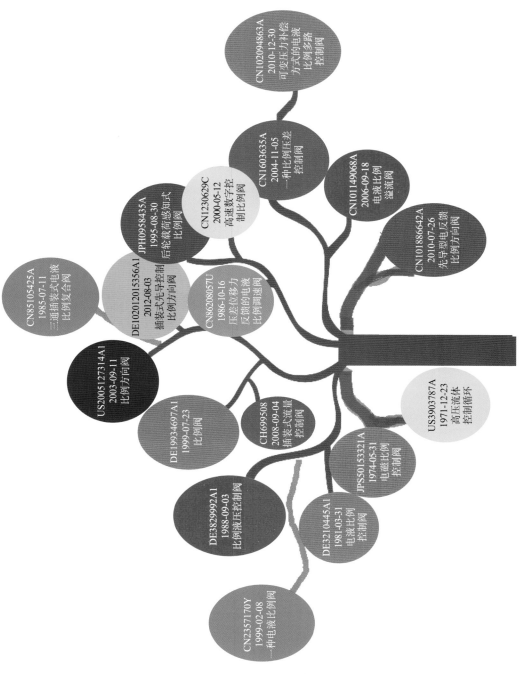

（关键技术二）图3-3-3 电液比例阀的重要专利申请发展树状图

（正文说明见第209页）

JP2001082411A
1999-09-17
流体系统的数字控制阀

DE102011007781A1
2011-04-20
一种给发动机输送燃料的泵

US20121199768A1
2011-02-03
数字阀

CN85102790A
1985-04-01
锥阀数字阀压力阀

US20030751553A1
2001-10-22
燃料喷射控制阀

US4678544A
1986-02-28
数字阀流体控制系统

CA1255186A1
1985-11-14
数字伺服阀

CN102352874A
2011-10-31
数字式纯水液压比例溢流阀

CN101799025A
2009-05-15
内反馈型增量式水液压节流数字阀

CN101451623A
2008-12-17
脉宽调制式数字高速开关电磁阀

CN101021224A
2007-03-22
压电晶体数字阀

CN88200801U
1988-01-19
一种新型的位移式数字阀

（关键技术二）图4-3-3　电液数字阀的重要专利申请发展树状图

（正文说明见第233页）

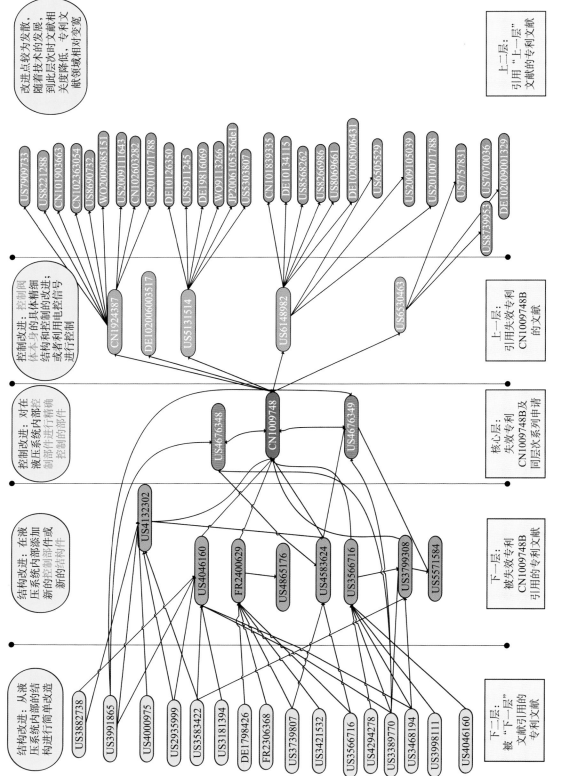

（关键技术二）图6-5-2　失效专利CN1009748A引用文件层级的关系图

（正文说明见第298页）

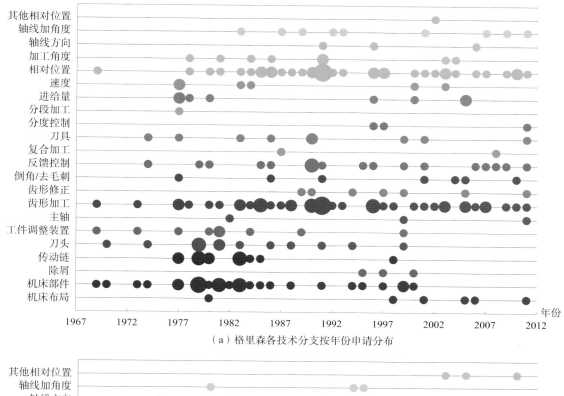

（a）格里森各技术分支按年份申请分布

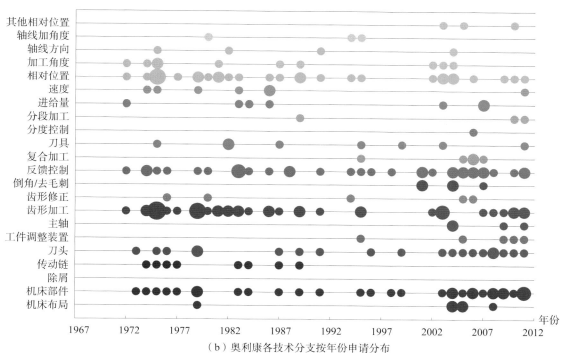

（b）奥利康各技术分支按年份申请分布

（关键技术三）图3-6-2　格里森与奥利康的技术之争

（正文说明见第384页）

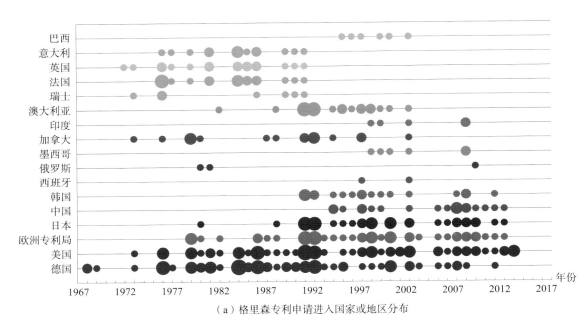

（a）格里森专利申请进入国家或地区分布

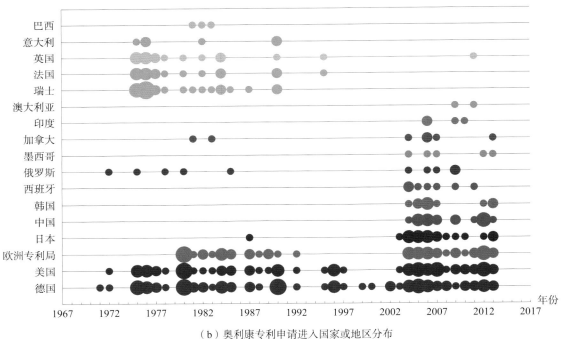

（b）奥利康专利申请进入国家或地区分布

（关键技术三）**图3-6-3　格里森与奥利康的市场之战**

（正文说明见第385页）

（关键技术四）图3-2-2 光学塑料成型模具全球专利申请国/地区分布

（正文说明见第508页）

注：图中数字表示申请量。

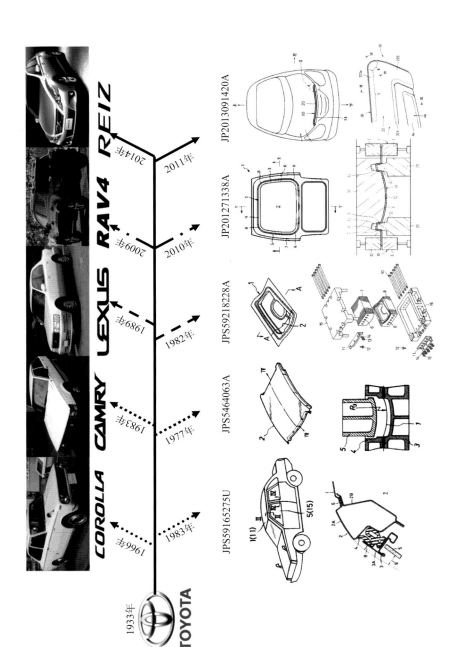

（关键技术四）图4-3-1　丰田各代年车型和汽车覆盖件冲压模具领域专利的对应图

（正文说明见第545页）

新日本

2001年
JP2002346650A
模具材料：抗应变金属

新日铁住
主要合作期间
2001~2002年
主要合作内容：
模具材料

2001年
JP2002346797A
模具材料：抗应变金属

2001年
JP2003001344A
特殊金属

2002年
JP2004066277A
特殊金属

2001年
JP2002346650A
模具材料：抗应变金属

2002年
JP2004050253A
模具材料：抗应变金属

2002年
JP2003245738A
特殊金属

神户制钢所

2000年
JP2001087816A
模具材料：抗应变金属

东海兴业

2009年
JP2010269713A
模具材料：抗应变金属

盟和

1999年
JP2001105051A
成型设备

丰田

星技术

2010年
JP2012071364A
修边设备

高津运动

2001年
JP2002137029A
车门包边模

2001年
JP2003094126A
车门包边模

住友
主要合作期间
2002~2004年
主要合作内容：
板材

2002年
JP2004050187A
铝合金板

2004年
JP2005305510A
金属板

2004年
JP2004353026A
金属板

2002年
JP2004050188A
铝合金板

2002年
JP2004050189A
特殊钢板

2004年
JP2004323897A
镀锌金属

2012年
CN102782188A
镀锌金属

亚乐克
主要合作期间
2001~2003年
主要合作内容：
模具

2001年
JP2003062846A
复合模

2002年
JP2004018148A
拉延模

2002年
JP2003094473A
其他

2003年
JP2004338219A
复合模

（关键技术四）**图4-4-1 丰田在汽车覆盖件冲压模具领域的合作申请**

（正文说明见第551页）

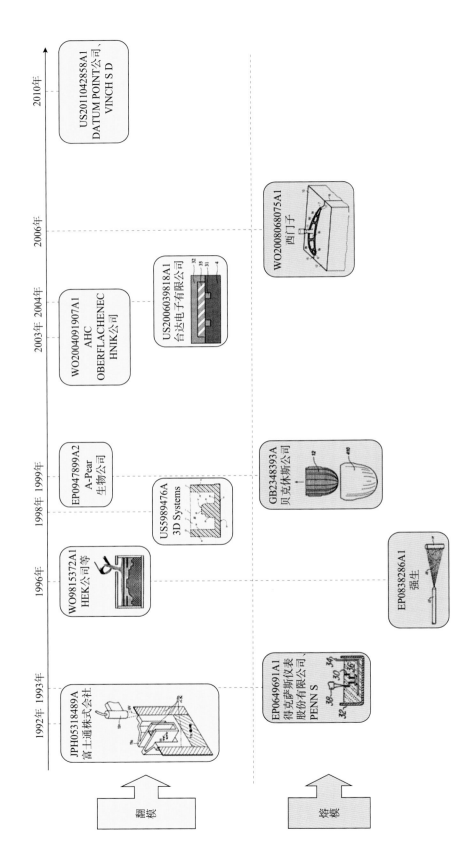

（关键技术四）**图6-3-14 间接制模技术的演进**

（正文说明见第591页）

编 委 会

序

　　新常态带来新机遇，新目标引领新发展。自党的十八大提出了"实施知识产权战略，加强知识产权保护"的重大命题后，知识产权与经济发展的联系变得越加紧密。促进专利信息利用与产业发展的融合，推动专利分析情报在产业决策中的运用，对于提升我国创新主体的创新水平和运用知识产权的能力具有重要意义。

　　国家知识产权局在"十二五"期间组织实施的专利分析普及推广项目已经步入第五年，该项目选择战略性新兴产业、高新技术产业等关系国计民生的重点产业开展专利分析，在定量与定性、专利与市场、技术与经济等方面不断对分析方法作出有益的尝试，形成了一套科学规范的专利分析方法。作为项目成果的重要载体，《产业专利分析报告》丛书从专利的分析入手，致力于做到讲研发、讲市场、讲竞争、讲价值，切实解决迫切的产业需求，推动产业发展。

　　《产业专利分析报告》（第29～38册），定位于服务我国科技创新和经济转型过程中的关键产业，着眼于探索解决产业发展道路上的实际问题，精心为广大读者奉献了项目的最新研究成果。衷心希望，在国家知识产权局开放五局专利数据的背景下，《产业专利分析报告》丛书的相继出版，可以促进广大企业专利运用水平的提升，为"大众创业、万众创新"和加快实施创新驱动发展战略提供有益的支撑。

国家知识产权局副局长

杨铁军

前　言

　　"十二五"期间，专利分析普及推广项目每年选择若干行业开展专利分析研究，推广专利分析成果，普及专利分析方法。《产业专利分析报告》（第1～28册）出版以来，受到各行业广大读者的广泛欢迎，有力推动了各产业的技术创新和转型升级。

　　2014年度专利分析普及推广项目继续秉承"源于产业、依靠产业、推动产业"的工作原则，在综合考虑来自行业主管部门、行业协会、创新主体的众多需求后，最终选定了10个产业开展专利分析研究工作。这10个产业包括绿色建筑材料、清洁油品、移动互联网、新型显示、智能识别、高端存储、关键基础零部件、抗肿瘤药物、高性能膜材料、新能源汽车，均属于我国科技创新和经济转型的核心产业。近一年来，约200名专利审查员参与项目研究，对10个产业的35个关键技术进行深入分析，几经易稿，形成了10份内容实、质量高、特色多、紧扣行业需求的专利分析报告，共计约900万字、2000余幅图表。

　　2014年度的产业专利分析报告继续加强方法创新，深化了研发团队、专利并购、标准与专利、外观设计专利的分析等多个方面的方法研究，并在课题研究中得到了充分的应用和验证。例如，智能识别课题组在如何识别专利并购对象方面做了有益的探索，进一步梳理了专利并购的方法和策略；新能源汽车课题组对外观设计专利分析方法做了有益的探索；移动互联网课题组则对标准与专利的交叉运用做了进一步的探讨。

　　2014年度专利分析普及推广项目的研究得到了社会各界的广泛关注和大力支持。例如，中国工程院院士沈倍奋女士、中国电子学会秘书长徐晓兰女士、中国电子企业协会会长董云庭先生等专家多次参与课题评审和指导工作，对课题成果给予较高评价。高性能膜材料课题组的合作单位中国石油和化学工业联合会组织大量企业参与课题具体研究工作，为课题研究的顺利开展奠定了基础。《产业专利分析报告》（第29～38册）凝聚社会各界智慧，旨在服务产业发展。希望各地方政府、各相关行业、相关企业以及科研院所能够充分发掘专利分析报告的应用价值，为专利信息利用提供工作指引，为行业政策研究提供有益参考，为行业技术创新提供有效支撑。

　　由于报告中专利文献的数据采集范围和专利分析工具的限制，加之研究人员水平有限，报告的数据、结论和建议仅供社会各界借鉴研究。

《产业专利分析报告》丛书编委会
2015 年 5 月

项目联系人

褚战星　62084456/18612188384/chuzhanxing@ sipo. gov. cn

王　冀　62085829/18500089067/wangji@ sipo. gov. cn

李宗韦　62084394/15101508208/lizongwei@ sipo. gov. cn

高速精密轴承行业专利分析课题研究团队

一、项目指导

国家知识产权局： 杨铁军　张茂于　胡文辉　葛　树　郑慧芬
　　　　　　　　　　毕　囡　韩秀成

二、项目管理

国家知识产权局专利局： 冯小兵　张小凤　褚战星　王　冀　李宗韦

三、课题组

承 担 部 门： 国家知识产权局专利局机械发明审查部

课 题 负 责 人： 孟俊娥

课 题 组 组 长： 奚　缨

课 题 组 成 员： 孙　乐　樊继红　杜长亮　李春亮　李　霞
　　　　　　　　　　李　梁　张滢滢

四、研究分工

数据检索： 杜长亮　李　霞　樊继红　孙　乐　李春亮

数据清理： 李春亮　孙　乐　樊继红　李　霞

数据标引： 孙　乐　樊继红　杜长亮　李春亮　李　霞

图表制作： 孙　乐　樊继红　杜长亮　李春亮

报告执笔： 奚　缨　孙　乐　樊继红　杜长亮　李春亮

报告统稿： 奚　缨　杜长亮

报告编辑： 孙　乐　樊继红　杜长亮

报告审校： 孟俊娥

五、报告撰稿

奚　缨： 主要执笔第1章，参与执笔第6章

李春亮： 主要执笔第2章，参与执笔第6章

孙　乐： 主要执笔第3章，参与执笔第6章

樊继红： 主要执笔第4章，参与执笔第6章

杜长亮： 主要执笔第5章、第6章

六、指导专家

行业专家（按姓氏音序排序）

卢　刚　中国轴承工业协会

牛　辉　中国轴承工业协会

技术专家（按姓氏音序排序）

贾秋生　哈尔滨轴承集团

叶　军　洛阳轴承研究所有限公司

专利分析专家

褚战星　国家知识产权局专利局审查业务管理部

王　冀　国家知识产权局专利局光电技术发明审查部

李宗韦　国家知识产权局专利局化学发明审查部

李　梁　国家知识产权局专利局机械发明审查部

张滢滢　国家知识产权局专利局机械发明审查部

七、合作单位（排序不分先后）

中国轴承工业协会、哈尔滨轴承集团、洛阳轴承研究所有限公司

液压阀行业专利分析课题研究团队

一、项目指导

国家知识产权局： 杨铁军　张茂于　胡文辉　葛　树　郑慧芬

　　　　　　　　　　毕　囡　韩秀成

二、项目管理

国家知识产权局专利局： 冯小兵　张小凤　褚战星　王　冀　李宗韦

三、课题组

承　担　部　门： 国家知识产权局专利局机械发明审查部

课 题 负 责 人： 孟俊娥

课 题 组 组 长： 左凤茹

课 题 组 成 员： 刘景逸　杨雪玲　任平平　鲁　楠　张滢滢　李　梁

四、研究分工

数据检索： 刘景逸　鲁　楠

数据清理： 刘景逸　鲁　楠　杨雪玲

数据标引： 刘景逸　鲁　楠

图表制作： 杨雪玲　任平平

报告执笔： 左凤茹　刘景逸　鲁　楠　杨雪玲　任平平

报告统稿： 左凤茹　刘景逸

报告编辑： 刘景逸

报告审校： 孟俊娥

五、报告撰稿

左凤茹： 主要执笔第 3 章、第 7 章

刘景逸： 主要执笔第 1 章、第 2 章

杨雪玲： 主要执笔第 5 章

任平平： 主要执笔第 4 章

鲁　楠： 主要执笔第 6 章

六、指导专家

行业专家（按姓氏音序排序）

李耀文　液压气动密封件工业协会副秘书长

罗　经　液压气动标准化技术委员会秘书长

技术专家

林建荣　广西柳工知识产权研究所

专利分析专家

褚战星　国家知识产权局专利局审查业务管理部

张滢滢　国家知识产权局专利局机械发明审查部

李　梁　国家知识产权局专利局机械发明审查部

七、合作单位（排序不分先后）

中国液压气动密封件工业协会、全国液压气动标准化技术委员会、广西柳工机械股份有限公司

高精度齿轮行业专利分析课题研究团队

一、项目指导

国家知识产权局： 杨铁军　张茂于　胡文辉　葛　树　郑慧芬
　　　　　　　　　　毕　因　韩秀成

二、项目管理

国家知识产权局专利局： 冯小兵　张小凤　褚战星　王　冀　李宗韦

三、课题组

承 担 部 门： 国家知识产权局专利局机械发明审查部

课 题 负 责 人： 孟俊娥

课 题 组 组 长： 徐晓明

课 题 组 成 员： 孙　力　任国丽　卢　雁　陈　华　张滢滢　李　梁

四、研究分工

数据检索： 陈　华　孙　力　任国丽　卢　雁　徐晓明

数据清理： 孙　力　任国丽　卢　雁　陈　华

数据标引： 卢　雁　任国丽　陈　华　孙　力

图表制作： 任国丽　陈　华　卢　雁　孙　力

报告执笔： 徐晓明　陈　华　任国丽　卢　雁　孙　力

报告统稿： 徐晓明　陈　华

报告编辑： 陈　华

报告审校： 孟俊娥　邵钦作　李盛其　张滢滢　李　梁

五、报告撰稿

徐晓明： 主要执笔第6章、第7章

孙　力： 主要执笔第5章

任国丽： 主要执笔第2章、第8章第8.1节、第8.2节

卢　雁： 主要执笔第1章第1.1节、第4章、第8章第8.1节

陈　华： 主要执笔第1章第1.2节、第3章、第8章第8.1节

六、指导专家

行业专家（按姓氏音序排序）

李盛其　中国齿轮专业协会

邵钦作　中国机床工具工业协会

技术专家（按姓氏音序排序）

龚仁春　江苏飞船股份有限公司

盛根生　江苏飞船股份有限公司

周正祥　江苏泰隆减速机股份有限公司

专利分析专家

张滢滢　国家知识产权局专利局机械发明审查部

李　梁　国家知识产权局专利局机械发明审查部

七、合作单位（排序不分先后）

中国齿轮专业协会、中国机床工具工业协会、江苏泰隆减速机股份有限公司、江苏飞船股份有限公司

精密模具行业专利分析课题研究团队

一、项目指导
国家知识产权局：杨铁军　张茂于　胡文辉　葛　树　郑慧芬
　　　　　　　　　毕　囡　韩秀成

二、项目管理
国家知识产权局专利局：冯小兵　张小凤　褚战星　王　冀　李宗韦

三、课题组
承　担　部　门：国家知识产权局专利局机械发明审查部
课 题 负 责 人：孟俊娥
课 题 组 组 长：尚玉沛
课 题 组 成 员：马晓燕　遇　舒　龙　东　曹翠华　李　梁　张滢滢

四、研究分工
数据检索：曹翠华　李　梁
数据清理：马晓燕　遇　舒　龙　东　曹翠华　李　梁
数据标引：马晓燕　龙　东　遇　舒　曹翠华
图表制作：马晓燕　李　梁　遇　舒　龙　东
报告执笔：尚玉沛　马晓燕　遇　舒　龙　东　曹翠华　李　梁
报告统稿：孟俊娥　尚玉沛
报告编辑：马晓燕
报告审校：孟俊娥

五、报告撰稿
马晓燕：主要执笔第 1 章、第 6 章
遇　舒：主要执笔第 2 章
曹翠华：主要执笔第 3 章
龙　东：主要执笔第 4 章、第 5 章
李　梁：主要执笔第 7 章
尚玉沛：主要执笔第 8 章

六、指导专家

行业专家（按姓氏音序排序）

程金生　天津港保税区科技发展局

董宝林　中国模具工业协会

武兵书　中国模具工业协会

周永泰　中国模具工业协会

技术专家（按姓氏音序排序）

常　青　天津汽车模具股份有限公司

佟振宇　比亚迪汽车模具股份有限公司

王金葵　天津汽车模具股份有限公司

专利分析专家

褚战星　国家知识产权局专利局审查业务管理部

李　梁　国家知识产权局专利局机械发明审查部

张滢滢　国家知识产权局专利局机械发明审查部

七、合作单位（排序不分先后）

中国模具工业协会、天津汽车模具股份有限公司、比亚迪汽车模具股份
有限公司

总 目 录

关键技术四 / **精密模具 / 447**

引　言

一、课题研究背景

1. 产业和技术发展概况

机械基础零部件是高端装备制造产业的核心组成部分之一，对高端装备制造产业起着重要的支撑作用。基础零部件主要指轴承、齿轮、模具、液压件、启动元件、密封件、紧固件等，它们直接决定重大装备和主机产品的性能、水平、质量和可靠性，是实现我国装备制造业由大到强转变的关键。

进入 21 世纪后，我国机械基础零部件制造业连续多年保持年均 20% 以上增速，国内市场占有率 65% 左右，重大装备配套水平显著提高，已成为机电产品出口大户，紧固件产量世界第一，液压元件和齿轮市场销售额居世界第二位，轴承和模具销售额居世界第三位。近年来我国机械基础零部件制造业水平大幅提升，大型成套装备已经能够基本满足国民经济建设需要，然而基础零部件却无法满足主机配套要求，已成为制约我国重大装备发展的瓶颈。就我国的发展现状而言，虽然整体产业规模庞大，技术发展也比较迅速，但存在自身创新能力薄弱、产业结构不合理、工艺装备落后、高端市场基本被国外跨国公司瓜分等问题，而且面临着来自发达国家贸易保护措施和发展中国家更低成本竞争双向挤压的巨大压力。党和国家非常关注这个大行业的发展，相继出台了较多的政策和规划对此进行支持。包括《机械基础件、基础制造工艺和基础材料产业"十二五"发展规划》（以下简称《"十二五"规划》）、《国家中长期科学和技术发展规划纲要（2006—2020 年)》《中共中央关于制定国民经济和社会发展第十二个五年规划的建议》《国务院关于加快振兴装备制造业的若干意见》《装备制造业调整和振兴规划》《模具行业"十二五"发展规划》《装备制造业调整和振兴规划》《机械基础件产业振兴发展规划》《液压液力气动密封行业"十二五"发展规划》。基于此，成立课题组进行相关研究工作，考虑到体量需求和本着指导性的原则，并且结合我国销售量在世界上的排名，课题组选择其中的液压元件、齿轮、轴承和模具这四个基础零部件作为关键基础零部件进行分析。

2. 产业技术分解

表 1 为本报告研究的关键基础零部件技术分解表。

表1　关键基础零部件技术分解表

一级分类	二级分类	三级分类	四级分类	五级分类	六级分类
基础零部件	轴承	单列角接触球轴承	密封	迷宫式密封	—
				密封唇	—
				密封环	—
				电磁密封	—
			润滑	润滑剂类型	油润滑
					脂润滑
					固体润滑
				润滑结构	润滑剂供给
					润滑的保持与释放
			装配	主轴装配	—
		材料	金属材料	高速钢	—
				不锈钢	—
				硬质合金	—
			陶瓷	—	—
			橡胶	—	—
			合成树脂	—	—
			润滑剂成分	无机材料	纳米材料
				高分子材料	—
				非高分子材料	—
		应用	车辆	轮毂	—
			传动装置	机床主轴	—
			电机	—	—
			发动机	—	—
			液压装置	压缩机	—
	液压阀	电液伺服阀	材料更替	—	—
			结构改进	—	—
			工艺改进	—	—
		电液比例阀	比例压力阀	—	—
			比例方向阀	—	—
			比例流量阀	—	—
			比例压力流量	—	—
			伺服电液比例阀	—	—

续表

一级分类	二级分类	三级分类	四级分类	五级分类	六级分类
基础零部件	液压阀	电液数字阀	响应速度	—	—
			控制精度	—	—
			可调节性	—	—
			稳定性	—	—
			结构改进	—	—
			材料更替	—	—
	齿轮	基础技术	新齿形	—	—
			标准化	—	—
		关键加工技术	齿轮精锻近净成形	—	—
			螺旋齿轮切削加工	—	—
			齿轮材料热处理	—	—
			大型齿轮修复技术	—	—
			超硬加工	—	—
		关键工艺装备	数控滚齿机	—	—
			数控磨齿机	—	—
			数控纺齿机	—	—
			数控锻压机械	—	—
			干切削技术	—	—
		齿轮新材料	高强度塑料齿轮	—	—
			等温球铁齿轮	—	—
			粉末冶金齿轮	—	—
	模具	高分子材料模具	塑料类模具	光学塑料成型模具	注塑模
				—	浇注模
				—	压制模
				其他工件塑料类模具	—
			橡胶类模具	橡胶注塑模	—
				橡胶挤出模	—
				橡胶传递模	—
				橡胶压缩模	—

续表

一级分类	二级分类	三级分类	四级分类	五级分类	六级分类
基础零部件	模具	无机材料模具	玻璃模具	玻璃压制模	—
				玻璃拉制模	—
				玻璃浇注模	—
				玻璃烧结模	—
			陶瓷模具	压制瓷模	—
				热压铸瓷模	—
		金属模具	铸造模具	普通砂型模	—
				负压造型模	—
				熔模铸造模	—
				消失模铸造模	—
				磁型铸造模	—
				负压铸造模	—
				石膏型铸造模	—
				壳型铸造模	—
				悬浮铸造模	—
				金属型铸造模	—
				连续铸造模	—
				压力铸造模	—
				低压铸造模	—
				真空吸铸模	—
				差压铸造模	—
				离心铸造模	—
			锻造模具	锤锻模	—
				平锻模	—
				旋转锻模	—
				多向锻模	—
				辊锻模	—
				无飞边锻模	—
				精密锻模	—
				超塑性锻造模	—
				粉末冶金锻造模	—

续表

一级分类	二级分类	三级分类	四级分类	五级分类	六级分类
基础零部件	模具	金属模具	冲压模具	汽车覆盖件冲压模具	落料模
				—	拉深成形模
				—	斜楔模
				—	复合模
				—	级进模和多工位模
				—	包边模
				—	其他
				其他工件冲压模具	—
			粉末冶金模具	钢模成形模	—
				软模成形模	—
				无压成形模	—

3. 关键技术选取背景

（1）轴承部分

随着现代工业的迅速发展，机械设备朝着高精密、高速度和高可靠性的方向迅速发展。轴承是装备制造业中重要的、关键的基础零部件，尤其是作为支撑元件的高速精密轴承，广泛应用于高端装备制造产业，直接决定着重大装备和主机产品的性能、质量和可靠性，被誉为装备制造的"心脏"部件。

轴承行业与战略性新兴产业密切相关，在工业和信息化部发布的《机械基础件、基础制造工艺和基础材料产业"十二五"发展规划》中，将高速精密轴承作为重点发展的11类机械基础件之一。国家决定加快培育和发展战略性新兴产业，为轴承行业发展高速精密轴承提供了大好机遇。近年来，我国轴承产业保持了平稳较快发展的态势，已经形成了较大的经济规模。

但是也应当看到，我国轴承行业仍旧处于低水平扩张、低效率运行的粗放型发展模式。全行业仍然缺少核心技术自主知识产权，还未实现由技术规模和技术跟踪向技术创新和技术集成的转变。这一方面体现在我国的专利数量尤其是核心技术专利数量不多；另一方面体现在轴承的国际标准制定过程中，鲜有我国轴承行业进行主持制定或参与制定。

在此背景下，课题组将高速精密轴承作为关键基础零部件课题的一个重要研究目标，选择了能够体现高速精密轴承的以下几个技术方向进行研究，包括单列角接触球轴承的装配技术、单列角接触球轴承的密封技术以及单列角接触球轴承的润滑技术等，并对重要研究的技术分支进一步进行了细分。高速精密数控机床主轴轴承是《机械基础件、基础制造工艺和基础材料产业"十二五"发展规划》中 20 种标志性机械基础件之一，课题组以其主要采用的滚动轴承入手，对专利数据进行梳理，并对重点研究的技术点的发展态势和重要申请人的技术发展路线图和专利布局进行研究分析。此外，课题组还选取了在中国轴承市场比较活跃的日本精工株式会社作为重要申请人，将其滚动轴承脂润滑技术作为研究方向。

对高速精密轴承的研究以专利申请为入口，运用专利统计与专利分析方法，试图梳理出高速精密轴承的专利技术发展概况，并对国内外专利技术现状进行比对分析，从专利的视角发现国内外企业之间存在的差距，并就现阶段如何缩小差距提出专利方面的观点和建议，为轴承制造企业的发展提供一些思考和帮助。

（2）液压阀部分

现今，采用液压传动的程度已成为衡量一个国家工业水平的重要标志之一。如发达国家生产的 95% 工程机械、90% 数控加工中心、95% 以上的自动线都采用了液压传动技术。在液压件产品中，液压阀占了三成。液压阀的性能在很大程度上决定了机电产品的性能，它不仅能最大限度地满足机电产品实现功能多样化的必要条件，也是完成重大工程项目、重大技术装备的基本保证，更是机电产品和重大工程项目和装备可靠性的保证。

经过多年发展，我国液压元件及系统已经形成了相当规模，2010 年产值约为 351 亿人民币，位居全球第二位，液压阀产品的功能与规格基本齐全，可满足总体需求，但是，这些产品绝大部分都是集中在中低端，产品内在质量不稳定，精度保持性和可靠性低，寿命仅为国外同类产品的 1/3～2/3，产品生产过程的精度一致性与国外同类产品水平相比差距明显。工程机械企业的大部分利润都依靠进口液压阀，但是进口液压阀价格昂贵，吃掉了工程机械企业大部分的利润，成为我国工程机械企业发展中的瓶颈。因此，对于目前我国工程机械液压阀来说，缺少的不是一般零部件，而是核心零部件。依照控制信号的形式，液压阀可以分为利用开关量的普通液压阀、利用模拟量的电液伺服阀和电液比例阀，以及利用数字量的电液数字阀，后三种液压阀通常可以看成是衡量一个国家液压阀设计、制造水平的标准。2011 年 10 月，"工程机械高压液压元件与系统产业化及应用协同工作平台筹备机构"成立。工业和信息化部发布的《"十二五"规划》中，将高压液压件作为重点发展的 11 类机械基础件之一，并将高压液压阀作为 20 种标志性机械基础件之一选为开发的重点，指出需要重点发展的高压液压元件包括高频响电液伺服阀和比例阀，并且提出大力发展数字化集成化的基础件，大力推进数字化控制技术与液压件等机械基础件的相互融合，发展新一代具有智能化和集成化特征的机械基础件。

在此背景下，课题组将液压阀作为本报告的一个重要研究目标，经过课题组与中国液压气动密封件工业协会、全国液压与气动标准化技术委员会、广西柳工机械股份有限公司的专家进行了充分讨论，综合考虑专利检索和研究的可操作性、《"十二五"规划》的要求以及当前国内企业的需求，本报告最终从液压阀技术中选择了电液伺服阀、电液比例阀和电液数字阀 3 个技术分支，通过专利角度对这 3 种阀的申请进行分析，试图梳理出液压阀的技术发展概况，筛选出重要技术分支和重要申请人。此外，本报告还对筛选出的重要申请人之一的技术发展和研发投资等方式进行了研究，给国内的液压阀企业借鉴。课题组根据研究过程中遇到的大量有借鉴意义但是已经失效的专利，针对失效专利的利用方面进行了详细的研究和举例，为我国液压阀制造企业的发展探索创新之路给出指示。

（3）齿轮部分

齿轮是机械工业的基础零件，在机械传动及整个机械领域中的应用极其广泛。以齿轮为代表的基础零部件不仅是我国装备制造业的基础性产业，也是国民经济建设各领域的重要基础，是我国发展战略性新兴产业的重要支撑。在工业齿轮的生产企业中以车辆齿轮传动制造企业为重中之重，其市场份额达到60%。中国齿轮行业快速发展，行业规模不断扩大。根据国家统计局公布的数据，2005～2010年中国齿轮行业的工业总产值逐年增加，且同比增幅均在18%以上，齿轮行业已经成为中国机械基础件中规模最大的行业。

《"十二五"规划》指出，高端装备制造业在发展方向上着眼5个细分行业：航空、航天、高速铁路、海洋工程、智能装备；智能装备方面包括关键基础零部件。工业和信息化部关于基础零部件细化的机械基础件发展规划，提出将重点发展包括超大型、高参数齿轮在内的11类机械基础件。据此规划，中国齿轮专业协会组织制定了《中国齿轮行业"十二五"发展规划纲要》，确定我国齿轮产业未来市场需求的重点发展领域是：汽车、高铁、冶金、风电、船舶、环保、航天、能源装备、工程机械等。

本报告根据行业专家的建议以及整体专利态势，选取了齿轮关键加工技术中的齿轮精锻近净成形、螺旋齿轮切削加工、齿轮热处理技术的专利申请进行了系统的分析，对重要申请人格里森和奥利康进行了技术发展脉络和市场竞争状况的梳理，并选取以格里森为代表的重要申请人对其齿轮关键加工技术和齿轮关键加工装备专利申请进行了系统的分析。这些分析涉及技术水平概况及发展趋势、专利申请态势、技术构成、来源国分布、目标国分布、主要申请人分析、法律状态分析、技术功效分析、技术演进历程、重要专利分析等。另外，本报告还选取以齿轮技术的全球和中国的专利无效及诉讼典型案例案件，例如"337调查"的案例、外观设计和解案例进行了探讨，希望给行业内人士在维权方面提供参考。

（4）模具部分

模具在机械制造加工中占有非常重要的地位，是工业化生产中必不可少的基础工艺装备，在国际上被称为"工业之母"，模具生产技术也是衡量一个国家制造工艺水平的重要标志之一。

当前，我国工业生产的特点是产品品种多、更新快和市场竞争激烈，在这种情况下，用户对模具制造的要求是交货期短、精度高、质地好、价格低。模具企业生产向管理信息化、技术集成化、设备精良化、制造数字化、精细化、加工高速化及自动化方向发展；企业经营向品牌化和国际化方向发展；行业向信息化、绿色制造和可持续方向发展。现在，汽车零部件的95%、家电零部件的90%均为模具制件，IT等消费电子、电器、包装品等诸多产业当中的80%的零部件都是由模具孕育出来的，模具对我国经济发展、国防现代化和高端技术服务起到了非常重要的支撑作用。

现代模具与传统模具不同，它不仅形状与结构十分复杂，而且技术要求更高，用传统的模具制造方法难以实现，必须结合于现代化科学技术的发展，采用先进制造技术，才能达到技术要求。

目前国内的模具企业约3万家，中国模具在国际模具采购中具有高性价比的优势，在国际舞台扮演着越来越重要的角色。我国模具服务的下游行业的产品细分化、专业化在不断发展。在区域发展方面，中国已经形成了珠三角、江浙沪、京津冀、华中地区四大模具集聚区。与此同时，外资企业纷纷抢滩中国模具市场，其中最具代表性的是日系企业。

该部分针对模具领域的热点——汽车覆盖件冲压模具，以及技术难点——光学塑料成型模具这两个技术分支进行了专利分析，还对汽车覆盖件冲压模具的典型申请人——丰田，以及光学塑料成型模具的典型申请人——强生进行了重点分析。同时结合当前的新技术增材制造的发展，梳理了模具技术与增材制造技术之间的关系；并针对近期国家对光学镜片企业的反垄断调查，从专利角度进行了分析。

综上所述，本报告选择机械基础零部件中的轴承、齿轮、模具、液压阀作为关键基础零部件研究对象，分析其专利申请的特点，为国内的相关行业和企业在技术创新和专利应用提供借鉴和启发。

二、课题研究方法及相关约定

1. 数据检索

本报告采用的专利文献数据主要来自中国专利文献检索系统（以下简称"CPRS系统"）和EPOQUE系统。检索终止时间为2014年7月31日。

（1）专利文献来源

CPRS（中国专利文献检索系统）、EPODOC（欧洲专利局世界专利数据库）、WPI（德温特世界专利索引数据库）。

（2）非专利文献来源

中文：CNKI（中国知识资源总库）系列数据库、百度搜索引擎；外文：google搜索引擎。

（3）法律状态查询

中文法律状态数据来自CPRS数据库。

（4）引用频次查询

引文数据来自DII（德温特引文数据库）和Soopat网站。

（5）诉讼专利来源

诉讼相关数据主要来自国家知识产权局专利复审委员会网站和搜索引擎。

液压阀总体涵盖面比较广、专利文献量大、类别多、各种类型的阀之间交叉比较多，关键词不容易找全。因此，在总的检索策略方面，课题组采用了分总模式，通过

IPC 分类号和关键词，并且借助于日本的 FT 分类系统，欧洲的 EC 分类系统和美国的 UC 分类系统。

各个关键技术分支文献的检索结果如表 2 至表 5 所示。

表 2　关键基础零部件领域轴承分支文献量

	单列角接触球轴承装配技术	单列角接触球轴承润滑技术	单列角接触球轴承密封技术	总计
全球/项	954	1355	1878	3413
中国/件	56	177	310	453

表 3　关键基础零部件领域齿轮分支文献量

	精锻近净成型	螺旋齿轮切削加工	齿轮热处理技术	总计
全球/项	1181	1235	1769	4185
中国/件	312	540	442	1294

表 4　关键基础零部件领域液压阀分支文献量

	电液伺服阀	电液比例阀	电液数字阀	总计
全球/项	734	556	222	1512
中国/件	179	279	132	590

表 5　关键基础零部件领域模具分支文献量

	汽车覆盖件冲压模具	光学塑料成型模具	总计
全球/项	3906	1863	5531
中国/件	1378	364	1818

2. 数据质量评估

利用查全率和查准率评估方法，其中查全率和查准率是评估检索结果优劣的指标，通过对各技术分支的数据查全率、查准率进行验证，以判断是否要终止检索过程。主要是保证数据查全率，使检索过程可靠。在数据去噪结束时进行各技术分支的数据查全率、查准率验证，主要是保证数据查准率。

查全率的评估方法是：①选择一名重要申请人，一般为该技术领域申请量排名在前十位的申请人或者行业内普遍认可的重要申请人，以该申请人为入口检索其全部申请，通过人工确认其在本技术领域的申请文献量形成母样本。对于所选择的该申请人，需要注意，该申请人是否有多个名称、该申请人是否兼并收购或者被兼并收购、该申请人是否有子公司或者分公司。②在检索结果数据库中以该申请人为入口检索其申请文献量形成子样本。③查全率 = 子样本/母样本 ×100%。

查准率的评估方法是：①在结果数据库中随机选取一定数量的专利文献作为母样本。②对母样本中的每篇专利文献进行阅读确定其与技术主题的相关性，和技术主题高度相关的专利文献形成子样本。③查准率 = 子样本/母样本 × 100%。

表 6 至表 9 显示各个关键技术分支文献的查全率和查准率验证结果。

表 6　轴承分支查全查准率验证结果

技术领域	验证结果	
	查全率验证	查准率验证
单列角接触球轴承装配技术	94.4%	91.7%
单列角接触球轴承润滑技术	93.1%	92.9%
单列角接触球轴承密封技术	95.2%	92.5%

表 7　齿轮分支查全查准率验证结果

技术领域	验证结果	
	查全率验证	查准率验证
精锻近净成型	95.2%	91.9%
螺旋齿轮切削加工	93.6%	90.3%
齿轮热处理技术	96.2%	92.1%

表 8　液压阀分支查全查准率验证结果

技术领域	验证结果	
	查全率验证	查准率验证
电液伺服阀	94.7%	92.5%
电液比例阀	95.2%	94.1%
电液数字阀	94.7%	93.3%

表 9　模具分支查全查准率验证结果

技术领域	验证结果	
	查全率验证	查准率验证
汽车覆盖件冲压模具	93.6%	91.5%
光学塑料成型模具	95.5%	92.3%

3. 数据处理

任何一个检索式都不可避免地带有噪声，专利文献的检索过程主要是利用分类号和关键词，因此检索结果中的噪声也主要形成于这两个方面：①分类号带来的噪声，主要包括分类不准确带来的噪声；专利文献本身内容丰富导致其具有多个副分类号，而这多个副分类号中必然有一些并不体现该专利文献所记载的技术方案本身的发明点所在，这样就形成噪声文献。②关键词带来的噪声，主要包括关键词本身使用的范围是十分广泛的，这样就带来噪声。

基于对噪声来源的分析，课题组确定了以下去噪策略：

① 利用分号去噪；

② 利用关键词去噪；

③ 利用否定词去噪；

④ 标引去噪。

申请人归一化声明可参见附录。

4. 相关事项和约定

此处对本报告上下文中出现的术语或现象一并给出解释。

项：同一项发明可能在多个国家或地区提出专利申请，WPI 数据库将这些相关的多件申请作为一条记录收录。在进行专利申请数量统计时，对于数据库中以一族（这里的"族"指的是同族专利中的"族"）数据的形式出现的一系列专利文献，计算为"1 项"。一般情况下，专利申请的项数对应于技术的数目。

件：在进行专利申请数量统计时，如为了分析申请人在不同国家、地区或组织所提出的专利申请的分布情况，将同族专利申请分别进行统计，所得到的结果对应于申请的件数。1 项专利申请可能对应于 1 件或多件专利申请。

专利被引频次：是指专利文献被在后申请的其他专利文献引用的次数。

同族专利：同一项发明创造在多个国家申请专利而产生的一组内容相同或基本相同的专利文献出版物，称为一个专利族或同族专利。从技术角度来看，属于同一专利族的多件专利申请可视为同一项技术。在本报告中，针对技术和专利技术原创国分析时对同族专利进行了合并统计，针对专利在国家或地区的公开情况进行分析时对各件专利进行了单独统计。

同族数量：一件专利同时在多个国家或地区的专利局申请专利的数量。

诉讼专利：涉及诉讼的专利。

技术发展路线关键节点：在该领域具有一定开创性的专利申请，此类申请的申请人一般主要为研究机构或者主要申请人。

主要申请人的主要产品专利：申请量排名靠前的申请人针对主要产品申请的专利。

重要技术首次申请：业界公认的一些重要技术首次提出的专利申请，这些专利申请应当具备以下特征之一：①涉及新的技术领域或者扩展了原有的技术领域，对于同一申请人来说，其某件专利相对之前的专利申请出现新的主分类号或副分类号；②权利要求保护范围较大并获得授权；③主要申请人或主要发明人的最新专利申请。

全球申请：申请人在全球范围内的各国专利局的专利申请。

在华申请：申请人在中国国家知识产权局的专利申请。

3/5 局申请：指同一项专利申请同时向美国专利商标局、欧洲专利局、中国国家知识产权局、日本特许厅、韩国知识产权局中的任意 3 个局提交了专利申请。

国内申请：中国申请人在中国国家知识产权局的专利申请。

国外来华申请：外国申请人在中国国家知识产权局的专利申请。

平均被引次数：专利被他人引用总次数除以被引用专利件数。

平均自引次数：自己引用总次数除以被引用专利件数。

国别归属规定：国别根据专利申请人的国籍予以确定，其中俄罗斯的数据包含苏联，德国的数据包括东德、西德，中国的数据不包含中国台湾。

日期规定：依照授权最早优先权日确定每年的专利数量，无优先权日以申请日为准。

关键技术一

高速精密轴承

目　录

第1章 研究概况

1.1 研究背景

轴承在机械装备中起着承受力和传递运动的作用，是高科技支撑的产品，是战略性的物资，也是装备制造业中重要的、关键的基础零部件，为国防装备的发展发挥了保障作用，也为重大装备和重点工程发挥了重要的支撑作用。随着现代工业的迅速发展，机械装备朝着高精密、高速度和高可靠性的方向迅速发展。作为支撑元件之一的高速精密轴承广泛应用于高端装备制造产业，例如，高速度、高精度数控机床轴承及电主轴；高速度、高精度冶金轧机轴承；大功率工程机械轴承；高速动车组轴承；城市轨道交通车辆轴承；长寿命、高可靠性汽车轴承；超精密级医疗机械轴承；铁路货车轴承；高速度、长寿命新型纺织机械轴承；深井、超深井石油钻机轴承；大型船舶和港口机械轴承；民用航空轴承；高端印刷机用超精密轴承与轴承单元等。

近年来，中国轴承产业保持了平稳较快发展的态势，已经形成了较大的经济规模，2010 年全行业轴承产量为 150 亿套，销售额为 1260 亿元，位居世界第三位。根据中国轴承产业"十二五"时期发展总量目标，预计到 2015 年，销售额将达 2220 亿元。中国轴承行业已能生产 7 万多种规格、各种类型的轴承。

2010 年 9 月 8 日，国务院常务会议审议通过了《国务院关于加快培育和发展战略性新兴产业的决定》，并于 2010 年 10 月 10 日颁布。战略性新兴产业是引导未来社会经济发展的重要力量，轴承产业作为战略新型产业的重要支撑部分在其新能源行业、高端装备制造产业、智能制造装备产业都发挥着重要的作用，大量高速、精密及重载轴承被广泛应用。滚动轴承的精度、性能和可靠性，对主机的精度、性能、寿命和可靠性起着决定性的作用。

轴承行业与战略性新兴产业密切相关。国家决定加快培育和发展战略性新兴产业，为轴承行业发展高速精密轴承提供了机遇。

虽然中国轴承工业整体规模庞大，发展也比较迅速，但存在自身创新能力薄弱，高端市场基本被国外跨国轴承企业所占据等问题。就全球主要轴承制造商而言，所熟知的八大轴承企业没有一家是中国企业，它们掌握着全球的轴承核心技术，并通过不断的并购、合并来进一步巩固和扩大市场份额。近两年，全球范围内主要国家或地区的反垄断机构对某些跨国轴承企业掀起了反垄断调查的浪潮（具体内容参见表 1 - 1 - 1）。

表 1 - 1 - 1 轴承行业近期反垄断调查回顾（部分）

时间	反垄断调查事件回顾（部分）
2000 年至 2011 年 6 月	不二越株式会社、日本精工株式会社、株式会社捷太格特、恩梯恩株式会社 4 家轴承生产企业在日本组织召开亚洲研究会、在上海组织召开出口市场会议、讨论亚洲地区及中国市场的轴承涨价方案、涨价时机和幅度，交流涨价实施情况。相关公司在其他国家或地区的轴承贸易中也有类似卡特尔联盟行为
2013 年 7 月	根据加拿大竞争法，株式会社捷太格特等公司违法参与汽车车轮轮毂轴承的相关贸易被加拿大魁北克州法院判定支付罚金 500 万加元，其中，相关贸易是指搭载于丰田汽车公司的加拿大子公司所生产的车辆轮毂轴承相关的贸易❶
2013 年 9 月	美国司法部根据美国反垄断法对日本精工株式会社、株式会社捷太格特、不二越株式会社等多家日本企业进行了反垄断处罚，处罚金额高达 7.45 亿美元❷
2013 年 10 月	澳大利亚竞争与消费者委员会对日株式会社捷太格特等公司违反澳大利亚竞争消费者法的售后市场用轴承贸易进行反垄断调查，被澳大利亚联邦法院判定支付罚金 200 万澳元❸
2014 年 1 月	因汽车用轴承的部分交易违反加拿大竞争法，日本精工株式会社被加拿大魁北克州法院处以 450 万加元的罚款❹
2014 年 3 月	欧盟委员会对日本精工株式会社、株式会社捷太格特、恩梯恩株式会社、不二越株式会社、斯凯孚集团以及舍弗勒集团进行反垄断处罚，处罚金额高达 9.53 亿欧元❺
2014 年 5 ~ 6 月	株式会社捷太格特、日本精工株式会社等公司在部分轴承交易中，有违反新加坡竞争法之处，受到了新加坡工业贸易部竞争委员会的相关裁决，其中株式会社捷太格特免除罚金，日本精工株式会社被罚 1286375 新加坡元
2014 年 5 月	日本精工株式会社在部分轴承交易中违反澳大利亚竞争消费者法，而被澳大利亚联邦法院判决缴纳 300 万澳元的罚金
2014 年 8 月	中华人民共和国国家发展和改革委员会对日本精工株式会社、株式会社捷太格特、不二越株式会社、恩梯恩株式会社违反反垄断法的行为处以 4.03 亿人民币的罚金❻

---

❶ 关于捷太格特 JTEKT 在澳大利亚、美国、加拿大违反竞争法所受罚金制裁的事宜 [EB/OL]. [2014 - 12 - 08]. http://www.jtekt.com.cn/news/international/198.html.

❷ 美国司法部官网 [EB/OL]. [2014 - 12 - 08] http://www.justice.gov/.

❸ 澳大利亚竞争与消费者委员会. ACCC and AER annual report 2013 - 14 [EB/OL]. [2014 - 12 - 08]. http://www.Accc.gov.au/accc - book/printer - friendly/30993.

❹ 企业情报 [EB/OL]. [2014 - 12 - 08]. http://www.jp.nsk.com/company/presslounge/news/.

❺ Antitrust: Commission fines producers of car and truck bearings € 953 million in cartel settlement [EB/OL]. [2014 - 12 - 08]. http://www.europ.eu/rapid/press - release_ IP - 14 - 280_ en.htm.

❻ [EB/OL]. [2014 - 12 - 08]. http://www.sdpc.gov.cn/xwzx/xwfb/201408/t20140820_ 622759.html.

虽然在全球范围内对这些跨国企业的违法行为进行了处罚，然而这些反垄断调查及其处罚行为并未影响这些跨国企业的技术垄断地位，这些企业仍然掌握着轴承的核心技术，并通过全球专利布局等形式对这些核心技术进行知识产权保护。据粗略统计，这些主营轴承的跨国企业，如日本精工株式会社（21796项）、恩梯恩株式会社（22409项）、斯凯孚集团（19804项）、株式会社捷太格特（12945项）、光洋精工株式会社（15488项）❶、舍弗勒集团（23834项），在全球范围内申请了大量专利（参见图1-1-1），如此庞大的专利申请量维护着它们对轴承行业的技术垄断地位。

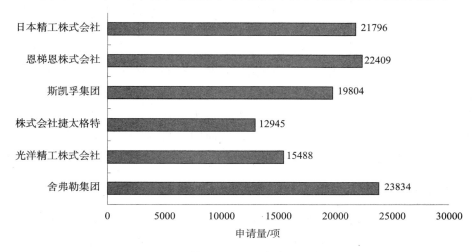

图1-1-1　轴承领域主要申请人全球专利量

与这些跨国公司相比，中国轴承行业整体现状是，缺少核心技术，自主知识产权薄弱，还未实现由技术规模和技术跟踪向技术创新和技术集成的转变。据中国轴承工业协会统计，我国从业人员为30多万名，有关轴承的专利申请，在中国仅获专利权1000多件，其中发明专利只有100多件，作为核心技术的专利少。有关滚动轴承的60多项国际标准中，没有一项由中国轴承行业主持制定或参与制定。❷

工业与信息化部发布的《机械基础件、基础制造工艺和基础材料产业"十二五"发展规划》中，将高速精密轴承作为重点发展的11类机械基础件之一。现阶段，国内高速精密轴承一般是指 D_mN 值大于 1.0×10^6，精度高于 P4 的轴承。

在此背景下，课题组将高速精密轴承作为本报告的一个重要研究目标，以专利文献为入口，运用专利统计与专利分析方法，梳理出高速精密轴承专利文献的技术发展概况，比对分析国内外专利文献的技术现状，试图从专利文献的视角发现国内外企业之间存在的轴承技术差距，并就现阶段如何缩小其差距提出相应的建议和意见，为中国轴承制造企业的发展提供一些思考和帮助。

---

❶　日本光洋精工株式会社和丰田工机株式会社在2006年1月1日合并后成立的新的株式会社捷太格特，为了便于说明，除特殊情况外，本报告中对光洋精工株式会社与株式会社捷太格特的专利申请分别统计。
❷　何加群. 中国战略性新兴产业研究与发展：轴承［M］. 北京：机械工业出版社，2012：11-12.

1.2　研究对象和方法

高速精密轴承技术涵盖范围广，应用领域繁多，所涉及的专利文献数据庞大，课题组本着普及推广的原则，选择能够体现高速精密轴承的几个技术方向，以期利用现有专利分析方法，对国内外专利文献信息进行分析，梳理相关技术发展脉络。

研究之初，课题组试图将涉及高速精密轴承的相关专利文献均纳入分析范围，但经系统检索后发现，高速精密轴承技术涵盖范围之广、应用领域之多、专利文献数量之大，非课题组之力所能为之。

课题组通过多次前期调研，并与中国轴承工业协会、哈尔滨轴承集团公司、洛阳轴研科技股份有限公司等的多名行业技术专家进行讨论，从轴承技术层面上加深了了解，分析和明确了轴承行业及中国轴承企业的需求所在。在此基础上，课题组最后确定了下面几个章节的内容，期望本着示范性的原则，通过从专利文献角度分析高速精密轴承技术的一些关键技术点，以供轴承行业及相关企业参考。

1.2.1　技术分解

单列角接触球轴承是高速精密轴承中应用最广泛的一类滚动轴承。为保证轴承及机械装备的正常工作，轴承的装配至关重要，可以说是机械运行能否实现高效、精密的重要因素，装配不当可能导致机械装备不能正常运行，甚至造成破坏；选择合理的润滑方式对保证精密高速轴承的运转是非常重要的；为了防止润滑剂泄出，防止灰尘、切屑微粒及其他杂物和水分侵入，轴承需要进行必要的密封，以保持良好的润滑条件和工作环境，使轴承达到预期的工作寿命。因此，本报告所研究的高速精密轴承技术主要包括单列角接触球轴承的装配技术、单列角接触球轴承的润滑技术以及单列角接触球轴承的密封技术，对这3项技术进行技术分解，并对其细分的重点技术分支进行研究。

此外，高速、高精数控机床轴承及电主轴是《机械基础件、基础制造工艺和基础材料产业"十二五"发展规划》中的20种标志性机械基础件之一，基于此，课题组以机床主轴滚动轴承入手，对专利文献数据进行梳理，并对重点研究的技术发展态势和重要申请人的技术发展路线图和专利布局进行研究分析。课题组还选取了在中国轴承市场比较活跃的日本精工株式会社作为重要申请人，将其滚动轴承脂润滑技术作为研究方向。

技术分解遵循了"符合行业标准、习惯"和"便于专利文献数据检索、标引"二者相统一的原则。上述3项技术的技术分解参见表1-2-1。

表 1-2-1 高速精密轴承技术分解

一级分类	二级分类	三级分类	四级分类
单列角接触球轴承	密封	接触式密封	
		非接触式密封	
	润滑	润滑类型	油润滑
			脂润滑
			固体润滑
		润滑结构	润滑剂供给
			润滑的保持与润滑剂的释放
	装配	主轴装配	—
材料	金属材料	高速钢	—
		不锈钢	—
		硬质合金	—
	陶瓷	—	—
	橡胶	—	—
	合成树脂	—	—
	润滑剂成分	无机材料	纳米材料
		高分子材料	—
		非高分子材料	—
应用	车辆	轮毂	—
	传动装置	机床主轴	—
	电机	—	—
	发动机	—	—
	液压装置	压缩机	—
	磁或光学装置	—	—

1.2.2 数据检索

美、日、欧发达国家或地区的企业，特别是八大跨国轴承企业主要掌握着高速精密轴承的相关核心技术，这为课题组的检索定下了基本的思路，重点对美、日、欧发达国家或地区的专利文献进行针对性检索，通过同族扩展的方法，了解该领域技术的全面布局，并通过关键词扩展检索范围。

检索时，通常要运用到专利分类体系，而最为通用的专利分类体系是 IPC 分类体系。IPC 分类体系下设有轴承相关的分类，但与美、日、欧等国家或地区专利分类体系相比较，对轴承的分类较为简单，对某一些细节没有特别细化。

美、日、欧等国家或地区对轴承工业较为重视。欧洲专利局对 IPC 的相关分类进行了细分类，形成了较为系统的 EC 专利分类体系，美国 UCLA 专利分类体系亦是如此。由欧美主导的 CPC 专利分类体系对 IPC 专利分类体系下涉及轴承的相关分类进行了细致的划分和修改。例如，以一般滚动轴承的润滑为例，IPC 相关分类号涉及 F16C 33/66，具体内容如下：

"F16C 33/00 轴承零件；制造轴承或其零件的特殊方法（金属加工或类似工序，见有关类）

F16C 33/30 滚珠或滚柱轴承零件

F16C 33/66 考虑到润滑的特殊部件或零件"

在该分类号下，专利申请量非常庞大（EPODOC 数据库，截至 2014 年 10 月 31 日，15620 件），如此庞大的专利文献量不利于有效的检索。此外，在对轴承检索时，进行关键词的选取较为困难，检索噪声也较大。而 CPC 专利分类体系在 F16C 33/66 下分设 26 个细分类。例如，在该分类号的三点组下，细分为脂润滑、油润滑和固体润滑；根据润滑保持部的不同，又细分为不同的位置等。这不仅仅为课题组的检索要素提供了较为准确的表达，而且也为课题组的数据标引工作提供了参考。

此外，日本专利分类体系中，F-term 专利分类体系对轴承领域的分类更为具体和全面，从结构、功效、用途等多个角度对相关专利文献进行分类。例如，3J701 涉及滚动接触轴承、3J016 涉及轴承的密封、3J117 涉及轴承等的安装。日本分类体系的系统化与日本轴承行业的繁荣之间存在密切关系。

基于美、日、欧等地所使用的 CPC 和 F-term 分类体系较为完善，而且核心技术也主要集中在美、日、欧的跨国企业手中，课题组选择了以分类号为主要检索手段进行检索，配以关键词作为有益扩展的检索思路进行数据检索工作。

1.2.2.1　数据检索资源

课题组采用的专利文献数据主要来自中国专利文献检索系统（CPRS 系统）和 EPOQUE 系统。检索截止时间为 2014 年 10 月 31 日。

（1）专利文献来源

CPRS；欧洲专利局世界专利文献数据库（EPODOC）；德温特世界专利文献索引数据库（WPI）。

（2）非专利文献来源

中文：中国知识资源总库（CNKI）系列数据库、百度搜索引擎。

外文：GOOGLE 搜索引擎。

（3）法律状态查询

中文法律状态数据来自 CPRS 数据库。

（4）引用频次查询

引文数据来自德温特引文数据库（DII）、欧洲专利局世界专利文献数据库（EPODOC）和 Soopat 网站。

1.2.2.2　数据检索结果

经过检索，获得各技术分支的相关文献，随后进行了查全率和查准率的验证（参见表 1-2-2），首先是保证数据查全率，使检索过程可靠完整；在对数据进行去噪后进行各技术分支的数据查全率、查准率验证，从而得到各技术分支中涉及全球专利和中国专利申请❶的数据量（参见表 1-2-3）。

表 1-2-2　高速精密轴承领域单列角接触球轴承相关技术分支检索结果查全、查准验证值

技术领域	验证结果	
	查全率验证	查准率验证
装配技术	94.4%	91.7%
润滑技术	93.1%	92.9%
密封技术	95.2%	92.5%

表 1-2-3　高速精密轴承领域单列角接触球轴承相关技术分支专利申请量

范围	装配技术	润滑技术	密封技术	总计
全球/项	954	1355	1878	4187
中国/件	56	177	310	543

注：因相关技术的专利申请之间存在部分重合，故总计一栏为去重后数据

此外，课题组还对机床主轴滚动轴承技术和重点申请人日本精工株式会社脂润滑技术的专利申请进行了专利分析，其中，机床主轴滚动轴承技术涉及的全球专利文献为 1294 项，中国专利申请为 69 件；日本精工株式会社滚动轴承脂润滑技术涉及的全球专利申请为 1423 项，中国专利申请为 53 件。上述 3 个技术分支的全球专利申请总计为 4187 项，中国专利申请为 543 件。

1.2.3　相关事项和约定

1.2.3.1　主要国外申请人介绍

课题组在各个章节均对主要申请人进行了梳理分析，为便于说明，将本文中全球主要国外申请人的相关内容统一介绍如下。

（1）日本精工株式会社

日本精工株式会社，英文名称"NSK Ltd."，创立于 1916 年 11 月 8 日，总部位于

---

❶　专利文献数据库中，中国大陆专利文献代码为 CN，中国香港专利文献代码为 HK，中国澳门专利文献代码为 MO，中国台湾专利文献代码为 TW，如无特殊说明，文中中国专利文献仅仅涉及专利文献代码为 CN 的为中国大陆专利文献。

日本国东京都品川区，以生产轴承为始并持续经营，在轴承领域居日本首位，也是全球八大轴承制造商之一，其球轴承、汽车轴承、滚珠丝杠的市场占有率均居世界首位。日本精工株式会社在日本国内有20多个轴承生产厂、分公司，在日本国外有50多个独资、合资分公司或销售分公司，在全球20多个国家或地区建立了销售网络。

日本精工株式会社在精密加工方面具有一定的技术优势，凭借该优势，其不断开发汽车零部件、精密机械组件等产品。当今，日本精工株式会社的主要产品包括轴承、汽车零部件和精密机械及零部件。其中，轴承产品占主导地位，主要有各类球轴承、滚子轴承，尤其是各类精密汽车用轴承、机床轴承等。日本精工株式会社在滚珠轴承、汽车用轴承、滚珠丝杠等方面的市场占有率均较高。

1931年，日本精工株式会社推出了日本最早的飞机引擎用主轴承，1957年确立轴承音测定方法，1961年成立了技术研究所。从20世纪60年代开始，积极开拓海外市场。日本精工株式会社于20世纪60年代初在美国密歇根州安阿伯设立了销售公司，以此为开端，正式迈开建立并运营海外事业网点的步伐。1970年，在巴西圣保罗市郊外建立了生产基地，其后，又在北美、英国、亚洲各国开辟了新的生产基地。另外，1990年，日本精工株式会社收购了拥有欧洲最大轴承厂家RHP公司的UPI公司。1990年开始，日本精工株式会社加快了中国及亚洲其他地区的市场拓展速度，建立起从自主研发到销售、技术服务的经营体制。日本精工株式会社的双向即时网络系统CHAL-LENGERS把日本、欧洲、美洲、亚太四大经济区域24小时不间断地联接起来，实现了生产、销售、物流、技术开发等全方位的情报一体化管理，可随时随地进行数据检索、分析，并在同一时间向全球的任一日本精工株式会社工厂订货。

截至2012年，日本精工株式会社在全球20多个国家或地区建立了63个工厂（其中，日本22个、中国12个），14个技术中心，并拥有116个销售基地。截至2014年3月31日，日本精工株式会社资本金为672亿日元，销售额（合并）达8717亿日元。

日本精工株式会社很重视中国市场，1995年就在中国成立了昆山恩斯克有限公司，开始了在中国的轴承生产。目前，日本精工株式会社在中国投建了5个轴承生产基地，分别是昆山恩斯克有限公司、张家港恩斯克精密机械有限公司、东莞恩斯克转向器有限公司、常熟恩斯克轴承有限公司和苏州恩斯克轴承有限公司。此外，日本精工株式会社还在中国出资设立了独立的技术研发中心。

（2）恩梯恩株式会社

日本恩梯恩株式会社于1918年成立于日本，总部设在大阪市西区，其在日本国内有11家制作所、25家营业所和3家研究所、在国外拥有20家独资生产厂、48家营业所和2家研究所。1938年，在兵库县武库郡建立昭和轴承制造株式会社，1943年，成立桑名工厂开始生产滚珠。1960年，建立株式会社东洋轴承磐田制作所，开始批量生产滚珠轴承。1961年，通过INA公司获得滚针轴承技术，并于1962年开始走出日本，在西德成立恩梯恩株式会社，并在东洋轴承株式会社磐田制作所建成滚针轴承工厂以及东洋轴承株式会社专用机床研究所。1989年，正式改名为恩梯恩株式会社。

恩梯恩株式会社侧重于综合性精密机械制造，其将精密加工技术用于生产精密机械，轴承精度达到了微米级及纳米级，并应用于轨道卫星、航空、造纸设备、办公设备与食品机械等工业领域。

恩梯恩株式会社自 2007 年起扩大其日本和北美工厂的产能，以中国的上海工厂和美国伊利诺伊州工厂为主进行扩产，其在日本国内也挖掘潜力，扩大本国产能。

1971 年，恩梯恩株式会社进入中国香港，成立香港恩梯恩贸易公司（该公司后于 1997 年更名为恩梯恩中国有限公司）。2002 年分别在上海和广州成立了上海恩梯恩精密机电有限公司和广州恩梯恩裕隆传动系统有限公司，并在 2003 年进行生产。先后又在北京、常州、南京等地成立了相关子公司。2005 年，成立恩梯恩（中国）投资有限公司。并在 2011 年 5 月，成立了恩梯恩中国技术研发中心。其中，上海恩梯恩精密机电有限公司生产各种汽车用轴承、OA 办公设备、产业机械用轴承；广州恩梯恩裕隆传动系统有限公司生产汽车用等速万向节；恩梯恩阿爱必（常州）有限公司生产汽车发动机用摇臂轴承；南京浦镇恩梯恩铁路轴承有限公司生产铁道车辆用轴承；而上海莱恩精密机床附件有限公司生产滚珠丝杆、机床用轴承。

（3）舍弗勒集团

舍弗勒集团是一家来自德国的家族企业，其名称来自于其创始人乔治·舍弗勒（Georg Schaeffler）博士的姓氏。1883 年德国的 Fischer 发明了磨制钢球的球磨机并创建 FAG 公司，成为世界上较早的滚动轴承生产厂。德国舍弗勒集团旗下拥有三大品牌：INA、FAG 和 LuK，是全球范围内生产滚动轴承和直线运动产品的家族企业，也是汽车行业发动机、变速箱、底盘应用领域高精密产品和系统的供应商之一。舍弗勒集团在全球约有 8 万名员工，涉及 49 个国家，具有超过 170 个的分支机构，2013 年销售额约为 112 亿欧元。其中，LuK 产品涉及离合器系统、双质量飞轮、CVT 部件、液力变矩器等。INA 产品涉及滚子和摩擦轴承直线导轨、发动机部件、精密产品等。FAG 产品涉及用于工业和汽车技术的滚子轴承、高精度轴承，例如，用于航空和太空飞行、机械工具和纺织工业等。

中国市场在舍弗勒集团的全球战略中占有非常重要的位置。INA 公司于 1989 年在香港设立了代表处，1998 年进入中国内地投资建厂。FAG 公司则于 1978 年在香港设立代表处，也于 1998 年进入中国内地。舍弗勒集团已在中国建立了 3 个生产基地，分别为上海基地、银川基地和太仓基地，并建立了 10 个销售代表处。

（4）斯凯孚集团

斯凯孚集团建于 1907 年，总部位于瑞典哥德堡，是全球年销售额排名靠前的轴承生产厂商。该集团的主要轴承生产部门包括滚动轴承部门、密封件部门和特种钢部门。斯凯孚集团现已发展成为全球跨国集团，有上百家制造工厂分设在世界各地，在 130 多个国家或地区设有经销机构。

斯凯孚集团在 1912 年就进入了中国，在上海建立了第一个办事机构，1916 年在中国成立了第一个销售公司。1986 年斯凯孚集团又重新回到中国，在上海建立了寄售站。1988 年斯凯孚中国有限公司在香港成立，并且先后在上海、北京、广州等地建立了 20 多个代表处和 9 家生产单位。

（5）株式会社捷太格特

株式会社捷太格特的前身是1921年成立的日本光洋精工株式会社和1941年成立的丰田工机株式会社。2006年1月1日，日本光洋精工株式会社和丰田工机合并后成立株式会社捷太格特。截至2014年3月31日，株式会社捷太格特资本金为455.91亿日元，销售额总计12601.92亿日元。

曾经的日本光洋精工株式会社以轴承为基业，曾发展成为日本乃至世界顶级的轴承生产企业。除轴承之外，光洋精工株式会社还于1988年研发出世界上第一套电动助力转向系统（EPS），并实现批量生产。曾经的丰田工机株式会社是世界重要的机床生产企业，客户遍及世界各地。除工业机床外，丰田工机株式会社还从事汽车转向系统、驱动系统等零部件的生产、销售。

通过日本光洋精工株式会社和丰田工机株式会社的合并，使新企业株式会社捷太格特拥有了较高的转向系统行业市场份额，并结合轴承行业、机床行业、传动行业成为主要的四大行业。

相关章节将根据相应内容对这些申请人进行侧重介绍。

1.2.3.2　术语约定

本节对本关键技术分支中反复出现的各种专利术语或现象一并给出解释。

专利文献：专利文献包括专利申请以及专利，本文中除具体说明外，不考虑专利文献的法律状态。

同族专利：同一项发明创造在多个国家或地区申请专利而产生的一组内容相同或基本相同的专利文献（一件或多件），称之为一个同族专利。

图表数据约定：由于专利文献申请后过一段时间才公开以及数据加工需要时间等原因，导致近两年的专利文献数据不完整，其不能完全代表相应年份真正的专利文献趋势，因此，在与年份有关的趋势图中并未完全给出2013年和2014年的数据段。

第 2 章　单列角接触球轴承装配技术

本章主要分析单列角接触球轴承的重要技术点——单列角接触球轴承装配技术。轴承的装配对轴承本身及其应用的机械装备的精度、寿命均有很大影响，一直是轴承技术研究的重点。本章通过对重点技术的专利文献的发展态势、申请人分布和主要专利文献等方面的分析来深入研究单列角接触球轴承装配方面的专利文献发展状况。本章的数据分别来源于欧洲专利局专利文献数据库（EPODOC）、德温特专利文献数据库（WPI）和中国专利文献数据库（CNPAT），检索日期截至 2014 年 10 月 31 日，其中德温特专利文献数据库检索得到的全球专利申请共 954 项。

2.1　行业及技术发展现状

现代工业技术日新月异，高精尖的制造技术已成为工业技术发展的主要趋势。在此背景下，轴承装配的含义主要体现在两方面，一方面是轴承自身的装配，另一方面是轴承与机械装备之间的安装装配。

对于机械装备而言，为使其加工更精确、效率更高，就要求机械装备的相关零部件适应现代工业的高精度、高转速、高负荷等要求。在此背景下，装配在机械装备上的轴承必须满足相应的要求并且轴承装配工艺也会直接影响轴承工作状态和使用寿命；若装配不当将对机械装备的工作性能和使用寿命产生不利的影响，因此应对轴承的装配技术给予足够的关注和重视。

角接触球轴承适用于高速和高精度旋转，广泛应用于机床主轴。另外在车辆、泵、钻井平台、食品机械、补焊机、弧焊机等领域都有广泛的应用。

由于单列角接触球轴承一般仅承受轴向载荷，在承受径向载荷时会引起附加的轴向力，因此在机械装备中通常会成对使用此类轴承。经背对背、面对面或串联装配后形成的成对角接触球轴承可以承受来自径向、轴向的联合载荷。

2.2　全球专利申请发展态势分析

轴承装配技术是单列角接触球轴承实现其功效的重要环节，装配技术的发展直接关系到单列角接触球轴承的工作性能，从而影响到整个机械装备的整体性能。轴承企业的大量专利文献也涵盖轴承装配这一重要技术分支。下面将从专利申请态势、专利申请流向分析、主要申请人等角度进行分析。

2.2.1 全球专利申请态势分析

随着年份的渐近，单列角接触球轴承装配技术的全球专利申请量呈现总体上扬、伴有阶段性回落的态势。其中日本及欧美发达国家在知识产权保护、专利申请运用方面具有明显优势，这也与其工业发达程度保持一致。数据表明（参见图2-2-1），从技术发展的角度上说，可以分为以下3个阶段。

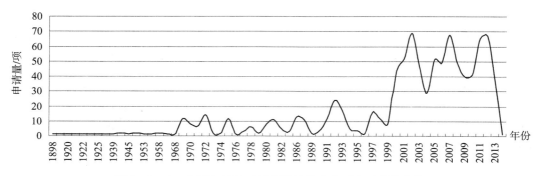

图2-2-1 单列角接触球轴承装配技术全球专利申请态势

（1）起步发展期（1968年之前）

在这一时期，就单列角接触球轴承的装配技术而言，全球范围内的专利申请量较少。对角接触球轴承装配技术的较早研究可追溯到19世纪末，从可查得的记录来看，早在1898年，美国的DANIEL R TAYLOR就提交了有关单列角接触球轴承装配的专利申请（US648077A），属于较为早期的专利申请。1938年，HEALD MACHINE CO公司提交了一件专利申请（US2232159A），请求保护发明名称为一种轴承和轴的安装方法，其通过内、外圈上设置弓形滚道实现轴承的安装，来减小预紧力并提高耐磨性。

总体而言，在近百年发展中，单列角接触球轴承的装配技术基本上都处于萌芽状态，相关企业并未将其细化为重要的技术分支。

（2）平稳发展期（1969～1999年）

1969年以后，单列角接触球轴承装配技术的全球申请量较之前的数年有了一定程度的上升，可谓进入了一个平稳上升的发展轨道。

在1969～1999年，单列角接触球轴承的装配技术已成为各轴承企业的重要技术发展方向之一，各企业也开始在此领域投入研发力量积极开展研究。这一时期，单列角接触球轴承装配技术开始逐渐细化，各种装配技术如背对背、面对面装配等方式得到进一步应用，轴承与应用机械装备之间的装配技术也逐渐发展。1993年，日本的HONDA MOTOR CO LTD提交了一件专利申请（JPH07112303A），其通过在主轴装置的前壳和主轴主体中间安装前侧轴承，在主轴主体的后部外周安装后侧轴承，使前后轴承分别位于不同的壳体内，从而达到易于装拆，提高对中精度的目的。

（3）快速发展期（2000年至今）

进入21世纪，一方面随着计算机解析技术、现代控制技术等的不断发展，轴承装配技术的研发成果也相继产业化，单列角接触球轴承的装配技术发展非常迅速；另一方面，为谋求更广阔的市场，日本及欧美的各大轴承集团纷纷将目光投向以中国为代表的新兴市场，转移技术和产能，相应地也加快了全球专利布局的步伐，单列角接触球轴承装配技术的专利申请量也一直保持快速增长的态势，使得该领域的专利申请量从之前的每年几件增长到十几件甚至近 70 件，单列角接触球轴承装配技术的专利申请量进入了一个快速发展的时期。2004 年，日本精工株式会社提交了一件专利申请（JP2004 - 322306A），包括外筒、旋转轴、轴承座套、前侧轴承及后侧轴承，前、后侧轴承一起动作，用以支承旋转轴，由前壳、旋转轴和轴承座套构成的半组装体可从外筒拔出，后侧轴承为在固定位置预压且背对背装配的角接触球轴承。

　　这一时期轴承装配技术日渐成熟，诸如轴承装配合套装置等提高了装配精度，并向自动化的方向发展；同时装配与密封、润滑等领域的交叉越来越多，以满足对产品结构、尺寸、公差、精度等的综合要求。

2.2.2　主要国家申请态势分析

2.2.2.1　全球目标国或地区申请分布

　　在单列角接触球轴承装配技术领域，全球专利申请的目标国或地区分布及各技术创新主体主要还是集中在各大轴承集团所在国（参见图 2 - 2 - 2），如日本精工株式会社、恩梯恩株式会社、株式会社捷太格特、不二越株式会社等轴承集团所在国均为日本，铁姆肯集团为美国企业，斯凯孚集团为瑞典企业、舍弗勒集团为德国企业等。日本作为轴承装配技术的第一大申请国，其申请量超过全球申请总量的 1/4，这源于其众多轴承制造商所拥有的较强技术实力，也反映了日本企业非常重视技术研发和专利布局。美国作为现代化工业强国紧随其后，其专利申请量也占到全球申请总量的 16%，德国作为轴承制造业的传统强国，其专利申请量仅次于日本和美国，以 10% 份额居全球第三位。

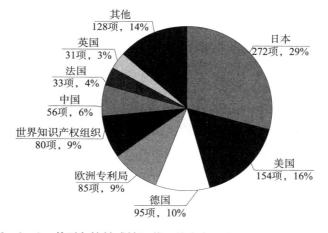

图 2 - 2 - 2　单列角接触球轴承装配技术专利申请目标国或地区分布

值得注意的是，中国的专利保护制度虽然从 1985 年才开始，轴承装配技术起步也较晚，但截至 2014 年 10 月 31 日，单列角接触球轴承装配技术的专利申请量已达 56 件，占到全球申请总量的 6%，强于老牌工业国家英国、法国等。将国内申请量与国外来华申请量进行比较后发现，其中中国申请人的申请为 25 件（占 44.6%），国外申请人申请数量为 31 件（占 55.4%）。这一方面说明中国在轴承领域的巨大市场已得到世界主要轴承集团的充分重视，各主要技术国家已积极在中国进行专利布局；另一方面说明近年来中国创新主体已经具备相当的专利申请和保护意识，这与中国政府近年来大力推行知识产权战略也是分不开的。

2.2.2.2　日本申请态势

经历了战后恢复期，日本凭借较强的科技研发实力和较为发达的机械加工制造水平，成功地实现了经济的腾飞，其轴承技术在全球范围内也逐渐取得领先地位，以日本精工株式会社、日本恩梯恩株式会社、日本光洋精工株式会社（后合并成株式会社捷太格特）为代表的日本轴承企业所生产的产品不但在其国内、更是在国际市场大行其道。

数据表明（参见图 2 - 2 - 3），经过之前的缓慢增长期，日本单列角接触球轴承装配技术的专利申请从 2000 年左右开始呈迅速增长地趋势，中间部分年份伴随有一定的回落。由于日本本土就拥有多家大型轴承企业，足以满足国内的需求，这导致其他轴承技术输出国在日本进行专利布局的意义并不大，支撑日本专利申请量迅速增加的主要还是日本轴承企业。

图 2 - 2 - 3　单列角接触球轴承装配技术日本专利申请随年份变化

2.2.2.3　德国申请态势

德国是全球主要的工业品生产和输出国，其工业品诸如汽车、高速列车等机械装备产品先进，销往全球各国，相应地，轴承装配技术也在德国一直得以不断发展，单列角接触球轴承装配技术的申请量经历了 3 个阶段（参见图 2 - 2 - 4），第一个阶段是 1922～1990 年，年申请量处于较低水平，只有零星的专利申请；第二个阶段是 1991～2000 年，年申请量有了缓慢的增长，技术有了更快的发展；第三个阶段是 2001 年至今，年申请量虽在部分年份有所起伏，但总体处于稳步增长阶段。这一方面应该缘于轴承应用领域的稳步扩大，另一方面也表明轴承企业对单列角接触球轴承装配技术的研发力度也在加大。

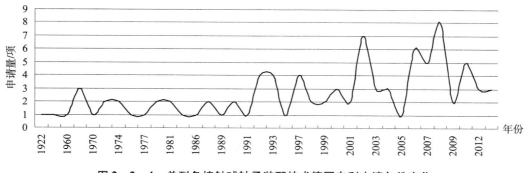

图 2 - 2 - 4 单列角接触球轴承装配技术德国专利申请年份变化

2.2.2.4 美国申请态势

美国是当今世界上工业最发达的国家之一，其轴承市场规模较大。从数据来看（参见图 2 - 2 - 5），以美国为目标国和地区的专利申请量在 1999 年以前除个别年份外都相对较少；从 2000 年开始，年申请量有了较大的增长，进入了快速增长的时期，这与单列角接触球轴承装配技术的全球专利申请态势相似，都保持正向增长趋势。这说明，美国轴承市场需求的旺盛导致了轴承装配技术越来越受到重视，从而促进了单列角接触球轴承装配技术的发展以及专利申请量的提高。

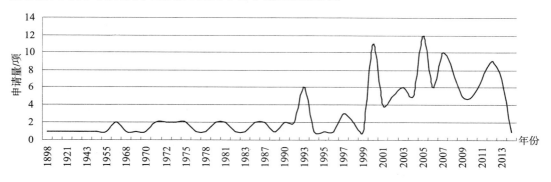

图 2 - 2 - 5 单列角接触球轴承装配技术美国专利申请年份变化

2.2.2.5 中国申请态势

中国轴承工业的发展是从 20 世纪 50 年代起步的，在对苏联及东欧的不断学习中，中国的轴承技术也逐渐得以发展。由于中国专利制度起步较晚，专利申请数据在早期处于空白状态。20 世纪 90 年代以后，单列角接触球轴承装配技术的专利申请从无到有、由少到多，与中国的专利事业发展同步，虽然年专利申请量在 2008 年出现了下滑，但总体保持增长态势。

截至 2014 年 10 月 31 日，在单列角接触球轴承装配技术领域，中国的专利申请数量共为 56 件，其中中国申请人共申请 5 件，国外申请人共申请 51 件。数据表明（参见图 2 - 2 - 6），单列角接触球轴承装配技术中国专利申请数量总体上呈现持续增长的趋势，总体而言可以分为如下 3 个阶段。

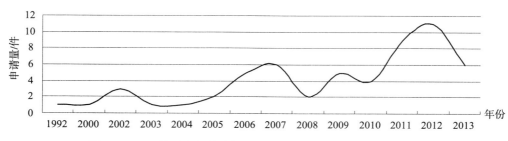

图2-2-6　单列角接触球轴承装配技术中国专利申请年份变化

（1）起步发展期（1992~2004年）

这一时期，中国专利申请数量较少。中国单列角接触球轴承装配技术起步于20世纪90年代初，并在这一阶段得到了缓慢但长足的发展。但在这一时期，单列角接触球轴承装配技术专利申请数量较少。

而在同一时期，由于市场定位不同，中国企业的轴承产品主要应用在中低端领域，外国企业的轴承产品主要应用在高端领域，因此外国企业鲜有在中国申请专利。

（2）平稳发展期（2005~2009年）

从2005年开始，随着中国工业化进程的进一步加快，中国的轴承产业发展也进入了下一个增长期，中国开始更加重视发展轴承业，这促成了中国轴承装配技术的进一步发展，在2005~2009年，单列角接触球轴承装配技术的中国专利申请数量呈现平稳增加。这一时期的专利申请，如甘肃天水星火机床有限责任公司的一件专利申请（CN200991761Y），请求保护一种机床主轴装置，其在结构上进行了一定的改进，在双列圆锥滚子轴承后背靠背安装有两个角接触球轴承，在两个角接触球轴承之间设有内环隔套和外环隔套，通过调整内环隔套和外环隔套的薄厚来调整两个角接触球轴承之间的距离，从而实现调整轴承的支承刚度、提高机床主轴回转精度、简化装配工艺的目的。

而在同一时期，国外申请人如日本精工株式会社、日本恩梯恩株式会社、瑞典斯凯孚集团等已经开始在中国进行专利布局，但由于这一时期国内申请人与国外老牌轴承企业技术差距较大，暂时无法对其形成产业威胁，因此国外申请人的专利布局力度并不大。

（3）快速发展期（2009年至今）

随着以机床主轴轴承为代表的轴承产品被列入"十二五"期间机械基础零部件产业重点发展方向，享有"工业机器粮食"美誉的轴承产业得以迅速发展，直接导致轴承的市场需求迅速增加，中国的轴承产业以此为契机进入了高速发展时期。随着轴承市场在这一时期的扩大，相关轴承企业在轴承装配技术的研发投入和专利布局力度也在持续加大，单列角接触球轴承装配技术的中国专利申请数量相应呈现出快速增长的态势。

这一时期，在国家科技攻关项目的支持下，中国不断在轴承装配理论和技术方面取得进步，形成了诸如洛阳轴研科技股份有限公司、洛轴集团、哈轴集团等一批具有较强轴承装配科研实力的企业和研究院所。

这一时期的专利申请，如2013年洛阳轴研科技股份有限公司提交的一件专利申请（CN103727141A），请求保护一种角接触球轴承的合套方法，包括加热外圈、冷却内圈和合套，该方法从装配工艺上进行了改进，利用热胀冷缩的原理，在加热外圈的同时对内圈进行冷却，保证顺利合套从而获取成品角接触球轴承，提高了一次合套率，也提高了装配效率。2011年，洛阳润环电机轴承有限公司提交了一件实用新型专利申请（CN202082301U），请求保护一种角接触球轴承装配模具，该模具为一个上端面中部设有圆形凹孔的扁圆柱结构，在凹孔外围分别依次设有向下的与轴承保持架的内径配套的保持架支撑台阶以及其内径与轴承外圈内径配套的外圈支撑台阶，通过一系列结构上的配套，如凹孔直径与轴承内圈沟道的直径配套等，使该模具能够达到对带锁口的小型及微型角接触球轴承的快速装配目的。

随着中国本土的轴承企业研发实力不断增强，国内申请人的专利申请数量也持续增加。国外申请人在这一时期也纷纷开始加速对中国市场的占领，国外主要轴承企业将中国市场视为已有和未来的大市场，国外申请人在中国的申请数量也在2009年以后出现了显著增加。

2.2.3　技术流向分析

通过分析全球轴承装配技术专利申请的主要申请人所在国/地区和技术流入目标国/地区，对比各国/地区申请人的数据，可以从中发现（参见表2-2-1），相比于其他轴承生产国/地区，中国的轴承企业和研究人员极少在国外/地区申请专利，这与中国企业技术实力不足并且产品出口数量有限有着一定的关系。

表2-2-1　全球轴承装配技术专利申请主要申请人所在国
和技术流入目标国　　　　　　　　　　　　单位：项

主要申请人所在国	技术流入目标国			
	德国	日本	中国	美国
日　　本	205	28	51	14
德　　国	16	4	23	58
美　　国	18	3	56	10
法　　国	6	4	7	1
英　　国	4	2	5	2
中　　国	0	5	0	0
西班牙	1	1	3	1
加拿大	0	0	3	0

深入分析欧、美、日等发达国家或地区的申请人，日本申请人所申请的专利数量处于首位，但本国申请的占比明显高于美国、德国，这说明日本申请人在国外进行大量专利布局的同时，也在其国内积极进行专利布局，这从侧面反映了日本国内各轴承企业之间的技术竞争也非常激烈。德国申请人、美国申请人的专利数量分居第二位、第三位。可以看出，日本、德国是轴承装配技术主要的技术流出国，而中国基本上处于主要技术流入国的地位。

同时，对比分析专利申请目的地可以看出，相关知识产权部门所受理的非本国申请人的专利申请数量排名居前的是美国、日本、中国和德国。美、日、中三国是轴承装配技术主要的技术流入国，究其原因，这与上述三国依然是轴承产品较大的消费市场有很大关系。与技术流出国排名反差较大的是德国，这可能与德国的轴承市场相对封闭有关，外国企业很少涉足。而中国国家知识产权局所受理的非本国申请人的专利申请中，申请数量排名第一的是日本申请人，而在其他国家知识产权部门的这一排名中，第一名通常也是日本申请人，这表明日本轴承企业十分看重国外轴承市场，也注重在国外的专利布局。

2.2.4　主要申请人分析

对单列角接触球轴承装配技术的专利申请进行分析，数据表明（参见图2-2-7），在全球范围内，按单列角接触球轴承装配技术申请量排名，前八位申请人中日本申请人几乎占据一半，排名前三位的申请人分别是日本精工株式会社（日本）、恩梯恩株式会社（日本）、舍弗勒集团（德国），这3家企业的申请量也达全球专利申请量的1/2以上，另外申请量靠前的还有铁姆肯集团（美国）、斯凯孚集团（瑞典）等。由此可见，日本轴承企业的单列角接触球轴承装配技术处于领先地位，无论是在技术上还是专利申请量上都占据重要位置。

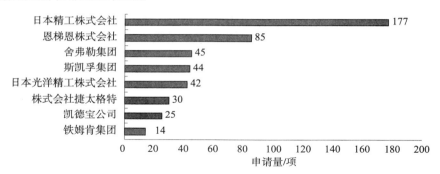

图2-2-7　单列角接触球轴承装配技术领域全球主要申请人专利申请量及其排名

2.3　单列角接触球轴承装配技术分析

2.3.1　单列角接触球轴承装配技术路线分析

对于单列角接触球轴承而言，其可应用的领域包括机床主轴、高频马达、燃汽轮机、离心分离机、小型汽车前轮、差速器小齿轮轴、增压泵、钻井平台、食品机械、分度头、补焊机、低噪型冷却塔、机电设备、涂装设备、机床槽板、弧焊机等众多领域。相应地，单列角接触球轴承因其特定应用设备的不同存在不同的装配方式和特点。

通过对单列角接触球轴承装配技术的专利信息进行技术发展路线分析，找到单列角接触球轴承装配技术的发展情况，从专利申请的角度了解技术发展脉络，为企业的轴承装配技术研发提供参考。

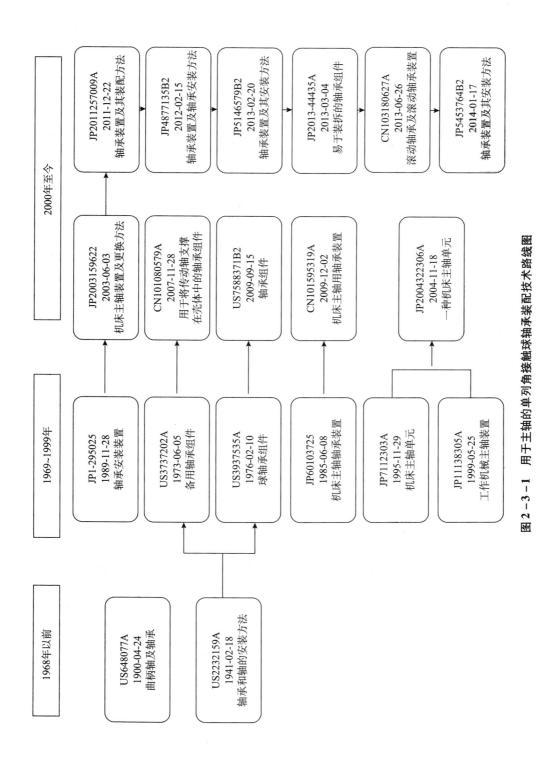

图 2-3-1 用于主轴的单列角接触球轴承装配技术路线图

图 2-3-1 显示了单列角接触球轴承装配的相关专利申请技术发展路线图。其中美国的 DANIEL R TAYLOR 较早申请了专利（US648077A），该专利申请为单列角接触球轴承装配的后续发展奠定了基础。从申请日期、被引证频次、同族情况以及技术内容的综合考虑，选定了作为现代轴承装配起点的专利申请（US2232159A）。

单列角接触球轴承装配的研究主要围绕着如何改进轴承结构以及装配方法这一主线展开。专利申请（US2232159A）通过内、外圈上设置弓形滚道实现轴承在轴上的安装，提高耐磨性并减小预紧力。专利申请（JPH07112303A）通过在主轴装置的前壳和主轴主体中间安装前侧轴承，在主轴主体的后部外周安装后侧轴承，使前后轴承分别位于不同的壳体内，从而达到易于装拆，提高对中精度的目的。专利申请（JP2011257009A）通过在轴承外圈设置锁止槽来进行卡合，从而达到增强轴承装配效率的目的。

2.3.2 单列角接触球轴承装配技术主要专利申请分析

本节中单列角接触球轴承装配的主要专利申请的确定，综合考虑了其被引证频次、同族专利情况以及技术专家的意见。

工作机械主轴装置的单列角接触球轴承装配的相关专利中，如专利申请（JPH07112303A）中包括在主轴装置的前壳和主轴主体中间安装前侧轴承，在主轴主体的后部外周安装后侧轴承。

具体地，在该专利申请中公开的主轴装置包括通过机组支承部件 501 保持机壳 502，与机壳 502 前方结合的前壳 503，内装于机壳 502 及前壳 503 内的中空筒状的主轴主体 505，在筒内设有可滑动的拉杆 509，在其前端设有卡盘部 510，在前壳 503 和主轴主体 505 中间安装有 4 个前侧轴承 511。另外，在主轴主体 505 的后部外周外嵌装有后侧轴承 512 和轴承座套 513，在机壳 502 的后部螺栓固定有后壳 514（参见图 2-3-2）。

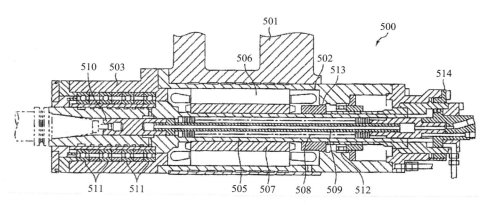

图 2-3-2　JPH07112303A 的技术方案示意图

通过该单列角接触球轴承装配方式，实现结构的简化，并使轴体轴承易于装拆及提高对中精度。

另外一种工作机械的主轴装置的单列角接触球轴承装配，如专利申请（JPH11138305A）公开了在座套壳和轴承座套之间层积多片板簧（91、92）配置的主轴装置（参见图2-3-3）。

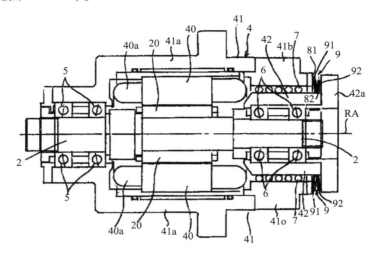

图2-3-3　JPH11138305A的技术方案示意图

在该主轴装置装配过程中，使旋转轴在轴向伸缩时，后侧单列角接触球轴承嵌合于座套壳，固定在可沿轴向移动的轴承座套上。座套壳和轴承座套的嵌合采用单纯嵌合的滑动面方式，或使用有可沿轴向移动的球轴衬的球滑动方式。

在该主轴装置装配过程中，需预先设定板簧的弹簧常数、片数、设置方向等。通过预先在座套壳和轴承座套间层积多片板簧，提高了轴向刚性，同时通过板簧的摩擦防止振动。

专利申请（JP2004-322306A）公开的主轴装置包括（参见图2-3-4）外筒、旋转轴及配设于旋转轴的一端侧、嵌合于外筒的轴承座套；具有前侧轴承，该前侧轴承的外圈固定于前壳上、内圈外嵌于旋转轴的一端；具有后侧轴承，该后侧轴承内圈外嵌于旋转轴的另一端、外圈固定于轴承座套上；前、后侧轴承一起动作，用以支承旋

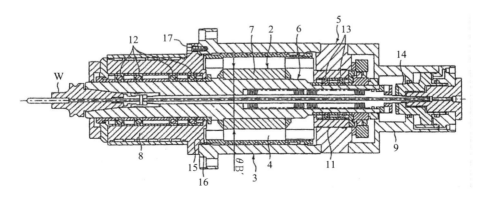

图2-3-4　JP2004-322306A的技术方案示意图

转轴，按外筒的内周径、定子的内径、轴承座套的外径顺序直径变小，由前壳、旋转轴和轴承座套构成的半组装体可从外筒拔出，且轴承座套的后方的任意剖面的旋转体半径比从轴承座套后端剖面间非旋转体的最小半径小，后侧轴承为在固定位置预压且背对背装配的单列角接触球轴承。

具有上述结构的主轴装置，由前壳、旋转轴及轴承座套构成的半组装体可从外筒拔出。因此，可提高组装性，同时在破损时可快速地更换。

2.4　小　　结

一方面，为保证轴承及机械装备的正常工作，轴承的装配至关重要，可以说是机械运行能否实现高效、精密的重要因素，装配不当甚至可能导致机械装备不能正常运行，甚至造成破坏。另一方面，轴承的应用领域又非常广泛，例如机器人、机床、车辆、办公自动化设备等相当多的领域都有轴承的身影，轴承因其特定应用设备的不同往往存在不同的装配方式和特点。

从专利申请的角度分析，我国的单列角接触球轴承装配技术与日本、德国、瑞典等国家的先进装配技术还有一定的差距，这一方面要求中国轴承产业继续走自主创新之路，正视差距，迎头赶上；另一方面，对于国外稍早一点的专利申请，如保护期已过的专利文献，完全可以为我所用，将其中比中国现有技术水平高的部分作为研究平台，在此基础上不断提高中国相关产业的单列角接触球轴承装配技术水平。同时对于另一部分年代较近的专利申请，即其技术方案有参考价值但并未进入中国的专利申请，中国企业也可以考虑进行借鉴。

同样从专利申请的角度来看，中国轴承产业在单列角接触球轴承装配领域较为重视工艺方法的改进，而对结构上的改进重视程度不够；同时单列角接触球轴承装配的自动化程度不高，因此我国轴承企业可将装配自动化这一技术分支作为突破口，进行相关领域的研究，不断提高中国相关产业的轴承装配技术水平。

第 3 章　单列角接触球轴承润滑技术

本章重点分析了单列角接触球轴承润滑技术的相关专利申请，主要涉及了专利申请量的趋势、重要申请人、重要专利申请几个方面，由此分析得出有关润滑技术的发展路线。本章通过专利申请的视角，给相关从业人员或科研人员提供一些有价值的参考及借鉴，从而能够进一步推动我国单列角接触球轴承润滑技术的发展。本章选取的样本数为单列角接触球轴承润滑技术的全球专利申请 1355 项。

3.1　行业及技术发展概况

3.1.1　行业发展概况

角接触球轴承目前已经广泛应用于各类机床主轴单元；同时，角接触球轴承还在航空和宇航发动机主轴、车辆发动机主轴、精密仪表、高速纺纱锭等机械零部件中广泛应用。

新中国成立后，中国轴承工业已取得举世瞩目的成就。特别是 20 世纪 70 年代以来，在改革开放的强大推动下，轴承工业进入了一个崭新的高质快速发展时期。

我国轴承行业的制造技术近年发展较快，生产基本标准化，与国际技术差距进一步缩小，逐渐与国际标准接轨。但在角接触球轴承技术上与国外相比还有一定的差距，目前，中国对高品质轴承的需求主要还靠进口来满足。因此，中国企业在加大产品设计基础理论研究的基础上，如何进一步提高角接触球轴承质量的稳定性、可靠性和寿命仍是国内企业亟待解决的难点，根据"十二五"规划，中国继续加大对基础建设的投入，钢铁、汽车、家电等轴承相关行业面临发展的新机遇，轴承的需求出现稳定增长的局面，在轴承行业迎来一个持续发展时期的大环境下，相信角接触球轴承的润滑技术也会因此迈上一个新的台阶。

3.1.2　技术发展概况

单列角接触球轴承主要应用于机床主轴、电主轴、航空车辆等高速主轴中，在很多情况下，又特指是公称接触角 A 为 15b 和 25b 的角接触球轴承。单列角接触球轴承是机床主轴轴承的主要代表，集中体现了精密轴承的性能特点和技术水平。近年来，机床主轴轴承进一步向高转速、高精度、高刚度和长寿命发展，同时，注重环保性也更为突出。然而，单列角接触球轴承的速度性能受到众多因素的制约，除制造精度外，轴承设计和应用技术起着重要作用。目前，单列角接触球轴承的结构型式有 3 种：一是内圈单挡边、外圈双挡边结构；二是外圈单挡边、内圈双挡边结构；三是内外圈都是单挡边的结构。外圈外圈挡边常用于引导保持架，双挡边引导能改善保持架运动的稳定性，有利于轴承的高速运转。套圈非挡边一侧为斜坡、带锁口，有利于轴承的组装和润滑剂的排泄。为提高刚度，轴承常处于预紧状态，定压预紧或定位预紧。预紧载荷大，主轴刚度高，但是轴承的摩擦也同时增大。但是，如何选用润滑油和润滑参数是关键。因此，选择合理的润滑方式对保证高速主轴运转是非常重要的。角接触球轴承一般有3种润滑方式，即油润滑、脂润滑和固体润滑，其中油润滑又分为油气润滑、油雾润滑和喷射润滑。油气润滑实际是一种间歇式的滴油润滑；油雾润滑是一种连续形式的将油雾化并喷入轴承内的润滑；喷射润滑是连续不断地将润滑油射入轴承内。随着主轴转速的提高，主轴结构回转部分的离心力越来越大，受离心力作用的润滑剂若不能达到合适的部位，一方面难以形成油膜；另一方面也不便于将内环的热量带出，因此，对于不同转速的主轴要选择合理的润滑方式。在主轴速度相对较低时，主轴轴承的润滑大多采用脂润滑，对于高速主轴，其轴承的润滑多采用油气润滑及喷射润滑。

目前，机床主轴用角接触球轴承采用油气润滑 d_mN 值（球旋转直径和转速之积）最高可达 4.0×10^6 mm·r/min，油润滑 d_mN 值平均可达 $(2.5 \sim 3.0) \times 10^6$ mm·r/min，脂润滑 d_mN 值最高达 1.8×10^6 mm·r/min；圆柱滚子轴承采用油气润滑 d_mN 值最高达 3.0×10^6 mm·r/min。而以往的一般水平，以角接触球轴承为例，采用油气润滑 d_mN 值为 $(1.2 \sim 1.8) \times 10^6$ mm·r/min；脂润滑时 d_mN 值为 0.8×10^6 mm·r/min。

采用的油气润滑、喷射润滑等润滑技术（包括微量润滑的供油量、供油孔位置、喷嘴角度、润滑油的过滤精度、喷射润滑时的喷射速度等），也是大幅度提高轴承转速的重要因素。如日本精工株式会社的部分超高速角接触球轴承和圆柱滚子轴承中，套圈材料采用 SHX 耐热钢，滚动体采用 Si_3N_4 陶瓷，保持架采用 PEEK 等。其 ROBUST 系列主轴轴承，在保持原结构轴承的高刚度和长寿命的基础上，转速提高了20%。斯凯孚集团的超高速角接触球轴承采用小球和公称接触角为12b的设计，显著提高了转速性能。舍弗勒集团最新研发的专门用于主轴轴承的 TX 保持架，对保持架与滚动体的接触点进行特殊设计，使得轴承在高速运转时温升减小10%，在相同的边界条件下转速最高提升10%等。

3.2 全球专利发展态势分析

3.2.1 全球专利申请态势分析

截至 2014 年 10 月 31 日，全球关于单列角接触球轴承润滑技术的专利申请共计 1355 项，从图 3 - 2 - 1 可以看出，全球专利申请态势分为 3 个主要阶段。

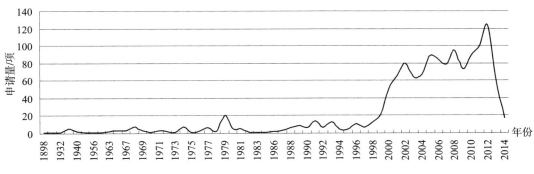

图 3 - 2 - 1　单列角接触球轴承润滑技术全球专利申请态势

（1）起步发展期（1978 年之前）

在该阶段，从检索到的 1898 年最早的有关单列角接触球轴承润滑技术的专利申请（US644245A）开始，一直到 1978 年，累计申请量为 27 项，专利申请量一直维持极低的水平，平均年申请量还不到 1 项。这与当时专利制度的发展普及程度以及技术研发的封闭程度有很大关系。而在这 27 项专利申请中，美国申请人就占了 12 项，其余主要集中在德国、法国、瑞士等国家，日本申请人在此时期也仅仅有 2 项。

这一时期，美国最先涉足单列角接触球轴承润滑技术的研究，而日本是在 1981 年提出了轴承润滑的第一项专利申请（JPS5676721）。

（2）缓慢发展期（1979 ~ 1999 年）

自 1979 ~ 1999 年的 20 年，仅在 1979 年当年突破了 20 项的申请量，其余年份的申请量与起步发展期相比，并没有大的增长。分析这一年的 20 项专利申请可得出，实质仅有 4 项申请，其他均为向其他国家提交的同族申请。其中 1 件由 SKF IND TRADING & DEV 同时向美国、日本、原苏联、荷兰提出专利申请（US4286829A），该申请是第 1 件涉及高速主轴轴承润滑技术的专利申请。由此可以看出，关于单列角接触球轴承润滑的核心技术与关键技术仍在攻关中，并没有取得实质进展。

（3）快速发展期（2000 年至今）

2000 年开始，单列角接触球轴承润滑技术得到了突飞猛进的发展，截至 2012 年底，全球专利申请量出现了大幅增长，短短 12 年时间，专利申请总量达到了 664 项，其中涌现出了一批知名企业，如恩梯恩株式会社、日本精工株式会社、斯凯孚集团等。2012 年全球专利申请量达到一个高峰，单列角接触球轴承相关的润滑技术研究也进入了白热化阶段。通过对这些专利申请的分析，发现有关单列角接触球轴承润滑的方式、材料及整体的结构，都有了很大的发展与进步。润滑方式由最初传统的油润滑发展到了脂润滑及固体润滑，润滑供给系统结构上也得到了很大的优化，轴承整体寿命也得到了大幅的提高。

3.2.2　主要国家申请态势分析

日本、中国、美国、德国和欧洲专利局是单列角接触球轴承润滑技术的主要来源国，占据全球专利申请量的86%以上（参见图3-2-2）。

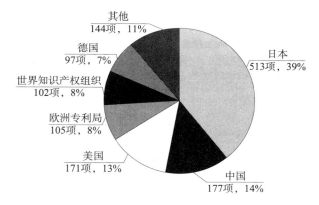

图3-2-2　单列角接触球轴承润滑技术领域专利申请目标国/地区分布

下面对这个几个国家或地区知识产权部门收到的涉及单列角接触球轴承润滑技术的专利申请进行分析。

3.2.2.1　日本申请态势

作为"二战"后快速崛起的国家，日本凭借深厚的科技研发实力和高度发达的机械加工制造水平，成为单列角接触球轴承润滑技术在世界上领先的国家，以恩梯恩株式会社、斯凯孚集团为代表企业的轴承产品广销世界，同时在日本申请的专利数量占据了全球专利申请总量的48%。

如图3-2-3所示，日本专利申请从1999年开始呈大幅增长趋势，与全球相关专利申请量出现大幅增长的2000年比起，提前了1年，可见日本在该技术方面的研发在全球属于领先地位。

图3-2-3　单列角接触球轴承润滑技术领域日本专利申请随年份变化

3.2.2.2　中国申请态势

单列角接触球轴承的润滑技术在中国的专利申请量发展趋势如图3-2-4所示，截至2014年10月31日，单列角接触球轴承的润滑技术在中国的专利申请量为118件。由图3-2-4可以看出，2000年之前基本没有出现润滑技术的相关专利申请，直到2000年4月6日，出现了第一件由斯凯孚法国公司提交的有关刚性单排滚珠轴承的专利申请（CN1346426A），该专利申请的出现标志着国外企业于 2000 年正式开始了单列角接触球轴承的相关润滑技术在中国的专利布局，随后恩梯恩株式会社、株式会社捷太格特也相继提出了相关的专利申请，可见这些国外大公司都已开始瞄准了中国市场。中国企业出现第一件相关的专利申请是由上海市轴承技术研究所提出的专利申请（CN1548783A），发明名称为"自润滑角接触球轴承"。该专利申请的出现拉开了中国企业在该领域专利申请的帷幕，随后洛阳轴研科技股份有限公司、瓦轴集团等，纷纷就此进行研发，提出了一定数量的专利申请。

图 3 - 2 - 4　单列角接触球轴承润滑技术中国专利申请随年份变化

3.2.2.3　美国申请态势

如图 3 - 2 - 5 所示，美国研究开始最早，但发展缓慢，1898 ~ 1997 年，年申请量几乎没有增长，而从 1998 ~ 2002 年出现大幅急剧增长，至 2006 年达到申请量顶峰，随后逐年下降，在 2009 ~ 2011 年有所波动。

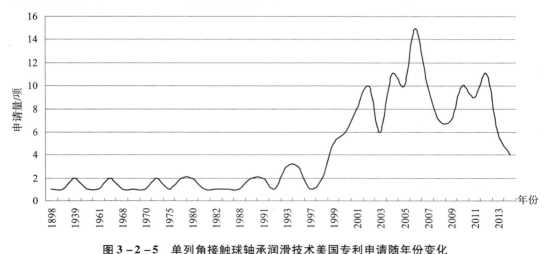

图 3 - 2 - 5　单列角接触球轴承润滑技术美国专利申请随年份变化

3.2.2.4　德国申请态势

德国的专利申请从 1964 ~ 1992 年发展较缓慢，1999 年开始迅速发展，至 2001 年申请量达到顶峰，随后回落（参见图 3 - 2 - 6）。

图 3 - 2 - 6　单列角接触球轴承润滑技术德国专利申请随年份变化

3.2.3　技术流向分析

通过统计全球轴承装配技术专利申请的主要申请人所在国（地区）和技术流入目标国（地区），对比各国（地区）申请人的数据，可以从中发现（参见表 3 - 2 - 1），日本是申请量最大来源国，排名第一。有关单列角接触球轴承润滑技术的专利申请量达到 843 项，而中国虽然排名占据第四，但其申请总量仅有 88 项，占日本申请量的 1/10，由此可以看出，日本相关技术的研发处于领先地位。

表 3 - 2 - 1　单列角接触球轴承润滑技术全球技术主要来源国分析

来源国	申请量/项
日本	843
德国	116
美国	89
中国	88
法国	73

进一步深入分析日本、德国、美国等发达国家的申请人，可以从中发现，虽然日本专利申请的数量处于首位，但其中本国申请量的占比明显高于德国、美国，这说明日本申请人也很重视国内专利布局的，从另一个角度也说明日本国内各个轴承企业之间的技术竞争也非常激烈。通过对相关专利的梳理也发现，单列角接触球轴承的润滑技术的核心依然集中在几个知名大企业中，例如恩梯恩株式会社、日本精工株式会社及斯凯孚集团等，他们掌握了全球主要单列角接触球轴承润滑的先进技术和销售市场。

如表 3 - 2 - 2 所示，反映了全球单列角接触球轴承润滑技术主要申请目的地及流向。对比各国申请人的数据，可以从中发现，与排名前三位的日本、德国、美国相比，中国的企业及研究人员极少在国外申请专利，这也从一个侧面说明中国企业技术实力的不足。

表 3 - 2 - 2　单列角接触球轴承润滑技术领域专利申请主要申请人
所在国和技术流入目标国

单位：项

主要申请人所在国	技术流入目标国			
	日　本	中　国	美　国	德　国
日　本	442	63	87	37
德　国	9	6	12	41
美　国	5	2	37	4
法　国	8	3	9	6
英　国	2	—	2	3
中　国	1	69	1	—
加拿大	1		1	
荷　兰	3	—	3	1
韩　国	2	2	1	1
瑞　典	2	1	3	2

　　同时，对比分析主要专利申请目的地，可以看出，美国、德国是单列角接触球轴承润滑技术领域的主要技术流入国。与技术流出国排名反差最大的是日本，说明其技术相对封闭，外国企业很少涉足。而中国国家知识产权局所受理的非本国申请人的专利申请中，申请数量排名第一位的是日本申请人，而在其他国家知识产权部门的这一排名中，第一位通常是美国申请人，可见日本轴承企业十分看重中国轴承市场，注重在中国的专利布局。

3.2.4　主要申请人专利申请分析

　　综合考虑全球申请量、市场份额以及多国申请情况得出了对单列角接触球轴承的润滑技术专利申请的全球排名前几位申请人（参见图 3 - 2 - 7），其中前五位全球主要申请人都是较为著名的轴承生产商，它们根据各自的销售策略，在不同的国家（地区）进行申请。排名前五位的申请人中，除了瑞典的斯凯孚集团，剩余 4 位都来自日本，可见日本有关单列角接触球轴承的润滑技术是处于世界领先地位的，其也占据了世界轴承市场绝大部分的市场份额。

　　（1）恩梯恩株式会社

　　截至 2014 年 5 月 31 日，恩梯恩株式会社就轴承润滑向中国国家知识产权局提交发明专利申请 257 件，其中有关单列角接触球轴承的首件申请为 2002 年 9 月 2 日提出，其要求了日本优先权（JP2001 - 265674、JP2001 - 361975、JP2001 - 394898），该发明涉及一种角接触球轴承及滚动轴承，该轴承在对由外圈、内圈、滚动体及保持器构成的轴承的内圈及外圈或滚动体的任意一方实施碳氮共渗处理的同时，向所述轴承内封入以脲类化合物作为增稠剂使用的润滑脂。该轴承虽然是密封式，但是不会由密封安装上的因素导致套圈的强度降低或正面宽度的降低，从而能够实现与非密封式轴承相同尺寸的设计和实用化，并具有耐微振磨损特性。

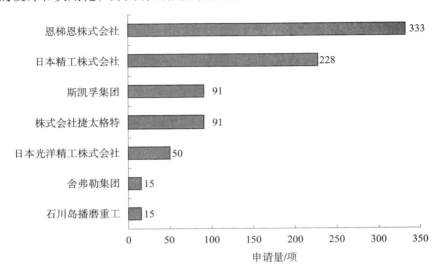

图 3－2－7　单列角接触球轴承润滑技术全球主要申请人专利申请量及其排名

（2）日本精工株式会社

截至 2014 年 5 月 31 日，日本精工株式会社就轴承润滑向中国国家知识产权局提交发明专利申请共 109 件，其与协同油脂株式会社共同提交了有关轴承润滑技术的首件申请（JP2002047499A），申请日为 2001 年 9 月 2 日，其要求了日本优先权 JP2000－234739，该发明具体涉及一种滚动轴承用的润滑脂组合物，该润滑脂组合物在由分子结构中具有极性基的润滑油和无极性润滑油配合的基油中，含有含长径部分的长度至少为 3μm 的长纤维状物的金属皂碱增稠剂作为滚动轴承用润滑脂组合物。该润滑脂组合物实现了降低轴承扭矩的目的，解决了滚动轴承一直存在的由于润滑脂的黏性阻力产生的摩擦扭矩。

（3）株式会社捷太格特

截至 2014 年 5 月 31 日，株式会社捷太格特就轴承润滑向中国国家知识产权提交发明专利申请共 106 件，该企业向中国提交的专利申请比较晚，最早有关轴承润滑技术的首件申请（JP2006125540A），申请日为 2005 年 10 月 28 日，其要求了日本优先权 JP2004－315386，JP2004－360667，JP2004－367066，JP2004－372682/2004，该专利具体是将储存润滑油的油箱内润滑油的泵整合到滚动轴承的外面，例如壳体内用于容纳滚动轴承的外环间隔物上，喷嘴在滚动轴承的固定环和旋转环之间的环形空间中敞开，在所述喷嘴中，润滑油出口与泵的排出口连通以将排自泵的润滑油提供给滚动轴承，通过使用通用滚动轴承降低成本，同时，完全或部分地不需要用于润滑的外部装置或管，以及消除了由压缩空气引起的噪音问题。

3.2.5　中国主要申请人简介

虽然中国目前已成为世界轴承生产大国，但还不是轴承强国，尤其是在单列角接触球轴承的润滑技术上，与世界轴承强国相比还有较大的差距。中国有关应用高精密的轴承润滑产品，主要还是依托进口。但是，近年来，由于中国经济持续、快速、健康地发展，中国一些轴承企业也开始了积极开拓创新，加大了研发力度。

我国轴承行业的高端市场基本为德国和日本等外资企业所垄断，尤其是有关角接触润滑的相关产品绝大部分被日本企业占领。

目前，中国轴承生产商包括洛阳轴研科技股份有限公司、瓦房店轴承集团有限责任公司（以下简称"瓦轴集团"）等为代表的近 2000 家企业。

（1）洛阳轴研科技股份有限公司

洛阳轴研科技股份有限公司是由洛阳轴承研究所于 2001 年 12 月 9 日改制组建的股份制企业，是集人才、技术、科技成果为一体，重点为国民经济建设备领域关键主机及国防建设研制"高、精、尖、专、特"轴承产品的企业。

该企业主要从事滚动轴承基础理论、产品设计、工艺装备、精密仪器等综合技术的研究与开发，并承担高速精密轴承、特种轴承及数控机床用电主轴等特殊专用产品的小批量试制和规模化生产。企业在航天特种轴承生产方面拥有领先地位，中国火箭、卫星、飞船用轴承市场占接近 100% 份额，曾完成从神舟一号到神舟五号飞船的轴承配套任务，并为神舟六号飞船提供了 7 大部分 22 种轴承。企业其他高端产品精密机床轴承、陶瓷轴承和数控电主轴也处于中国领先技术水平。

该企业于 2003 年 3 月 27 日提出了第 1 件有关单列角接触球轴承润滑技术的专利申请（CN2611670Y），该申请的发明名称为"一种高速可卸式密封角接触球轴承"，该角接触球轴承具体适用于脂润滑，由内套圈、外套圈、滚动体、保持架、防尘盖和弹簧挡圈组成，轴承外套圈上设有密封槽，两端的防尘盖靠两端的弹簧挡圈紧固在外套圈的密封槽里；内套圈与防尘盖之间留有一很小的径向间隙。截至 2014 年 10 月 31 日，该企业提出角接触球轴衬润滑技术的相关专利申请累计 21 件。

（2）瓦轴集团

瓦轴集团是中国最大的轴承制造和销售企业，其前身瓦房店轴承厂始建于 1938 年，1995 年整体改制为国有独资企业。瓦轴集团是中国轴承工业的发源地，被誉为中国轴承工业的故乡和摇篮，是中国最大的轴承制造企业，先后北迁创立了哈尔滨轴承厂，援建了洛阳轴承厂，包建了西北轴承厂，并相继为全国上百个轴承企业提供了人才、技术与管理等方面的支持与帮助，为中国轴承工业发展作出了重要贡献。

瓦轴集团的主导产品是为重大技术装备配套轴承、轨道交通轴承、汽车车辆轴承、军事装备轴承等，主导产品的中国市场占有率均在 20% 以上。在设计、制造、试验检测三大技术平台和制造水平均具有一定的国际市场竞争能力。

瓦轴集团为中国制造业和中国机械 500 强企业，注册商标为"ZWZ"，其有 21 家子公司。在全球拥有八大产品制造基地，共 23 家制造工厂，拥有国家级企业技术中心，国家轴承产品检测试验中心和中国轴承行业唯一的"国家大型轴承工程技术研究中心"等科研开发机构。瓦轴集团的 18000 多种轴承产品全部拥有自主知识产权（包括商标及专利），占世界全部常规轴承品种的 26%，并以每年开发近千种新产品的速度在满足市场的需求，新产品占销售收入的 45% 左右。产品远销世界 100 多个国家或地区。截至 2014 年 10 月 31 日，该公司提出相关申请累计 14 件，其中涉及单列角接触球轴承润滑技术的专利申请 6 件。该公司于 2005 年 4 月 15 日提交第 1 件有关单列角接触球轴承润滑技术的专利申请，该申请的发明名称为"带防尘装置、润滑油槽油孔的角接触球轴承"，其由轴承外圈、轴承内圈、轴承保持架和钢球组成。轴承两断面设有防尘罩，将轴承封闭，轴承外圈外径上设有油槽和油孔，其可以防止灰尘及其他污染物进入轴承内，及时和方便地给轴承各部位注油润滑，可满足轴承同时承受径向载荷和轴向载荷以及高速运转要求，保证轴承处于良好的工作状态。

3.3 单列角接触球轴承润滑技术专利申请分析

3.3.1 专利申请技术路线分析

通过对相关专利申请的整理分析，可以得出，单列角接触球轴承润滑技术通过上百年的发展，无论是从润滑物质还是润滑结构上都日趋成熟完善。

在高速主轴结构设计中选择合理的润滑方式对保证高速主轴运转是非常重要的。下面着重分析一下单列角接触球轴承油脂润滑的主要技术发展。

随着技术的成熟与发展，人们发现油气润滑需要作为附加设备的空气油供给装置，且需要大量的空气，因此在成本、噪音、节约能源、节省资源等方面存在问题。此外，也存在由于油液的飞散而造成环境恶化问题。

为了避免这些问题，产生了油脂润滑。油脂润滑在使用工作中也出现了新的问题，油脂润滑因为仅靠轴承安装时密封的润滑油脂进行润滑，因此如果高速运转，则由于轴承发热导致的润滑油脂的劣化或轨道面特别是内圈上的油膜裂片，以致造成提前烧伤。特别在 d_mN 值超过 100 万（轴承内径 nm × 转速 rpm）这样的高速旋转区域，难以保证润滑油脂的寿命。

作为延长润滑油脂寿命的方法，专利申请 JPH11108068A 给出了解决方案，在外圈轨道面部设置润滑油脂积存部，以达到高速长寿命的目的。此外，也出现了专利申请 JP2003113998A，通过在轴外部设置的润滑油脂补给装置，对轴承部适宜补给润滑油脂而进行润滑。

但是，如果考虑与空气油润滑同等的使用转速或无需维护，以上技术方案则不能满足与空气油润滑的同等要求。传统地润滑结构具有单排球体的深沟槽滚动轴承具有密封件或者密封凸缘，其能够通过油脂进行润滑以保证工作，油脂初始时位于轴承内，圆周地位于球体之间，且径向地位于在轴承滚道之间。但是，长远来看，随着油脂的老化以及轴承经历的加热周期，油脂的混合导致油脂降级。因此，要对这种类型的滚动轴承进行周期性的添加油脂，但这种操作成本较高。

随后出现了日本专利申请WO2006/041040A，申请人为恩梯恩株式会社，以及德国专利申请DE102005016404A，其申请人为舍弗勒集团，他们都公开了一种滚动轴承，其具有能够容纳在轴承的两个圈之间的独立的润滑剂储箱。润滑剂能够通过由滚动轴承的圈之一的面和润滑剂储箱的壁部分地界定的径向管供应到轴承的球体上。然而这样的结构偏于复杂，成本也高，该结构同样适用于单列角接触球轴承。

与此结构类似的德国专利申请DE2005033566公开了没有间隙的滚动轴承，其中外圈由两部分组成。该圈的一部分通过冲压片状金属获得，并与保持圈的两个部分的壳体一起界定一空间，轴向预加载的弹性部件容纳在该空间内。但是，该结构没有提供润滑滚动轴承的特定方式。

英国专利申请GB1245451A同样公开了一种具有两个圈和围绕所述圈之一的环形壳体以及充注有润滑剂的闭合空间的滚动轴承，该润滑剂也可适用于单列角接触球轴承中。

欧洲专利局的专利申请EP0769631A部分示出具有由圈之一形成的润滑剂通道的球轴承。这些已知结构都不能以真正有效和经济的方式实现滚动部件令人满意的润滑。

由斯凯孚集团提出的专利申请FR292327A拥有欧洲、美国、日本、韩国、中国多个同族申请，其提供了仅使用轴承内密封的润滑油脂即可以进行高速化、长寿命化、无需维护及稳定的润滑油供给的滚动轴承。其具有内圈、外圈及夹在内外圈的轨道面间的多个滚动体，其中，在作为轨道圈的内圈及外圈中的不旋转的固定侧轨道圈上，沿从滚动体离开的方向设有与轨道面连续的阶梯面，设有间隙形成片，所述间隙形成片的前端与所述阶梯面介由间隙相对，且沿周壁在与所述固定侧轨道圈之间形成有流路，设有与所述流路连通的润滑油脂积存部，所述阶梯面和间隙形成片的前端之间的间隙能够始终保持润滑油脂的原油，且具有能够通过轴承的旋转产生的原油的体积膨胀及轨道面附近的空气流将所述原油向轨道面供给的尺寸。该滚动轴承的润滑供给系统也适用于单列角接触球轴承。

通过以上各个阶段专利申请分析可得知，油润滑与脂润滑仍然是单列角接触球轴承目前的主要润滑方式，润滑供给系统的结构也是在不断研究改进中，而随着技术的进一步发展，未来可能还会出现一些新型油润滑结构及润滑脂。

3.3.2　主要专利申请技术分析

通过筛选与分析，给出了以下几项不同发展阶段的单列角接触球轴承润滑方式的主要专利申请。希望通过以下专利申请的介绍，能更清楚直观地看到各个时期的单列角接触球轴承不同润滑方式的特点，给行业相关人士提供一定的参考，进而有利于开展后续的研发工作。

（1）喷射润滑

专利申请JP2001012481A公开的角接触球轴承润滑构造中（参见图3-3-1），在轴承内圈 42 的一个宽面上形成作为集油部的斗部 50，同时在与其邻接配置的外圈隔圈 47 上，形成有朝向上述斗部 50 喷射润滑油的供油喷嘴 51。另外，斗部 50 通过喷嘴孔 52 与内圈 42 的轨道面连通，从供油喷嘴 51 供给的润滑油大部分浸入斗部 50，通过离心力，经喷嘴孔 52 喷涂到球 44 上。

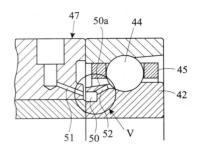

图 3 - 3 - 1　JP2001012481A 的技术方案示意图

（2）油气润滑

在用于单列角接触球轴承的油气润滑的油气中，几乎没有轴承冷却效果。因此，在采用油气润滑的场合，需要另行设置冷却机构。作为这样的冷却机构有如下结构，即在冷却外壳的同时，通过在中空轴的内径部中流通冷却油来冷却轴承。

（3）润滑供给系统

有关一种滚动轴承的润滑装置的专利申请 US2009046965（参见图 3 - 3 - 2），其轴承可不增大动力损失地进行高速运转，同时，可通过简单的构造调整供油量，并且在没有复杂的供油机构的情况下进行轴承的冷却，该润滑装置同样适用于单列角接触球轴承。该专利文献由申请人恩梯恩株式会社于 2005 年 8 月 23 日同时向美国、德国、日本、韩国、中国提出申请。

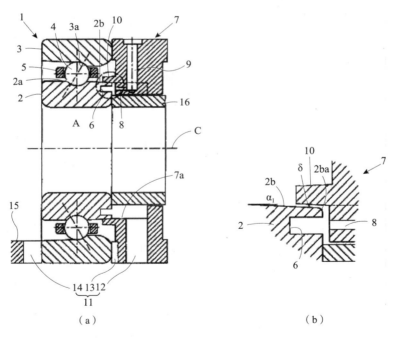

（a）　　　　　　　　　　　（b）

图 3 - 3 - 2　US2009046965 的技术方案示意图

该润滑装置用于从润滑油导入部件将润滑油喷出到滚动轴承中进行润滑。在滚动轴承内圈的宽面上设置圆周槽。润滑油导入部件具有相对于上述圆周槽开口的喷出口。

在内圈的外径表面上设有斜面部，该斜面部以内圈的轨道面侧为较大直径，通过作用于该润滑油的离心力和表面张力，将上述圆周槽内的润滑油导入到内圈的轨道面上。在润滑油导入部件上设有凸状部，该凸状部通过微小间隙δ覆盖上述斜面部，控制从该微小间隙δ流向内圈轨道面的润滑油的流量。

根据该结构，从润滑油导入部件的喷出口对内圈的圆周槽喷出的润滑油，通过内圈的旋转而作用的离心力和表面张力，沿着内圈的斜面部供给到轨道面上。通过覆盖该斜面部的凸状部和斜面部之间的间隙，对沿着该斜面部的润滑油进行流量控制，将剩余部分排出。即若没有凸状部，则在斜面部上流过的润滑油的一部分由于间隙尺寸小而无法通过上述间隙，从而进行流量控制。

这样，将从润滑油导入部件喷出的润滑油沿着内圈表面供给到轴承内，并进行流量控制而供给，故不会产生较大的搅拌阻力，可不增大动力损失地进行高速运转。流量限制是将润滑油导入部件的凸状部覆盖在内圈外径表面的斜面部上，形成微小间隙，通过该微小间隙来调整而进行，故与在内圈端面上形成微小间隙的方案不同，在轴承尺寸小的场合或内圈的厚度薄的场合等也可进行。另外，可通过设置凸状部这种简单的结构进行流量控制。由于通过该微小间隙进行流量控制，故即使不调整向润滑油导入部件的供油量，也可进行适量的供油。因此，可不使外部具有供油量复杂的控制功能，而通过上述凸状部设定间隙这种简单的结构来决定供油量。供给润滑油导入部件的润滑油中，通过上述流量控制，将没有被用于供油的润滑油排出，故润滑油供给量比润滑所需要的量高很多，因此可通过供给润滑油导入部件而直接排出的润滑油进行轴承的冷却。因此，在不具有复杂的冷却机构的情况下进行轴承的冷却。

申请人斯凯孚集团于 2007 年 11 月 5 日提出了专利申请 FR292327A（参见图 3－3－3），其同时向欧洲、美国、日本、韩国、中国、瑞士等地提交了申请，该申请公开了滚动轴承，特别是具有内圈和外圈以及一排或多排由保持架保持在设置于两个圈上的轴承滚道之间的滚动部件的滚动轴承。滚动部件例如球体。滚动轴承可以是例如用于工业电动机或机动车辆齿轮箱中的滚动轴承。在这样的应用中，轴承主要是径向承载，通常具有与使用的轴承的能力相比相对较小的负载。在这样的应用中，转速是在 3000rpm 数量级，滚动轴承的使用寿命实质上与轴承的润滑有关。润滑轴承中的任何缺陷通常导致轴承的快速降级和失效。

该滚动轴承的具体结构如图 3－3－3 所示，具有内圈（1）和外圈（2）以及至少一排由保持架（4）保持在设置于所述两个圈上的轴承滚道之间的滚动部件（3），以及具有围绕所述圈的至少一个的环形壳体（5），所述圈与所述壳体形成至少一个闭合空间（21a、21b），润滑剂位于该闭合空间内，所述圈是由所述壳体（5）围绕的两个部分（2a、2b）组成，所述圈的两个部分的每一个与所述壳体界定闭合空间（21a、21b），包括至少部分地彼此面对的轴向孔（24a、24b）的用于润滑剂的通道装置形成在所述圈的所述两个部分（2a、2b）的每一个径向部分（12a、12b）的厚度中，并将所述两个闭合空间（21a、21b）连通。

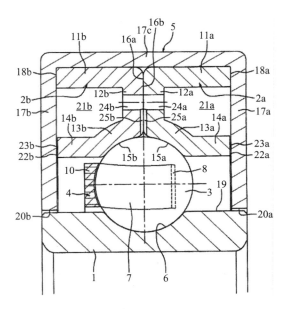

图 3 - 3 - 3　FR292327A 的技术方案示意图

3.4　主要产品介绍

3.4.1　日本精工株式会社的润滑脂

为应对近年的环保要求，在机床主轴专用轴承即角接触球轴承方面，日本精工株式会社推出了润滑脂补给系统，在以往只有靠润滑油润滑才能达到的高速领域，实现了以润滑脂润滑也可实现润滑目的的方式。这一系统，在抑制润滑剂及空气消耗量的同时，还去除了喷雾及风所导致的噪音，改善了使用环境。作为润滑技术中重要组成部分的润滑剂，日本精工株式会社也研发出了以下几种产品，并得到了广泛的应用。

（1）NSL 润滑脂

NSL 润滑脂是直线导轨专用油，具有耐磨损性好和使用寿命长的特点；低污染，具有防水性腐蚀性能。其属于高温高速精密油脂，利用高温稳定脂特殊合成油和精选防氧化剂制成，可以使高温润滑寿命得到提高，在 150℃ 高温旋转试验的条件下，达到 2000 小时以上的润滑寿命。另外还能进一步提高在潮湿等恶劣环境下的防锈功能。

（2）PS2 润滑脂

属于高精密高速脂，使用高级合成油作基础油，加入尿素类增稠剂和特殊添加剂，有一定的耐磨耐蚀性和使用寿命，适合高速、中低温、小型高速精密机械使用，适宜温度为 190℃。PS2 润滑脂是微型直线滑轨和滚珠螺杆采用的润滑剂。

（3）LG2 润滑脂

属于无尘室专用油脂，低污染，专门用于清洁度要求较高的半导体、液晶 LCD 制造装置使用的直线导轨和食品机械上。

（4）AS2 润滑脂

属于重负荷、防水抗腐蚀用精密油脂。以精炼矿物油为基础油，使用了锂类增稠油脂和特殊添加剂制成，耐磨损性、极压性较好。它具有较好的耐负载性和氧化稳定性，可维持长时间的润滑性能，具有较高的润滑寿命。吸水性较佳，即使处于含有大量水分的状态下也不会被水软化冲走。AS2 润滑脂是普通直线滑轨和滚珠螺杆采用的一种广泛普通用型润滑油脂。

（5）LGU 润滑脂

作为无尘室内使用的直线滑轨和滚珠螺杆等专用润滑剂，LGU 润滑脂是由日本精工株式会社开发的腻基低粉尘润滑油脂。

与原来无尘室内常用含氟润滑剂相比，它具有润滑性能较高、润滑寿命较长、稳定脂扭距特性（滑动阻力）等特点，另外还具有高防锈能力，并且在粉尘特性方面实现了较好的低发尘特性。此外，此油脂使用高级合成油，因此可以按普通润滑油的相同方法使用。

日本精工株式会社还开发出了 MTS 润滑脂，其使用了尿素增稠剂，并使其在高速运转状态下具有较好的耐热性能。

3.4.2　日本精工株式会社的 ROBUST 系列轴承

日本精工株式会社轴承（恩斯克）混合陶瓷轴承生产结构，品牌为 ROBUST。混合陶瓷轴承结合钢圈和氮化硅滚动元素；ROBUST 生产线目前覆盖了角接触球轴承和圆柱滚子轴承。

现代高速机床主轴通常装有电主轴，因此运转时温度变化剧烈，从而导致轴承内部载荷也剧烈变化。ROBUST 系列轴承将这种因运转温度变化引起轴承内部载荷变化的不利影响降低。日本精工株式会社利用计算机解析技术和材料技术使电主轴轴承的开发取得进展。计算机解析技术的重点是使轴承的发热最小化。ROBUST 系列角接触球轴承正是基于这种解析结果进行开发。此系列轴承具有温升波动最小和一定内外圈温差下，PV 值变化小的特点。

采用 ROBUST 系列轴承，使机床主轴的转速提高了 20%，同时保持了传动轴承的高刚度和长润滑脂寿命。

另外，ROBUST 系列轴承使用了高速耐热钢材（SHX），使定位预紧条件下的 d_mN 值达到 2.0×10^6 mm·r/min，如果使油气润滑（Spinshot TMⅡ）处于最优化的状态，定位预紧条件下的 d_mN 值可以达到 2.0×10^6 mm·r/min。

ROBUST 陶瓷轴承的内外圈由日本精工株式会社 SHX 钢制成，对应专利申请为 JP2961768B2，公开日为 1998 年 8 月 6 日，这种钢是专门为用于陶瓷滚动元素而设计的。大多数其他混合陶瓷轴承采用 52100 标准轴承钢，是为钢滚动元素而设计的。

日本精工株式会社持续操作的高速性能指数 d_mN 可达到 3.3×10^6 mm·r/min，这相当于 70 毫米轴承每分钟转 47100 次。

SHX 是一种低介在物钢，套圈热处理洛氏硬度比标准 52100 高碳铬合金轴承钢套圈的硬度还高，允许它们进一步发挥陶瓷滚动元素的特性。日本精工株式会社指出 SHX 允许高精密机床更高的运行速度，还能保持运行的温度降低，帮助在减速时消除压痕和划痕。在混合陶瓷设备中，SHX 提供比 52100 高出 4 倍的疲劳强度。

然而最早将 SHX 应用于滚动轴承的是一项于 1990 年 8 月 23 日提交的美国专利申请 US5085733A，该滚动轴承钢含有 0.2%～0.6%（重量分数）碳、0.3%～2.0%（重量分数）硅、0.5%～2.5%（重量分数）铬、1.7%（重量分数）锰或更少、12ppm 氧或更少、铁和无法避免的杂质。这种钢无须单独的热处理即可产生精炼硬质合金。在高温条件下这种钢的尺寸稳定性非常好。滚动轴承的套圈（至少一个）和滚动体是由这种钢材制造而成，这种钢材要经过渗碳或碳氮共渗，然后淬火，最后回火处理。这样套圈和滚动体在高温条件下就不会变软。通过检索得知，该项专利并没有进入中国申请，因此国内企业可以完全借用该专利中相关的 SHX 生产技术自行生产研发。

除了陶瓷滚动轴承元素以外，ROBUST 混合陶瓷轴承通常还采用 PEEK（聚醚醚酮）保持架。采用 PEEK 保持架的 RXH 系列混合陶瓷轴承是相对比较新的应用；是适用于下一代高速机动化主轴两端的高速圆柱滚珠轴承。通常情况下，主轴两端的轴承都有折衷装置，可以避开热诱导轴和径向轴，但不足以产生谐波振动或滚道磨损。RXH 混合陶瓷圆柱滚子轴承可以支持必要的主轴速度，稳固地安装以消除径向移动并允许主轴进行轴向移动。

ROBUST 混合陶瓷轴承分为 H 系列、X 系列和 XE 系列球轴承、RXH 系列圆柱轴承。H 系列轴承采用日本精工株式会社 Z 系列钢和陶瓷滚珠制成，可添加油脂，是专门为高速机动化机床主轴设计的。X 系列轴承则为更高速的设备设计，采用酚醛保持架和 SHX 钢，可以在最少润滑油的情况下运行。XE 系列轴承实质上是采用空气雾化注射或油雾注射润滑的 X 系列轴承。

日本精工株式会社 ROBUST 系列超高速角接触球轴承（参见图 3-4-1）具有以下特点。

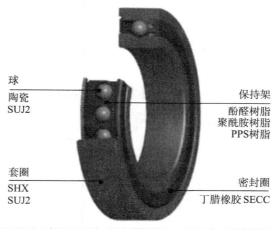

图 3-4-1 ROBUST 系列超高速角接触球轴承

① 优化设计：运用解析程序优化设计的 ROBUST 系列，充分考虑了滚动体滑动而引起的温度上升，对此进行优化设计。

② 长寿命化：耐热、耐磨损性能较好的新材料 SHX，提高微量润滑下耐烧伤极限，在实现高速运转同时延长轴承寿命。

③ 高精度：采用适合于使用工况的滚动体材料，ROBUST 系列角接触球轴承，采用高精度的陶瓷球。高精度 P2 系列，对应高速化的高精度设计。

④ 高速化：对应高速化的保持架，开发了对应高速化所必需的重量小、耐热性、高刚度为一体的低摩擦材料工程塑料保持架。

⑤ 静音化：高速主轴的静音化（SPINSHOT2）消除了油气润滑的风切音。

3.5　小　　结

从专利申请的角度分析，我国的单列角接触球轴承润滑技术与日本、德国、瑞典等国家的先进润滑技术还有一定的差距，中国的相关技术无论是在轴承结构本身还是材料的应用上，都落后于国外产品，目前多靠进口，尤其是润滑脂材料，中国企业几乎没有相关的专利申请。通过本章的分析可知，中国企业有关单列角接触球轴承润滑技术的相关专利申请相对较少，其中有的也是涉及润滑结构方面的申请，有关脂润滑核心技术的相关专利申请几乎没有。一方面，如何加强与油脂行业的合作研发，针对单列角接触球轴承应用的不同而研发出新型的润滑脂仍然是研发攻关的难点，另一方面，选择新型材料也为改善润滑性能提供新思路。中国轴承企业可以适当吸取国外的先进技术和经验，在单列角接触球轴承的润滑技术研发方面，可具体从以下两方面寻找突破口，以加快研发步伐。

① 目前关于润滑脂的专利申请中国尚没有一件提出，而日本精工株式会社的润滑脂处于领先地位，占领了大多数市场份额，因此中国企业可以从日本精工株式会社的润滑脂相关专利申请入手，分析现有润滑脂的优缺点，尽快缩短与国外企业的差距。

② 日本精工株式会社的 ROBUST 系列轴承使用了高速耐热钢材（SHX），使用该钢材的球轴承具有耐热、耐磨损、高精度等诸多良好性能，值得中国企业研究借鉴。

第4章 单列角接触球轴承密封技术

滚动轴承在设计和制造之后，如何在工作中建立和维护轴承内部的良好环境，这个技术是关系到轴承性能和寿命的一个最为重要的因素，密封技术的发展直接关系到滚动轴承的整体性能，受到轴承制造企业的广泛关注。

目前我国滚动轴承的密封技术与国外相比存在一定的差距，面对国外企业特别是日本企业在中国不断扩大的专利布局的局面，为了向我国轴承密封技术的技术人员、企业提供有价值的参考方向，本章着重从滚动轴承密封技术向国内外专利进行分析。

由于滚动轴承的种类繁多，涉及滚动轴承密封技术的国内外专利申请数量庞大，多达十几万件，仅角接触球轴承密封专利申请也有几万件，基于样本分析、时间成本等多种因素的考虑，本章选取滚动轴承中在战略新型产业应用较为广泛的高精度零部件——单列角接触球轴承为样本，将单列角接触球轴承的密封技术专利申请作为重要研究方向，从专利申请量趋势、申请人、技术主题等多维角度，对单列角接触球轴承密封技术的全球和中国专利申请进行宏观总体分析，以揭示该技术专利申请的发展历程和趋势，在此基础上以重要申请人为切入点，深入分析其技术发展和技术整合线路，希望能够以点带面地得出单列角接触球轴承的密封技术的专利申请特点和技术发展方向，以期对中国轴承企业的研发工作、专利申请和保护提供有益参考。

本章研究范围有单列角接触球轴承的密封技术、排除了滑动接触轴承和其他类型的滚珠或滚柱轴承的密封技术。单列角接触球轴承密封技术的全球专利申请为1878项，中国专利申请量为310件。

4.1 行业及技术发展概况

密封技术在轴承的运行过程中起到了非常重要的作用，密封的目的在于防止轴承内的润滑剂外漏和减少环境污染的同时，防止了外部灰尘、水分和有害气体等进入轴承的内部，使得轴承可以在所要求的状态下，安全而持久地运转。

当轴承的润滑方法确定之后，接下来就要考虑如何选择适当的方式进行密封。选择密封装置时，应着重考虑轴承的润滑形式（脂或油）、密封部位的线速度、支承安装误差密封圈摩擦及由其产生的温升、允许空间，以及成本等。

4.2　全球态势分析

4.2.1　全球专利申请态势分析

一般而言，产业技术的发展都需要经历技术孕育期、技术成长期、技术成熟期和技术瓶颈期等几个阶段，但是涉及单列角接触球轴承的密封技术的研究跨越了近百年的历史，仅从专利分析的角度上不可能明显地分为以上几个阶段。从专利申请的角度分析看，图4-2-1示出了从有记载单列角接触球轴承的密封技术专利申请，开始到目前为止所记载的密封技术历年全球专利申请量的变化情况，从图中可以看出，截至2014年10月31日，单列角接触球轴承密封技术专利申请量总体呈现增长态势。根据逐年单列角接触球轴承密封技术的专利申请量变化，将其发展分为缓慢发展的萌芽期（1917～1968年）、第一发展阶段（1969～1997年）、第二发展阶段（1998年至今）3个阶段。这3个阶段具有不同的发展特点，下面将对每个发展阶段的具体情况进行分析。

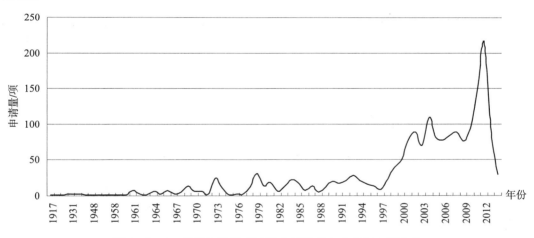

图4-2-1　单列角接触球轴承密封技术全球专利申请态势

（1）缓慢发展的萌芽期（1917～1968年）

在技术萌芽期近40余年的时间中，申请量一直维持在很低的水平，这一阶段的技术受到了润滑剂、轴承结构等基础技术发展的限制，而且技术处于初级阶段，因此全球每年仅有个位数的专利申请，缓慢发展的萌芽期专利申请仅有41项。

在EPODOC数据库中进行检索后找到最早的关于单列角接触球轴承密封技术的专利申请始于1917年，美国STEPHENS ADAMSON MFG COMPANY的发明人KENDALL MYRON A提出的专利申请US1292799A，该专利申请涉及用于传送带支撑体的滑轮组件中使用到单列角接触球轴承单元，每个单列角接触球轴承单元内圈包含一个不可旋转地安装在轴上的轮毂。每个球轴承设置于相应的轴承座内，在球轴承的前端设有充足的空间用于容纳纤维环或弹性环，纤维环或弹性环的作用是防止灰尘和污垢进入轴承内，同时也能限制润滑油或其他润滑剂溢出轴承环。这代表人们对单列角接触球轴承密封技术开始进行详细研究。

美国 BURGESS NORTON MFG CO 的 SUNLEAF ARTHUR W 于 1928 年提交了专利申请 US1720703A，其中对单列角接触球轴承的防尘盖做了改进并使用了垫圈，从而提高了轴承的耐磨性。

英国的 HOFFMANN MFG CO LTD 于 1931 年提出了首件有关单列角接触球轴承密封技术的专利申请 GB361276A，其中，对单列角接触球轴承的耐磨性进行了改善，通过在轴承的外环圈 6 设有肩部 11 来阻止轴承圈环 5、6 的分离，从而防止润滑剂从轴承泄漏。

美国 LOGAN CO INC 的 GOTTHARDT HENRY R 发现，现有使用毡垫圈来密封轴承会出现阻碍轴承的自由转动并且毡垫圈会出现卷曲的缺陷，为克服上述缺陷，其在 1931 年提出了在滚珠轴承内圈内设置防尘盘的专利申请 US1856547A。

1952 年，德国出现了首件有关单列角接触球轴承密封技术的专利申请。

1960 年，荷兰出现了首件有关单列角接触球轴承密封技术的专利申请 NL272820A，该件专利申请的申请人为德国人。

1962 年，比利时出现了首件有关单列角接触球轴承密封技术的专利申请 BE611462A1，这是德国人 FICHTEL&SACHS AG 在比利时进行的申请。

在这一时期，申请人以美国人居多，但其大多都在美国本国进行专利申请。通过浏览专利申请发现，早在 1953 年德国人就在其他国家进行了专利申请，以此开始实施对国外的专利布局。

（2）第一发展阶段（1969～1997 年）

在这一发展阶段，单列角接触球轴承密封的专利申请量震荡起伏，在 1969 年关于单列角接触球轴承密封技术的专利申请首次突破 10 项，在 1973 年突破 20 项，并在 1979 年达到了峰值 30 项。在这一发展阶段，人们对单列角接触球轴承的密封技术的探索更加深入，国外各大轴承企业在单纯研发的基础上也开始积极进行专利布局，这导致了专利申请开始出现了数量上的增长和质量上的提高。

1966 年日本企业 TEXTRON INC 在日本提交了专利申请 JPS4629042Y，首次涉及了单列角接触球轴承的环形密封唇，由于环形密封材质柔软，可以阻止润滑剂的流出，并达到良好的密封效果。

这一时期，以日本精工株式会社、恩梯恩株式会社为代表的日本轴承企业大力发展轴承技术，并引起了专利申请热潮，在此期间日本申请的年增长率远高于全球申请的年平均增长率。日本以单列角接触球轴承的密封技术专利申请总量 128 项独占鳌头，美国以总量 63 项位居第二，德国以 49 项专利申请位居第三。受日本研发热潮的影响，这一时期申请的主要内容集中在唇形密封上，其他密封方式的研究也一直在持续进行中。

这一时期，国外各大轴承企业在市场调研和归纳总结经验的基础上，开始研发自己的单列角接触球轴承密封技术，提出不同的密封技术。鉴于上述环形密封和唇形密封两种新的密封技术出现，国外各个轴承企业又各自进行了更加深入的研究和探索，单列角接触球轴承密封的专利申请量趋于平稳，处于调整阶段。

（3）第二发展阶段（1998 年至今）

从 1998 年开始，单列角接触球轴承的密封技术专利申请开始走上快速发展阶段，进入膨胀式的迅速发展阶段。

这一时期，随着人们对机床主轴轴承的逐渐重视，对于常用单列角接触球轴承的研发投入也大幅增加，尤其是在研发轴承历史较长的发达国家中，对单列角接触球轴承的密封件的材料和密封方式都进行了大幅改进，使其具有更好的密封效果。

这一时期，单列角接触球轴承的密封专利文献的申请人主要集中在日本、瑞典和德国。日本从 1966 年的第 1 件涉及单列角接触球轴承的密封专利申请开始一直到 1998 年，密封技术都在缓慢的发展中，但是从 1999 年申请量开始井喷式的增长，尤其是在 2001 ~ 2012 年，全球申请量为 1151 项，日本专利申请量为 434 项，占到了全球申请总量的 37.7%。日本企业在本国积极进行专利申请的同时，也开始在国外进行专利布局。以日本企业举例来说，日本精工株式会社、恩梯恩株式会社先后在 20 世纪 90 年代末期进驻了中国市场，并开始在亚洲地区进行专利布局。

总体而言，在密封技术近百年的发展中，几经起伏，技术一直在进步，从起初要求轴承外加密封圈用以密封到今天密封性能大大提高的迷宫式密封，伴随着基础技术所取得的进步，新型材料也不断地融合到单列角接触球轴承上，下面将对这些技术上的具体发展进行探讨。

4.2.2　主要国家申请态势分析

从上节的分析可以大致了解全球单列角接触球轴承密封技术专利申请的态势，本节将根据专利申请技术流向的主要目标国对单列角接触球轴承的申请量进行统计和分析。

来源国及其构成反映了不同国家的技术实力和技术侧重点，目标国则反映了这些技术来源国企业的主要目标市场。目标国专利申请的数量表明了申请人的技术数量以及对该国家/地区的重视程度。分析目标国的专利文献，可以了解该国在此技术领域的布局概况。而对于一些制造企业来说，专利布局意味着市场布局，企业可以通过了解目标市场的专利布局情况，实施有效的专利策略，从而在专利布局强度较高的成熟市场中有效规避侵权风险，在专利布局强度较低的新兴市场积极进行布局，抢占市场先机。

日本、中国和美国是全球单列角接触球轴承的密封技术最大的市场（参见图 4 - 2 - 2）。进入这 3 个国家的专利申请量占整个单列角接触球轴承密封技术市场的一半以上，这意味着大多数企业都会在这 3 个国家进行专利申请，在对其产品进行专利保护以有效进行其产品的生产和销售的同时，也在进行着自己的专利布局。

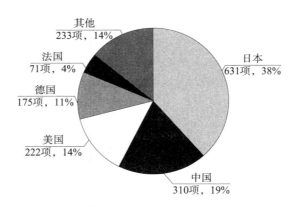

图4-2-2　单列角接触球轴承密封技术专利申请目标国/地区分布

对于日本目标国而言，首次申请的专利和作为目标国的申请量都是首屈一指的，占据了全球专利申请总量的38%，这与其拥有多家大型轴承企业有关，如恩梯恩株式会社和日本精工株式会社都是大型的跨国轴承企业，并且日本本土企业一般都会在本国申请专利，因此，日本的本国申请量较大。

对于中国目标国而言，进入中国的专利申请占到19%，位列第二位，其原因除了多数国外企业已经认识到中国轴承市场的发展潜力，在逐步加大各自在中国的单列角接触球轴承的密封技术的专利申请，并积极开展专利布局有关。

德国申请人除了在本国申请大量专利外，还在美国和欧洲进行了一定量的专利申请，这说明德国作为工业大国也非常重视美国和欧洲市场。

日本、美国、德国市场的专利申请量相对较大，对于中国企业而言，在进入这些国家或地区市场时，可以充分分析遭遇专利侵权风险的可能性，深入研究这些国家的专利申请状况和布局。

日本、中国、美国、德国是单列角接触球轴承的密封技术的主要目标国，占据全球专利申请量的61%以上，下面将对这4个国家涉及单列角接触球轴承密封技术的专利申请态势分别进行分析。

4.2.2.1　日本申请态势

日本开始进行轴承研究较早，恩梯恩株式会社等轴承企业先后于1914年和1918年建立。作为"二战"后快速崛起的国家，日本凭借深厚的科技研发实力和高度发达的机械加工和制造水平，成为轴承技术世界领先的国家，日本申请的单列角接触球轴承轴承密封技术的专利申请数量占据了全球专利申请总量的38%。

虽然日本进行轴承研究比较早，但其对专利开始关注并进行相关申请并不是很早，从图4-2-3可以看出，日本从20世纪60年代就开始申请有关角接触球轴承密封的专利，从每年零星几项的专利申请量一直到1982年，其年申请量才突破了10项，从1999年后，日本的单列角接触球轴承的密封专利申请一直名列前茅，从侧面可以看出日本对车床主轴的重视并投入了较多的财力和物力。由于拥有四大轴承企业恩梯恩株式会社、日本精工株式会社、日本光洋精工株式会社（2006年与丰田工机株式会社合并创立全新的株式会社捷太格特）和美蓓亚株式会社，日本在单列角接触球轴承密封技术的专利申请占有绝对优势。

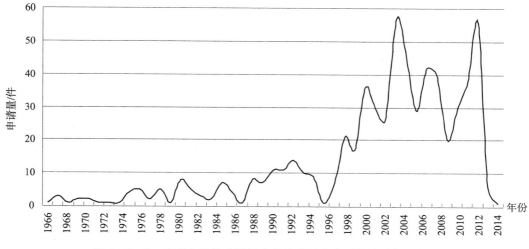

图 4 - 2 - 3　单列角接触球轴承密封技术日本专利申请随年份变化

4. 2. 2. 2　中国申请态势

单列角接触球轴承的密封技术在中国的专利申请量的发展趋势如图 4 - 2 - 4 所示，截至 2013 年底，单列角接触球轴承的密封技术在中国的专利申请量为 310 件。根据随技术发展而变化的专利申请数量趋势曲线并结合变化明显的节点，将在中国的单列角接触球轴承的密封技术专利申请量的发展趋势也分为两个阶段：初级发展期（1987～2010 年）和快速发展期（2011 年至今）。

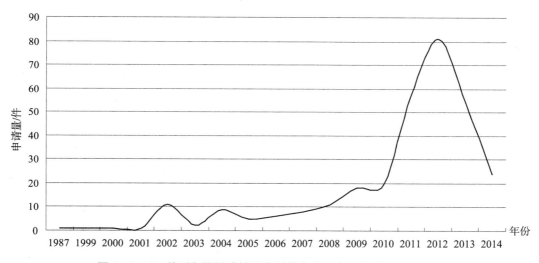

图 4 - 2 - 4　单列角接触球轴承密封技术中国专利申请随年份变化

在初级发展期，中国每年仅有零星的专利申请，这与我国实施专利保护较其他发达国家晚，国民专利保护意识较弱有关。我国 1984 年 3 月 12 日第六届全国人民代表大会常务委员会第四次会议通过了《专利法》，这是我国第一部《专利法》，标志着我国开始鼓励并保护发明创造。随着中国机械装备业的快速发展，轴承作为辅助支撑行业也蓬勃发展起来，伴随着中国专利保护意识的提高和国外轴承企业在中国的广泛设厂，有关单列角接触球轴承的密封技术的专利申请的年申请量从 2010 年急剧增加，并在 2012 年达到顶峰。

4.2.2.3　美国申请态势

1917 年美国 STEPHENS ADAMSON MFG COMPANY 的发明人 KENDALL MYRON A 提出的专利申请 US1292799A 为首项单列角接触球轴承密封技术的专利申请。

从图 4－2－5 可以看出，在 1969 年以前，美国的申请量一直很少且持续平稳，进入 20 世纪 70 年代，伴随着美国工业的快速发展，轴承的研发工作大力投入，人们对单列角接触球轴承的密封技术的探索开始深入，这导致了相关的专利申请也开始出现了数量上的增长和质量上的提高。进入 21 世纪，单列角接触球轴承的密封技术申请量呈现井喷式增长，在 2004 年申请量达到了一个高峰，随后出现波动，在 2008 年达到谷底，这与当时美国的经济危机有一定的关系，在 2009 年后开始快速回升，原因主要在于美国的经济开始逐渐复苏。

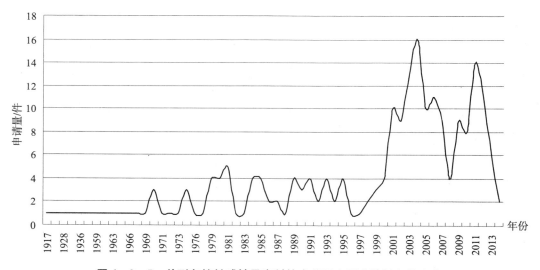

图 4－2－5　单列角接触球轴承密封技术美国专利申请随年份变化

4.2.2.4　德国申请态势

世界轴承工业兴起于 19 世纪末到 20 世纪初期。1883 年德国建立了世界上首家轴承企业（FAG 轴承乔治沙佛公司），作为工业强国的德国一直未放松工业发展的步伐，其一直重视轴承工业的研发，注重在产品开发、设计制造、工艺水平、产品质量上。如图 4－2－6 所示，德国在 1952 年申请首项单列角接触球轴承的密封技术专利申请，之后密封技术相关的专利申请量一直在震荡增长中，并在 2012 年达到了峰值。

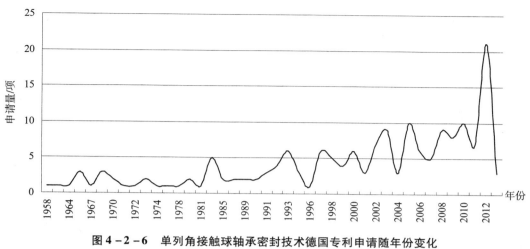

图 4 - 2 - 6　单列角接触球轴承密封技术德国专利申请随年份变化

4.2.3　单列角接触球轴承密封技术主要申请人

4.2.3.1　单列角接触球轴承密封技术全球主要申请人排名

在轴承领域，技术掌握在各大重要轴承企业手中，而申请量也是由这些轴承企业所左右。由于本章是就单列角接触球轴承的密封技术专利申请为统计样本，因而本节将对涉及单列角接触球轴承密封技术专利申请的主要申请人进行排名和分析。

如图 4 - 2 - 7 所示，综合考虑全球申请量、市场份额以及多国申请情况得出对单列角接触球轴承的密封专利申请的全球排名前 6 位的申请人，这 6 位全球主要申请人都是较为著名的轴承生产商，它们根据各自的销售策略，在不同的国家或地区进行了专利申请。

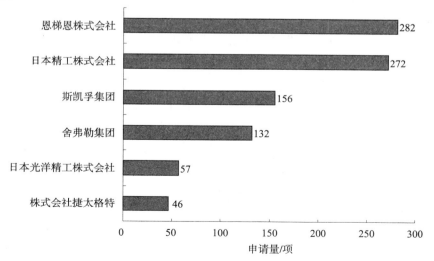

图 4 - 2 - 7　单列角接触球轴承密封技术全球主要申请人排名

4.2.3.2 单列角接触球轴承密封技术全球主要申请人简介

（1）恩梯恩株式会社

恩梯恩株式会社的轴承技术达到了毫微米单位大小、纳米等级精密度，现在开始用于轨道卫星、航空、铁道与汽车、造纸设备、办公设备与食品机械等工业部门的各个领域。

恩梯恩株式会社很早就开始了国外的市场和专利布局，早在1962年，恩梯恩株式会社于西德成立恩梯恩轴承（欧洲）公司，此后，恩梯恩株式会社在世界各地广泛设厂，在1971年成立了香港恩梯恩贸易公司（并于1997年更名为恩梯恩中国有限公司），在2002年与其他公司合资在中国的上海、广州、浙江同时开设分公司，随后又在北京、常州设厂，并在2011年设立了恩梯恩中国技术研发中心。

在恩梯恩株式会社成立的近百年历史中，恩梯恩株式会社一直坚持技术研发，并于1972年在日本进行了首件专利申请（JPS4925232A），随后要求该专利优先权并在法国、德国、美国、英国、意大利等国家进行了专利申请（FR2190708B1、DE2333223B2、US3877659A1、GB1418939A、JPS5410651BB2）。在接下来的40多年里，恩梯恩株式会社专利申请数量呈现不断增加的趋势，进入20世纪90年代后，随着机械装备行业的快速发展，恩梯恩株式会社的专利申请数量也快速增长，在2000年后达到了1000项/年的申请量，截至2014年5月30日，恩梯恩株式会社申请的全球专利申请总量已超过22000项。恩梯恩株式会社对角接触球轴承的密封技术在全球进行了282项专利申请。

（2）日本精工株式会社

日本精工株式会社的三大主要产品是轴承、汽车零部件和精密机械及零部件。轴承产品占主导地位，主要有各类球轴承、滚子轴承和钢球，尤其是各类精密汽车、机床轴承等。日本精工株式会社在滚珠轴承、汽车用轴承、滚珠丝杠等方面的市场占有率均在世界前茅。

日本精工株式会社于20世纪60年代初在美国密歇根州安阿伯设立了销售公司，以此为开端，正式迈开建立并运营海外事业网点的步伐。1970年，在巴西保罗市郊外建立了生产基地，其后，又在北美、英国、亚洲各地开辟了新的生产基地。另外，1990年，日本精工株式会社收购了拥有欧洲最大轴承厂RHP公司的UPI公司。1995年，日本精工株式会社与中国贵州虹山轴承公司、日本日绵株式会社合资在江苏省成立了昆山恩斯克虹山有限公司，这标志着日本精工株式会社开始了中国及亚洲其他地区的事业拓展。目前日本精工株式会社在中国投建了五大轴承生产基地，分别是昆山恩斯克有限公司、张家港恩斯克精密机械有限公司、东莞恩斯克转向器有限公司、常熟恩斯克轴承有限公司和苏州恩斯克轴承有限公司。此外，日本精工株式会社还在中国出资设立了独立的技术研发中心，支持其中国业务的发展。

日本精工株式会社在1966年在日本进行了首项专利申请（JP19660073475），随后要求该专利优先权并在美国和德国进行了专利申请。可见，在20世纪60年代，日本精工株式会社就已在德国、美国、英国和法国进行了专利申请，这标志着此时日本精工株式会社开始了国外的专利布局。进入20世纪70年代，日本精工株式会社的专利申请量开始快速增长，在后来40多年里，日本精工株式会社专利申请数量呈现增加的趋势，进入20世纪90年代后，随着机械装备行业的快速发展，日本精工株式会社的专利申请总量也快速增长，其在2000~2010年公开的（全球）专利申请已超过15000项，同比增长率超过了同时期的恩梯恩株式会社的专利申请量。截至2014年5月30日，日本精工株式会社进行了（全球）专利申请总量已超过27000项，远大于恩梯恩株式会社的专利申请总量。就角接触球轴承的密封技术而言日本精工株式会社在全球进行了272项专利申请，仅次于恩梯恩株式会社的申请量。

日本精工株式会社最早有关角接触球轴承的密封技术的专利申请是于1977年在日本进行的专利申请JPS53109049A，随后在日本、法国和美国进行了专利申请（FR2382610A1、US4309916A、JPS53109049A），其通过设置轴承来阻止润滑剂的外泄，同时避免了外界杂质的进入。

（3）斯凯孚集团

斯凯孚集团建于1907年，总部位于瑞典哥德堡，其在全球32个国家拥有大约130家生产企业。目前，斯凯孚集团的主要技术包括五大平台，包括轴承及轴承单元、密封件、机电一体化、服务和润滑系统。斯凯孚集的业务涉及约40个行业，例如汽车、风电、铁路、机床等。

斯凯孚集团在中国的历史可谓源远流长。1912年，斯凯孚集团开始通过销售代理商在中国开展业务，并于1916年在上海建立了首家销售公司。1986年斯凯孚集团又重新回到中国并在上海建立了寄售站。1988年SKF中国有限公司在香港成立，并且先后在上海、北京等地建立了14家生产单位。斯凯孚集团于1994年成立了斯凯孚汽车轴承有限公司，于1996年成立了北京南口斯凯孚铁路轴承有限公司，于1998年成立了大连斯凯孚瓦轴轴承有限公司。2001年成立了斯凯孚（上海）轴承公司大大扩展了在中国的销售贸易业务。2010年在上海成立斯凯孚全球技术中心，重点关注产品开发，以进一步加大SKF全球技术研发中心及实验室的网络覆盖。

（4）舍弗勒集团

舍弗勒集团是由德国INA集团、FAG集团和Luk集团组成，是全球第2大轴承制造商，是全球范围内生产滚动轴承和直线运动产品的领导企业。自1883年德国的Fischer先生发明了磨制钢球的球磨机并创建FAG公司，成为世界上第1家滚动轴承生产厂。舍弗勒集团活跃于汽车、工业一级航空航天领域，舍弗勒集团的主要客户来自汽车行业，其销售额约占总销售的60%。

中国市场在舍弗勒集团的全球战略中占有非常重要的位置。INA公司于1989年在香港设立了代表处，1998年进入中国内地投资建厂。FAG公司则于1978年在香港设立代表处，也于1998年进入中国内地。目前，舍弗勒集团已在中国建立了3个生产基地和10个销售代表处。

4.3　中国专利申请分析

为了掌握中国单列角接触球轴承密封技术专利申请的总体状况，本节重点研究了中国专利申请态势、国内外申请人构成和技术现状。通过本节的分析，可以了解本行业的技术发展和专利布局情况，有助于企业掌握自身在中国单列角接触球轴承密封行业内的竞争地位以及竞争对手的技术、市场情况，为制定有效的市场策略和专利战略提供依据。

4.3.1 申请态势

单列角接触球轴承的密封技术在中国的专利申请量发展趋势如图 4-2-4 所示，根据随技术发展而变化的专利申请数量趋势曲线并结合变化明显的节点，将在中国的单列角接触球轴承的密封技术专利申请量的发展趋势也分为两个阶段：初级发展期（1987～2010 年）和快速发展期（2011 年至今）。

通过相关数据浏览，可以发现早期在中国进行有关单列角接触球轴承的密封技术的专利申请大多是如恩梯恩株式会社、日本精工株式会社、斯凯孚集团等国外的轴承企业，而鲜有中国申请人。对于哈轴集团和洛阳轴研科技股份有限公司（简称"洛轴研"）这些中国大轴承企业申请专利为数不多，这与我国实施专利保护较其他发达国家晚有关，与国民专利保护的意识较弱有关，同时这也与我国的实力相对薄弱有关。

4.3.2 主要申请人分析

主要申请人代表了行业的重要技术力量，对比在华申请的外国申请人和中国申请人的申请量和技术趋势可以了解不同技术力量的相对位置和变化情况，以便中国的轴承企业可以从中寻找差异和学习对象，实现快速发展。

图 4-3-1 示出了在中国申请量排名的前五位申请人，其中三个均是来自外国的大型轴承企业，分别是恩梯恩株式会社、日本精工株式会社、斯凯孚集团，仅有两个中国企业申请量入围，分别是洛阳轴研科技股份有限公司（以下简称"洛轴研"）和人本集团。

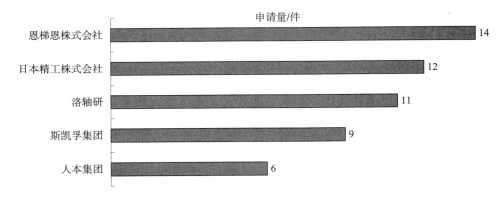

图 4-3-1 单列角接触球轴承密封技术在华申请人排名

从数量上看，中国申请人的专利申请数量高于外国申请人；从质量上看，中国申请大量集中在实用新型，且发明专利申请的授权率低于国外申请人，可见中国申请人的专利申请质量低于国外申请人。

下面将对这 5 名申请人在国内的专利布局情况作以分析。

（1）恩梯恩株式会社

恩梯恩株式会社以 14 件有关单列较接触球轴承密封技术的专利申请位居榜首。恩梯恩株式会社于 1995 年在我国进行了首件在华专利申请（CN1129030A），这标志着恩梯恩株式会社启动了在中国的专利布局，截至 2014 年 12 月 5 日，恩梯恩株式会社在中国的专利申请总量已达到 1083 件，其中发明专利申请 1075 件，外观设计专利申请 8 件；涉及滚动轴承的密封技术的专利申请就达 92 件，均为发明专利申请。

最早关于单列角接触球轴承密封技术的专利申请为 CN1549903A，该技术是通过配置在外圈的锥口孔上的密封以压入状态安装在构成锥口孔的圆周面的周面部分上，利用该压入，不用使用安装槽就可以安装密封部件，另一个密封部件被安装在安装槽中。在对由外圈、内圈、滚动体及保持器构成的轴承内圈及外圈或滚动体的任意一方实施碳氮共渗处理的同时，向所述轴承内封入以脲类化合物作为增稠剂使用的润滑脂。该轴承虽然是密封式，但是不会由密封安装上的因素导致套圈的强度降低或正面宽度的降低，从而能够实现与非密封式轴承相同的尺寸设计和实用化，并具有耐微振磨损特性。

（2）日本精工株式会社

日本精工株式会社开始进入中国市场较恩梯恩株式会社晚，同样，其在中国进行专利申请也相对晚些。

日本精工株式会社于 1997 年在中国进行了首件专利申请 CN1195033A，这标志着日本精工株式会社启动了在华专利布局。截至 2014 年 12 月 5 日，日本精工株式会社在中国的专利申请总量已达到 804 件，其中发明 781 件、实用新型 10 件、外观设计 13 件；涉及滚动轴承密封技术的专利申请达 73 件，其中，发明专利申请 48 件，实用新型专利申请 25 件。

最早关于角接触球轴承密封技术的中国专利申请 CN1585864A 提供了一种密封式滚动轴承，其不仅能够确保高密封性能，而且能够平衡轴承内部压力和外部压力。该专利申请中，对于设置在密封式滚动轴承的可浸水侧上的接触密封，不在其唇部形成气孔，对于设置在反可浸水侧上的接触式密封，在其唇部的前端中形成气孔。

（3）洛阳轴研科技股份有限公司

洛轴研以 11 件有关单列角接触球轴承的密封技术专利申请量名列第 3 位。洛轴研是中国轴承的国家一类科研机构，由原洛阳轴承研究所作为主发起人发起并设立的股份制公司，是中国机械工业集团公司所属的控股上市公司。该公司拥有一个国家级研发中心、四个产业基地；在轴承基础棘轮、润滑技术、信息标准等方面保持着领先地位；设有国家轴承认可实验室、国家滚动轴承产业技术创新战略联盟等科研机构。

洛轴研在中国的专利申请总量已达到 747 件，其中发明专利申请 336 件，实用新型专利申请 402 件，外观设计专利申请 9 件；涉及滚动轴承的密封技术的专利申请有 48 件，其中发明专利申请 18 件，实用新型专利申请 30 件。

最早关于角接触球轴承密封技术的中国专利申请 CN200985948Y 是一件实用新型专

利申请，涉及一种用于高温高速可密封的角接触球轴承是由内套圈、外套圈、滚动球、保持架组成，其特征在于：其具有隔离、均分滚动球且兜孔依据滚动球大小及数量确定的直兜孔型保持架将滚动球安装在内套圈和外套圈中间，在外套圈的内圈两边缘上设计有两个对称的凹进去的密封槽，两个密封槽内设置有相互独立的防尘盖。防尘盖的外形为外卷边加内弯边的奇数梅花状，横截面为一个问号带钩的断面；保持架由聚醚醚酮热塑性塑料制成。该轴承结构简单、装卸方便、制造精度高、良好的抗腐蚀、抗震性，能够在 200～250℃ 的高温高速环境中正常工作。

（4）斯凯孚集团

斯凯孚集团早在 1912 年就在中国开展了业务，并于 1916 年在上海建立了首家销售公司。斯凯孚集团在中国对轴承进行专利保护也相对较早，其在 1992 年在中国首件提出了保护四列锥柱轴承的专利申请 CN1074983A。

斯凯孚集团在中国的有关轴承专利申请总量已达到 375 件，其中发明专利申请 31 件，实用新型专利申请 187 件，外观设计专利申请 4 件；涉及滚动轴承的密封技术的专利申请有 375 件，其中发明专利申请 370 件，实用新型专利申请 5 件。

最早关于角接触球轴承密封技术的中国专利申请 CN202031996U，涉及一种用于安装在能够相对于彼此绕轴转动的两个元件之间，特别是安装在滚动轴承的环之间的密封件，所述密封件包括凸缘和能够通过其中一个元件执行动态密封以及通过另一个元件执行静态密封的密封部分，所述静态密封部分包括至少部分地围绕所述凸缘的径向部分的第一端的密封部分，所述凸缘包括从所述径向部分的与所述第一端径向相对的第二端延伸并形成动态密封部分的边，所述边相对于所述径向部分轴向凸出，并能够通过相关联的元件限定能够充填润滑剂的环状空间。

（5）人本集团

人本集团创建于 1991 年（原温州市轴承厂），是一家专业轴承生产制造商，人本集团通过投资、并购、技术改造等方式，现已形成温州、杭州、无锡、上海、南充、芜湖、黄石七大轴承生产基地。

人本集团在中国的专利申请总量已达到 222 件，其中发明专利申请 31 件，实用新型专利申请 187 件，外观设计专利申请 4 件；涉及滚动轴承的密封技术的专利申请有 35 件，其中发明专利申请仅 1 件，实用新型专利申请 34 件。

最早关于角接触球轴承密封技术的中国专利申请 CN201083238Y，其涉及一种高速球轴承的密封结构，该密封结构位于轴承外圈的密封槽和轴承内圈之间，特征在于该密封结构包括设在轴承内圈外周面的内宫型圈，O 形橡胶圈的内圈与内宫型圈的外周接触，O 形橡胶圈的外圈与轴承外腔的密封槽接触，内宫型圈的内端面与轴承外圈密封槽的内端面接触，内宫型圈的外端面与挡片的一侧连接，挡片的另一侧与外宫型圈的内侧接触，外宫型圈的外侧与弹簧圈接触。通过采用内宫型圈，挡片和外宫型圈构成小间隙复合迷宫结构，在轴承的轴向延长了迷宫的长度，在径向实现了径向浮动调节，不仅有效地解决了轴承内部油脂泄漏问题，也更加有效地防治外部尘埃、杂质进入轴承内部问题，实现了高速轴承理想的密封效果，因此具有密封性好、使用寿命长的优点。

我国近代轴承制造业经过了曲折的发展历程，早期产量和规模一直很小。新中国成立后我国轴承工业经过了奠基阶段、体系形成阶段和快速发展阶段等，三个阶段后形成以哈尔滨、瓦房店、洛阳等三大轴承制造基地以及浙江、江苏地区民营轴承企业为主的产业结构。已形成多种类型的轴承企业共同发展的局面。20世纪90年代以来哈轴集团、瓦轴集团、洛轴集团等大型国有企业取得了一定的发展，继续发挥中国轴承工业脊梁的作用。集中于浙江、江苏一带的众多民营和私营企业得益于自身灵活的经营机制，市场经济公平的竞争环境，国家改革开放的政策和地处沿海的有利条件，异军突起，企业规模和水平迅速提高。已成为轴承行业的又一支生力军。同时，世界各大轴承公司相继进入中国，建立合资或独资企业，带动了我国轴承行业的发展。

4.4 角接触球轴承密封技术分析

4.4.1 角接触球轴承密封技术概述

为了防止润滑剂泄出，防止灰尘、切屑微粒及其他杂物和水分侵入，轴承必须进行必要的密封，以保持良好的润滑条件和工作环境，使轴承达到预期的工作寿命。

轴承的密封可以有两种分类方式，一种是按照安装部位进行分类，另一种是按密封结构形式进行分类。

轴承的密封按安装部位不同主要可以分为两大类：一类是轴承的支承密封，另一类是轴承的自身密封。支承密封是指在轴承外部，如轴承的外壳体部位、轴颈部位及端盖处所附加的密封装置。轴承的自身密封是指轴承本身设置密封圈或防尘盖等密封件，自身带密封的轴承在装配时已填入适量的润滑脂，无需保养，能防止润滑脂泄漏和外部杂质进入轴承内部，轴承外部不需要加装密封装置，既简化结构又节省空间。

按密封结构形式的不同，上述两大类密封均可以分为接触式密封和非接触式密封两种形式。接触式密封是指密封装置与所需密封部位之间存在一定的贴合压力的直接接触，其特点是密封和防尘效果较好，但摩擦力矩大、温升较高、转速较低，同时在运转过程会发生磨损。非接触式密封是指密封装置与所需密封部位之间不发生直接接触的一种密封形式，其特点是除了存在润滑剂摩擦外，不会出现任何其他形式的摩擦，因此，非接触式密封不会产生磨损，使用过程中也不会产生明显的温升，适用于转速较高的场合。轴承接触式密封是施加一定接触压力将弹性体密封圈压在滑动面上的密封。一般接触密封的密封性能好于非接触式密封，但摩擦转矩及温升较高。

轴承接触式密封的主要形式有毛毡圈密封、外向式唇形密封、内向式唇形密封、双唇形密封、填料密封，以上几种形式为径向接触式密封。同时，接触式密封还有外侧密封、内侧密封、外侧双密封、油封密封（参见图4-4-1）和自润滑材料密封等端面接触式密封形式。

轴承非接触式密封是利用小缝隙或离心力来达到密封的密封方式，几乎无摩擦，因而温升小且无磨损，较适用于高速旋转的密封装置。

　　轴承非接触式密封的主要形式有缝隙密封、沟槽密封、迷宫式密封（参见图4-4-2）、斜向迷宫密封、冲压钢片式迷宫密封及用油环密封等。非接触式密封多用于脂润滑场合，为提高密封的可靠性，可以将两种或两种以上的密封形式组合起来应用。

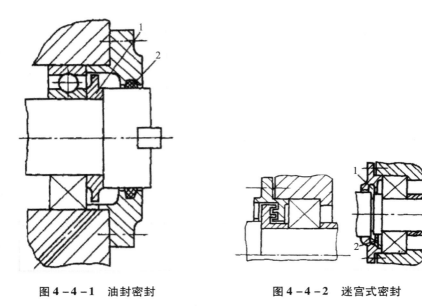

图4-4-1　油封密封　　　　　　　图4-4-2　迷宫式密封

4.4.2　轴承外加密封装置选择的依据

　　密封不仅要适应旋转运动，而且要考虑跳动、游隙、偏斜、变形引起的偏心。密封件结构的选择取决于润滑剂的类型（脂、油或固体），另外还要考虑拟排除杂质的数量和性质。选择轴承外加密封装置时，主要依据轴承的工作环境对密封程度和防尘效果的要求以及轴承的工作条件和性能要求。具体来说应考虑以下因素：①轴承外部工作环境；②轴的转速与工作温度；③轴的支承结构与特点；④润滑剂的种类与性能。轴承的工作条件变化很大，因此需要确定哪种密封形式最适合于某一特定的工作条件。

4.4.3　技术路线分析

　　目前密封技术较为成熟，从单密封唇密封发展到多密封唇密封，从接触式密封发展到非接触式密封等，下面将以唇形密封技术为例来介绍一下接触式技术的发展路线，以迷宫式密封技术为例介绍一下接触式技术的发展路线。

4.4.3.1　唇形密封

　　使用唇形密封（一般应用场合使用丁腈橡胶），可以消除防尘盖与内圈封闭沟槽或倒角间的间隙。这种柔性材料与内圈摩擦接触以阻止润滑剂外流和外部脏污进入。轴承运动时，采用橡胶材质的唇形密封在金属表面上滑动从而产生摩擦力，即使密封圈设计得很好，其摩擦力矩也比轴承自身的摩擦力矩大。最重要的是密封圈的起动摩擦力矩可能是运转摩擦力矩的几倍。为了在密封效率、密封唇和套圈的磨损以及摩擦力矩之间达到适当的平衡，已对唇形密封的橡胶材料和密封设计进行了富有成效的研究。

密封唇需要足够的压力压在轴承套圈上，并如前面提到的一样跟随表面相对运动，这个压力是通过较小的过盈配合使弹性密封圈发生变形而产生的。密封唇的回弹率决定了轴承的转速，在该转速下，唇口能适应旋转误差而不产生流体能够通过的间隙。

早期由于轴对称，即使存在润滑剂，密封唇也不会因流体动压而升起。近期的理论和实验研究表明，在大多数工作条件下都可以形成很薄的、稳定的动压油膜。密封的机理很复杂，它涉及弹性密封唇、作用面、润滑脂或至少润滑脂内的基础油等因素。这样一来，唇形密封要求必须有润滑，因为如果在干摩擦条件下运转，则会加速密封磨损和失效。装配时填入轴承内部的脂必须能浸润密封圈。在多数场合下，润滑脂的填充量必须足以保证轴承第一次运转时有一定的运转时间，随后，通过脂的流动，脂在密封圈内表面上形成堆积，轴承得以继续运转。

单唇密封的主要作用是保持润滑脂。它能把一般室内和工厂大气环境中中等程度的灰尘颗粒阻隔在轴承之外，有着广泛的应用。有些杂质如木料抛光机或纺织机械上纤维屑聚集在严重暴露的润滑脂上，特别是带水脏物（如在机动车）的应用条件下，需要同时使用防水密封唇和抛油环防护措施。

斯凯孚集团在 1996 年要求 SE19950003976 优先权，在中国、美国、德国和日本等国家进行了专利申请 EP0856110B1，该发明涉及一种密封式轴承，座圈的滚道与滚柱具有弧形的纵剖面轮廓，滚柱可沿轴向在滚道内进行相对运动而允许滚道相互不对准，以有至少一个独立成形的密封件位于滚柱的轴向外侧，依自由飘浮的方式随滚柱的轴向运动，并经设置成能通过摩擦配合提供密封效应，其中至少有内、外座圈中之一在与其滚道的轴向外端相邻处各设有短轴向宽度的防动装置，布置成即使座圈相互不对准，也能防止密封件从座圈间的空隙中压出。

斯凯孚集团在 1998 年要求 SE19980000517 优先权，在中国、美国、德国和日本等国家或地区进行了专利申请 EP1058792B1。该件发明涉及轴承密封装置，其包括一个与轴承外环密封接触的环形体和一个密封、弹性环形元件，后者装配于上述环形体并从其突出，与一个从轴承外环间隔开的协作密封表面滑动密封接触，从而密封地桥接两轴承环之间空间。在此，通过弹性元件上的凸出部可以将环形体连接于轴承外环，并通过咬合作用连接于轴承外滚环的内包络表面中的一个圆周凹槽内。

2001 年，恩梯恩株式会社在要求以 WO2002JP08899、JP20010265674、JP20010361975 和 JP20010394898 为优先权，在中国、美国、韩国等国家进行了专利申请 US7287910B2，本发明请求保护的是一种角接触球轴承，滚动体安装在内圈和外圈之间，至少在一侧具有密封，至少一侧的密封是以压入状态安装在作为将内圈或外圈的滚道一侧的台肩降低部分的锥口孔的周面部分上的密封。该轴承虽然是密封式，但是不会由密封安装上的因素导致套圈的强度降低或正面宽度的降低，从而能够实现与非密封式轴承相同的尺寸设计和实用化，并具有耐微振磨损特性。

2004 年，恩梯恩株式会社要求 JP20030403237 的优先权，在中国、美国等国家进行了专利申请 US7267489B2，一种轴承组件，包括第一滚动轴承，其不具有密封件，但具有用于在其内密封润滑油的内部空间；以及第二滚动轴承，其与所述第一滚动轴承的一个端面并列设置，所述第二轴承具有至少一个靠近所述第一滚动轴承的所述一个端面的密封件。由于被密封在双行圆柱形滚子轴承中的部分润滑油粘结至面对圆柱形滚子轴承的内部空间的径向止推滚珠轴承的其中一个密封件。这样，增加了被密封在圆柱形滚子轴承内的内部空间的润滑油的初始量，由此延长其寿命。

2005 年，斯凯孚集团要求 IT2004T000340 的优先权，在德国、意大利等国家或地区进行了专利申请 ITTO20040340A1，一个在轴承外圈上安装的环形金属夹层支撑着密封元件，该密封元件可以在安装在轴承内圈上的环形金属罩上滑动。罩具有一个轴向圆柱形部分，从它的一个侧面延伸出一个径向凸缘。从相反的一个侧面延伸出一个带有最大直径的端部部分，该端部部分大于圆柱形部分的外径。弹性体密封元件形成了另一个密封唇，该密封唇向着端部部分延伸并且具有小于端部部分的最大直径的内径，为了利用这一端部部分以所述方式产生相互作用，使密封装置在轴向方向处于预连接状态，该状态可使密封装置良好地装入轴承中。

2005 年，恩梯恩株式会社向多国提出专利申请 CN101069026A 请求保护用于滚动轴承的密封装置，能够通过改进密封构件的唇结构来降低转矩并提高密封性。每个密封构件具有高度与内圈导向面的高度基本上相同的分支部分。通过所述密封构件的从分支部分径向向内突出的部分限定主唇。主唇的末端与密封槽的外槽壁接触，以限定接触密封。通过密封构件的从分支部分轴向向内突出的部分限定辅助唇。曲径式密封限定在辅助唇的末端和密封槽的内槽壁之间。

2006 年，斯凯孚集团要求 IT2004TO00511 优先权，在美国、德国、意大利等国家或地区进行了专利申请 US2006027975A1。一种密封装置用于滚动接触轴承，所述密封装置被安装在轴承的外座圈与内座圈之间，并包括装配在内座圈上的第一护罩、装配在外座圈上的第二护罩以及固定在第二护罩上并且设置得与第一护罩滑动接触的密封件；所述密封装置的特征在于，所述第一护罩包括一个接触壁，所述接触壁具有安置得抵靠着所述密封件的环形形状，密封件又包括至少两个沿大致相反的径向作用的环形接触部，密封件设有位于所述至少两个接触部之间的分离凹部，所述分离凹部可弹性地变形以便增加接触部自身对接触壁上的接触作用。该申请在中国国家阶段视为撤回。

2006 年，恩梯恩株式会社要求了 JP20060308165 优先权，在日本等国家或地区进行了专利申请 JP2008121830A。该发明提供一种能够基本上可靠地防止泥水浸入、密封性较好的密封滚动轴承。在该密封型轴承中，在外圈的内径面两端部形成一对密封槽，在该对密封槽中分别嵌合有密封部件的外径部，使形成于各密封部件的内径部上朝内的密封唇与形成于内圈外径面两端部的环状槽内侧密封面弹性接触。使密封面的密封唇所弹性接触的接触部 X 在周向上的平面度 A 在 $5 \sim 20 \mu m$，提高接触部的密封性，防止泥水等侵入到轴承内部。

2006 年，德国的 IMO 控股有限责任公司提交了要求 DE200410060098 优先权的

PCT 申请，同时进入德国、日本、中国、美国等多个国家进行实质审查，并大多获得专利权（EP1920176B）。该件发明涉及一种能在恶劣或者甚至侵蚀性的环境下和/或没有保护油脂膜的情况下也能尽可能长时间无磨损的工作的密封件，这种可用于轴承的密封件具有至少一个由持久弹性材料制成的第一密封圈，其固定在两个彼此相对扭转的部件的一个上并具有至少一个密封唇，该密封件可用于风力发电机的滚动轴承。

2009 年，恩梯恩株式会社和中西金属工业株式会社提交了要求 JP20080024979 和 WO2009JP51782 的优先权，在美国、德国等国家或地区进行了专利申请（US8517389）。该发明提供一种安装性优良的滚动轴承密封用橡胶密封的固定装置，其可以利用借助压入的嵌合来防止橡胶密封的共转。在利用芯金加强的橡胶密封的外径部形成厚的嵌合部、突出部，将嵌合部压入并嵌合在形成于外圈的内径面端部的密封槽中，使突出部与外圈的大径圆筒面弹性接触，实现橡胶密封的固定化，防止发生共转。

2009 年，恩梯恩株式会社和中西金属工业株式会社提交了要求 WO2009JP05736 和 JP20080285574 优先权，在中国、美国、日本等国家进行了专利申请（WO2010052865A1）。一种带有密封件的轴承，密封部件的基端固定于外圈上，密封部件的与内圈滑动接触的另一端为密封唇部。在密封唇部所滑动接触的内圈的密封面上，设置微小突起等的磨损促进处理部。该磨损促进处理部按照通过使轴承旋转，密封部件为非接触密封件，或形成接触压力视为零程度的轻接触的方式使接触件唇部的前端磨损。

2010 年，斯凯孚集团要求 IT2010TO01041 优先权，在美国、日本等国家进行了专利申请（US2012161402A1）。密封单元适于被耦接到滚动元件轴承以密封住轴承的内座圈和外座圈之间的环形空间，该密封单元具有加固芯体和弹性体环形元件，该环形元件被刚性地固定到该加固芯体并且设置有密封唇部和根部，该根部径向地定位在密封唇部的相对侧上，并且该根部可被卡合安装到外座圈的凹槽中以便通过面向轴承的外部的芯使根部邻接在凹槽的前壁上。

2011 年，德国的 IMO 控股有限责任公司在专利申请（EP1920176B）的基础上，对轴承的密封件做了改进，要求 DE201010018255 优先权，并在德国、中国、美国等国家就改进滚动轴承的密封系统进行了专利申请（WO201141125A），滚动轴承的内外圈通过周边环绕的间隙彼此间隔，在该间隙中布置有一列或多列环绕的滚动体，从而使这两个圈能够绕其共同的轴线相对彼此扭转，并且其中，间隙在其两个孔口中的至少一个的区域内密封，其中，在间隙密封件的区域内设置有至少两个密封圈，所述密封圈具有至少各一个密封唇和各一个在相关的密封圈的背对密封唇的表面区域上的锚固区段，其中，该密封圈固定在相同的滚动轴承圈上，而其密封唇分别贴靠在另一滚动轴承圈上，也就是说具有相同或类似的横截面的表面区域上。

2012 年，恩梯恩株式会社要求了日本优先权 JP20110164286 在多国提交了专利申请（CN103748374A），密封式滚动轴承，能够在水大量飞溅，轴承内部成为负压的环境下使用，能够不伴随制造成本的增大、构造的复杂化而确保充分的密封性。通过将内圈的密封滑动接触面的外径与弹性密封部件的密封唇的自然状态下的内径之差相对于嵌入有内圈的辊颈部（轴）的直径之比设为 0.27% ~ 0.40%，由此与该比超过 0.40% 的区域下使用的以往情况相比减小密封唇的摩擦发热，并且对密封唇赋予适度的压迫力，不对接触密封件增加通气孔等机构，就能够确保比以往更好的密封性。

4.4.3.2 迷宫式密封

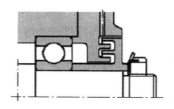

图 4-4-3 迷宫式密封

迷宫式密封是以多段曲折通道，增长通路以提高密封效果，主要用于脂润滑（参见图 4-4-3）。这种结构适用于轴座或其他外部结构静止并可分离的组件中。迷宫式密封的旋转件可在轴上浮动以保证与其固定件间的相对位置。密封机理比较复杂，与湍流流体力学有关。只要在组件两边不存在连续的静态压力，迷宫式密封对液体、脂和气体的密封是相当有效的。

在应用中通常往迷宫曲路内加入润滑脂，以获得用机加工所不能够得到的（由于机加工中的误差累积）更小的间隙。尘埃即使不被脂吸收也不能穿过迷宫。这种结构的另一优点是可重新注脂，用过的脏脂很容易从迷宫曲路清除。

由于相对运动零件间的间隙很小，因此，如果没有大的颗粒进入，这种密封实际上没有磨损，同样摩擦损失也极低。迷宫曲路的数量随阻止杂物要求的严格程度而增加。为防止湿汽或纤维状脏物进入或损坏迷宫密封，可在密封外侧再加上单独的抛油环和脏污防护板或挡片。

（1）迷宫式密封重要专利申请

2003 年，斯凯孚集团要求了瑞典 SE0202049-3 优先权，向多个国家提交了专利申请（CN1470774A），请求保护一种密封，例如轴承环这样的第一和第二可相互运动体之间的槽的密封组件，该密封组件包括第一元件和第二元件，上述第一元件设置在第一体上，第二元件设置在上述第二体上，在第一元件和第二元件之间形成有一个迷宫式缝隙，上述缝隙充满具有润滑特性的半固态材料，以便于在上述元件运动的时候，上述材料可以沿着上述元件滑动，从而在上述元件和材料之间形成一种非常薄的迷宫，该迷宫基本上可以防止空气，湿气和灰尘的进入（参见图 4-4-4）。

2008 年，斯凯孚集团要求德国专利申请 DE102007048557.5 的优先权，向多个国家或地区提出专利申请（CN101888904A），请求保护一种用于密封通往待密封腔的通道的装置，其中，在所述通道的第一区域设置有至少一个能够连接在高压源电极上的充电电极，在所述通道与所述第一区域相对的第二区域设置有配对电极，以及所述各电极这样相互协调地布置，即在所述各电极之间形成的感应区这样作用于能感应的、从外部沿待

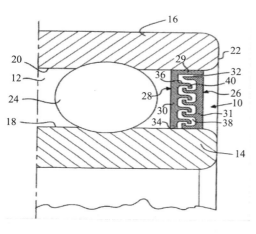

图 4-4-4 CN1470774A 的技术方案示意图

密封的腔的方向入侵的微粒，使得所述微粒沿远离待密封的腔的方向加速（参见图 4 - 4 - 5）。

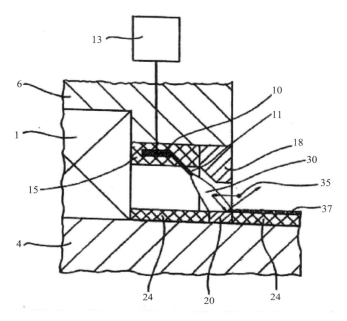

图 4 - 4 - 5 CN101888904A 的技术方案示意图

2010 年，斯凯孚集团要求德国 DE102009009226.9 优先权，向多个国家或地区提交了迷宫式密封装置以及制造迷宫式密封装置的方法专利申请（CN101888904A），一种迷宫式密封装置，包括第一圆片和第二圆片，第二圆片与第一圆片相隔一定的轴向距离，并与第一圆片在径向局部重叠，从而在第一圆片和第二圆片之间形成一轴向间隙，还包括一个固定在第一圆片上的第一环、一个固定在第二圆片上的第二环以及一个固定在第二圆片上的第三环。第一圆片、第二圆片、第一环、第二环和第三环均被制作成独立的零件。第一环从第一圆片、第二环和第三环从第二圆片延伸到轴向间隙之中。第一环、第二环和第三环在轴向重叠，从而构成一个密封迷宫。第二环沿径向排列在第一环之内，第三环沿径向排列在第一环之外（参见图 4 - 4 - 6）。

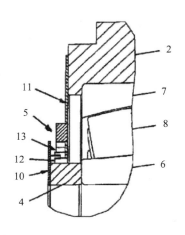

图 4 - 4 - 6 DE102009009226.9 的技术方案示意图

4.5 小 结

密封技术主要是研究开发应用于不同工况下的相应密封装置，以及该密封圈材料与相应润滑脂的共融性。根据我国国家技术监督局近期对我国密封轴承质量检测结果来看，国产密封轴承结构设计问题较大，密封效果不好，漏脂现象较严重，用户反应强烈。经分析，主要原因是中国现行的密封圈设计结构不合理，内圈不带密封槽，再加上制造精度不高等。因此，中国轴承密封技术今后发展的趋势是以深沟球轴承为代表，开展密封技术试验，寻找最佳密封圈结构和最佳密封间隙；开展密封材料研究，寻找耐磨损、耐老化、耐高温及抗腐蚀的材料，为提高接触式密封寿命，开发高温条件下或在有害气氛条件下工作的密封圈打下技术基础。

中国目前已成为世界轴承生产大国，但还不是轴承强国，与世界轴承强国相比还有较大的差距，轴承行业的高端市场基本为德国和日本等外资企业所垄断。近几年来，由于中国经济持续、快速、健康发展，有着巨大的轴承市场，所以在新一轮国际产业结构调整中，发达国家的轴承制造业正在大举向中国转移，中国轴承工业正面临着新的挑战和机遇。中国企业可以密切关注跨国公司在中国的专利布局，加大研发投入，提升产品竞争力。对于国外的先进技术，可以利用后发优势从国外轴承密封专利申请中进行技术借鉴，避免重复研究，缩短研发周期，降低研发成本。免费使用国外已有的大量失效专利申请来制造、出口产品不为一个高效的方法，使用此类技术并不存在侵权风险。中国企业应密切关注竞争对手在中国的专利申请情况，并紧密关注这些专利申请的法律状况。对失效的专利申请，则可无偿使用，对于已经授权的有效专利申请，可以对其进行详细的技术分析，确定能否进一步挖掘和改进，并及时申请改进专利申请。

专利布局和市场是密切相关的，也是相辅相成的。如果重视市场而忽视专利布局，则未来可能遭遇知识产权纠纷，并导致丧失市场；而如果仅申请专利，不考虑产业化和市场价值，则可能导致无谓的研发投入和成本浪费，对于企业的长期发展不利。通过充分、有效地借鉴先进的轴承密封技术，不失为中国轴承密封行业可持续发展地有效途径之一。

第 5 章　机床主轴滚动轴承技术

机床工业是国民经济的基础装备产业，是装备制造业发展的重中之重，属于战略性产业。机床被喻为装备制造业的工作母机。国家一直高度重视机床工业的发展。高速机床的工作性能主要取决于它的高速主轴系统、快速进给驱动系统、有效的冷却与润滑系统、控制系统、精密刀具及其夹持装置等。高速主轴系统是高速机床的核心部件，它的性能如何在很大程度上决定了机床所能达到的极限转速。高速主轴系统由主轴、轴承和传动件等组成。主轴轴承作为机床主轴系统最关键组件之一，其类型、结构及速度适应性、旋转精度、刚性、抗振动切削性能、噪声、功耗、温升、热变形等直接影响到机床主轴的工作性能。由于中国 d_mN 值高于 $0.6 \times 10^6 \mathrm{mm} \cdot \mathrm{r/min}$ 的高精度主轴轴承的研究与产业化严重不足，致使 d_mN 值在 $0.6 \times 10^6 \sim 1 \times 10^6 \mathrm{mm} \cdot \mathrm{r/min}$ 的主轴轴承有 80% 被国外轴承企业垄断，d_mN 值高于 $1 \times 10^6 \mathrm{mm} \cdot \mathrm{r/min}$ 的主轴轴承则完全由国外企业垄断。[1]

目前，中国轴承企业对高档数控机床主轴轴承的研制尚未形成规模和生产能力，缺少原创性研发和核心技术支持。而国外跨国企业，特别是日本精工株式会社、恩梯恩株式会社、株式会社捷太格特等，具备深厚的研发实力，运用知识产权保护等手段长期控制着中国中高端市场。

在中国《机械基础件、基础制造工艺和基础材料产业"十二五"发展规划》中选择 20 种标志性机械基础件作为开发的重点，其中就包括高速、高精度数控机床轴承及电主轴，要求 d_mN 值达到 $2.5 \times 10^6 \mathrm{mm} \cdot \mathrm{r/min}$，精度达到 P4、P2 级，轴承达到 16000h 精度稳定使用，电主轴 2000h 精度稳定使用。

目前在高速主轴系统中采用较多的支承轴承主要有滚动轴承、磁悬浮轴承、空气轴承和动静压轴承。基于样本分析、时间成本等多种因素的考虑，本章仅针对机床主轴滚动轴承的专利申请数据进行分析，得出行业总体的申请量趋势和区域分布情况，简要分析重点研究的技术点的发展态势和重要申请人的技术发展路线图和专利布局。

分析样本为机床主轴滚动轴承全球专利申请 1294 项，其中中国专利申请 69 件。检索数据库为 EPODOC 数据库，检索时间截至 2014 年 10 月 31 日。

5.1　全球专利申请统计

机床主轴滚动轴承一直以来都是机床的重要技术分支，机床主轴滚动轴承技术的

---

[1]　何加群. 中国战略性新兴产业研究与发展：轴承［M］. 北京：机械工业出版社，2012.

发展直接关系到整个机床的各项主要性能，受到机床行业的广泛关注。

5.1.1 全球专利申请量趋势

早在 15 世纪，由于制造钟表和武器的需要，就已经出现了钟表匠用的螺纹机床和齿轮加工机床，以及水利驱动的炮筒镗床。意大利人列奥纳多·达芬奇曾绘制过多种机床的构想草图，其中已有轴承等新结构。中国明朝出版的《天工开物》中也载有磨床的结构。随着各国专利制度的形成，各国申请人为了有利地保护自己的技术，开始逐渐申请专利。为从专利申请的视角分析机床主轴滚动轴承的发展趋势，本章针对上述检索到的 1294 项机床主轴滚动轴承专利申请按照申请年代进行了统计分析。

机床主轴滚动轴承技术的专利申请趋势大致经历了以下几个阶段（参见图 5-1-1）。

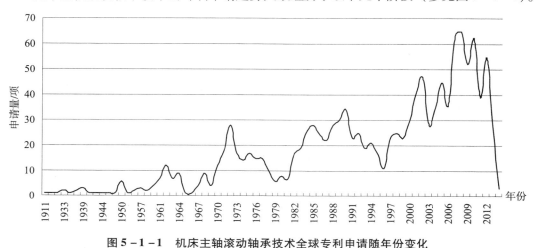

图 5-1-1　机床主轴滚动轴承技术全球专利申请随年份变化

（1）技术萌芽期（20 世纪中叶之前）

19 世纪末，欧美列强由于经济发展的不平衡，引发了第一次世界大战前夕的许多局部战争，大量的军火生产需要更高效率的机床，1893 年，美国的两名车工制造了一台有四根工作主轴的自动车床，具备了多轴车床的基本功能。德国的 GILDEMEISTER 公司和英国的 WICKMAN 公司等也相继研制出多轴车床，到第二次世界大战期间，美国已有将近 1 万台多轴车床在生产线上工作，并被列为战略物资，专供军工生产。

日本轴承工业出现在 1910 年前后，随着 1914 年第一次世界大战的爆发，日本国内开始产生对机床主轴轴承的需求。在第一次世界大战期间及结束后的短暂时间里，日本国内出现了大量轴承制造商，日本精工株式会社、光洋精工株式会社以及恩梯恩株式会社等都是在这段时间成立的。1916 年，日本制造的第一个轴承诞生。战争期间，德国舍弗勒集团为德国生产所需军用物资，战争后期随着同盟国空军的轰炸，几乎所有工厂也都被夷为平地。

这一时期，由于很多国家的专利申请数据库并不完善，加之全球范围内对知识产权的重视不够，数据库中的专利申请并没有准确记录下当时技术发展的真实状况。得益于对那个时代的专利申请的再加工信息，比如说对专利申请的 CPC 等专利分类号信息的再加工，检索到了仅存的少数专利申请。

此时，涉及机床主轴滚动轴承技术的专利申请每年最多只有几项。检索到较早的机床主轴滚动轴承的专利申请是 Dymond George Cecil 于 1911 年 7 月 22 日提交的一份英国专利申请（GB191116822A），涉及一种用于车床高速轴的轴承，当时能够实现30000r/min 的速度。鉴于社会发展的整体水平，这一转速已经完全可以满足机床加工的需要。

据统计，20 世纪前半叶，涉及机床主轴的滚动轴承的零星专利申请主要集中在美国和英国，随着技术的发展，液压和电气元件在机床上逐渐得到了应用，这也对轴承的革新提出了新的要求。

（2）平稳发展期（20 世纪中叶至 21 世纪初）

第二次世界大战后，由于数控和群控机床和自动线的出现，机床的发展开始进入了自动化时期。数控机床是在电子计算机发明之后，运用数字控制原理，将加工程序、要求和更换刀具的操作数码和文字码作为信息进行存贮，并按其发出的指令控制机床，按既定要求进行加工的新式机床。

作为数控机床的核心元件之一，机床主轴轴承的发展也得到了越来越多的关注，研发出了许多新型支承形式的轴承。20 世纪 50 年代后出现的液体静压轴承（US2663977A），精度和刚度高，摩擦系数小，具有良好的抗振性和平稳性，但需要一套复杂的供油设备，所以这种轴承只用在高精度机床和重型机床上。气体轴承高速性能好，但由于承载能力小，供气设备复杂，主要用于高速内圆磨床和少数超精密加工机床上。20 世纪 70 年代初出现的电磁轴承，兼有高速性能好和承载能力较大的优点，在切削过程中能通过调整磁场使主轴作微量位移，提高了加工的尺寸精度，但成本较高，只可用于超精密加工机床。上述新型轴承的出现有效丰富了机床主轴轴承的种类，但滚动轴承仍然占据着机床主轴轴承中的重要地位。

进入 20 世纪 70 年代，在日本政府出台相关政策的大力鼓励下，日本企业也开始了积极有效的自主创新之路，例如，1969 年，日立工机株式会社（日本）申请了发明名称为"一种机床主轴滚动轴承"的实用新型（JPS444484Y），本田技研工业株式会社（日本）也申请了发明名称为"一种用于机床主轴保持架"的实用新型（JPS4426329Y）。

20 世纪 80 年代，日本申请人的专利申请数量开始增长。日本精工株式会社、恩梯恩株式会社、光洋精工株式会社都开始重视产品研发的知识产权保护，除了在国内申请大量专利稳固本土市场，开始注重向国际市场的扩张。在研发初期，日本申请人从小的发明创新入手，申请了较多的实用新型专利申请。例如，1986 年，安田工业株式会社申请了一种机床主轴的安装结构（JPS6394603U、JPH077046Y）❶；日立精机株式会社申请了一种用于机床主轴的轴承结构（JPS62117001U）；大隈株式会社申请了一种轴承预紧调整机构（JPS62126616U、JPH0346258Y）。日本精工株式会社于 1986 年申

---

❶ 本章中将专利申请的同族专利信息都置于括号内，以便读者对该专利申请的全球分布和法律状态有进一步的了解。

请了一种用于机床主轴上的轴承结构（JPS62130801U），又于1987年对此结构进行了改良（JPS6432917U、JPH0453457Y）。1987年，三菱重工申请了一种轴承预紧自动调节装置（JPH0175622U）。1988年，东芝机械株式会社申请了一种机床主轴轴承装置（JPH0270904U）。

其间，日本申请人也通过相互合作来共同提高技术创新。1988年，光洋精工株式会社和日立精机株式会社联合申请了一种主轴单元（JPH01255708A、JP2749319B2），该单元通过设置陶瓷轴承来提高高速耐久性并且防止火花放电的产生。

此外，20世纪80年代开始，全球申请人开始关注调整轴承预紧的方式来提高主轴性能。直至20世纪90年代初，全球申请人，特别是日本申请人，围绕着调整轴承预紧方式从各个角度申请了大量的专利申请。

（3）高速增长期（21世纪初至今）

进入21世纪，短短十几年，机床主轴滚动轴承的专利申请量已经与20世纪所检索到的该技术专利申请总量相当（660项），机床主轴滚动轴承的专利申请进入高速增长期。

21世纪初，以日本精工株式会社和恩梯恩株式会社为首的日本申请人提交的机床主轴滚动轴承的专利申请已经占据了该技术专利申请申请总量的较大份额。日本申请人在将该技术专利申请的目标国和地区重点放在日本本土的同时，开始放眼全球市场。

就研发重点而言，专利申请中已经开始大量关注制约高速精密机床发展的滚动轴承润滑等重点技术，并且逐渐从环保和降低成本的角度研发机床主轴滚动轴承新技术。

受金融风暴的冲击，2008年前后，该技术的全球专利申请速度有所放缓甚至降低。经过这次金融风暴的洗礼，以日本申请人为代表的技术型企业更加重视知识产权的保护工作。从总体上看，专利申请量不断增加，表明企业对该领域知识产权的保护不断重视，研发持续增加。可见，机床主轴滚动轴承技术的发展仍然处于上升趋势。

此外，国外跨国企业申请人在这一时期也开始重视中国市场，加强了在中国的进行专利布局，以期通过在中国申请专利的方式占据或巩固中国市场份额。尤其发现，凡是较为重要的技术，这些跨国企业申请人都会将中国选为专利申请的目标国。

中国企业也慢慢意识到知识产权保护对于企业发展的重要性，开始将技术研发成果转化成专利申请，并以此作为应对行业发展面临的困境的重要手段之一。

5.1.2 主要来源国和地区以及主要目标国和地区专利申请比对分析

本课题组将从机床主轴滚动轴承技术主要来源国和地区的专利申请量入手，比对分析主要技术来源国或地区的专利申请量在不同时期的变化，以期了解涉及机床主轴滚动轴承技术的专利申请在全球范围内的发展脉络。

图5-1-2是机床主轴滚动轴承技术主要来源国或地区专利申请量的比对图，其中，图5-1-2（a）显示了机床主轴滚动轴承技术在技术萌芽期主要来源国或地区的专利申请量比对；图5-1-2（b）显示了机床主轴滚动轴承技术在平稳发展期（20世纪中叶至21世纪初）主要来源国或地区的专利申请量比对；图5-1-2（c）显示了机

床主轴滚动轴承技术在高速增长期（21 世纪初至今）主要来源国或地区的专利申请量比对；图 5 - 1 - 2（d）显示了机床主轴滚动轴承技术主要来源国或地区的专利申请量的整体分布。

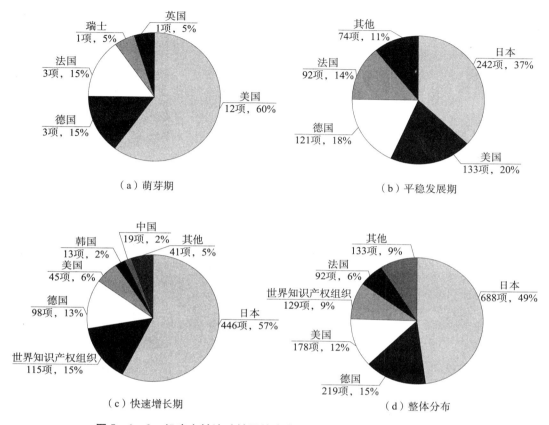

图 5 - 1 - 2　机床主轴滚动轴承技术专利申请主要来源国或地区比对

　　萌芽期零星的专利全部由欧美申请人所申请，其中，在美国研发申请的专利占全部的 60%。在平稳发展期，虽然年均专利申请量没有太大变化，但是根据主要来源国或地区的整体分布，可以了解到，来源国为日本的专利申请在全球范围内的份额已经完成了从零到总量第一的转变。也正是在这一时期，日本企业在政府的积极推动下进行了技术创新研发，机床工业跃居世界第一并保持到现在。

　　以第二次世界大战为契机，机床的发展方向也逐渐转向节省人力、制造高精度工件。同时，机床的生产大国也由欧美为中心扩展到发展中国家，甚至新兴工业国家。伴随着生产国的增加，全球机床生产规模也在扩大，针对机床主轴的滚动轴承技术发展也呈现不断创新之势。

　　进入 21 世纪后，日本企业不断重视通过知识产权保护来提升和巩固机床主轴滚动轴承技术的领先地位，进一步加大专利申请的力度，从平稳发展期占 37% 的专利申请份额增长到高速增长期时 57% 的专利申请份额。

在机床主轴滚动轴承的专利申请总量中可见，中国企业占有的份额还非常少，例如，在快速增长期只占2%的专利申请份额（19件），在其他时期以及在整体分布的主要技术来源国中还没有中国，这也从侧面反映了中国企业与国外发达国家的企业在专利意识乃至技术上的差距。

此外，国外跨国企业已经开始通过向世界知识产权组织（WIPO）提交国际专利申请（PCT）的方式来进行专利保护和专利布局。

图5-1-3是机床主轴滚动轴承技术主要目标国或地区专利申请比对分析，其中，图5-1-3（a）显示了机床主轴滚动轴承技术在萌芽期主要目标国或地区的专利申请量比对；图5-1-3（b）显示了机床主轴滚动轴承技术在平稳发展期主要目标国或地区的专利申请量比对；图5-1-3（c）显示了机床主轴滚动轴承技术在高速增长期主要目标国或地区的专利申请量比对；图5-1-3（d）显示了机床主轴滚动轴承技术主要目标国或地区的专利申请量的整体分布。

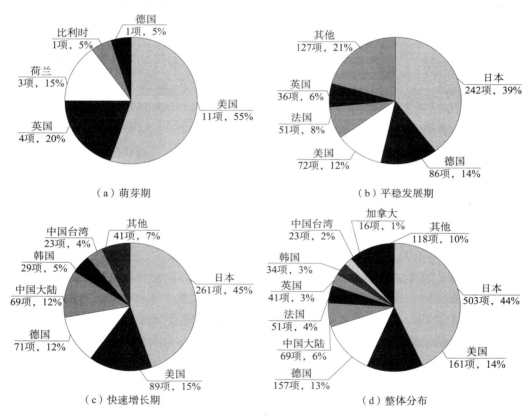

（a）萌芽期   （b）平稳发展期

（c）快速增长期   （d）整体分布

图5-1-3　机床主轴滚动轴承技术专利申请主要目标国或地区比对

与主要来源国或地区相比，机床主轴滚动轴承技术主要目标国或地区更能反映出对某个国家或地区的市场重视程度。对于专利申请目标国或地区的选择，这与企业的专利战略和市场战略密切相关。

正如前所述，在萌芽期，因第一次世界大战和第二次世界大战使得美国和英国成为最大的机床生产市场，从该时期这两个国家专利申请数量占比分别为 20%、55%，也可证实专利申请人已将这两个国家作为专利申请的重要目标，以保护其知识产权的相关利益。

进入 21 世纪后，中国市场发展迅速，庞大的经济总量和平稳快速的经济增长率，使得许多跨国企业纷纷通过专利申请等方式进入中国市场。虽然在整体分布上，中国作为目标国的比率仅仅为 6%，但是近十几年，中国作为目标国的专利申请量占到这一时期专利申请总量的 12%，并且还有不断增长的趋势。结合来源国分析，将中国作为目标国的专利申请中只有 19 件为中国企业，70% 以上都是国外跨国企业的专利申请。中国机床主轴滚动轴承工业的容量和消费能力不容忽视，跨国企业的专利布局也必然随着市场的变化而变化。同样，通过数据发现，韩国市场也得到了越来越多专利申请人的关注和重视。

从技术来源国的角度也可以看到，中国申请人的专利申请还很匮乏，在世界排名中还看不到中国，这说明从专利申请的角度中国申请人的技术研发实力与跨国企业相比，还有很大的差距。进入 21 世纪后，中国政府和轴承工业协会已经意识到了这些问题，不断出台政策和鼓励措施帮助中国轴承企业增强研发能力来攻关核心技术，从专利申请量可见，已经有所成绩，其已占全球申请总量的 2%（参见图 5 - 1 - 2（c））。

5.2 机床主轴滚动轴承技术主要申请人专利申请技术分析

为研究机床主轴滚动轴承技术主要申请人的研究方向以及专利申请区域分布，本小节重点分析前几位申请人的专利申请的技术分析。图 5 - 2 - 1 为机床主轴滚动轴承技术中全球申请人专利申请量排名。

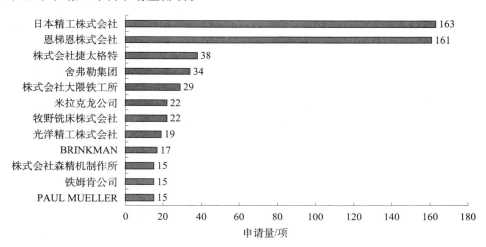

图 5 - 2 - 1　机床主轴滚动轴承技术中全球申请人专利申请量排名

全球范围内机床主轴滚动轴承技术的主要申请人集中在日本和欧美。欧美主要申请人集中在德国和美国，主要是舍弗勒集团、铁姆肯集团和米克拉龙公司。日本主要申请人为日本精工株式会社、恩梯恩株式会社、株式会社捷太格特、大隈株式会社、牧野铣床株式会社、光洋精工株式会社。

从专利申请量上可以看出，前两名主要申请人日本精工株式会社和恩梯恩株式会社对于这一技术的专利申请重视程度远远高于其他企业。株式会社捷太格特于2006年成立，虽然成立时间不长，但作为独立申请人的专利申请却不逊于其他老牌轴承企业，说明该公司也是非常重视对这一技术的研发和专利保护工作。

全球主要申请人中无中国企业入围。精密机床主轴的滚动轴承属于高精度产品，不仅需要数学、物理等诸多学科理论的综合支持，而且需要材料学科、热处理技术、精密加工和测量技术、数控技术和有效的数值方法及功能强大的计算机技术等为之服务，因此能够生产精密机床主轴滚动轴承的企业屈指可数，门槛很高。作为机床主轴滚动轴承重要的生产国和消费国，中国装备制造业整体水平与国外发达国家相比还存在较大的差距，因此，中高端市场鲜有中国企业参与。

近些年来，这些主要申请人纷纷进入中国轴承市场并建立生产基地。它们不仅是全球经营，而且是全球制造，凭借品牌、装备、技术、资金和生产规模的优势，在抢占了中国中高端市场份额的同时，还向低端市场渗透，给中国轴承企业造成了较大的发展压力。中国企业主要从事通用轴承的生产，机床主轴专用和高端轴承生产企业较少，技术还不完善。因此中国轴承企业要想与主要的跨国轴承企业竞争甚至超越，在技术等方面还需要经历一段较长时间的发展道路。

5.2.1 恩梯恩株式会社

恩梯恩株式会社向中国出口日本本土生产的机床用ULTAGE精密轴承系列以及可控预压切换主轴轴承组件（参见图5-2-2和图5-2-3）。此外，恩梯恩株式会社在日本生产的航空用轴承以及半导体制造加工技术用超高真空轴承等也面向中国出口。

图5-2-2　恩梯恩株式会社机床用
ULTAGE精密轴承系列

图5-2-3　恩梯恩株式会社可控
预压切换主轴轴承组件

可控预压切换主轴轴承组件紧凑的结构可实现高速和高刚度。轴承的预压控制可根据主轴的转速在两步到三步内变化。在低速范围内选择重预压，或者高速范围内选择轻预压，由于主轴的紧凑结构和在高速旋转时轴承内圈的膨胀将导致预压的升高，采用在轴上开槽设计可以解决这个问题。

5.2.1.1 主要专利申请技术分析

随着机床工业的发展，恩梯恩株式会社早在20世纪80年代就对机床主轴滚动轴承预紧技术申请了大量的专利。1989 年，恩梯恩株式会社申请了一种可调整预紧的主轴单元（JPH02279203A、JP2602325B2），该主轴单元根据主轴转速来调整预紧量并且提供固定的预紧位置。1992 年，为了更加容易地控制预紧，恩梯恩株式会社通过液压系统来控制轴承，又申请了一系列专利申请（JPH0519603A、JP2528236B2，JPH0615905U，JPH0615906U，JPH0615907U，JPH0633604U，JPH0633605U，JPH06143003A）❶。

进入 2000 年，恩梯恩株式会社开始加大在中国的专利布局力度，许多重要技术都以中国为目标国。

2003 年，恩梯恩株式会社申请了一种用于机床主轴的圆柱辊子轴承（US2005069239A1、DE102004046789A1、JP2005140269A、JP2005127493A、JP2005163997A、CN1603646A、US7101088B2、CN101187399A、CN101187400A、CN100386536C、JP4322641B2、JP4322650B2、JP2009257593A、JP4387162B2、CN101187399B、CN101187400B）❷，该圆柱滚子轴承包括内圈、外圈、多个圆柱滚子及由合成树脂制成的保持架，保持架包括环形部分、多个从环形部分的内表面延伸的柱及多个兜孔，这些兜孔形成于在周向上相邻柱的周向侧面之间，并且以自由滚动的方式支承圆柱滚子；保持架的柱的周向侧面包括位于基端的内周向部分处的滚子导向部分，导向部分形成与圆柱滚子的滚动接触面相一致的圆弧表面，并且在旋转过程中当离心力使柱发生向外的弹性变形时对圆柱滚子的滚动接触面进行导向，还包括位于顶端的内圆周部分处的轧去部分，轧去部分比滚子导向部分更向柱的圆周中心凹陷，防止滚动接触面的径向接触压力的产生。该轴承解决了现有滚子轴承的柱容易产生向外的弹性变形导致加工精度恶化、接触部件之间的油膜不足导致非正常磨损或轴承温度升高的问题。此外，为了解决机床主轴在高速回转时发热量大的问题，恩梯恩株式会社还申请了一种圆柱滚子轴承（TW200304990A、CN100363637C、CN1834481A、JP4190781B2、US2006291759A1、DE60331019D1、CN1445464A、US7150565B1、EP1347185B1、EP1347185A2、JP2003278745A、JP2003278746A、KR20030076343A、TWI285243B、KR100945808B1）。该圆柱滚子轴承包括一内轮于该内轮的外周具有一轨道面；一外轮于该外轮的内周具有一轨道面；以及多个圆柱滚子，转动自如地配设在该内轮的轨道面和该外轮的轨道面之间，其中，在该内轮及该外轮中至少一方的轨道面的两侧各设置有一轴环，且该些轴环和至少一个该轴环和轨道面相交的角部设置有一退刀槽，且该圆柱滚子的其中之一端面和导角面的边界部，与该轴环和该退刀槽的边界部相接触的斜交角范围中的最大值，即临界斜交角 θT，被限制在 θT≤14 分。该临界斜交角 θT 的限制，利用把该退刀槽的高度 h1 和该圆柱滚子的导角面的高度 h2 的尺寸差 δ 管理在 δ≤0.3mm。在 0＜θ≤θT 的范围中时，虽然，接触面压 P 会依斜交角的比例，以比较急遽的斜度上升，但因为把界限斜交角 θT 限制成小角度，可将接触面压

---

❶ 不属于同族专利的专利申请以逗号分开，属于同族专利的专利申请以顿号分开。

❷ 申请人就该技术向美国、日本、中国均申请了专利，其中向中国提交了 3 件专利申请 CN1603646A、CN101187399A、CN101187400A，并且都获得了相应的专利权 CN101187399B、CN101187400B、CN100386536C。需要说明的是，由于数据不完善，所列专利申请并非涵盖所有信息，仅供读者参考。本章下面专利申请表达的内容同此分析。

P 推移至于该接触部产生磨耗的接触面压 P0 等级以下。即通过把界限斜交角 θT 限制成小角度，可降低接触面压 P，并可抑制该接触部的发热及磨耗。

此外，恩梯恩株式会社也通过改善润滑的方式来提高机床主轴滚动轴承的性能。

2003 年，恩梯恩株式会社又申请了一种用于机床的滚动轴承和主轴的密封装置（US2005117824A1、DE102004058041A1、CN100441893C、JP2005163902A、CN1624349A、US7267489B2）❶，该轴承组件包括第一滚动轴承，其不具有密封件，但具有用于在其内密封润滑油的内部空间；以及第二滚动轴承，其与所述第一滚动轴承的一个端面并列设置，所述第二轴承具有至少一个靠近所述第一滚动轴承的所述一个端面的密封件。其中被密封在所述第一滚动轴承的所述内部空间中的润滑油的量是所述内部空间体积的 10%～35%。采用这种结构，第一滚动轴承中的润滑油粘结第二滚动轴承的至少一个密封件的轴向外表面。这样增加了试车之后被密封在第一滚动轴承内的润滑油的初始量，由此延长第一滚动轴承的寿命。如果该数值低于 10%，轴承正常高速运行期间，润滑油的不充分润滑将很困难。如果润滑油含量超过 35%，润滑油则可能粘结在滚动部件之间或者滚动部件和其他滚动部分之间，从而增加而不是降低滚动阻力。

2006 年，恩梯恩株式会社申请了一种用于机床主轴的滚动轴承的润滑结构（WO2005121579A1、JP2006022952A、EP1767800A1、KR20070017418A、US2008063331A1），其具有循环流入单元（7），通过滚动轴承内圈（1）的旋转，借助于内圈的斜面结构，该循环流入单元将重新获得的油雾再次流入轴承，使轴承的速度和寿命得到了改善，并且使轴承免维修。

2007 年，恩梯恩株式会社又研发了一种用于机床主轴的润滑油及其高速滚动轴承（JP2008208218A、JP5305600B2、JP2009121531A、JP2009008209A、WO2008105375A1、JP2008286372A、JP2009036221A、TW200848503A），可充分应对 d_mN 值 170 万以上的高速旋转并且能够满足机床的紧致化和运转经费的降低。该润滑油含有基油和脲系增稠剂，该脲系增稠剂是将聚异氰酸酯成分和单胺成分反应而制得。

此外，为了降低生产成本，恩梯恩株式会社于 2007 年申请了一种主轴装置的间隔件制造方法（JP4986812B2、TW200936277A、WO2009060574A8、JP2009113164A、US8336210B2、KR20100108328A、US2010306991A1、WO2009060574A1、DE112008002972T5），其结构简单而且制造成本较低，无需为了支持放松力而使用大尺寸轴承或经特殊设计的轴承。

2008 年，恩梯恩株式会社申请了一种圆柱滚子轴承装置（CN101809304A、US8491195B2、CN101809304B、JP5419392B2、WO2009028151A1、US2010202720A1、CN102979822A、DE112008002317T5、TW200928147A、JP2009074682A），可在高速旋转时保持保持器的稳定性并防止导向面彼此直接接触，可降低保持器导向间隙中的动力损耗。该圆柱滚

---

❶ 申请人就该技术向美国（US2005117824A1）、德国（DE102004058041A1）、日本（JP2005163902A）和中国（CN1624349A）均申请了专利，其中已经在美国（US7267489B2）、中国（CN100441893C）获得专利权，日本和德国的专利申请的法律状态并未给出，读者如需了解可到相应专利局网站进行查询。本章下面的专利申请表达的内容同此分析。

子轴承装置包含圆柱滚子轴承，在作为旋转部件的内环与作为固定部件的外环的轨道面之间夹设有由环状的保持器所保持的圆柱滚子；及喷嘴构件，邻接该外环而设置；上述喷嘴构件分别设于上述外环的轴方向的两侧；其中，在该喷嘴构件内设有插入内环与外环之间的轴承空间并具有润滑剂的喷嘴孔的环状锷部，该锷部的外径面为保持器导向面，以该保持器导向面导向该保持器的内径面；在该内环的外径面，设有其轨道面侧为大径的斜面部，该喷嘴构件的设于该锷部中的喷嘴孔朝该内环的该斜面部喷出润滑剂；上述内环的斜面部上设置圆周沟槽，该圆周沟槽接收从上述喷嘴孔喷出的润滑剂。

2013 年，恩梯恩株式会社申请了一种滚动轴承（KR20140033427A、DE112012002734T5、WO2013002252A1、JP2013015152A、CN103635708A），其在对外圈上设有供油孔的轴承以无垫圈方式进行组合使用的场合下，能够使供给到轴承空间内的油气顺畅地排出到轴承外部，避免润滑油滞留或卷入而导致过度升温的现象。在该滚动轴承中，滚动体夹设于内圈及外圈的滚动面之间，上述外圈上设置有贯穿轴承空间内的用于油气润滑的供油孔，在上述外圈的幅宽方向端面中的任意一者或两者上，设有向轴承轴向内侧凹陷的油气排气用的缺口凹部，该缺口凹部从内径面延伸至外径面。

5.2.2　日本精工株式会社

为满足机床主轴所需的高速、高刚性、高精度方面的要求，日本精工株式会社于 1998 年推出了“ROBUST 系列（角接触球轴承、圆柱滚子轴承）”。应用自主研发的电主轴技术和 ROBUST 系列产品，日本精工株式会社于 2002 年领先同行厂家研制出 d_mN 突破 400 万大关的电主轴，确立了居于超高速主轴金字塔顶端的地位。

为对应近年的环保要求，在机床主轴专用轴承方面，日本精工株式会社在世界上率先推出润滑脂补给系统，并在以往只有靠润滑油润滑才能达到的高速领域，实现了以润滑脂润滑也可对应的方式。通过采用该系统，抑制润滑剂及空气消耗量的同时，去除了喷雾及风噪声所导致的噪音，改善了使用环境。

20 世纪 80 年代开始，全球申请人比较关注调整轴承预紧的方式来提高主轴性能，日本精工株式会社也加大了对这一技术点的研发力度。1989 年，日本精工株式会社申请了一种预紧可调的主轴（JPH0373205A、JP2841520B），该专利申请根据主轴的温度变化能够通过循环冷却液向轴承均匀地提供预紧，这些冷却液的温度和流速可根据转速进行控制，该冷却液不仅存在于轴承外圈外周而且还存在于主轴的外周。此外，该专利申请通过转动与可移动衬套接合的螺母使得可移动衬套在轴向方向上运动，以确保预紧控制的高精度。

润滑供给技术的研究，是日本精工株式会社的又一重点。2001 年，日本精工株式会社申请了一种主轴装置（JP2003049850A），通过直接向需要润滑的轴承提供非常少量的润滑油的方法，来延长润滑脂的寿命。2002 年，日本精工株式会社申请了一种滚动轴承及工作机械用主轴装置（US2003113048A1、US7267488B2、US6869223B2、US2005129342A1、CN1218132C、US2007266821A1、JP4258665B2、CN1400406A、JP3707553B2、DE10235239B4、

DE10235239A1、JP2005335063A、JP2003113846A），该滚动轴承在环境上、成本上有利，且能实现高速旋转性及高寿命。该滚动轴承，由润滑脂润滑，其包括：外圈，在内周面上有外圈轨道；内圈，在外周面上有内圈轨道；滚动体，设在外圈轨道与内圈轨道间，可自由滚动；润滑脂补给装置，向滚动轴承内补给追加润滑脂，追加润滑脂的一次补给量为轴承空间容积的 0.1%～4%。同年，又申请了一种角接触球轴承和主轴装置（US2003026509A1、US2004146231A1、DE10234935A1、US7033082B2、US6709161B2），轴承保持架由人造树脂制成。该装置对轴承保持架进行润滑，能够有效减少自振并且防止因摩擦引起的热量以及异常噪声的产生。此外，为了能够抑制轴承的润滑脂在高速旋转期间消散，进而以较低的价格延长轴承使用寿命，日本精工株式会社申请了一种用于主轴装置的角接触球轴承（JP2003097565A、JP4013030B）。

为了解决现有技术中机床主轴用滚动轴承在高速旋转时发热量大的问题，日本精工株式会社在 2001 年申请了一种用于机床主轴的滚动滑动件及滚动装置（US2003099416A1、JP2003254341A、CN1661251A、US6994474B2、DE60226666D1、JP4838455B2、CN100398861C、JP2003013960A、JP4000870B2、EP1262674A2、JP2003222143A、JP2003239994A、US2005141797A1、CN1388327A、US7172343B2、CN100396946C、JP2002349577A、JP2003056575A、EP1262674B1）。该滚动滑动件适于相对于一相对元件形成滚动接触或滑动接触，包括由钢制成的基材；形成在与所述相对元件接触的表面上且具有润滑特性的类金刚石碳层，该类金刚石碳层包括金属层；具有金属和碳的第一复合层；由碳制成的碳层以及位于最上表面上的含氟复合层。

2004 年，日本精工株式会社申请了一种主轴装置（US7311482B2、WO2004087353A1、JP2006007329A、JP2007245344A、US2008118319A1、CN1767917A、TW200422136A、JP4041986B2、US7690873B2、JP2004299008A、EP1609549A1、JPWO2004087353S、US2008118321A1、EP1609549B1、JP2006007328A、TWI295216B、US8052362B2、JP3901680B2、JP2007229920A、KR100658406B1、JP4139971B2、CN100556588C、JP2004322306A、US2006034670A1、KR20050114251A、CN101185975B、CN101185975A、JP4325254B2），其具有装卸容易、刚性高、良好的衰减特性、滑动性好的特点。该主轴装置包括外筒，其具有定子；旋转轴，其具有转子并且旋转自如；前侧轴承，其外圈固定于前壳上，并且内圈外嵌于所述旋转轴的一端；轴承座套，其配设于所述旋转轴的另一端侧，嵌合于所述外筒，可沿所述旋转轴的轴向移动；后侧轴承，其内圈外嵌于所述旋转轴的另一端，并且外圈固定于所述轴承座套上，与所述前侧轴承一起旋转自如地支承所述旋转轴，按所述外筒的内周径、所述定子的内径、所述轴承座套的外径直径的顺序减小，由所述前壳、所述旋转轴和所述轴承座套构成的半组装体可从所述外筒拔出，且所述轴承座套后方的任意剖面的旋转体半径比从所述轴承座套后端到所述剖面间非旋转体的最小半径小，所述后侧轴承在固定位置预压且是背对背装配的角接触球轴承，所述轴承座套内嵌于座套壳中，该轴承座套的外径相对于该座套壳内径间隙配合，所述轴承座套和所述座套壳的嵌合长度与该轴承座套的外径之比设定在 0.45～0.8。

2011 年，日本精工株式会社申请了一种滚动轴承及机床用主轴装置（WO2012023437A1、KR20120106902A、TW201217665A、CN102483092A、DE112011102719T5、JPWO2012023437S、KR1368100B1），可提高润滑剂的排出性，能够抑制滚动轴承的异常升温，并且能够缩短在进行润滑脂润滑时的试运行所需的时间。该滚动轴承具有在外周面上具有内轮轨道的内轮；在内周面上具有外轮轨道的外轮；转动自如地设置于所述内轮轨道与所述外轮轨道之间的多个转动体以及具有用于保持所述多个转动体的多个兜孔的保持器；所述保持器具有沿着轴向并列配置的第一圆环部和第二圆环部；以及以预定的间隔配置于圆周方向上而用于将所述第一圆环部与所述第二圆环部连接起来的多个柱部；所述第一圆环部和所述第二圆环部在各自的外周面上具有沿着圆周方向相互分离开地形成的多个凸状突起部，所述第二圆环部的凸状突起部与所述第一圆环部的凸状突起部形成在圆周方向上的不同位置上。

2013 年，日本精工株式会社申请了一种电主轴装置（WO2013011815A1、CN103003014A、JP2013022700A、JP2013022675A、JP2013082018A、EP2735392A1、JP2013022674A、JP2013022699A、JP2013022698A），其能够抑制因转子发热造成的旋转轴和轴承的温度上升，能够提高加工精度，减小机床主体的热变形，减少低速时的振动，防止热黏等不利情况。该主轴装置具有旋转轴；前侧轴承和后侧轴承，其分别支承所述旋转轴，使所述旋转轴能够相对于壳体自由旋转；以及马达，其具有位于所述前侧轴承和后侧轴承之间，外嵌于所述旋转轴的转子，和配置于所述转子周围的定子，所述旋转轴具有由金属材料制成的第一圆筒构件；和由比弹性模量大于所述第一圆筒构件的金属材料且线膨胀系数小于所述第一圆筒构件的金属材料的材料制成的第二圆筒构件，所述第二圆筒构件配置于所述第一圆筒构件外周面，且在所述第二圆筒构件的外周面嵌合有所述转子。

5.2.3　株式会社捷太格特

株式会社捷太格特拥有 JTEKT、KOYO、TOYODA 等品牌，为汽车、新干线到航空机、机器人等"能动的东西"提供技术支持。通过光洋精工株式会社和丰田工机株式会社的合并（参见图 5 - 2 - 4），使新公司拥有了世界第一位的转向系统行业市场份额，并结合轴承行业、机床行业、传动行业成为主要的四大行业。

结合图 5 - 2 - 1 可以了解到，在机床主轴滚动轴承技术中，光洋精工株式会社所持有的专利申请为 19 项，丰田工机株式会社也有一定量的专利申请，如果将两者的申请量一并归入株式会社捷太格特的专利申请中，株式会社捷太格特的专利申请量得到了较大的增加。通过对株式会社捷太格特的专利申请梳理发现，大部分的专利申请都是基于光洋株式会社和丰田工机株式会社的改进。通过合并这种模式，有效地整合了互补资源，奠定了株式会社捷太格特机床主轴轴承技术的领先地位。

图5-2-4　株式会社捷太格特发展历程

TOYODA 机床产品涵盖卧式加工中心、立式加工中心、生产线加工中心、5 轴立式加工中心、5 卧式加工中心、FMC/FMS 等加工中心产品以及磨削中心、生产型外圆磨床、CNC 通用外圆磨床、CNC 外圆磨床、曲轴生产线用磨床、大型外圆磨床、凸轮轴生产线用磨床等磨床。

日本光洋精工株式会社设计出了用于机床主轴使用的超高速型角接触球轴承 High Ability 轴承系列（参见图5-2-5），与公司同类产品相比较，温升减少20% ~ 30%，高速极限提高1.2 ~ 1.5 倍，并且用定位预紧发挥高速性能，还易于置换以往产品。

图5-2-5　KOYO High Ability 轴承系列

2008 年，株式会社捷太格特向中国台湾厂商 WELE MECHATRONIC CO.，LTD 出资40%，将机床厂商关屋制造股份有限公司100%纳为子公司，并在印度设立机床的销售和服务公司 TOYODA MICROMATIC MACHINERY INDIA LTD.。2010 年，株式会社捷太格特从美国的轴承大企业铁姆肯集团收购滚针轴承事业。

虽然株式会社捷太格特成立时间不算太久，但所合并的企业均具有悠久的研发历史，合并后的株式会社捷太格特继续其对研发的巨大投入。

基于 TOYODA 品牌沉淀下来的研发技术，2010 年，株式会社捷太格特申请了一种机床的主轴装置（EP2269767A1、CN101941083A、US2011002570A1、JP2011011306A、JP5560599B2、EP2269767B1、CN101941083B），能够得到所有加工种类都满足的主轴特性。该主轴装置具有主轴，该主轴保持旋转刀具，并被驱动而进行旋转；滚动轴承，该滚动轴承将该主轴轴支承为能够旋转；以及预压赋予单元，该预压赋予单元对该滚动轴承赋予沿轴线方向的预压，主轴装置控制上述机床的控制装置具有预压量控制单元，所述预压量控制单元根据写入到输入的数控程序中的最佳预压量来控制所述预压赋予单元赋予给所述滚动轴承的预压量。

此外，株式会社捷太格特还围绕该主轴装置的后续申请，均涉及对滚动轴承的改进，中嶋邦道、大川雄司、芝田贵雅、梅木贵仁等人发明了一种主轴装置（EP2278181A2、EP2278181A3、US8740523B2、EP2278181B1、JP2011020240A、US2011020088A1、JP5560603B2、CN101961792A）以及松永茂发明了机床的主轴装置（EP2481941A1、US2012173012A1、CN102510956A、WO2011037140A1、JP2011069405A、JP5418110B2）。

5.2.4　舍弗勒集团

1883 年，德国申请人 Friedrich Fischer 在德国小镇 Schweinfurt 发明了早期的磨制钢球的球磨机（参见图5-2-6）并创建 FAG 公司。

图 5 – 2 – 6　Friedrich Fischer 发明的
磨制钢球的球磨机

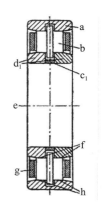

图 5 – 2 – 7　早期的
圆柱滚子轴承

1911 年，滚动轴承技术越来越广泛地应用于机车领域，FAG 公司收购了 1868 年在 Wuppertal 成立的 G. u. J. Jaeger，并发展了能够在重载轨道车辆中提供稳定性能的圆柱滚子轴承（参见图 5 – 2 – 7）。1926 年，FAG 公司开始生产圆锥滚子轴承。

1946 年，乔治·舍弗勒（Georg Schaeffler）博士与其兄弟维尔海姆（Wilhelm）在德国 Herzogenaurach 共同创立了 INA 公司。1949 年，乔治·舍弗勒博士发明了滚针保持架，滚针轴承成为工业应用领域极为可靠的零部件。

1965 年，INA 公司作为投资方在德国 Bühl 成立了 LuK Lamellen und Kupplungsbau GmbH，并于 1999 年将其收购。

2001 年 INA – Schaeffler 开始收购 FAG 公司的股票，至 2003 年，在股市上完成了对原 FAG（Fischers Aktien – Gesellschaft）公司的收购，自 2006 年 1 月 1 日起，原 FAG（Fischers Aktien – Gesellschaft）正式注销，原 FAG 商业部门和产品整合并入舍弗勒集团，其品牌"FAG"得以保留并继续使用。完成了收购之后，舍弗勒集团成为世界第二大滚动轴承制造商。据此，中国大陆境内，依纳（中国）有限公司、依纳（香港）有限公司、FAG 汽车轴承（上海）有限公司、富安捷铁路轴承（宁夏）有限公司、FAG 中国（香港）有限公司组成舍弗勒集团。

2001 年，德国舍弗勒集团投资西北轴承，成立合资的富安捷铁路轴承（宁夏）有限公司，并于 2002 年全面收购了该有限公司，从而控制了占中国铁路货车轴承 25% 的市场。2009 年，富安捷铁路轴承（宁夏）有限公司更名为舍弗勒（宁夏）有限公司。这一案例也成为中国装备制造业较为惨痛的案例之一。

2006 年，舍弗勒集团计划收购洛轴集团，最终并未成功。

2008 年，舍弗勒集团计划收购实力明显大于自身的德国大陆公司。这次收购失败阻碍了舍弗勒集团的发展步伐，在一段时间内都未走出收购失败的阴影。

对德国大陆公司的收购失败致使舍弗勒集团于 2011 年 10 月 13 日完成注册，从有限责任公司（Schaeffler GMBH）转变为股份制公司（Schaeffler AG），从而舍弗勒集团变成 Schaeffler AG 和 Schaeffler Technologies AG & Co. KG。舍弗勒集团的整个业务，所有的附属公司以及不动产都归入转型后的舍弗勒股份制公司。

2008 年，德国申请人谢夫勒科技有限两合公司❶（SCHAEFFLER TECHNOLOGIES GMBH & CO KG）申请了一种滚子轴承的内圈（CN102239338B、DE102008060479A1、JP2010133559A、CN102239338A、WO2010063282A1），解决了现有滚动轴承因滚动体滚道的宽度减小而使承载能力下降的问题，其润滑效果好、产生摩擦热量少。

2009 年，德国申请人谢夫勒科技有限两合公司申请了一种用于机床主轴的圆柱滚子轴承（CN102239339A、JP2010133560A、DE102009053375A1、WO2010063281A1、CN102239339B），具有小轴向延伸，并且不依赖于运行温度实现无游隙的且同时不压紧的运行。该圆柱滚子轴承包括圆柱形的滚动体以及外圈，其中，所述外圈的外壳面具有两个环形的凹槽，所述凹槽在轴向上至少以所述滚动体的轴向延伸的量间隔开，并且其中，所述外壳面的在轴向上在两个所述凹槽之间的第一部分相对于所述外壳面的在轴向上在所述凹槽之外的第二部分在径向上回缩，并且其中，所述外圈在所述外壳面的所述第一部分的区域中具有基本上恒定的厚度，其特征在于，对于每个凹槽而言，该凹槽的径向壁厚与该凹槽的轴向壁厚之间的比例在 0.5～1.5，其中，所述径向壁厚与所述外圈在所述凹槽内部的最小的径向壁厚相符，并且其中，所述轴向壁厚与所述凹槽到所述外圈的相邻端面的最小的轴向间距相符，并且，所述圆柱滚子轴承具有内圈，所述内圈包括内圈滚动体滚道，所述内圈滚动体滚道关于所述内圈的旋转轴线在轴向上位于带有各一个用于接触滚动体端面的接触面的所述内圈的两个边缘之间，其中，所述内圈在至少一个边缘与所述内圈滚动体滚道之间具有关于所述内圈的旋转轴线而成环形的切槽，并且其中，至少一个所述切槽的位于在两个所述接触面之间的区域中的部分宽度与两个所述接触面的间距的 15%～30% 相符。

同年，该公司还申请了一种用于机床主轴的具有改进的保持架引导的角接触球轴承（CN102597550A、DE102009050153A1、EP2491261A1、JP2013508633A、WO2011047925A1、US2012251025A1），引起保持架与外圈之间的摩擦的减少，此外球体得到可靠引导，并且该角接触球轴承简单和成本低廉。该角接触球轴承包括外圈、内圈、多个球体，其中，所述球体在所述外圈与所述内圈之间在保持架内能转动地绕轴承轴线布置，所述保持架通过所述外圈的保持架导向面引导，并且所述角接触球轴承具有小于或等于 30° 的公称压力角，在包括所述轴承轴线的剖面图中，如下圆弧线，所述圆弧线从所述外圈的滚道距所述轴承轴线最远的点，沿所述滚道向靠近所述保持架导向面的滚道端部方向，一直分布到所述圆弧线与经过所述保持架导向面的直线的交点，具有大于或等

---

❶ 中文名称来自国家知识产权局授权文本信息，属于舍弗勒集团下的申请人名称。

于60°的圆心角。

2010年，舍弗勒集团申请了一种用于机床的垂直进给主轴的轴承装配（DE102008054013A1、WO2010049328A），该轴承装配具有两个滚动单元轴承，彼此轴向连接，其中一个是轴向角接触球轴承，另一个为径向角接触球轴承，进而确保了改良的精密的并且轴向稳定的主轴轴承装配。

5.3 机床主轴滚动轴承技术主要专利申请技术发展路线

下面通过选取比较重要的专利申请，从专利申请的角度梳理机床主轴滚动轴承技术的发展路线，在前面的章节已经介绍了日本精工株式会社、恩梯恩株式会社、株式会社捷太格特以及舍弗勒集团的主要专利申请，下文中就不再进行重复性描述，但仍然作为其机床主轴滚动轴承技术主要专利申请技术发展路线的一部分。

1794年，威尔士的一名铁匠Philip Vaughan在卡马森首次获得了现代球轴承的专利权❶。而世界轴承工业始于19世纪末和20世纪初期，1880年英国开始工业化生产轴承。1883年，在德国的Schweinfurt小镇，Friedrich Fischer设计了一种专用钢球磨床，第一次使得利用研磨工艺生产出完全球体的钢球成为可能。19世纪末，亨利·铁姆肯发明了圆锥滚子轴承（CA62161A、GB189814656A、US606635A），随后在圣路易斯成立了铁姆肯滚子轴承公司。1905年，年轻的瑞典纺织技师温奎斯特（Sven Wingquist）由于受到纺织机械上轴承损坏频繁的困扰，发明了自动调心双列球轴承，随即于1907年创立斯凯孚集团。1910年，斯凯孚集团向日本提供样品，使"轴受"第一次单独在日本露面。其后，日本精工株式会社、恩梯恩株式会社等轴承企业先后于1914年和1918年建立。这些企业经过了一个世纪的发展，已经成长为控制全球轴承行业的跨国企业。通过一些数据发现，对技术领域不断地创新研发并进行有效的知识产权保护，是支撑这些企业不断发展壮大的主要原因之一。

瑞典申请人斯凯孚集团于1933年在美国和英国提交了专利申请（GB403872A、US1984718A），涉及一种轴承安装方法，能够消除机床主轴的偏心率。1938年，希尔德机器公司（HEALD MACHINE CO）申请了一种主轴的轴承安装方法（US2232159A、GB528250A），主轴前段和后端分别安装一对角接触球轴承，能够实现高速主轴的无振转动。

1961年，瑞士申请人爱舍维斯公司（ESCHER WYSS）申请了一种机床主轴的安装结构（DE1427062A、US3158416A、DE1186726A、FR1332412A、CH388067A、CH392205A），其能够在垂直于主轴轴向方向的轴线方向上产生所需的扭矩。1964年美国申请人米拉克龙公司（Milacron LLC）申请了一种机床主轴冷却系统（US3221606A、GB1010317A），适用于自动化控制的铣床，能够有效控制温升，使得机床主轴的温度维持在合理恒定

---

❶ Carlisle. R. P. Scientific American Inventions and Discoveries：All the Milestones in Ingenuity ［M］. John Wiley & Sons，2004.

的水平上。

1970年，美国申请人 GIDDINGS & LEWIS 公司申请了一种用于机床的预紧主轴轴承（DE2106805A1、US3620586A、GB1312587A、JPS5220710B1、CA930936A1），能够允许对主轴轴承调整不同的预紧，以适应不同的操作工况。1973年，美国申请人铁姆肯集团向多个国家申请了一种具有预紧补偿的轴承结构（US3716280A、DE2238428、FR2149218、GB1373861A、JPS4867641A、JPS5119547B2、BE787637A1、CA958057A1、AU4469072A、IT962097B、AR197682A1、CH564701A5、NL7211249A、ES19750801A1、SE388016B、SE388016C），其采用圆锥滚子轴承结构，即使在轴承和其支撑结构之间发生不同膨胀时，该结构也能够保持恒定的预紧。

1972年，美国申请人罗克韦尔公司（ROCKWELL INTERNATIONAL CORP）申请了一种用于机床主轴滚动轴承的轴承系统（DE2310362A1、US3897815A、FR2175457A5、GB1429074A、CH564700A5、CA989921A1），解决了当时不能够将轴承预紧到特定角度的问题。

1973年，瑞典申请人斯凯孚集团申请了一种用于机床主轴滚动轴承的轴承组合（FR2168040A、DE7201256U、GB1394931A、SE392637A），能够获得较高的刚度、较好的减振效果。

1980年，法国申请人 PRECISION INDUSTRIELLE 公司申请了一种用于精密机床主轴的轴承组合（EP0025758A1、FR2464788A1、JPS5697624A），该主轴一端由双列圆锥滚子轴承支承，另一端由单列圆锥滚子轴承支承。所有轴承的圆锥滚子都具有中心孔，以允许润滑油的循环。润滑油通过泵供给并且在进入轴承进入孔（26a，27a）之前进行冷却。环形空间（18b，19b）充满润滑油，以防止轴承或主轴的热变形。

1981年，美国申请人 KEARNEY & TRECKER 公司申请了一种用于机床的控制系统（EP0078421A2、EP0078430A2、US4527661A、JPS5884294A、KR860000747B1、JPS5882640A、CA1186775A1、CA1197594A1、NO823224A、NO823223A、JPS6229675B、JPS6158241B），该系统具有检测主轴轴承温度的温度传感器以及两对检测轴向和径向主轴偏移的推力传感器。通常由微机系统组成的数据处理装置与温度和推力传感器相连并且根据轴承温度来调整喷入滚动轴承接触表面的油气混合润滑油雾的百分比。微机系统同时还根据轴向和径向主轴推力来调整主轴轴承的预紧和主轴轴向进给速率，进而确保机床性能的最优化。

1985年，WALDRICH 公司申请了一种具有冷却装置的机床主轴支撑机构（DE3443537A、US4602874A、DE8435005U、FR2573689A、JPS61131851A、JPH0246345B），该机构具有用于主轴流体冷却系统的供给和排出通道（12，13）。这些通道连接到至少位于轴承内圈（2a）区域并且设置在主轴头部（1a）上的冷却槽部（14）。该结构设计简单并且能够使得轴承内圈获得满意的热量释放，进而确保了高操作速度的同时又增加了滚动轴承的寿命。

1986年，美国申请人 TORRINGTON 公司申请了一种可变预紧轴承组合（GB2172939A、US4657412A、DE3606042A、JPS61223324A、CA1253553A、IT1189181B、

JPH0351929B2），该组合具有可旋转预紧动作器，该动作器具有不同的螺纹部件，与所选择的滚道调整单元的螺纹区段进行配合，以可选择地改变轴承的预紧。

1988 年，德国申请人 JUNKER ERWIN 公司申请了一种用于机床高速主轴的轴承系统（EP0322710A、US4926493A、DE3744522A、JPH01246001A、ES2040825T3、JP2705958B2），能够适应主轴 15 万 rpm 的高速转动。

1989 年，日本申请人三井精机工业株式会社（MITSUI SEIKI KOGYO KK）也提出了一种控制主轴滚动轴承预紧的控制单元（JPH03196903A），基于检测工具的检测值，该控制单元将控制指令输出到压力控制机构。同年，大隈株式会社（OKUMA MACHIN-ERY WORKS LTD）也提出了一种能够设置预紧的轴承（JPH048910A）。

1989 年，德国申请人博林格机床公司（BOEHRINGER WERKZEUGMASHINEN）申请了一种用于机床主轴滚动轴承的轴承组合（EP0298509A1、WO8900090A1、US4924524A、DE3722572A1、JPH01502652A），该轴承组合能够使得有效悬臂长度较短并且还能保持基本恒定的载荷。

1989 年，瑞典申请人斯凯孚集团申请了一种通过液压系统控制滚动轴承的预紧或间隙的方法（FR2635286A、DE3826945A1、GB2224085A），在轴承升温之前就能够采用相应措施来进行处理，以防止轴承升温带来的问题。

1993 年，日本申请人光洋精工株式会社（KOYO SEIKO CO）申请了一种滚动轴承的可变预紧装置（JPH06341431A），不需要摆动的产生并且能够在保持旋转主轴高刚度的情况下，仅仅通过简单的结构就能够调整滚动轴承的预紧。

2001 年，美国申请人铁姆肯集团申请了一种具有调整装配的滚动轴承（WO0221004A、US6505972B2、JP2004508509A、AU8518501A），轴承的外圈与一动作衬套干涉配合。控制系统监测主轴壳体内诸如温度方面的情况，改变动作衬套后的腔体的压力，进而将轴承装配为最好地匹配主轴工况。

2001 年，德国申请人 DECKEL MAHO PFRONTEN GMBH 申请了一种高速主轴单元（DE20202260U、US2003152433A、EP1336451A、JP2003266205A、US6843623B2、JP4371680B、EP1336451B1、DE50313302G、ES2355498T3），能够极大避免机器最大载荷和过载对前部滚动轴承的损害。

2001 年，日本申请人牧野铣床株式会社（MAKINO MILLING MACHINE CO LTD）申请了一种用于机床的主轴装置（WO03016733A1、JP2003053632A、JP2003056582A、US2004013335A1、 EP1418352A1、 US6913390B2、 JP2007090518A、 EP1418352B1、DE60226148E、DE60226148T2、JP4679493B2），当主轴装置损坏时，能够在较短时间内置换位于机床使用位置时的主轴和相关滚动轴承。

2002 年，德国申请人保罗米勒公司申请了一种改良加工精度的电主轴及其工作方法（WO02092277A1、EP1387736A2、US2004208720A1、JP2004524986A、TW524727B、AT323571T、US7155826B2），为了防止在旋转轴旋转时工具界面产生不必要的轴向移动，该电主轴在主轴轴承上设置位移传感器，以检测工具界面的轴向位移。基于位移传感器测出的不必要轴向位移可以通过整个电主轴的补偿性进给动作来补偿该轴向位移，进而改善工件加工精度。

2003年，德国申请人德玛吉公司（DECKEL MAHO PFRONTEN GMBH）申请了一种用于机床的高速主轴单元（US2003152433A1、JP2003266205A、ES2355498T3、US6843628B2、JP4371680B2），该主轴单元能够防止由于机器最大负载对主轴前部轴承造成的恶化以及过载造成的损害。在该主轴的壳体中，端部轴瓦可移除地附于其前端部，并且在主轴壳体内部，主轴被至少一个滚动轴承所支承，其中，环形螺母附于其前端部分。径向延伸的预定环状的气隙形成在端部环部和环形螺母之间。随着在轴线方向上作用于主轴的载荷增加，气隙的宽度减少至零。

2003年，德国申请人西门子公司（SIEMENS AG）申请了一种具有状态监测的机床电主轴装置（DE10348608A1、US2005160847A1、US7228197B2），该电主轴装置具有监测振动值和时间－温度曲线的传感器。通过监测这些最大值，能够有效识别损坏事故。

2004年，日本申请人BROTHER KOGYO KK申请了一种用于机床主轴上的滚动轴承（JP2006038000A、JP4442349B2），该轴承包括形成在内环滚道、外环滚道和滚动单元的表面上的类似钻石的碳涂敷层，通过稳定供给润滑剂，增加了滚动轴承的寿命。

2004年，德国申请人保尔木勒股份两合公司（MUELLER GMBH&CO UNTERNEH-MENSBETEILIGUN）申请了一种具有输入润滑剂的毛细输入管的轴承元件的机床主轴（TWI344404B、WO2005092565A1、KR20070029150A、EP1579951B1、DE112005001267A5、US2007189650A1、IN200603470P4、CN100586649C、JP2007529334A、DE502004006568D1、TW200602153A、KR1140537B1、EP1579951A1、CN1933935A、BRPI0508298A、US7600921B2、JP4789921B2、CA2560907C），可以以最少的量均匀地给轴承元件供给润滑剂。该主轴具有用于接纳电机的壳体和可由所述电机驱动地接纳在轴承元件中的轴，至少一个轴承元件具有用于通过泵元件（20）输送润滑剂的毛细输入管，该主轴设有一用于输送空气的孔（40），以接收由一毛细输入管中流出的润滑剂。

2004年，美国申请人布林克曼产品公司申请了一种适合于安装在Davenport®多轴自动螺丝车床的可转动头部上的轴组件，所述头部具有朝前的抵靠表面，包括单件式外轴，它具有前端、后端和与所述前端相邻的面朝后的抵靠表面；环绕所述外轴的密封构件，所述密封构件具有前端和后端，该前端设置成靠在所述外轴抵靠表面上；环绕所述外轴的至少一个前轴承，所述前轴承具有内轴承座圈和外轴承座圈，所述前轴承内轴承座圈的前端设置成靠在所述密封构件的后端上，所述前轴承外轴承座圈的后端设置成靠在所述头部抵靠表面上，所述前轴承的外轴承座圈设置成径向接合所述头部的一部分；前轴承定位螺母，它配合地接合所述头部，并具有后端，该后端设置成靠在所述前轴承外轴承座圈的前端上；环绕所述外轴的中间部分的间隔件，所述间隔件具有前端和后端，该前端适合于靠在所述前轴承内轴承座圈的后端上；环绕所述外轴的至少一个后轴承，所述后轴承具有内轴承座圈和外轴承座圈，所述后轴承内轴承座圈的前端设置成靠在所述间隔件的后端上，所述后轴承的所述外轴承座圈设置成径向接合所述头部的另一部分；及后轴承定位螺母配合地接合所述外轴并设置成靠在所述后轴承的后端上。该轴组件具有在 0.0003～0.0005 英寸数量级的目标精度。该轴具有改进的使用寿命、更高硬度、工件以更高角速度转动的期望属性，它使用空气/油混合物，用于提高散热和润滑，并允许在工件中进行更强的切割。

2005 年，日本申请人北村机械株式会社（KITAMURA KIKAI CO LTD）申请了一种主轴旋转装置（JP2007139171A、US7458728B2、EP1688631B1、KR20060090599A、TWI361733B、US2006177168A1、CN1818407A、EP1688631A3、TW200637677A、IN200600138I1、JP4317943B2、CN100485203C、EP1688631A2、KR100799846B1），解决了现有旋转设备的旋转轴在高速旋转时存在轴承载荷不平衡的问题。包括非旋转部分、可相对于非旋转部分旋转的旋转轴、设置在旋转轴与非旋转部分之间的旋转部件、设置在旋转轴与旋转部件之间的内轴承和设置在旋转部件与非旋转部分之间的外轴承，内轴承包括沿着旋转轴的中心轴线方向彼此间隔开的第一内轴承和第二内轴承，外轴承包括沿着旋转轴的中心轴线方向彼此间隔开的第一外轴承和第二外轴承，第一内轴承、第一外轴承、第二内轴承和第二外轴承被联锁成使第一外轴承的外环和第二外轴承的外环沿着旋转轴的中心轴线方向发生移动，并且旋转部件沿着中心轴线方向发生轻微移动，从而第一内轴承、第一外轴承、所述第二内轴承和所述第二外轴承中的至少两个通过联动关系分别承受预载荷。

2006 年，日本申请人大隈株式会社申请了一种主轴装置（US2008093175A1、DE102007050743A1、 DE102007050743B4、 JP2008100326A、 IT1380045B、 JP4993680B2、CN101164724A），该主轴装置可在供给流体的量为最小限度的情况下使保持架稳定，能够根据主轴的旋转速度和主轴的姿态以及从安装在主轴上的传感器得到的值来改变向保持架供给的流体的流量及方向。该主轴装置包括检测主轴的振动的传感器；供给机构从轴承的圆周方向上隔开间隔的三个以上部位向支承主轴的轴承的外圈与内圈之间供给流体；控制机构进行控制使由供给机构供给的液体的供给量在各个供给部位分别发生变化。此外，日本申请人大隈株式会社还提供了一种工作机械（IT1382966B、US7997385B2、US2008083585A1、DE102007047145A1、JP4874756B2、CN101158372A、JP2008093738A、CN101158372B），该工作机械可以进行与主轴状态对应的适当的暖机运转，不会白白地增加加工前的暖机运转时间，而且不会由于暖机运转而损伤轴承。控制部将向轴承内供给润滑油的供给量和主轴的转速作为时序数据存储在存储部中，当启动主轴时，使用存储在存储部中的时序数据来计算轴承内的残留润滑油量，并且根据该残留润滑油量来判断是否需要暖机运转，按照该判断结果来控制主轴启动时的转速。因而可以准确地判断是否需要暖机运转，不会在加工前白白地进行暖机运转而导致加工效率恶化，从而能够进行高效的加工。

2006 年，日本申请人株式会社森精机制作所（MORI SEIKI CO LTD）申请了一种轴承单元及具有该轴承单元的机床的主轴装置（KR20080042684A、EP1920880B1、JP4668160B2、TW371335B1、TW200829364A、US2008112769A1、US8047750B2、EP1920880A1、JP2008121745A、CN101178093A、CN101178093B、DE602007002138D1、KR1419803B1），能够提供一种能承受较大轴向力。该轴承单元具备轴承，其具有装配于内侧构件的内环、装

配于外侧构件的外环，以及配置于该外环与内环之间的多个转动体；以及传递方向变换装置，当从前述内侧构件或外侧构件传递至前述内环或外环的轴方向力变为预定值以上时，将该轴方向力从内环传递至外侧构件或从外环传递至内侧构件；前述传递方向变换装置的构成为具备配置于前述内侧构件侧且限制内环的轴方向移动的内环隔座，与配置于前述外侧构件侧且限制外环的轴方向移动的外环隔座，当作用于内环的轴方向力变为预定值以上时，前述内环、外环、转动体与内环隔座的弹性变形量为前述内环抵接至外环隔座的大小。

2009 年，英国申请人 GSI 集团有限公司申请了一种气体轴承心轴以及用于气体轴承心轴的气体轴承组件（KR20110105390A、EP2242935A1、TW201033490A、EP2242935B1B1、JP2012515315A、CN101978180B、CN101978180A、KR1234839B1、TWI413736B、JP5514837B2、WO2010082027A1），可以在不去除心轴内所需衰减的情况下提供冷却。该用于气体轴承心轴的气体轴承组件，该组件包括一外壳部分和一内部径向轴承部分，该内部径向轴承部分布置在所述外壳部分之内且相对于该外壳部分弹性地安装，该内部径向轴承部分包括一具有轴承面的内部壳体轴承部分以及一设置在所述内部壳体轴承部分和所述外壳部分之间的中间套筒部分，其中一液体冷却剂通道设置在所述内部壳体轴承部分和所述中间套筒部分之间。

2009 年，日本申请人发那科株式会社（FANUC LTD）申请了一种具有转子喷射驱动用流体的主轴装置（US8038385B2、CN101530971B、US2009229246A1、EP2100697A1、EP2100697B1、DE602008002554D1、JP2009220189A、CN101530971A、JP4347395B2），能够消除由于转子的旋转而产生的周期性影响以实现精确旋转以及低噪音。该由驱动用流体驱动的主轴装置包括定子，该定子具有用于引入驱动用流体的至少一个进口；转子，该转子具有布置在所述定子之外并设置有用于喷射所述驱动用流体的喷嘴的至少一个凸缘；和静压流体轴承，该静压流体轴承用于相对于所述定子旋转地支承所述转子；其中，所述定子具有第一内部路径，所述第一内部路径用于将从所述进口引入的所述驱动用流体引导至所述转子，所述转子具有与所述定子的第一内部路径连通并将所述驱动用流体引导至所述喷嘴的第二内部路径，所述定子的所述第一内部路径的出口和所述转子的所述第二内部路径的进口布置成沿所述转子的转动轴的方向互相错开，所述第一内部路径的出口相对向的所述转子的表面沿所述转子的转动轴的方向平滑地形成，所述第一内部路径的出口通过连通第一空间和第二空间的间隙与所述第二内部路径的进口联通，从所述定子的进口引入的所述驱动用流体穿过所述第一内部路径、间隙和第二内部路径从所述转子的喷嘴喷出以旋转所述转子，所述第一空间和第二空间的结构为在转子的中心轴的圆周表面的全部周围形成连续凹陷的沟槽，且沿转子的转动轴方向彼此平行地配置。

2009 年，日本申请人大隈株式会社申请了一种润滑油回收装置（US2009242330A1、IT1393448B、JP5103336B2、CN101549467A、DE102009009336A1、CN101549467B、JP2009264578A、US8397872B2），解决了现有的润滑油排出装置容易使润滑油附着在工件上，在精加工时可能会损伤工件表面，设备配置困难，必须进行组装阀体部位的加工、润滑油排出用空气的入口、出口路径的加工等必需的多种加工，机构零件个数多的技术问题。该润滑油回收装置具有设在壳体的、支承垂直状主轴的轴承的下方的、排出通过轴承的油气或油雾的空间；油积存部；空气排出路径，从所述油积存部垂直向上延伸，在上下端以及上下端之间的中间部具有内周壁，下端在无阀的中空状态下向所述油积存部垂直地开口且上端向大气开口，在所述中间部具有贯穿所述内周壁的开口，具有油气或油雾的润滑油的一部分附着在所述内周壁上并液化的表面，液化的润滑油积存在所述油积存部中；连通轴承的下方的所述空间和所述空气排出路径的中间部的开口的连通孔；与所述空气排出路径以并列状从所述油积存部垂直向上延伸且下端向所述油积存部垂直地开口的一条润滑油排出路径；连接在所述润滑油排出路径的上端且通过所述润滑油排出路径将所述油积存部内积存的润滑油吸引到所述壳体外的吸引机构，使通过了所述轴承的油气或油雾的空气从所述空气排出路径向大气放出，并且使积存在所述油积存部中的润滑油通过垂直向上形成的润滑油排出路径而被吸引回收。

2012 年，日本申请人大隈株式会社申请了一种主轴装置（US2014126845A1、CN103801710A、JP2014094420A、DE102013222488A1），能够将各轴承均匀地按压于主轴来提高该主轴的刚性。在机床的主轴装置中，将多个轴承经由受压部件配置在壳体的内部，该多个轴承将机床的主轴支承使其能够旋转自如，该受压部件能够向与主轴的轴向正交的正交方向移动，在该壳体形成有被供给压力介质的压力室，该压力介质向正交方向上的轴承侧按压受压部件，其中，在壳体针对各轴承分别独立地形成压力室，机床的主轴装置具备调节系统，该调节系统能够对各压力室分别独立地调节压力介质的压力。

5.4 主要产品专利分析

通过上述小节的分析，不难发现，由于机床主轴的特殊性，该领域的世界主要跨国企业均针对性地提出了自己的重点产品，并就其技术方案进行了专利申请，以寻求对自己自身重点产品的知识产权保护。例如，日本恩梯恩株式会社为实现机床所要求的高效率加工、高信赖性、高品质加工的同时，也满足于为改善作业环境所需要，研发推出了机床用 ULTAGE 精密轴承系列以及可控预压切换主轴轴承组件，日本精工株式会社为满足机床主轴所需的高速、高刚性、高精度方面的要求，于 1998 年推出了 ROBUST 系列（角接触球轴承、圆柱滚子轴承），此外，还推出了针对机床主轴的润滑脂补给系统，株式会社捷太格特为降低温升提高转速，开发了 High Ability 轴承系列。通过专利分析追踪，可以了解分析机床主轴滚动轴承相关产品的专利布局。下面以日本精工株式会社的润滑脂补给系统为例，介绍其技术特点及全球布局。

机床主轴用滚动轴承通常仅利用在初期封入的润滑脂进行润滑，当在封入润滑脂的初期阶段不进行润滑脂的跑合运转而直接进行高速旋转时，会由于润滑脂的啮入或搅拌阻抗而引起异常发热，故需要进行数小时跑合运转，使润滑脂达到最优状态。

即便经过了初期的跑合运转，在机床主轴工作过程中，润滑脂的性能也会逐渐下降，为了保证机床主轴的正常运转，需要定期对机床主轴轴承补给新的润滑脂。若润滑脂补给不及时、不到位，会导致轴承润滑不良并造成设备故障。

针对现有技术的不足，并为适应近年来越来越提倡的环保要求，日本精工株式会社在机床主轴专用轴承方面推出了润滑脂补给系统，在以往只有靠润滑油润滑才能达到的高速领域，实现了润滑脂润滑，并实现高速旋转性及高寿命。这一系统，在通过大幅度抑制润滑剂及空气消耗量节约了能源，还去除了喷雾及风所导致的噪音，能够有效改善使用环境。

（1）技术发展分析

① 离心供给技术：20 世纪 80 年代以来，机床主轴的高速化趋势日益明显，支承主轴的轴承经常在 d_mN 为 100 万以上的环境下使用。但与油气或油雾等油润滑相比，润滑脂润滑的滚动轴承在高速旋转下通常寿命较短。比如，在使用润滑脂润滑时，在达到轴承的滚动疲劳寿命前，就会因润滑脂劣化而引起轴承烧结。另外，在转速显著升高时，在短时间内就会因润滑脂劣化或油膜形成不足而在早期产生烧结。

为解决上述问题，多项专利申请中公开了在内圈或主轴内设润滑脂积存处，通过离心力连续补给润滑脂的技术。而且在专利申请（JPH0586029U）中公开了利用空气有效封入轴承空间内的润滑脂的技术。

例如，公开了一种润滑脂补给系统（JPH0167331U）（参见图 5 - 4 - 1），在轴 2 内设润滑脂积存处，将贮存的润滑脂通过润滑脂供给通道 8 向轴承补给。

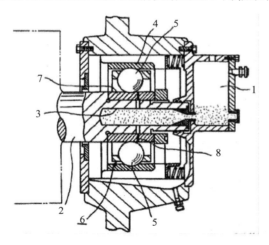

图 5 - 4 - 1　JPH0167331U 的技术方案示意图

此外，1994 年，也公开了一种润滑脂供给系统（JPH0635659U）（参见图 5 - 4 - 2），在轴承的内圈 1 一边或两边形成凹部 6，并在该凹部内预先贮存润滑脂，将贮存的润滑脂通过润滑脂供给装置 13 向轴承补给。

再者，公开了一种润滑脂补给系统（JPH0635653U）（参见图 5 - 4 - 3），在嵌入轴承的主轴 1 上形成凹部 8，并在该凹部内预先贮存润滑脂，将该凹部内贮存的润滑脂向轴承补给。

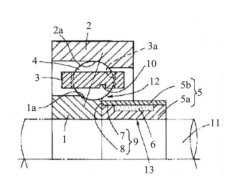 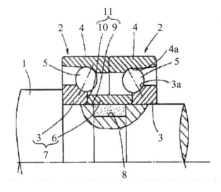

图 5 - 4 - 2　JPH0635659U 的技术方案示意图　　图 5 - 4 - 3　JPH0635653U 的技术方案示意图

② 定时供给技术：一般的润滑脂补给装置是在轴承使用环境下以最恶劣的条件为基准，每隔一定的补给间隔补给润滑脂，以防止因润滑不良而对轴承产生任何损伤。

但问题是，以轴承使用环境下最恶劣的条件为基准，设定补给装置，以每隔规定的补给间隔补给润滑脂时，补给装置即使在轴承的使用条件不太恶劣时，到了预定时间也向轴承内部补给润滑脂，可能会产生润滑脂过剩的问题。

因此，每隔一定间隔的补给在使用条件不恶劣的情况是低效的，会导致补给次数的无效增加。另外，通过补给次数的增加，补给的过剩润滑脂使轴承温度不稳定。

另外，如果不考虑轴承的运转状态而定时补给润滑脂，可能对已停止的轴承也会补给润滑脂。因此，在停止后的轴承再运转时，追加的润滑脂会增大润滑脂的搅拌阻抗，从而引起急剧的温度上升。

③ 监测异常后补给技术：为防止润滑脂的过剩补给，出现了通过实时检测器等感测元件判断轴承异常的方案，当轴承润滑不良可能导致异常时，再启动润滑脂供给装置实施供给。在专利申请（JPS6353397A）和专利申请（JP3167034B）中均提出了一种补脂装置，其仅在检测到轴承异常时补给追加润滑脂。

例如，专利申请（JPS6353397A）公开了一种监测手段（参见图 5 - 4 - 4），通过振动测定器检测轴承异常，再实时补给润滑脂。

上述技术的问题在于，在检测到轴承产生异常后再补给润滑脂，往往效果不佳，因为此时轴承有可能已被部分损伤。

另外，专利申请（JPH11270789A）公开了检测润滑脂被供给到轴承装置时发热的温度，以监视润滑脂的排出状态。

而且，当润滑脂的一次补给量多时，在补给的瞬间有可能产生温度的波动。而这种温度波动有可能引起轴的长度变化，对加工精度产生影响。这种影响对精度要求高的装置主轴是应尽量避免的。

④ 综合补给技术：为防止轴承的异常升温、防止烧结，日本精工株式会社依托其较为成熟的摩擦学技术、解析技术及润滑技术进行了积极的探索。例如专利申请（JP2003113846A）公开了在滚动轴承外圈设置补给孔，通过该补给孔补给润滑脂，由

此可以抑制旋转轴承的异常升温，防止烧结的产生，且可不实施跑合运转。

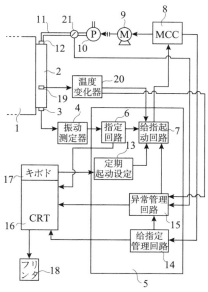

图 5 - 4 - 4　JPS6353397A 的技术方案示意图

例如，专利申请（JP2003113846A）公开了一种综合补给结构（参见图 5 - 4 - 5）。

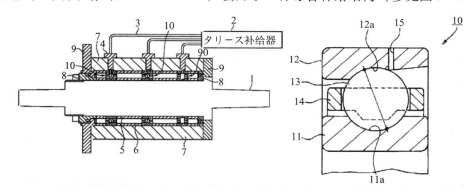

图 5 - 4 - 5　JP2003113846A 的技术方案示意图

（2）核心技术方案

然而，上述系统仍不够完善，日本精工株式会社的松山直树等人于 2003 年提出了较为成熟的润滑脂补给系统（CN1894515A）（参见图 5 - 4 - 6）。

该润滑脂补给机构主要由机械定量型活塞泵、电子控制系统、传感器监测系统构成。

机械定量型活塞泵是使用从外部的空气供给源给予的外力能量进行润滑脂补给的阻抗式空气驱动泵式补给装置。通过以一定的时间对润滑脂罐内的活塞施加压力，在润滑脂罐内贮存的润滑脂通过排出口、润滑脂补给用配管被输送到喷嘴，并从喷嘴排出到轴承装置的轴承空间内。

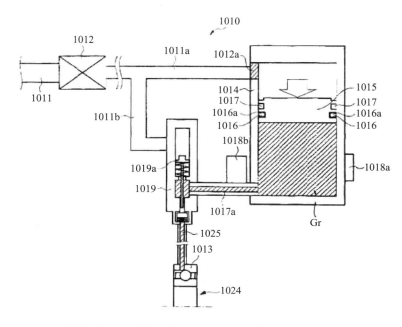

图 5 - 4 - 6　专利申请 CN1894515A 的主要结构（一）

传感器监测系统包括若干组分别起不同作用的传感器（参见图 5 - 4 - 7）。在润滑脂罐的外侧装有水平传感器，其与活塞的磁铁感应，可判断润滑脂的量。润滑脂配管上设有压力传感器，可监视润滑脂的加压状态。空气用压力传感器通过空气配管连接到润滑脂供给装置上，用于监测进入的空气压力。主轴上设置有旋转传感器，用于监测旋转速度。

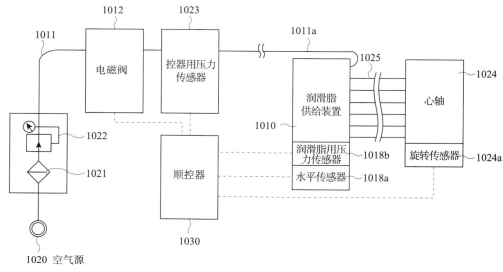

图 5 - 4 - 7　专利申请 CN1894515A 的主要结构（二）

电子控制系统包括电磁阀，用于控制空气的供给与切断。还包括顺控器，用于监视电磁阀和各传感器的动作，并控制心轴的最高旋转速度。

润滑脂供给机构工作过程如下，首先，打开电磁阀，向润滑脂供给机构供给空气，机械式定量型活塞泵的活塞工作，向连接在心轴上的配管内排出润滑脂。其次，关闭电磁阀。此时，机械式定量型活塞泵内的活塞还原，而由于阻抗机构的存在，润滑脂罐保持着压力，此时活塞对润滑脂施加压力，故从润滑脂罐向机械式定量型活塞泵填充润滑脂。通过反复进行所述动作，润滑脂的残余量得以减少。

不止上述方案，松山直树等人还提出机械驱动泵式补给装置的驱动也可由电机等原动机产生的外力进行。补给孔的位置和数量可以根据需要进行设置，可以设置在轴承外圈，也可以设置在轴承端部，数量可以为一个或多个。对于角接触球轴承，具有接触角，且滚动体为滚珠时，在外圈内径面偏离轨道槽的有接触部的一侧的位置开设补给孔，并通过补给孔将一侧润滑脂补给量设为 0.004ml ~ 0.1ml，可有效防止运行中的损伤、温度的波动。空气配管（压力导入管）也不限于一次供压，而是可以通过两根空气配管分别对机械驱动泵式补给装置及空气驱动泵式补给装置施加空气压力。

通过上述润滑脂补给系统，可在检测到轴承异常之前补给润滑脂，而且这种补给是根据实际需要实时进行的，克服了机械式的按一定时间补给带来的弊端，同时，也不出现轴承停止运转后继续补给的情况；另外，润滑脂的剩余量得到监控，不会出现润滑脂量不足导致轴承烧结的情况。通过此种润滑脂补给机构，可实现轴承的高速旋转，同时可实现轴承的长寿命化；可抑制润滑脂供给时温度的波动、在短时间内进行轴承的组装操作、减轻操作者的负担、可不受影响地进行间歇地排出微量润滑脂且定量补给。

5.5　小　　结

进入 21 世纪后，中国市场发展迅速，庞大的经济总量和平稳快速的经济增长率，使得许多跨国企业纷纷通过专利申请等方式进入中国市场，这值得中国企业的注意。虽然在整体分布上，中国作为目标国的比例仅仅为 6%，但是近十几年，中国作为目标国的专利申请量占比迅速增加到 12%，并且还有不断增长的趋势。

从技术来源国的角度，中国申请人的专利申请总量还很匮乏，在世界排名中还看不到中国的排名。进入 21 世纪后，中国政府和轴承工业协会已经意识到了这些问题，不断出台政策和鼓励措施来帮助中国企业增强研发能力，攻关核心技术，在专利申请量方面已经有所成绩，占全球申请总量的 2%。然而，中国申请人的技术研发实力与跨国企业相比，要走的路还很多。

对主要申请人的专利分析了解到，主要的跨国企业对中国市场的专利布局主要集中在 21 世纪之后，之前并未对中国市场进行足够的重视，反映到专利申请上，他们的许多核心专利申请以及基础专利申请大部分未进入到中国，基于中国整个行业的发展水平，完全可以对并未进入中国的专利申请进行分析利用，从中汲取有助于企业发展的技术，助推自身企业又好又快发展。

此外，通过梳理主要申请人的发展历程，也能够了解到企业发展壮大的过程离不开对全球市场的不断扩张。株式会社捷太格特整合的案例也给中国企业一些发展方面的启示，通过整合拥有先进技术的企业，能够较快地在行业中成长。从西北轴承被德国舍弗勒集团并购的案例可以看出，中国企业与国外跨国企业的联姻并非想象中的那么美好。中国轴承企业可以通过并购在某一技术上具有领先水平的企业来提高自身技术水平，通过与相关企业整合的方式扩大生产规模，提升在整个行业的发言权。但是，在并购整合过程中，要根据自身企业实力和规模进行合理分析，重视知识产权方面的相关事项，切勿出现"蛇吞象"，买了工厂没买知识产权的问题。

第6章 日本精工株式会社滚动轴承脂润滑技术

6.1 企业介绍

6.1.1 简 介

在第1章第1.2.3节中已经对日本精工株式会社进行了介绍，下面简单梳理一下日本精工株式会社技术发展历程（参见表6-1-1）。

表6-1-1 日本精工株式会社技术发展历程

	年份	发展历程
引进期	1916	公司创立，开始生产球轴承
	1931	推出日本最早的飞机引擎用主轴承
展开期	1948~1954	"二战"后的经济复兴政策
	1957	确立轴承音测定方法
	1959	滚珠丝杆式转向装置投放市场
	1961	成立技术研究所
	1963	开始生产滚针轴承
	1964	开始生产AT（自动变速器）零部件
	1968	转向柱投放市场
成长期	1973	生产钢铁连铸用轴承（外径5m） 开发日本精工株式会社最早的轴承专用润滑脂NS7
	1975	VTR用高精度轴承投放市场
	1979	轴承寿命的疲劳形态理论分析
	1987	汽车轮用轮毂轴承单元（第3代）投放市场
	1989	EPS（电动助力转向器）投放市场
	1990	开发高清洁度钢材（EP钢）
	1996	开发轴承解析程序"BRAIN"
	1997	推出新干线（300km/h）专用轴承 机床专用超高速角接触球轴承Robust系列投放市场
	1999	半环形CVT（无级变速器）投放市场

续表

	年份	成长历程
成长期	2000	旋转异步振摆（NRRO）40nm HDD 用球轴承投放市场
	2004	产业机械用轴承 NSKHPS 系列投放市场
	2005	开发风力发电机专用满装滚子型圆柱滚子轴承
	2006	批量生产超强防尘滚珠丝杆 V1 系列
	2007	开发面向产业用泵的"高功能复双列角接触球轴承"
	2008	开发真空机器人专用固体润滑角接触球轴承
	2009	机电一体化电动动力转向系统的开发 中国技术中心成立，形成全球 14 个研发中心的体制
	2010	高速工作机械用滚珠丝杠 HMS 系列的商品化
	2011	汽车变速箱用超长寿命球轴承的开发
	2012	高信赖性带密封圈的轮毂单元轴承开发
	2013	从食品中提取的润滑脂及使用此润滑脂的滚动轴承；开发出了用于轴承的生物降解塑料；试制了在保持器和密封件中使用该塑料制造的"高度环保型滚动轴承"；内部填充的润滑油采用生物降解性"EXCELLAGREENNS7 润滑油"；成功开发了汽车涡轮增压器用"高性能盒式滚动轴承"

6.1.2 在中国的主要沿革

日本精工株式会社与中国的关系起源于 20 世纪 70 年代的相互交流，在 1995 年日本精工株式会社成立了设在江苏省昆山市的昆山恩斯克有限公司，进行轴承生产。

随着中国经济的高速发展，日本精工株式会社在中国的业务也在不断扩大。日本精工株式会社在中国境内有 11 个工厂从事产业机械轴承、汽车轴承、汽车零部件、精密仪器关联产品的生产，并且，在中国成立了除日本以外最大规模的技术研发中心。

自 1992 年成立北京事务所以来，日本精工株式会社在中国设立的生产、研发、销售公司及其子公司已多达 20 多家，遍及中国各地（参见表 6-1-2）。

表 6-1-2　日本精工株式会社中国发展概览

年份	发展概览
1992 年	设立 NSK 北京代表处 设立 NSK 上海代表处
1995 年	成立昆山恩斯克虹山有限公司

年份	发展概览
1996 年	设立日本精工（香港）有限公司 设立 NSK 广州代表处
1997 年	成立贵州虹山恩斯克轴承有限责任公司 设立 NSK 中国技术中心（CTC）
1999 年	昆山恩斯克虹山有限公司改名为昆山恩斯克有限公司
2001 年	成立恩斯克（上海）国际贸易有限公司 成立铁姆肯 - 恩斯克轴承（苏州）有限公司
2002 年	成立东莞恩斯克转向器有限公司 成立张家港恩斯克精密机械有限公司 成立 NSK 中国控股总公司——恩斯克投资有限公司
2003 年	设立 NSK 成都代表处 设立 NSK 深圳代表处 成立常熟恩斯克有限公司
2004 年	设立恩斯克投资有限公司长春分公司 成立恩斯克华纳变速器零部件（上海）有限公司 成立恩斯克（中国）销售有限公司
2005 年	成立爱克斯精密钢球（杭州）有限公司 铁姆肯 - 恩斯克轴承（苏州）有限公司更名为苏州恩斯克轴承有限公司 取消贵州虹山恩斯克轴承有限责任公司
2007 年	设立恩斯克（中国）销售有限公司天津分公司 设立恩斯克（中国）销售有限公司南京分公司 设立恩斯克（中国）销售有限公司重庆分公司 成立恩斯克八木精密锻造（张家港）有限公司
2008 年	成立杭州恩斯克万达电动转向系统有限公司 成立恩斯克（中国）研究开发有限公司 取消 NSK 北京代表处，设立恩斯克投资有限公司北京分公司 取消 NSK 广州代表处，设立恩斯克投资有限公司广州分公司 取消 NSK 成都代表处，设立恩斯克投资有限公司成都分公司
2009 年	设立恩斯克投资有限公司沈阳分公司 成立沈阳恩斯克精密机器有限公司 NSK 中国控股总公司——恩斯克投资有限公司从上海搬迁至昆山市 设立恩斯克投资有限公司上海分公司 设立恩斯克投资有限公司大连分公司

续表

年份	发展概览
2010 年	设立恩斯克投资有限公司长沙分公司 设立恩斯克投资有限公司西安分公司
2013 年	NSK 入股民营轴承企业宁波摩士集团（MOS）股份有限公司，NSK 与 MOS 在小型轴承生产上进行合作

6.2 全球专利申请及布局

本节重点研究日本精工株式会社关于滚动轴承脂润滑技术的全球专利申请态势及布局，以期了解日本精工株式会社关于滚动轴承脂润滑技术的具体发展脉络和重点技术。检索数据库选取 EPOQUE 系统下的 EPODOC 数据库和 WPI 数据库，有效样本为 1602 项，检索截至 2014 年 11 月 30 日。

6.2.1 总体申请态势

日本精工株式会社关于滚动轴承脂润滑技术的专利申请量整体呈增长态势，但近几年有放缓势头（参见图 6-2-1）。日本精工株式会社滚动轴承脂润滑技术在全球专利申请的发展趋势经历了 4 个阶段。

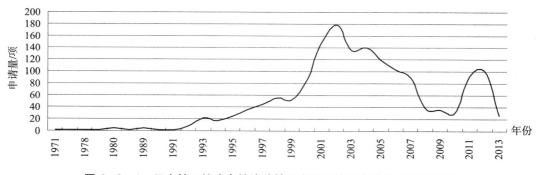

图 6-2-1　日本精工株式会社滚动轴承脂润滑技术全球专利申请态势

（1）萌芽期（1971～1992 年）

1971 年，日本精工株式会社提交了第 1 份涉及滚动轴承脂润滑技术的专利申请（JPS548812B1），1973 年，日本精工株式会社开发了最早的轴承专用润滑脂 NS7 并推出市场。纵观 20 世纪七八十年代，在滚动轴承脂润滑技术方面，日本精工株式会社每年在全球仅有零星的专利申请。

（2）缓慢增长期（1993～2000 年）

随着全球工业化步伐的加快以及日本精工株式会社全球扩张的起步，日本精工株式会社也在 20 世纪 90 年代加快了研发进度以及专利申请的速度，针对新干线设计出专用轴承的脂润滑技术，并推出机床专用超高速角接触球轴承 Robust 系列。这一时期，日本精工株式会社就角接触球轴承的多个方面进行了改进，例如，1992 年，申请了一种滚动轴承（JPH05196047A、JP3114378B2），其能够在高速、高温、高载荷等多种情况下都不过早剥落；1993 年，申请了一种球轴承（JPH07119749A、JP3198756B2），其每个保持部都具有润滑脂，采用这种结构将减小力矩和力矩波动；1993 年，还申请了一种滚动轴承（JPH0735145A），所填充的润滑脂含有重量分数 18% ~28% 脲化合物的增稠剂，由于油膜的存在，延长了使用寿命；2000 年，申请了一种用于滚球轴承的波形保持架（JP2002130294A），其能够保持不同量的润滑脂。这一时期，专利申请量稳步增加，但都集中在日本国内进行申请。到 2000 年，专利申请量达到了 86 项。

（3）快速发展期（2001 ~2007 年）

这一时期，随着全球战略的进一步推进，日本精工株式会社在巩固具有原有技术优势的领域的基础上，不断拓展和发展新思路。专利申请也出现了"井喷式"的增长，平均年申请量在 100 项以上，这为日本精工株式会社今天的强势地位打下了强有力的技术基础。这一时期，日本精工株式会社注重在全球进行专利布局，例如，2001 年，围绕一种能够降低轴承扭矩的用于滚动轴承的润滑脂（US2002055443A1、US6482780B2、CN1338505A、CN1222592C、JP4566360B2、JP2002047499A），向美国、中国和日本本土提交了专利申请，该技术已经分别在这 3 个国家获得了专利权。

（4）调整瓶颈期（2008 年至今）

日本精工株式会社专利申请在经历了快速发展期的迅猛发展后，申请量趋于减少，尤其近几年呈放缓势头。

6.2.2　来源国申请态势

迄今为止，日本精工株式会社已经建立了全球的研发网络（截至 2009 年，共计 14 家研究机构，其中美洲 2 家、欧洲 3 家、日本 6 家、日本以外的亚洲国家 3 家），以此可迅速灵活地应对在全球范围内动态变化的事业环境。通过技术输出的来源区域进行分析（参见图 6-2-2，截至 2014 年 10 月 31 日），日本精工株式会社的总部在日本，是整个研发网络的核心区域，占据整个技术输出量的 94%，在日本研发的专利申请达

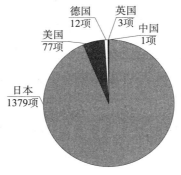

**图 6-2-2　日本精工株式会社滚动轴承脂润滑技术
来源国/地区专利申请分布**

1379 项。美国渐渐成为日本以外的第 2 个重要的技术输出点，占据整个技术输出量的5%，共 77 项。1990 年，日本精工株式会社收购了拥有欧洲最大轴承厂家 RHP 公司的UPI 公司，使得其在欧洲的研发工作也具有一定实力。

值得注意的是，虽然日本精工株式会社在中国设立的生产、研发、销售公司及其子公司已多达 20 多家，遍及中国各地。但是，其在中国的子公司或合作伙伴，就脂润滑技术提交的专利申请并不多。高速精密轴承组件在中国属于进口范畴，组件损坏后，日本精工株式会社通常整体卸载更换并将其运回日本，使得在中国进行研发的技术人员不可能接触到此类轴承组件的研发任务，由此也可见，日本精工株式会社对中国高端轴承制造领域的相关内容有意进行了技术封锁。

6.2.3 目标国申请态势

图 6 - 2 - 3 示出了日本精工株式会社滚动轴承脂润滑技术在全球范围内的目标地申请态势。可以看出，日本精工株式会社仍然将日本本土作为最为重要的目标地。

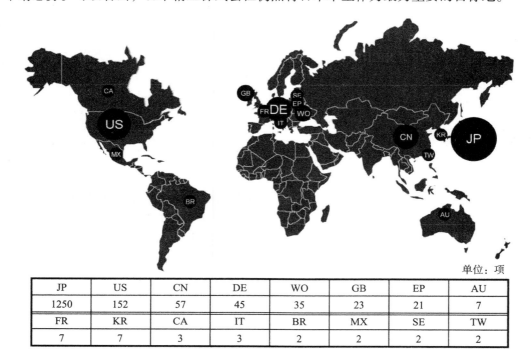

单位：项

JP	US	CN	DE	WO	GB	EP	AU
1250	152	57	45	35	23	21	7
FR	KR	CA	IT	BR	MX	SE	TW
7	7	3	3	2	2	2	2

图 6 - 2 - 3　日本精工株式会社滚动轴承脂润滑技术全球目标地申请态势

注：图中圆圈大小表示申请量的多少。

日本精工株式会社在美国本土有 152 项涉及滚动轴承脂润滑技术的专利申请，美国作为全球最大的市场和研发基地，日本精工株式会社给予了足够的重视，并进行了专利布局。

日本精工株式会社虽然在中国本土研发并提交的专利申请较少，但却非常重视在中国的滚动轴承脂润滑技术的专利布局，申请了 57 项相关专利，仅次于美国。这说明，日本精工株式会社已经看到了中国的发展潜力，正逐步扩大在中国滚动轴承脂润滑技术专利申请的力度，以使其产品的生产和销售在中国得到足够的保护。

另外，由图 6 - 2 - 3 可知，德国和英国以及整个欧盟地区，也占有相当比例的滚动轴承脂润滑技术专利申请，由此表明日本精工株式会社也非常重视欧洲市场。

从专利申请数据可见，随着其他发展中国家的崛起，在滚动轴承脂润滑技术方面，日本精工株式会社也开始关注巴西、墨西哥等新兴市场。

6.3　研发合作分析

基于专利合作申请的研究分析，有助于了解产业链各个行业主体之间的合作集群，寻找技术研发的合作伙伴，探索一种使资源配置更为优化的自主创新机制。日本精工株式会社在研发的过程中，不断加大与相关技术企业（个人）的合作范围和广度，合作企业数量较广，合作申请数量较多。通过分析日本精工株式会社的合作申请情况发现，简单的单打独斗已经不再是企业发展的主流模式，协同合作，共赢发展才是企业生存之道。

6.3.1　合作申请概况

日本精工株式会社之所以能够成为技术领先的轴承企业，其中较为重要的原因在于不断加大与相关企业的合作，弥补其自身研发实力的不足。

日本精工株式会社合作的主要企业列表及其滚动轴承脂润滑技术专利申请数量参见表 6 - 3 - 1。分析发现，日本精工株式会社大部分的合作企业都为日本企业，其中，日本精工株式会社与两家日本企业的合作最为密切，一家是协同油脂株式会社（KYO-DO YUSHI），合作申请专利数量为 39 项，一家是新日本石油公司（NIPPON OIL CORP），合作申请专利数量为 9 项。

表 6 - 3 - 1　日本精工株式会社滚动轴承脂润滑技术主要合作申请人

序号	企业名称	合作申请量/项
1	协同油脂株式会社	36
2	新日本石油公司	9

表 6 - 3 - 2 示出了主要的合作专利申请列表。可以看出，大多数合作申请都集中在 21 世纪之后，这说明，随着全球化的发展，在专利申请数量上，日本精工株式会社更加重视与合作申请人的合作，并且所合作的申请对于企业发展而言都较为重要。

表 6 - 3 - 2　日本精工株式会社滚动轴承脂润滑技术主要合作专利申请

WO2014088006A1	WO2013015413A1	WO2006078035A1
JP2010222516A	JP2008291931A	JP2008291930A
JP2008291929A	JP2008189848A	JP2008143979A
JP2008088386A	JP2006342331A	WO2006043566A
JP2004138242A	JP2004211797A	JP2003176490A
JP2004149620A	JP2002047499A	JP2001335792A
JP2000026875A	JPH11279578A	JPH11166191A
JPH08113793A	WO03099973A1	WO9700927A1

6.3.2　合作申请主要专利申请技术分析

日本精工株式会社与协同油脂株式会社合作的专利申请数量最多（参见表 6 - 3 - 1），占到了其申请总量的 2.4%，与协同油脂株式会社的研发对日本精工株式会社的整体研发而言是有益补充。这些合作申请前期都集中在日本国内提出，并且基本上都获得了专利授权。下面按年代介绍一下日本精工株式会社与协同油脂株式会社合作申请的有关滚动轴承脂润滑技术的主要专利申请技术。

1994 年，合作申请了一种润滑脂组合物（JPH08113793A、JP3330755B2、US5707944A、DE19538658A），其含有双脲（diurea）化合物，该润滑脂组合物当供给到旋转轴承外圈时，具有良好的防漏性能以及低噪声性能，并且能够防止在高温高速情况下过早烧结。该专利申请除了向日本申请专利外，还向美国和德国申请了专利。

1998 年，合作申请了一种用于轴承的润滑脂组合物（JPH11279578A、JP3527093B2、US6251841A、DE19914498A），其具有良好的防锈性能和安全性能。同年，还申请了一种润滑脂组合物（JP2000026875A、JP3527100B2、US6500788B2、US2001002388A1、US6235690B1），其具有较低的摩擦系数并且提供较长的吸声寿命。

2000 年，合作申请了一种用于主轴轴承的润滑脂组合物（EP1136545A2、JP2001335792A、US2002002119A1、US6482779B2），将合成油作为基油，将锂基皂作为增稠剂，并至少具有重量分数 0.5% ~10% 的添加剂。该润滑脂组合物具有良好的抗磨损腐蚀性、抗冲击性以及低扭矩性能。

在第 6.2.1 节中提及的于 2001 年提交的润滑脂专利申请（US2002055443A1、US6482780B2、CN1338505A、CN1222592C、JP4566360B2、JP2002047499A）也是由日本精工株式会社和协同油脂株式会社共同研发的。

2004 年之后，日本精工株式会社与协同油脂株式会社开始主要以 PCT 国际申请的方式在全球进行专利布局。

2004 年，合作申请了一种用于车辆轮毂上的润滑脂组合物（WO2006043566A1、EP1806391A1、CN101044232A、JPWO2006043566A1、US2008219610A1、JP5038719B2），具有良

好的防水性能，能够在低温情况下防止噪声的产生。2005 年，在上述基础上又合作申请了一种轮毂单元轴承用润滑脂组合物及车辆用轮毂单元轴承（EP1847586B1、EP1847586A1、JPWO2006078035S、CN101107347A、US2009003742A1、CN101107347B、WO2006078035A1、JP5044858B2、JP2012149271A），该润滑脂组合物包含以矿物油及合成油的至少一种为主要成分的基油、增稠剂和抗剥离剂。该润滑脂组合物耐剥离性优良，可以长期维持良好的润滑。

随着电动汽车（EV）和混合动力汽车（HEV）的发展，电动汽车、混合动力汽车中所使用的驱动电动机的轴承，因为要在从寒冷地域的低温气氛到因电动机、变速机或者减速机而引起的高温气氛下的各种环境中使用，所以要求能够在广泛的温度范围内使用。此外，伴随着电动机的高输出而推进了高速旋转化，为了提高旋转性能，对所使用的轴承要求高速旋转下的耐久性。2011 年，合作申请了一种即使在高温、高速条件下，轴承润滑寿命长、满足低温流动性的 EV 和 HEV 驱动电动机轴承用润滑脂组合物（US2014142012A1、WO2013015413A1、CN103732729A、EP2738242A1），其中，增稠剂采用了双脲化合物，基油含有相对于基油的总质量为重量分数 80% 以上的三羟甲基丙烷酯油，且 40℃ 时的运动黏度为 $15 \sim 50 \mathrm{mm}^2/\mathrm{s}$。

2013 年，合作申请了一种填有润滑脂组合物的滚动轴承（WO2014088006A1），能够实现低扭矩和良好的声学性能。

6.4　主要发明人

发明人分析在专利分析中具有非常重要的作用，任何一项专利或专利申请中，发明人信息是必不可少的。以发明人为研究入口，在微观层面上，不仅可以针对单个发明人展开分析，明确其擅长的主要研究技术领域；在宏观层面上，可以挖掘目标企业的研发团队以及这些发明人团队专攻的研究方向，由此获得有益的技术信息供学习和借鉴。发明人是了解分析一个企业的重要检索入口之一，通过检索归纳发明人的信息，可以非常快速地了解到企业的核心和关键技术。

据不完全统计（部分发明人因年代久远而未统计），日本精工株式会社滚动轴承脂润滑技术的发明人至少有 686 人，数量相当庞大。表 6-4-1 是日本精工株式会社滚动轴承脂润滑技术第十位发明人的总体排序。

表 6-4-1　日本精工株式会社滚动轴承脂润滑技术前十位发明人的总体排序

序号	发明人	申请量/项
1	NAKA MICHIHARU	152
2	ISO KENICHI	135
3	YOKOUCHI ATSUSHI	126
4	NAKATANI SHINYA	110

续表

序号	发明人	申请量/项
5	FUJITA YASUNOBU	76
6	YAMAZAKI MASAHIKO	67
7	YABE SHUNICHI	60
8	TODA YUJIRO	59
9	MIYAJIMA HIROTOSHI	54
10	DENPO KOUTETSU	49

通过分析可知，NAKA MICHIHARU、ISO KENICHI、YOKOUCHI ATSUSHI、NAKATANI SHINYA 4 位主要发明人都拥有 100 项以上的专利申请，在日本精工株式会社的科技研究上占有较为主要的地位。这些核心发明人所研究的方向在一定程度上能够反映出日本精工株式会社滚动轴承脂润滑技术的关键技术点。

图 6-4-1 分别示出了这 4 位发明人在日本精工株式会社的研发历程。

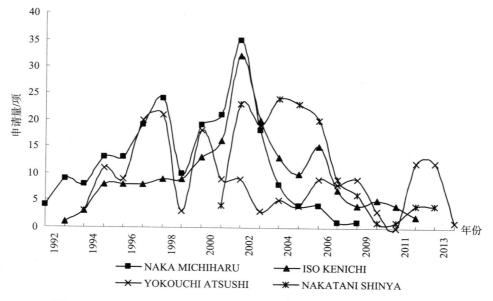

图 6-4-1　日本精工株式会社滚动轴承润滑脂技术主要发明人研发历程

NAKA MICHIHARU 在 1992 年就开始作为发明人提交专利申请，作为研发主力，主要集中在 2002 年（35 项）、1998 年（24 项）、2001 年（21 项）、1997 年（19 项）、2000 年（19 项）。进入 2004 年之后，每年提交的专利申请逐渐减少，到了 2010 年之后基本停止了这一技术的发明工作。

ISO KENICHI 发明的专利申请最早出现在 1993 年，提交专利申请的高峰期出现在 2002 年（32 项）、2003 年（20 项）、2001 年（16 项）、2006 年（15 项）、2000 年（13

项）、2004 年（13 项）。

YOKOUCHI ATSUSHI 作为发明人，在 1994 年开始在日本精工株式会社就滚动轴承脂润滑技术提交专利申请，并在 1997～2000 年共提交了 60 多项专利申请，之后每年的发明大部分在 10 项左右。

NAKATANI SHINYA 是活跃在 21 世纪的一位发明人，其申请的 112 项申请都集中在 2001 年之后，其中 2002～2006 年的专利申请量都在 20 项左右。

通过研究发明人的合作关系，了解发明人组成的技术人员构成和技术研发的关键人物。表 6-4-2 列出了日本精工株式会社滚动轴承脂润滑技术 4 个核心发明人以及他们之间的合作关系。

表 6-4-2　日本精工株式会社滚动轴承脂润滑技术主要发明人合作关系矩阵　单位：项

	NAKA MICHIHARU	ISO KENICHI	YOKOUCHI ATSUSHI	NAKATANI SHINYA
NAKA MICHIHARU	—	45	75	3
ISO KENICHI	45	—	37	2
YOKOUCHI ATSUSHI	75	37	—	13
NAKATANI SHINYA	3	2	13	—

可以看出，NAKA MICHIHARU、ISO KENICHI 和 YOKOUCHI ATSUSHI 经常在一个团队内进行合作，而 NAKATANI SHINYA 与其他 3 人很少在一起合作。经过他们后续所提交的专利申请可以了解到，NAKA MICHIHARU、ISO KENICHI 和 YOKOUCHI ATSUSHI 3 人与 NAKATANI SHINYA 在研发时间上存在交集，在 2002 年这 4 位发明人都申请了较多的专利，但所研究的领域有所不同。NAKA MICHIHARU、ISO KENICHI 和 YOKOUCHI ATSUSHI 3 位发明人对双脲化合物的研究较为深入，而 NAKATANI SHINYA 作为新兴发明人，在氟树脂等方面有所研究。

NAKA MICHIHARU、ISO KENICHI 和 YOKOUCHI ATSUSHI 3 位发明人就双脲化合物对润滑的效果进行了深入的研究。例如，第 6.3.2.1 节提及的一种润滑脂组合物（JPH08113793A、JP3330755B2、US5707944A、DE19538658A）是由他们三位发明人研发的专利申请。在此基础上，1996 年，他们又发明一种润滑脂组合物（WO9700927A1、JPH093466A、DE19680834T1、US5728659A、JP3337593B2、DE19680834B4），其增稠剂中含有 3 种双脲化合物，能够适于高温高速的环境并且极少泄漏而具有较长润滑寿命（该项技术将在第 6.5.2.1 节具体介绍）。他们在 1997 年又提出了改进，申请了一种滚动轴承（WO9901527A1、JPH1172120A、GB2332683A、DE19881083T1、GB2332683B、US2003040442A1、JP2006071104A、JP2007132520A、JP3969503B2），即使当水进入润滑部件中或者受振动影响时，也能够很好实现润滑效果。

1998 年，NAKA MICHIHARU、ISO KENICHI 和 YOKOUCHI ATSUSHI 3 位发明人研究了一种用于滚动轴承的润滑脂组合物（DE19914498A1、JPH11279578A、

US6251841B1、JP3527093B2、DE19914498B4），其含有亲脂性有机抑制剂、非电离表面活性剂和亲水性有机抑制剂。该润滑脂组合物具有较好的防腐蚀性能。

NAKATANI SHINYA 等人在 2002 年研究了一种含有重量分数 10%～40% 增稠剂的润滑脂（JP2004123797A、US2004186025A1、US2005221996A1、US2005221997A1、US2005221999A1、US7196042B2），该增稠剂包括重量分数 5%～95% 的氟树脂（flouro resin）和重量分数 5%～95% 的磺酸钙的络合物。这种润滑脂在防锈性能、轴承咬死（抱轴）寿命和导电性上都具有优良的表现。

通过对发明人的专利分析，可以获得重要发明人尤其是核心人物的研发周期或职业时长的信息。此外，针对其中的特定发明人还可以进行更为具体的针对性分析（例如专利申请数量与技术领域情况、专利影响情况等）。总之，可以根据需求展开对核心发明人、主要发明人的情报分析，例如专利申请、主攻技术领域以及学习背景和职业生涯分析等，由此了解关于目标企业中特定技术领域的主要发明人特点。通过以主要发明人为入口，能够从信息中挖掘更多有用的信息并用作参考，分析目标对象的技术研发战略，对其合理之处加以借鉴，作出有策略性的战略决策。❶

这些主要发明人的相关专利申请还将在下面进行具体介绍。

6.5　日本精工株式会社滚动轴承脂润滑技术主要技术构成

6.5.1　专利申请主要技术构成分析

脂润滑技术是滚动轴承润滑的主要方式之一，所采用的润滑脂是用基础油、增稠剂以及添加剂组成的半固体状的润滑剂。常用的润滑脂有锂基润滑脂、钠润滑脂、钙基润滑脂、混合基润滑脂、复合基润滑脂、无皂润滑脂。课题组对相关专利文献的梳理发现，涉及滚动轴承脂润滑技术的专利申请主要包括润滑脂成分、脂润滑的保持或释放以及脂润滑的供给等 3 个方面。

6.5.1.1　润滑脂成分专利申请技术分析

润滑脂成分的研究一直以来是滚动轴承脂润滑技术的研究重点，随着近年来不同性能添加剂的问世及不断发展，提高了润滑脂的润滑性能，使脂润滑得到了更广泛的应用。

一直以来，日本精工株式会社在滚动轴承脂润滑技术研发过程中，主要集中在润滑脂成分的研究，通过与其他企业合作的模式，针对润滑脂成分的选择上，截至 2014 年 5 月 31 日，提交了 599 项专利申请。下面将从几个方面对日本精工株式会社涉及润滑脂成分的专利申请进行分析，梳理其技术脉络。

1）申请量趋势

截至 2013 年，日本精工株式会社关于润滑脂成分的申请量如图 6 - 5 - 1 所示。

---

❶ 杨铁军. 产业专利分析报告（第 9 册）［M］. 北京：知识产权出版社，2012：170.

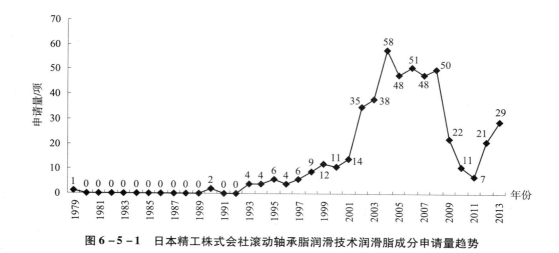

图 6 – 5 – 1　日本精工株式会社滚动轴承脂润滑技术润滑脂成分申请量趋势

可以看出，润滑脂成分的申请态势与脂润滑整体的申请态势相符，都是集中在
2004～2008 年，每年的申请量均超过了 30 项。这段时间，日本精工株式会社推出了公
司的主要产品，也同时加强了对知识产权的保护力度。

通常而言，润滑组合物由基油、增稠剂以及添加剂等组分构成。

2）技术发展趋势

日本精工株式会社涉及润滑脂主要成分类型的专利申请分布如表 6 – 5 – 1 所示。

表 6 – 5 – 1　日本精工株式会社滚动轴承脂润滑技术润滑脂主要成分类型的专利申请分布

单位：项

基油类型	添加剂	增稠剂	基油
矿物油或脂肪油	—	—	52
无机材料	38	19	2
非高分子有机化合物	142	157	112
高分子有机化合物	31	34	71
结构未知或不完全确定的化合物	9	3	2
混合物	178		

通用性工业润滑脂主要以矿物油作基油，锂基为增稠剂，适用于普通温度范围和
一般的条件。关于基油，日本精工株式会社除了以矿物油作为基油，更多地关注在非
高分子有机化合物和高分子有机化合物上的应用。关于增稠剂，日本精工株式会社主
要关注非高分子有机化合物方面的开发。关于添加剂，日本精工株式会社主要关注于
非高分子有机化合物。

表 6 – 5 – 2 列出了不同时期，相关关键技术点的研究侧重。需要说明的是，无论
是基础研究期（2000 年（不含）以前），稳定增长期（2000～2005 年（不含）），还是

快速发展期（2005～2010年（不含）），缓慢增长期（2010年（含）以后），都是根据专利申请数量进行的界定。

表6-5-2　日本精工株式会社滚动轴承脂润滑技术润滑脂成分年代分布　　单位：项

主题	重要技术点	基础研究期		稳定增长期		快速发展期		缓慢增长期	
基料	矿物油或脂肪油	4	3.77%	41	6.07%	15	6.64%	19	7.51%
	非高分子	14	13.21%	101	14.96%	20	8.85%	46	18.18%
	高分子	12	11.32%	56	8.30%	18	7.96%	27	10.67%
增稠剂	无机材料	1	0.94%	14	2.07%	22	9.73%	1	0.40%
	非高分子（非羧酸或其盐）	11	10.38%	67	9.93%	11	4.87%	32	12.65%
	非高分子（羧酸或其盐）	3	2.83%	60	8.89%	4	1.77%	14	5.53%
	高分子	3	2.83%	31	4.59%	0	0	5	1.98%
添加剂	无机材料	4	3.77%	27	4.00%	14	6.19%	8	3.16%
	非高分子（含氧）	4	3.77%	27	4.00%	13	5.75%	14	5.53%
	非高分子（含氮）	7	6.60%	28	4.15%	7	3.10%	10	3.95%
	非高分子（含磷）	1	0.94%	23	3.41%	8	3.54%	8	3.16%
	结构未知	0	0	7	1.04%	3	1.33%	4	1.58%

注：表中百分比是指相关部分占同一时期专利申请总量的百分比。

通过表6-5-2可以了解到，不同时期，日本精工株式会社在不同技术点上的重视程度。基础研究期和快速发展期，研究非高分子和高分子作为基料的专利申请数量相当，而到了稳定增长期和缓慢增长期，研究非高分子作为基料的专利申请数量要明显大于研究高分子作为基料的专利申请数量。关于增稠剂，在快速发展期，主要集中在无机材料的研发上，其他时期都以非高分子（非羧酸或其盐）为主要研究对象。关于添加剂部分，除了基础研究期没有对非高分子（含磷）材料进行足够重视外，其他时间段的研究方向都相对比较均衡，没有突出的重点研究内容。通过以上分析，可以看出，日本精工株式会社不断调整研发方向，以寻找符合经济科学发展的研究内容。

3）润滑脂成分专利申请技术发展路线图

下面将按照年份分布了解日本精工株式会社关于润滑脂成分的专利申请的发展脉络。

（1）基础研究期（2000年（不含）以前）

早期，日本精工株式会社与KYODO YUSHI KK以及MITSUBISHI ELECTRIC CORP公司联合发现（JPS4721118A），在润滑脂中加入线性聚烯烃、金属钝化剂和附有饱和脂肪酸的银粉及其脂肪酸银，可以有效去除运动区域的静电。日本精工株式会社发现（US5282689A），采用在温度为40℃时动黏度为900～1600mm²/s的聚醚（润滑）油作为基油，即使在高温高速重载的服务环境下，其油膜的适当厚度也能够防止过早剥落，通过预定的氧含量以及硬度处理，这种优势能够得到加强。实验证明，基油选用联苯聚烷基醚（Polyalkyldiphenyl Ether）润滑剂，要比选用聚酯润滑剂或者聚乙烯 α 石蜡润滑剂都要有优势。而后，经过改进（US5385412A），这种润滑剂组分还可以包括重量分数 18% ~ 28% 的增稠剂，该增稠剂含有聚亚胺酯（Polyurea）组分，以便能够延长滚动表面的使用寿命。此类润滑剂可适用于机动车交流发电机中。为了达到更好地防锈效果，一般而言会加入防锈剂，但这会影响到轴承的诸如力矩、噪声和寿命的性能。为此，可以在基油中加入至少重量分数 20% 的醚基油，当然也可以含有其他油剂，优选地醚基油含有在 40℃下黏度为 $10 ~ 100mm^2/s$ 的烷基苯基醚（JPH07179879A）。

为了应对高温的情况，日本精工株式会社发现（JPH06313181A），通过聚合热熔型树脂的单体或预聚物而形成的润滑剂，由于其缓慢分离以及交联作用，使得轴承能够长时间保持润滑性能的稳定性（JPH07118684A）。另外，将硅酮橡胶的未固化前体与固化介质混合并将其在硅酮油中固化所得到的弹性固体也是非常有效的（JPH06330071A）。此外，由于聚降冰片烯具有较好的热稳定性并且易于制造，同样可以加入到润滑脂中，能够有效防止润滑脂的老化变质，进而提高其性能（JPH07118678A）。

另外，日本精工株式会社发现（JPH07150163A），超高分子聚乙烯（（1 ~ 6）× 10^6）和己二烯酞酸脂的应用，能够获得高机械性能、高模量和高保持性的效果。为了改进轴承高温下的声学性能，进而延长其寿命，日本精工株式会社提出了一种解决方案（JPH08209176A），即在润滑脂中加入重量分数 5% ~ 20% 的增稠剂，该增稠剂含有重量分数 0 ~ 60% 的 $C_{12~24}$ 不含羟基团的脂肪酸锂盐、重量分数 40% ~ 100% 的 $C_{12~24}$ 羟基脂肪酸锂盐以及重量分数 80% ~ 95% 的基油，该基油在 40℃下具有 80 ~ 300mm^3/s 的动黏度并且至少含有重量分数 10% 的酯油（例如芬芳酯油或阻酯油），如图 6 – 5 – 2 所示：

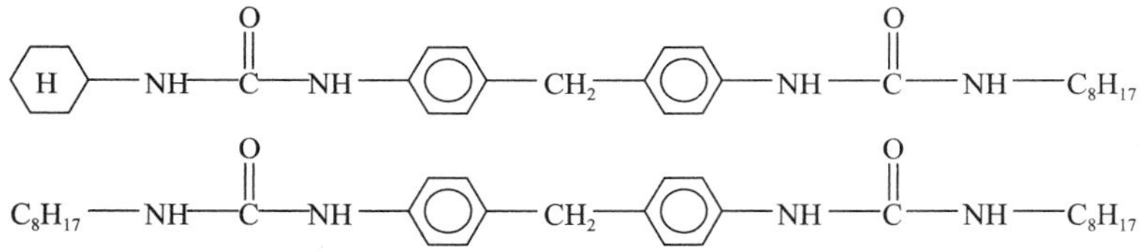

图 6 – 5 – 2　JPH08209176A 中的化学结构图

此外，还可以加入化学式表达如图 6 – 5 – 3 所示的双脲组分，其中 R_2 是芳（族）烃，R_1 和 R_3 是 $C_{6~12}$ 芳烃或是 $C_{6~20}$ 脂肪族烃（JPH08113793A）。一般应用于具有旋转外圈的滚动轴承中，在高温高速下，具有较好的防泄漏性、降噪性和防水性能。

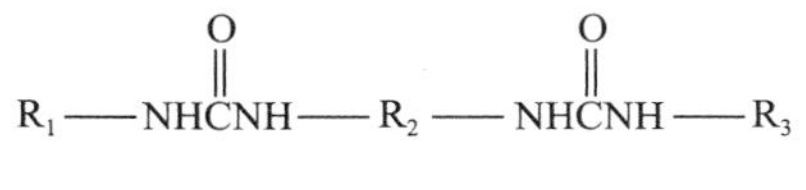

图 6 – 5 – 3　JPH08113793A 中的化学结构图

在高温高速情况下，双脲化合物与其他化合物一起，能够较好地改进润滑性能。例如为了抑制剥落，可以在润滑脂中加入具有金属脂肪酸盐或者脲化合物（JPH09217752A）。作为一项重要技术（参见第 6.4.1 节），日本精工株式会社在 1997 年提出了一种润滑脂组合物（WO9700927A1），具有较长的润滑寿命而且极少泄漏。这种润滑脂组合物含有 10% ~60% 的双脲化合物混合物，该混合物具有 3 种双脲化合物，摩尔分数 25% ~90% 的由图 6 - 5 - 4（a）所表达的双脲化合物，摩尔分数 9% ~50% 的由图 6 - 5 - 4（b）所表达的双脲化合物，摩尔分数 1% ~30% 的由图 6 - 5 - 4（c）所表达的双脲化合物。

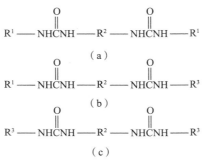

图 6 - 5 - 4　WO9700927A1 中的化学结构图

其中 R^1 是 $C_{7\sim12}$ 芬芳族烃基团，R^2 是 $C_{6\sim12}$ 是二价芳族烃基团，R^3 是 $C_{7\sim12}$ 的环己基团或烷基环己基团。$R^1/（R^1+R^3）$ 的比率为 0.55 ~0.95。此外 YAMAZAKI MASA-HIKO 等人发现，脲化合物也具有防水的效果（JPH108958A）。HACHIYA K 等人在 1999 年公开了一种成本较低的滚动轴承，其密封有由基油、增稠剂 pH 调节剂、有机金属盐等组成的润滑混合物，通过添加有机金属盐和/或无尘二烷基二硫脲酸，使得在其滚道表面或滚动表面形成有效的膜层，该膜层具有重量分数 0.001% ~3% 的无机微颗粒和芳族双脲化合物和/或非芳族双脲化合物，以作为增稠剂的替代，该无机微颗粒具有不大于 2mm 的平均直径。这一时期，日本精工株式会社对脲及双脲的研究投入了较多的关注。

同一时期，日本精工株式会社发现（JPH0959664A），在润滑脂中，选择硅酮油或者氟化油作为润滑基油，并添加镁基化合物和重量分数 0.5% ~10% 含有挥发性成分的防腐蚀剂，这不仅能够获得耐高温性能而且还具有防锈性能。之后，磺胺衍生物添加到增稠剂中，可以对工业机械和车辆的滚动轴承进行有效密封（JPH10158673A）（参见图 6 - 5 - 5）。

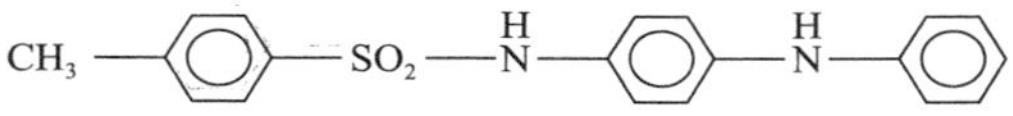

$$CH_3 \longrightarrow \bigcirc \longrightarrow SO_2 \longrightarrow \overset{H}{N} \longrightarrow \bigcirc \longrightarrow \overset{H}{N} \longrightarrow \bigcirc$$

图 6 - 5 - 5　JPH10158673A 中的化学结构图

在原有研究的基础上，日本精工株式会社认为（US2002049277A1），为达到聚酯人造橡胶优化性能，其含有两种组分，一种是例如脂肪族聚酯的软组分，另一种是例如结晶聚酯的硬组分，优选的化学表达式如图 6 - 5 - 6 所示。

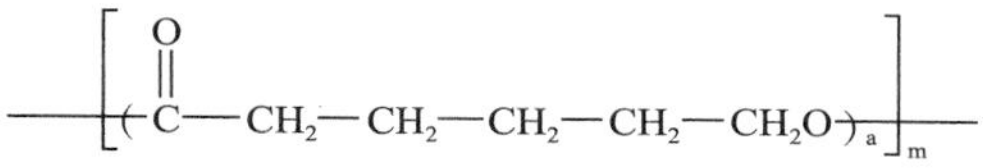

（a）

$$a = 8 \sim 18; \quad m = 4 \sim 53$$

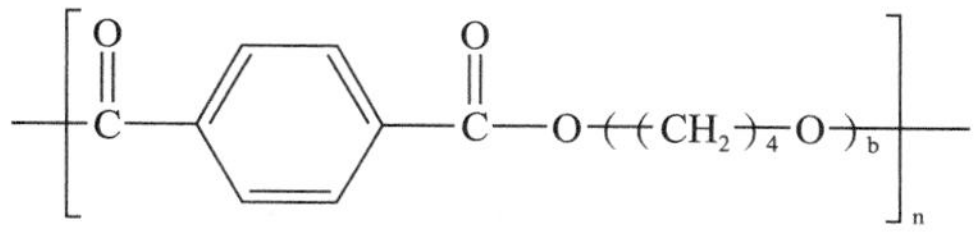

（b）

$$b = 10 \sim 30; \quad n = 2 \sim 60$$

图 6 – 5 – 6　US2002049277A1 中的化学结构图

1998 年，ISO KENICHI 等人发现（JPH11269478A），二硫代氨基甲酸锌应用到润滑脂中，提高了抗剥落性（参见图 6 – 5 – 7）。

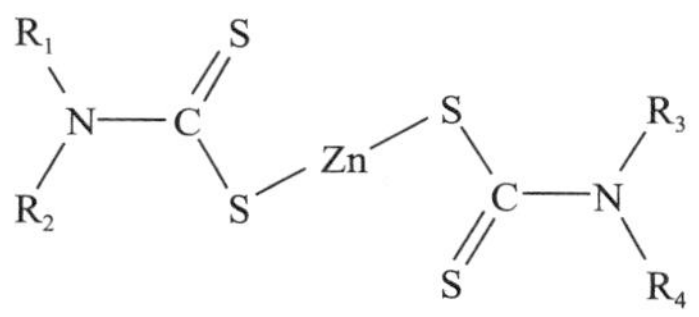

图 6 – 5 – 7　JPH11269478A 中的化学结构图

为了应对腐蚀的技术问题，HIDEKI KOIZUMI 等人提出了一种通过改进添加剂而解决技术问题的润滑脂（JPH11279578A），其除了常规的基油和增稠剂以外，还添加有亲脂性有机抑制剂、非离子表面活性剂以及亲水性有机抑制剂，这三者占其总量的重量分数 $0.1\% \sim 10\%$。该亲水性有机抑制剂包括羊毛脂脂肪酸衍生物以及通过亲水基改性的链烷醇胺衍生物，这样获得的产品具有优良的抗腐蚀效果。

为了应对高压和重载的技术问题，YAMAZAKI MASAHIKO 等人提出了一种具有良好效果的抗载荷性和抗超压性的润滑组合物，其有机钛组分，如图 6 – 5 – 8 所示。

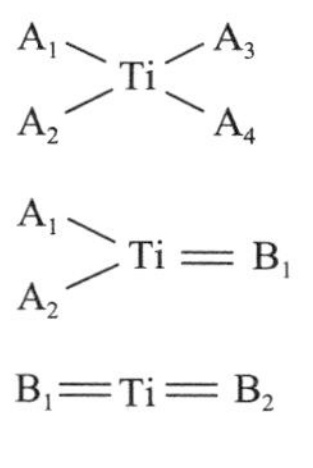

其中，$A_1 \sim A_4$ 选用下面表达式：

（a） 　—R　　　　（e） 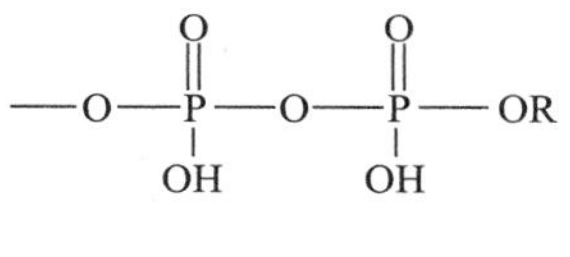　　　　　　　　　　（i）

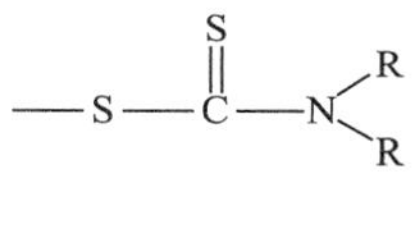

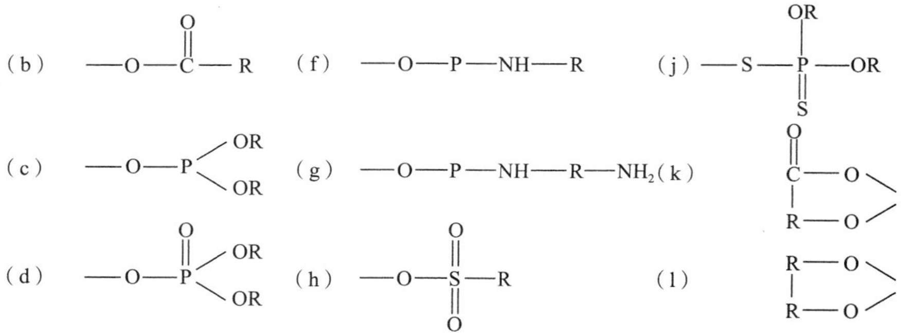

（b） —O—C(=O)—R   （f） —O—P—NH—R   （j） —S—P(OR)(OR)=S

（c） —O—P(OR)(OR)   （g） —O—P—NH—R—NH₂(k)

（d） —O—P(=O)(OR)(OR)   （h） —O—S(=O)(=O)—R   （l）

B₁ 与 B₂ 相同，选用下面的表达式：

一般式（IV）

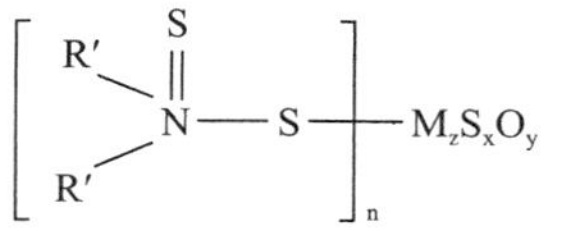

$$\left[\begin{array}{c} R' \\ \\ R' \end{array} N{=}^{S}\!\!{-}S \right]_{n} M_z S_x O_y$$

n=2, 3, 4
x, y, z=0, 1, 2, 3, 4

图 6-5-8　YAMAZAKI MAS AHIKD 专利的化学结构图

当用于轴承时，这种有机钛组分的含量为重量分数 0.1%～10%。

ISO KENICHI 等人也提出了一种耐重载性和高压性的润滑剂组合物（JPH10140174A），其包括含有杂环原子的无尘硫黄组分。此外，他们还尝试将有机金属组分加入润滑剂组分，以提高性能，例如铜、钼、锌等，优选含有碱性金属或碱土金属或锌作为金属盐的有机磺酸基金属盐或脂肪酸金属盐，当然，三唑基组分也是必要的成分（JPH1088167A）。

综上所述，虽然 2000 年之前，日本精工株式会社关于滚动轴承润滑脂技术的专利申请并不太多，但这些专利申请却为日本精工株式会社脂润滑技术的发展奠定了坚实的基础，特别是对于 2000 年以后其主打产品的应用与推广以及科研技术的大爆发而言是积极的"导火索"之一。这些技术被后续的 48 件专利申请所参引❶，并且列入检索报告的次数也多达 129 次。这一时段许多技术通过改良已经成为现阶段日本精工株式会社润滑脂系列的中坚力量。

（2）稳定增长期（2000～2005 年（不含））

通过统计，稳定增长期近一半（46.7%）的研究都是基于基础研究期的科技成果。

这一时期，日本精工株式会社关于润滑脂技术的专利申请量激增，一方面源于公司全球扩张的脚步加快，另一方面也源于对成熟产品的全球专利保护的加强。ROBUST 系列轴承等成熟产品的推出，为日本精工株式会社带来了丰厚的利润空间，同时日本精工株式会社也加大了对其核心技术在世界范围内的专利保护。

---

❶ EPODOC 数据库中由于 CT 字段信息不完整，因此统计不全面，仅作参考。

这一时期，日本精工株式会社研究的润滑脂成分大部分集中在酯类（29 项）、碳氢化合物（19 项）、双脲（18 项）、胺（17 项）、皂类（17 项）、烷基（16 项）、锂基（14 项）、醚（12 项）、联苯（11 项）以及硬脂酸盐（11 项）和环乙基（10 项）。

① 润滑脂在车辆应用中的改进。为了获得良好的防锈性能，ISO KENICHI 等人提出一种基于双脲化合物作为增稠剂，并适当添加防锈剂的方法（JP2005308228A），其中，防锈剂选择环烷酸锌和琥珀酸衍生物，占润滑脂总量的重量分数 0.1% ~ 10%。需要注意的是，DENPO KOUTETSU 等人基于现有技术，研究出了一种汽车电子组件的辅助设备用的润滑脂组合物（CN1723270A），其含有含芳香族酯油的基油，基油内共混有作为稠化剂的特定双脲化合物。上述润滑脂组合物和滚动轴承即使在极低的温度 −40℃下也不会产生异常噪声，在接近 180℃下有较好的抗咬合性，较好的防锈性，特别适用于电气部件和发动机辅助设备等。为了应对高温和腐蚀的环境，KOIZUMI HIDEKI❶等人认为，将聚四氟乙烯粉末或悬浮物作为增稠剂添加到氟油中，或者将脂肪酸盐作为增稠剂加入到硅油中，都能获得较好的性能。

此外，当轴承应用于车辆的电器部件、作为发动机辅助设备的交流电动机、中间皮带轮和汽车空调器所用的电磁离合器等车辆部件中时，由于水可能从外部进入轴承，这种问题就使配合在部件中的滚动轴承有可能受到具有由氢的脆化作用产生的白色组织结构的伴随碎屑的损害。轴承中的静电促进了碎屑的产生。为了限制具有白色组织结构的伴随碎屑的产生和形成，ISO KENICHI 等人提出一种加入到轴承中的润滑脂组合物（US2002082175A1），其包含碳氟聚合油的基础油、包含聚四氟乙烯的增稠剂和一种导电材料；其中包含在润滑脂成分中的导电材料的量在润滑脂成分总重的重量分数 0.1% ~ 10%，并且将碳黑作为增稠剂的导电材料加入到润滑脂中，碳黑的平均颗粒尺寸在 10 ~ 300nm。由于碳黑的加入，润滑脂就总是处于导电状态。因此，在内环和外环之间存在的电动势差就很小，这样对水进行电解的机会就非常少。

为了提高轴承防锈性能，ISO KENICHI 等人提出了将环烷酸盐或琥珀酸衍生物（如图 6 − 5 − 9 所示）作为润滑脂防锈添加剂（US2002082175A1）。

（a）环烷酸盐　　　　　　（b）琥珀酸衍生物

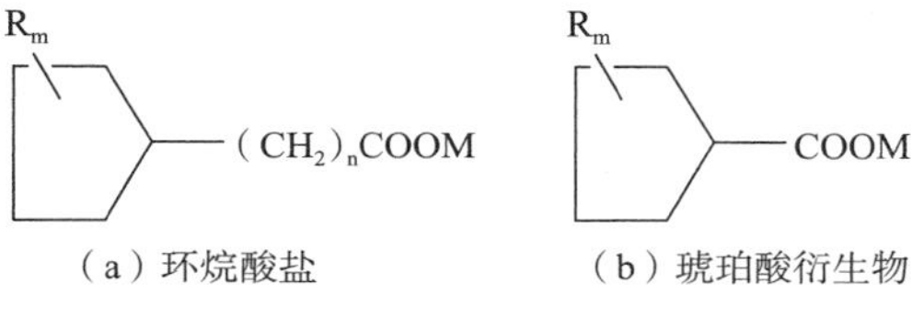

图 6 − 5 − 9　US2002082175A1 中的化学结构图

在此基础上，日本精工株式会社与新日本石油株式会社共同研究了一种润滑脂组合物（CN1656200A），如图 6 − 5 − 10 所示，其含有润滑油基础油、通式（1）~（3）所示双脲化合物中的至少 1 种、环烷酸盐和琥珀酸或其衍生物，其中通式（1）~（3）所示双脲化合物各自的含有比例满足式（4）和式（5）所示的条件，并且以润滑脂组

---

❶ 参见 JP2004176075A。

合物总量为基准，环烷酸盐和琥珀酸或其衍生物的比例为质量分数 0.1% ~ 10%，

$$R^1 \longrightarrow NHCNH \longrightarrow R^2 \longrightarrow NHCNH \longrightarrow R^1 \qquad (1)$$

$$R^1 \longrightarrow NHCNH \longrightarrow R^2 \longrightarrow NHCNH \longrightarrow R^3 \qquad (2)$$

$$R^3 \longrightarrow NHCNH \longrightarrow R^2 \longrightarrow NHCNH \longrightarrow R^3 \qquad (3)$$

式（1） ~ （3）中，R^1 表示 $C_{7~12}$ 的含芳香族环的烃基，R^2 表示 $C_{6~15}$ 的 2 价烃基，R^3 表示环己基或 $C_{7~12}$ 的烷基环己基，

$$5 \leqslant W1 + W2 + W3 \leqslant 35 \qquad (4)$$

$$0 \leqslant (W1 + 0.5 \times W2) / (W1 + W2 + W3) \leqslant 0.55 \qquad (5)$$

式（4）、（5）中，W1、W2 和 W3 分别表示通式（1） ~ （3）所示的双脲化合物以润滑脂组合物总量为基准的比例（重量分数）。

图 6 - 5 - 10　CN1656200A 中的化学结构图

上述润滑脂组合物即使在高温、高速和高负荷条件下使用时，也能实现足够的剥离寿命和高温烧结寿命。因此，适宜在汽车的电装零件、作为发动机副机的交流发电机和中间皮带轮、汽车空调用电磁离合器等的高温高速高负荷条件使用。

此外，为了应对高温、高速和重载环境，基于纳米技术，ISO KENICHI 等人提出了在润滑脂中加入重量分数 0.1% ~ 10% 的半导体碳纳米管材料（参见图 6 - 5 - 11）（JP2002195277A）。

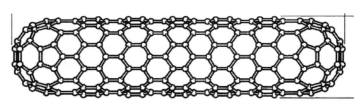

图 6 - 5 - 11　ISO KENICHI❶ 等人提出的半导体碳纳米管材料

上述碳纳米管具有 0.5 ~ 15nm 的直径和 0.5 ~ 50μm 整体长度。应用这种润滑脂的轴承改善了抗剥落性能。

随着汽车的小型化、轻量化，进而要求放大居住空间，不得不减小发动机室的空间，进一步进行电器部件、发动机辅机的小型化和轻量化。此外，为提高安静性的要求，进行发动机室的密闭化，为促进发动机室内的高温化，上述各部件必须能耐高温。由于上述各部件多数安装在发动机室的下部，在行驶中易于遭遇雨水等，对于该处的滚动轴承中使用的润滑脂，比其他处所使用的润滑脂更要具有优良的防锈性能。

如上所述，伴随着发动机室的高温化，例如，电动风扇马达所使用的轴承，虽然

❶　参见 JP2002195277A。

能在130℃～150℃轴承温度下使用，但更需要在180℃～200℃高温下也能承受的轴承。在150℃以下的轴承中，例如，在JP1982669中公开的，相应封装了在合成油系润滑油中配合了脲系化合物的润滑脂。然而，这种润滑脂在160℃以上的高温下很快就产生烧结，所以需要耐更高热性的润滑脂。

为了提高耐热性，例如，通过将聚四氟乙烯（PTFE）配合在增稠剂中封装以全氟聚醚油作为基油的氟系润滑脂，形成可在160℃以上环境下使用的轴承。然而，这种氟系润滑脂，很难在一般合成油系润滑脂中添加配制的防锈剂，所以导致防锈性能低劣。虽然也考虑了分散固体防锈剂的配制方法，但是，当配制固体防锈剂时，音响性能显著降低。另外，氟系润滑脂与合成油系润滑脂相比，还存在价格高5～20倍的问题。

如JP1999181465中公开的，在脲系润滑脂中调配氟油的、提高耐热性的润滑脂组合物。然而，因为基油是矿物油或合成油、与氟油无亲和性，离油性很大，特别是对于像电动风扇马达等高速旋转部件的轴承，很不适宜。再有，如JP1995268370A中公开的，已知将加氢矿物油或合成油、氟聚醚油作为基油的润滑脂，由于增稠剂的量很少，为重量分数3%～20%，所以仍存在离油和阻断稳定性低劣的问题。

为此，ISO KENICHI提供了一种封装在滚动轴承中的润滑脂（CN1385624A），该润滑脂是按以下方法配制形成的润滑脂组合物，即将分别含有增稠剂量为重量分数8%～35%的金属络合物皂系润滑脂和脲系润滑脂中的至少一种，并以全氟聚醚油作为基油，作为增稠剂含有重量分数15%～42.5%聚四氟乙烯的氟系润滑脂，按质量比，以金属络合物皂系润滑脂和脲系润滑脂中的至少一种：氟系润滑脂＝40～80:60～20的比率进行混合，而且，使增稠剂的总量达到重量分数20%～30%。该润滑脂通过定量配合氟系润滑脂，可维持优良的耐高温持久性，并能将润滑脂基油的黏度抑制到很低，因此低温流动性也很优良。通过在润滑脂组合物中定量配合金属络合物皂系润滑脂和脲系润滑脂，这些润滑脂中，通过作为基油的矿物油或合成油的作用，由于可添加各种防锈剂，所以能维持优良的防锈性。而且，因为金属络合物皂系润滑脂和脲系润滑脂价廉，作为整体润滑脂组合物，与单一氟系润滑脂相比，价格更低。

② 润滑脂在电动马达或发电机轴承中的应用。通常在电动马达或发电机轴承中，采用脲素系的油脂作为润滑油脂（WO2004020855A1）。通过使用脲素系的油脂，能够有效地防止轴承空间内混入异物。增稠剂的脲素系物质的油脂比锂皂系等的油脂表面容易硬化，因此，当从内环轨道排出时，在内环轨道肩附近形成堤坝。通过该堤坝能够显著地防止灰尘、DC电机的电刷的摩擦粉末等异物的混入。作为增稠剂的脲素化合物，特别是，1个分子中含2～5个脲键的脲素化合物（双脲素、三脲素、四脲素、五脲素）为理想的增稠剂。随着1个分子中脲键数的增加耐热性增高，具有增加轴承耐久性的趋势。但是，当1个分子中结合的脲键数超过6时，油脂容易固化而不理想。

作为油脂的基础油，考虑高速转动中的润滑性能和耐热性，酯油和碳化氢油或者二者的混合油是理想的。作为烃系油，例如正链烷烃、异链烷烃、聚丁烯、聚异丁烯、1－癸烯低聚物、1－癸烯和乙烯低聚物等的聚α－烯烃。作为酯油，例如二丁基癸二酸酯、双－2－乙基己基癸二酸酯、二辛基己二酸酯、己二酸二异癸酯、己二酸双十三烷基酯、水杨酸双十三烷基酯、甲基乙烯基辛酸等的二酯油、偏苯三酸三辛酯、偏苯三酸十三烷基酯、均苯四酸四辛酯等的芳香族酯油、三羟甲基丙烷辛酸酯、三羟甲基丙烷壬酸酯、季戊四醇－2－乙基己酸酯、季戊四醇壬酸酯等的多元醇酯油、碳酸酯油。

另外，根据需要，可以把芳香族基油和醚系油等混合。作为芳香族基油，例如单烷基萘、双烷基萘、聚烷基萘等的烷基萘油。作为醚系油，例如，聚乙二醇、聚丙二醇、聚乙二醇单醚、聚丙二醇单醚等的聚二醇、或者一烷基三苯醚、烷基二苯醚、二烷基二苯醚、五苯醚、四苯醚、一烷基四苯醚、二烷基四苯醚等苯醚油。另外，也可以使用矿物油，可以使用经减压蒸馏、油剂脱沥青、溶剂提取、氢解作用、溶剂脱蜡、硫酸酸洗、白土精制、加氢精制等精制成的油脂。

增稠剂，即上述脲素化合物按全部油脂的重量分数9%～18.5%比例进行配合较理想。特别地，按重量分数10%～15%的配合量为理想。当配合量不足重量分数9%时，基油的保持能力不够，特别在转动初期，会使大量的油分离，引起油脂泄漏，使轴承耐久寿命缩短。另外，当配合量超过重量分数18.5%时，基油量相对减少，早期出现润滑不足，同样会使轴承的耐久寿命缩短。

另外，在油脂中，按重量分数0.05%～4%，特别是按重量分数0.1%～4%的比例添加胺系防氧化剂和苯酚系防氧化剂中至少一种较为理想。在防氧化剂中，从和上述脲素化合物的亲和性看，胺系防氧化剂和苯酚防氧化剂较为理想。另外，添加量按重量分数不足0.05%时，得不到足够的防氧化性能，例如，对于轴承的耐久寿命，和无添加时相比，并无大的差别。另外，即使按重量分数添加超过4%，也得不到和超过的量相称的效果，不经济，并且反而因为基油和增稠剂的量相对减少，还会对润滑耐久寿命带来不良影响。

此外，根据需要，也可以在上述润滑油脂中添加防锈剂、油性剂、耐特压剂等。这些都可以使用通用的品种。这些添加剂的含量，个别地大于或等于油脂全量的重量分数0.05%、合计量是油脂全量的重量分数0.15%～10%较为理想。特别地，在合计量超过重量分数10%时，不仅不能获得和含有量增加相称的效果，而且，使其他成分的含有量相对地减少，还发生在油脂中使这些添加剂凝聚，导致转矩增加等不理想的现象。

值得注意的是，日本精工株式会社与协同油脂株式会社合作开发出了一种滚动轴承用的润滑脂组合物（CN1338505A），该润滑脂包含极性基润滑油和非极性润滑油的基础油中配合了包含重量分数30%以上纤维长度至少为$3\mu m$的长纤维状物金属皂类增稠剂的组合物。作为金属皂，一元和/或两元的有机脂肪酸或有机羟基脂肪酸，和金属氢氧化物合成得到的有机脂肪酸金属盐或有机羟基脂肪酸金属盐是优选的。对金属皂合成所用的有机脂肪酸未作特别限定，可以举出十二烷酸（C_{12}）、十四烷酸（C_{14}）、软脂酸（C_{16}）、十七烷酸（C_{17}）、硬脂酸（C_{18}）、二十烷酸（C_{20}）、二十二烷酸（C_{22}）、二十四烷酸（C_{24}）以及牛脂脂肪酸等。另外，作为有机羟基脂肪酸，可以列举出9－羟基硬脂酸、10－羟基硬脂酸、12－羟基硬脂酸、9，10－二羟基硬脂酸、蓖麻油酸、蓖麻反油酸等。另外，作为金属氢氧化物，可以举出铝、钡、钙、锂、钠等氢氧化物。硬脂酸、牛脂脂肪酸或羟基硬脂酸（特别是 12 - 羟基硬脂酸）和氢氧化锂的组合，从轴承性能优良这一点考虑是优选的。两家公司还研究了一种能够有效降噪的润滑脂组合物，其含有增稠剂（TA）和基油，该增稠剂是锂基皂类、钠基皂类、钙基皂类和/或铝基皂类，其占有总量的重量分数 3% ~ 30%，该基油含有占总量重量分数 50% ~ 100% 的碳酸酯化合物，该碳酸酯化学表达式为：$R_1O - CO - OR_2$（R_1 和 R_2 分别为 $C_{6~30}$、饱和或非饱和、线性或分支的烷基）。

随后，日本精工株式会社的 YOICHITO SUGINOMOR 等人在此基础上开发出了一种可降低护圈声、实现低振动化、降低微振磨损损伤，实现低扭矩化及改善声响耐久性的球轴承（CN1379191A），主要采用了上述润滑脂成分。

通过采用上述特定的润滑脂组成物，可降低轴承扭矩。也就是说，由于润滑脂组成物的增稠剂包含重量分数 30% 以上的纤维长 $3\mu m$ 以上的长纤维状物，故该长纤维状物在轴承旋转时的剪切具有取向性，从而降低了轴承扭矩。尤其是，在球轴承中，该轴承扭矩降低效果通过与基础油的非极性润滑油组合而进一步加强。另外，由于在基础油中配合了分子结构中具有极性基的润滑油，故该含极性基润滑油与现有的具有极性基的基础油（例如酯油）同样作用，优先吸附在轴承旋转部的接触面上形成吸附膜，改善表面摩擦特性，降低轴承扭矩。并且，该含极性基润滑油呈现与金属皂的胶束结构相互作用，尤其是减弱长纤维状物相互间的结合力，降低轴承旋转时润滑脂的剪切阻力，进一步降低轴承扭矩。

③ 润滑脂组合物在泵或压缩机中轴承的应用。泵或者压缩机中的轴承，由于所接触的工作环境的复杂性，较为重要的是提高其防腐性能。其中，MIYAJIMA HIROTOSHI 等人提供了一种润滑脂组合物（JP2004225843A），含有重量分数 1% ~ 10% 的二硫代磷酸盐和/或二硫代氨基甲酸盐，以及重量分数 0.2% ~ 2% 的选自苯并三唑、吲唑、苯并噻唑、苯并咪唑和/或噻重氮或其衍生物的化合物。添加了上述润滑脂组合物的轴承应用到泵中时，经由 JIS K2246 检测，具有优良的防锈性能和防腐蚀防磨损性能。ATARI M 等人也将上文中提及的金属皂类应用到空调系统中，以改善其护圈声（CN01142597A）。

④ 润滑脂组合物在主轴等机械结构轴承中的改进。MIYAJIMA HIROTOSHI 发现（JP2002206095A），为了应对高速旋转的工况并降低操作成本，润滑脂组合物可以选自一硫化物、二硫化物、亚砜、大蒜素（thiolsulfinate），它们的用量占总量的重量分数 0.001% ~ 5%。与此同时，他们还发现（JP2002147472A），在基油中添加重量分数 10% ~ 100% 的碳酸盐脂，基油 40℃时的动黏度将会从 50×10^{-6}（m^2/s）变为 200×10^{-6}（m^2/s），这样的话，主轴旋转时，将会控制轴承热量的产生，轴承的尺寸也会减小，进而减少运行成本，因此可以广泛应用于机床、钻孔设备、镗孔设备、磨床、超精设备和研磨设备等的主轴机械上。

⑤ 光学与磁性记录设备中的相关应用。对于硬盘驱动、录影带记录设备、激光打印机等电子设备中，为使用者提供较为安静的工作环境是较为重要的。YATANI KOICHI 等人提供了一种密封在滚动元件中的脂润滑组合物（JP2003113845A），其含有

重量分数 0.5% ~ 10% 的分散剂，例如抗磨剂、抗压剂或抗氧化剂等。

此外，NAKATANI SHINYA 等人提供一种含有基油、第一增稠剂和第二增稠剂的润滑脂组合物（US2003176298A1），第一增稠剂含有磺酸钙络合物，第二增稠剂为聚乙烯脲、金属皂类及其络合物、N 取代对苯二甲酰胺金属盐。这种润滑脂在高速高温环境中表现出优良的性能并且具有出色的防咬合性以及生物降解性。

普通的导电润滑脂是添加了炭黑增稠剂和导电添加剂（JP6324038B）的润滑脂，这种导电润滑脂在开始使用时具有较好的导电性。然而，使用炭黑的常规导电润滑脂的问题在于，在开始时具有较好的导电性，但随着时间的推移，导电性下降。简而言之，尽管装填了导电润滑脂的滚动轴承在开始时（内外滚道表面和滚动件是导电的）具有较好的导电性，但是随着时间的推移导电性下降，因此滚动轴承的内外座圈之间的电阻值变得更大。作为导电润滑脂基础油的润滑剂，可以采用如矿物油、聚 α 烯烃油、醚油或酯油，但是应用这些基础油的温度限制至多为 160℃。办公机械如复印机、激光打印机或其他设备的热辊支架或固定件经常达到约 200℃ 的高温。因此，这种部件的滚动轴承所使用的导电润滑脂，难于在长期的使用期限内保证足够的导电性，这是因为普通润滑剂作为基础油的导电润滑脂没有足够耐热性的缘故。为此，还提出了一种导电润滑脂，该导电润滑脂包括基础油、增稠剂、导电的固体粉末和至少一种磨损抑制剂、极压剂和油质剂，其中该导电固体粉末的添加量为润滑脂总重量的重量分数 0.1% ~ 10%，而该至少一种磨损抑制剂、极压剂和油质剂的总添加量为润滑脂总重量的重量分数 0.1% ~ 10%，该润滑脂导电性几乎不随时间的推移而降低。

⑥ 其他。在制造 LCD、硬盘或者半导体装置的线性驱动操作系统中，为了提高轴承的耐疲劳性，ISO KENICHI 等人提供了一种含有基油和添加剂的润滑脂组合物（JP2004108442A），将 40℃ 时含有 20 ~ 400 mm^2/s 的动黏度的全氟聚醚基油与作为增稠剂的氟化碳树脂混合，再添加其他组分，相关化学表达式如图 6 - 5 - 12 所示。

$$CF_3-(CF_2CF_2O)_m-(CF_2O)_n-CF_3 \qquad m/n < 1$$
（a）基油1

$$CF_3-(CF_2CF_2O)_m-(CF_2O)_n-CF_3 \qquad m/n > 1$$
（b）基油2

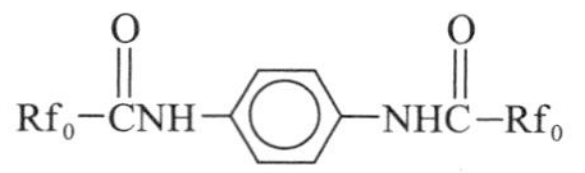

$$Rf_0-\overset{\overset{O}{\|}}{C}NH-\bigcirc-NH\overset{\overset{O}{\|}}{C}-Rf_0$$

Rf_0は、$-(CF_2-CF_2-O)_m-CF_2-CF_3$であり、mは15~25である
（c）添加剂1

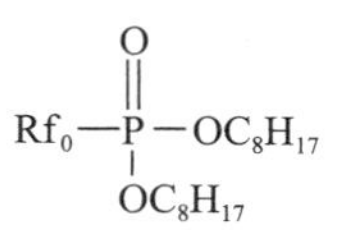

$$Rf_0-\overset{\overset{O}{\|}}{\underset{\underset{OC_8H_{17}}{|}}{P}}-OC_8H_{17}$$

Rf_0は、$-(CF_2-CF_2-O)_m-CF_2-CF_3$であり、mは15~25である
（d）添加剂2

图 6 - 5 - 12　基油和添加剂的种类

⑦ 小结。这一时期，在一定的积累和以往研究的基础上，日本精工株式会社自身已经形成了较为成熟的脂润滑技术，无论是在车辆还是在其他领域，其应用都已经较为广泛。将纳米技术引入到脂润滑技术中，也在一定程度上提升了日本精工株式会社的技术水平。还可以注意的是，一项新技术的引入，日本精工株式会社会将其引入到各个领域的应用上，以体现新技术的功效最大化。

（3）快速增长期：这段时期，日本精工株式会社专利布局全球化，注重对原先已经成熟的产品进一步稳固其强势地位，不断拓展研发新的技术。

① 车辆领域中的应用。为了应对高温、高速、高载、高振动下的复杂环境，ISO KENICHI 等人研发出了一种密封在滚动轴承中的润滑脂，其采用人造油作为基油，采用双脲化合物作为增稠剂，环烷酸锌和琥珀酸衍生物中的至少一种作为添加剂，其含量占总量的重量分数 0.25% ~5%。

为了有效提高抗咬合性能和抗磨损性能，HOKAO MICHITA 研发了一种润滑脂（JP2005008737A），在该润滑脂的基油中添加重量分数 0.01% ~30% 的含有特定有机聚硅醚（如图 6 - 5 - 13 所示）的硅油。

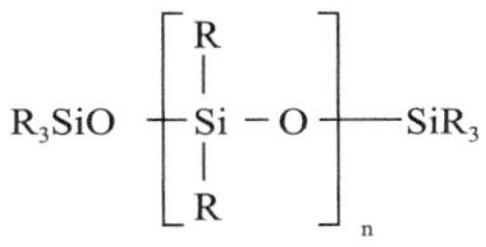

$$R_3SiO \left[\begin{array}{c} R \\ | \\ Si-O \\ | \\ R \end{array} \right]_n SiR_3$$

图 6 - 5 - 13　JP2005008737A 中的化学结构图

FUJITA YASUNOBU 等人研发了一种新型双脲化合物作为润滑脂的增稠剂（JP2005105238A），该双脲化合物的化学表达式如图 6 - 5 - 14 所示。

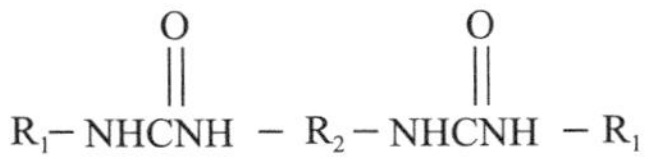

$$R_1-NHCNH - R_2 - NHCNH - R_1$$

（其中每个 NHCNH 上方有 O 双键）

图 6 - 5 - 14　JP2005105238A 中的化学结构图

其中，R_2 是 $C_{6~15}$ 的芳香烃基，R1 选自脂肪烃基，该双脲化合物占总量的重量分数 5% ~35%。这种润滑脂具有较好的抗咬合性能、抗剥落性能和防锈性能。ISO KEN-ICHI 发现（JP2009001611A），当 R_1 是 $C_{7~12}$ 或 $C_{16~20}$ 的烷基环己基，R_2 为含有 $C_{6~15}$ 的芳香环二价烃时，这种作为增稠剂的双脲化合物与重量分数 50% 以上的季戊四醇酯等基油形成的润滑脂能够适应高温高速的工况。

作为汽车及火车等的车辆用轴承，通常大多使用带密封的密封型的轮毂单元轴承。这些车辆用轮毂单元轴承，通常在室外暴露于水及尘埃中的同时使用。另外，有时还淹没于泥水等中使用。在这种环境下使用的车辆用轮毂单元轴承，虽然通过密封装置密封可以抑制来自外部的水、尘埃等的侵入，但难以完全防止水的侵入。当在润滑脂组合物中混入水分时，滚动轴承的耐久寿命大大降低（参见图 6 - 5 - 15）。

此外，混入的水分解产生的氢侵入轴承材料的钢中，引起氢脆，产生伴随由氢脆引起的向白色组织变化的金属剥离。为了抑制这种白色组织剥离，提出了添加各种添加剂的润滑脂组合物。例如含有亚硝酸钠等的钝态氧化剂的润滑脂组合物（JP2878749B）、含有有机锑化合物及有机钼化合物的润滑脂组合物（JP3512183B）、含有粒径 2μm 以下的无机类化合物的润滑脂组合物（JP1998169989A）等。这些润滑脂组合物通过将来自于添加剂的被膜形成于滚动轴承的滚动接触部（轨道面、转动面），防止氢对轴承材料的侵入。作为即使在含水情况下也可以抑制车辆用轮毂单元轴承的剥离的润滑脂，有使以双脲化合物为增稠剂的润滑脂中含有 HLB 为 3~14 的表面活性剂的耐水性润滑脂（JPH9-87652A）。另外，还有含有基油、增稠剂和 N-乙烯酰胺树脂的耐水性润滑脂（JP2005-105026A）；作为用于车轮支承用轴承的润滑脂组合物，已知有通过添加 ZnDTP 等提高耐磨损性的润滑脂组合物（JP2001-254089A）。

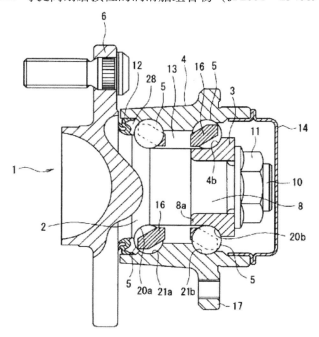

图 6-5-15　JP2009001611A 的结构示意图

另外，当润滑脂中混入水分时，其剪切稳定性降低，润滑脂会从润滑部位流出。作为改善这种含水时的剪切稳定性的润滑脂，还提出了添加有金属苯酚盐的润滑脂（JPH2-8639A）及添加有脂肪酸的钙盐及镁盐的润滑脂（JPH3-26717A）等。除润滑脂组合物之外，还提出了使用不锈钢作为轴承材料的方法（JPH3-173747A）及将转动体设定为陶瓷制的方法（JPH4-244624A）。

日本精工株式会社与协同油脂株式会社一起研究了一种轮毂单元轴承用润滑脂组合物（CN101107347A），其包含以矿物油及合成油的至少一种为主要成分的基油、增稠剂和含量为重量分数 0.1%~3% 的抗剥离剂。基油是矿物油，增稠剂是芳香族脲，抗剥离剂是磺酸钙、二硫代氨基甲酸锌、苯并三唑或其衍生物。抗剥离剂可以是油酰肌氨酸、聚（氧化乙烯）十二烷胺、2-乙基己酸铋、油酸和二环己胺的盐构成的胺系防锈剂或者羧酸酐。这种轮毂轴承用润滑脂组合物的耐剥离性、耐水性及耐腐蚀性优良，即使在容易混入水的环境下或在含水情况下使用也难以产生白色组织剥离及腐蚀。因此，可以长期维持良好的润滑。

此外，在轮毂方面的研究上，为提高轴承的防水效果，NAKATANI SHINYA 等人提供了一种将芳香双脲化合物作为增稠剂的润滑脂（JP2008111057A），其包括占总量的重量分数 0.1% ~ 5% 的有机钼和有机锌的至少一种。为了提高防锈性能，NAKATANI SHINYA 等人还开发出了 3 种类型的防锈剂（JP2008088386A），羧酸防锈剂、羧酸盐防锈剂和胺防锈剂。SAKAGAMI KENTARO 提供了一种润滑脂组合物（JP2005314459A），其含有重量分数 1% ~ 30% 的热导材料（无机粉末）以及常规的重量分数 5% ~ 30% 的脲化合物，以提高轴承的抗热性能。

为了应对车辆在寒冷环境下的有效运行，ISO KENICHI 等人研发出了一种在 -30℃ 下具有 5 ~ 200Pa·s 的表观粘度的润滑脂（CN101006283A），该润滑脂包括酯油、醚油或 PAO 的基油和含量为重量分数 14% ~ 22% 的双脲化合物（作为增稠剂），并且，该基油的运动黏度在 40℃ 时为 10 ~ 250mm²/s。为了使润滑脂组合物具有更良好的性能，如果必要可在其中加入已知的添加剂。可以加入下列物质的任意一种或组合：抗氧化剂，例如氨基和苯酚基抗氧化剂；极压添加剂，例如氯基极压添加剂，硫基极压添加剂，磷基极压添加剂，二硫代磷酸锌，和有机钼；油质，例如脂肪酸和动物/植物油；抗锈剂，例如石油磺酸酯，二壬基萘磺酸酯，脱水山梨醇酯；金属失活剂，例如苯并三唑和亚硝酸钠；黏度指数改进剂，例如聚甲基丙烯酸酯，聚异丁烯，和聚苯乙烯；等等。

在这一发展阶段，虽然应用于车辆上的专利申请量较多，但大部分集中在对过去技术的改进上，特别是对双脲化合物的进一步研究上，其他组分并未有任何实质性的突破。可以看到，车辆领域中轴承的脂润滑技术涉及润滑脂组合物的改进难有突破，滚动轴承润滑脂成分的技术日臻完善。

② 电机或发电机的应用。为了克服轴承内外圈静电的产生，DENPO KOUTETSU 等人提供了一种润滑脂（JP2008274021A），其含有重量分数 0.1% ~ 20% 的且具有绝缘度大于 3 的绝缘陶瓷材料。

在马达中使用的滚动轴承或者在机床中使用的滚珠丝杠装置或直线导轨装置中，为提高运转效率而要求转矩小或免维护（长时间的耐久性）等。在这些转动装置中，为了润滑而通常使用润滑脂组合物，为满足这样的要求，使用了含有低黏度酯类合成油的锂皂润滑脂（例如，协同油脂株式会社制造的"マルテンプSRL"）。但是，这样的润滑脂组合物虽然可以谋求低转矩化，但酯类合成油通常耐热性不充分，在烧结寿命上存在问题。

另外，在例如汽车的交流发电机等发动机配件中也经常使用滚动轴承，但它们与水接触的机会多，在机床中有时也与水接触。因此，这些转动装置要求具有较好的防锈性能，所以大多在润滑脂组合物中添加防锈性能较好的磺酸盐作为防锈添加剂（参见 JP7 - 179879A）。但是，磺酸盐会助长由于润滑脂组合物劣化分解而产生氢，因此存在容易引起伴有起因于氢的白色组织剥离问题。

基于此，ISO KENICHI 提出了一种润滑脂组合物（CN1922295A），将润滑脂总量的重量分数 8% ~ 30% 作为增稠剂的脲素化合物配合到 40℃ 时的运动黏度为 $20 ~ 50mm^2/s$ 的基础油中，并添加选自羧酸、羧酸盐以及酯类防锈剂中的至少一种防锈添加剂，并且，所述防锈添加剂的添加量以单独的添加量计为润滑脂总量的重量分数 0.1% ~ 10%，以总添加量计为润滑脂总量的重量分数 0.1% ~ 15%。防锈添加剂是选自环烷酸盐以及琥珀酸衍生物中的至少一种。该组合物特别是可以在从低温到高温较宽温度范围内维持低转矩，同时还可以抑制白色组织剥离产生。

由于前期的研发较为全面，这一阶段，虽然申请量较多，但仍然是采用试探性的研发策略，例如采用纳米技术，试探不同组分的配比和参数限定，以及基于原有润滑脂对具体结构的改进，并未研发出较为重要的关键技术。

③ 光学或磁学记录介质的应用。为了提高抗磨损性能，SAKAGAMI KENTARO 研究了一种含有球状高分子的润滑脂组合物，该球状高分子的含量占总量的重量分数 0.1% ~ 10%。形成球状高分子的化学反应如图 6 – 5 – 16 所示。

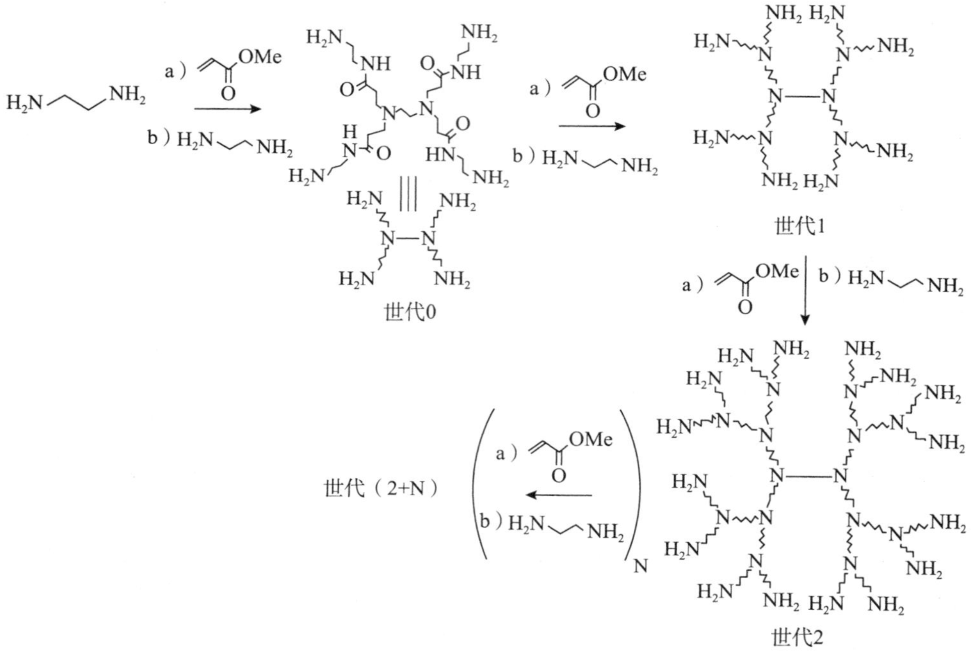

图 6 – 5 – 16　JP2007002169A 中的化学结构图

这段时间，日本精工株式会社也继续对炭黑进行了一系列研究，就其添加量、颗粒直径等都进行了相关的实验，但并未寻找到性能优良的润滑脂。

④ 其他。应对重载机械，例如挖掘机或轧钢机，NAKATANI SHINYA 等人认为，在润滑脂中添加重量分数 0.1% ~ 5% 的油酰肌氨酸能够改善防水性能（JP2008115318A）。

MATSUMOTO KANEAKI 等人发现了一种可生物降解的润滑脂组合物（JP2009185243A），该润滑脂是由重量分数2%～5%的亲脂氨基酸衍生物与含有蔬菜油和/或酯油的基油混合而成。这种润滑脂具有良好的生物降解性和较好的环保价值。

⑤ 小结。总的来说，这段时期，日本精工株式会社更多的是在原有基础上优化探索新的改良，并未推出较多独创性的技术，作为发展瓶颈期，日本精工株式会社虽然有大量的专利申请，但仍然未发现更好地研究方向。

（4）缓慢增长期（2010年（含）至今）。近五年，日本精工株式会社在市场上尝试创新，努力拓展新兴市场，例如食品加工领域收获也颇丰，申请量的优势进一步稳固了其在世界轴承行业中所占的市场份额。

① 生物润滑脂的问世。一直以来，在各种机械装置的滑动部分、旋转或滚动部分，使用润滑油或润滑脂等润滑剂组合物。但是，现有的已知润滑剂组合物几乎都是不能食用的，几乎无人知晓在可用于滚动轴承等机械部件的润滑用途的润滑剂组合物中，存在食用无害的物质。

此外，由于润滑剂组合物的温度随着滚动装置的运转而上升，因此，添加抗氧化剂提高耐久性的方案很多。作为向润滑剂组合物中添加的抗氧化剂，作为工业用途多采用胺系抗氧化剂、酚类抗氧化剂、吩噻嗪；作为食品机械用途，虽然很少但也使用生育酚（维生素E）、二丁基对甲酚（DBPC）、丁基羟基茴香醚（BHA）、丁基对苯二酚（TBHQ）、没食子酸异丙酯等（例如，参照专利文献4～6）。但是，对环境保护的要求提高，尽管环境负荷少，但进一步提高抗氧化效果的要求很强烈。

基于此，HACHIYA K 等人研发了一种润滑剂组合物（CN102959063A），其特征在于，含有饱和脂肪酸甘油三酸酯和抗氧化剂。该抗氧化剂选自酚类、多酚类、类黄酮类、类胡萝卜素类、维生素类、伪维生素类和有机酸中的至少一种。该润滑脂含有辅酶Q，此外还含有脂肪酸酯、金属皂或脲化合物作为增稠剂。该润滑脂即使食用也无害，润滑性能较好，同时，不仅环境负荷小，而且抗氧化性能较好。

② 电机与发电机的应用。电动汽车（EV）、混合动力汽车（HEV）中所使用的驱动电动机的支承轴承，因为要在从寒冷地域的低温气氛到因电动机、变速机或者减速机引起的高温气氛下的各种环境中使用，所以要求能够在广泛的温度范围内使用。此外，伴随着电动机的高输出而推进了高速旋转化，为了提高旋转性能，对所使用的轴承要求高速旋转下的耐久性。另外，从高温下的使用环境来看，对于所使用的润滑脂要求有长的咬死寿命。对于以矿物油为基油的润滑脂、以锂皂为增稠剂的润滑脂，由于基油的耐热性和增稠剂的耐热性差，因而不能满足高温环境下的咬死寿命。作为高温下的咬死寿命的改善，例如在专利申请（JP1－259097）中，提出了以烷基二苯基醚油为必需成分，并使用特定增稠剂的润滑脂。但是，由于该润滑脂中基油的运动黏度高，不能满足低温流动性。作为为了满足低温流动性而进行的润滑脂改善，常用的手段是通过降低所使用的基油的运动黏度来应对。例如在专利申请（JP2000－198993A）中，提出了使用含有40℃时的运动黏度为$10mm^2/s$以上的酯油的基油的润滑脂。可是，如果降低基油的运动黏度，虽然满足低温流动性，但高温下基油的耐热性变差，不再

能满足咬死寿命。

基于此，MIZUKI HIRONORI 等人提出了一种润滑脂组合物（JP2013116991A），是封入到 EV、HEV 驱动电动机轴承中的润滑脂组合物，含有增稠剂和基油，增稠剂是由图 6－5－17 所表示的双脲化合物，基油含有相对于基油的总质量为重量分数 80% 以上的三羟甲基丙烷酯油，且 40℃ 时的运动黏度为 15～50mm²/s；

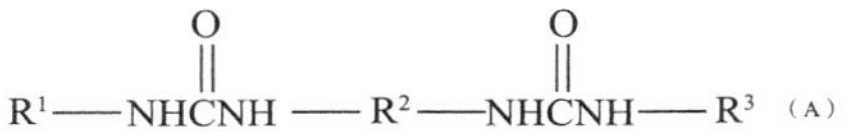

$$R^1 \!-\!NHCNH \!-\! R^2 \!-\! NHCNH \!-\! R^3 \quad (A)$$

图 6－5－17　JP2013116991A 中的化学结构图

式中，R^2 表示碳原子数 6～15 的 2 价芳香族烃基；R^1 和 R^3 为相同或不同的基团，表示碳原子数 16～20 的直链或支链烷基或环己基，碳原子数 16～20 的直链或支链烷基的摩尔数相对于碳原子数 16～20 的直链或支链烷基与环己基的总摩尔数的比例 ｛[（烷基数）／（环己基数 + 烷基数）] ×100｝ 为 60%～80%。此外，MORI K[1] 等人提出了可以将壳多糖和壳聚糖作为增稠剂，其能够具有较好的润滑性、耐热性以及生物降解性。

为了改善适用于 d_mN 超过 100 万用途的滚动轴承的运行性能，NAKAGAWA KAZUNORI 等人研发出了一种滚动轴承用润滑脂组合物（CN103140578A），所述润滑脂组合物至少含有三羟甲基丙烷脂肪酸酯油或季戊四醇脂肪酸酯，或者为与其他的润滑油的混合油，并且，在 40℃ 时的运动黏度为 19～35mm²/s、以 150℃ 保温 250 小时后的蒸发量为重量分数 10%～15% 的基油中，含有双脲化合物作为增稠剂。

③ 车辆轴承的润滑脂。作为汽车和铁路车辆等的车辆用轴承，INAMI NORIYUKI 等人在总结了以往技术成果的同时，研究了一种提供低转矩性、耐磨损性、低温时的耐微振磨损性、耐水性、低摩擦性能，以及被填入轴承时的低泄漏性较好，能够长时间维持良好的润滑状态的润滑脂组合物（CN103097504A）。该润滑脂组合物所用基油在 40℃ 时的压力黏度系数为 33GPa⁻¹ 以下，其增稠剂的投影面积率为 10% 以上。

此外，近些年，以装置和设备的小型轻量化、高速化和节能化等为目的，还要求低扭矩化。特别是在车辆用滚动轴承的情况下，还要求低温下的启动性。为了实现低扭矩化，考虑过充入以胶凝剂对基础油进行了增稠的润滑剂组合物（例如，JPS58－219297A、WO2006051671A、JP201126432A、JP2005139398A、JP2010209129A、JP2010196727A）。例如，为实现工作锥入度 No. 3 的硬度，普通增稠剂必须使用大约重量分数 10%～30%，但如果使用增稠效果较好的氨基酸类胶凝剂或山梨糖醇类胶凝剂，重量分数 4%～5% 的使用量即可实现。润滑剂组合物中，由于增稠剂的量越多搅拌阻力越高，会产生高扭矩，所以通过使用胶凝剂减少普通增稠剂的使用量，以达成低扭矩。日本精工株式会社记载了通过并用氨基酸类胶凝剂和苄叉山梨醇类胶凝剂，能够进一步减少使用量，用重量分数 3% 即可实现工作锥入度 No. 3 的硬度。

_____

[1] 参见 JP2013116991A。

然而，润滑剂组合物中通常会添加各种添加剂，但添加剂会使得利用胶凝剂的网状结构（交联网状结构）的再形成花费较多时间，会出现黏性不能尽早恢复、容易泄漏、不能长期维持稳定润滑的情况。另外，在现有的使用了胶凝剂的润滑剂组合物中，尽管在约为100℃的环境下能显示出良好的复原性，但是在达到150℃以上的高温后，会发生胶凝剂的凝聚而变得容易软化。软化了的润滑剂组合物尽管在施加了剪切力后会如油状般流动，但因胶凝剂的凝聚而难以再度形成网状结构，其剪切力消失后迅速恢复到胶体状态的作用（恢复性）下降。况且，在反复承载急剧剪切力变化的情况下，复原也会花费较多时间，还会引起润滑剂泄漏。

为此，SONODA KENTARO等人研究了一种含有胶凝剂、工作锥入度与非工作锥入度之差为40~130的润滑剂组合物（CN103025854A），其剪切速率为1000/s时的表观黏度在5Pa·s以下，剪切速率为1/s时的表观粘度在500Pa·s以上。该胶凝剂是氨基酸类胶凝剂和/或苄叉山梨醇类胶凝剂。该润滑剂组合物锥入度的变化大且提高了流动性，并且因含有胶凝剂而成为低扭矩，同时恢复性较好，因而泄漏少。因此，填充了这种润滑剂组合物的滚动轴承的扭矩低、润滑剂泄漏少、寿命长。

为了改善铁路轨道轴承在低温环境下的性能，MATSUMOTO KANEAKI等人提出了一种解决方案（JP2011094023A），即在如图6-5-17所示的铁路轨道轴承中，其润滑脂组合物将含有矿物油和合成油的混合油作为基油，其中，该合成油含有聚乙烯-α-石蜡油和酯油。

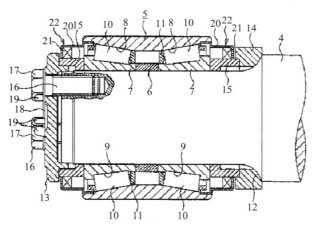

图6-5-18　JP2011094023A的技术方案示意图

④ 纳米技术的应用。润滑脂基础成分的研究已经趋于成熟，为了进一步提高其性能，日本精工株式会社越来越多的关注于通过在润滑脂组合物中引入纳米技术来寻找发展突破口。

为了提高耐热抗磨损性能，HOKAO M等人提供了一种润滑脂组合物（JP2010065171A），该润滑脂组合物含有3~100nm主要直径的无机微颗粒，优选表面经过有机硅化合物处理的硅颗粒，其含量为重量分数0.001%~5%。此外HOKAO M还发现（JP2009191173A），加入不超过100nm主要颗粒大小的碳酸钙也是有效的。其中，基油含有全氟聚醚油，增稠剂包括氟树脂。而后，MARUYAMA T 发现（JP2012131944A），将平均直径为 1 ~ 20nm 的硫化铁微粒添加到润滑脂组合物中，能够有效降低磨损，而且不必使用陶瓷滚球。MARUYAMA T 还发现（JP2013075936A），在润滑脂中添加重量分数 0.01% ~ 10% 的表面活性剂和具有 20 ~ 100nm 平均直径的超细金属颗粒以及重量分数 0.5% ~ 10% 的硬脂酸镁，也能够减少磨损。

需要注意的是，上述专利和/或专利申请中，重要的技术都会以中国为目标国，可见，日本精工株式会社对中国经济的发展潜力持积极态度，而且特别是近些年，中国对高铁和新能源汽车的战略推进，日本精工株式会社也非常重视中国这一庞大的轴承市场，希望借此机会分得一杯羹。

综上所述，日本精工株式会社很早就开始了润滑脂成分的相关研究，而且在研究初期就基本上在日本国内编织了以基础化学组分为核心的技术网络，而后在此基础上不断完善，在 2000 年前后研发了相关核心产品，并通过在世界范围内进行专利布局，加强其核心产品的知识产权保护。也许由于金融危机的影响，抑或因为研究出现瓶颈，在 2010 年之前并未有任何其他突破。但即使如此，日本精工株式会社并未放慢研发的脚步，专利申请量仍然不断增加，通过大量试探性的研究，最终确定了诸如纳米技术、生物技术的研究路线，诸如 100% 从食物中提取的并正式注册为 NSF category H3 的润滑脂。

值得考虑的是，由于日本精工株式会社在技术发展的前中期将大部分的重心放在国内，大量基础性的润滑脂组合物的研究都未在世界范围内特别是在中国进行专利保护，中国轴承企业可以通过对其前中期的专利申请进行分析，有效获取自身有益但不涉及知识产权问题的润滑脂技术，这种借鉴有益于中国轴承企业的快速发展。

6.5.1.2　润滑脂的供给技术

20 世纪 70 年代，车床轴承的润滑方式主要使用脂润滑。从 20 世纪 80 年代开始，广泛采用微量的油—汽和油—雾润滑技术。对于使用高压液的主轴，油—气和油—雾润滑能够有效防止切削液进入主轴。尽管微量油润滑技术已得到普及，但从维护、设备简化和环保考虑，应该推广脂润滑。

日本精工株式会社在 20 世纪 70 年代末开始研究润滑供给技术，截至 2013 年，提交的专利申请数量达到 117 项，其中 85% 在 2000 年后提交，而 2000 ~ 2003 年为研发重要期，提交的申请占总申请的 70%，也是在该时期，取得了技术的突破（参见图 6 – 5 – 19）。

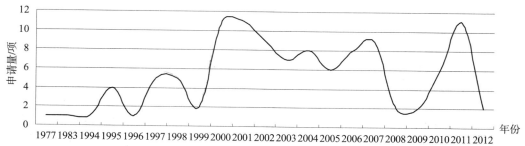

图 6 – 5 – 19　日本精工株式会社滚动轴承润滑脂供给技术全球专利申请态势

现结合一些主要的专利申请，对日本精工株式会社涉及润滑供给的专利申请进行分析，梳理其发展概况。

（1）发展初期（1950～2000年）

20世纪50年代，公开了一种在内圈滚道的润滑方法；20世纪90年代公开了在内圈设置润滑脂积存处，通过离心力连续补给的技术；还公开了利用空气有效利用封入轴承空间内的润滑脂技术。

用于工作机械主轴的润滑脂润滑的滚动轴承一般仅用初期封入的润滑脂润滑以不发热。在封入润滑脂的初期阶段，当不作润滑脂的适应性运转就高速旋转时，会由润滑脂的咬入和搅拌阻力引起异常发热，所以要花数小时进行适应性运转，使润滑脂成为最佳状态。目前，支承主轴的轴承在 $d_m N$ 为100万以上的环境中使用不稀奇。

但与油—气和油—雾等油润滑相比，润滑脂润滑的滚动轴承有高速旋转寿命短的倾向。润滑脂润滑时在轴承旋转疲劳寿命前就会因为润滑脂劣化使轴承烧结。转速特别高时则润滑脂短时间内就劣化，烧结在早期就发生。

（2）发展关键期（2000～2010年）

自2000年之后，润滑技术得到了高速发展，出现了专用润滑脂的补给装置，有效地解决了前期润滑脂寿命短及轴承高速旋转时润滑脂劣化导致的轴承烧结问题。例如专利申请JP2003065494A，公开日为2003年3月5日，其具体涉及一种油脂输送装置，参见图6-5-20和图6-5-21，该油脂输送管3与球体13相连接，在球体上方配置了传感器14，该传感器可以监测油脂的供给，当出现异常状况时，可又快又准地反应。

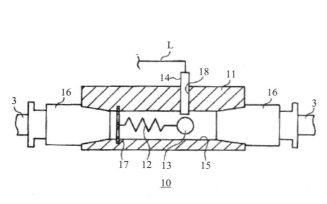

图6-5-20　JP2003065494A的
技术方案示意图（一）

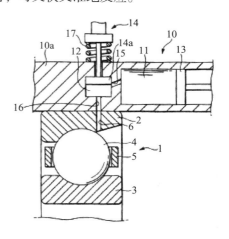

图6-5-21　JP2003065494A的
技术方案示意图（二）

再如，日本精工株式会社申请了一种油脂补充装置（JP2003083498A、DE10241967A、US2003133635A、CN1405483A），通过按压元件向滚动轴承补充油脂。根据这种油脂补充装置，起初封在滚动轴承内部的油脂可以及时和精确地补充预定量的油脂，使其能够在相对较长的时间段内保持轴承充分润滑，并因此防止迅速产生热量和防止润滑不足而导致轴承咬合，因此能够延长轴承寿命。润滑脂的初期封入量以轴承空气容积的 8% ~ 15% 为标准。

日本精工株式会社于 2002 年 08 月 01 日提出了另一件有关润滑脂供给装置的专利申请（JP2003113846A、CN1400406A、US2003113048A1、US2005129342A1、US2007266821A1），具体参见图 6 - 5 - 22，其中孔 15、孔 25 即润滑脂补给装置，通过该孔向滚动轴承内补给追加润滑脂的一次补给量为轴承空间容积的 0.1% ~ 4%，该补给孔可设置在径向或轴向上。

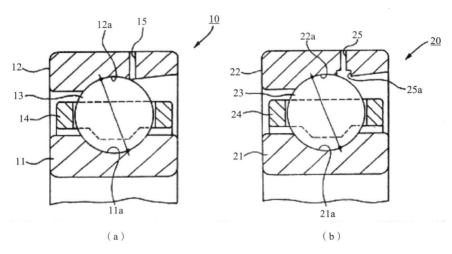

（a）　　　　　　　　　　　　（b）

图 6 - 5 - 22　JP2003083498A 的技术方案示意图

通过以上几件主要专利申请可以看出，润滑脂供给装置结构越来越简化。

20 世纪初提出了设置润滑脂补给装置进行定量补给技术，该技术的出现，在润滑供给技术的发展之路上是一重要里程碑。在该技术发明之前，机床主轴通常采用油 - 雾和油 - 气润滑技术来确保其可靠性。然而，这些技术存在的缺陷有悬浮在操作者周围的油颗粒、需要不间断地压缩气体以及产生的噪声污染。一些机床是通过罩住主轴的办法来解决这些问题的。

近年来，机床行业一直特别关注环保，尤其是节约能源、环境保护和污染控制，创建健康、安全的工作环境。出于环保性的考虑，现尽可能采用脂润滑。过去 $d_m N > 1.3 \times 10^6 mm \cdot r/min$ 时，一般采用溅油、喷射、油雾、油气等油润滑方式，日本精工株式会社研发出了 Spin - shot TM Ⅱ，采用了一种高效自动润滑补给技术，能够消除悬浮在空气中的油颗粒，只需要少量的压缩空气，因此现在 $d_m N < 1.7 \times 10^7 mm \cdot r/min$ 以下时，都已开始采用脂润滑，不仅能够有效消除空气中的油气污染，而且所需压缩空气很少，能安静运行，使工作环境更为安静。

随后几年内，围绕该技术，日本精工株式会社做了大量的研发与改进，因此这段时间提出的专利申请也相当多，占申请总量的 60%。日本精工株式会社在该时期推出的核心产品 ROBUST 系列轴承也获得了很好的市场，给日本精工株式会社带来了巨大的经济效益。

（3）发展稳定期（2010 年至今）

经历了 2000 年后有关脂润滑供给装置的发展，滚动轴承的脂润滑技术也相对进入了发展稳定期，之后涉及的一些专利申请大多也围绕润滑油脂补给装置的具体结构进行的细微改进，如专利申请 JP2011099501，公开日 2011 年 5 月 19 日（参见图 6 – 5 – 23）涉及一种油嘴，专利申请 JP2013210002，公开日 2013 年 10 月 10 日（参见图 6 – 5 – 24）涉及另一种喷嘴，由于单设了喷嘴结构使得通过喷射润滑方式导入润滑剂变得更容易。

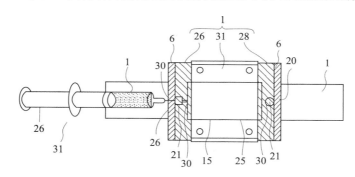

图 6 – 5 – 23　JP2011099501 的技术方案示意图

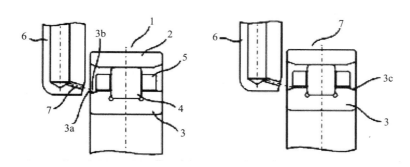

图 6 – 5 – 24　JP2013210002 的技术方案示意图

6.5.1.3　润滑脂的保持和释放技术

轴承润滑的目的是在构成轴承的滚道轮、滚动体及保持架接触的部分形成一层油膜，以防止各金属面直接接触，具有减少摩擦及磨损、延长疲劳寿命、防止异物侵入、防止生锈与腐蚀的作用。

轴承的润滑分为油润滑、脂润滑和固体润滑，滚动轴承常用脂润滑。由于脂润滑不需要特殊的供油系统，具有密封装置简易、维修费用低以及润滑脂成本较低等优点，在低速、中速、中温运转的轴承中使用较为普遍。特别是随着近年来抗磨添加剂的问世及不断发展，提高了润滑脂的润滑性能，使脂润滑得到了更广泛的应用。

最常用的润滑脂有钙基润滑脂、锂基润滑脂、铝基润滑脂和二硫化钼润滑脂等。不同的润滑脂在物理机械性能及适应温度等方面存在较大的差异。

在实际生产中进行润滑脂的选择时，主要从工作温度、轴承负荷和转速三个方面进行考虑。通常情况下，轴承的负荷越大，润滑脂的黏度应越高，以保证在负荷作用下在接触面间有效地形成润滑油膜。随着轴承负荷的递减，选用润滑脂的黏度也应随之降低。

有关润滑脂保持和释放技术的专利申请大多都是日本精工株式会社在日本进行的申请和布局（参见图6-5-25），下面简单介绍一些较为重要的专利申请。

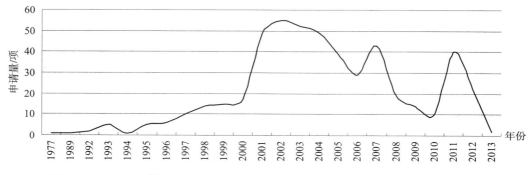

图6-5-25　日本精工株式会社滚动轴承润滑脂保持和释放技术全球专利申请态势

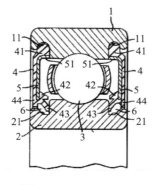

图6-5-26　US3642335A的技术方案示意图

1969年，日本精工株式会社提出了首件有关轴承密封件的专利申请（US3642335A），其在内外圈之间插入一个密封板，形成一种适用于轴承低扭矩高速旋转的密封部分（参见图6-5-26）。

1974年，BENDIX在法国、美国、英国、德国和日本同时提交了专利申请（FR2286338B1、US3951476A、GB1492317A、DE2541473C、JPS5160861A），通过设置动态轴承润滑剂储存器，用于当轴承处于动态时，允许润滑剂连续地、离心地积极供给轴承，可以延长轴承的寿命，而不影响其扭矩（参见图6-5-27）。

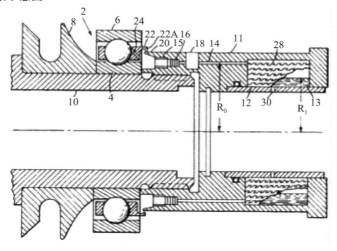

图6-5-27　FR2286338B1的技术方案示意图

1978 年，斯凯孚集团对高速轴承的结构和材料进行了改进，并在加拿大、美国等地进行了专利申请（CA1127218A），该高速轴承组件包括至少在固定套圈一侧由多孔材料制成的环形结构，与润滑剂源的端部相邻，以便润滑剂可以延伸至旋转环的运动表面（参见图 6-5-28）。

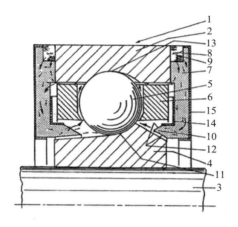

图 6-5-28　CA1127218A 的技术方案示意图

1982 年日本精工株式会社提交了一种轴承装置（JP58160627A），其通过在密封件 3 的外圈 1 的两个端面上设置油脂槽 6，以及在密封件的内表面 4 和内圈 2 的外表面之间的间隙，可以使得轴承转动时将空气带入轴承内部（参见图 6-5-29）。

1996 年，日本精工株式会社对轴承保持架进行了专利保护（GB2306582B），滚动轴承保持架设有多个袋装部（参见图 6-5-30）。

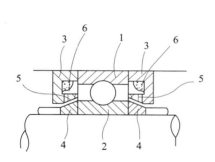
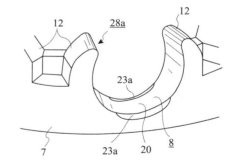

图 6-5-29　JP58160627A 的技术方案示意图　　**图 6-5-30　GB2306582B 的技术方案示意图**

1997 年，日本精工株式会社又对轴承的保持架做了改进（US6074099A），轴承保持架具有袋装部 7，其内表面由一个球面部分 15 和在球面部分 15 相对边缘两侧的一对圆柱表面部分 16。球面部分 15 具有一个曲率半径略大于袋装部 7 与滚珠滚动接触表面的曲率半径，其中与滚珠的滚动表面滑动接触的球形表面部分 15 的面积被降低到平滑提供袋装部 7 的润滑剂，以减少摩擦声音（参见图 6-5-31）。

2000 年，日本精工株式会社在美国和日本同时进行了专利申请（US2002076125A，

JP200295277），其在轴承的润滑脂中使用了添加剂，轴承填充了润滑脂，其中润滑脂含有小于重量分数20%的添加剂，包括重量分数0.1%～10%的导电粒子如碳。

2000 年，日本精工株式会社提供了一种润滑脂，其增稠剂含有特定的线性结构和氟树脂颗粒的全氟聚醚油，以提高低速扭矩性能和高温耐久性（JP5042401B）（参见图6－5－32）。

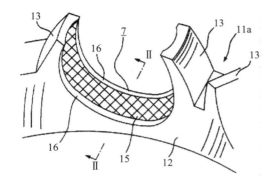 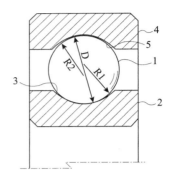

图6－5－31　US6074099A 的技术方案示意图　图6－5－32　JP5042401B 的技术方案示意图

2000 年，日本精工株式会社对润滑脂的成分进行了再研发（US20022076125A），密封在滚动轴承中的润滑脂混合物包含重量分数 0.1%～10% 的导电性物质（参见图6－5－33）。并且在 2002 年，日本精工株式会社又提出了对其进一步改进的专利申请（US2005261141A）。

2001 年，日本光洋精工株式会社又对制造保持架的树脂材料做了进一步改进（US2003063825），每个树脂保持架 4 是热塑性树脂，其由具有透气性、适量的增强纤维和润滑材料的混合制成。至少在滚动面和/或组成部件（内圈和外圈、滚动元件和保持架的滑动面）沉积有具有官能团的含氟聚合物的润滑膜10。润滑膜可以减少轴承早期磨损（参见图6－5－34）。

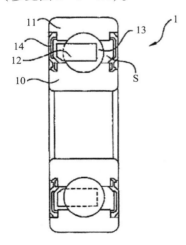 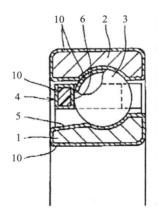

图6－5－33　US20022076125A
的技术方案示意图

图6－5－34　US2003063825
的技术方案示意图

2002 年，日本精工株式会社又对润滑脂的材料做了改进（CN1330740C），润滑脂组合物，含有润滑油基础油、如图 6-5-35 所示通式（a）~（b）双脲化合物中的至少 1 种、环烷酸盐和琥珀酸或其衍生物。

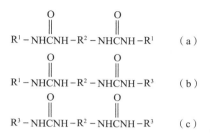

$$R^1-NHCNH-R^2-NHCNH-R^1 \quad （a）$$
$$R^1-NHCNH-R^2-NHCNH-R^3 \quad （b）$$
$$R^3-NHCNH-R^2-NHCNH-R^3 \quad （c）$$

图 6-5-35　CN1330740C 中的化学结构图

2003 年日本精工株式会社再次改变了润滑脂的成分（JP4461720B），润滑脂组合物包含重量分数 0.01% ~ 30% 的由有机聚硅氧烷化合物组成的硅油作为基础油，其可以有效改善耐烧结性能及耐磨性能（参见图 6-5-36）。

2004 年，日本精工株式会社对轴承的构件结构的材质做了进一步改进（CN100532613C），通过强化滚动表面的方法来延长滚动轴承的寿命。其中外环、内环或滚动体的至少一种构件中，C 的含量不小于重量分数 0.2%，不超过重量分数 0.6%；Cr 的含量不小于重量分数 2.5%，不超过重量分数 7.0%；Mn 的含量不小于重量分数 0.5%，不超过重量分数 2.0%；Si 的含量不小于重量分数 0.1%，不超过重量分数 1.5%；Mo 的含量不小于重量分数 0.5%，不超过重量分数 3.0%；对该构件进行渗碳处理或碳氮共渗处理、淬火处理和回火处理；该构件表面上残余奥氏体的量按体积比计不小于 15%，不超过 45%；和表面硬度不小于 HRC60。

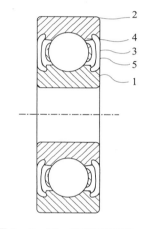

图 6-5-36　JP4461720B 的技术方案示意图

2004 年，日本精工株式会社提出了一种轴承装置（JP4189677B），该轴承装置设有以润滑剂供给路径，从角接触球轴承 32 的外部向内部供应润滑脂，作为旋转体的释放件 33 和 38 靠近角接触球轴承 32 的内外圈设置，通过稳定的供应润滑脂，易于维修和维护优质良好的润滑状态，提高轴承的使用寿命（参见图 6-5-37）。

2007 年，日本精工株式会社再次对润滑脂组合物的成分进行了研发（JP2009108263A）。该油脂组合物包含重量分数 0.1% ~ 10% 的含有至少一种脂肪醇聚氧乙烯醚磷酸脂和鞠养苯基醚磷酸盐或脂肪酸胺盐（参见图 6-5-38）。

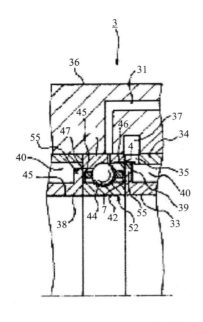

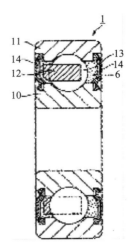

图 6 – 5 – 37　JP4189677B 的
技术方案示意图

图 6 – 5 – 38　JP2009108263A 的
技术方案示意图

6.5.2　主要功效分析

　　根据对脂润滑技术的相关理解，将可能涉及的技术功效进行分类，技术功效分类如表 6 – 5 – 3 所示。

表 6 – 5 – 3　脂润滑技术功效表

防止噪声或振动	检测旋转速度	对齐	防止燃烧
防止裂纹	检测振动	便于制造	防止热应力
防止分离	检测滚道环位移	便于安装与拆卸	防止蠕变或微振磨损
改进耐热性	具有电路检测非正常	便于维修或检查	减少扭矩或稳定扭矩
改进耐腐蚀性	改进寿命	减少重量	减少扭矩或稳定扭矩
防止电侵蚀	改进润滑性能	减少尺寸	高强度
防止油泄漏	检测温度	结构简单	非正常检测

　　将日本精工株式会社滚动轴承脂润滑的专利申请进行归类，如表 6 – 5 – 4 所示。

表 6 –5 –4　日本精工株式会社滚动轴承脂润滑技术功效的专利申请量分布　单位：项

功效	申请量	功效	申请量	功效	申请量
防止噪声或振动	145	检测温度	4	防止蠕变或微振磨损	99
防止裂纹	8	检测旋转速度	9	减少扭矩或稳定扭矩	242
防止分离	8	检测振动	4	对齐	1
改进耐热性	86	检测滚道环位移	2	便于制造	81
改进耐腐蚀性	57	具有电路检测非正常	4	便于安装与拆卸	33
防止电侵蚀	61	改进寿命	248	便于维修或检查	30
防止油泄漏	75	改进润滑性能	579	减少重量	10
高强度	23	防止燃烧	91	减少尺寸	28
非正常检测	3	防止热应力	4	简约	18

将命中数量在 50 项以上的技术功效点列为主要的技术功效，如表 6 –5 –5 所示。

表 6 –5 –5　日本精工株式会社滚动轴承脂润滑技术主要技术功效表

功效	申请量/项
防止噪声或振动	145
改进耐热性	86
改进耐腐蚀性	57
防止电侵蚀	61
防止油泄漏	75
高强度	23
改进寿命	248
改进润滑性能	579
防止燃烧	91
防止蠕变或微振磨损	99
减少扭矩或稳定扭矩	242
便于制造	81

由表 6 –5 –5 可知，日本精工株式会社在对滚动轴承脂润滑技术进行改进时，除了改进润滑性能（579 项）之外，主要侧重于防止噪声振动（145 项）、改进寿命（248 项）、减少扭矩或稳定扭矩（242 项），此外，改进耐热性（86 项）、防止燃烧（91 项）、防止蠕变或微振磨损（99 项）以及便于制造（81 项）等都是研究的重点。

6.6　主要产品专利分析

日本精工株式会社宣布已开发 100% 从食物中提取的润滑脂。该润滑脂正式注册为 NSF❶category H3 润滑脂。❷

注入该润滑脂的不锈钢滚动轴承已列入日本精工株式会社的 SPACEA™ 系列。2013 年 7 月 10 日～2013 年 7 月 12 日，该轴承样品于东京国际会展中心举行的"第 26 回 INTERPHEX JAPAN"医药及化妆品的展览会上首次亮相。

与食品、医药品、化妆品等接触的机器、生产设备及医疗用具对安全性有着严格的要求。虽然 NSF category H1 润滑剂在这些领域已经得到了广泛使用，但市场对能够满足更高安全性 NSF category H3 润滑脂的需求日益增加。

NSF category H1 及其他使用菜籽油或植物油的润滑剂中由于含有很多非食品添加剂，抗氧化性能较差，同时也不具有很好的稳定性和耐久性。在这样的背景下，日本精工株式会社开发出具有安全性的润滑脂，并已经正式注册为 NSF category H3。

通过对日本精工株式会社的专利分析，得到上述润滑脂的对应专利申请 CN102959063A。现对该专利申请进行分析如下。

（1）专利著录项目信息及其同族概览

本专利申请的申请人为日本精工株式会社，并未有合作申请人，可以认为该项技术为日本精工株式会社独立研发。

本专利申请以 PCT 国际专利申请的形式进入中国。国际专利申请号为 WO2012JP51322，申请日为 2012 年 1 月 23 日，国际专利申请公开号为 WO2012172824A1，公开日为 2012 年 12 月 20 日。截至 2014 年 5 月底，除了将中国作为国家阶段目标国之外，还选取了美国和欧洲为目标地。其中，美国专利申请公开号为 US2013116158A1，公开日期为 2013 年 5 月 9 日，欧洲专利申请公开号为 EP2722384A1，公开日为 2014 年 4 月 23 日。可以注意到，上述目标地并非穷举，由于 PCT 申请的宽限期较长加之数据加工的延后性，日本精工株式会社可根据其知识产权策略选择更多的国家或地区作为目标地。

此外，本专利申请引用了 3 项优先权文件，JP20110133118，优先权日为 2011 年 6 月 15 日；JP20110262944，优先权日为 2011 年 11 月 30 日；JP20110262945，优先权日为 2011 年 11 月 30 日。这 3 项优先权的专利申请在日本国内分别被公开，公开号和公开日分别是 JP2012126880A，2012 年 7 月 5 日；JP2013136715A，2013 年 7 月 11 日；JP2013136716A，2013 年 7 月 11 日。

另外，由于 JP2012126880A 又要求了一件优先权文件 JP20100261412，优先权日为 2010 年 11 月 24 日，基于此优先权文件的公开文件为 JP2011140631A，公开日为 2011 年 7 月 21 日。

---

❶　National Sanitation Foundation（NSF）是美国公共卫生领域获得国际认可的非营利性第三方认证机构。

❷　* category H3：可以直接与食品接触的润滑脂。主要用于肉食工厂的食品推车或肉钩的防锈等，具有胜过 category H1 的最高级别的安全性。category H1 是可能偶尔与食品接触的部位使用的润滑脂。

通过上述分析可知，该件 PCT 专利文献对于日本精工株式会社而言较为重要，经过 4 篇优先权文件的技术研究综合而成。并且现阶段将欧美和中国等地都纳入了知识产权保护的目标。

（2）背景技术概述

日本精工株式会社认为，一直以来，在各种机械装置的滑动部分、旋转或滚动部分，使用润滑油或润滑脂等润滑剂组合物，例如专利申请 JP4730714B，专利申请 JP20040510020A 以及专利申请 JP2007064456A。

但是，之前的已知润滑剂组合物几乎都是不能食用的。例如，日产自动车株式会社的 YUTAKA MABUCHI 等人研发了一种油脂混合物（CN102099449A），该油脂组合物包含基油；金属皂增稠剂，其选自 12 - 羟基硬脂酸锂、硬脂酸锂、硬脂酸钙、硬脂酸镁和硬脂酸铝；和由单晶金刚石形成并且初级粒子的平均粒径为 5nm 或者更小的纳米粒子，还包含脂肪酸酯。基油含有选自酯油、醚油和聚烯烃油中的至少一种。这种油脂混合物适用于一般工业机械、车辆和电气器材的滑动部件（例如马达的滑动轴承或者滚动轴承）和其他易摩擦机械部件的润滑，能够在从低温至高温的宽温度范围内显示低摩擦系数的油脂组合物。

又如，美国洛德公司的 ANDREWKINTZ K 等人研发了一种磁流变润滑脂组合物（CN1459115A），其包括磁响应粒子、载流体、至少一种增稠剂，其中增稠剂的总量相对于磁流变润滑脂组合物的总体积为 30% ~ 90%。该润滑脂组合物具有增加的抗沉降、耐磨损、耐腐蚀和抗氧化性能。

再例如，日本恩梯恩株式会社的 KAWAMURA TAKAYUKI 研发了一种润滑脂组合物（JP2007064456A），其添加有铋基团或镁基团添加剂，能够有效防止因氢脆性导致的剥落发生。

例如，DENPO KOUTETSU 等人提供了一种具有良好生物降解性的润滑脂（JP2002323053A）。新日本石油株式会社和名古屋工业大学联合研发了一种用于滚动轴承表面的润滑脂（JP2008248990A），该滚动轴承填充有体积分数 0.005% ~ 1.0% 的润滑脂，该润滑脂添加具有生物降解性的天然油脂。月岛食品工业株式会社的 OGAWARA SHOJI 等人研发出了一种润滑脂组合物（JPH0472392A），将蔬菜油作为基础，添加有选自蔗糖脂肪酸酯等的可生物降解的化合物。该润滑脂具有较好的流动性和抗氧化性。

日本精工株式会社所生产的 NSFcategory H3 润滑脂的目的在于提供一种润滑剂组合物，即使食用也无害，润滑性能较好，同时，不仅环境负荷小，而且抗氧化性能较好。

（3）核心技术方案（法律状态待定）

日本精工株式会社所要求保护的技术方案（权利要求书）主要包括：

1. 一种润滑剂组合物，其特征在于，含有饱和脂肪酸甘油三酸酯和抗氧化剂。

2. 如权利要求 1 所述的润滑剂组合物，其特征在于，所述抗氧化剂为选自酚类、多酚类、类黄酮类、类胡萝卜素类、维生素类、伪维生素类和有机酸中的至少一种。

3. 如权利要求 1 或 2 所述的润滑剂组合物，其特征在于，含有辅酶 Q。

4. 如权利要求 1~3 中任一项所述的润滑剂组合物，其特征在于，含有脂肪酸酯、金属皂或脲化合物作为增稠剂。

5. 一种润滑剂组合物，其特征在于，含有饱和脂肪酸甘油三酯作为基油，硬脂酸镁或硬脂酸钙作为增稠剂。

6. 一种转动装置，其特征在于，具备：

外表面具有滚道的内侧部件；

具有与该内侧部件的滚道对向的滚道面，并配置在所述内侧部件外侧的外侧部件；

配置在两个所述滚道之间，能够自由滚动的多个滚动体；和进行所述两个滚道和所述滚动体之间的润滑的润滑剂，所述润滑剂为权利要求 1~5 中任一项所述的润滑剂组合物。

日本精工株式会社举出了若干种实现上述技术方案的实施例。其中一种润滑脂配制方法为，以 40℃ 下的动态黏度为 12.8mPa·s 的中链脂肪酸甘油三酯（MCT）为基油，以铝复合皂为增稠剂，再向其中添加抗氧化剂和辅酶 Q10 各重量分数 2.5% 而得的润滑脂。添加的抗氧化剂为 dl-α-生育酚。

此外，将 40℃ 下的动态黏度为 14.8mm^2/s 的饱和中链脂肪酸甘油三酯（日油株式会社制造的 PANASATE 875）85g 与硬脂酸镁 15g 混合，一边搅拌一边升温，直到将硬脂酸镁溶解的温度。待硬脂酸镁完全溶解后，将其流入预先被冷却的铝制桶中，利用流水冷却。将成为油脂状的混合物在三辊研磨机中混炼，得到试验润滑脂。

中链甘油三酯（Medium Chain Triglycerides，MCT）。脂肪酸根据碳链长度分为短链、中链和长链，一般把含有 6~12 个碳原子组成碳链的脂肪酸称为中链脂肪酸（medium chain fatty acid，MCFA），它被甘油酯化生成中链脂肪酸甘油三酯（或中链甘油三酯，MCT）。主要的 MCT 是指饱和辛酸甘油三酯或饱和癸酸甘油三酯或饱和辛酸—癸酸混合的甘油三酯。

中链甘油三酯仅由饱和脂肪酸构成，凝固点低，室温下为液体，黏度小。与大豆油比较，完全是无臭、无色的透明液体。与普通的油脂和氢化油脂相比，中链甘油三酯不饱和脂肪酸的含量极低，氧化稳定性非常好，其碘值不超过 0.5。MCT 在高温和低温下特别稳定。

在食品添加剂工业中，中链甘油三酯可以作为食用香精和色素的溶剂和载体；在焙烤食品加工中，中链甘油三酯常和便宜的植物油搭配在一起，用作防黏剂，防止烘焙食品粘在锅上或模子上；纯的中链甘油三酯或同植物油的混合油也常用作香肠压模的润滑剂和脱模剂；中链甘油三酯还能用于处理各种脂溶性维生素、颜料和抗氧化剂，当加入少量的中链甘油三酯，高黏度脂肪物质的黏性就会大大减少；在食品加工工业中还用中链甘油三酯来代替易氧化的乳脂，用来制作牛乳甜酒和奶酪仿制品；如果和水溶性胶体结合使用，中链甘油三酯还能作饮料的浑浊剂。另外，中链甘油三酯还能代替矿物油用作食品加工机械的润滑油。

这些实施例所得到的润滑脂在转矩试验中的任一转速下都表现出了较好的低转矩性能，在寿命试验中也表现优良。

(4) 引用申请概述

日本精工株式会社向世界知识产权组织（WIPO）提交了涉及 NSF category H3 润滑脂的国际专利申请，因此世界知识产权组织国际检索组织给出了国际检索报告，其中国际检索报告列出了较为相关的两项专利申请，其中一项为上文提及的 DENPO KOUTETSU 等人申请的日本专利（本节简称"对比文件2"），公开号为 JP2002323053A，公开日为 2002 年 11 月 8 日。而另一项也是日本精工株式会社同一发明人提交的专利申请（本节简称"对比文件1"），公开号为 JP2010241858A，公开日为 2010 年 10 月 28 日。国际检索组织认为，对比文件1（参见对比文件1的权利要求1和2，说明书第0015段和实施例）公开了一种润滑脂组合物，该润滑脂包括 $C_{6~12}$ 饱和脂肪酸甘油三酯，金属皂类，以及诸如脲化合物和酚基抗氧化剂。对比文件2（参见对比文件2的权利要求1，说明书第0009段和第0010段，以及实施例3）公开了一种油菜籽油作为基油，硬脂酸钙作为增稠剂的润滑脂组合物。此外，对比文件1（参见对比文件1的说明书第0032段，实施例以及附图1~6）指出，相对于油菜籽油，中链甘油三酸酯作为基油，能够表现出较为优良的低黏度、低摩擦性能和低转矩性。

而其他同族专利申请，暂还未给出检索审查报告，有待进一步关注。

需要说明的是，由于现阶段该专利申请在各个国家或地区的专利审查程序还未结束，特别是在中国的专利审查结论还未给出的情况下，本课题组不便给出该专利申请走向的倾向性意见。如果该件专利文献不能在中国授权，被专利管理部门驳回或视为撤回，乃至后续法律程序的复审和法院阶段也予以维持驳回，那么该件专利文献在中国就不受中国的专利法的保护，进而中国任何人或企业都可将其视为不涉及侵权的现有技术加以利用。否则，如果该项专利能够获得授权，并且最终走向也是稳定的，那么相关企业在制造相关产品时，需要考虑该件专利的存在，以便调整企业产品发展思路。

值得注意的是，上述两项对比文件并未在中国提交专利申请，也就是说，由于知识产权保护地域性的限制，上述对比文件所记载的技术方案的实施，在中国不受《专利法》的保护，因此，国内企业可以充分吸收对比文件1和2中所涉及的技术为其所用。

6.7 小　　结

作为轴承企业，日本精工株式会社较为重视对润滑技术的研发，并通过专利申请的方式进行专利布局，而且还较为注重与润滑油/脂方面的大型企业进行合作研发，这为日本精工株式会社作为全球领先的轴承制造商奠定了一定的技术基础。相比而言，由于计划经济等多方面的原因，中国轴承企业发展比较单一。那么，通过与技术领先的企业合作，能够弥补轴承行业的某些薄弱技术点，有助于轴承企业对各类轴承的全面技术研发，缩短与跨国企业之间的技术差距。

此外，对日本精工株式会社等跨国轴承企业在中国的专利布局要进行足够的重视，中国轴承企业在研发阶段就要防范规避知识产权风险，避免研发的产品落入跨国轴承企业的专利保护范围之内。此外，中国轴承企业走出去时，也要关注产品出口国的知识产权风险。

随着国家和政府对轴承行业的高度重视和扶持，相信中国轴承行业依靠自身创新，能够打破跨国轴承企业的技术封锁，走出符合中国国情的健康发展道路。

关键技术二

液压阀

目　录

第1章 研究概况

1.1 研究背景

现今，采用液压传动的程度已成为衡量一个国家工业水平的重要标志之一。如发达国家生产的95%的工程机械、90%的数控加工中心、95%以上的自动线都采用了液压传动技术。❶

在液压产品中，液压阀占了三成。液压阀设计复杂，铸造加工精度要求高，是一种用压力油操作的在液压传动中用来控制液体压力、流量和方向的元件，可分为压力控制阀、流量控制阀和方向控制阀。液压阀性能要求高，是工程机械主机配套发展的关键，其应用非常广泛，如一般工业用的塑料加工机械、压力机械、机床等；行走机械中的工程机械、建筑机械、农业机械、汽车等；钢铁工业用的冶金机械、提升装置、轧辊调整装置等；土木水利工程用的防洪闸门及堤坝装置、河床升降装置、桥梁操纵机构等；发电厂涡轮机调速装置、核发电厂等；船舶用的甲板起重机械（绞车）、船头门、舱壁阀、船尾推进器等；特殊技术用的巨型天线控制装置、测量浮标、升降旋转舞台等；军事工业用的火炮操纵装置、船舶减摇装置、飞行器仿真、飞机起落架的收放装置和方向舵控制装置等。

可以说，液压阀的性能决定了机电产品的性能，它不仅能最大限度地满足机电产品实现功能多样化的必要条件，也是完成重大工程项目、重大技术装备的基本保证，更是机电产品和重大工程项目和装备可靠性的保证。在国内工程机械相关领域，有"得铸造者得液压，得液压者得天下"的说法。

经过多年发展，我国液压元件及系统已经形成了相当规模，2010年产值约为351亿人民币，位居全球第二位，❷液压阀产品的功能与规格基本齐全，可满足总体需求，但是，这些产品绝大部分都集中在中低端，产品内在质量不稳定，精度保持性和可靠性低，寿命仅为国外同类产品的1/3～2/3，产品生产过程的精度一致性与国外同类产品水平相比差距明显。目前，液压阀的关键技术和生产工艺基本掌握在德国、日本、韩国等少数国家的厂商手中。由于国内高端液压阀的发展满足不了主机的急切需要，国产高水平液压阀还没成熟到为主机批量配套，基本处于试验、试用阶段，规格少且可靠性在短期内也无法得到充分验证，因此在高压大流量液压阀方面，依赖国外进口

---

❶ 细说液压技术的地位、现状、问题、前景 [EB/OL]. [2012 – 03 – 23]. http：//news. 163. com/12/0323/17/7TA49RD300014AEE. html.

❷ 参见工业和信息化部的《机械基础件、基础制造工艺和基础材料产业"十二五"发展规划》。

成为最主要的选择。而进口液压阀价格昂贵，吃掉了工程机械行业大部分的利润，成为我国工程机械企业发展中的瓶颈。[●] 因此，对于目前我国工程机械液压阀来说，缺少的不是一般零部件，而是核心零部件。

2011年10月，"工程机械高压液压元件与系统产业化及应用协同工作平台筹备机构"成立。工业和信息化部发布的《机械基础件、基础制造工艺和基础材料产业"十二五"发展规划》中，将高压液压件作为重点发展的11类机械基础件之一，并将高压液压阀作为20种标志性机械基础件之一选为开发的重点。

在此背景下，课题组将液压阀作为本报告的一个重要研究目标，旨在从专利角度对液压阀领域的申请进行分析，试图梳理出液压阀的技术发展概况，筛选出重要技术分支和重要申请人，挑选若干失效专利，为液压阀制造企业的发展探索创新之路。

1.2 研究对象和方法

1.2.1 液压阀简介

液压阀最早的原型是阀门，阀门最早出现于水利和治水工程，此时的阀门主要用来截止水流或者改变水流方向。既不追求严格的密封性能和流量调节，也没有压力调节的概念。

后来随着蒸汽技术的出现，为保证锅炉的安全使用，出现了类似安全阀的装置来实现压力保护。从而将压力调节的概念引入到流体技术中。

18世纪70年代，蒸汽机的发明使阀门进入了机械工程领域，在瓦特的蒸汽机上除了使用旋塞阀、安全阀和止回阀外，还使用了蝶阀，可以调节流量。随着蒸汽流量和压力的增大，使用旋塞阀控制蒸汽机的进气和排气已不能满足需要，于是出现了滑阀。滑阀的出现对液压传动技术来说具有重要的意义，基于滑阀可以实现方向控制，也可以实现流量调节。方向控制和流量调节的实现扩大了流体传动技术的应用领域。

19世纪是液压气动技术走向工业应用的世纪。工业革命以来的社会产业需求刺激了液压技术及元件方面的不断进步，此时传统的开关阀发展已相当成熟，各种压力阀、流量阀、方向阀相继出现。

20世纪伴随着制造业、冶金钢铁、石油矿业等领域的发展，将流体传动与控制技术的应用推向了顶峰。

20世纪50年代，线性控制理论的形成对液压控制技术的发展产生了深刻影响。由于航空航天伺服控制系统的实践需要，电液伺服元件及系统相继问世，电液伺服阀是电子和液压两门技术结合，能满足自动控制更高要求。具有控制精度高、响应速度快、体积小，由于需要反馈回路，系统较复杂，元件及整个系统的造价昂贵，且工作条件

[●] 刘小康，李家乐，叶伟标，李勇．我国工程机械液压阀的现状及前景展望［J］．机床与液压，2012，40（20）：144–146，156.

要求严格，这给使用和维护带来很大困难。

20 世纪 60 年代后期，各类民用工程对电液控制技术的需求显得更加迫切和广泛，通常只希望这些液压系统采用较简易的电气装置，来实现对精度和响应速度要求不太高的控制。并且大多数都是不要求反馈的开环控制。另外希望对液压系统污染控制要求不很高，满足工作可靠、使用维修简单的目的。比例控制阀正是根据这种需要产生，它是在通断式控制元件和伺服控制元件的基础上发展起来的一种新型的电 - 液控制元件。

20 世纪 70 年代初，液压逻辑阀（两通插装阀）出现解决了大流量液压系统的应用问题，它不仅能实现常用液压控制阀的各种动作要求，而且和普通的液压阀相比，在控制同等功率的情况下，具有重量轻、体积小、功率损失小、动作速度快和易于集成等突出的优点，特别适用于大流量液压系统的控制和调节。

20 世纪 80 年代的主要进展是比例技术和二通插装技术相结合形成了一系列二通比例压力、流量、方向控制组件，配以各种参数检测反馈和电子或微机控制单元，使液压系统性能大幅度提高，系统大幅度简化，更好地适应了中大功率工程控制的技术要求。形成 20 世纪 80 年代有特色的比例插装技术。

20 世纪 90 年代机电一体化已成为国外工程机械发展的趋势。将液压技术与计算机、自动控制等相互交融，从而提高了液压控制元件的自动化程度，改善作业性能，实现高效节能的目的。电液数字阀也是在这种背景下诞生的，与电液比例阀、电液伺服阀相比，这种阀结构简单、工艺性好、价廉、抗污染能力强、重复性好、工作稳定可靠、功率小。

21 世纪，研究者充分利用其他学科的发展来发展液压技术，像应用计算机仿真与设计、计算机集成制造、计算机智能控制、计算机模糊控制等，实现了液压技术的机电一体化、智能化和网络化。液压阀的发展和液压技术的发展息息相关。❶

1.2.2　液压阀的分类和技术分解流程

液压阀有多种分类方法，一般而言，按照功能可以分为压力阀、流量阀和方向阀；按照结构可以分为滑阀、转阀、座阀和射流管阀；按照操纵方法可以分为手动操纵阀、机械操纵阀、电动操纵阀、液动操纵阀、电液操纵阀和气动操纵阀；按照安装方式可以分为管式阀、板式阀、叠加阀和插装阀；按照控制信号形式可以分为利用开关量控制的普通液压阀、利用模拟量控制的电液伺服阀和电液比例阀、利用数字量控制的电液数字阀。

电液伺服阀是复杂的电液元件，在电液伺服系统中，作为连接电气部分与液压部分的桥梁，是电液伺服控制系统的核心部件。电液伺服系统是液压伺服系统和电子技术相结合的产物，由于它具有更快的响应速度，更高的控制精度，在军事、航空、航天、机床等领域中得到广泛的应用。目前，液压伺服系统特别是电液伺服系统已经成

---

❶ 漫谈液压阀发展简史与趋势 ［EB/OL］．［2014 - 03 - 22］http：//bbs. iyeya. cn/thread - 19825 - 1 - 1. html.

为武器自动化和工业自动化的一个重要方面，应用十分广泛。近年来，工程机械的发展及电液伺服系统应用领域的拓宽，对电液伺服阀提出了更高的技术要求，如高压、大流量、抗干扰、抗油液污染、高频响、使用方便和成本低廉等。

目前，国内在研究、生产和使用电液伺服阀方面虽然已初具规模，型号品种也基本相当于国外大部分产品。然而生产的产品主要用于航空、航天、舰船等军工领域，在民用市场占有率不大。同时，由于各生产单位各自为战、缺少合作、力量分散，很不利于电液伺服阀的进一步发展，也无法形成强大的竞争力与国外产品进行竞争。现国外产品在国内市场占有率最大的为穆格公司，它的产品占据了国内绝大部分的民品市场。❶

电液比例控制技术是一门比较年轻的技术，它的发展和普及应用还不到50年，然而凭借它的优点却形成了流体传动与控制领域的一个重要分支，成为连接现代微电子技术、计算机控制技术和大功率工程控制设备之间的桥梁，在很多工况复杂、参数变化的场合已经取代传统的开关式液压系统，在工业领域获得广泛的应用。如机械加工行业（数控加工中心）、橡塑机械（注塑机）、冶金行业（推上或压下系统）、娱乐业（动态娱乐设备、液压升降舞台）、造船业（合拢设备）、纺织业（织机自动控制）、电力（汽轮机气门调节）、高空作业车（自动调平）等。电液比例控制技术主要优势在于自动化程度高、响应快、优化生产加工工艺、提高效率、力和速度转化过程冲击小、系统稳定性高，正如一些权威人士所指出的那样，代表流体控制技术的发展方向。❷

我国在电液比例控制技术方面，目前已有几十个品种、规格的产品，年生产规模不断扩大，但总的来看，我国电液比例控制技术与国际水平有较大差距，主要表现在：缺乏主导系列产品、现有产品型号规格杂乱、品种规格不全、并缺乏足够的工业性试验研究、性能水平较低、质量不稳定、可靠性较差，以及存在二次配套件的问题等。

在更小的空间实现更多功能组件的设置，以满足应用中的特殊要求，是目前液压产品设计中突出的问题。电液数字阀是用数字信号直接控制液体压力、流量和方向的液压阀。电液数字阀可直接与计算机接口，不需要 D/A 转换器。具有价格低廉、功耗小、阀口对污染不敏感、操作方便、简单灵活等特点，是液压技术与计算机技术、电子技术结合的关键元件，在液压控制技术方面具有广泛的应用前景，是目前流体传动发展的一个重要方向。❸ 目前我国在数字液压阀领域还只是处于起步状态，虽可见到不少的产品和种类，但尚未形成系列化。

基于目前技术现状，工业和信息化部发布的《机械基础件、基础制造工艺和基础材料产业"十二五"发展规划》中指出，需要重点发展的高压液压元件包括高频响电液伺服阀和电液比例阀，并且提出大力发展数字化、集成化的基础件，大力推进数字化控制技术与液压件等机械基础件的相互融合，发展新一代具有智能化和集成化特征

❶ 方群，黄增. 电液伺服阀的发展历史、研究现状及发展趋势［J］. 机床与液压，2007，35（11）：162 - 165.

❷ RUSS Henke. P. E. Fluid power for 90s state of the art trends and developments［C］//Hangzhou，China 2th ICFP. 1989. 235 - 240.

❸ 王东，周棣，首天成. 数字液压阀的发展与研究［J］. 流体传动与控制，2008（2）：18 - 21.

的机械基础件。

　　此外，在前期的调研过程中，课题组与中国液压气动密封件工业协会、全国液压气动标准化技术委员会、广西柳工机械股份有限公司的专家进行了充分讨论，从技术层面上加深了对于液压阀发展的认识。在此基础上，综合考虑专利检索和研究的可操作性、国家"十二五"规划的要求以及当前国内企业的需求，本报告最终从液压阀技术中选择了电液伺服阀、电液比例阀和电液数字阀 3 个技术分支，并对重点研究的技术分支作了进一步细分，从而得到如表 1 - 2 - 1 所示的技术分解表。技术分解遵循了"符合行业标准、习惯"和"便于专利数据检索、标引"二者统一的原则。具体各技术领域的技术分解如表 1 - 2 - 1 所示。

表 1 - 2 - 1　液压阀技术分解表

一级分类	二级分类	三级分类
液压阀	电液伺服阀	材料更替
		结构改进
		工艺改进
	电液比例阀	新材料/工艺
		控制方式
		集成化
		结构改进
	电液数字阀	新材料/工艺
		驱动放大器
		执行机构
		阀体/结构

第2章 电液伺服阀专利申请分析

电液伺服阀在电液伺服系统中起信号转换及功率放大的作用，对系统的工作性能影响很大。在液压控制技术领域，电液伺服阀作为高精度的控制部件，其最早的雏形出现在公元前247年，但是在漫长的历史阶段，液压控制技术一直停滞不前，直到工业革命之后，控制策略的改进才影响到液压技术的发展。在"二战"期间以及战后的二十几年，随着军事、航空、航天技术的发展，电液伺服阀得到突飞猛进的发展。从20世纪60年代开始，为了使得电液伺服阀实现现代工业化，其结构技术的研制仍然在进行，图2-1是电液伺服阀的原理图（穆格，MOOG-D631型）。在我国"十二五"规划中制定的目标是围绕重大装备和高端装备配套需求，重点发展11类机械基础件、6类基础制造工艺和2类基础材料，这其中就包括高频响电液伺服阀和电液比例阀。因此，本章对电液伺服阀的专利进行分析，以期通过分析专利申请和技术发展的趋势，以点带面地得出电液伺服阀的专利申请特点和技术发展方向。

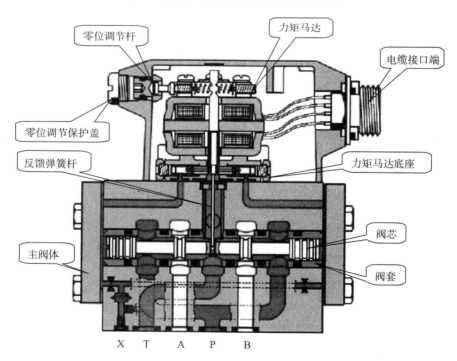

图2-1 电液伺服阀原理图（穆格，MOOG-D631型）

对电液伺服阀的检索的截止日期为2014年3月30日，经过查全率评估和查准率评估之后，共获得有效的全球专利申请 734 项，其中中国专利申请 179 件。

2.1　全球专利申请发展态势

2.1.1　全球专利申请趋势及发展阶段

电液伺服阀的发展具有很长的历史，最早的液压阀是电液伺服阀的雏形，出现在公元前 247～公元 285 年，其原理是通过节流孔将浮标显示的液面高度与容器形成一个闭环反馈系统。从 1750 年至 19 世纪早期，随着工业革命的发展，液压技术得到了发展。"二战"前夕，发明了射流管阀并申请了专利，在"二战"末期，发明了由电磁力和弹簧力的压力共同作用的单级开环电液伺服阀。1946 年，发明了带反馈两级电液伺服阀的专利，并且采用线性度更好、更节能的力矩马达代替螺线管作为滑阀的驱动装置。1950 年，穆格公司发明了采用喷嘴节流孔作前置级的两级电液伺服阀，之后，湿式电磁铁改为干式电磁阀，消除了原来浸在油液内的力矩马达由于油液污染带来的可靠性问题。1957 年，发明了射流管阀作为前置级的两级电液伺服阀，并于 1959 年成功研制出了三级电信号反馈电液伺服阀。此时的电液伺服阀开发研制进入了迅速发展时期，很多结构设计进一步提高了电液伺服阀的性能。

1960 年的电液伺服阀设计更多地显示出了现代电液伺服阀的特点，例如发明了两级闭环反馈控制；力矩马达更轻、移动距离更小；前置级无摩擦并且与工业油液相互独立；前置级的机械对称结构减小了温度、压力变化对零位的影响。在 20 多年的时间里，电液伺服阀完成了从早期的单级开环电液伺服阀到两级闭环电液伺服阀的转变。可以看出，这其中的发展更多的是由于军事、航空、航天等应用的需要，因此其开发是不计成本的，这造成了当时电液伺服阀性能优越但价格昂贵。随后，一些公司开始开发电液伺服阀的工业应用。穆格公司于 1963 年研制出了 73 系列电液伺服阀，可以满足工业用油的清洁度要求。随着研究的缓慢发展，到目前为止，虽然电液伺服阀几乎不可能出现原理的改变，但是可以就某些特定方面进行技术革新，当前电液伺服阀的研究主要集中在结构的改进和材料的使用上。

一般而言，产业技术的发展需要经过技术孕育期、技术成长期、技术成熟期和技术瓶颈期等几个阶段，而从 1941 年最早出现的涉及电液伺服阀的射流管随动器专利申请来看，电液伺服阀的发展大致也遵循上述阶段。下面将对电液伺服阀的各个发展阶段的具体情况进行说明。

从专利分析的角度看，图 2-1-1 显示了从电液伺服阀专利统计开始，全球所有电液伺服阀的专利申请量的变化情况。从图中可以看出，根据技术发展而变化的专利申请趋势曲线并结合变化明显的节点，该发展过程可以分成 4 个阶段，1961 年之前为第一增长期，1962～1976 年为增长衰退期，1977～1990 年为快速增长期，1991～2013 年为平稳发展期。下面将对每个发展阶段的具体情况进行说明。

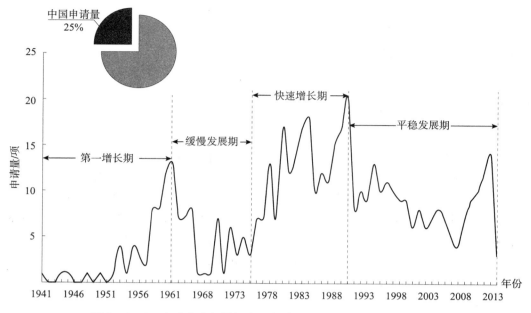

图 2 - 1 - 1　全球电液伺服阀专利申请量趋势及中国专利申请比例

（1）第一发展阶段：第一增长期（1961 年之前）

在 1941 年，美国获得授权的专利 US2228015A 公开了一种射流管型随动器（参见图 2 - 1 - 2），这是早期射流管型伺服阀的雏形，现代的射流管型伺服阀是以此为基础发展起来的。

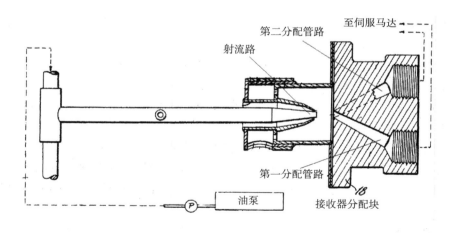

图 2 - 1 - 2　射流管型随动器

其后由于"二战"时在军事上的应用，液压伺服系统及液压伺服元件也在不断地向前发展，但是由于战争和军事上的保密性，一直到"二战"结束，在战后经济的回复和重建时期，有关电液伺服阀的专利申请还很少，一方面因为战争结束后军事上的需求有所减弱，民用方面的需求还没有完全体现；另一方面各国的经济也是刚刚开始发展，因此，一直到1951年，年申请量没有超过2项，而且多为单级开环的类型。上述情况一直到20世纪50年代之后才得到改善，这是因为随着以美国为首的西方国家的战时经济向和平经济过渡，在1947～1953年获得了"二战"后初期的经济复苏和繁荣，而且随着军事的刺激，自动控制理论特别是作战机械、飞行器及航空、航天控制系统的研究得到进一步发展，这大大刺激了伺服阀的研制和发展。由此从1952～1961年，伺服阀的专利申请开始大量出现，并且在1961年达到了峰值。

早期伺服元件的发展，是随着工业革命的发展而加速的，尤其是在"二战"前后，由于在军事设备上的大量应用，伺服技术得到了迅速发展，但是军事化应用的保密性，期间公开的专利申请很少。随着技术的进一步发展，为了在工业上应用电液伺服阀，一些公司开始改造军事应用上高成本、高性能的伺服元件，以实现电液伺服阀的工业应用，也就是从20世纪40年代开始出现了电液伺服阀的专利申请。而1940年之前有关电液伺服阀的申请，由于年代久远，且检索入口极少，因而很难检索到相关的专利文献。不过这部分早期专利文献不会对电液伺服阀的发展趋势造成太大的影响，因此本报告中不对1940年之前的电液伺服阀的专利申请进行数据分析。

1958年4月29日获得授权的美国专利US2832319A公开了一种两级伺服阀，其通过机械连接具有机械反馈，这是早期的机械反馈式伺服阀，其已经可以自如地运用喷嘴挡板并且在先导级的喷嘴处设置挡板以产生压差。

1960年4月5日获得授权的美国专利US2931389A公开了一种电液伺服阀，其相对于军事机械上的大尺寸、高成本的电液伺服阀，提供了力矩马达，该力矩马达产生压差以使得输出液压与输入给伺服阀的电信号成比例，减小了伺服阀的结构和成本，开始体现了现代伺服阀的一些设计思路。

（2）第二发展阶段：缓慢增长期（1962～1975年）

从1962年开始到1975年这段时间定义为缓慢发展阶段，在这个阶段，全球的专利申请量较少，年平均申请量不到10项，整条曲线比较平缓。该发展阶段是电液伺服阀刚刚开始工业化生产研究的初期，也就是刚刚从高度保密的军事化应用转化为民用的过渡阶段，申请量较少且发展较缓慢，没有明显增长。在1970～1975年申请量有小幅下降。这一阶段，美国和德国的申请量居多。

在1960年的电液伺服阀的基础上，电液伺服阀结构设计研究仍在继续。例如阀的体积变大（与航空用阀相比），材料也不再是锻钢；先导级独立出来，以方便维修和调试；阀的许用压力范围降至10～20MPa，而不再是原来的30MPa，开始标准化生产，以降低成本和满足通用的要求。

1962年1月23日授权的美国专利US3017864A是其中较为典型的一项，申请人为AMERICAN BRAKE SHOE公司，其公开了液压放大器，是一种早期用作伺服放大器的电液伺服阀，伺服放大器作用是将输入指令信号（电压）同系统反馈信号（电压）进行比较、放大和运算后，输出一个与偏差电压信号成比例的控制电流给电液伺服阀力矩马达控制线圈，控制电液伺服阀阀芯开度大小，并起限幅保护作用。该伺服放大器是射流管式伺服放大器，其利用一个在两个固定的接收器口之间的可动射流口，经过射流口的高速射流的偏转，使得接受器口的一腔压力升高，另一腔压力降低，连接这两腔的活塞两端形成压差，阀芯运动直到反馈组件产生的力矩与马达力矩相平衡，使喷嘴又回到两接受器的中间位置为止。这样活塞的位移与控制电流的大小成正比，流体的输出流量与控制电流也成比例了。这是较早的射流管式电液伺服阀的雏形，现代的射流管式电液伺服阀就是在此基础上进行的改进。

穆格公司于 1963 年 7 月 2 日获得美国授权的专利 US3095906A，如图 2 - 1 - 3 所示，采用滑阀的两级动压反馈电液伺服阀，包括电液放大器第一级 34，其产生与输入电信号成比例地输出压差，输出压差作用在阀芯 23 上，阀芯配合载荷运动，载荷两端的压差反馈到阀芯 23 上，通过作用在阀芯 23 上的输出压差与弹簧力和施加到端面 32、32a 上的反馈压差对抗，为动压反馈电液伺服阀提供了阻尼效应，使得电液伺服阀既在作为流量控制阀时获得了高的压力增益，又在作为位于高频下的压力 - 流量阀时获得了更好的负载敏感性，使得开环的电液伺服阀向着闭环的电液伺服阀改进。

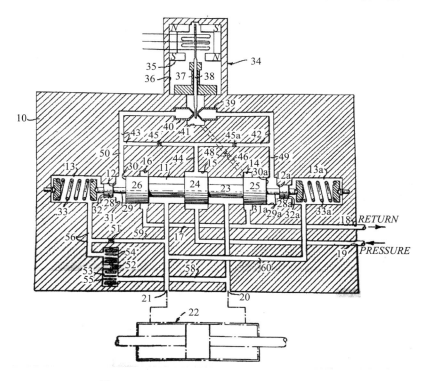

图 2 - 1 - 3　US3095906A 技术方案示意图

此后，穆格公司于 1971 年 10 月 12 日获得美国授权的专利 US3612103，一种可自由偏转的射流型两级电液伺服阀。该电液伺服阀根据输入的信号通过致动口相应地控制流量，没有反馈力通过射流偏振器上传递，这样偏转器不必作为关键性的元件构造，从而简化了电液伺服阀的构造。从而，有可能使得用于军事的复杂结构的电液伺服阀更加适合工业化。

在图 2 - 1 - 2 中，从 1965 年以来，电液伺服阀的申请量是有所上升的，其间有一个反复的过程，之所以会这样，一方面，为了使军事上应用的电液伺服阀能够有更加广泛的应用领域，即为了实现工业化，各大公司都致力于降低电液伺服阀的成本和满足通用的要求，这是市场的需求所决定的。另一方面，1965～1975 年，以美国为首的西方国家的经济出现了以滞胀（Stage flation）经济为特点的结构性危机。在经济滞胀期间，西方世界发生了 1973～1975 年世界性经济危机。这次危机从英国开始，波及美国、西欧和日本，整个资本主义世界工业生产普遍持续大幅度下降，企业破产严重，以美元为中心的资本主义货币体系的瓦解加上中东石油战对发达国家的打击，使得 1973～1975 年危机比起战后至 20 世纪 70 年代前的西方经济危机要严重得多。在滞胀经济恶化的同时，美国的社会生产力正面临着大调整。旧工业、旧技术、旧工艺、旧产品所体现的"夕阳"工业不景气，进行改造又需要时间，新工业、新技术、新工艺、新产品所体现的"朝阳工业"取代"夕阳"工业也需要时间；新科学技术革命的发展正面临转折期，形成强有力的新的生产力同样需要时间。因此，在以上两个原因的综合作用下，也就是既需要保持电液伺服阀向着现代工业化迈进，又缺乏研究的经济基础，这样就出现了少量的电液伺服阀的专利申请，其发展也一直受到相应的制约。因此专利申请量相对于第一发展阶段有所下降。

（3）第三发展阶段：快速增长期（1975～1990 年）

电液伺服阀发展的第三发展阶段是快速增长期，时间从 1975～1990 年，这个时期申请量逐渐上升，大部分的年申请量能够达到 10 项以上。在 1990 年达到了这一阶段的增长率最高点，其中，美国和德国的申请占了绝大多数。

第二发展阶段主要是在第一发展阶段理论的基础上，利用飞速发展的科技对电液伺服阀进行改进研究，获得了丰硕的研究成果。

1978 年 4 月 25 日获得美国授权的专利 US4085920A 公开了一种利用可调节的电液伺服阀来液动操作的主阀，即利用小型化的电液伺服阀来控制液压主阀，在不受流体压力的情况下控制液压主阀的动作。此时，电液伺服阀的接口已经能够与通用的液压主阀匹配，标志着电液伺服阀开始向着小型化、通用化的方向迈进了。

1982 年 6 月 8 日获得美国授权的专利 US433349A 公开了一种利用步进电机对前置级液压部分进行控制的液压阀，其将传统的力矩马达替换为步进电机，这样，利用更容易和更可靠地由数字计算机信号替换原来的模拟信号输入，从而在计算机飞速发展的带动下，利用计算机的数字信号对电液伺服阀的控制更加精确，从而降低了由喷嘴挡板和射流型电液伺服阀导致的切换失效、零漂、流量增益变化的风险。这标志着电液伺服阀的发展技术，在随着计算机的发展而更便捷、更精确地方向迈进了。

1989 年 9 月 28 日公开的德国专利 DE3808758 披露了一种带有利用压电双晶片（piezoelectric bimorph）的电控马达的电液伺服阀，压电双晶片在输入电压的激励下，产生相应的动作，以控制液压放大器。这样提高了电液伺服阀的控制精度，而结构更加简化，成本也下降了。

电液伺服阀在第三阶段之所以会发展迅速，主要是因为在 1975～1990 年，由于计算机技术的不断改进，以及新材料的技术不断涌现，尤其是在数字计算机、步进电机、压电材料得到了快速发展的情况下，因此电液伺服阀在新材料、新技术、新工艺的带动下向着精度更高、结构更简化、成本更低的方向大步前进，而且随着世界经济的复苏，各国对于专利申请的投入不断增加，使得电液伺服阀得到了更大的发展。

（4）第四发展阶段：平稳发展期（1990～2013 年）

1993 年 8 月 31 日公开的美国专利 US5240041 公开了一种具有先导级和输出级的两级电液伺服阀，其中力矩马达喷嘴挡板随着输入的电流而枢转。该电液伺服阀在负载和第二级滑阀之间形成了流体力学压力反馈闭环，而在滑阀和驱动器之间产生了位置反馈闭环，力反馈闭环和位置反馈闭环交叉影响，从而使得该电液伺服阀既具有流量控制电液伺服阀的特性，又可受与负载压差成比例的电信号的控制。

1999 年 11 月 30 日公开的日本专利申请 JP11 - 332214A 公开了一种磁致伸缩型的电液伺服阀，其阀芯的动作受磁致伸缩材料的控制，结构更加简化，控制精度更高，成本更加低廉。

第四阶段平稳发展期的特点，从 20 世纪 40 年代至今，电液伺服阀经历了 70 年左右的发展历程，在短期内，基本不会出现作用原理上的改变，而随着科技的进步，电液伺服阀在结构上的简化和特定材料上的使用，使得电液伺服阀能够稳步地发展。

2.1.2　重要申请人分析

（1）申请人国别分布

如图 2 - 1 - 4 所示，在电液伺服阀全球申请量的地区排名上，美国以 277 项占据绝对的统治地位，中国以 180 项紧随其后，之后是德国、日本、法国、英国，占据申请总量的 2～6 位，属于第二梯队。

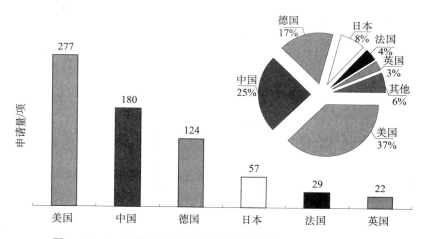

图 2 - 1 - 4　全球电液伺服阀专利申请量前 6 位及所占百分比

（2）申请人类型分布

在专利申请人分布图 2 - 1 - 5 中清楚显示，公司占据 264 席、大学占 1 席、科研院所占 4 席、个人申请占 36 席。结合申请人的类型结构，公司参与的专利申请占到了总申请量的 86.6%，大学和研究机构参与的专利申请占总申请量百分比非常小，个人专利申请占总申请量的 11.8%，电液伺服阀的产学研分布不符合产业发展的黄金比例。

对全球电液伺服阀技术类型分布情况进行分析可知（参见图 2 - 1 - 5），有关材料更替方面的申请量为 7 项，占总申请量的 2.3%，有关工艺改进方面的申请量为 64 项，占总申请量的 21%，有关结构改进方面的申请量为 234 项，占总申请量的 76.7%。由此可见，全球电液伺服阀技术在结构改进方面的申请所占比重最大。

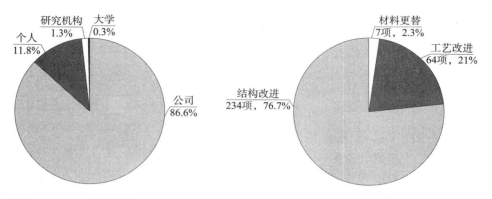

图 2 - 1 - 5　全球电液伺服阀专利 申请的申请人类型

图 2 - 1 - 6　全球电液伺服阀专利 申请的技术改进点

2.2　中国专利申请发展态势

2.2.1　中国专利申请趋势及发展阶段

在电液伺服阀领域，共检索到从 1985 ~ 2013 年已公开的中国专利申请 179 件。从专利分析的角度看，图 2 - 2 - 1 显示了电液伺服阀中国专利申请的年申请量变化情况。从图中可以看出，随技术发展而变化的专利数量趋势曲线并结合变化明显的节点，该发展过程可以分成 3 个阶段：1985 ~ 2001 年的缓慢发展期，2002 ~ 2009 年的逐渐增长期，2010 ~ 2013 年的快速增长期。下面将对每个发展阶段的具体情况进行说明。

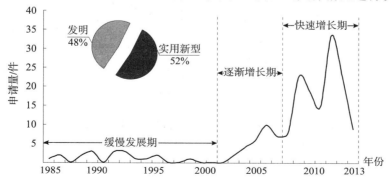

图 2 - 2 - 1　电液伺服阀中国专利申请发展趋势

（1）第一阶段：缓慢发展期（1985～2001年）

1985年4月1日是中国《专利法》实施的第一天，机械工业部北京机床研究所就向中国专利局（中国国家知识产权局的前身）提交了一份关于电液伺服阀的专利申请（其授权公告号为CN85200394U）。该专利中公开了一种两级电反馈电液伺服阀，如图2-2-2所示，该阀包括由弹簧管（1）、衔铁（4）、磁钢（5）、导磁体（6）和线圈（7）组成的力矩马达，以及由挡板（2）、喷嘴（8）和节流孔（9）组成的前置级以及功率级滑阀（12）。挡板组件是由弹簧管和挡板两件压配而组装在一起的。在滑阀的一端装有直线差动变压器的铁芯（10）。铁芯和直线差动变压器的线圈（11）互相不接触。滑阀行程不受限制。该两级电反馈电液伺服阀输出流量大，组装方便，制造精度低，能提高频带宽，可作多级电液伺服阀的前置级。

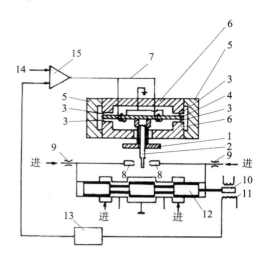

图2-2-2　CN85200394U公开的
电液射流伺服阀

随后，中国专利CN86203639 U（申请日为1986年6月3日）中公开了一种用于中低压液压伺服系统的双喷嘴的电液射流伺服阀（参见图2-2-3）。该阀包括前置级为

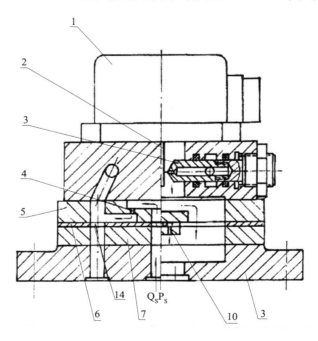

图2-2-3　CN86203639U公开的电液射流伺服阀

力矩马达（1）及双喷咀（3）档板阀，放大级为偏向比例射流元件的两级阀；在元件的下底板（7）上位于元件输出通道入口附近开设两个回油孔（10），在元件的下底板上两蝴蝶翅距离最近区段（11），回油孔（10）和中放空孔（9）的区域（8）的（C）面低于（B）面，以使两蝴蝶翅沟通；两蝴蝶翅距离最近区段加工成双刃口形状（12）。此结构可克服执行元件回油正馈造成的不稳定，可以消除某区域的附面层脱离及振荡和空穴现象，并且通过改变射流元件及喷咀、节流孔通道尺寸很易于实现系列化。

针对现有的三级滑阀式伺服阀是双喷咀挡板滑阀式作为前置控制级，制造工艺复杂，造价高、液压油的过滤精度要求很高，从而在使用上受到很大限制。专利CN2097309U（申请日为1991年6月1日）中公开了一种电液射流三级伺服阀（参见图2-2-4），其适用高压大流量液压伺服系统，包括前置控制级的喷嘴（18）、挡板（19）、功率放大级的滑阀（12）及阀体（15）。阀的中间级为偏向比例射流元件板（3）和上座板（1）、下底板（4）及左侧盖（7）。上底板的左侧有偏向比例射流元件板，偏向比例射流元件板左侧是下底板，下底板左方密接着左侧盖。上底板、偏向比例射流元件板、下底板、左侧盖依顺序用螺钉固定于阀体左侧。阀体内有第三级功率滑阀，弹簧（8，17）装在滑阀两端的中部。第三级滑阀为中空型式，前置级无可动部件。

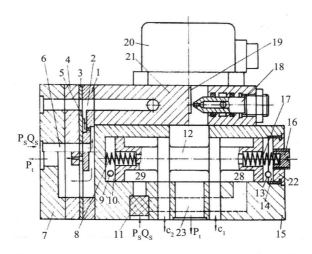

图2-2-4 CN2097309U公开的三级电液射流伺服阀

（2）第二阶段：逐渐增长期（2002~2009年）

2009年12月30日公开的专利申请CN101614289A（申请日为2008年6月25日）中公开了一种前置独立型射流管电液伺服阀（参见图2-2-5），主要解决改善电液伺服阀的工艺性等技术问题，其采用技术方案是，在前置级射流管上设置一转接块，该转接块底面连接主阀，该转接块的顶面连接力矩马达，该转接块的中部安装孔内固定接受器，转接块的近底面处开设左、右油孔，该左、右油孔的一端分别连接主阀的左、右导孔，左、右油孔的另一端分别连通接受器的左、右接受孔，适合各式前置射流管电液伺服阀。

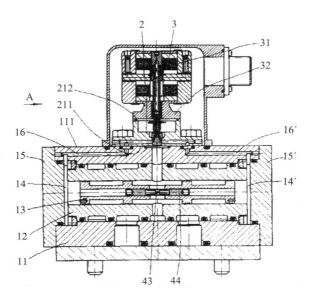

图 2 - 2 - 5   CN101614289A 公开的前置独立型射流管电液伺服阀

2010 年 6 月 9 日公开的专利申请 CN101725745A（申请日为 2008 年 10 月 10 日）中公开了一种压力伺服阀反馈机构（参见图 2 - 2 - 6），主解决压力伺服阀的非线特性等技术问题，其采用技术方案是在力矩马达和射流放大器的下方和主阀的上方设置一反馈机构，反馈机构由控制阀组和反馈杆组组成，反馈杆组一端连接控制阀组，另一端连接射流放大器，射流放大器连接控制阀组的孔道，控制阀组连接主阀的孔道，控制阀组的滑阀组件两端分别设置左、右弹簧组件，适用于各式压力伺服阀。

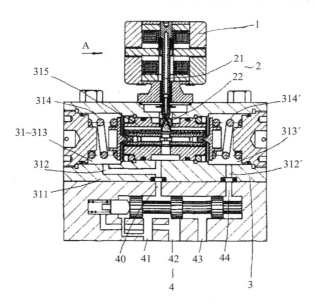

图 2 - 2 - 6   CN101725745A 公开的压力伺服阀反馈机构

（3）第三阶段：快速增长期（2010～2013 年）

这一时期电液伺服阀领域的专利申请非常活跃，随着新材料的出现，多级大流量射流管型电液伺服阀、压电致动、压电陶瓷直动、高频直动等技术发展较为迅速。

专利申请 CN202182074U（申请日为 2011 年 2 月 15 日）公开了一种大流量射流管型二级电液伺服阀（参见图 2－2－7），包括功率级滑阀、前置级力矩马达，其功率级滑阀包括阀体

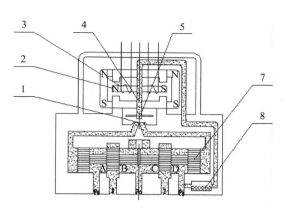

图 2－2－7　大流量射流管型二级电液伺服阀的工作原理示意图

（9）、阀芯（7）、阀套（11）和接受分配器，接受分配器上设有接受孔（1），接受孔经空腔连接阀芯两端，前置级力矩马达中部设有射流管（4），射流管前端位于接受孔上方，射流管后端经空腔连接供油腔，阀芯两端各设有一轴套（10），射流管与阀芯之间设有反馈杆组件。该阀具有抗污染能力强、性能稳定可靠性高、寿命长的特点，在额定压差 21MPa 下，流量为 200L/min 的大流量射流管型二级电液伺服阀，并具有稳定的静态输出特性和较高的动态指标。

专利申请 CN102878139A（申请日为 2012 年 10 月 24 日）公开了一种压电液致动弹性膜位置电反馈式两级伺服阀（参见图 2－2－8），其包括主阀体 1、阀芯、导阀体 5 和伺服阀控器 10；所述主阀体 1 内设置有一号固定阻尼孔 2、位移传感器 11、二号固定阻尼孔 12、滑阀腔体 14 和五号流道 f；导阀体 5 内设置有一号可变节流口 6、二号可变节流口 8、压电液致动弹性膜组件 7、一号流道 a、二号流道 b、三号流道 c 和四号流道 d；滑阀腔体 14 内置有一号平衡弹簧 3、滑阀 4 和二号平衡弹簧 9；滑阀腔体 14 侧壁上设置有出液口 18、一号进出液口 19、二号进出液口 20 和进液口 21。该阀解决了

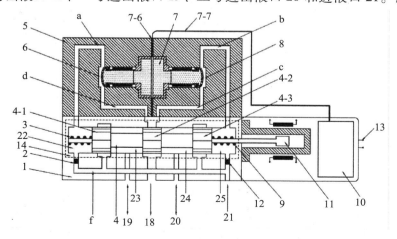

图 2－2－8　压电液致动弹性膜位置电反馈式两级伺服阀

现有的小、微流量控伺服阀可靠性差的问题。基于压电液致动弹性膜组件的前置级具有液压放大、微小位移运动放大双重功能，具有微米级放大及运动精度，能够实现微精调整；基于压电液致动弹性膜组件的前置级结构紧凑，为封闭组件，可靠性高；基于压电液致动弹性膜组件的位置电反馈式两级伺服阀响应快速，具有一定的阻尼稳定性、控制无死区、无啸叫、噪音低；适用于液体或气体工作介质，能够实现小、微流量的高精度调节，在小、微流体控制领域具有广泛。

与传统的两级和多级式电液伺服阀相比，直动式电液伺服阀具有结构简单、响应快、抗污染能力强、可靠性高、价格低、特性不受供油压力影响等优点，已成为流体传动与控制领域的研究热点之一。

2013年4月3日公开的中国专利申请CN103016434A（申请日为2012年12月20日）中公开了一种基于液压放大的压电陶瓷直接驱动伺服阀（参见图2-2-9），其包括柔性铰链膜片、液压密闭腔、动密封小活塞和压力调节与测量装置；利用面积不同的两个活塞，密封一段液体，通过压力调节与监测装置调节密闭腔内液体的压力；压电陶瓷与大面积活塞点接触；通过压力和体积变化将运动传递到小面积的活塞上，使其推动滑阀阀芯运动，同时挤压阀芯另一端的蝶形弹簧；当压电陶瓷收缩时，液压密封腔内形成"负压力差"以及蝶形弹簧提供阀芯反方向的运动力；使滑阀阀芯完成两个方向的运动；滑阀阀芯与压电陶瓷的位移具有比例对应关系；大面积活塞采用柔性铰链膜片结构；小活塞与滑阀阀芯采取非固连结构。该阀解决了现有压电陶瓷直接驱动伺服阀存在阀芯位移小、控制流量小、难以满足实际应用要求的问题。

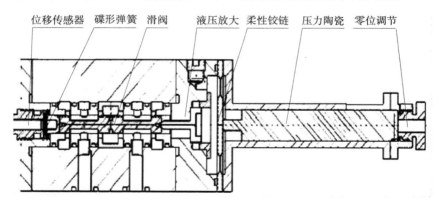

位移传感器　碟形弹簧　滑阀　　液压放大　柔性铰链　压力陶瓷　零位调节

图2-2-9　液压微位移放大结构的压电陶瓷直接驱动阀

2013年8月14日公开的专利申请CN103244494A（申请日为2013年4月26日）公开了一种基于超磁致伸缩转换器的大流量高频直动式电液伺服阀（参见图2-2-10）。该电液伺服阀包括阀体（24）、超磁致伸缩转换器、微位移放大机构、外壳（4）、滑阀复位调零装置；超磁致伸缩转换器设有冷却系统、自动热补偿机构和预压力施加机构；超磁致伸缩转换器沿左端盖（9）和右端盖（17）的轴向位置中间处依次安装有预压碟弹簧（10）、转换器位移输出杆（8）、超磁致伸缩棒（12）、预压螺套（18）和调节导杆（21）；超磁致伸缩棒与转换器外壳（16）之间依次装有保护衬

（13）、线圈骨架（11），并且预留有冷却循环油道（20）；微位移放大机构包括转换器位移输出杆、位移放大杆（5）、支撑杆（6）和阀芯位移输入杆（3）。

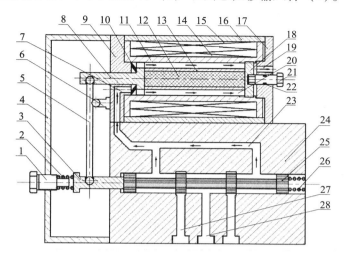

图 2 - 2 - 10　基于超磁致伸缩转换器的大流量高频直动式电液伺服阀的结构原理示意图

2.2.2　重要申请人分析

（1）申请人国别分布

在总共 179 件申请中，绝大部分是国内申请（占 91%），国外申请仅占总比例的 9%，国外申请中德国、美国、日本占 7% 左右，可见国外申请人目前还未开始在中国市场进行大规模布局（参见图 2 - 2 - 11）。

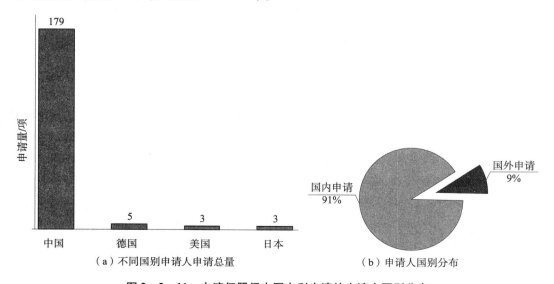

（a）不同国别申请人申请总量　　　　（b）申请人国别分布

图 2 - 2 - 11　电液伺服阀中国专利申请的申请人国别分布

（2）申请人排名情况

对电液伺服阀中国专利申请的申请人进行排名，从图2－2－12可以看出，国内申请量比较分散，基本上集中在公司和大学，反映出电液伺服阀的技术门槛较高，其中申请量最大的是上海诺玛液压系统有限公司。结合图2－2－13可以看出，排名前十的申请人类型分布与中国专利申请总量中申请人类型分布是一致的。

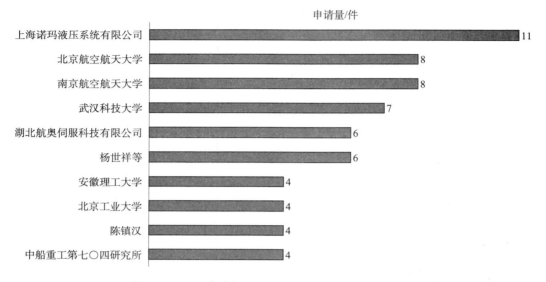

申请量/件

- 上海诺玛液压系统有限公司 11
- 北京航空航天大学 8
- 南京航空航天大学 8
- 武汉科技大学 7
- 湖北航奥伺服科技有限公司 6
- 杨世祥等 6
- 安徽理工大学 4
- 北京工业大学 4
- 陈镇汉 4
- 中船重工第七〇四研究所 4

图2－2－12　电液伺服阀中国专利申请的申请人排名

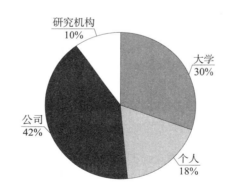

图2－2－13　电液伺服阀中国专利申请的国内申请人类型

（3）国内申请人类型分布

在国内申请人中，高校及公司占了绝大部分，个人申请比重较小，这与电液伺服阀的技术门槛较高有关。

（4）国内申请人的省市分布

从图2－2－14中可以看出，申请量最大的是北京和湖北，其次是上海、江苏、陕西和黑龙江。这是由于北京、湖北、上海等地区依托高校和科研机构优势，广泛开展电液伺服阀技术的科研工作，从而推动了电液伺服阀专利申请量的上升。然而，从图中也可以发现，我国电液伺服阀技术的地区发展很不均衡。

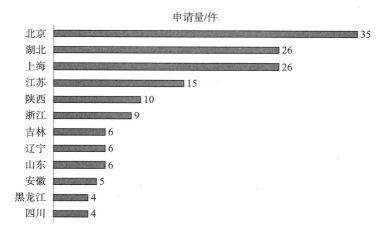

图 2 – 2 – 14　电液伺服阀中国专利申请的国内申请人的省市分布

　　（5）发明专利的法律状态

　　从图 2 – 2 – 15 可以看出，在电液伺服阀领域，在已结案件中，授权率比较高，但是授权后专利的失效率比较高，占了 1/3 左右。一部分专利失效是由于该技术在市场上没有产生经济效益，专利权人因此将其放弃，也有一部分是由于专利权人没有对相关专利给予足够的重视，逐渐放弃专利权。

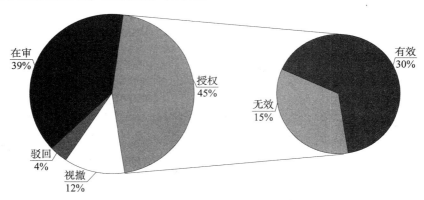

图 2 – 2 – 15　电液伺服阀中国专利申请的发明专利申请的法律状态

2.3　电液伺服阀技术分析

2.3.1　电液伺服阀技术发展路线

2.3.1.1　电液伺服阀的分类

　　电液伺服阀既是电液转换元件，又是功率放大元件，其控制精度高、响应速度快，是一种高性能的电液控制元件，在液压伺服系统中得到了广泛的应用。电液伺服阀通

常由电气 - 机械转换器、液压放大器、检测反馈机构/平衡机构三部分组成。按照电液伺服阀的液压放大级数分类，电液伺服阀可以分为单级电液伺服阀、两级电液伺服阀、三级电液伺服阀。单级电液伺服阀结构简单、价格低廉，但由于力矩马达或力马达的输出力矩或输出力小，定位刚度低，使阀的输出流量有限，对负载动态变化敏感，阀的稳定性在很大程度上取决于负载动态，容易产生不稳定状态，只适用于低压、小流量和负载动态变化不大的场合。两级电液伺服阀克服了单级电液伺服阀的缺点，是最常见的形式。三级电液伺服阀有一个两级电液伺服阀作为前置级控制第三极功率滑阀，功率级滑阀阀芯通过电气反馈形成闭环控制，实现了功率级滑阀阀芯定位。三级电液伺服阀通常只在大流量的场合使用。根据液压放大级数和具体的阀结构，可以得到如图 2 - 3 - 1 的电液伺服阀分类图。

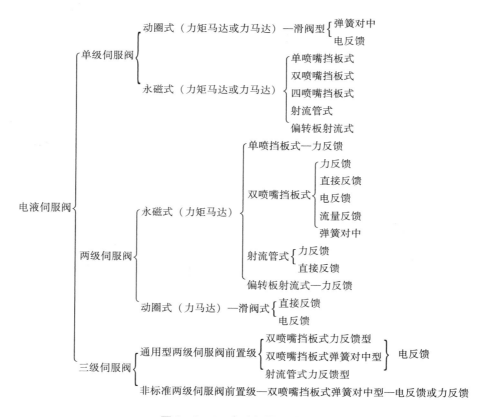

图 2 - 3 - 1 电液伺服阀的分类

2.3.1.2 电液伺服阀的技术发展阶段

根据电液伺服阀整体技术上的发展水平，可以大致上从 4 个更新换代的阶段绘制出电液伺服阀的技术发展路线图。从图 2 - 3 - 2 可以看出，电液伺服阀从最开始的喷嘴挡板式电液伺服阀发展到射流管式电液伺服阀，然后发展到射流管电反馈型电液伺服阀，随着新材料的出现，又出现了直动式电液伺服阀。

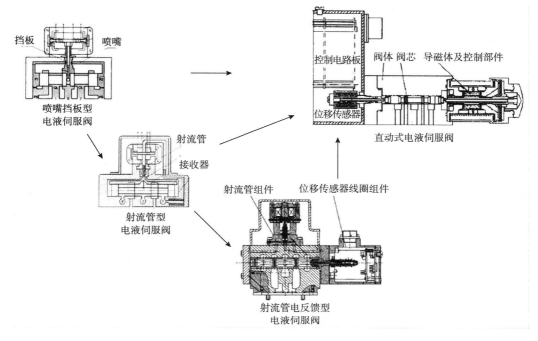

图 2 - 3 - 2 电液伺服阀的技术发展路线图

根据图 2 - 3 - 2 的技术发展路线图，可以参考各个时期的专利申请，做出一张现阶段电液伺服阀的重要专利申请发展树状图，如图 2 - 3 - 3 所示（见文前彩色插图第 1 页）。

2.3.1.3 电液伺服阀的技术—功效矩阵分析

根据现有技术研究的方向，电液伺服阀的技术构成方面主要从以下几个方面入手：结构改进、工艺改进、材料更替。其中包括对电液伺服阀的阀体、阀芯结构所做的结构改进，对电液伺服阀的加工工艺、步骤所做的工艺改进，以及由于新材料的创新对电液伺服阀技术的影响。

为了便于分析，将根据全球电液伺服阀的发展过程划分为与电液伺服阀的全球专利申请发展一致的四个发展阶段，具体为：第一增长期（1961 年之前），增长衰退期（1962~1976 年），快速增长期（1977~1990 年），平稳发展期（1991~2013 年）。下面将对每个发展阶段的具体情况进行说明。各个发展阶段对应的技术发展路线如图 2 - 3 -4所示。

从图 2 - 3 -4 可以看出，这四个时间段所跨越的时间逐渐变短，各时间段下的专利申请量呈现不同的升降趋势。其中变化显著的是有关结构改进方面的专利申请和材料更替方面的专利申请，而有关工艺改进方面的专利申请却一直维持在较低的水平上，明显比上述两个方面少。第一阶段，即 1941~1961 年，研究人员只是初步掌握了电液伺服阀的原理，仍在对结构方面做较大的改进，因此，这一阶段的申请绝大部分以结构改进为主，而此时在电液伺服阀上应用新材料、新工艺的申请都很少。第二阶段，即 1962～1976 年，这一阶段的发展大体上与第一阶段相同，不过结构方面的改进有所下降，而材料更替方面的专利申请有所上升。到了第三阶段，即 1977～1990 年，随着电液伺服阀设计的日趋完善，有关结构改进方面的专利申请依然逐步下降。反过来，随着新材料的不断涌现，在材料更替方面，可以针对伺服阀的性能要求，对特定的零件采用强度、弹性、硬度等机械性能更优越的材料。利用超磁致伸缩材料（GMM）等就是这个阶段所涌现出来的。第四个阶段，即 1991～2013 年出现的新材料越来越多，除了超磁致伸缩材料之外，还出现了电致伸缩材料（PMN），使得电液伺服阀的特性更加优良。而随着新材料的不断涌现，在结构方面，自 20 世纪 90 年代以来，陆续出现了射流管式电反馈型电液伺服阀和直接驱动式电液伺服阀，尤其是直接驱动式电液伺服阀，作为喷嘴挡板式电液伺服阀的补充和发展，提高了电液伺服阀的抗污染能力，还具有较高的精度、较大的功率范围。下面通过功效矩阵来探讨国外和国内伺服阀发展的方向和趋势。

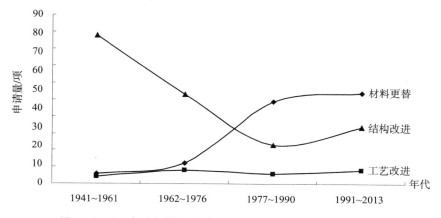

图 2 - 3 - 4　电液伺服阀全球专利申请的技术研究路线变化图

（1）电液伺服阀国外专利申请的技术功效矩阵分析

通过对电液伺服阀国外专利申请的技术功效矩阵进行分析，可以得出电液伺服阀的发展热点和技术空白点。在电液伺服阀的技术需求方面，最为关注的是稳定/可靠性、适应性、小型化、高频响、大流量 5 个方面的功效。

为了统计方便，对"稳定/可靠""适应性""小型化""高频响""大流量"作出以下限定：

涉及工作平稳、换向快、稳定性好、可靠性高、力反馈代替电反馈、频带宽的功效统一归纳到"稳定/可靠"。

涉及减少泄漏、抗污染性强、消除振荡、孔穴的功效统一归纳到"适应性"；

涉及结构简化、结构简便、先导控制方式、流口位置、开口尺寸、滑阀转动、装配方式、连接方式、环喷、省略前置级等都归纳到"小型化"。

涉及动态特性好、响应速度快、阀芯驱动力大、动态响应高的功效统一归纳到"高频响"。

涉及大流量、插装大流量、高频响大流量、高压大流量的功效统一归纳到"大流量"。

这样，对于电液伺服阀技术方面的改进和功效共同组成了针对电液伺服阀的技术功效矩阵。具体情况可以参见图2-3-5，即电液伺服阀国外专利申请的技术功效矩阵图。

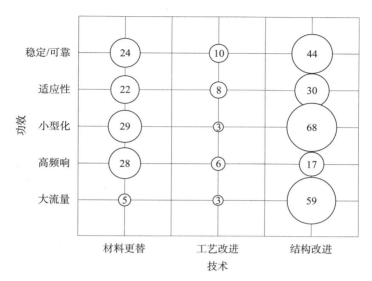

图2-3-5　电液伺服阀国外专利申请的技术功效图

注：圈内数字表示申请量，单位为项。

如图2-3-5所示，从纵向来看，电液伺服阀的材料更替、工艺改进和结构改进三者对于"小型化"方面的专利申请最多，其次是稳定/可靠方面的专利申请，之后是大流量和高频响方面的专利申请，最少的是有关适应性方面的专利申请。这说明，为了使得伺服阀能够在更多的场所中得到应用，使得结构更小，也就是使结构更加简便，技术人员做了很多努力；而在涉及"适应性"和"大流量"方面，有关电液伺服阀的专利申请并不多，尤其是在适应性方面，涉及材料更替、工艺改进和结构改进方面的专利申请也只占8%，而在"小型化"和"稳定/可靠"方面，涉及材料更替、工艺改进和结构改进方面的专利申请分别占28%和22%。

据此，对电液伺服阀影响较大的功效主要是"小型化"和"稳定/可靠"两个方面。电液伺服阀的结构改进方面明显是对5个功效面都有影响的，主要体现在"稳定/可靠""小型化""大流量"3个功效方面；电液伺服阀的材料更替方面对五个功效面也是有影响的，主要体现在"高频响""小型化""稳定/可靠"3个功效方面，电液伺服阀的工艺改进方面虽然也对五个功效面都有影响，但是其影响程度明显小于前两者。

从横向来看，对电液伺服阀"稳定/可靠""适应性""小型化""大流量"的功效贡献最大的是电液伺服阀结构改进方面的专利申请。对于电液伺服阀"高频响"的功效贡献最大的是电液伺服阀材料更替方面的专利申请。

因此，通过对国外申请的技术功效矩阵的分析来看，国外在电液伺服阀设计上，首先考虑电液伺服阀的结构改进方面，因为其对电液伺服阀的功效所有方面都将产生较大的影响，其次是电液伺服阀的材料更替方面，其对于电液伺服阀的各个方面都将产生一定的影响，尤其在"高频响"功效方面，其产生的影响还是最大的。而就电液伺服阀的工艺方面而言，其影响相对而言是较小的。

（2）电液伺服阀国内专利申请的技术功效分析

下面将分析电液伺服阀国内专利申请的技术功效矩阵，以与国外的技术功效矩阵对比，具体可以参见图2-3-6。

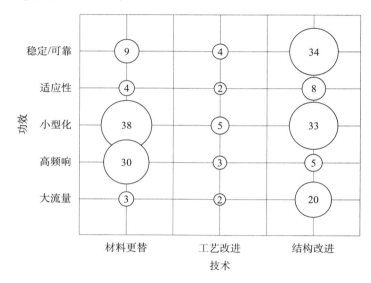

图2-3-6　电液伺服阀国内专利申请的技术功效图

注：圈内数字表示申请量，单位为项。

如图2-3-6所示，从纵向来看，电液伺服阀的材料更替、工艺改进和结构改进三者对于"小型化"方面的专利申请最多，其次在"稳定/可靠"方面和"高频响"方面的专利申请，最少的是有关"大流量"和"适应性"方面的专利申请。这说明，为了使伺服阀能够在更多的场所中应用，结构更小，使结构更加简便，技术人员做了最多的努力；而在涉及"适应性"和"大流量"方面，有关电液伺服阀的专利申请并不多，尤其是在适应性方面，涉及材料更替、工艺改进和结构改进方面的专利申请也只占7%，而在"小型化"和"稳定/可靠"方面，涉及材料更替、工艺改进和结构改进方面的专利申请分别占38%和24%。

据此，对电液伺服阀影响较大的功效主要是"小型化"和"稳定/可靠"两个方面。电液伺服阀的结构改进方面明显对五个功效面都有影响的，主要体现在"稳定/可靠""小型化""大流量"3个功效方面；电液伺服阀的材料更替方面对五个功效面也是有影响的，主要体现在"高频响""小型化""稳定/可靠"3个功效方面，电液伺服阀的工艺改进方面虽然也对5个功效面都有影响，但是其影响程度明显小于前两者。

从横向来看，对电液伺服阀"稳定/可靠""适应性""小型化""大流量"的功效贡献最大的是电液伺服阀结构改进方面的专利申请。对于电液伺服阀"高频响"的功效贡献最大的是电液伺服阀材料更替方面的专利申请。

因此，通过上面对国内申请的技术功效矩阵的分析来看，国内在电液伺服阀设计上，首先考虑电液伺服阀的结构改进方面，因为其对电液伺服阀的功效所有方面都产生较大的影响，其次是电液伺服阀的材料更替方面，其对于电液伺服阀的各个方面都产生一定的影响，尤其是在"小型化"功效方面，其产生的影响是最大的，在"高频响"功效方面，其影响甚至远大于电液伺服阀的结构改进技术方面。而就电液伺服阀的工艺方面而言，其影响相对而言是较小的。

2.3.2　电液伺服阀国内外技术发展的异同

根据电液伺服阀的技术路线和专利申请发展历程，已经分析的国外和国内的技术功效矩阵，可以看出国外和国内电液伺服阀技术发展的异同。

2.3.2.1　电液伺服阀国内外发展的相同之处

（1）注重结构改进

从电液伺服阀的国外专利申请的技术功效矩阵（参见图 2-3-5）和电液伺服阀的国内专利申请的技术功效矩阵（参见图 2-3-6）可以看出，国外和国内的专利申请都注重在结构改进的技术方面对电液伺服阀各项功效产生较大的影响，尤其是在电液伺服阀的"小型化""大流量"和"稳定/可靠"功效方面。

（2）关注材料更替

随着新材料的不断涌现，在国外和国内的专利申请都关注到了材料更替对于电液伺服阀的各项功效产生的影响，尤其是在电液伺服阀的"小型化"和"高频响"功效方面

（3）工艺改进方面有待加强

相对于结构改进和材料更替而言，对电液伺服阀工艺改进的专利申请数量较少，其对电液伺服阀各个功效方面的影响都比较小。

2.3.2.2　电液伺服阀国内外发展的不同之处

在电液伺服阀的国内专利申请方面，就技术发展而言，与国外专利申请的差别主要体现在对电液伺服阀使用的材料方面。

其中，在影响电液伺服阀的"小型化"和"高频响"功效方面，相对国外申请注重结构改进技术方面而言，国内的专利申请更加注重材料更替对电液伺服阀产生的影响，这方面的申请数量甚至超过了国外的申请数量。而且结合电液伺服阀全球专利申请的技术研究路线变化图（参见图 2-3-4）来看，涉及材料更替方面的申请在目前来看是申请最活跃的部分，而结构改进也随着新材料的出现产生了新的改进。这值得国内企业大力研究，期望以此来弥补工艺方面的不足。

2.4 小　　结

从目前情况来看，电液伺服阀在我国的航空、航天、舰船及工业控制领域中得到了广泛应用。根据使用场合不同，对电液伺服阀的要求也不一样。而且其应用范围在不断扩大，国内电液伺服阀生产厂家的研制力度也在不断加大，产品规模及质量都得到提高，但是与国际水平相比，考虑我国各行业发展的需求，无论是产品品种还是产品性能及稳定/可靠性上，国产电液伺服阀还存在一定差距，还需要进行大量的研究工作。

与国外的电液伺服阀相比，差距是比较明显的，主要体现在。

① 科技创新能力薄弱。我国电液伺服阀对材料、工艺缺乏系统研究与应用，基础共性技术研发和实验投入少且分散，技术基础薄弱，原创技术和专利产品少，导致产品早期故障率高、使用寿命短、可靠性差，与世界先进水平相比存在较大差距。

② 产业结构不合理，电液伺服阀产业市场进入门槛低，有效行业监管和企业自律缺失，具有国际竞争力的企业及知名品牌少。中低端基础零部件产品低价恶性竞争严重；高端基础零部件研发、制造能力严重不足。

③ 工艺装备落后，我国电液伺服阀落后现象长期存在，工艺基础数据积累不足，过程控制能力和工艺保证能力不均衡，制造技术与检测手段落后，致使产品的一致性和稳定性不能满足主机配套需求，严重影响了产品制造水平的提升。

④ 新产品进入市场难。检验认证体系不够完备，新产品缺乏实验验证和应用业绩，加上用户和工程主机企业因受责任风险等因素影响，对使用基础零部件新产品缺乏信心。同时部分用户对新产品质量差的惯性思维，增加了新产品进入市场的难度。

第3章 电液比例阀专利申请分析

比例控制技术是 20 世纪 60 年代末开发的一种可靠、价廉、控制精度和响应特性，均能满足工业控制系统实际需要的控制技术。当时，电液伺服技术已日趋完善，但电液伺服阀成本高、应用和维护条件苛刻，难以被工业界接受。希望有一种价廉、控制精度能满足需要的控制技术去替代，这种需求背景导致了比例控制技术的诞生和发展。电液比例阀是电液比例控制技术的核心和主要功率放大元件，代表了流体控制技术的一个发展方向，[1] 它以传统的工业用液压控制阀为基础，采用电 - 机械转换装置，将电信号转换为位移信号，按输入电信号指令连续、成比例地控制液压系统的压力、流量或方向。电液比例阀与电液伺服阀的比较结果大体上可以参见表 3-1。一方面，虽然性能在某些方面还有一定的差距，但是其抗污染能力强，减少了由于污染造成的工业故障，可以提高液压系统的工作稳定性和可靠性，更适用于工业过程；另一方面，电液比例阀的成本比电液伺服阀低，而且不包括敏感和精密部件，更容易操作和保养，因此在许多对精度要求不是特别高的场合，电液比例阀获得了广泛的应用。

表 3-1 电液伺服阀、电液比例阀和普通阀的性能对比

特性	电液伺服阀	电液比例阀	普通阀（开关阀）
介质过滤精度/μm	3	25	25
阀内压力降/MPa	7	0.5~2	0.25~0.5
频宽/Hz/ -3dB	20~200	0~25	—
中位死区	无	有	有
价格因子	3	1	0.5

对电液比例阀的检索截止日期为 2014 年 6 月 30 日，经过查全率评估和查准率评估之后，共获得有效的全球专利申请 562 项，其中中国专利申请 279 件。

---

[1] 路甫祥，胡大绂. 电液比例控制技术 [M]. 北京：机械工业出版社，1988.

3.1 全球专利申请发展态势

3.1.1 全球专利申请趋势及发展阶段

从专利分析的角度看，图3-1-1显示了从有电液比例阀专利申请开始，全球所有记载了电液比例阀的历年专利申请量的变化情况。从图3-1-1中可以看出，随技术发展而变化的专利数量趋势曲线并结合变化明显的节点，该发展过程可以分3个阶段：1988年之前的萌芽发展期、1988～2002年的平稳发展期、2003～2013年的高速发展期。下面将对每个发展阶段的具体情况进行说明。

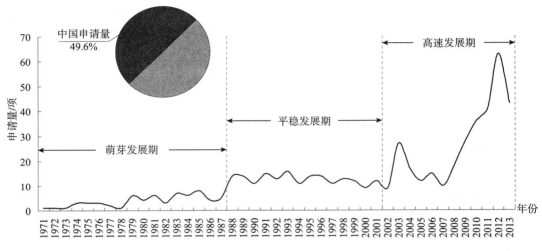

图3-1-1 电液比例阀全球专利申请量态势

（1）第一发展阶段：萌芽发展期（1988年之前）

从1971年出现了第1件申请之后，电液比例阀开始进入了各国的视线范围，但是，一直到1988年之前，各国在电液比例阀领域的申请量都很小，多数集中在基础方面的研究。

1971年，卡特彼勒申请的美国专利US3903787A涉及一种低功耗比例控制阀（参见图3-1-2），这是一种包括具有可移动阀芯的控制阀，阀芯用于连通来自流体源的进口腔和与电机关联的工作腔的流体，流体控制回路用于调节流体压力源和液压电机之间的液流。

1974年，日本油研申请的JPS50153321A提出了一种比例压力阀，这是世界上较早的比例压力阀，引起了许多国家及公司的广泛重视，推动了比例控制技术的发展，其结构参见图3-1-3。

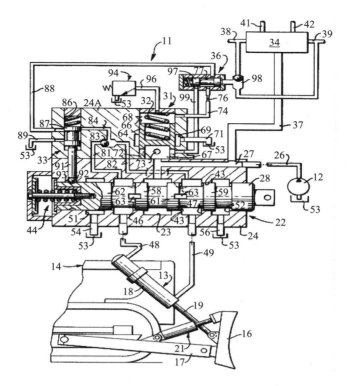

图 3 - 1 - 2　US3903787A 的技术方案示意图

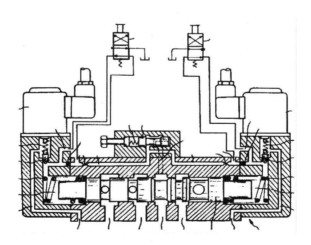

图 3 - 1 - 3　JPS50153321A 的技术方案示意图

之后，美国派克于 1981 年申请的 US4434966A 涉及一种具有方向控制滑阀的电液比例控制阀（参见图 3 - 1 - 4），该阀包括电液先导阀、进口减压阀和方向控制阀。方向控制阀包括方向控制滑阀，其在中间位置、向左移动位置以及向右移动位置之间切换，以响应来自电液先导阀的液压信号。

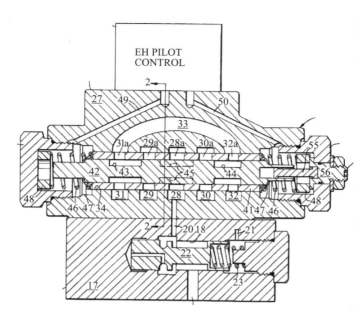

EH PILOT CONTROL

图 3 - 1 - 4　US4434966A 的技术方案示意图

（2）第二发展阶段：平稳发展期（1988～2002 年）

1988～2002 年这段时间定义为平稳发展期，在这个阶段，全球的专利申请量比较平稳，每年都维持在超过 10 项的水平，整条曲线比较平缓。

1988 年，博世申请的 DE3829992A1 涉及一种比例液压控制阀（参见图 3 - 1 - 5），在中心位置有比例装置，在一端具有方向阀，另一端具有位置传感器。输出压力由内置在壳体顶部的传感器监控，传感器的输出与参考值进行比较，以调节阀芯的位置，阀芯的位置由位置传感器进行反馈。

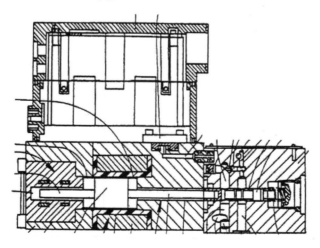

图 3 - 1 - 5　DE3829992A1 的技术方案示意图

　　其后，采埃孚于 1999 年申请的 DE19934697A 提出了一种比例阀（参见图 3 - 1 - 6），用于调节车辆变速器转换压力。该阀由磁界面分为液体部和电子部，将液压阀支承点设置在阀与电子线圈相反的那侧上，即液体部中，从而使电枢以浮动的方式伸入线圈空间中。

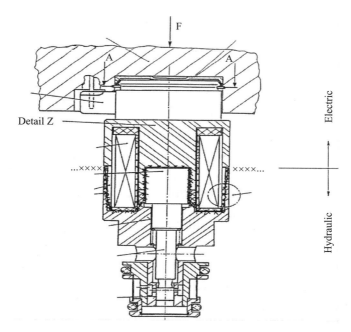

图 3 - 1 - 6　DE19934697A 的技术方案示意图

　　（3）第三发展阶段：高速发展期（2003～2013 年）

　　在 2003～2013 年，电液比例阀出现了高速发展，每年的申请量均超过 20 项，2011 年甚至超过了 60 项，这一阶段，各种类型的比例阀的申请都有相当的数量。

　　2003 年申请的 US20030501944P 涉及一种比例方向阀（参见图 3 - 1 - 7），具有连接到电子控制器的磁位置传感组件，并且具有检测连接到阀元件上的磁组件的磁场变化并产生与磁场变化成比例的输出电压的霍尔效应传感器。

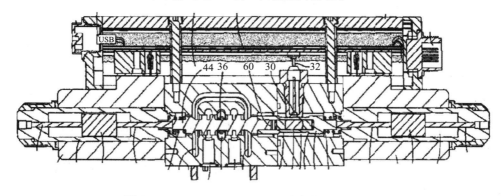

图 3 - 1 - 7　US20030501944P 的技术方案示意图

ROTH 公司于 2008 年申请的 CH699508A 涉及一种流量控制阀（参见图 3－1－8），其具有工作结点和比例驱动器，比例节流阀和下游的压力控制阀设有控制活塞、压力控制活塞和压力控制弹簧。

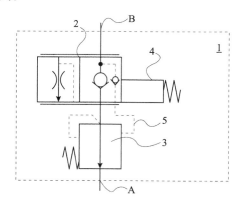

图 3－1－8　CH699508A 的技术方案示意图

2012 年德国 HYDAC 申请的 DE102012015356A1 涉及一种夹头式先导比例方向阀（参见图 3－1－9）。该阀具有设置在主活塞后表面的先导阀腔，先导阀腔内设有由致动装置移动的先导阀关闭元件。关闭元件调节先导阀腔和阀壳体流体出口之间的流体。在壳体的流体入口和先导阀腔之间设置入口孔。在先导阀受体和流体出口之间的流出量中的主活塞中设置最大流量控制器。

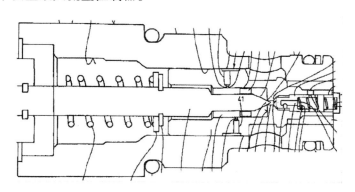

图 3－1－9　DE102012015356A1 的技术方案示意图

3.1.2　重要申请人分析

（1）区域分布

如图 3－1－10 所示，在电液比例阀全球申请量的地区排名上，中国、德国、美国、日本、法国和英国居于前列。中国在电液比例阀的申请量占据领先定位。但是绝大部分申请均为在中国的申请，在国外的申请仅有 2 件。中国申请的情况将在下一节中详细介绍和分析。

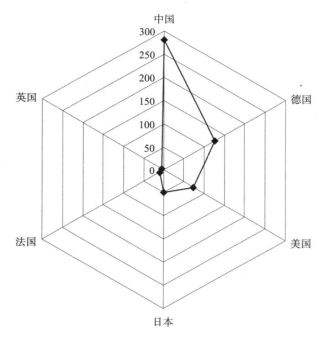

图 3 - 1 - 10   电液比例阀全球专利申请区域分布

注：图中数字表示申请量，单位为项。

（2）申请人排名

从图 3 - 1 - 11 可以看出，国外申请集中在几家大公司，其中，德国博世的申请量位居榜首，达到 40 项，其次分别是德国的力士乐、德国的采埃孚、美国的派克和美国的卡特彼勒，这 5 家公司的申请量占总申请量的近 1/3，说明在电液比例阀领域，少数几家公司掌握了核心技术，在市场竞争中处于绝对优势位置。此外，从图 3 - 1 - 11还可以看出，排名前三位的全部是德国公司，第四位和第五位均是美国公司，再结合图 3 - 1 - 10 的区域分布可以发现，目前电液比例阀技术的最前沿技术掌握在德国和美国手中，这与这两个国家的工业技术发展状况也是相一致的。

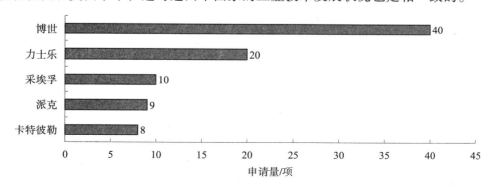

图 3 - 1 - 11   电液比例阀全球专利申请的申请人排名

3.2　中国专利申请发展态势

3.2.1　中国专利申请趋势及发展阶段

在电液比例阀领域，共检索到从 1985~2014 年已公开的中国发明专利申请 279 件。图 3-2-1 显示了中国电液比例阀的历年专利申请量变化情况。从图 3-2-1 中可以看出，中国电液比例阀的发展趋势与全球发展趋势类似，也经历了缓慢发展期、逐渐发展期和快速发展期 3 个阶段，其中，缓慢发展期的时间开始得比较晚，始于 1985 年，这与中国专利制度建立得较晚有关。经历了长达 15 年的缓慢发展后，中国的电液比例阀于 2000 年开始稳步发展，并在 2006 年之后出现了迅猛发展的态势，这个时期与全球的高速发展期基本一致，说明中国电液比例阀技术经过 20 年的积累，在专利申请方面开始赶上了国外的发展步伐。

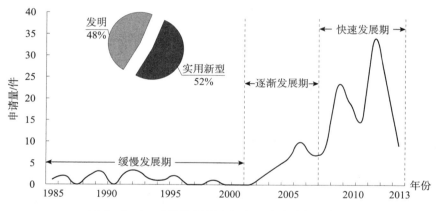

图 3-2-1　电液比例阀中国专利申请随年份变化

下面将对每个发展阶段的具体情况进行说明。

（1）第一发展阶段：缓慢发展期（2000 年之前）

1985 年，浙江大学申请的中国专利 CN85105425A 提出了一种三通插装式电液比例复合阀（参见图 3-2-2），这是中国较早的电液比例阀申请，它由双向电流控制调节器、双向耐高压比例电磁铁、阀盖、滑阀式先导级、双向三通插装式流量传感器、双向三通插装式主调节器、端盖和插孔体 8 个部件组成，是双臂牵连差动受控单元组合。它不仅兼容了四边滑阀 - 四臂牵连受控和以二通插装阀作为单臂受控单元技术方案的优点，而且阀内采用"流量 - 位移 - 力反馈"及"速度 - 动压反馈"的新原理，提高阀的静动态性能。经适当改变可派生出三通插装式手调、电反馈比例复合阀。

之后，华南理工大学于 1986 年申请了一种采用压差位移力反馈原理的电液比例调速阀（公开号为 CN86208057U，具体结构参见图 3-2-3），其发明点是在该阀的流量控制系统中采用了压差位移力反馈调节装置。该反馈调节装置的特点在于当主阀芯两端的压差增大时，主阀芯的开口是减小的，即形成负反馈，同时通过反馈弹簧将此压差的变化转化为位移，以弹簧力的形式反馈至先导滑阀，借助反馈弹簧反馈至先导阀芯与给定的电磁力平衡。由于压差传感器的级间是负反馈，其有良好的静态特性和动态特性以及抗干扰能力。

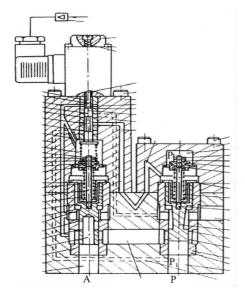

图 3 - 2 - 2　CN85105425A 的技术方案示意图

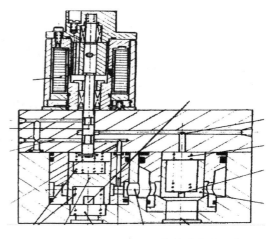

图 3 - 2 - 3　CN86208057U 的技术方案示意图

1996 年，博世申请的 CN1090576C 涉及一种载荷感知式比例阀（参见图 3 - 2 - 4），其针对现有感知式比例阀加工及组装复杂的问题，提供一种可仅从一侧加工阀体，且可仅从一侧组装进内置构件，以降低成本的载荷感知式比例阀。它包括在输入孔与输出孔间具有旁通通路的阀体；置于该阀体内、调节制动液压的液压调节阀体；往闭的方向给予该液压调节阀体弹簧力的弹簧与向开的方向进行推压的滑阀，在前述阀体上仅其一侧存在的组装孔的里面形成了台阶孔，设置了具有由前述液压调节阀体实施开闭的阀座孔且配置于前述台阶孔内的座构件以及嵌装于前述组装孔中的堵塞，通过前述组装孔将前述弹簧、液压调节阀体、座构件以及滑阀组装入前述阀体之后，由嵌装入该组装孔的前述堵塞防止其脱开。

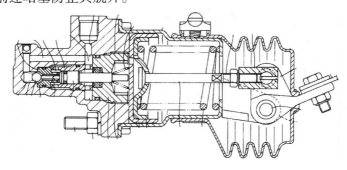

图 3 - 2 - 4　CN1090576C 的技术方案示意图

浙江大学于 1999 年申请的 CN2357170Y 涉及一种电液比例压力流量复合控制阀（参见图 3 - 2 - 5），是采用比例定差溢流阀与带有比例节流阀阀芯位移 - 力反馈和级间动压反馈原理的比例节流阀安装在一个主阀体内，可对系统压力进行比例调节，又可对输出流量进行比例控制，改善了电液比例压力流量复合控制阀对负载变化所引起的比例节流阀阀芯位移偏离调定值的缺陷，提高了电液比例压力流量复合控制阀的稳态压力 - 流量控制特性。此外，它还具有结构紧凑、工作可靠、性能价格比高等特点。

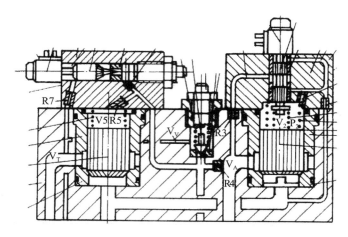

图 3 - 2 - 5　CN2357170Y 的技术方案示意图

（2）第二发展阶段：逐渐发展期（2000 ~ 2006 年）

2000 ~ 2006 年定义为逐渐发展阶段，在这个阶段，经过前期的技术积累，申请量逐渐上升，在 2002 年达到了最高点，申请人对各种控制技术进行了有益的尝试。

西南交通大学于 2000 年申请的 CN1230629C 涉及一种液压系统液流方向、流量及压力控制用比例阀（参见图 3 - 2 - 6），采用多级、组合双向作用数字控制电磁铁组，提高了启动电磁力，通过取消或降低回位弹簧刚度、减少被驱动部件和消除间隙，提高了比例阀响应速度。该比例阀能耗低、阀体尺寸小、重量轻、成本低，响应性能接近伺服阀，抗污染能力强，在直动方式和大流量情况下可实现对流量或压力的快速响应比例控制。

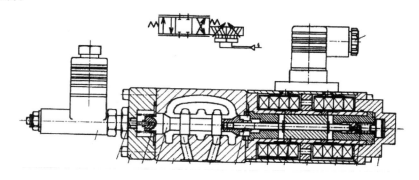

图 3 - 2 - 6　CN1230629C 的技术方案示意图

宁波华液机器制造有限公司于 2004 年申请了一种比例压差控制阀（公开号为 CN1603635A，具体结构参见图 3－2－7），其在原有的阀体、阀芯、比例信号发生装置和压力口、控制口及泄油口等基础上加以改进，即阀芯上分别设有邻近第一容腔的第一台肩和邻近第五容腔的第二台肩，与该两台肩相应处的通道上分别开有沉割槽以形成第二容腔和第四容腔，泄油口和压力口分别与第二容腔、第四

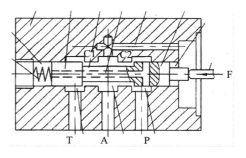

图 3－2－7　CN1603635A 的技术方案示意图

容腔相连通，第一台肩、第二台肩的相对侧分别与各自容腔之间形成第一控制边、第二控制边，第一容腔与第四容腔之间，第三容腔与第五容腔之间通过工艺孔相通，且比例信号发生装置在自然状态下，第一控制边为常闭状态，而第二控制边为常开状态。采用上述结构后，随着阀芯在通道内的移动，第二台肩与第四容腔之间形成了一个可变阻尼孔，且其孔径远远大于固定阻尼孔的孔径，因此，在同样的电磁推力下，流过的流量也就增大，从而使得其可用于大流量的压差控制或先导级控制，以满足不同场合的控制需要。

湖南科技大学于 2006 年申请的 CN101149068A 涉及一种电液比例溢流阀（参见图 3－2－8），目的是提供一种能够实现调压偏差接近零，运用 Π 桥液阻网络结构作为先导回路的电液比例溢流阀。它包括主阀和先导阀两部分，先导阀部分由先导阀体、先导阀芯组件构成；先导阀芯组件由先导阀套和内装先导活塞、一个固定液阻及活塞盖和一端部的先导阀芯组成；液阻网络结构是由两个固定液阻、一个可变液阻组成；先导阀开口度大小受第二个固定液阻前后的压力和比例电磁铁指令力共同控制。通过合理配置先导阀部分的结构参数可以使本发明专利阀的调压偏差极小，甚至为零。优点是采用 Π 桥液阻网络结构作为先导控制回路，可以使调压偏差接近零；提高液压系统的控制精度和效率。

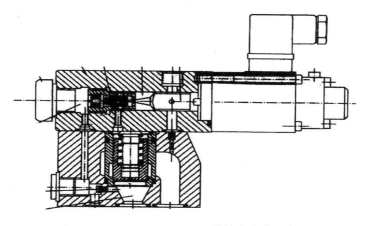

图 3－2－8　CN101149068A 的技术方案示意图

（3）第三发展阶段：快速发展期（2007~2013年）

2006年之后，中国电液比例阀的申请量迅猛增长，在2011年达到了峰值，超过了50件。

海门市油威力液压工业有限责任公司于2010年申请的CN101886642A公开了一种先导型电反馈比例方向阀（参见图3-2-9），其先导级和主级之间设减压垫板（3），先导级包括行程控制型比例方向阀及其两端的比例电磁铁A（11）和比例电磁铁B（12），比例方向阀包括先导阀体（1）、先导阀芯（2），先导阀体下部有多个油口（17），先导阀芯通过油道（18）与各油口连通，各油口与主级的油道连通；主级包括主阀体（8）、主阀芯（7）、主阀芯对中弹簧（4）、主阀端盖A和B（5，6），主阀体下部设有压力油口（P）、进出油口（A）、进出油口（B）、回油口（T）、控制油口（X）和泄油口（Y），主阀体通过油道通向油口，固定于主阀端盖B上的销子（15）置于滑动槽（16）内，开有滑动槽的主阀芯端部固定连接有位置传感器（9），位置传感器头部置于比例放大器（10）内，比例放大器分别与两比例电磁铁连接。

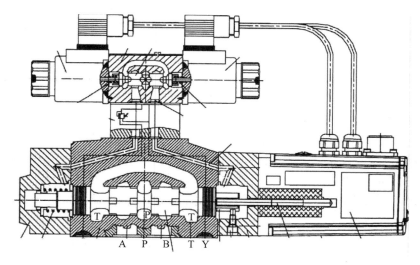

图3-2-9　CN101886642A的技术方案示意图

江苏国瑞液压机械有限公司于2011年申请的CN102094863A涉及一种电液比例多路控制阀（参见图3-2-10），阀体中有两种压力补偿方式共用的主阀阀孔和补偿器阀孔。该控制阀包括阀体（1）、前置式压力补偿器、后置式压力补偿器、前置式压力补偿的主阀芯（4）、后置式压力补偿的主阀芯（20）组成，阀体中有两种压力补偿方式共用的主阀阀孔和补偿器阀孔，进油油道（2）的油液经其右侧的油道（18）连接偏置油道（19）再连接补偿器的进油道，补偿器的有关油道连结梯形桥路油道（16）。

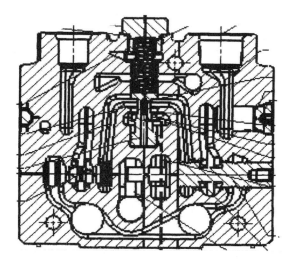

图 3 - 2 - 10 CN102094863A 的技术方案示意图

3.2.2 重要申请人分析

（1）申请人状况

如图 3 - 2 - 11 所示，在总共 279 件申请中，绝大部分是中国申请（占 97%），国外申请有澳大利亚、德国、日本、美国和英国，申请量都不多，可见国外申请人目前还未开始在中国市场进行大规模布局。

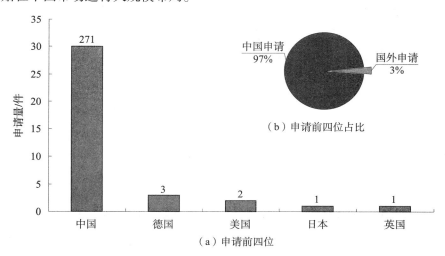

图 3 - 2 - 11 电液比例阀中国专利申请前四位及所占比

（2）申请人的类型

从图 3 - 2 - 12 可以看出，在国内申请人中，公司申请占一半多，大学次之，而研究机构占比非常小，说明我国在电液比例阀领域的基础性研究还比较薄弱。

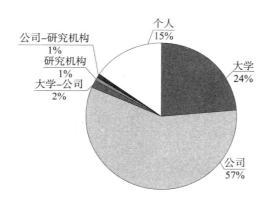

图 3 - 2 - 12　电液比例阀中国专利申请的国内申请人类型

（3）申请人省市分布

从图 3 - 2 - 13 中可以看出，电液比例阀的国内申请主要集中在江浙沪一带，其中申请量最大的是浙江，以 80 件的申请量占据绝对的统治地位，江苏、上海和山东属于第二梯队。这是由于我国液压阀企业多数集中在江浙沪一带，结合图 3 - 2 - 12 申请人类型分布来看，一半以上的申请是公司提出的，企业广泛开展电液比例阀技术的研发工作，从而推动了该地区电液比例阀专利申请量的上升。然而，从图 3 - 2 - 13 中也可以发现，我国电液比例阀技术的地区发展很不均衡。

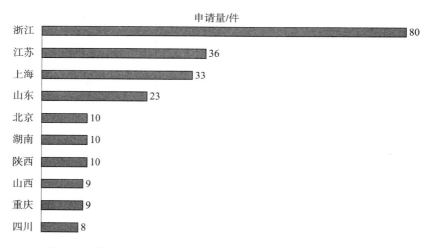

图 3 - 2 - 13　电液比例阀中国专利申请的国内申请人的省市分布

（4）申请人排名

从图 3 - 2 - 14 可以看出，国内申请量比较分散，基本上集中在公司和大学，同样反映出电液比例阀的技术门槛较高，其中申请量最大的是高新技术企业山东泰丰液压有限公司。结合图 3 - 2 - 13 可以看出，排名前十位的申请人类型分布与中国专利申请总量中申请人类型分布是一致的。

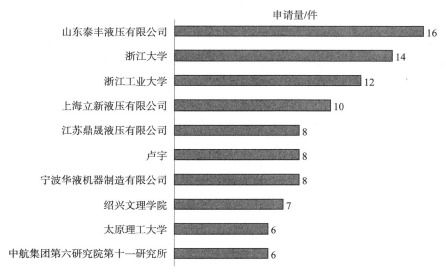

图 3 – 2 – 14 电液比例阀中国专利申请的申请人排名

（5）电液比例阀发明专利申请的法律状态

从图 3 – 2 – 15 可以看出，在电液比例阀领域，在已结案件中，授权率比率高，而且授权后的专利有效率比较高，占了授权总量的 71%。

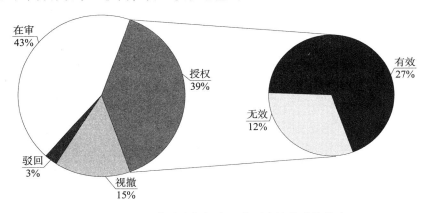

图 3 – 2 – 15 电液比例阀中国专利申请的法律状态

3.3 电液比例阀技术分析

3.3.1 电液比例阀技术发展路线

3.3.1.1 电液比例阀的分类

根据用途和工作特点的不同，比例阀可以分为比例压力阀（例如比例溢流阀、比例减压阀等）、比例流量阀（例如比例节流阀、比例调速阀等）和比例方向阀（例如比例换向阀等）三大类（参见图3-3-1）。电液比例换向阀不仅能够控制方向，还有控制流量的功能。每一类又可以分为直接控制和先导控制两种结构形式，直接控制用在小流量小功率系统中，先导控制用在大流量大功率系统中。下面将参考图3-3-1，对电液比例阀的3种类型及发展阶段进行介绍。

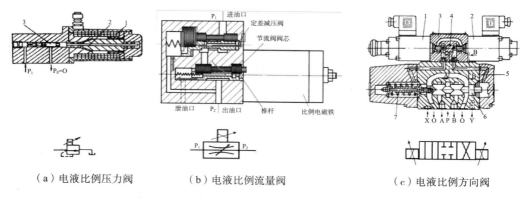

（a）电液比例压力阀　　　（b）电液比例流量阀　　　（c）电液比例方向阀

图3-3-1　电液比例阀的三种类型

（1）比例压力阀

1967年瑞士BERINGER公司生产出KL用于船体表面除锈涂漆工艺的比例方向节流阀，这是世界上最早的电液比例阀。[1] 1971年和1972年日本油研公司相继申请了比例压力阀和比例流量阀的专利，引起了许多国家及公司的广泛重视，推动了比例控制技术的发展。[2] 这期间出现的比例压力阀（溢流阀和减压阀）基本是以传统手调液压阀为基础发展而来，区别仅是用比例电磁铁取代了阀上原有的弹簧手调机构，阀的结构原理和设计准则几乎没有变化。比例电磁铁的结构包括线圈、衔铁、推杆，当有信号输入线圈时，线圈内磁场对衔铁产生作用力，衔铁在磁场中按信号电流的大小和方向成比例、连续地运动，再通过固连在一起的销钉带动推杆运动，从而控制滑阀阀芯的运动。应用最广泛的比例电磁铁是耐高压直流比例电磁铁。

①控制技术研究：20世纪80年代初，我国浙江大学的路甬祥提出了压力直接检测原理，他应用该原理设计的比例溢流阀曾获得德国发明专利。[3] 按此原理，国内外研制的比例溢流阀和比例减压阀的性能都获得了显著提高，实现了人们长期以来所追求的等压力特性。德国AachenTH的泽纳（F. Zehner）重点研究了直接检测的比例压力阀，并特别介绍了采用直接压力电检测的比例溢流阀。我国浙江大学的郁凯元在文献[4]中，研究了采用系统压力直接检测和主阀芯速度反馈的比例溢流阀和比例减压阀，并提出采用主阀的三通结构来改善比例减压阀在无负载时的控制性能。1986年日本油研和美

[1]　路甬祥，胡大绂.电液比例控制技术［M］.北京：机械工业出版社.1988.
[2]　陈惠民.电液比例元件发展概况［J］.液压与气动，1984（1）：8-10.
[3]　LU YONG-XIANG. Entwieklung vorgestenerter proportional ventile mit 2-weg-einbauventile als stellglied und mit gerateintener ruokfuhrung［D］. Aaehen：Aachen TH, 1981.
[4]　郁凯元.节流调节式电液压力控制器件性能优化研究［D］.杭州：浙江大学，1988.

国派克分别申请了压力直接电检测的比例溢流阀和压力间接电检测的比例溢流阀专利，从而推动了压力电检测技术的发展。

从 20 世纪 80 年代后期开始，比例压力控制技术的又一进展是采用电气闭环校正，出现了被控压力 - 压力传感器检测的新一代比例压力阀。采用这种原理可将电 - 机械转换器的非线性和先导阀的非线性扰动都包含在闭环之内，因而可实现无静差控制，同时利用电气校正也可以很方便地改善阀的稳定性和快速性。曾有文献❶介绍的采用力矩马达驱动单喷嘴挡板阀作先导级的压力直接电检测型比例溢流阀和比例减压阀，其稳态特性达到了当时几乎完美的程度。日本油研同期推出的比例溢流阀更将电控器、放大器、压力传感器与阀集成为一体，阀上还带有压力数字显示和报警装置。国内浙江大学也研制成功采用这一原理和 PID 调节技术的三通型比例压力阀，获得了同样的效果。为完善这一技术，国外还发展了将 A/D、D/A 转换器、放大器与检测单元集为一体的压力传感器，降低了生产成本、提高了可靠性和精度，这一技术将成为比例压力控制的主要手段。

此外，国内吴良宝等人用功率键合图的方法对比例溢流阀的性能进行了研究，主要研究了阻尼网络对比例溢流阀性能的影响。印度学者达斯古浦塔（Dasgupta）也用功率键合图的方法对电磁比例先导溢流阀的性能进行了研究，并建立了电液比例阀的非线性模型。曾有文献❷对采用 B 型液桥的直接检测型比例溢流阀的性能进行了仿真及优化设计，改善了比例溢流阀的性能。国外学者曼科（S. Mamco）对带先导流量恒定器的减压阀和多种先导级结构的直接检测型溢流阀进行了仿真和试验研究。曾有文献❸提出在主阀芯上开不同圆形槽的方法改善了先导式比例溢流阀的压力特性。曾有文献❹采用 PID 控制和动态矩阵控制（DMC）方法，对比例减压阀进行了缓冲控制研究。

② 结构原理改进：在对比例压力阀性能进行大量分析和研究的同时，许多研究者也致力于从结构原理上对电液比例阀进行改进。德国 Aachen TH 的文加登（F. Weinganten）应用线性液阻代替圆孔阻尼器，使溢流阀的动态超调量及快速性略有改善。国内学者曾祥荣研究了采用液动力补偿的大流量直动式比例溢流阀，并且还对这种阀所采用的液动力补偿方法作了进一步的研究。❺

湖南大学黄勇针对比例压力阀，在对比分析多种阀芯和阀腔几何结构后，优化设计出一种新型阀芯和阀腔结构的比例压力阀。权龙在其博士论文中提出新的电闭环比例控制方法，并在比例减压阀的出口与先导泄油口之间设置一旁通流量调节器，可解

❶ Zehner F. D irek te druckm essung vorbessert statischen and dynam ischen verhaltens vorgestenerte druckven - tile [J]. International Journal of Fluid Power, 1988, 32（6）：442 - 446.

❷ Liu Nenghong. Theoretical analysis and experimental research of static and dynamic performance o oartridge relief valve [C] //Hangzhou. China 2th ICFP. 1989：183 - 188.

❸ 郁凯元. 电液比例溢流阀特性的计算机仿真及参数优化研究 [J]. 计算机仿真，1987（3）：17 - 21.

❹ 林峰，刘影，陈漫. 电液比例阀在车辆换档离合器缓冲控制中的应用 [J]. 兵工学报，2006，27（5）：784 - 787.

❺ 曾祥荣. 稳态液动力补偿形单级溢流阀及其试验研究 [J]. 机床与液压，1984（6）：12 - 19.

决现有比例减压阀在负载很小时不能稳定工作的难题。❶

（2）比例流量阀

① 反馈类型：反馈型分为流量反馈、位移反馈和力反馈，也可以把上述量转换成相应的其他量或电量再进行级间反馈，又可构成多种形式的反馈型电液比例阀。例如，有流量－位移－力反馈、位移电反馈、流量电反馈等。凡带有电反馈的电液比例阀，控制它的电控器需要带能对反馈电信号进行放大和处理的附加电子电路。

20 世纪 80 年代后期，国外首先出现了位移电反馈型三通比例节流阀。这种阀能对两个方向的油液进行控制，只用一个阀就可以控制差动液压缸的双方向动作。同期，国内浙江大学也研制出了采用双向比例电磁铁控制的双可变节流口作先导阀和主阀位移力反馈的三通型比例节流阀。该阀与耐高压双向动态流量传感器配套构成的三通型比例流量阀还获得了发明专利。此外，美国穆格利用压力电反馈和位移电反馈技术研制出比例方向、压力和流量阀，能同时对负载腔压力和节流口开度进行精确控制。

另外，由于流经节流口的流量除取决于节流口的通流截面积外，还与节流口前后的压差有关。最初的流量控制阀就是采用压差定值阀对系统的压力变化进行补偿，使得节流口前后的压差保持恒定，从而实现输入信号对流量的单调控制。早期的比例流量阀也采用了该控制原理，这种阀的不足之处在于受作用在减压阀阀芯上液动力的影响，负载压差变化时流量特性不佳。而且由于减压阀必须采用常开式结构，在启动和负载压力突变时会产生很大的流量超调。采用先导式定差减压阀可改善这种阀的流量特性，这种阀采用溢流阀作为补偿阀，并与节流阀并联联接，可构成三通型调速阀，其特点是工作时系统压力始终随负载压力的变化而变化，效率较高。日本油研利用节流阀的电反馈提高了这种电液比例阀的控制精度。

从 20 世纪 80 年代后期开始，流量闭环控制的比例流量阀的出现推动了流量控制技术的发展，该类阀采用阀口特殊造型的二通插装阀实现流量－压差或流量－位移的线性转换。❷ 控制精度完全取决于流量传感器的转换精度，而与负载的变化无关，该种比例流量阀由于将电－机械转换器也包含在闭环之内，进一步提高了电液比例阀的流量控制精度。德国 Aachen TH 研制出主阀芯位移和流量传感器位移双电反馈的比例流量阀，用主阀芯位移电反馈来改善阀的稳定性。

虽然早在 19 世纪中叶就出现了应用压差补偿原理的流量控制阀，其控制原理也一直沿用至今。❸ 但是与压力阀不同，因流量控制阀本身由两个相互独立工作的压差补偿阀和一个节流阀组成，几乎不存在不稳定因素、噪声和啸叫等缺陷，所以对它的研究并不像对压力阀那样深入和广泛，而其研究工作的重点也是放在如何减少动态过程中的流量超调和稳态流量偏差以及结构参数的优化上。浙江大学的路甬祥于 20 世纪 80 年代中期提出了"流量－位移－力反馈"等新原理。极大地改善了比例流量阀的

❶ 权龙. 新型电液比例阀的研究［D］. 西安：西安交通大学，1993.

❷ 付周东，路甬祥. 耐高动态流量计的研究［J］. 液压与气动，1986（2）：2－9.

❸ 路甬祥，胡大绂. 电液比例控制技术［M］. 北京：机械工业出版社. 1988.

性能，并获得多项发明专利。瑞典 Linkoping University 的安德森（B. R. Andersson）在其博士论文中提出一种新的比例节流阀，该阀利用在主阀芯上开槽的方法实现位移 - 流量反馈，并同时产生主阀芯的速度反馈，所以稳定性较好。在此基础上，他还提出"流量放大"控制原理，仅通过控制先导阀的流量就可对主阀的流量进行控制，简化了比例流量阀的结构。我国学者吴平东在其博士论文中提出在文献❶所提出节流阀的基础上采用"面积补偿方法"来消除因负载压力变化造成的流量改变，使阀的输出流量在一定范围内不受负载压力的影响，是一种较简单的先导式比例流量阀。此外，国外谢菲尔（G. Scheffel）对先导型流控阀的性能进行了理论分析和试验研究。浙江大学的路甬祥等对流量反馈型比例流量阀的性能进行了较深入的研究，王庆丰对比例流量阀的压力补偿器进行了研究，通过采用流场变化补偿方法提高了比例流量阀的控制精度。❷

　　② 仿真方法：针对常规比例流量阀建模的局限性，美国西北大学（Northeastern University）的埃伊尔梅兹（B. Eryilmaz）在其博士论文中，为比例流量阀模型建立了非线性等式，获得关于阀芯几何属性和物理模型参数的统一流量 - 阀口关系式，得到了分析正中、正遮盖和负遮盖比例流量阀的流量方程；并采用非量纲分析法，验证了统一模型的误差仅依赖于阻尼系数。加拿大萨斯喀彻温大学（University of Saskatchewan）的舍瑙（G. Schoe - nau）采用一般最小二乘法（the ordinary least squares）和极大似然估计法（the maximum likeli - hood）对比例流量阀弹簧刚度和弹簧的预压缩量进行了参数估计，最大误差不超过 5%。国内北方车辆研究所的汪国胜也对比例流量阀的弹簧进行了研究，主要研究了与弹簧设计紧密相关的稳态液动力估计和弹簧预压力调节等问题。❸ 北京理工大学的冯靖利用两个高速开关阀以及控制电路部分组成先导式的比例流量阀并对此进行了建模和仿真。曾有文献❹提出一种新的流量控制原理，应用该原理的比例流量阀不仅具有较高的控制精度和抗干扰能力，而且从根本上消除了流量阀在启动和负载压力阶跃扰动过程中存在的大流量超调。同时在流量控制原理基础上，提出压力流量复合控制策略并发明了比例溢流调速阀和比例减压调速阀。北京理工大学的李强对比例节流阀的稳态特性进行了仿真，得到比例节流阀在不同开口时的流量特性、刚度特性和工作稳定性曲线。有文献❺针对现有大通径电液比例调速阀控制精度不高的不足，根据压差 - 电气 - 面积补偿原理，采用先导式阀体结构形式，设计了能对大流量进行精确控制的电液比例调速阀。有文献❻利用先导式带位置电反馈型节流阀和压差补偿器流量控制方式设计出高压大流量电液比例调速阀，最大流量达到 220L/min，阶跃响应时间为 115ms，频宽接近 6Hz。

❶ Andersson B R. A proportional controled seat valve［D］. Sweden Linkoping university. 1984.

❷ 王庆丰. 新型压力补偿器的电反馈比例方向流量阀研究［D］. 杭州：浙江大学，1988.

❸ 汪国胜，凌云，樊庆华. 电液比例阀的设计与实验研究［J］. 流体力学实验与测量，2004，18（1）：48 - 52.

❹ 权龙. 新型电液比例阀的研究［D］. 西安：西安交通大学，1993.

❺ 胡均平，吴伟辉，朱桂华. 压差—电气—面积补偿型高压大流量电液比例调速阀的研制［J］. 机械传动，2004，28（2）：50 - 52.

❻ 吴伟辉. BT25 高压大流量电液比例高速阀的设计与研究［D］. 长沙：中南大学，2004.

③ 高频高精度流量阀研究：为了使比例流量阀用于高频、高精度的闭环系统，国内外公司和研究机构都对此进行了研究。国外发展的直动式电液比例阀采用高频响比例电磁铁或动圈式力马达驱动阀芯，位移由位置传感器反馈，由内置电子线路进行阀芯的闭环控制。加拿大微液（Micro Hydraulics）公司生产的高频电液比例流量阀CETOP5可提供伺服阀特性，但是只相当于电液比例阀的价格，频宽达到40Hz。日本油研推出的闭环控制电液比例节流阀（ELFBG 系列），它采用小型比例电磁铁配合线性位移传感器，直接检测流量阀芯的位移并反馈到控制系统，根据系统要求调整校正输出量，从而实现高响应、高精度和高性能的闭环控制。这种阀的滞环 <0.5%、重复误差 <0.5%，响应时间 <15ms。

美国派克以音圈驱动（Voice Coil Drive）技术为基础开发的 DF plus 电液比例阀，采用闭环控制，线性度相当好，响应也很高，可达400Hz。德国力士乐开发的紧凑型IRC - R 高频响电液比例阀集合了外置闭环控制器几乎所有的功能，它配置了 Profibus - DP 或者 CANopen 总线。通过上位机通过现场总线与液压控制器实时通信，并带有诊断界面和模拟量通道。❶ 从而使电液比例阀由系统的执行器一跃成为系统的智能控制器和执行器于一身，实现电液比例阀新的飞跃。美国穆格提出的直动式（DDv）电液比例阀，采用超大作用力的线性力马达（LFM）直接驱动主阀芯，消除了先导控制油液对主阀芯的影响，使电液比例阀的动态响应基本与工作压力无关，这为一些低压工作系统或系统供油压力变化的控制系统提供了非常理想的选择。德国博世力士乐开发的直动型高频电液比例阀 4wRREH 系列，采用高频比例电磁铁驱动，阀芯位移用电反馈，内置电子线路实现阀芯的闭环控制，具有良好的频响特性。意大利阿托斯提出由高精度比例电磁铁驱动阀芯，位置传感器进行检测，内置电子线路实行闭环控制的电液比例阀，其频响接近一般电液伺服阀（25～60Hz）。

国内郝鸿雁等提出电液比例阀的 CAN - Bus 硬件接口电路、软件接口系统及工作模式，为高性能电液比例阀的现场总线接口设计提供了依据。❷ 哈尔滨工业大学的李勇等联合一汽富奥公司于韶辉针对电液比例阀阀控缸下响应慢和精度低的现状，提出电液比例阀双闭环控制技术，仿真和试验结果表明双闭环控制在响应速度及控制精度方面明显优于单闭环控制系统，系统稳定时间缩短了 21%。❸ 北京理工大学的黄官升等提出高响应电磁流量阀，该阀直接将开关电信号通过机械装置（阀体）转换为液压模拟信号，不需要进行 D/A 转换，可直接与计算机接口，非常适用于微机或单片机实时控制，试验测得其额定流量为 4L/min，响应时间为 24ms。❹ 同时黄官升还确定了高响应电磁阀常见的故障模式为液压密封失效、电磁线圈短或断路、弹簧疲劳失效、连接支架松动等，为高响应电液比例阀的改进设计和性能指标的提高途径提

❶ 杨尔庄，李晓亚，孙庆军，等. 比例/伺服阀使机器更聪明 [J]. 现代制造，2006（14）：26 - 30.
❷ 郝鸿雁，计青山，刘国平. 高性能电液比例阀的现场总线接口 [J]. 液压与气动，2006（6）：66 - 68.
❸ 李勇，于韶辉. 电液比例阀的双闭环控制技术 [J]. 微特电机，2005（6）：35 - 36.
❹ 黄官升，丁华荣，杨青. 高速响应电磁阀的研究 [J]. 兵工学报，1998，19（2）：189 - 192.

供了有力的依据。[1]

3.3.1.2　电液比例阀的技术发展阶段

电液比例阀的发展大致可以划分为 4 个阶段，从 1967 年布林格尔公司生产的 KL 比例阀复合阀起，到 20 世纪 70 年代初日本油研申请了压力比例阀和流量比例阀两项专利为止，是比例控制技术的诞生时期，可以看作电液比例阀发展的第一阶段。这一阶段的电液比例阀，仅仅是将比例型的电 - 机械转换器（例如比例电磁铁）用于工业液压阀，以代替开关电磁铁或者调节手柄，阀的结构原理和设计准则几乎没有变化，此时大多数比例阀不含受控参数的反馈闭环，其工作频宽仅在 1～5Hz，稳态滞环在4%～7%，多用于开环控制。

从 20 世纪 70 年代初至 20 世纪 80 年代，比例控制技术的发展进入了第二阶段，此时可以认为电液比例阀也开始了其第二阶段，因为采用各种内反馈原理的比例元件大量问世，耐高压比例电磁铁和比例放大器在技术上也日趋成熟，比例元件的工作频宽达到 5～15 Hz，稳态滞环减小到3%左右，其应用领域日渐扩大，不仅用于开环控制，也被应用于闭环控制。

进入 20 世纪 80 年代之后，比例控制技术的发展进入了第三阶段。进一步完善了比例元件的设计原理，采用了压力、流量、位移内反馈和动压反馈及电校正等手段，电液比例阀随之开始了第三阶段，阀的稳态精度、动态响应和稳定性都有了进一步的提高。除了制造成本的限制，电液比例阀仍然存在死区以外，电液比例阀的稳态和动态特性都已经逼近工业伺服阀。另外，比例控制技术开始和插装阀相结合，开发出各种不同功能和规格的二通型、三通型比例插装阀，形成了 20 世纪 80 年代电液比例插装技术。同时，由于传感器和电子器件的小型化，还出现了电液一体化的比例元件，电液比例控制技术逐步形成了 20 世纪 80 年代的集成化趋势。

从 20 世纪 80 年代后期至今，电液比例技术取得了很多进展，在比例压力控制技术上，出现了电气闭环校正、被控压力/压力传感器、集成了电控器、放大器、压力传感器与阀的电液比例压力阀以及压力直接电检测的比例溢流阀和压力间接电检测的比例溢流阀。在比例流量控制技术上，出现了流量闭环控制的比例流量阀，实现了流量 - 压差 - 位移的线性转换，将电 - 机械转换器也包含在闭环之内，还出现了用于高频、高精度的闭环系统的直动式电液比例阀。此外，随着数字技术的发展，还出现了数字式的比例阀。

电液比例阀的技术发展过程，大致可参见图 3 - 3 - 2 的电液比例阀的技术发展路线图。

根据上面的技术发展路线图，可以参考各个时期的专利申请，做出一张现阶段电液比例阀的重要专利申请发展树状图，如图 3 - 3 - 3 所示（见文前彩色插图第 2 页）。

---

[1]　黄官升，吴纬，丁华荣．高速响应电磁阀可靠性试验研究［J］．北京理工大学学报，1998，15（3）：159 - 192.

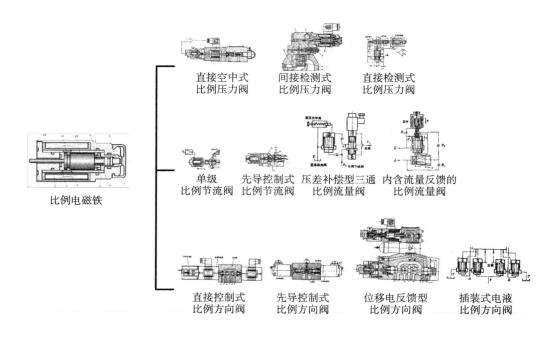

图 3 - 3 - 2　电液比例阀的技术发展路线图

3.3.1.3　电液比例阀的技术 - 功效矩阵分析

　　根据现有技术研究的方向，电液比例阀的技术构成，主要从以下几个方面入手：结构改进、集成化、控制方式、新材料/工艺。其中，包括对电液比例阀的阀体、阀芯结构所做的结构改进方面，对电液比例阀与一通、二通插装阀相结合形成的比例插装以及集成了放大器、传感器、阀体等元件的集成化方面，采用先导、闭环、高响应直流电磁铁和相应的放大器等控制方式方面和采用新材料/工艺例如超磁致伸缩材料、压电陶瓷、复合材料等对电液比例阀技术的影响。

　　为了便于分析，根据全球电液比例阀的发展过程，结合电液比例阀的全球专利申请量，将电液比例阀的专利申请情况划分为 3 个发展阶段，具体地为：1971 ~ 1988 年的萌芽发展期，1989 ~ 2002 年的平稳发展期，2003 ~ 2013 年的高速发展期。下面将对每个发展阶段的具体情况进行说明，与各个发展阶段对应的 4 种技术发展可以参见图3 - 3 - 4。

　　从图 3 - 3 - 4 可以看出，这 3 个发展阶段所跨越的时间段逐渐变短，各个时间段下的专利申请量大体上都呈现出上涨的趋势，但是上涨的情况又各有不同。

　　图 3 - 3 - 4（a）描述的是有关电液比例阀全球专利申请量结构改进发展趋势，其中，在第一时间段至第二时间段有关电液伺服阀结构方面的改进大量地涌现，这是因为从比例技术诞生以来，为了使得比例电磁铁与工业用液压阀结合以代替开关电磁铁或者调整手柄，技术人员进行了大量结构上的研究，而且在比例压力阀、比例流量阀和比例方向阀三大类上都进行结构改进，因此在这个阶段无论是专利申请的数量上还是增长趋势上，有关结构改进的专利申请都大大领先于其他 3 种技术。在第二时间段

至第三时间段，虽然其申请量在数量上依然是最多的，但是其增长趋势明显放缓，这是因为随着技术的进一步发展，研究方向不再受限于结构，也开始呈现多样化发展。

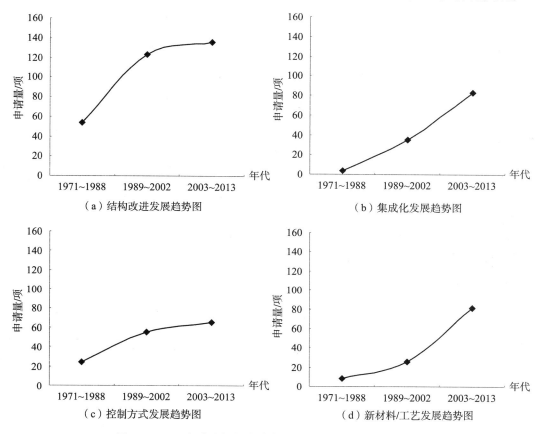

（a）结构改进发展趋势图　　　　　　　　　（b）集成化发展趋势图

（c）控制方式发展趋势图　　　　　　　　　（d）新材料/工艺发展趋势图

图 3 - 3 - 4　电液比例阀全球专利申请 4 种技术发展趋势图

图 3 - 3 - 4（b）描述了有关电液比例阀全球专利申请量集成化发展趋势，其一直呈现上升趋势，且第二时间段至第三时间段的增长趋势更加明显，这主要是由于到了第二阶段，随着传感器和电子器件的小型化，出现了传感器、测量放大器、控制放大器和阀复合一体化的元件，还包括集成式放大器的位移传感器的开发，以及比例技术与一通、二通插装技术相结合，形成了易于集成、结构简单的比例插装阀。

图 3 - 3 - 4（c）描述的是有关电液比例阀全球专利申请量控制方式发展趋势，控制方式的发展趋势与结构改进的发展趋势大体上类似，只是申请量更少，发展更加平缓一些。电液比例阀和电液伺服阀都是将电信号转换为阀芯位移信号，而电液比例阀可以在一些控制精度要求不是特别高的场合代替电液伺服阀来实现其控制性能，因此对于电液比例阀控制方式的研究是随着电液伺服阀的控制发展一起发展的，因此其趋势的变化不是特别突出。

图 3 - 3 - 4（d）描述的是有关电液比例阀全球专利申请量新材料/工艺发展趋势。在第一时间段至第二时间段，更多的是各种比例电磁铁的应用，其申请量也一直不多。

从第二时间段开始，随着新材料/工艺的出现，对于电液比例阀也产生了很大的影响，在这期间，超磁致伸缩材料、压电材料、电致伸缩材料的出现，使得电液比例阀驱动、响应都得到了提高，能够满足系统高速、高精度、大流量、低成本和抗污染的综合要求，其申请量也出现了快速增长。

接下来，将通过功效矩阵来探讨国外和国内比例阀发展的方向和趋势。

（1）电液比例阀国外专利申请的技术功效矩阵分析

通过对电液比例阀国外专利申请的技术功效矩阵进行分析，可以得出电液比例阀的发展热点和技术空白点。在电液比例阀的技术需求方面，最为受到关注的是稳定/可靠、适应性、控制性能3个方面的功效。

为了统计方便，对"稳定/可靠""适应性""控制性能"作出以下的限定：

① 涉及工作平稳、换向快、稳定性好、可靠性高、力反馈代替电反馈、频带宽的功效统一归纳到"稳定/可靠"；

② 涉及减少泄漏、抗污染性强、消除振荡、孔穴的功效统一归纳到"适应性"；

③ 涉及频响、控制精度、闭环控制、工作频宽的功效统一归纳到"控制性能"。

这样，对于电液比例阀技术方面的改进和功效共同组成了针对电液比例阀的技术功效矩阵，具体情况可以参见图3-3-5。

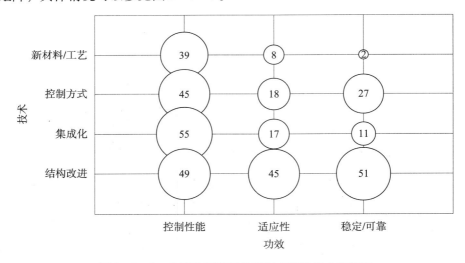

图3-3-5 电液比例阀国外专利申请的技术功效图

注：圈内数字表示申请量，单位为项。

如图3-3-5所示，从横向来看，电液比例阀的新材料/工艺、控制方式、集成化、结构改进4个方面对应于"控制性能"方面的专利申请最多，但是并不是特别突出，在3种功效方面都有涉及。电液比例阀结构改进方面的专利申请，对于"控制性能""适应性""稳定/可靠"都有所涉及，且相对平均，是对电液比例阀功效影响最大的一个方面，说明结构设计是电液比例阀的基础。新材料/工艺方面的专利申请对于"控制性能"方面的功效是影响最大的，占到专利申请量80%，而对于"适用性"和

"稳定/可靠"方面的功效影响较小。而在控制方式、集成化方面，也是对"控制性能"方面的影响最大，其分别占到专利申请量50%和66%。

由此可见，对国外的电液比例阀专利申请影响较大的功效主要集中在"控制性能"这个方面上，在新材料/工艺、控制方式、和集成化方面都是主要针对控制性能而设计的。电液比例阀的结构改进相对于涉及3个功效方面，最大影响却是在"稳定/可靠"方面。

纵向来看，对于电液比例阀的"控制性能"的功效影响最大的是电液比例阀的集成化方面，对于电液比例阀的"适应性"的功效影响最大的是电液比例阀的结构改进方面，对于电液比例阀的"稳定/可靠"的功效影响最大的也是电液比例阀的结构改进方面。

据此，就国外的电液比例阀专利申请而言，要想改进电液比例阀的"控制性能"功效，目前最大的改进体现在集成化方面，而要想改进电液比例阀的"适应性"和"稳定/可靠"功效方面，则主要应当考虑对电液比例阀的结构做出改进，其次是对控制方式进行改进。

（2）电液比例阀国内专利申请的技术功效矩阵分析

下面将分析电液比例阀国内专利申请的技术功效矩阵，以与国外的技术功效矩阵对比，具体地可以参见图3－3－6。

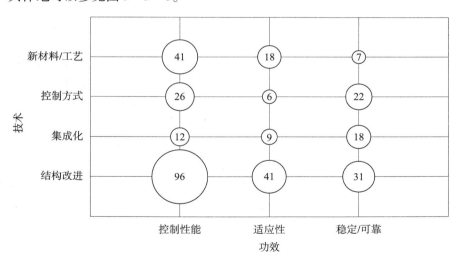

图 3 － 3 － 6　电液比例阀国内专利申请的技术功效图

注：圈内数字表示申请量，单位为项。

如图3－3－6所示，横向来看，就电液比例阀的国内专利申请而言，新材料/工艺、控制放置和结构改进对电液比例阀的"控制性能"功效方面的专利申请量最多，在"适应性""稳定/可靠"功效上也有所涉及。电液伺服阀的结构改进将显著地影响"控制性能"，其在"控制性能"方面的专利申请量占58%，对于"适应性"和"稳定/可靠"方面也有所涉及，说明国内的专利申请特别注重结构方面的设计，将其作为电液比例阀设计的基础。而集成化对电液比例阀的"稳定/可靠"功效的专利申请量最多，对于"控制性能"和"适应性"功效上也有所涉及。

由此，对于电液比例阀影响较大的功效主要集中在"控制性能"和"稳定/可靠"两个方面，电液比例阀的控制方式主要针对"控制性能"和"稳定/可靠"而设计，这两个方面的影响差距不大，但对于"适应性"的影响较小。电液伺服阀的结构改进将显著地影响"控制性能"，其在"控制性能"方面的专利申请量占58%。而新材料/工艺也将显著地影响"控制性能"，而且其在专利申请量占比更高，达到62%。

纵向来看，对于"控制性能"的功效贡献最大的是电液比例阀的结构改进，其次是新材料/工艺和控制方式，集成化的影响最小。对于"适应性"的功效贡献最大的也是电液比例阀的结构改进，其次是新材料/工艺，而集成化和控制方式的影响较小。对于"稳定/可靠"的功效贡献最大的依然是电液比例阀的结构改进，其次是控制方式和集成化，影响最小的新材料/工艺。

因此，无论想调整电液比例阀哪方面的功效，其结构设计都是最关键的。其次，在"控制性能"和"适应性"方面，第二项应该注重的是新材料/工艺，在"稳定/可靠"方面，第二项应该注重的是控制方式。

3.3.2 电液比例阀国内外技术发展的异同

3.3.2.1 电液比例阀国内外发展的相同之处

（1）注重结构改进

从电液比例阀国外专利申请的技术功效矩阵（图3－3－5）和电液比例阀国内专利申请的技术功效矩阵（图3－3－6）可以看出，国外和国内的专利申请都注重在结构改进的技术方面对电液比例阀的各项功效产生较大的影响，尤其是在"适应性"和"稳定/可靠"方面。

（2）关注控制方式

国外和国内的专利申请都注意到控制方式对于"控制性能""适应性"和"稳定/可靠"的影响，而且国外和国内的专利申请量在控制方式对功效影响方面的占比也比较接近，国外的占比分别为50%、20%、30%，国内的占比分别为48%、12%、40%。

（3）新材料/工艺改进方面需要加强

国外和国内专利申请的新材料/工艺对于电液比例阀的功效的影响主要体现在控制性能方面，其国外、国内专利申请量的占比分别为80%和62%，而对于"适应性"和"稳定/可靠"的影响较小，值得进一步进行研究。

3.3.2.2 电液比例阀国内外发展的不同之处

就电液比例阀的技术发展而言，国外和国内的申请量大体上相当，但是国外的专利申请在新材料/工艺、控制方式、集成化、结构改进方面都有所发展，其在国外申请量总量上的占比依次为40%、23%、24%和13%。而上述4个方面在国内申请量总量上的占比依次为51%、12%、17和20%，即国内的专利申请在结构改进上的占比更大，占到了一半以上，而且国内专利申请的结构改进对于"控制性能""适应性"和

"稳定/可靠"各个方面的影响都是最显著的，这表明国内的专利申请在结构改进所做的工作最大，在其他方面的研究还有待加强。

国外电液比例阀和国内电液比例阀的专利申请的另一个较大的差别在于集成化对于功效的影响，国外的专利申请更加注重集成化对"控制性能"的影响，其次是"适应性"，最后是"稳定/可靠"；而国内的专利申请更加注重集成化对"稳定/可靠"的影响，其次是"集成化"，最后是"适应性"。而且国外和国内集成化的专利申请的占比分别为24%和17%，即国外的申请量明显比国内的申请量大。

另外，国外电液比例阀和国内电液比例阀的专利申请在控制方式上的申请量的差别是最大的，国外占23%，而国内只有12%，不过国外和国内的电液比例阀的控制方式上的改进对于"控制性能""适应性"和"稳定/可靠"功效方面的影响大体上是一致的。

相对于国外电液比例阀的专利申请而言，国内电液比例阀更加注重新材料/工艺对电液比例阀产生的影响，这方面申请量的占比达到了51%，明显比国外40%的占比大。而且结合电液比例阀全球专利申请4种技术发展趋势图（图3-3-4）来看，涉及新材料/工艺方面的申请在目前来看是申请最活跃的部分，而结构改进也随着新材料的出现产生了新的改进。这值得国内企业大力研究，期望以此来弥补控制方式和集成化改进方面与国外的差距。

3.4 小 结

虽然我国电液比例阀已经有几年的发展时间，但是科技水平却一直都没得到长足的发展，近几年虽然在科技上有了一定的提高，但是却仍需要进一步提高。

就电液比例阀的集成化发展而言，首先，电液比例技术和二通插装阀技术在20世纪的最后20年得到了快速发展，被公认为现代液压技术最重要的进展和转折点。比例技术和插装阀技术相互结合，已开发出各种功能和规格的比例插装阀，其中以力士乐在比例插装阀技术上的优势明显。这两种技术的共同发展及相互融合，不断取得新的进展，如三通比例插装阀、电反馈流量比例插装阀以及螺纹插装阀等。比例控制和插装阀技术几乎同步形成并交互发展、相互影响融合，成为当今液压控制技术的主流并从纵深方向引导了液压工业的技术进步和持续发展。其次，近年来电液比例阀出现了复合化趋势，极大地提高了电液比例阀（电反馈）的工作频宽。在基础阀的基础上，发展出先导式电反馈比例方向阀系列，它与定差减压阀或溢流阀的压力补偿功能块组合，构成电反馈比例方向流量复合阀，可进一步取得与负载协调和节能效果。电液比例阀的集成化研究也是我国专利申请比较欠缺的一部分，其对应电液比例阀的"控制性能""适应性"和"稳定/可靠"功效都会产生较大的影响。值得国内企业大力研究和发展。

就控制方式而言，首先，高频响电液比例阀或电液伺服电液比例阀在国外的力士乐、派克、穆格和意大利的阿托斯均申请了专利并且形成了产品，而国内这一块的专利申请几乎还是空白。其次，超高速电液比例阀技术在国外一些著名注塑机公司得到了应用。而国内一般均采低速电液比例阀控制，效率低，精度差。因此超高速电液比例阀的研究，成为各厂家在日益激烈的市场竞争中是否能够保持优势的关键。研制性能优良、结构简单、工作可靠、成本低廉、能同时为生产厂家和用户欢迎的超高速电液比例阀，对推动整个电液比例阀技术的向前发展具有重要的理论意义和实用价值。

第4章 电液数字阀专利申请分析

在液压流体控制中，由线性放大器驱动的电液伺服阀和电液比例阀，是通过运算处理数字信号，经过 D/A 转换为电气或机械信号，经过模拟式动作来控制流体。而随着微型计算机的发展和普及，在计算机技术和电控技术的发展和促进下，产生了用于液压系统的电液数字阀。由于计算机技术本质上是数字技术，为了使得液压阀与计算机或者微处理器之间能够直接控制或通信，无需通过 D/A 或者 A/D 转换，导致电液数字阀应运而生。本章将对电液数字阀的专利申请进行分析，以期通过国内外电液数字阀的专利申请状况，研究电液数字阀的发展方向，给国内的液压元件生产企业以启发。

对电液数字阀的检索截止日期为 2014 年 7 月 30 日，经过查全率评估和查准率评估之后，共获得有效的全球专利申请 222 项，其中中国专利申请 132 件。

4.1 全球专利申请发展态势

4.1.1 全球专利申请趋势及发展阶段

如图 4 - 1 - 1 所示，1957 年出现了第一项电液数字阀专利申请，之后发展缓慢，每年均只有一两件申请，1982 年开始发展迅猛，1986 年达到了峰值 13 项，这与其间数字技术的发展息息相关。2002 年以后，电液数字阀技术已经日趋成熟，发展开始放缓并趋于稳定的态势。

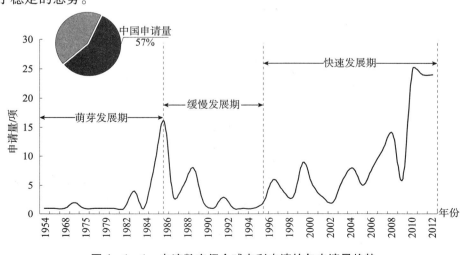

图 4 - 1 - 1 电液数字阀全球专利申请的年申请量趋势

从专利分析的角度看，图 4-1-1 显示了从有电液数字阀专利申请开始，全球所有记载了电液伺服阀的专利申请量的历年变化情况。从图中可以看出，根据技术发展而变化的专利数量趋势曲线并结合变化明显的节点，该发展过程可以分成 3 个阶段，1954～1986 年的萌芽发展期，1987～1996 年的缓慢发展期，1997～2013 年的快速发展期。下面将对每个发展阶段的具体情况进行说明。

（1）第一发展阶段：萌芽发展期（1954～1986 年）

在 1962 年，获得美国授权的专利 US3036598A 公开了一种数字阀，该阀响应于数字信号而实现精确控制。在计算机发展的最初阶段，工程技术人员尝试着拓宽计算机的应用领域，为了获得更快的输入输出响应，工程人员将计算机的输出端与阀门驱动装置相连，从而实现更加快速的和准确的控制，这是早期数字阀的控制形态。

1974 年美国授权的专利申请 US3736960A 公开了一种数字阀（参见图 4-1-2），该数字阀具有一能致动负载弹簧上的隔膜的进口压力腔。随着进口压力的增大或减小，隔膜分别抵靠或释放滑动活塞上的喷嘴装置，并且在阀体内活塞以数字方式驱动。通过数字控制的方式，可以快速获得提供压力的数字信号，提高了阀门的响应速度。

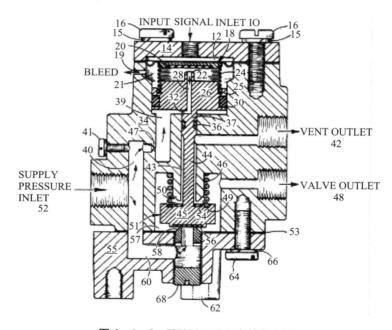

图 4-1-2　US3736960A 中的数字阀

（2）第二发展阶段：缓慢发展期（1987～1996 年）

在 1987 年，获得美国授权的专利 US4673160A 公开了一种数字伺服阀（参见图 4-1-3），为一种液压旋转阀，该阀允许精确控制旋转阀的阀板以引导多流路之间的流体和压力。机械中心部件用于当具有阀致动部件的步进电机关闭时，使阀板回到预定的关闭位置。步进电机连接到阀板和机械智能部件上用于控制电机的运行。

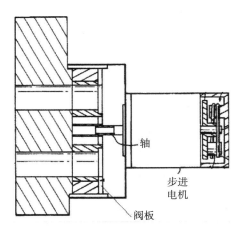

图 4 - 1 - 3　US4673160A 中的数字伺服阀

在 1988 年，获得美国授权的专利 US4678544A 公开了一种数字阀流体控制系统（参见图 4 - 1 - 4），其中包括数字阀单元，该阀单元包括多个二进制阀孔段。阀孔段与阀单元可以分离以至于阀单元可以通过不同型号的孔之间的不同形式的结合得以修正。

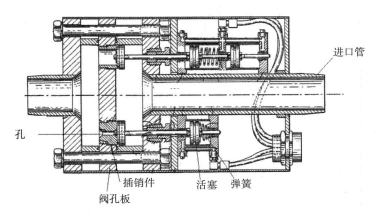

图 4 - 1 - 4　US4678544A 中的数字流体控制阀

上述数字阀是液压数字阀最初开发的产品，一般增量式数字阀，即步进电机式数字阀，其基本构件就是将步进电机作为驱动元件与液压控制阀作为控制元件相结合，这类产品在 20 世纪 80 年代末至 90 年代占据了液压数字阀领域的主流。但是该类型的数字阀在 20 世纪末基本未进入液压元件的产品系列之中即淡出人们的视线，究其原因主要是由于采用步进电机并与液压阀机械联系，从而惯量大、固有频率低，因此频响性能受到很大限制，其应用领域与工作范围也受到限制；从结构原理上说步进电机与液压阀机械连接，成本方面难占优势；当时的步进电机技术在高频时有失步的问题，即可控性不佳，这就使得频响受到了负面影响。工程技术人员一直在尝试着探索更贴近生产需要的高频响的电液数字阀，但是始终由于步进电机、材料、加工等方面技术的限制而没有成功，因此，1986 年开始年申请量呈下降趋势，一直到 1996 年年申请量低至4项以下，这种情况一直在1997年之后才得到改善，这是因为随着步进电机技术及其控制技术的发展，这方面的应用与发展整体得到了改善。1987～1996年这段时间定义为缓慢发展期，在这个阶段，全球的专利申请量较少，年平均申请量不到10项，且整条曲线波动较大，整体呈下降趋势，在某些年份的年申请量还不足4项。该发展阶段电液数字阀较上一阶段的发展渐渐复苏，这是因为在增量式数字阀研究发展逐步成熟的同时，液压高速开关阀也在研制与发展，尤其是柴油机的电喷共轨系统的要求，强有力地推动了高速开关阀的发展与应用。

（3）第三发展阶段：快速发展期（1997～2013年）

电液伺服阀发展的第三阶段是快速增长期，这时申请量呈逐步攀升的态势，大部分年份的申请量能够达到10项以上。在2011年达到了这一阶段的增长率最高点。

2003年4月24日公开的美国专利申请US2003075153A1公开了一种数字阀（参见图4-1-5），该数字控制阀被用于燃料喷射器中，其具有阀体和阀芯，阀芯可以在第一位置和第二位置之间滑动。控制阀还包括与燃料喷射器进口连通的第一孔，阀体内远离第一孔的十字孔以及位于阀芯内的槽。当阀芯位于第一位置时，槽提供连通第一孔与十字孔之间的通路，而当阀芯位于第二位置时密封流体通路。在阀芯两端至少有两个螺线管用以在第一位置与第二位置之间移动阀芯，该数字阀具有较短的控制阀冲程以使得其对进口流体的压力改变具有更快速的响应时间，从而提高了燃料喷射循环的效率。

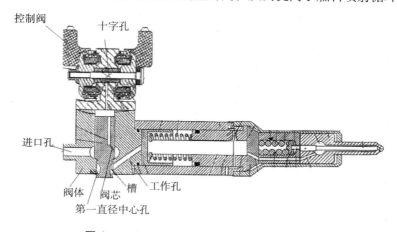

图4-1-5　用于燃料喷射器的数字控制阀

2001年3月27日公开的日本专利申请JP200182411A，公开了一种液压系统的数字控制阀，其具有通过压力状态下的开关结构来控制致动器，以选择性地关闭上方或下方的喷嘴并给出口提供加压流体。其通过控制元件的简单的驱动系统来实现对喷嘴切换的控制，这种控制具有成本低、耗电量低的特点。

对于液压高速开关阀来说，由于其离散控制，具有严重非线性和离散性等特点，控制精度较差。被控参量的目标值是以开关阀的平均值来代替的，瞬时流量和压力的脉动较大，这会影响元件和系统的使用寿命和控制精度。并且为了得到高频开、关动作，电机转换器和阀的行程都受到限制，因此阀的流量均不大，只能控制小流量，或用作先导级来控制大流量；同时其电磁执行机构对磁性材料的选择也有一定的要求，即具有高磁导率、高电阻率、高磁通密度和低剩磁、低矫顽力、低密度等特殊物理特性。随着数字阀的使用量变大，对阀的成本和频响提出了更高的要求，从技术方面看，要想进一步提升高速开关阀性能，还要从材料、电控、加工制造多方面共同努力。

2012 年 10 月 25 日的德国专利申请 DE102011007781A1，公开了一种给发动机输送燃料的泵，其具有进口阀和出口阀，其中进口阀被设计成数字控制式阀门以使得进口阀存在两种控制功能，一种是通常模式的进口控制，另一种是精确流量的进口控制，以消减泵和流量控制阀的需求，从而使得装置结构简单、重量变轻且降低成本。

2012 年 8 月 9 日公开的美国专利申请 US2012199768A1，公开了一种用于机器人或修复关节的数字阀，所述数字阀为形状记忆合金热力阀门，该阀的控制单元维持螺线管在一定电压下运行，从而提供在一段时间内所需要的流率。上述数字阀的应用使得机器人或修复关节可以实现高性能的运行。

电液数字阀在第三阶段之所以会发展迅速，首先是其需求不断增大，随着航空航天技术的不断发展，工程中对液压元件精度的要求越来越高以及对阀门响应速度的大幅度提升，市场对于高频响、精度高的液压控制元件的需求越来越大，成为了数字阀发展的主要推动力，同时在此期间，计算机技术、网络技术的不断改进，新材料、新工艺的技术不断涌现以及高精度加工技术也日趋成熟，使得电液数字阀在新材料、新技术、新工艺的带动下向着精度更高、频响更快的方向前进，从而使得电液数字阀得到了更大的发展。

4.1.2　区域分布

如图 4-1-6 所示，在电液数字阀全球申请量的地区排名上，日本的申请量最大，占 30 项，美国（27 项）、德国（18 项）、韩国（3 项）、中国台湾（3 项）分别占据申请总量的第二位至第五位。

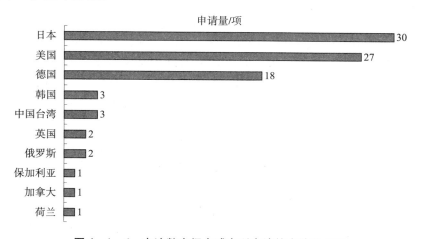

图 4-1-6　电液数字阀全球专利申请的申请地分布

4.1.3 申请人

从图 4 - 1 - 7 可以看出，国外申请集中在几家大公司，其中，德国博世的申请量位居榜首，达到 12 项，其次是日本 TOKYO KEIKI KK、HITACHI METALS LTD、TOYOOKI KOGYO 等，说明在电液数字阀领域，日本的总体实力比较强，少数几家公司掌握了核心技术，在市场竞争中处于绝对优势位置。此外，从图 4 - 1 - 7 中还可以看出，排名第一位的是德国公司；排名第二位和第三位的是日本公司，名列第四位和第五位的则均是美国公司，再结合图 4 - 1 - 6 的区域分布可以发现，目前电液数字阀技术的最前沿技术掌握在日本和德国手中，这与这两个国家的工业技术发展状况也是相一致的。

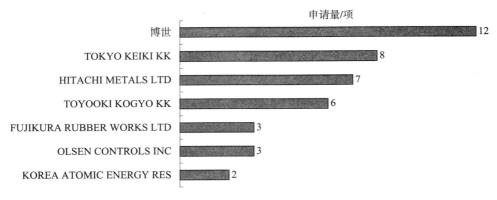

图 4 - 1 - 7　电液数字阀全球专利申请的申请人排名

4.2　中国专利申请发展态势

4.2.1　中国专利申请趋势及发展阶段

图 4 - 2 - 1 显示了自 1985 年我国专利制度建立之初到 2013 年，电液数字阀的历年专利申请量的变化情况。从图中可以看出，根据技术发展而变化的专利数量趋势曲线并结合变化明显的节点，该发展过程可以分成 3 个阶段：1985～1999 年的缓慢发展期、2000～2006 年的逐渐增长期，以及 2007～2013 年的快速增长期，这一时期我国电液数字阀技术有了较快的发展。

（1）第一阶段：缓慢发展期（1985～1999 年）

数字阀可以直接接收数字信号，是连接电子计算机和液压系统的"桥梁"。在现有技术中，数字阀有以下 3 种：第一种是由子阀组成的数字阀，即由许多子阀组成一个整体阀，称为子阀式数字阀，如在 1978 年 9 月 14 日提出专利申请并在 1980 年 1 月 17日由美国专利商标局批准的第 4207919 号专利"数字流量控制系统"所提出的子阀式数字阀；第二种是球阀式数字阀，即先导式双电磁铁座阀，座阀为球阀，脉冲宽度控制或脉冲频率控制的数字信号经过放大作用于电磁铁，使座阀启闭，通过座阀的高速启闭对油缸进行位置控制；第三种是步进电机驱动数字阀，这种阀的步进电机可以直接接收数字信号，把数字信号转换为模拟量角度，再通过凸轮转换为平移位移输给先导阀，对液压参数进行控制。由于步进电机驱动数字阀具有线性度好、重复精度高，几乎无死区，对负载变化不敏感，控制规律可编为程序及可靠性好等独特优点，因而受到世界各国的极大重视。

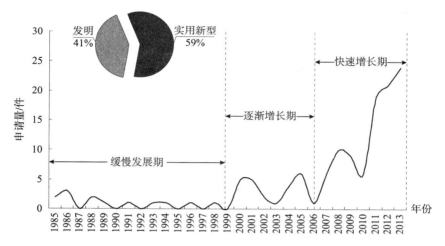

图 4 - 2 - 1　电液数字阀中国专利申请的申请量趋势

1985 年 4 月 1 日是我国《专利法》实施的第一天，中国船舶工业总公司第七研究院第七〇四研究所向中国专利局（国家知识产权局的前身）提出了一项发明名称为"数字压力阀"的发明专利申请（公开号 CN85102790A）。该申请公开了一种用于步进电机驱动数字压力阀（参见图 4 - 2 - 2），特别是涉及一种以锥阀为先导阀的步进电机驱动数字压力阀。其采用锥阀（4）作为步进电机驱动数字压力阀的先导阀（1），对该

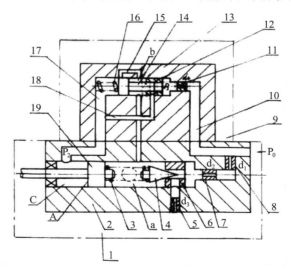

图 4 - 2 - 2　步进电机驱动数字压力阀用的锥阀式先导阀及其液压控制力补偿器结构简图

锥阀加配了液压控制力补偿器（9），使锥阀的控制力减至极小，使之可以实现用小功率步进电机驱动调压，其中先导阀（1）是由先导阀壳体（2）、控制推杆－活塞（19）、调压弹簧（3）、锥阀（4）、锥阀座（6）以及3个液阻器（5、7、8）等组成。该数字压力阀可以由小功率步进电机驱动，实现直接数控，而且要比喷嘴－挡板阀为先导阀的步进电机驱动数字压力阀更稳定、更可靠、更抗污染性。

中国专利申请CN88200801Y（申请日为1988年1月19日）中公开了一种位移式数字阀（参见图4－2－3），其针对现有数字控制液压元件的共同特点是以流量为控制对象，不能直接对执行机构进行位置和速度控制，而提供一种具有压力补偿、刚性反馈、新型位移式数字阀。这种数字阀通过微型机控制，不仅能直接对执行机构进行位置和速度控制，而且能保证执行机构运动速度的稳定性。该位移式数字阀由主阀（数字阀）和辅阀组成；辅阀为先导型溢流阀；主阀由步进电机（1）带动的减速齿轮（2）、反馈齿条（9）、螺母齿轮（3）以及螺母齿轮、反馈齿条、阀芯（7）组成刚性反馈式的复合运动机构；阀体为镶嵌式结构，由五个单独加工的阀套（4，5，6）组成为环形槽。辅阀为将溢流阀中的主阀阀芯上的阻尼孔堵死，并配以稳压控制弹簧（10），进油口（13）与主阀的进油口通道并联连接，控制口（12）与主阀的控制出油通道并联连接，并在靠近控制口处设有一个φ1mm的阻尼孔（8），溢流口（14）直接与主阀的回油通道相通。

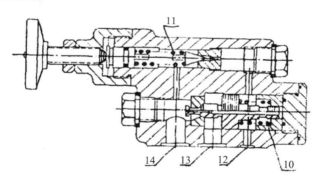

图4－2－3　数字阀辅阀的结构装配示意图

（2）第二阶段：逐渐增长期（2000～2006年）

高速开关阀是一种新型数字式电液转换控制元件，采用脉冲流量控制方式，实现高精度的液压伺服控制，具有体积小、可靠性高、抗污染能力强和价格低廉等优点，可以替代制造成本高、抗污染性差的液压伺服阀，但目前国内外研制的高速电磁开关阀很难同时达到响应时间小于4ms、工作压力大于20MPa、流量高于10L/min，因而通常只能用作先导阀；而使用先导阀控制的数字阀，尽管能够实现高压、大流量，其频率响应却又大大降低。因此，寻求新型驱动器，以提高直动型高速开关阀的响应能力，解决高速响应与高压、大流量之间的矛盾是提高数字阀性能、扩大其应用范围的关键。

压电晶体驱动器是近年来发展起来的一种新型驱动器，具有以下特点：①响应快，可达GHz；②输出力大，可达kN以上；③功耗低，比电磁式驱动器低一个数量级。尽管压电晶体能够大幅度提高开关阀的响应速度，但是由于输出位移只占其长度的 0.1% 左右，通常为几十微米，而液压阀阀芯位移都在几百微米以上；因此，解决压电晶体驱动器位移放大的问题，是利用好压电晶体材料的关键。目前国际上采用的杠杆放大、压曲位移放大、液压放大等方法都没有很好地解决压电晶体微位移放大问题，同时还导致压电晶体输出力缩小、输出频率降低，因此，造成压电晶体数字阀的流量都很小。

中国专利申请 CN101021224A（申请日为 2007 年 3 月 22 日）中公开了一种压电晶体数字阀（参见图 4-2-4）。其阀芯 5 的结构一端为大圆柱体 5-1，另一端为阀芯锥阀部分 5-3，中间用小圆柱体 5-2 连接而成；在阀体 7 腔内的台肩 15 上设有内装压缩弹簧 4 的环形压电晶体 1，阀芯大圆柱体 5-1 一侧与环形压电晶体 1 端面接触，阀芯小圆柱体 5-2 通过压缩弹簧 4 孔后，小圆柱体底端的阀芯锥阀部分 5-3 能够压在阀座 3 的油口上，B 为数字阀油液出口；压电晶体堆 2 放置在阀芯大圆柱端与阀盖 6 之间。该阀以压电晶体作为数字阀的驱动器，利用其高频响和高输出力的特性，解决数字阀高频响与高压、大流量间的矛盾，克服了压电晶体输出位移下，稳定变化下输出位移部稳定的问题。

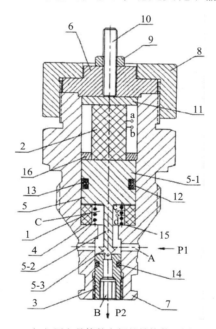

（a）压电晶体数字阀的结构装配图

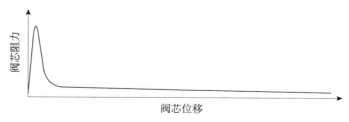

（b）数字阀阀芯运动阻力与阀芯位移示意图

图 4-2-4　CN101021224A 中的压电晶体数字阀

高速电磁阀作为数字电子控制系统的接口与执行机构，是电—液信号转换的桥梁，其性能指标和工作可靠性对整个数字电子控制系统有很大的影响，它不需要进行 D/A 转换，可直接与计算机接口实现数字电子控制，使得控制系统的硬件及软件大大简化。高速电磁阀可以用于各类流体（包括液体、气体介质）调节、控制系统，因而用途广阔。为了实现数字电子控制系统优良的控制品质，高速电磁阀的响应时间尽可能短，且占空比信号与其输出流量呈线性关系，这样可以提高流量控制精度以及动态调节性能。同时，为了保证数字电子控制系统的工作可靠性，对高速电磁阀具有更高的寿命与可靠性要求。

中国专利申请 CN101451623A（申请日为 2008 年 12 月 17 日）中公开了一种脉宽调制式数字高速开关电磁阀（参见图 4 - 2 - 5），解决了现有高速电磁阀控制精度低的技术问题。该电磁阀包括壳体线圈组件、阀座组件和阀芯组件，壳体线圈组件包括骨架、线圈（7）、外壳（21），骨架包括焊接在一起的骨架座（16）、隔磁环（20）和挡铁（11），阀座组件包括阀座（3）和阀座弹簧（14），阀芯组件包括挡板（13）、顶杆（12）、衔铁（6）和阀芯弹簧（5），阀座（3）上设置有流体通道（22），在阀座（3）与挡板（13）接触的端面上设置有双环喷嘴，双环喷嘴包括设置在阀座（3）的流体通道开口圆周的环形密封凸台（19）以及设置在环形密封凸台（19）外侧的多个圆周均布的支撑凸台（18）。

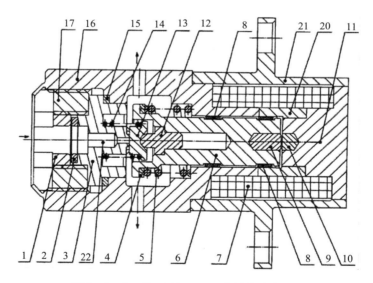

图 4 - 2 - 5　CN101451623A 中的高速电磁阀

（3）第三阶段：快速增长期（2007～2013 年）

中国专利申请 CN101799025A（申请日为 2009 年 5 月 15 日）中公开了一种内反馈型增量式水液压节流数字阀（参见图 4 - 2 - 6），包括液压阀（1）、固定框架（2）、机械传动机构（4）和步进电机（5），所述的液压阀（1）和步进电机（5）安装在固定框架（2）上，所述数字阀还包括位移传感机构（3），所述的步进电机（5）的通过机械传动机构（4）连接液压阀（1）的阀芯（14），阀芯（14）和固定框架（2）螺纹连接。本发明结构简单，成本低，抗污染性能强，可靠性高，满足了水液压系统中对介质环境的要求，泄漏量低，可以接受由计算机、单片机发出的数字信号直接控制，而无需经 A/D 与 D/A 转换。

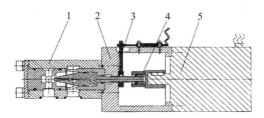

图4-2-6　CN101799025A 中的内反馈型增量式水液压节流数字阀

纯水液压传动系统所使用的传动介质—纯水，具有传统液压油所不具备的许多优点：环境友好、购买和使用成本低、阻燃性安全性好、易维护保养、刚度大、温升低等特点，这也是纯水液压传动受到国内外重视的原因所在。但是，除上述优势之外，纯水还具有黏度低、润滑性差、导电性强、汽化压力高等特点，这给纯水液压传动技术的研究带来了困难。其中最突出的难点还在于纯水的黏度低（只有传统矿物液压油黏度的 1/40 ~ 1/50），造成纯水液压润滑膜厚度薄影响润滑的问题，以及同等压差下通过相同密封缝隙的泄漏量将是油介质的 20 倍以上。所以，纯水液压元件的研究也主要集中在润滑、密封、腐蚀、气蚀等问题领域。

中国专利申请 CN102352874A（申请日为 2011 年 10 月 31 日）公开了一种数字式纯水液压比例溢流阀（参见图4-2-7）。

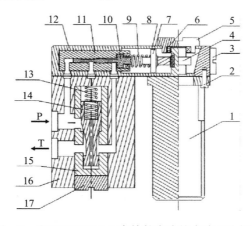

图4-2-7　CN102352874A 中的数字式纯水液压比例溢流阀

该数字式纯水液压比例溢流阀，其先导阀芯（10）由三个圆柱面和一个圆锥面构成，两个圆柱面与先导阀套内表面形成缝隙液阻（a，c），并设计有静压轴承槽来消除先导阀芯与先导阀阀套（11）之间的摩擦和实现阀芯对中。主阀芯（14）外表面由两个圆柱面和一个圆锥面构成，圆柱面部分设计有静压轴承槽（22，23）来减小或消除主阀芯与主阀阀套（15）之间的摩擦并实现主阀芯轴向对中。主阀芯上端由主阀弹簧（13）压紧，使主阀芯圆锥面与主阀阀套内表面台肩之间形成可变节流口（d），主阀阀套装配于主阀阀座（16）内部，外部由螺堵（17）将其固封。该阀的先导阀芯和先导阀套之间以及主阀芯和主阀套之间都设计了静压轴承，可以解决由于水膜厚度薄润滑不足的问题，另外，充分利用阀芯与阀套之间的缝隙容易引起泄漏特点，来设计缝隙液阻，构成先导π桥液阻网络提高稳态精度，从而将不利条件转为可利用的条件，可以实现纯水液压系统压力调节功能的自动化。

4.2.2　重要申请人分析

（1）申请人国别分布

如图4-2-8所示，在总共132件专利申请中，绝大部分是中国申请，仅有2件申请是来自国外申请人，其中美国和法国各1件，可见国外申请人目前还未开始在中国市场进行大规模布局。

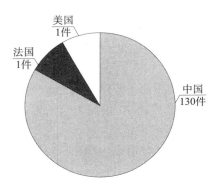

图4-2-8　电液数字阀中国专利申请的申请人国别分布

（2）申请人的类型

从图4-2-9可以看出，在国内申请人中，大学申请和公司申请各占1/3，其中公司略多一些，个人申请也有一定占比，而研究机构占比非常小。

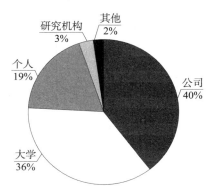

图4-2-9　电液数字阀中国专利申请的国内申请人的类型

（3）申请人排名

从图4-2-9可以看出，国内申请量比较分散，基本上集中在公司和大学，同样反映出电液数字阀的技术门槛较高，其中申请量最大的是浙江工业大学。但结合图4-2-10可以看出，排名前七位的申请人类型分布与中国专利申请总量中申请人类型分布是基本一致的。

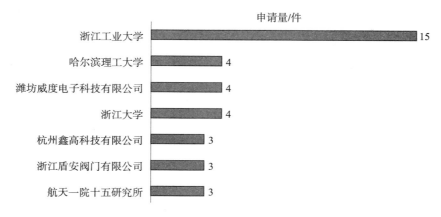

图4-2-10 电液数字阀中国专利申请的申请人排名

（4）法律状态统计

从图4-2-11可以看出，在电液数字阀领域，在已结案件中，授权率高，而且授权后的专利的有效率比较高，占了授权总量的55%。

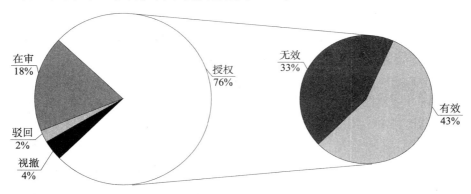

图4-2-11 电液数字阀中国专利申请的法律状态

（5）申请人省市分布

从图4-2-12中可以看出，电液数字阀的国内申请主要集中在江浙一带，其中申请量最大的是浙江，以33件的申请量占据绝对的统治地位，江苏、湖北和北京属于第二梯队。这是由于我国液压阀企业多数集中在江浙一带。然而，从图4-2-12中也可以发现，我国电液数字阀技术的地区发展很不均衡。

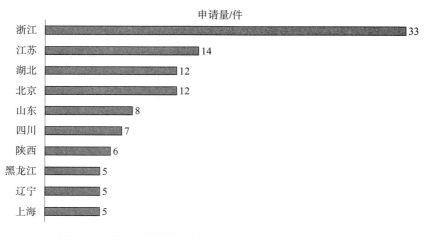

图4－2－12　电液数字阀中国专利申请申请人的省市分布

4.3　电液数字阀技术分析

4.3.1　电液数字阀技术现状

　　目前，液压工业已成为全球性的工业，国际上生产电液伺服阀的主要著名公司有穆格、派克和Vickers、德国的力士乐和博世、日本油研和三菱、意大利的阿托斯等公司，它们居世界领先地位。现在国外产品在国内市场占有率最大的为穆格公司的产品，它的产品占据了国内绝大部分的民品市场。国内生产伺服阀的主要厂家有北京机床研究所、航空工业总公司第六〇九研究所、航空工业总公司第六一八研究所、中国运载火箭技术研究院第十八研究所、航空工业总公司秦峰机床厂、中国船舶重工集团第七〇四研究所及上海航天控制工程研究所等，所生产的产品也主要用于航空、航天、舰船等军品领域，在民品市场占有率并不大。国内液压工业在研究、生产及使用电液伺服阀方面虽有一定的规模，但距离国外水平还有相当的差距，无法与国外的产品进行竞争。进入信息时代后，机电控制技术的数字化成为必然的发展趋势和人们的共识。电机伺服系统随着单片机和大功率器件的发展以及稀土材料的应用在数字化控制方面获得了很大的成功，系统性能得到了极大的提高，一部分原先采用电液伺服控制系统的机器和设备现在改用电机伺服系统，如小排量汽车（排量2升以下）的转向系统和部分注塑机控制系统，挤占了电液控制系统的应用空间。因此，电液伺服控制系统只有不断创新，尤其是通过实现数字化控制提高自身的性能，才能迎接电机伺服系统的挑战。电液控制系统实现数字控制有间接和直接两种方法。间接的方法是利用计算机通过D/A转换器实现对模拟式电液控制元件（电液比例阀或伺服阀）的数字控制，但是这种数字控制的意义仅仅在于实现了计算机控制，提高了控制品质和管理水平，但伺服阀和系统本身的性能并没有得到本质地提高和改善。直接的方法则在电液控制系统中应用电液数字阀。显然，后者是实现电液控制系统数字化更理想的方式，这不仅因为电液数字阀具有数字控制的一般优点，如无需 D/A 转换器、信号传递不受外部环境干扰等，更重要的是通过嵌入式数字化控制给电液伺服阀的动静特性的全面提升带来了前所未有的机遇。如何把握这一机遇也成为电液控制技术成功与进一步发展的关键所在，这对于我国依靠仿制和大量进口高性能的电液伺服阀，意义尤为重大。

（1）国外电液数字阀发展现状

步进电机增量式电液数字阀的开发，以日本较为领先，其中东京计器公司的数字流量阀、压力阀、方向流量控制阀均已作为产品成本，压力达到 21MPa，流量 1L/min ~ 500L/min，输入脉冲数为 100 ~ 126，其重复特性精度和滞环精度均在 0.1% 以下。美国的 Sperry 和 Vickers 公司，日本的油研、丰兴工业公司、内田油压公司、Danfoss 公司、德国 Hauhinco 公司、日本的 Ebara Research 公司和 URATA 公司等已有电液数字阀商品投放市场。法国、英国、加拿大等也进行了研究和应用。脉宽调制开关式电液数字阀也以日本、美国、法国、德国研究为多，美国 BIQrI 公司于 1984 年推出了一种三通球形插装式高速电磁开关阀，该阀的响应时间为：开启时间 3ms，关闭时间 2ms，工作压力为 10MPa。这种阀主要被用在柴油机中压共轨电控燃油喷射系统中。日本的田中裕久等人于 1984 年前后研制了两种高速电磁开关阀，其中的二通阀在工作压力为 15MPa 时，阀的响应时间为：开启时间 3.3ms，关闭时间 2.8ms；三通阀在工作压力为 7MPa 时，阀的响应时间不足 3ms。到了 20 世纪 80 年代中后期，日本的宫本正彦等人成功地研制出工作压力为 120MPa，开启时间和关闭时间分别为 0.35ms、0.4ms 的三通型超高压高速电磁开关阀。德国博世公司也成功地开发出一种适用于超高压下工作的高速电磁开关阀，该阀的开启时间为 0.3ms，关闭时间为 0.65ms。但是值得注意的是，上述几种超高压高速电磁开关阀的工作流量都甚小。在日本、德国等国家，利用脉冲调制式数字开关阀的 PWM 电液控制系统已经应用到农业机械、运输设备、机床、航空等领域。

（2）国内电液数字阀发展现状

与国外相比，我国液压电液数字阀的开发研究则起步相对较晚，但也有十多年的历史，也取得了很大的成就。期间所开展的工作大致可以分为两个方面，一方面是跟踪国外的研究；另一方面则是自主或合作开发电液数字阀样机及与之配套的驱动控制装置。广州机械科学研究院、中国航天科技集团公司、中国船舶重工集团公司第七〇四研究所、上海市液压气动技术研究所、华中科技大学、浙江大学、浙江工业大学、湖南大学、重庆大学、兰州理工大学、中国钢研科技集团公司、哈尔滨工业大学等都在开展电液数字阀的研究。

步进电机增量式直接控制电液数字阀以广州机械科学研究院研制的 ZY - F6B 数字先导溢流阀、SZY - F10B 数字溢流阀、SZQ - F8/16 数字调速阀、84SZ - F10/68B 数字换向阀为代表。并且上述产品已经成功投入使用。中国航天科技集团公司第一研究院研制的数字量调节阀，它可以不经过数/模转换的中间环节接收电子计算机发出的数字量脉冲信号，并按其指令实施开关动作，既可以直接由电子计算机按预定程度进行开环调节，又可以接收电子计算机发出的脉冲信号指令实施闭环调节。其动力装置采用步进电机，由于传动系统和执行机构不同，运动形式分为直线性和旋转性。

重庆大学在20世纪80年代末期先后开发研制了步进电机控制的各类液压气动组件如液压电液数字阀、数字泵、数字缸等；同时又相继研制了脉宽调制型各类数字液压气动组件。兰州理工大学从20世纪80年代末期起，也对数字液压阀做了大量的研究工作，不仅从阀的结构、电控驱动部分进行了深入的理论研究，而且还很好地结合生产实际，针对不同的工况需求，先后研制出大流量高频响先导式数字液压阀、数字式压力调节阀、柴油机高压共轨电液数字阀，于2004年结合市场需要，推出超高速大吸力燃气电喷阀（HGDV脉冲调制开关式电液数字阀）。

脉宽调制式直接控制电液数字阀以贵州红林机械厂与美国BKM公司合作为代表，经过3年多的努力，研制成功了HSV系列高速电磁开关阀。该阀为螺纹插装式结构，阀的开启时间为3ms，关闭时间为2ms，最高额定工作压力为20MPa，额定流量为2～9L/min。在国内PWM电液控制系统也逐步得到广泛应用，脉冲调制式数字开关阀作为一种先导控制用于泵的变量机构、换向阀或电液比例阀的先导级也日趋明显。但是，国内的电液数字阀毕竟尚处于研制阶段，离批量生产和普及应用还有很大距离。

4.3.2 电液数字阀技术发展路线

4.3.2.1 电液数字阀的分类

电液数字阀分为两大类（参见图4-3-1），最初的开发产品是增量式数字阀，即步进电机式控制的数字阀，之后高速开关数字阀，其利用阀产生的微小脉冲来控制流体流量和压力，从而控制液压执行机构的力、速度和位置。由于这种阀只起开关作用，故可以通过控制阀开启的时间来控制平均流量的大小。

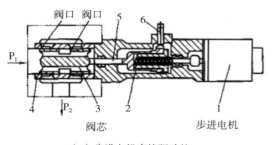
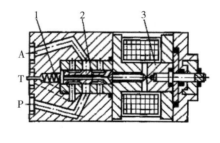

（a）步进电机直接驱动的　　　　　　　（b）电磁铁驱动的滑阀式二位三通
　　　增量式数字阀　　　　　　　　　　　　　高速开关数字阀

图4-3-1　电液数字阀分类

4.3.2.2 电液数字阀的技术发展阶段

从电液数字阀出现至20世纪90年代末，增量式数字阀是电液数字阀领域的主流，国外的日本东京计器公司开发了全系列的增量式数字阀，但是其产品未被市场完全接受，这主要是因为步进电机与液压阀机械连接，惯量大、固有频率低，频响性能受到很大限制，应用领域和工作范围受限，而且当时步进电机在高频时有失步的问题，可控制性能不佳，其性能的提高至今仍然处在研发过程中。在增量式数字阀研究的同时，高速开关数字阀也在进行研制和发展。在 20 世纪 80 年代，很多研究机构对其液压特性、磁特性和电控等方面进行了研究，一直到 20 世纪后期，高速开关数字阀的开发与应用才得到了迅猛发展。电液数字阀的技术发展路线图如图 4 - 3 - 2 所示。

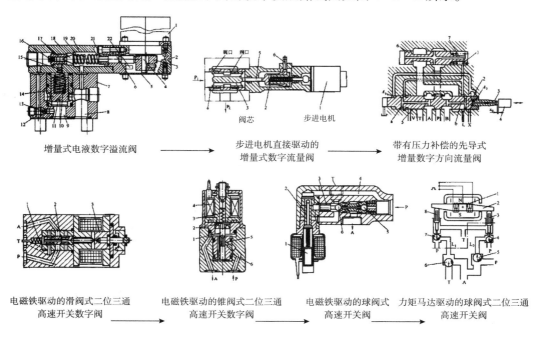

图 4 - 3 - 2 电液数字阀技术发展路线

根据图 4 - 3 - 2 的技术发展路线图，课题组参考各个时期的专利申请，做出一张现阶段电液数字阀的重要专利申请发展树状图，如图 4 - 3 - 3 所示（见文前彩色插图第 3 页）。

4.3.3 电液数字阀的技术功效矩阵分析

从电液数字阀的技术构成方面，根据现有技术研究的方向，主要从以下几个方面入手分析，阀体/结构、执行机构、驱动放大器、新材料/工艺。其中，包括对电液数字阀的阀芯或阀体结构例如二位二通阀、二位三通阀等所做的阀体方面的改进，对电液数字阀的执行机构如磁性材料方面的改进，采用由脉冲数字调制或者脉冲宽度调制的驱动放大器方面的改进和采用新材料/工艺例如超磁致伸缩材料、压电陶瓷、复合材料等对电液数字阀技术的影响。

为了便于分析，根据全球电液数字阀的发展过程，结合电液数字阀的全球专利申请量，将电液数字阀的专利申请情况划分为 3 个发展阶段，具体地为：1954 ~ 1986 年的萌芽发展期、1987 ~ 2000 年的缓慢发展期、2001 ~ 2013 年的快速发展期。下面将对每个发展阶段的具体情况进行说明，与各个发展阶段对应的 4 种技术发展如图 4 - 3 - 4 所示。

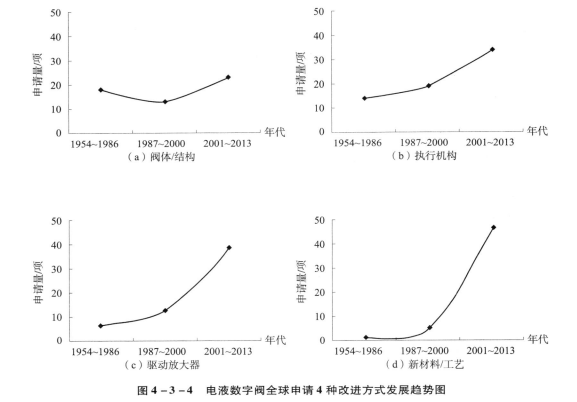

图4-3-4 电液数字阀全球申请4种改进方式发展趋势图

从图4-3-4可以看出，这3个发展阶段所跨越的时间段逐渐变短，各个时间段下的专利申请量大体呈现出上涨的趋势，但是上涨的情况又各有不同。

图4-3-4（a）描述的是有关电液数字阀全球专利申请阀体/结构改进方面的发展趋势图。其在第一时间段至第二时间段，有关阀体方面的改进略有下降，而在第二时间段至第三时间段才有所上升，就总量来看，其申请量在上述4种改进中是较低的，这是因为不同于电液伺服阀和电液比例阀，电液数字阀的阀体结构形式相对简单，增量式数字阀的结构大体上为步进电机与液压控制阀连接而成，而高速开关式数字阀一般都是二位二通阀或二位三通阀，因此其这方面的改进并不是很多。

图4-3-4（b）描述的是有关电液数字阀全球专利申请执行机构改进方面的发展趋势图。其在第一时间段至第二时间段较为平缓的增加，在第二时间段至第三时间段增长的趋势更快一些。增量式数字阀的执行机构一般都是步进电机，而高速开关式数字阀的执行机构一般都是包含磁性材料的电磁执行机构，其发展是随着步进电机和磁性材料的进步而发展的。

图4-3-4（c）描述的是有关电液数字阀全球专利申请驱动放大器改进方面的发展趋势图。其在第一时间段至第二时间段的发展也比较缓慢，而在第二时间段至第三时间段获得了比执行机构更快的发展。其中由脉冲数字调制演变而成的增量控制方式的发展逐渐放缓，而脉冲宽度调制（PWM调制），即脉冲载波的脉冲持续时间（脉宽）

随调制波的样值而变的脉冲调制方式，实现了很大的改进和发展，相关的研究机构和企业都在研究自己的控制策略。

图4-3-4（d）描述的是有关电液数字阀全球专利申请新材料/工艺改进方面的发展趋势图。其在第一时间段至第二时间段的发展非常小，而在第二时间段至第三时间段获得了迅猛的发展，增长趋势是4种改进方式中最快的。这里所说的新材料，主要是指一般磁性材料之外的超磁致伸缩材料、压电陶瓷、复合材料等。

接下来，将通过功效矩阵来探讨国外和国内电液数字阀发展的方向和趋势。

4.3.3.1 电液数字阀国外专利申请的技术功效矩阵分析

通过对电液数字阀国外专利申请的技术功效矩阵进行分析，可以得出电液数字阀的发展热点和技术空白点。在电液数字阀的技术需求方面，最受关注的是"小型化""响应速度""控制性能"3个方面的功效。

为了统计方便，对"小型化""响应速度""控制性能"作出以下的限定：

① 涉及结构简化、结构简便、先导控制方式、流口位置、开口尺寸、装配方式、连接方式等都归纳到"小型化"；

② 涉及频率响应、工作平稳、换向快、稳定性好、可靠性高、响应速度等的功效统一归纳到"响应速度"；

③ 涉及控制精度、闭环控制、工作频宽等的功效统一归纳到"控制性能"。

这样，对于电液数字阀的技术方面的改进和功效共同组成了针对电液数字阀的技术功效矩阵。具体情况可以参见图4-3-5，即电液数字阀国外专利申请的技术功效矩阵图。

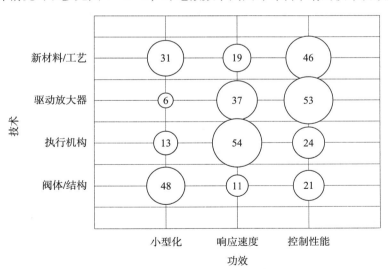

图4-3-5 电液数字阀国外专利申请技术功效图

注：圈内数字表示申请量，单位为项。

就国外电液数字阀的专利申请而言，如图4-3-5所示，从横向来看，新材料/工艺的改进对于电液数字阀"控制性能"的影响是最大的，对"小型化"也有比较明显的影响，对"响应速度"的影响相对前两个功效偏小。驱动放大器的改进对于"控制性能"的影响最大，对于"响应速度"的影响也比较明显，对于"小型化"的影响较小。执行机构的改进对于电液数字阀"响应速度"的影响最大，而对于"小型化"和"控制性能"功效方面都有一定的影响，但是影响偏小。阀体/结构对于电液伺服阀"小型化"的影响是最大的，对于"响应速度"和"控制性能"的影响都偏小。

据此，就国外的专利申请而言，其主要是通过改进阀体/结构来使得电液数字阀实现小型化方面的发展，通过采用新材料/工艺和对驱动放大器进行改进来改善电液数字阀的控制性能，通过对执行机构的改进来提高响应速度。

从纵向来看，对电液数字阀的"小型化"功效影响最大的方面是阀体/结构上的改进，其次是新材料/工艺的发展，这两者的改进都将使得电液数字阀更加简化，而驱动放大器和执行机构对"小型化"的影响是较小的。对电液数字阀"响应速度"功效影响最大的方面是执行机构的改进，其次是对驱动放大器改进，而新材料/工艺和阀体/结构对于"响应速度"的影响就没有前两者明显。对于电液数字阀的"控制性能"功效影响最大的是驱动放大器，这是因为对于驱动放大器制定不同的控制策略将对控制性能产生显著的影响。

4.3.3.2 电液数字阀国内专利申请的技术功效矩阵分析

就国内电液数字阀的专利申请而言，如图4-3-6所示，从横向来看，国内电液数字阀的专利申请在新材料/工艺的改进对"小型化"功效方面的影响最大，对"响应速度"和"控制性能"方面也有影响。驱动放大器和执行机构的改进对"控制性能"功效方面的影响最大，对"响应速度"方面也有明显的影响，但是对"小型化"方面的影响就比较小了。国内电液数字阀专利申请最多的是涉及阀体/结构方面的改进，其对于电液数字阀"小型化"方面的影响是显著的，而对于"响应速度"和"控制性能"方面的影响则相对较小。

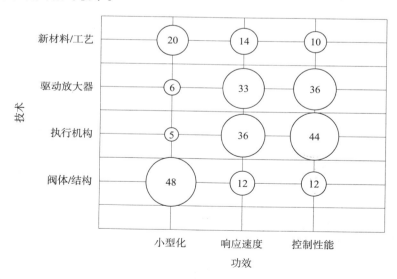

图4-3-6 电液数字阀中国专利申请技术功效图

注：圈内数字表示申请量，单位为件。

因此，国内的电液数字阀专利申请，在阀体/结构的改进方面，注重其对电液数字阀"小型化"方面的影响，在对驱动放大器和执行机构进行改进时，注重其对于电液数字阀的"响应速度""控制性能"方面的影响，也关注到了新材料/工艺方面对于"小型化""响应速度"和"控制性能"方面的影响，并且作出了一定的专利申请。

从纵向来看，对电液数字阀"小型化"功效影响最大的是阀体/结构方面的改进，其次是新材料/工艺，而驱动放大器和执行机构的改进对小型化的影响比较小。对电液数字阀"响应速度"功效影响最大的是执行机构方面的改进，而对驱动放大器方面的改进也将对"响应速度"产生明显的影响，阀体/结构和新材料/工艺对于"响应速度"方面的影响相对而言较小一些。对电液数字阀"控制性能"影响最大的是执行机构方面的改进，其次是驱动放大器方面的改进，而阀体/结构和新材料/工艺对于"控制性能"方面的影响就不是很明显了。

据此，国内电液数字阀的专利申请在考虑使电液数字阀实现"小型化"的功效方法，首先采用的是有关阀体/结构方面的改进措施，而在考虑提高响应速度和改善控制性能方面，影响最大的都是对执行机构的改进，其次是驱动放大器的改进。因此，想要使得阀体结构简化、安装方便的功效，就需要在阀体/结构的改进上多下功夫，要想获得更快的响应速度和更好的控制性能，则首先要对执行机构作出创新，同时不能忽略驱动放大器带来的影响。

4.3.4 电液数字阀国内外技术发展异同

根据电液数字阀的技术路线、专利申请发展历程和已经分析的国外和国内的技术功效矩阵，可以看出国外和国内电液数字阀的技术发展异同。

4.3.4.1 电液数字阀国内外专利申请的相同之处

（1）注重阀体/结构的改进

在电液数字阀的国外和国内的专利申请方面，都注重阀体/结构方面的改进对"小型化"功效方面的影响，即都通过改进阀体/结构使得电液数字阀结构简化和连接方便等。

（2）关注驱动放大器的改进

在电液数字阀的国外和国内的专利申请中，都关注到了驱动放大器对于电液数字阀"小型化""响应速度""控制性能"方面的影响，其中在驱动放大器的改进方面，将对电液数字阀"控制性能"产生最大的影响，而且在电液数字阀"响应速度"方面也将产生显著的影响。另外，相对而言，其对于"小型化"的影响是比较小的。

4.3.4.2 电液数字阀国内外专利申请的不同之处

（1）对于新材料/工艺的应用

虽然国外和国内的专利申请都注意到，新材料/工艺将对电液数字阀的"小型化""响应速度"和"控制性能"产生影响，但是在国外的专利申请中，这种影响体现得更加全面。国外在新材料/工艺的专利申请中，对于电液数字阀"小型化"和"控制性能"功效方面的影响都排在第二位，和排在第一位的差距并不大。而国内的专利申请，在新材料/工艺的应用方面，是落后于国外的，其对于电液数字阀"控制性能"方面的影响是最小的，对于"小型化"方面的影响，虽然也排在第二位，但是与第一位相差一倍以上，由此可以看出，在电液数字阀国内专利申请上，还没能做到利用新材料/工艺来显著地影响电液数字阀的性能，这一点值得我国相关企业和研究机构关注。

（2）对于执行机构的研究

电液数字阀国外的专利申请，执行机构的改进将对电液数字阀的"响应速度"产生最大的影响，对于"控制性能"的影响相对较小。而电液数字阀国内的专利申请，执行机构的改进将对电液数字阀的"控制性能"产生最大的影响，对于"响应速度"的影响也是比较大的。

4.4 小　　结

电液数字阀，尤其是高速开关数字阀，是在新材料和计算机的发展下迅速发展的一个新产品，有望在未来与电液比例阀、电液伺服阀相辅相成且又相互竞争，其结构简单、价格低廉，与计算机的连接更加容易，与数字控制系统的配合明显优于应用电液比例阀和电液伺服阀的模拟系统。从国内外的专利申请量来看，其申请量还处于较低的水平。国外的企业也还没有在全球尤其是中国完成专利布局，因此，我国的相关企业还大有可为，可以通过学习国外先进技术，加强技术研发，重视产学研的联合，掌握电液数字阀的关键技术和核心技术，争取在国内获得最多、最好的专利布局。

此外，国外涉及电液数字阀的专利申请尤其注重在新材料/工艺上的研究，这值得我国的企业着重关注和学习。

第5章　重要申请人分析

通过对电液伺服阀、电液比例阀和电液数字阀 3 个技术分支全球专利申请的分析可知：现阶段，液压阀领域的主要申请人均为老牌的跨国公司，如博世力士乐、派克、采埃孚、卡特彼勒等。各个领域中的主要专利申请人往往在该领域中扮演技术领导者和市场的主要控制者的角色，上述主要申请人进入液压阀领域的时间早，技术先进，专利布局意识强，他们通过专利申请抢占技术制高点和市场份额的思路和方式都有很高的学习和研究价值。

德国博世力士乐作为液压阀专利申请的主要申请人之一，20 世纪 90 年代中期在中国增加的投资达 1 亿欧元，增强了其在北京与常州的两大生产基地，在中国市场的销售份额逐年增加。因此，本章对博世力士乐在上述 3 个技术分支的专利申请布局情况进行了研究，以期为国内企业的专利申请和保护策略提供有益帮助。

同时，从国内申请情况来看，我国国内申请人近年来经过不懈的努力，在液压阀领域也不乏佼佼者，如上海诺玛液压系统有限公司、山东泰丰液压股份有限公司。因此，本章对上述两个国内申请人的专利申请进行研究，以期为国内企业的专利申请和保护策略提供有益帮助。

5.1　博世力士乐

博世力士乐是传动与控制技术领域里的领先专家之一，博世力士乐隶属于德国博世集团，该公司由博世自动化部门与原曼内斯曼力士乐于 2001 年合并而成。其中罗伯特·博世股份有限公司始建于 1886 年，而力士乐的历史则要追溯到 1795 年。博世力士乐的业务遍及全球 80 多个国家，在全球 25 个国家设有生产和加工中心，雇用超过 36700 名员工，具体分布情况参见图 5 - 1 - 1。

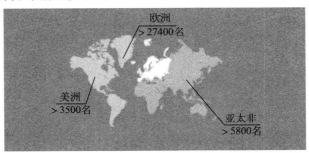

图 5 - 1 - 1　博世力士乐全球员工分布情况

5.1.1　发展历程

为了更好地了解博世力士乐的液压阀技术的发展，本节对其发展历程中与液压技术有关的事件进行了梳理，同时对其在中国的发展情况进行了梳理（参见图5-1-2）。

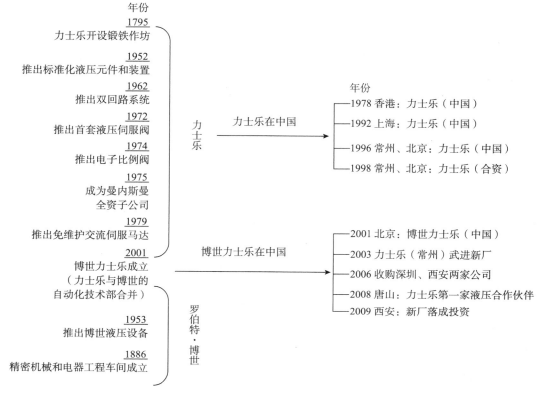

图5-1-2　博世力士乐发展简图

作为其前身之一的力士乐❶具有200多年的历史，其始于1795年格奥尔格·路德维希·力士乐在Elsavatal（Spessart）开设的一家水力驱动的锻铁作坊，1850年在收购了位于德国洛尔的Stein'schen铸铁厂之后，该公司在位于德国美因河谷地区的这座城市设立了其总部。从力士乐的发展过程可以看出，该公司于20世纪中期就开始致力于液压传动及控制装置的生产，特别是液压装置的生产，1952年开始生产标准化液压元件和液压装置；1953年推出第一台工业化生产的行走机械用齿轮泵；1959年首次采用块状构造法制造特别的齿轮泵和阀块，1960年块状结构组成的无管道阀块结构成为了新的液压应用，可以服务于所有工业行业；1962年为挖掘机的液压控制装置开发出双回路系统；1966年在收购Indramat有限公司之后，力士乐设立了一个电子控制和控制单元专业部门；1972年开发出用于行走机械设备的斜盘式轴向柱

---

❶　[EB/OL].［2014-09-25］. http：//www.boschrexroth.com.cn/country_ units/asia/china/zh/index.jsp.

塞单元，当年曼内斯曼股份公司取得力士乐的股份后，力士乐向市场推出首套液压伺服阀；1974 年推出电子电液比例阀，将液压与电的优势结合在一起；1975 年力士乐成为曼内斯曼股份公司的全资子公司；1976 年曼内斯曼力士乐收购 Brueninghaus 有限公司，并接手其轴向柱塞泵和马达的生产；1979 年曼内斯曼力士乐开发了世界上首台免维护交流伺服马达，从而引发了机械工程行业的一场革命；1997 年力士乐的技术被用于世界上最大的铲式挖掘机上，同时世界上最大的管道铺设船"Solitaire"配备了力士乐的液压系统；1999 年力士乐液压元件被用于欧洲易北河"Elbe"隧道项目中的巨型隧道掘进机上；2001 年曼内斯曼力士乐股份公司与博世自动化技术公司合并，组成博世力士乐；随后 10 年力士乐先后开发出首个功率分流型变速箱 REDULUS GPV、IndraDrive Mi——首个马达一体化的伺服控制器（将马达与控制器集成到一个单元中）、力士乐变速泵驱动装置（DvP）（将液压泵与电动马达结合在一起，组成按需求控制的泵驱动装置）和 IndraMotion MLC——一套可以控制优化液压元件的控制系统。

作为博世力士乐前身之一的博世❶，其历史可以追溯到 1886 年由年仅 25 岁的罗伯特·博世在德国施瓦本创办的"精密机械和电气工程车间"，专业生产内燃机的点火系统，这一技术在当时曾被奔驰汽车公司的创始人卡尔·本茨先生称为"难题中的难题"，罗伯特·博世将这一技术注册了他最成功的专利之———高压电磁点火系统。这项发明成为罗伯特·博世事业发展的里程碑。1953 年博世推出其在液压领域的首款博世液压设备，该液压设备是一个液压升降机，使用拖拉机发动机的动力对犁进行升降。

上述两家公司很早就进入了中国市场，其中力士乐在中国的发展始于 1978 年在香港成立力士乐（中国）有限公司，主要负责进口和在中国内地及香港地区的销售服务，20 世纪 90 年代先后在上海、成都、广州等地设立办事处，因为看好中国旺盛的市场需求，先后在北京、常州等地成立公司，组装加工业务，于 1996 年成立的曼内斯曼力士乐（常州）有限公司是家合资企业，但两年后以战略性地收购原中方全部股份的方式成为独资公司，与此相同的还有 2002 年变更为独资企业的博世力士乐（北京）液压有限公司（原名为力士乐（北京）液压有限公司，成立于 1996 年）。博世集团于 1909 年在中国开设了第一家贸易办事处，1926 年在上海创建首家汽车售后服务车间。时至今日，集团的所有业务部门均已落户中国，涉及汽车技术、工业技术、消费品和建筑智能化技术。博世在中国已经有 37 家公司，并在上海设有博世（中国）投资有限公司，由博世（中国）投资有限公司统领在华经营活动。2010 年，博世全球销售额高达 470 多亿欧元，约 4200 亿元人民币，成为博世有史以来业绩最佳的一年。其中，2010 年，博世亚太区销售总额首次突破 100 亿欧元大关，占全球业绩的 23%。中国的发展尤为瞩目，总额销售超过 370 亿元人民币，同比增长 36%。中国成为继德国和美国之后博世全球第三大市场。博世集团中与博世力士乐

---

❶ [EB/OL]. [2014 - 09 - 25]. http://www.bosch.com.cn/zh/cn/about_ bosch_ home_ 4/about - bosch - in - china. php.

密切相关的博世自动化技术部则于 1980 年在香港成立贸易公司，2001 年博世收购经营多年的工业技术专家曼内斯曼力士乐公司后，博世将该公司与自己的自动化技术部门合并，成立博世力士乐（Bosch Rexroth AG）。2002 年，新成立的子公司的业绩占博世集团销售额的 10%。

5.1.2 产品及应用

博世力士乐的业务涉及行走机械、机械应用与工程、工厂自动化及可再生能源，能为各类机械和系统设备提供安全、精准、高效以及高性价比的传动与控制技术。博世力士乐（中国）有限公司本部在上海，主要负责中国内地和中国香港的销售和服务，自 1978 年进入中国市场以来，博世力士乐已在北京、常州武进和西安建立了生产基地，在大连、北京、上海、成都、广州和香港成立销售公司，在北京、唐山、徐州、常州、上海、武汉、长沙、广州和香港成立服务中心，拥有近 3900 名员工。从而形成了博世力士乐在中国传动与控制技术领域完整的生产和销售体系。

德国博世力士乐总部以日趋完善的 3 个生产基地作为战略据点，不断加大对中国的投资力度和本地化进程，并逐步扩大其在中国的市场份额，其中北京生产基地在 2003 年被重新确定为海外重要生产基地的地位，主要以行走机械液压系统产品和减速机生产为主，生产液压泵、马达、工业用齿轮箱、行走机械用齿轮箱和风力发电用齿轮箱，常州生产基地主要生产应用于水利工程、钢铁、海事、重工业等领域的液压产品，如液压阀、液压油缸、液压动力站、线性传动及气动产品，西安生产基地主要生产变频器和伺服驱动器。

5.1.3 液压阀全球专利申请情况

博世力士乐的液压阀主要由常州生产基地负责生产，而博世力士乐（中国）有限公司自 2001 年在北京成立代表处后，基本是由德国博世力士乐为其完成大量的研发，即博世力士乐（中国）有限公司的技术基本来源于德国博世力士乐，所以主要使用德国博世力士乐的专利。

本节将对博世力士乐在电液伺服阀、电液比例阀和电液数字阀 3 个技术分支的专利申请情况、布局情况进行分析。

5.1.3.1 全球专利申请申请量态势

图 5 - 1 - 3 示出了 1972 ~ 2012 年博世力士乐在液压阀领域的全球专利申请情况。由于博世自动化技术部与力士乐已合并为博世力士乐，因此博世力士乐的专利申请包含申请人为博世和力士乐的专利申请。

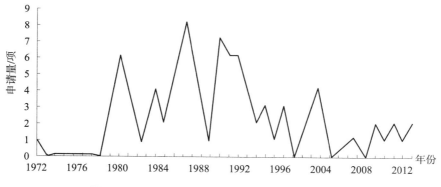

图 5 - 1 - 3　博世力士乐全球液压阀专利申请趋势

从图 5 - 1 - 3 可以看出，博世力士乐很早就开始针对电液伺服阀、电液比例阀和电液数字阀进行专利布局，先后经历了缓慢发展期（1972 ~ 1979 年）、快速增长期（1980 ~ 2003 年）和平稳发展期（2004 ~ 2013 年）。其中在缓慢发展期仅 1972 年申请了 1 项专利申请（US3835888A，电液伺服控制阀），随后一直没有进行专利申请，该发展阶段电液伺服阀刚刚开始工业化生产研究的初期，也就是刚刚从高度保密的军事化应用转化为民用的过渡阶段，申请量较少且发展较缓慢，没有明显增长；到了快速增长期，专利申请量有了明显增加，专利申请量保持较为平稳的状态；随后进入平稳发展期，专利申请量呈下降趋势，2000 年后基本保持一年一项专利申请。

企业的专利申请情况不仅与企业的专利保护意识有关，而且与研发投入密切相关。图 5 - 1 - 4 示出了博世力士乐近年来的研发投入情况，从中可以看出，博世力士乐在研发方面的投入高于德国工业的平均水平，并保持逐年递增的趋势，2013 年研发支出高达年销售额的 6.5%，重视研发投入是其技术一直处于国际领先的一个重要原因。结合图 5 - 1 - 3 示出的专利申请趋势进行分析，不难发现，虽然公司 2005 ~ 2013 年总的研发投入很大，但在专利布局方面却表现的不是很重视，申请量开始减少，甚至有些年份的申请量为零。这一现象可能由两个方面的因素造成，一方面前期的专利申请布局已经基本完成，另一方面，其产品在某种程度上已处于垄断地位，不需要通过专利申请对其技术进行保护。因此博世力士乐近年来在专利申请方面表现得并不活跃。

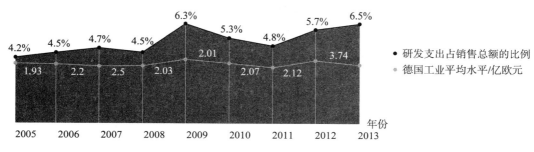

图 5 - 1 - 4　博世力士乐研发投入

5.1.3.2 专利申请申请国/地区分析

本小节对博世力士乐的技术来源（即专利申请的首次申请国家或地区，专利申请的申请国或地区代表了申请人欲在该国家或地区进行专利布局以保护其产品）进行分析，如图5－1－5所示，在电液伺服阀、电液比例阀和电液数字阀3个技术分支中，博世力士乐的技术基本来源于本国，而来自亚太非地区的技术为零。由此可以发现，博世力士乐的技术研发主要是在德国完成的，其核心技术也基本掌握在德国博世力士乐手里。

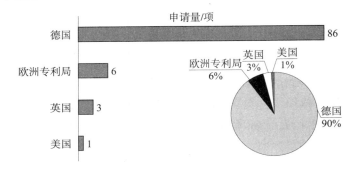

图5－1－5　博世力士乐液压阀的技术来源分布及占比

5.1.3.3 专利申请目标国/地区分析

专利申请目标国/地区代表的是申请人在哪些国家或地区提出专利申请，即申请人的技术输出国/地区。通过分析申请目标国/地区，可以从一定程度上了解博世力士乐对该国市场的重视程度以及该国市场的前景。一般申请人都是先在本国提出申请，然后再向其他国家或地区提出申请，本小节对博世力士乐在3个技术分支的技术输出情况进行了分析，从5－1－6中可以看出，博世力士乐也遵循了这个规律。除德国本土外，博世力士乐在美国提出的专利申请最多，足以说明博世力士乐对美国市场的重视程度。然而，该公司在重要市场之一——中国并未展开大量的专利布局。

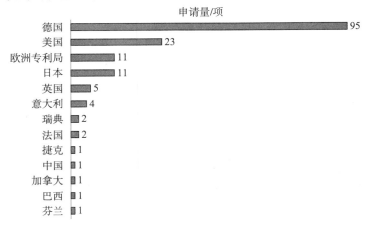

图5－1－6　博世力士乐全球液压阀技术输出国/地区分布

本小节进一步按洲地区统计了博世力士乐全球的电液伺服阀、电液比例阀和电液数字阀的技术输出情况，从图 5－1－7 可以看出，其 2/3 以上的技术输出到欧洲，亚太非地区则最少，仅有 8%。下面结合博世力士乐在全球的销售情况，进一步分析其技术输出，从图 5－1－8 可以看出，博世力士乐全球的重点销售区域在欧洲，占全球总销售额的 59%，而在美洲和亚太非地区的销售相差不大。可见博世力士乐的销售情况也侧面反映了其液压阀的技术输出情况，其市场分布与专利布局是基本相符的。从中也可以发现，博世力士乐在亚太非地区的技术输出与销售情况与其在欧美地区的情况略有不同，博世力士乐近 1/4 的销售额来自亚太非地区，而其技术输出到该地区的仅为 8%，同样反映出博世力士乐对在亚太非地区的专利布局不是很重视，尽管如此，该地区对博世力士乐的产品需求还是很高的。

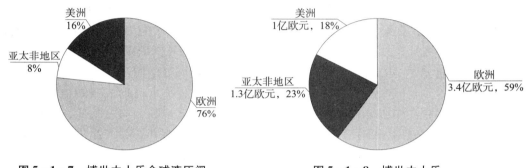

图 5－1－7　博世力士乐全球液压阀　　　　　图 5－1－8　博世力士乐
技术输出地区分布　　　　　　　　　　　　全球销售额

本节同时对博世力士乐在中国电液伺服阀、电液比例阀和电液数字阀 3 个技术分支的专利申请进行了分析，发现该公司在中国的专利申请非常少，仅在 1996 年以博世的子公司博世制动系统株式会社作为申请人提交了一件电液比例阀的专利申请，以及在 2005 年以博世力士乐作为申请人提交了一件有关电液伺服阀的 PCT 国际专利申请，该申请于 2007 年进入中国国家阶段。众所周知，博世与力士乐两家公司虽然很早就进入中国市场，并且在合并后在中国建立生产基地，使其产品本土化，但对中国专利布局依然不重视。这一方面不仅与博世力士乐在液压阀领域的国际地位有关，另一方面与我国液压阀的现状有很大关系。

液压阀是液压控制系统中的关键元件，而液压阀的制造本身又是一项精密加工且工艺难度很高的产品，需要几亿元以至几十亿元投资的基础工业，并且需要大量有经验的工程技术人员。2011 年博世力士乐在全球液压件产品的销售额超过了中国液压行业的总产值，凸显出中国液压技术与国外的巨大差距。这种差距的产生不是一朝一夕形成的，而是由于起步时间的早晚、现有工业水平的制约以及投入上的差距造成的。

以电液伺服阀这一技术分支为例，国外电液伺服技术的研究始于 20 世纪 40 年代，"二战"以后，由于军事刺激，自动控制理论特别是武器和飞行器控制系统的研究得到了进一步发展，极大地刺激了电液伺服阀的研制与创新，之后的 20 多年里，由于军事应用的需要，电液伺服阀的开发是不计成本的，因此发展很快，使当时的电液伺服阀性能优越，同时价格昂贵。到20世纪70年代投入了广泛的工业应用，至今已形成完整的产品品种、规格系列，并对已成熟的产品，为进一步扩大应用，在保持原基本性能与技术指标的前提下，向着简化结构、提高可靠性、降低制造成本的方向发展。

反观我国，经过多年发展，我国液压元件及系统已经形成了相当规模，2010年产值约为351亿元人民币，位居全球第二位。但是，这些产品绝大部分都是集中在中低端，产品内在质量不稳定，精度保持性和可靠性低，寿命仅为国外同类产品的1/3～2/3，产品生产过程的精度一致性与国外同类产品水平相比差距明显。同样以电液伺服技术为例，我国电液伺服技术始于20世纪60年代，到20世纪70年代有了实际应用产品，从20世纪70年代中期开始发展，现有几十种品种、规格的产品，形成年产能力有5000台。总的来看，我国电液伺服比例技术与国际水平相比，有较大差距，主要表现在：缺乏主导系列产品，现有产品型号规格杂乱，品种规格不全，并缺乏足够的工业性试验研究，性能水平较低，质量不稳定，可靠性较差，以及存在二次配套件的问题等。同时，由于我国工艺、材料等方面也较为薄弱，同样制约着我国液压阀的研制与生产。

以上分析可知，一方面由于博世力士乐在液压阀领域处于国际领先的地位，其产品在市场上，特别是液压技术较为落后的地区，在一定程度上已形成垄断地位，就我国而言，其已占领我国市场。另一方面我国国内液压阀起步晚，与之相比，在很多技术分支上技术悬殊较大，并且因为材料、工艺等因素很难对其相关产品进行仿制。因此博世力士乐在中国并没有采取用专利来保护产品的市场策略。

5.1.3.4 博世与力士乐的专利申请比较

博世自动化技术部与力士乐于2001年合并，本节对这两家公司合并前后的专利申请情况进行研究，以期厘清合并前后公司的技术发展方向。

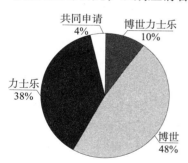

图5-1-9 博世力士乐专利申请的构成

图5-1-9示出了博世力士乐的申请量分布情况，其中由合并前的博世作为申请人的专利申请数量要高出力士乐10%，约占申请份额的一半。两家公司在合并前在3个技术分支有过合作申请，其中电液伺服阀和电液数字阀领域各有一件共同申请，电液比例阀领域有两件共同申请，表明两家公司在合并之前不仅仅是竞争对手，同时也是合作关系。而以博世力士乐作为申请人的申请量目前还不大，一方面是由于公司合并的时间还不算太长，研发成果还未进行专利申请，另一方面结合图5-1-3的分析可知，由于其技术上处于垄断地位，博世力士乐近几年在液压阀领域的专利申请并不积极。

作为液压阀领域的两大巨头，两家公司在合并前1995～1999年就电液伺服阀、电液比例阀和电液数字阀这3个技术分支均有过合作申请，其中电液伺服阀和电液数字阀领域各有1件共同申请（DE19519414B4、EP1002961B1），电液比例阀领域有2件共同申请（DE19526601B4和DE19717807B4），表明两家公司在合并之前不仅仅是竞争对手，同时也是合作关系。

5.1.4 关键技术分析

对博世力士乐的专利申请电液伺服阀、电液比例阀和电液数字阀 3 个分支的专利申请进行了标引，并输出各个分支下的重要专利，分别如图 5 - 1 - 10、5 - 1 - 11、5 - 1 - 12 所示。

从图 5 - 1 - 10 可以看出，博世力士乐在伺服阀领域最早的申请开始于 1972 年，之后一直致力于控制元件、控制方式等方向的研究。

图 5 - 1 - 11 显示了博世力士乐在电液比例阀领域的技术发展路线，在 1980 年申请了关于压力比例调节的第一件电液比例阀专利之后，博世力士乐在压力比例阀方面又进行了各个方向的探索，先后在节流压力、两级比例压力伺服、内置位置传感器、内置压力反馈以及设置阻尼孔等方面作了有益尝试。此外，虽然不是主要申请方向，但是，博世力士乐对比例方向阀、比例流量阀也作了一定的研究。

从图 5 - 1 - 12 可以看出，博世力士乐于 1986 年才开始涉足电液数字阀领域，主要对数字控制技术与阀技术的结合进行了各种研究，例如采用反馈液力电机桥、通过数字总线系统来驱动开关阀、在阀升压电路间设置逻辑电路、采用脉宽调制技术等。

参照各分支的技术发展路线，根据各分支专利申请的被引证频次、同族申请数量以及当前的有效法律状态等参数，下面从 3 个技术分支中各选择了几件重要专利申请。

5.1.4.1 伺服阀

在伺服阀方面，博世力士乐于 1974 年 9 月 17 日公开了第一件相关专利 US38355888A，如图 5 - 1 - 13 所示，并先后就相同的内容在法国、日本、英国、意大利也相继进行了申请，这些申请除了日本之外，也都获得了授权。该申请主要关注于结构改进。

这个申请涉及一种电液伺服控制阀，具有安装在壳体中的阀滑板，阀滑板用于在进口和出口通道与用户通道连接及断开之间进行角位移。发射器的永磁铁与阀滑板一起转动并且与通量响应元件配合，从而产生表示阀滑板位置的第一信号，并将该信号提供给差分放大器的第一输入，该差分放大器的第二输入接收表示阀滑板期望位置的第二信号。差分放大器形成表示期望和实际位置之间差值的差分信号，该差值被送到电液变换器的电输入，电液变换器的流体输出控制设定电机，以便将阀滑板从实际位置移动到期望位置。

之后，博世的关注点一直也是侧重于阀体的结构改进方面，但是也有少量申请是涉及工艺改进和材料更替方面。博世力士乐于 1990 年 6 月 27 日公开的 EP0374438A 就是关注于工艺改进方面的，其同族申请达到 7 项之多，有 NO893829A、US4966196A、JP2787600B2、DE3842633A1、DE58903887D、CA2005587A1、BR8906539A，这些申请中 EP0374438A、US4966196A、JP2787600B2、DE58903887D、CA2005587A1、BR8906539A 都已被授权，授权率非常高（参见图 5 - 1 - 14）。

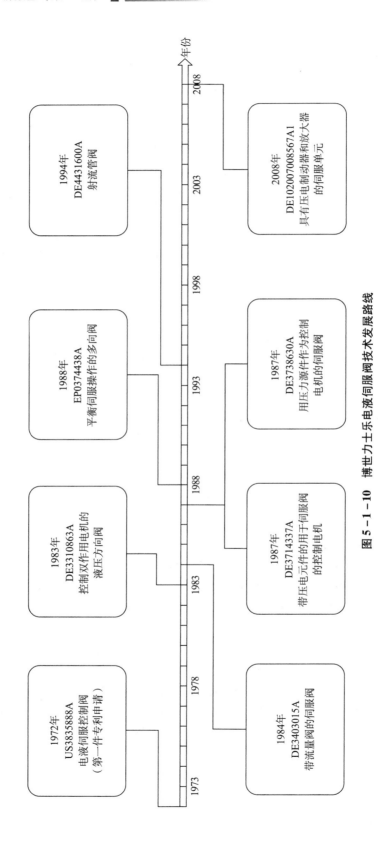

图 5 - 1 - 10　博世力士乐电液伺服阀技术发展路线

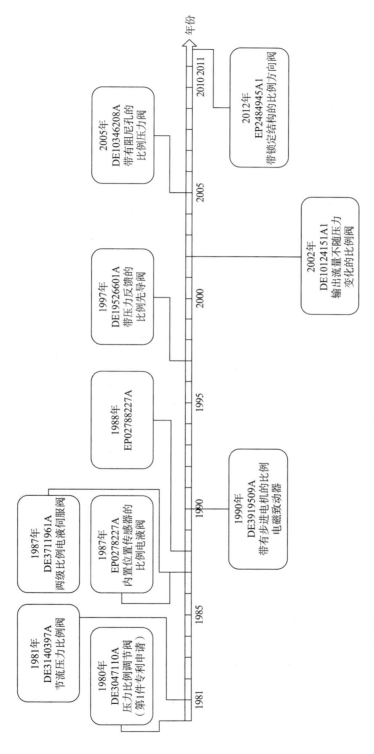

图 5-1-11 博世力士乐电液比例阀技术发展路线

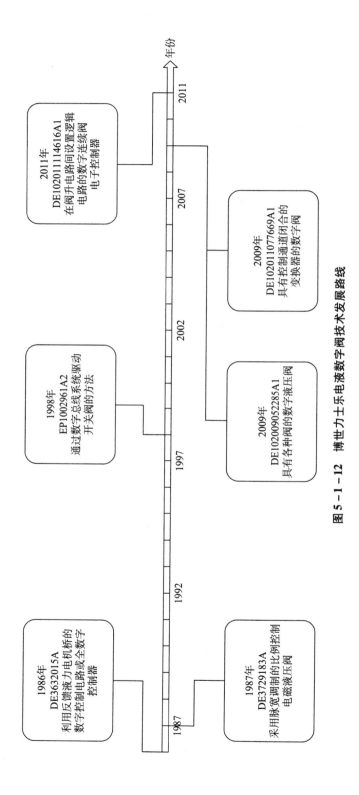

图 5 - 1 - 12　博世力士乐电液数字阀技术发展路线

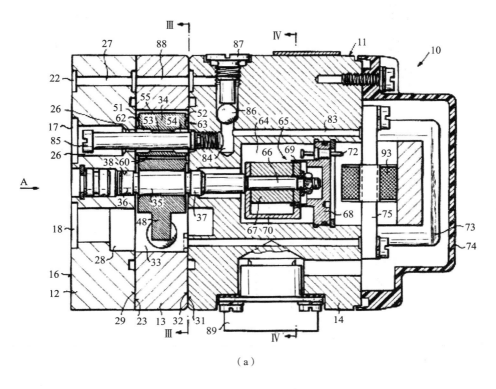

（a）

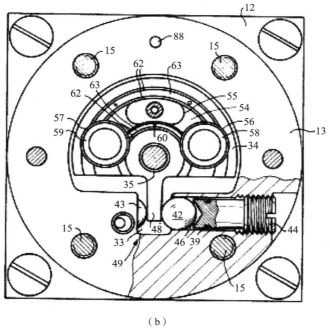

（b）

图 5 - 1 - 13　US38355888A 的技术方案示意图

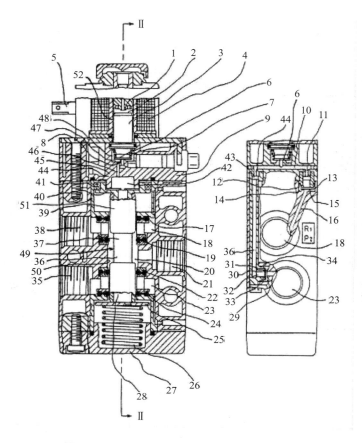

图 5 - 1 - 14　EP0374438A 的技术方案示意图

　　这个申请涉及一种平衡伺服操作的多向阀。该阀可用作压力阀和通风阀，与流体消耗装置一起使用。该阀利用阀体允许流体在两个进口/排放流体腔和沿中心孔设置的出口流体腔之间流体连通，阀体设置在中心孔中。该装置利用伺服器来移动多向阀的阀体。流体可通过两个进口/排放腔中的任一个引入，在伺服器处于停止或启动模式时允许流体流到出口腔。伺服器在所有时间都与所选择的进口腔流体连通，不与所选择的排放腔连通。这是通过使用双通道来实现的，双通道将每个进口/排放腔连接到伺服器上。流体通过相应的通道，从合适的进口腔流到伺服器。当腔体用作排放腔时，每个通道中的止回阀防止伺服器和相应的腔体之间回流。

5.1.4.2　电液比例阀

　　在电液比例阀方面，博世力士乐主要关注于阀体结构、控制回路方面。DE4329760A1、DE19943066A1 就是关于阀体结构方面的。

　　在 1995 年 3 月 9 日公开的 DE4329760A1 中（参见图 5 - 1 - 15），涉及一种电磁电液比例阀，特别是一种用于车辆自动变速器的压力调节阀。这种阀具有磁性壳体，磁性线圈和容纳在磁性壳体中的静止通量引导元件，磁性转子，与磁性转子配合的阀元件，在磁回路中形成至少一个辅助气隙和工作气隙的静止结构元件，阀元件通过该至少一个辅助气隙与至少一个工作气隙与静止结构元件配合，与工作气隙配合的至少一个结构元件至少部分设置在至少一个表面上，该表面朝向相应的另一个结构元件上，该结构元件具有至少一个磁性涂层。

在 2000 年 3 月 30 日公布的 DE19943066A1 中，如图 5－1－16 所示，也公开了一种电磁致动液压电液比例阀，其特殊之处在于恒定、低损耗的操作性能。这是通过一个关闭构件（60）实现的，关闭构件（60）具有大致圆锥形的密封体（60c，70），该密封体具有朝向阀座（58）的圆拱形端面。密封体（60c，70）与阀座（58）一起形成圆锥形座阀。关闭构件（60）的密封体设有流动分离边（60d），其改善了电液比例阀（10）的温度灵敏性。

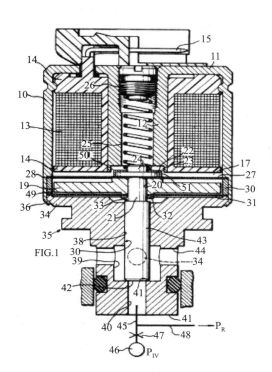

图 5－1－15　DE4329760A1 的
技术方案示意图

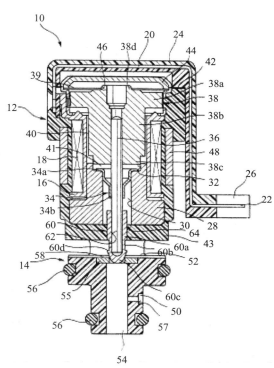

图 5－1－16　DE19943066A1 的
技术方案示意图

CN102563185A 是博世力士乐在液压阀领域唯一一件中国申请，如图 5－1－17 所示，其于 2012 年 7 月 11 日公开，涉及提供用于先导式电液比例阀修正的压力额定值的一种方法和一种装置，所述先导式电液比例阀包括先导阀（0200）和具有控制腔的主阀（0202），所述控制腔与先导阀流体

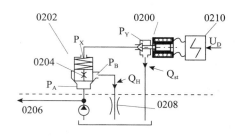

图 5－1－17　CN102563185A 的技术方案示意图

连接，由先导阀通过控制腔中的先导压力（pX）控制主阀，由电输入信号（UD）控制先导阀，检测先导压力的先导压力实际值（pX），并且在使用先导压力实际值和修正的压力额定值的情况下确定所述电输入信号，所述装置具有以下特征：确定用于预先设定的压力额定值（pSoll）的修正值的装置（2010），在使用电输入信号和先导压力实际值的情况下确定所述修正值；以及用于生成所述修正的压力额定值的装置（2020），在使用预先设定的压力额定值和修正值的情况下生成所述修正的压力额定值。

5.1.4.3　电液数字阀

电液数字阀方面，在2000年5月24日公开的EP1002961A2中，如图5－1－18所示，公开了一种用于控制流体流动的电致动切换阀及控制方法。该方法包括通过数字总线系统（7）驱动阀（1），由此，将比切换程序所需要的更多的有用数字位传送到数字信息中。传递额外的切换命令来控制额外的切换功能，例如，经由电磁致动的切换阀的磁性线圈在两个值之间切换当前的流动。

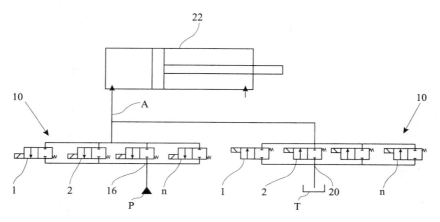

图5－1－18　EP1002961A2的技术方案示意图

在2011年5月11日公开的DE102009052285A1中，如图5－1－19所示，公开了一种数字液压阀。该申请目前还在世界知识产权组织、美国、芬兰、印度进行了公开。

该申请所涉及的数字液压阀包括多个数字切换的独立阀，和至少一个用于在敞式横截面（opening cross－section）阶段之间产生中间值的、使用数字切换的独立阀来执行的平衡阀，独立阀相对于负载并列连接。平衡阀是提升阀，其通过使用时间切换模式而提供了比额定敞式横截面小的局部敞式横截面。时间切换模式优选基于脉宽调节原理。平衡阀更优选为选自数字液压阀的多个独立阀。

通过对博世力士乐的销售额与申请目的国/地区的分析可知，其市场分布与专利布局是基本相符的，但不同地区之间也有所差异。针对液压技术发达的欧美地区，博世力士乐既重视市场也重视专利布局，利用专利手段保护自己的产品，而对于作为博世力士乐的重要市场的中国、太平洋地区以及非洲地区，该公司在此区域的专利申请却非常少，并未形成有力的专利布局。一方面可以反映出目前双方在液压阀领域的技术差异悬殊，博世力士乐的产品在该区域的市场上已形成一定程度上的垄断。另一方面对我国液压行业，尤其是液压阀企业来说，这也是个契机，如何利用专利本身的地域性，如何更好地利用处于国际领先地位的老牌公司的专利技术来提高自身技术水平值得企业进一步思考。

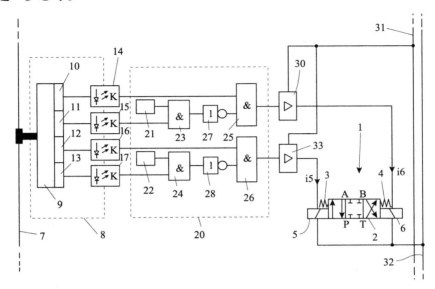

图 5-1-19 DE102009052285A1 的技术方案示意图

5.2 上海诺玛液压系统有限公司

由图 2-2-13 可知，上海诺玛液压系统有限公司在伺服阀领域中国专利申请的申请量排名居第一位，因此本节将其作为重要申请人对其进行分析。

上海诺玛液压系统有限公司❶地处上海闵行区莘庄工业园区，公司员工现约有200 名。其中电液伺服工程技术队伍 45 名，拥有 2 名国家级专家、5 名国家级研究员级高级工程师、高级工程师 6 名、工程师 26 余人（其中 1 名博士生，12 名硕士研究生）、各专业技师 16 名。科研人员和工程技术人员占员工总人数近 35% 之比例的强大技术人力资源储备，成为国内在比例伺服液压控制技术领域领先的高新技术企业。

5.2.1 发展历程

上海诺玛液压系统有限公司创立于 2001 年，其前身为上海诺格传动技术有限公司。创立初期公司代理代表全球知名电液伺服产品在中国国内市场的推广销售。该时期正值中国装备制造业快速恢复并强劲提升之际，其中代表着高新技术的液压伺服技术在工业领域被广泛认识和应用。该公司经过 5 年的市场推广及销售活动后于 2005 年

---

❶ ［EB/OL］.［2014-10-24］. http：//www.radk-tech.com.

2 月正式成立集研发、生产、销售为一体的制造工厂。

上海诺玛液压系统有限公司成立之初就确立了"消化吸收、自主创新"的企业发展战略，把 Radk – Tech 诺玛企业建成具有自主核心竞争力的、在亚太地区最具规模的电液伺服阀电液比例阀、工程机械高端液压元件、系统集成制造中心及电液伺服技术研发中心。确定 Radk – Tech 品牌从国内一流逐渐定位全球品质，打破欧美电液伺服技术的垄断，改变中高端伺服产品完全依赖进口的状态，并逐步以具备优异品性能及时售后服务和具有竞争力价格的工业及军用电液伺服产品，与欧美等同类公司分享中国市场和全球市场份额。该公司确立了短期目标：完成技术储备（掌握核心技术，批产关键工艺），通过先进加工设备实现产业化；中期目标：通过产业化实现大规模市场份额，实现企业规模产值和价值。与此同时建立上海市级电液伺服技术研发中心/技术平台，建立全球最具规模电液伺服元部件及控制系统制造平台；长期目标：不断地技术创新，始终处于行业龙头地位；整合行业产品链。

该公司设有液压系统总成制造部、质量管理（QC/QE）部、电液伺服技术研发中心、综合液压试验及测试中心和元件制造部（试制车间及批量生产车间）。其中电液伺服技术研发中心包括元件机械设计部、制造工艺设计部，电液伺服元件及电液伺服控制系统的计算机模拟仿真设计部，以及研发各种伺服放大板和缓冲放大器、PID 双单路控制卡等的电控部。综合液压试验及测试中心已建立国内最大的电液伺服、比例系统和元件科研和生产的试验检测中心，试验检测中心还包括涵盖所有进口液压阀类元件的维修检测车间。

该公司重视引进先进设备，例如元件制造部拥有各类高精度专业定制仪表车床、车削铣削加工中心、线切割机床中慢走丝、高精定制内外圆磨床、电火花磨床、珩磨机、手工研磨室等设备近百台。同时该公司还注重自主研发，例如拥有近 20 多台自主研发的伺服和比例元件静态试验台、动态试验台、磨合寿命、高低温试验、振动试验台、伺服比例液压系统功能试验台及各类产品试验装置。

5.2.2 产品及应用

上海诺玛液压系统有限公司主要面向工程机械行业提供负载敏感比例多路阀、平衡阀、溢流阀、冲洗阀等高端液压元件，并提供电液控制解决方案以及相应产品服务，公司研制开发的产品主要涉及电液伺服阀、电液比例阀、泵液电液比例阀、工程机械液压元件、液压系统总成（电液伺服精密负载定位器，是一种精密吊装设备，主要用于卫星、运载火箭、导弹、飞机、重型机械等装备起吊作业的精确定位）。其中电液伺服阀产品基本形成系列化，包括双喷挡式二级电液伺服阀、直动式电液伺服阀、射流管式二级电液伺服阀、伺服电液比例阀、双喷挡式高响应电液伺服阀、两级电液伺服阀和三级电液伺服阀。RTBKF 泵控阀主要用于力士乐 A11VLO190LRDU1/2 系列轴向柱塞泵。

上海诺玛液压系统有限公司还面向多个行业提供各类应用型号的高品质电液伺服阀、电液比例阀等控制元件、液压控制系统、电控系统等全面的产品、解决方案和技术服务。

5.2.3　液压阀中国专利申请情况

如上节所述，上海诺玛液压系统有限公司的主导产品是电液伺服阀，其电液伺服阀产品基本形成系列化，本小节对其在电液伺服阀领域的中国专利申请情况进行分析。

本小节对伺服阀领域的申请量排名前五位的上海诺玛液压系统有限公司、北京航空航天大学、南京航空航天大学、武汉科技大学和湖北航奥伺服科技有限公司以及对电液伺服阀领域技术较为先进的浙江大学和博士力士乐在电液伺服阀领域进行中国专利申请的布局情况分析。从图5－2－1可以看出来，浙江大学最早针对电液伺服阀提出专利申请，其首次申请时间是1989年，而上海诺玛液压系统有限公司最早提出电液伺服阀方面的专利申请时间是2006年，即该公司由液压阀的销售公司转为集研发、生产和销售为一体的公司的第二年提出的该项申请。可见上海诺玛液压系统有限公司在电液伺服阀领域起步虽然不是很早，但该公司注重专利保护，最终在电液伺服阀方面的专利申请量排名第一。

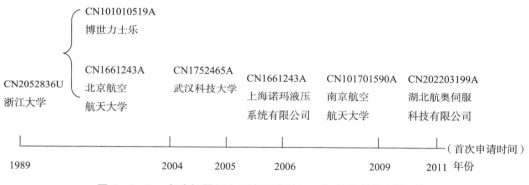

图5－2－1　电液伺服阀中国专利申请的申请人的首次申请时间

5.2.4　关键技术分析

上海诺玛液压系统有限公司针对电液伺服阀提出了8件专利申请，如表5－2－1所示。从中可以看出，一方面，该公司针对现有电液伺服阀存在的响应慢、抗污染能力差缺陷作了技术改进，并进行专利申请以保护其技术，如在专利申请CN2926619Y、CN201443642U、CN201443643U、CN201439830U等中披露的技术；另一方面，针对现有电液伺服阀市场缺少低压大流量（或小流量）的电液伺服阀，为伺服变量泵机组设计了通过控制变量泵斜盘转角以达到控制输出流量的目的电液伺服阀，如专利申请CN101725585A和专利申请CN201739248U（其与CN101725585A为同样的发明）中披露的技术，该技术在低压状态（1.1MPa）的性能与相关的产品在高压下的性能基本相当；针对现有电液伺服阀直径较小的喷嘴在污染大时易堵的缺陷，通过加大喷嘴直径进行扩流，该技术对污染的流通能力与某些进口产品相当或更优。

表 5－2－1　上海诺玛液压系统有限公司电液伺服阀重要专利申请列表

公告号/公布号	申请时间（最早优先权日）	发明名称	要解决的技术问题	采用的技术手段	创新点
CN2926619Y	2006－03－02	电液伺服阀	抗污染能力差	衔铁组件一体化，喷嘴采用螺纹联接，用标准的内六角扳手通过盖板进入调零螺杆的内六角进行调整	阀芯的驱动力大
CN201439841U	2008－12－19	抗污染的自动抄平起拔捣固车用电液伺服阀	直径较小的喷嘴在污染大时易堵	加大喷嘴的直径	扩流
CN201443642U	2008－12－19	射流管电反馈式电液伺服阀	响应慢、抗污染能力差	电反馈式、闭环控制衔铁组件一体化	动态响应高，可用于控制钢板厚度和宽度
CN201443643U	2008－12－19	射流管电反馈式无阀套机械故障保险型电液伺服阀	加工成本高、流量小、故障率高	加大阀芯直径，阀芯直接装在阀体中，采用弹簧故障保险结构	动态响应高，可用于控制钢板厚度和宽度
CN201407410Y	2008－12－19	耐用的三级电液伺服阀功率级阀体	阀体使用寿命短	使用铬锰合金铸铁做为阀体材料，阀体采用斜角过渡方式	提高阀体的硬度和耐磨性，工艺性好
CN201439830U	2008－12－19	多级电液功率阀整阀功率级阀芯短轴套结构	按常规阀阀体式阀芯设计的先导级为小流量阀的多级电液伺服阀的功率级阀芯，整阀的动态响应不能满足使用要求	功率级阀芯短轴套结构，其阀体在短轴主体人主阀芯中，短轴顶在阀芯垫块上，衬套包护短轴，短轴的受液作用面表面小于端面表面积	减小油液对阀芯端面的作用面积，流量不变的情况下，可以提高阀芯的移动速度

续表

公告号/公布号	申请时间 (最早优先权日)	发明名称	要解决的 技术问题	采用的技术手段	创新点
CN101725585A	2009 - 12 - 11	电液伺服阀	市场缺少低压大流量(或小流量)的电液伺服阀,抗污染能力差	阀芯位于阀体内腔居中位置,组合式挡板反馈杆贯穿于阀体中上部,且其下端球头位于阀芯偏心处,过滤器壳体装在阀体进油口处	为伺服变量泵机组而设计,通过控制变量泵斜盘转角以达到控制输出流量的目的,动态响应高
CN201739248U	2009 - 12 - 11	电液伺服阀	市场缺少低压大流量(或小流量)的电液伺服阀,抗污染能力差	阀芯位于阀体内腔居中位置,贯穿于阀体中上部的组合式挡板反馈杆下端球头位于阀芯偏心处,过滤器壳体装在阀体进油口处	为伺服变量泵机组而设计,通过控制变量泵斜盘转角以达到控制输出流量的目的,动态响应高

在上述专利申请中，以 CN101725585A 和 CN201443643U 为例对上海诺玛液压系统有限公司电液伺服阀技术的发展作进一步分析。

（1）专利申请 CN101725585A

上海诺玛液压系统有限公司针对市场上缺少低压大流量（或小流量）电液伺服阀（现有电液伺服阀一般额定压力为 7~14MPa，流量为 4~300L/min），而且电液伺服阀的挡板反馈杆球头安装在阀芯中心，过滤器多以平板式为主，纳垢能力不强、密封性能不好的缺陷，提出一种改进的技术方案（如图 5-2-2 所示），一种包括组合式挡板反馈杆、阀芯、前置级测试孔、过滤器壳体和过滤器的电液伺服阀，其中阀芯位于阀体内腔居中位置，组合式挡板反馈杆贯穿于阀体中上部，且其下端球头位于阀芯偏心处，过滤器滚压于过滤器壳体内部，组合过滤器安装在阀体进油口处。

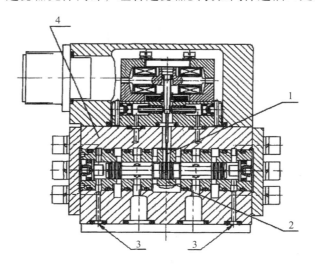

图 5-2-2   CN101725585A 中的电液伺服阀

该技术方案是为伺服变量泵机组设计的，通过控制变量泵斜盘转角以达到控制输出流量的目的，在低压状态（1.1MPa）其性能与相关产品在高压下的性能基本相当。

（2）专利申请 CN201443643U

目前现有的射流管式电反馈阀的流量控制阀口大多是通过在阀内置放一个开有方孔或内环槽的阀套来实现，而阀套硬度高达 HRC58~62，热处理容易变形，加工难度大，效率低，仅阀套的成本就相当高。此外该类阀的阀芯直径较细，在阀芯工作行程一定的情况下，流量受到限制，并且阀上没有机械故障保险，阀芯位置断电后不固定，万一出现系统停机，阀芯位置可能出现油路反走，导致系统进回油相反，造成人身及财产损失。

针对上述缺陷，上海诺玛液压系统有限公司提出一种技术方案（如图 5-2-3 所示），一种射流管电反馈式无阀套机械故障保险型电液伺服阀，阀体（7）的一侧装有隔板（9）和连接板（11），所述的阀体（7）外装有力矩马达（1）和连接座（14），所述的连接座（14）上装有放大板（24），盖板（3）盖住力矩马达（1），电气端盖

（21）罩住放大板（24），力矩马达（1），其特征是：阀芯（4）直接装在阀体（7）中，连杆（6）由连接板（11）定位穿过隔板（9）和阀芯（4）的一端相连并套有杆套（10），连杆（6）上装有导磁体（13）和位移传感器线圈组件（15），阀芯（4）的另一端装有弹簧（25）和定位轴（26），所述的弹簧（25）通过盖板（27）装在阀体（7）内。

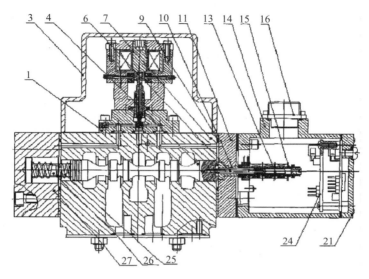

图 5 - 2 - 3　　CN201443643U 中的射流管电反馈式电液伺服阀

由上述分析可知，上海诺玛液压系统有限公司经历了十多年的发展，由最初的全球知名液压阀的代理商发展成为集研发、生产和销售为一体的高新技术企业。在吸收和借鉴的基础上，进行自主研发对于我国液压阀企业来说是必经之路。

5.3　山东泰丰液压股份有限公司

由图 3 - 2 - 14 可知，山东泰丰液压股份有限公司在电液比例阀中国专利申请的申请量排名居第一位。因此本节将其作为重要申请人对其进行分析。

山东泰丰液压股份有限公司❶成立于 2010 年，其前身是 2000 年 11 月 30 日成立的山东泰丰液压设备有限公司（于 2007 年 3 月由济宁泰丰更名而来），成立于 2000 年 11 月 30 日。

5.3.1　发展历程

山东泰丰液压设备有限公司成立之初，从事少量液压系统的生产和销售，在生产液压系统的过程中，除了利用自身技术优势生产液压控制系统（插装阀、控制元件）

---

❶　[EB/OL].［2014 - 10 - 26］. http：//www.taifenghydraulic.com.

和油缸以外，还利用剪板机、折弯机等加工设备进行油箱的加工，其他如液压泵、电动机、辅件、管道等全部外购。2007 年12 月山东泰丰液压设备有限公司与美国专业生产柱塞泵和提供液压系统整体解决方案的奥盖尔公司的两家全资子公司——奥盖尔国际公司、奥盖尔 Towler 日本公司共同成立了奥盖尔泰丰。最初山东泰丰液压设备有限公司通过美国奥盖尔公司代理销售以开拓欧美市场，现在产品已批量出口日本及欧美地区，之后通过发挥泰丰液压二通插装阀技术与美国奥盖尔公司的高压柱塞泵及先进的电液控制技术的优势，联合开发国内外市场。

该公司注重产学研一体化，组建了"山东省液压控制工程技术研究中心"和"山东省企业技术中心"，并以此为基础，与浙江大学国家电液控制工程技术研究中心建立了"浙江大学国家电液控制工程技术研究中心济宁分中心"，全面实施数字化设计、智能化制造、网络化管理。同时，该公司还组建了由中国工程院院士、德籍液压博士、国内顶级液压专家组成的6 人顾问团队，并通过与浙江大学、燕山大学及上海交通大学的产学研深度合作。十多年来，山东泰丰液压股份有限公司通过采用先进的工艺装备、科学的管理和计量检测手段来提升企业的核心竞争力，引进各类先进加工设备和精密检验检测仪器 250 余台，其中包括7 个国家 30 余台世界顶级数控机床和柔性制造生产线（包括日本大隈 FMS 柔性化生产线、马扎克 FMS 柔性生产线、新泻 FMC 六工位镗铣加工中心、因克代斯车铣复合加工中心、马扎克 9 轴 5 联动复合机床、美国哈挺高精度车削中心、瑞士克林贝格数控万能外圆磨床、美国肯纳热能去毛刺设备、赛科沃克真空热处理炉、德国蔡司三坐标测量仪、泰勒圆度仪、英特诺曼污染度检测仪、工业内窥镜、4000L/min 大流量型式试验台、高温试验台等）。通过各类先进制造装备和计量检测技术的柔性组合，公司形成了从毛坯投入、加工制造、检查、试验及质量控制到成品入库等较为完善的自动化生产体系，成为了中国液压行业首家数字化智能型液压控制系统产品专业制造企业。

5.3.2 产品及应用

电液控制整体上经历了开关控制、伺服控制、比例控制 3 个发展阶段[1]。比例控制技术是实现元件或系统的被控制量（油液的压力、流量等）与控制量（电气信号）之间线性关系的技术手段，其弥补了电液伺服控制应用和维护条件苛刻、成本高、能耗大以及传统的电液开关控制性能差等缺陷，很好地满足了工程的实际需要并得到迅速发展。比例控制技术的发展大致可分为 3 个阶段：从 1967 年瑞士BERINGER 公司生产 KL 比例复合阀到 20 世纪 70 年代初日本油研公司生产的压力比例阀和流量比例阀，是比例技术的诞生时期，这阶段主要是将比例型的电－机械转换器（比如电磁铁）应用于工业液压阀；1975～1980 年是比例技术发展的第二阶段，其间采用各种内反馈原理的比例元件大量问世，耐高压比例电磁铁和比例放大

---

❶ 黄火兵，夏伟，屈盛官，王郡文．比例控制与插装阀技术的应用与发展［J］．机床与液压，2007，35（4）：229－231.

器在技术上日趋成熟；1980 年以后比例技术进入第三阶段，比例元件的设计原理进一步完善，其中比例技术与插装阀开始结合，形成比例插装技术，同时传感器件的小型化和电液一体化比例元件的出现，电液比例技术逐步形成集成化趋势是比例技术发展在第三阶段的一个重要表现形式。

插装阀是 20 世纪 70 年代初，根据各类控制阀阀口在功能上都可视作固定的、可调的或可控液阻的原理发展起来的一类覆盖压力、流量、方向以及比例控制等新型阀类，其基本构件为标准化、通用化、模块化程度很高的插入元件、先导元件、插装块体和适应各类功能的盖板组件。因其具有流通能力大、动态性能好、自动化程度高等特点，已发展成为高压大流量领域的主导控制阀种。二通插装阀是插装阀的主流产品。

电液比例技术和二通插装阀技术在 20 世纪最后 20 年得到了快速发展，被公认为现代液压技术最重要的进展和转折点。比例技术和插装阀技术相互结合，已开发出各种功能和规格的比例插装阀。比例控制和插装阀技术几乎同步形成并交互发展、相互影响融合，成为当今液压控制技术的主流并引导了液压工业的技术进步和持续发展。

该公司的产品包括二通插装阀、充液阀、各种规格剪板机、折弯机油缸、三大类滑阀元件，年产插装阀集成块 3 万套（按重量计约为 5000 吨），控制元件 60 余万件，可加工制造重达 25 吨的集成阀块，是国内二通插装阀生产规模和产量最大的厂家，市场占有率位居全国前位，尤其在锻压行业，山东泰丰液压股份有限公司的二通插装阀的市场占有率达 95% 以上，并且批量出口欧美及日本等国家或地区。其主导产品有电液比例高性能二通插装阀、伺服电液比例阀、电液集成系统、高压油缸、负载敏感多路阀及工程机械用变量液压集成系统等。同时公司的二通插装阀、螺纹插装阀、多路阀等产品已取得技术突破并已开始应用于工程机械行业，可以替代同类进口产品，且产品价格显著低于同类进口产品，已取得了一定的进口替代市场。但是由于长期以来，我国高端装备制造领域和工程机械领域的关键液压部件一直由进口产品垄断，该公司产品在替代进口产品过程中，客户认同方面还存在一定程度的困难。

5.3.3　液压阀中国专利申请情况

作为山东泰丰液压股份有限公司的主导产品之一，二通插装阀的市场占有率位居全国首位，尤其在锻压行业，其市场占有率达 95% 以上。同时该公司采用产学研一体化的经营模式对其技术发展产生了非常积极的作用，使得其技术很快处于国内领先地位。因此本小节对山东泰丰液压股份有限公司在电液比例阀技术分支的中国专利申请进行分析。

山东泰丰液压股份有限公司在比例阀领域的中国专利申请共 16 件（参见表 5-3-1）。

表 5 - 3 - 1   山东泰丰液压股份有限公司比例阀中国专利申请列表

公告号/公布号	申请时间 （最早优先权日）	发明名称	法律 状态
CN201209679Y	2008 - 04 - 18	比例先导伺服控制全主动型节流插装阀	有效
CN201344161Y	2008 - 12 - 26	机械反馈插装式比例节流阀	无效
CN101446307A	2008 - 12 - 26	机械反馈插装式比例节流阀系统	有效
CN101550953A	2009 - 04 - 30	大流量双主动电液比例插装式节流阀系统	视撤
CN201513402U	2009 - 09 - 29	先导式比例溢流阀	有效
CN201621120U	2010 - 02 - 25	压力反馈直动式比例溢流阀	有效
CN201621123U	2010 - 03 - 19	带位移电反馈比例节流插装阀	有效
CN102072213A	2010 - 10 - 22	压力反馈二级先导控制插装式比例溢流阀系统	有效
CN201836137U	2010 - 11 - 05	直动式比例溢流阀	有效
CN202108799U	2011 - 06 - 02	大流量液压反馈先导控制插装式比例节流阀	有效
CN202158028U	2011 - 07 - 13	大流量机械反馈先导控制插装式比例节流阀	有效
CN102221024A	2011 - 08 - 22	大流量机械反馈先导控制插装式比例节流阀系统	视撤
CN202545395U	2012 - 03 - 23	先导式电液比例溢流阀	有效
CN202673810U	2012 - 06 - 20	直动式三通比例节流阀	有效
CN202789800U	2012 - 07 - 13	直动式带阀芯位置机械调节比例节流阀	有效
CN202926741U	2012 - 11 - 13	大流量液压反馈插装式电比例节流阀	有效

　　结合图 5 - 3 - 1，对山东泰丰液压股份有限公司的专利申请进一步分析，该公司自 2000 年成立至 2007 年的起步阶段，没有进行电液比例阀的专利申请，从 2008 起开始申请电液比例阀的相关专利，至 2012 年每年都有 2 ~ 4 件的专利申请，表明这一时期该公司的技术水平已发展到一定程度。对其专利申请的类型进行分析可以看出，山东泰丰液压股份有限公司主要保护类型选择实用新型专利，所占比例为 75%。这种保护策略可以助其快速获得保护，从而可以有效展开在国内的侵权保护。

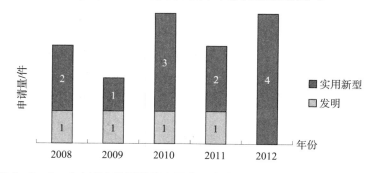

图 5 - 3 - 1   山东泰丰液压股份有限公司电液比例阀领域专利申请的类型

5.3.4 关键技术分析

对山东泰丰液压股份有限公司的专利申请进行技术分析，以专利申请 CN20254395U、CN202158028U、CN201621123U 和 CN201836138U 为例，该公司在比例控制部分进行了一定的研究（参见图 5 - 3 - 2）。

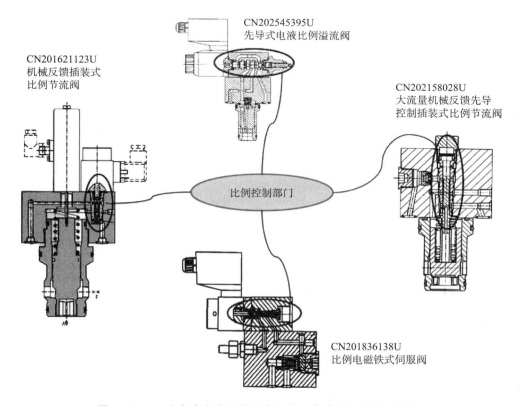

图 5 - 3 - 2　山东泰丰液压股份有限公司电液比例阀的重点专利

其中专利申请 CN20254395U 中公开的先导式电液比例溢流阀，其采用大流量插装阀液压系统回路中调节压力先导式电液比例溢流阀，由主阀体、先导阀体、比例电磁铁、放大器和单独回油口构成电液比例溢流阀，实现稳定调节压力的大流量插装阀液压系统回路中的先导式电液比例溢流阀的目的。

专利申请 CN202158028U 中公开的大流量机械反馈先导控制插装式比例节流阀，其先导级采用液压先导阀控制，放大级采用伺服阀芯，实现液压功率放大，主级采用插装阀结构方式；先导级和主级之间增加放大级控制和机械反馈，先导阀芯与主阀芯之间由反馈弹簧耦合，构成大流量、大马力、先导阀比例控制、可正反向流动的大流量机械反馈先导控制插装式比例节流阀，实现阀芯比例开启，响应迅速，关闭安全可靠，线性度高，滞环小的目的。

专利申请 CN201621123U 中公开的带位移电反馈比例节流插装阀采用位移传感器来

检测主阀芯的位移，反馈信号输入到放大器，放大器再输出信号控制比例电磁铁，从而组成位移电反馈闭环控制，插装主阀的开关阀芯位置过程是随意可控制的，实现集成位移传感器和反馈信号与放大器及比例电磁铁系统的带位移电反馈比例节流插装阀的目的。

专利申请CN201836138U中公开的比例电磁铁式伺服阀，它采用带有位移和电气反馈的比例电磁铁构成伺服阀，阀芯与阀套配合，通过控制阀芯的位移而达到控制流量的目的。

由以上分析可知，山东泰丰液压股份有限公司在发展过程中注重产学研一体化，采用先进的工艺装备、科学的管理和计量检测手段以及与外国公司合作以开发海外市场，这种经营策略是其成为我国液压行业中的佼佼者的一个重要原因。但在专利布局方面还不够合理，发明专利申请占比较少，对其今后运用专利制度保护其技术和产品是较为不利的。

5.4 小 结

通过本章对液压阀领域重要申请人的分析可知：

① 从专利布局上来说，在液压阀技术和市场上处于垄断地位的跨国公司并未在中国形成有力的专利布局，我国液压阀企业则由于技术水平的限制，导致其专利布局结构不够合理，偏重于实用新型专利的申请。因此我国液压阀企业可以根据专利的地域性特点，对跨国公司的重要专利进行借鉴，在消化吸收的基础上，结合自身技术优势进行自主研发，并加强专利布局。

② 从技术上来说，由于液压阀加工精度的要求较高，我国相关企业在设备方面进行了高投入，采用国际先进的工艺设备，但在技术上仍难与跨国公司一争高下。但值得注意的是，我国液压阀企业中的佼佼者在研发过程中非常重视产学研一体化，与相关的大学或研究机构建立相互合作机制，同时还大力引入国外先进技术。这种模式将有益于我国液压阀企业在未来发展中取得长足的进步。

我国液压阀企业在技术上和专利布局上仍存在不少不利因素，因而在日后的研发生产中，相关企业一方面可以考虑企业之间强强联合相互进步，另一方面则需要合理调整专利申请战略，提高专利稳定性，并进一步考虑尽早在产品销售国家或地区进行专利布局，为技术走出国门做好准备。

第6章　失效专利分析

在技术创新的规模加速发展的时代，专利信息为企业制定技术研发决策提供了技术、经济和法律三位一体的情报来源和知识宝库。世界上每年95%以上的科技发明成果都记载在专利文献上。据统计，有效利用专利信息可缩短约60%的科研周期，可节省约40%的研发费用。专利信息的利用水平直接影响甚至决定着企业生产经营活动的各项决策。从海量的专利文献中提取直接、有效、丰富的专利信息的数据挖掘过程贯穿于企业生产、经营全过程，尤其是在企业进行新技术研发立项、技术发展追踪等技术创新决策中，可以帮助企业全面了解所在领域的技术发展水平和自身技术地位、启迪研发思路、提高研发起点、节约投资经费。企业想在复杂多变的市场经济中生存、发展和壮大就必须走创新之路。但是，对于我国小企业来说，在液压阀领域、技术力量薄弱、研发能力不足、资金短缺成为企业进行技术创新的障碍。其实，在技术领域中有一笔可供免费使用的财富——失效专利，失效专利同专利一样包含了工业技术和产品的各个方面，同时也包含了技术领域内的最新技术。据测算，截至2010年12月，我国专利申请量700多万件，其中失效专利就达30%以上，且每年还在以10%的速度递增。全球5000余万件专利中，失效专利的比例高达85%以上，❶ 可见失效专利数量之大。因此，充分合理利用失效专利对于技术力量薄弱、研发能力不足的中小企业来说无疑是一条促进企业发展的捷径。

6.1　失效专利的定义

对于失效专利，部分人认为它是"失效的"，❷ 但实际上这个"失效"是指法律上的含义，对应的是专利权及专利申请权，即失去了法律保护的专利。对专利所包含的法律性、技术性、市场性来讲，失效专利只是失去了专利中的法律性部分，其他部分例如技术信息并不一定失效。可见失效专利并不是失去效用的专利，而是对一类具有特殊属性专利的概括。那失效专利的定义又是什么呢？中国《专利法》并没有详细说明，但从关于失效专利的研究中可以发现大部分作者认同从法律层面上定义失效专利，即因为各种原因失去专利权及专利申请权的专利。还有部分学者认为应该缩小范围，失效专利只是到期专利及放弃专利权的专利。

---

❶ 张婵. 论失效专利的合理利用 [J]. 江苏科技信息，2005 (5).
❷ 邢素军. 失效专利概念的法律解读 [J]. 黑龙江科技信息，2012 (31).

6.2　失效专利的形成原因

（1）申请专利的文件不符合初审要求，申请人未在指定期限内补正❶

国家知识产权局在受理专利申请后，首先应进行形式审查，若专利申请人提交的文件不符合要求，则会要求申请人在指定的期限内补正，申请人未在规定期限内补正的，视为撤回申请。

（2）申请人在申请公布后撤回，或逾期不请求实质审查

我国《专利法》实行"早期公开，延迟审查"制度，对于初审合格的发明专利申请，自申请日起满18个月即行公布。在申请公布后不立即进入实质审查程序，而是由申请人决定自申请日起3年内决定是否请求实质审查。其间，无正当理由逾期不请求实质审查，该申请即被视为撤回成为失效专利。

（3）专利申请人无正当理由逾期不答复的，该申请被视为撤回

发明专利申请自申请日起3年内，国务院行政部门根据申请人随时提出的请求对其进行实质审查，审查中该专利申请不符合《专利法》规定的，则通知申请人要求其在指定的期限内陈述意见，或者对其申请进行修改，申请人无正当理由逾期不答复的，该申请被视为撤回成为失效专利。

（4）被驳回的不符合《专利法》规定的发明专利申请成为失效专利

发明专利申请人按照国务院行政部门要求在指定的期限内对申请案陈述了意见，并按照《专利法》的规定进行了修改，仍然不符合《专利法》的规定而被驳回的专利申请成为失效专利。

（5）专利权的撤销与无效

专利权的撤销是指在专利权授予后的一定时期内，国家知识产权局根据申请人的请求，依法撤销该专利权的活动。《专利法》第45条规定："自国务院专利行政部门公告授予专利权之日起，任何单位或者个人认为该专利权的授予不符合本法有关规定的，都可以请求专利复审委员会宣告该专利权无效。"请求宣告专利权无效的理由是：该发明或实用新型不符合"三性"要求；该外观设计不符合法定要求；说明书公开不充分，权利要求书得不到说明书的支持；申请文件的修改超出原说明书和权利要求书记载的范围或图片；图片表示的范围不符合在先申请原则等，因而成为失效专利。

由此可见，上述被撤销和被宣告无效的专利主要是自身不具备授权条件，发明专利申请在实质审查程中疏漏了不能授权的条件，实用新型专利申请未进行实质审查所致，最后沦为失效专利。这类专利有一定开发利用价值，但易与某些有效专利产生知识产权纠纷。

---

❶　李华. 失效专利的价值开发［D］. 武汉：武汉大学，2004.

（6）专利权人未按规定缴纳年费而导致专利权在期满前终止

专利年费，又称专利维持费，是指专利权人为维持专利权的效力，自授予专利权当年起，向专利主管机关缴纳的费用，这是专利权人依法应尽的义务。但存在的问题是该项技术先进，甚至具有超前性，未来的市场前景十分广阔，潜在的效益难以估量，但目前尚不具备实施的条件。或者是因为该项专利是非职务发明，专利人鉴于自身人力、物力、财力有限，自己实施确有难度，而又不想转让或找不到合作伙伴共同实施，又缴纳不起逐年递增的年费而最终导致专利权在期满前终止，成为失效专利。这种专利技术比较先进，具有较高的开发利用价值。

（7）专利权人以书面声明放弃其专利权的，专利权在期满前终止

放弃权是专利权人依法享有的一种权利。专利权人以书面声明放弃专利权是一种积极的方式，该专利技术从此成为失效专利进入公有领域，任何人都可以自由、无偿使用。专利权人之所以发表书面声明放弃专利权原因主要有：申请了专利后没等实施又有更好的新技术所取代，或者发现他人的发明更加先进，申请的专利本身缺市场开发价值，或专利技术太过于超前而一时无法转化，导致无须保留专利；发现自己的专利实施困难，每年又要缴纳专利年费而又无法进行技术转让，只好放弃专利权；专利申请人由于种种原因，没有按规定缴纳年费，导致专利权自动提前终止。

（8）专利期限届满失效和未向我国提出申请专利的国外发明创造

中国《专利法》规定，获得授权的发明保护期限为自申请日起20年，实用新型的保护期限为自申请日起10年，超过保护期限的专利即不再享有独占的专利权，社会公众可以无偿使用。另外，全世界每年专利的申请量达100多万件，其中基本专利约为50万件，在我国申请的外国专利占一定比重。据有关统计表明，从1985年4月1日至2001年11月底，外国来华申请专利的累计量每年都在增加，这是由于我国实行专利制度为引进大量外国先进技术创造了有利的法律环境所致。但不可否认的是，尚有相当多的国外发明创造并未在国申请专利，这对于我国来说，是一种广义上的失效专利。这些国外专利都经过了科学审查，技术可靠可行，实用价值高，其整体水平高于我国的有效专利，无偿地使用国外这些先进技术是发展我国经济、加快现代化建的最佳途径，但实施时注意相关产品不能够出口至该专利权所辖地域以免造成侵权。

（9）专利权人身故而无继承人

如果专利权人是自然人，专利权人身故后又无正当继承人的，该专利权就自行终止。

6.3 获取失效专利的途径

6.3.1 通过常规渠道获取

目前，国家知识产权局对专利文献的公开是通过专利单行本、三种专利的专利公

报等实现。因此，可以通过查询上述文献获取，其中前两种是索引工具，最后一种是一次性文献，记载了专利文献的全文。

6.3.2　通过光盘数据库获取

由国家知识产权局知识产权出版社出版发行的《中国失效专利光盘数据库》记载了 25 万条左右的失效专利信息，是国家知识产权局自 1985 年 4 月以来有关学科失效专利信息的重要数据库，可通过此数据库进行检索获得。

6.3.3　通过网络获取

① 国家知识产权局网（http：//www. sipo. gov. cn/）。该网站是国家知识产权局的官方网站，主要数据库有专利检索系统、专利检索与服务系统、专利法律状态系统、各专题数据库系统等，同时链接了国外一些主要专利局网站。

② 中国专利信息中心网（http：//www. cnpat. com. cn/）。该网站的数据库有中国专利数据库的中文版及英文版，数据库集中了我国自 1985 年实施专利制度以来的全部发明专利和实用新型专利。

③ 中外专利数据库服务平台（http：//search. cnipr. com/login. do？ method = login）。该平台提供全部中国专利信息数据库，还包含"六国（美国、日本、英国、法国、德国、瑞士）和两组织（世界知识产权组织、欧洲专利局）"在内的海量专利数据库，以及经过深加工标引的中国中药专利数据库和中国专利说明书全文全代码数据库，总量达到千万件以上。该平台可实现专利信息采集、信息加工、信息检索、信息分析、信息应用等功能。

④ 英国德温特公司的专利服务（http：//www. der. went. co. uk 或 http：/www. derwent. com）。德温特是全球最权威的专利检索系统，其数据库包括世界专利索引及专利引文索引，收录了世界 40 多个国家的专利数据，数据可追溯到 1963 年。

⑤ 欧洲专利局（http：//www. epo. co. at）。欧洲专利局数据库包括世界专利数库、WO 专利数据库和 EP 数据库。

⑥ 美国专利商标局网上数据库（http：//www. usptogov/）。自 2000 年底开始，可以免费查找 1790 年以来所有美国专利的文摘和全文。

以上仅仅是一部分网站，目前可以检索专利文献的还有各个国家的专利局，这都可以通过国家知识产权局网站链接获得。❶

6.4　失效专利的筛选

为了更好地展示利用失效专利的方法，本文对液压阀以及本课题研究的 3 个技术分支涉及的伺服阀、比例阀和数字阀的专利进行了梳理分析。

---

❶ 徐淑芬. 浅谈失效专利的利用［J］. 科技情报开发与经济，2011，21（28）.

经检索和数据处理后，向国家知识产权局提出的涉及上述阀改进的专利申请共有1517件。那么，如何在这么多的文献中挑选失效专利，什么类型的失效专利有可能存在较高的利用价值就是课题组筛选过程中需要关注的重点。

6.4.1 筛选依据

课题组已经交代过专利失效的各种类型和原因，其中专利权人未按规定缴纳年费而导致专利权在期满前终止、专利权人以书面声明放弃其专利权的、未向我国提出专利申请的国外发明创造和期限届满的专利，通常因为虽然该技术较为先进，但是具有超前性，但目前尚不具备实施的条件，而且专利权人自身财力和物力有限，自己实施确有难度；或者是已进入公众领域，可以无偿使用等原因值得企业关注并可以尝试为其所用。上述几种类型的失效专利有着共同的特点就是都曾经被授予专利权但又因为不同的原因失效。这类失效专利相对于驳回后失效和未进行实质审查就失效的专利，再次开发利用时的技术含量相对较高，并且不容易出现侵权纠纷。因此在筛选专利时，课题组对上述检索结果进行标引分类，挑选出因期限届满而终止专利权和因不缴纳费用而终止专利权的两种类型的失效专利，尝试从这些失效专利中寻找有用的关键技术专利，其中因上述两种原因失效的专利共计360件，其中发明专利67件，实用新型专利293件。

那么面对失效的发明专利和实用新型专利，从哪里选择失效专利更合适呢？首先分析一下发明和实用新型的区别。

① 授权条件：根据《专利法》第22条的规定，授予专利权的发明或实用新型应当具备新颖性、创造性和实用性。其中对于创造性，二者的要求不尽相同，《专利法》第22条第3款规定，发明的创造性是指与现有技术相比该发明具有突出的实质性特点和显著的进步，该实用新型具有实质性特点和进步。从《专利法》的规定可以看出，发明的创造性高度要高于实用新型的高度，也就是说通常情况下，发明专利的技术水平要高于实用新型专利，那么在发明专利中能够寻找到合适的、技术水平相对先进的失效专利的可能性更大一些。

② 审查方式：根据《专利法》第3条和第40条的规定，专利局受理和审查实用新型专利申请，经初步审查没有发现驳回理由的，作出授予实用新型专利权的决定，发给相应的专利证书，同时予以登记和公告。而与其相比，发明专利的授权条件要严格很多。发明专利申请经过初步审查合格后，由申请人决定是否提交实质审查请求，提交了实质审查请求的申请，经过审查员在世界范围内的检索，再对其新颖性、创造性和实用性进行评判后，符合条件才可授予专利权。因此，曾被授予专利权的发明专利相对于实用新型专利来说专利权更加稳定，所以当本课题组利用失效发明专利作为研发和创新的基础时，侵权的可能性较失效的实用新型专利要小得多。

鉴于上述原因，本课题组在选取液压阀失效专利申请时，着重于在发明专利中筛选合适的文献。但是这并不意味着失效的实用新型专利一无是处，相反，在某些情况下，失效的实用新型专利会蕴藏着更多的宝贵文献，例如某企业生产的主要产品是生活中能给人们生活带来便捷的小产品小物件，那么当其需要开发新产品时，其在失效的实用新型中找到合适的失效专利的可能性更大一些，因为大部分小发明的专利权都是以实用新型专利的方式存在的。

综上所述，失效专利的筛选还要根据企业的规模、在产业内的位置、主要产品涉及的技术领域等因素综合考虑，例如当本企业为行业龙头企业时，其可以重点关注竞争对手的失效专利，以期通过对行业内可以与之抗衡的对手的产品的研究来进行下一步专利布局和侵权规避；而当本企业为行业内默默无闻的小企业时，其可重点关注国内外行业领先企业的失效专利，以期站在巨人的肩膀上节省研发投入，获得最大的经济效益。

6.4.2　具体失效专利筛选实例

经过上述分析，课题组大致掌握了筛选失效专利的一般原则和大致方向。那么针对本书分析的液压阀来说，液压阀广泛应用于航天、航空、工程机械、大型控制系统等领域，并且液压阀领域的主要龙头企业均为外国企业，例如摩格、博世等几乎垄断了行业内的核心技术，我国在液压阀的生产和研发方面要远远落后与世界领先水平。在这种前提下，课题组对失效专利进行筛选的目的旨在寻找关键技术、梳理技术脉络从而引导和指引研发和生产活动。所以在筛选时课题组更加关注国内外技术领先的企业的失效专利申请，以期站在巨人的肩膀上寻找更好的技术点和国产化方向。

经检索和数据处理后，向国家知识产权局提出的涉及上述阀改进的专利申请共有1517件。其中因期限届满失效和费用终止原因失效的专利共计360件，其中发明专利60件，实用新型专利293件。因为液压阀多用于可靠性较高的大型控制系统、工程机械或航空航天技术中，其技术含量相对较高，且其行业内的龙头企业多为外国企业，申请的多为发明专利申请，因此课题组在经过实质审查后授权的发明专利中进行筛选，以尽量保证筛选的失效专利在行业内具备较高的技术水平和相对较低的侵权风险。同时通过筛选过程的说明，以期给读者展示选取失效专利的过程和该过程考虑的因素。

表6-4-1示出了液压阀领域待筛选的中国失效专利申请，课题组对每件失效专利的失效原因、申请人国别、在世界范围内被引证次数等项目进行了标引，以在筛选过程中综合考虑各因素对该领域内的失效专利选取的影响。

表6-4-1 液压阀领域在中国的失效专利申请待筛选列表

序号	公开号	发明名称	申请日	申请人	申请人国别	授权公告日	审批历史	同族专利被引证次数
1	CN1215809A	液压系统和液压阀机构	1998-10-23	胡斯可国际股份有限公司	美国	2004-08-25	2009年12月23日因费用终止公告日	58
2	CN1447885A	液压阀	2001-08-21	吉塞拉·韦伯	奥地利	2006-01-11	2011年4月20日因费用终止公告日	29
3	CN1307196A	比例控制气阀	2000-05-31	关中股份有限公司	美国	2004-02-18	2008年7月30日因费用终止公告日	34
4	CN145464A	比例电磁阀控制装置	1996-04-24	三星电子株式会社	韩国	2002-12-11	2011年6月29日因费用终止公告日	33
5	CN1711438A	电磁液压阀	2003-11-03	依纳一谢夫勒两合公司	联邦德国	2008-08-20	2013年1月2日因费用终止公告日	29
6	CN1094142A	比例气动电磁阀	1994-02-02	联合信号欧洲技术服务公司	法国	1997-06-18	2014年3月19日专利权有效期届满	28
7	CN1523237A	超高压气动比例减压阀	2003-09-03	浙江大学	中国	2006-05-17	2008年11月5日因费用终止公告日	22
8	CN1009300B	三通液压阀	1988-04-29	克劳德·阿兰·格拉茨马勒	法国	1991-04-03	2009年2月11日专利权有效期届满公告日	17
9	CN1043980A	多口自调节比例压力控制阀	1989-10-27	罗斯控制阀门公司	美国	1993-08-18	1998年12月16日因费用终止公告日	17
10	CN1543544A	驱动流量控制用电磁比例控制阀门的驱动方法和设备	2002-10-29	株式会社博世汽车系统	日本	2007-12-05	2011年3月2日因费用终止公告日	17

续表

序号	公开号	发明名称	申请日	申请人	申请人国别	授权公告日	审批历史	同族专利被引证次数
11	CN101168071A	一种用于呼吸机的通气比例阀门	2006-10-23	杨福生、梁晨、俞海、谢敏	中国	2009-07-01	2011年12月28日因费用终止公告日	14
12	CN101245871A	数字电气阀门定位器及其方法	2008-01-31	浙江大学	中国	2009-12-30	2014年3月26日因费用终止公告日	13
13	CN1106115A	液压阀	1994-09-20	卡罗马工业有限公司	澳大利亚	1999-07-07	2001年11月14日因费用终止公告日	13
14	CN1009784B	用来控制可调溢流阀卸荷的比例阀	1987-09-30	履带有限公司	美国	1991-05-01	1993年8月4日因费用终止公告日	12
15	CN88101621A	比例控制阀	1988-03-26	本迪克斯商业车辆体系有限公司	美国	1991-09-11	2006年5月24日因费用终止公告日	12
16	CN1003229B	具有高压阻尼的减速和压力传感比例阀	1986-04-23	阿兰德公司	美国	1989-10-18	1997年6月11日因费用终止公告日	11
17	CN1425114A	扩展范围的比例阀	2001-01-17	阿斯利控制装置有限公司	美国	2005-02-09	2011年3月30日因费用终止公告日	9
18	CN1003466B	一种数字式液压伺服转阀	1986-11-07	中国科学院长春光学精密机械研究所	中国	1989-12-06	1991年5月22日因费用终止公告日	8

续表

序号	公开号	发明名称	申请日	申请人	申请人国别	授权公告日	审批历史	同族专利被引证次数
19	CN1142461A	液压电梯速度电反馈电液比例流量阀	1996-04-15	浙江大学	中国	2000-03-15	2003年6月11日因费用终止公告日	8
20	CN1272600A	高速数字控制比例阀	2000-05-12	西南交通大学	中国	2005-12-07	2010年9月1日因费用终止公告日	7
21	CN1514218A	阀套移动式液压阀内部流场压力分布测量装置	2003-07-30	浙江大学	中国	2005-08-31	2009年9月30日因费用终止公告日	7
22	CN1699762A	液压阀装置	2005-05-18	索尔－丹福斯股份有限公司	丹麦	2007-12-12	2011年7月20日因费用终止公告日	7
23	CN101256417A	比例阀门对精密气压控制装置	2008-02-25	周德海、崔保健、侯兴勃	中国	2010-06-16	2012年5月2日因费用终止公告日	7
24	CN85108167A	数字式脉冲阀系统	1985-11-08	冶金工业部北京钢铁设计研究总院	中国	1990-11-14	1995年12月20日因费用终止公告日	7
25	CN1036819A	一种数字式阀门	1989-03-30	索热莱尔格、新奥克莱姆公司	法国	1993-05-05	1999年5月26日因费用终止公告日	7
26	CN1447032A	比例方向阀	2003-01-22	宁波华液机器制造有限公司	中国	2006-05-17	2013年3月27日因费用终止公告日	6

续表

序号	公开号	发明名称	申请日	申请人	申请人国别	授权公告日	审批历史	同族专利被引证次数
27	CN1570403A	数字化线性比例流量并联控制阀	2003－07－18	庄海	中国	2008－07－16	2013年9月4日因费用终止公告日	6
28	CN1424514A	差压式比例压力、流量复合阀	2003－01－02	宁波华液机器制造有限公司	中国	2006－12－20	2013年3月13日因费用终止公告日	5
29	CN1603023A	液压阀门端罩冲压成型方法	2004－11－02	李会银	中国	2006－08－23	2009年12月30日因费用终止公告日	5
30	CN1266953A	广义脉码调制液压数字阀	2000－04－19	浙江大学	中国	2003－07－16	2007年6月20日因费用终止公告日	4
31	CN1510314A	超高频比例控制节流阀	2002－12－25	北京航空航天大学	中国	2005－01－26	2008年2月20日因费用终止公告日	4
32	CN101168366A	电控感载比例阀	2006－10－23	淄博龙达汽车配件制造有限公司	中国	2009－08－12	2011年3月9日因费用终止公告日	4
33	CN1053111A	电液比例溢流调速复合控制阀	1989－12－31	太原工业大学	中国	1993－06－23	1997年2月19日因费用终止公告日	4
34	CN1149023A	载荷感知式比例阀	1996－08－23	博世制动系统株式会社	日本	2002－09－11	2005年10月19日因费用终止公告日	4
35	CN86107735A	液压阀参考压力的程序化流量控制系统	1986－11－17	奥蒂斯电梯公司	美国	1991－09－04	1999年1月6日因费用终止公告日	4

续表

序号	公开号	发明名称	申请日	申请人	申请人国别	授权公告日	审批历史	同族专利被引证次数
36	CN1696518A	高速电液数字阀	2005-05-31	武汉航天波纹管股份有限公司	中国	2007-01-17	2014年7月30日因费用终止公告日	3
37	CN1833133A	具有可用户化性能的高分辨度比例阀及其流动系统	2004-06-10	麦克米伦公司	美国	2008-01-30	2010年9月22日因费用终止公告日	3
38	CN1373311A	双向压差反馈型比例先导控制滑阀	2002-01-18	宁波华液机器制造有限公司	中国	2003-12-31	2013年3月27日因费用终止公告日	2
39	CN1752465A	一种数字输入式电液伺服阀	2005-11-03	武汉科技大学	中国	2007-11-14	2009年12月30日因费用终止公告日	3
40	CN1848016A	一种电气比例阀控制电路	2005-04-15	上海威士机械有限公司	中国	2009-04-01	2014年6月4日因费用终止公告日	2
41	CN1699763A	无轴伸转数字方向流量阀	2005-07-11	孙勇	中国	2007-06-20	2009年9月9日因费用终止公告日	1
42	CN1887624A	前后联动液压阀	2006-06-12	玉环凯凌集团有限公司	中国	2009-06-24	2013年7月31日因费用终止公告日	3
43	CN1865061A	汽车转向离心力液压阀	2006-06-13	孙晓妮	中国	2006-11-22	2008年12月31日视为放弃公告日	1
44	CN1837626A	适用于数字油缸或数字油马达的四边控制阀	2006-04-21	孙勇	中国	2008-02-20	2009年6月24日因费用终止公告日	0

续表

序号	公开号	发明名称	申请日	申请人	申请人国别	授权公告日	审批历史	同族专利被引证次数
45	CN1963273A	大流量直控式比例压力阀	2006-11-23	上海应用技术学院	中国	2009-05-06	2013年1月23日因费用终止公告日	1
46	CN101255877A	一种液动比例控制主阀	2007-09-21	兰州理工大学	中国	2009-09-02	2011年12月14日因费用终止公告日	0
47	CN101021224A	压电晶体数字阀	2007-03-22	浙江大学	中国	2008-09-17	2012年5月30日因费用终止公告日	2
48	CN101230868A	液压阀的球体阀杆及其制造方法	2007-10-24	上海伟勋液压件制造有限公司	中国	2008-07-30	2010年5月19日撤回公告日	0
49	CN101251198A	一种液压弹簧操动机构用的双稳态永磁液压阀	2008-03-25	沈阳工业大学	中国	2008-08-27	2011年9月14日驳回公告日	3
50	CN101251199A	一种液压弹簧操动机构用的单稳态永磁液压阀	2008-03-25	沈阳工业大学	中国	2008-12-03	2011年9月14日驳回公告日	0
51	CN101315134A	步进式气动数字阀	2008-07-02	浙江工业大学	中国		2011年9月14日驳回公告日	1
52	CN101565038A	比例阀控泵式中小功率车用缓速器	2009-05-11	湘潭大学	中国	2011-02-02	2014年7月9日因费用终止公告日	0
53	CN101561361A	一种基于模型的电液比例阀加载方法	2009-05-07	北京理工大学	中国	201-12-01	2013年6月26日因费用终止公告日	0

续表

序号	公开号	发明名称	申请日	申请人	申请人国别	授权公告日	审批历史	同族专利被引证次数
54	CN85102790A	数字压力阀	1985 – 04 – 01	中国船舶工业总公司第七研究院第七零四研究所	中国	1989 – 02 – 01	1992 年 6 月 17 日因费用终止公告日	2
55	CN1053110A	电液比例减压调速复合控制阀	1989 – 12 – 31	范海源、杨秀玲	中国	1993 – 06 – 23	2003 年 2 月 19 日因费用终止公告日	3
56	CN1065709A	多功能无静差比例压力控制阀	1991 – 04 – 09	刘思澜	中国	1994 – 10 – 12	1998 年 6 月 3 日因费用终止公告日	2
57	CN1057725A	无料钟高炉炉顶料流调节比例阀无放大器控制装置	1991 – 07 – 11	鞍山钢铁公司、鞍山钢铁公司自动化研究所	中国	1995 – 03 – 22	1999 年 9 月 8 日因费用终止公告日	2
58	CN1241688A	电空比例压差控制阀	1999 – 04 – 01	SMC 株式会社	日本	2004 – 05 – 12	2010 年 8 月 4 日因费用终止公告日	4
59	CN1083905A	高压液压阀	1992 – 11 – 28	丹姆斯有限公司	德国	1995 – 08 – 23	2000 年 1 月 19 日因费用终止公告日	3
60	CN101069019A	载荷感知导向液压阀	2004 – 11 – 08	迪普马蒂克奥莱奥迪纳米卡有限公司	意大利	2009 – 12 – 09	2012 年 1 月 11 日因费用终止公告日	0

6.4.2.1 申请人筛选

在专利申请的筛选和利用过程中，申请人是重要的著录项目信息。因为其不仅是简单的名称，其还代表着一旦授权后该专利权的归属情况。另外如果申请人是企业，那根据申请人的名称进行检索，就可以很容易了解该企业的专利权占用情况、专利布局方式、该企业在行业内的地位和企业的主要产品等重要信息。

（1）重要申请人

对于筛选失效专利来说，前面已经提到，对于国内相对落后的产业，着重关注行业内龙头企业或垄断寡头——即重要申请人的失效专利，将给企业一个更高、更好的研发起点或研发技术路线，因此在筛选失效专利时，首先要关注是否存在行业内重要申请人的专利。联系课题组所要筛选的表6-4-1中专利申请可以找到几个行业内的重要申请人，如胡斯可国际股份有限公司、依纳-谢夫勒两合公司、博世汽车系统株式会社和卡特彼勒等这些公司多为大型工程机械或行走机械的装备制造公司，而在大型工程机械中，液压阀是其关键的核心部件，液压阀和液压控制系统的性能直接决定了其成品的性能和质量，因此这些公司对工程机械用的液压阀也投入了较大的研发精力，如表6-4-2所示。

表6-4-2　液压阀领域失效专利通过重要申请人项目筛选结果

序号	公开号	发明名称	申请日	申请人	申请人国别	授权公告日	审批历史	同族专利被引证次数
1	CN1215809A	液压系统和液压阀机构	1998-10-23	胡斯可国际股份有限公司	美国	2004-08-25	2009年12月23日因费用终止公告日	58
2	CN145464A	比例电磁阀控制装置	1996-04-24	三星电子株式会社	韩国	2002-12-11	2011年6月29日因费用终止公告日	33
3	CN1711438A	电磁液压阀	2003-11-03	依纳-谢夫勒两合公司	德国	2008-08-20	2013年1月2日因费用终止公告日	29
4	CN1094142A	比例气动电磁阀	1994-02-02	联合信号欧洲技术服务公司	法国	1997-06-18	2014年3月19日专利权有效期届满	28
5	CN1043980A	多口自调节比例压力控制阀	1989-10-27	罗斯控制阀公司	美国	1993-08-18	1998年12月16日因费用终止公告日	17

续表

序号	公开号	发明名称	申请日	申请人	申请人国别	授权公告日	审批历史	同族专利被引证次数
6	CN1009784B	用来控制可调溢流阀卸荷的比例阀	1987–09–30	卡特彼勒	美国	1991–05–01	1993年8月4日因费用终止公告日	12
7	CN1149023A	载荷感知式比例阀	1996–08–23	博世制动系统株式会社	日本	2002–09–11	2005年10月19日因费用终止公告日	4
8	CN1241688A	电空比例压差控制阀	1999–04–01	SMC株式会社	日本	2004–05–12	2010年8月4日因费用终止公告日	4
9	CN1083905A	高压液压阀	1992–11–28	丹姆斯有限公司	德国	1995–08–23	2000年1月19日因费用终止公告日	3

图6－4－1示了液压阀领域失效专利筛选时重要申请人失效专利占失效专利总量比例，从该图中可以看出，在液压阀失效专利中重要申请人的专利占失效专利总量的15％，在众多失效专利的申请人中，重要申请人所占权重较高，在筛选时可以优先重点关注这些重要申请人的专利。

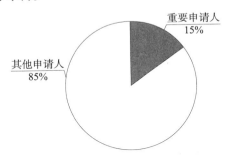

图6－4－1 液压阀领域失效专利筛选时重要申请人失效专利比例

（2）行业内竞争对手

除了关注失效专利样本中行业内重要申请人的专利，课题组在筛选时还关注了竞争对手的失效专利。行业内的竞争对手一般是指在行业内与本企业处于相似的地位，经营范围和销售的产品类似或存在竞争性，彼此竞争市场份额的经营单位。了解与本企业竞争对手的失效专利，可以分析竞争对手的研发和生产战略，可以掌握竞争对手的研发水平和研发重点，从而有效地利用竞争对手的失效专利中对本企业有效的技术信息来规避市场竞争中和专利使用中的风险，缩短本企业的研发周期和节省研发资金，如表6－4－3所示。

表6-4-3 液压阀领域失效专利通过竞争对手项目筛选结果

序号	公开号	发明名称	申请日	申请人	申请人国别	授权公告日	审批历史	同族专利被引证次数
1	CN1447032A	比例方向阀	2003-01-22	宁波华液机器制造有限公司	中国	2006-05-17	2013年3月27日因费用终止公告日	6
2	CN1424514A	差压式比例压力、流量复合阀	2003-01-02	宁波华液机器制造有限公司	中国	2006-12-20	2013年3月13日因费用终止公告日	5
3	CN1373311A	双向压差反馈型比例先导控制滑阀	2002-01-18	宁波华液机器制造有限公司	中国	2003-12-31	2013年3月27日因费用终止公告日	2

（3）高校及科研机构申请人

关注高校及科研机构申请人的失效专利申请。目前我国高校及科研机构的研发成果在某些领域已经达到国内或国外的先进水平，但是科技成果的转化对于高校和科研机构来说是长期存在的难题。高校和科研机构申请的专利数量众多，且技术含量较高，但多因资金缺乏和缺少市场推广而无法独自实施，因此权衡后不得不主动放弃该权利。另外，行业内企业的水平参差不齐，各企业都急需良好的技术以开发新的产品，尤其是具备专利权的技术，但是企业内研发人员的水平差异较大，由于企业肩负着研发、生产和市场推广的多重任务，这就造成企业对研发投入的财力和精力是非常有限的。同时企业的研发方向具有一定的局限性，即市场指导研发的方向，当不能确定研发后的产品具备良好市场的情况下，中小规模的企业不会轻易将有限的流动资金投入到研发中区，所以经济效益最好的产品往往是企业进行相关研发的主要投资方向。与企业不同的是，目前大部分高校和科研机构的科学研究都由国家资助，其研发资金相对充裕；同时其具备相对来说更专业、研发水平更平均、研发素质更高的研发人才，所以高校和科研机构的研发方向更多是关注产品的性能和品质。这就造成了一种局面，一方面高校和科研机构性能和品质优秀的科研成果不能及时转化为产品，另一方面，企业还在投入人力和物力去研发科研机构已经攻克的难题，科研成果不能及时转化和企业急需高素质的科研力量的矛盾，不但造成了行业内人才和资金的浪费，还使得本行业发展的脚步变得缓慢。

正是由于上述原因，在筛选失效专利时要关注高校和科研机构的失效专利，使得失效专利样本成为科研成果的推广平台，在这个平台上企业有目的地寻找与本企业重要产品和主要研发方向相关的失效专利，以减少企业研发资金的投入并能有效地缩短研发时间，如表6-4-4所示。

表6-4-4 液压阀领域失效专利通过高校科研科研机构项目筛选结果

序号	公开号	发明名称	申请日	申请人	申请人国别	授权公告日	审批历史	同族专利被引证次数
1	CN1523237A	超高压气动比例减压阀	2003-09-03	浙江大学	中国	2006-05-17	2008年11月5日因费用终止公告日	22
2	CN101245871A	数字电气阀门定位器及其方法	2008-01-31	浙江大学	中国	2009-12-30	2014年3月26日因费用终止公告日	13
3	CN1003466B	一种数字式液压伺服转阀	1986-11-07	中国科学院长春光学精密机械与物理研究所	中国	1989-12-06	1991年5月22日因费用终止公告日	8
4	CN1142461A	液压电梯速度电反馈电液比例流量阀	1996-04-15	浙江大学	中国	2000-03-15	2003年6月11日因费用终止公告日	8
5	CN1272600A	高速数字控制比例阀	2000-05-12	西南交通大学	中国	2005-12-07	2010年9月1日因费用终止公告日	7
6	CN1514218A	阀套移动式液压阀内部流场压力分布测量装置	2003-07-30	浙江大学	中国	2005-08-31	2009年9月30日因费用终止公告日	7
7	CN1266953A	广义脉码调制液压数字阀	2000-04-19	浙江大学	中国	2003-07-16	2007年6月20日因费用终止公告日	4
8	CN1510314A	超高频比例控制节流阀	2002-12-25	北京航空航天大学	中国	2005-01-26	2008年2月20日因费用终止公告日	4
9	CN1053111A	电液比例溢流调速复合控制阀	1989-12-31	太原工业大学	中国	1993-06-23	1997年2月19日因费用终止公告日	4

续表

序号	公开号	发明名称	申请日	申请人	申请人国别	授权公告日	审批历史	同族专利被引证次数
10	CN1752465A	一种数字输入式电液伺服阀	2005 – 11 – 03	武汉科技大学	中国	2007 – 11 – 14	2009 年 12 月 30 日因费用终止公告日	3
11	CN1963273A	大流量直控式比例压力阀	2006 – 11 – 23	上海应用技术学院	中国	2009 – 05 – 06	2013 年 1 月 23 日因费用终止公告日	1
12	CN101255877A	一种液动比例控制主阀	2007 – 09 – 21	兰州理工大学	中国	2009 – 09 – 02	2011 年 12 月 14 日因费用终止公告日	0
13	CN101021224A	压电晶体数字阀	2007 – 03 – 22	浙江大学	中国	2008 – 09 – 17	2012 年 5 月 30 日因费用终止公告日	2
14	CN101251198A	一种液压弹簧操动机构用的双稳态永磁液压阀	2008 – 03 – 25	沈阳工业大学	中国	2008 – 08 – 27	2011 年 9 月 14 日驳回公告日	3
15	CN101251199A	一种液压弹簧操动机构用的单稳态永磁液压阀	2008 – 03 – 25	沈阳工业大学	中国	2008 – 12 – 03	2011 年 9 月 14 日驳回公告日	0
16	CN101315134A	步进式气动数字阀	2008 – 07 – 02	浙江工业大学	中国	—	2011 年 9 月 14 日驳回公告日	1
17	CN101565038A	比例阀控泵式中小功率车用缓速器	2009 – 05 – 11	湘潭大学	中国	2011 – 02 – 02	2014 年 7 月 9 日因费用终止公告日	0
18	CN101561361A	一种基于模型的电液比例阀加载方法	2009 – 05 – 07	北京理工大学	中国	2010 – 12 – 01	2013 年 6 月 26 日因费用终止公告日	0

续表

序号	公开号	发明名称	申请日	申请人	申请人国别	授权公告日	审批历史	同族专利被引证次数
19	CN85102790A	数字压力阀	1985－04－01	中国船舶工业总公司第七研究院第七零四研究所	中国	1989－02－01	1992年6月17日因费用终止公告日	2
20	CN1057725A	无料钟高炉炉顶料流调节比例阀无放大器控制装置	1991－07－11	鞍山钢铁公司，鞍山钢铁公司自动化研究所	中国	1995－03－22	1999年9月8日因费用终止公告日	2

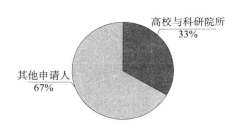

图6－4－2　液压阀领域失效专利筛选时高校与科研院所专利占失效专利总量比例

图6－4－2 表示高校与科研院所失效专利占所有失效专利的比例，从该图中可以看出，在液压阀领域的失效专利中，高校与科研院所的失效专利占了1/3，如此大的比例一方面说明目前国内在液压阀领域的研究多是在高校和科研机构中开展，另一方面也说明高校和科研机构对于已授权的专利放弃量很大，企业要高度关注这些技术含量较高的失效专利，以更好地利用国内现有的资源，最大限度地推动产业发展。

6.4.2.2　申请人国别筛选

在专利申请的筛选过程中，课题组同样关注申请人的国别。因为对于每个领域，在世界范围内的发展水平都是不均衡的，一般情况下如果某国家或地区在行业内技术水平领先，其国内或地区势必存在一家或多家技术领先的企业，反之亦然。如果在某个国家或区域内具有多家技术领先的企业，那么在该国家或区域内就会形成良好的竞争势头和研发环境，因此专利申请在该区域内也会相对活跃。因此，关注申请人国别，以国别分类去筛选失效专利，着重分析掌握关键技术的国家的申请人的失效专利，获得对企业有借鉴意义的专利的可能性较大。

同样，以本报告在表6－4－1中的待筛选失效专利为样本，以申请人国别为筛选依据来分析在液压阀领域失效专利的情况。图6－4－3 表示的是液压阀领域在中国申请的失效专利占该领域专利申请的比例情况，从该图中可以直观地看出，在液压阀领域申请的1500 多件专利申请中（含授权和未授权）超过20%的专利授权后由于期满和不缴纳年费而失效，而其中不缴纳年费而失效的专利占失效专利的90%以上，且在失效专利中发明占16%，实用新型占84%。可以看出实用新型的失效数量远远大于发明失效专利。因为发明失效专利经过实质审查，所以无论从技术含量角度还是从法律保护的角度来看，从失效的发明专利中寻找可以为企业所用的失效专利的可能性更大一些。

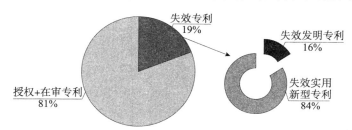

图6－4－3　液压阀领域失效专利占液压领域专利总量比例

因此，课题组首先着重在液压阀领域的失效发明专利中筛选可利用的专利。在表6－4－1中的60 件失效专利中，如图6－4－4 所示，从该图中可以看出，中国失效专利占38 件，美国占9 件，申请人国别为中国的失效专利占半数以上，其余半数多集中在了解了申请人国别的大致分布后，再详细阅读相对应的专利申请可以看出，发达国家的失效专利的申请人多为行业内大型龙头企业，其失效专利的技术含量较高，其专利失效的原因包括期限届满和不缴纳费用两种，其中因不缴费放弃的专利多是因为企业研发重点出现改变等因素；国内失效专利的申请人大多为高校和科研机构和个别重视专利权的企业，文献中的技术虽然相对于国外的失效专利来说还有一定差距，但是相对于其他国内申请人来说还是具有可利用和借鉴的价值，其专利失效均是不缴纳费用自动放弃权利，多是因为高校和科研院所存在科技成果转化难的问题。通过仔细阅读失效专利和分析申请人的国别和专利失效类型可以初步推断，对于国外大型龙头企业来说，其设计核心技术的专利不会轻易主动放弃专利权，一般情况下会持续维持到届满为止，同时在放弃专利权时会根据企业发展战略选择性地维持或放弃专利权，这样的专利虽然对大型龙头企业失去了意义，但仍然可以为我国企业所用，继续发挥高技术含量专利的余热，为国内企业研发奠定较高的起步平台。同时针对国内的失效专利，企业更是不要放弃有价值的技术，尤其是高校和科研机构的失效专利，对国内企业更是不可多得的质优资源，因为不但可以免费使用失效专利，在实施的过程中还可以通过面对面的请教和合作来弥补企业研发力量不足的短板。

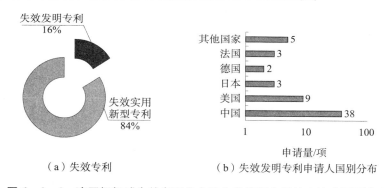

（a）失效专利　　　　　　　　（b）失效发明专利申请人国别分布

图6-4-4　液压阀领域失效专利分布及失效发明专利的申请人国别分布

6.4.2.3　利用与行业或企业密切相关的关键技术筛选

课题组利用失效专利的最直接目的就是为企业或研发机构提供更优秀的技术方案或研发思路，以节省研发的经费和新产品开发的时间。那么在寻找失效专利时就要关注一种失效专利，这种专利与企业研发方向类似或与企业产品相关的关键技术密切相关或是具备发展的指导意义，如果能寻找到这种类型的失效专利，那么对企业来说无疑是获得了良好的发展助力，但这种专利在筛选时没有其他捷径而言，只能通过研发人员或技术专家详细阅读文献中的技术方案来评价其可利用的价值。

6.4.2.4　利用同族被引用频次筛选

一般情况下，如果被引用次数较高，则该项专利可能在产业链所处位置比较关键，为竞争对手所不能回避。因此被引用次数可以在一定程度上反映对象专利在某领域研发中的基础性、引导性作用。同时，通常情况下，专利文献公开时间越早，则被引证概率就越高。因此在引入同年龄专利文献的平均被引用次数水平作为参考基准，旨在消除不同专利年龄带来的影响，如表6-4-5所示。

表 6 - 4 - 5　液压阀领域失效专利利用引用频次筛选频次大于 10 次的专利列表

序号	公开号	发明名称	申请人	申请人国别	授权公告日	审批历史	同族专利被引证次数
1	CN1215809A	液压系统和液压阀机构	胡斯可国际股份有限公司	美国	2004 - 08 - 25	2009 年 12 月 23 日因费用终止公告日	58
2	CN1447885A	液压阀	吉塞拉·韦伯	奥地利	2006 - 01 - 11	2011 年 4 月 20 日因费用终止公告日	29
3	CN1307196A	比例控制气阀	美中股份有限公司	美国	2004 - 02 - 18	2008 年 7 月 30 日因费用终止公告日	34
4	CN145464X	比例电磁阀控制装置	三星电子株式会社	韩国	2002 - 12 - 11	2011 年 6 月 29 日因费用终止公告日	33
5	CN1711438A	电磁液压阀	依纳 - 谢夫勒两合公司	德国	2008 - 08 - 20	2013 年 1 月 2 日因费用终止公告日	29
6	CN1094142A	比例气动电磁阀	联合信号欧洲技术服务公司	法国	1997 - 06 - 18	2014 年 3 月 19 日专利权有效期届满	28
7	CN1523237A	超高压气动比例减压阀	浙江大学	中国	2006 - 05 - 17	2008 年 11 月 5 日因费用终止公告日	22
8	CN1009300B	三通液压阀	克劳德·阿兰·格拉茨马勒	法国	1991 - 04 - 03	2009 年 2 月 11 日专利权有效期届满公告日	17
9	CN1043980A	多口自调节比例压力控制阀	罗斯控制阀公司	美国	1993 - 08 - 18	1998 年 12 月 16 日因费用终止公告日	17

续表

序号	公开号	发明名称	申请日	申请人	申请人国别	授权公告日	审批历史	同族专利被引证次数
10	CN1543544A	驱动流量控制用电磁比例控制阀门的驱动方法和设备	2002-10-29	株式会社博世汽车系统	日本	2007-12-05	2011年3月2日因费用终止公告日	17
11	CN101168077A	一种用于呼吸机的通气比例阀门	2006-10-23	杨福生、梁晨、俞海、谢敏	中国	2009-07-01	2011年12月28日因费用终止公告日	14
12	CN101245871A	数字电气阀门定位器及其方法	2008-01-31	浙江大学	中国	2009-12-30	2014年3月26日因费用终止公告日	13
13	CN1106115A	液压阀	1994-09-20	卡罗马工业有限公司	澳大利亚	1999-07-07	2001年11月14日因费用终止公告日	13
14	CN1009784B	用来控制可调溢流阀卸荷的比例阀	1987-09-30	履带有限公司	美国	1991-05-01	1993年8月4日因费用终止公告日	12
15	CN88101621A	比例控制阀	1988-03-26	本迪克斯商业车辆体系有限公司	美国	1991-09-11	2006年5月24日因费用终止公告日	12
16	CN1003229B	具有高压阻尼的减速和压力传感比例阀	1986-04-23	阿兰德公司	美国	1989-10-18	1997年6月11日因费用终止公告日	11

6.4.2.5　利用引用科技文献数量筛选

CHI 学派用专利引用科技文献的平均数量考察企业的技术与最新科技发展的关联程度。该数量越大，越说明企业的研发活动和技术创新紧跟最新科技的发展。但科学关联度与专利交织的相关性随行业而不同，在科技导向的领域，如医药和化学领域，该指标与专利显著相关；在传统产业，该指标与专利价值的相关性不显著。在评价专利的价值时，应根据行业选用不同的指标。

以本报告中筛选的样本为例，课题组高度关注同族专利被引证次数较高的文献，如以 10 次为例（实际筛选中可以根据实际情况适当地选取引用次数的界限），在同族被引用次数超过 10 次的文献中，申请人国别为外国申请人的专利占了 70% 以上，这就说明虽然在失效专利中申请人国别为中国的专利占半数以上，但是从技术角度来看，更具权威性的对行业发展指引性更强的专利多掌握在外国申请人手中，这和液压阀领域的发展特点和行业发展的分布情况相吻合，即目前为止液压阀领域的关键技术仍然牢牢地掌握在国外大型龙头企业的手中，国内液压阀的发展要远远落后国外企业很多年，因此分析国别为外国申请人的多年前的失效专利对我国的企业仍然具有很深远的意义。

统计失效专利文献被引证次数的同时，要想筛选到合适的可以为国内企业所用的失效专利，就必须考虑目前为止液压阀领域的应用和发展状况。液压阀作为精密的控制部件，其不会单独存在使用，通常是用于大型工程设备、航天航空飞船等军品设备、大型控制系统等。目前我国正在大力发展装备制造业，国内的三一重工、徐工、中联重工等工程机械的装备制造商在近年迅速扩张，已走出国门在国际市场上占据了一定的市场份额，但作为工程机械的关键部件的液压阀，很大程度上还要依赖进口。因此如果能在工程机械使用的液压阀领域寻找到合适的失效专利，那么对国内企业将具有很好的借鉴意义。因此课题组从被引用的次数最高的专利文献开始，利用专家筛选来阅读相关失效专利，同时在阅读专利时关注液压阀应用的领域，尝试寻找能够解决工程机械中液压阀的相关问题的失效专利。

6.5　筛选案例案情介绍

综合利用上述筛选方式，课题组初步筛选结果如表 6 - 5 - 1 所示，其中示出了综合利用上述筛选方式选出的失效专利列表，初筛后再结合行业内关键技术的专家筛选最终筛选到两件失效专利，见表中阴影部分。

表 6-5-1 液压阀领域初步综合筛选后结果列表

序号	公开号	发明名称	申请日	申请人	申请人国别	授权公告日	审批历史	同族专利被引证次数	筛出原因
1	CN1215809A	液压系统和液压阀机构	1998-10-23	胡斯可国际股份有限公司	美国	2004-08-25	2009 年 12 月 23 日因费用终止公告日	58	发明、引用次数高、重要申请人
2	CN45464A	比例电磁阀控制装置	1996-04-24	三星电子株式会社	韩国	2002-12-11	2011 年 6 月 29 日因费用终止公告日	33	发明、引用次数高、重要申请人
3	CN1711438A	电磁液压阀	2003-11-03	依纳-谢夫勒两合公司	德国	2008-08-20	2013 年 1 月 2 日因费用终止公告日	29	发明、引用次数高、重要申请人
4	CN1094142A	比例气动电磁阀	1994-02-02	联合信号欧洲技术服务公司	法国	1997-06-18	2014 年 3 月 19 日专利权有效期届满	28	发明、引用次数高、重要申请人
5	CN1523237A	超高压气动比例减压阀	2003-09-03	浙江大学	中国	2006-05-17	2008 年 11 月 5 日因费用终止公告日	22	发明、引用次数高、高校申请人
6	CN1543544A	驱动流量控制用电磁比例控制阀门的驱动方法和设备	2002-10-29	株式会社博世汽车系统	日本	2007-12-05	2011 年 3 月 2 日因费用终止公告日	17	发明、引用次数高、重要申请人
7	CN101245871A	数字电气阀门定位器及其方法	2008-01-31	浙江大学	中国	2009-12-30	2014 年 3 月 26 日因费用终止公告日	13	引用次数高、高校申请人
8	CN100784B	用来控制可调溢流阀卸荷的比例阀	1987-09-30	卡特彼勒	美国	1991-05-01	1993 年 8 月 4 日因费用终止公告日	12	发明、引用次数高、重要申请人

6.5.1　著录项目信息

表6-5-2列出了发明专利"用来控制可调溢流阀卸荷的比例阀"的著录项目信息。

表6-5-2　失效发明专利"用来控制可调溢流阀卸荷的比例阀"著录项目信息

发明名称	用来控制可调溢流阀卸荷的比例阀
申请号	CN87106712
申请日	1987-09-30
公开（公告）号	CN1009748B
公开（公告）日	1990-09-26
IPC分类号	F15B13/06；F16D25/11
申请（专利权）人	履带有限公司
发明人	威廉·韦恩·布莱克
优先权号	US914974
优先权日	1986-10-03
法律状态	1993年8月4日因费用终止公告日

6.5.2　CN87106712基本案情

该申请涉及一种具有调节安全阀的流体系统，这种调节安全阀可用来控制液压致动器的压力升高的速率，特别是涉及一种用来控制调节安全阀卸荷的比例阀，以便使调节安全阀的负荷活塞在对液压致动器和加压前完全复位。

在流体系统中，如具有液压致动的离合器的传动装置里存在一个问题，即必须保证调节安全阀里的负荷活塞在有关离合器开始接合前完全复位，如果没有及时复位，即系统压力在各离合器被加负荷和离合器结合再次开始前没有足够的时间下降，系统内较高的压力会导致离合器的急剧接合，这会导致离合器以及传动装置的其他相关部件的寿命变短。在过去使用的各种传动装置中也一直在想办法解决上述问题，但效果都不尽如人意，都会不同程度的带来离合器急剧接合的后果。

为了解决上述问题，该发明提供一种适用于传动装置的流体系统，以便提供一种对负荷活塞的控制，使得该活塞能够被确保在传动装置中发生方向和速度变化时完全复位。确定部件在被输送给力传动装置或离合器的流体压力和作用在负荷活塞上的流体压力之间提供一定比例。这样即使在力传送装置里的压力暂时仍处于较高压力水平，作用在负荷活塞上的压力流体能被泄放到蓄水器里，以便使负荷活塞完全复位。该装置允许负荷活塞在系统压力尚未降低到作用在负荷活塞的压力时被完全复位，而在已有技术的系统里，作用在负荷活塞上的压力与系统里的压力时一样的，由于作用在活塞上的压力被泄放，主安全阀活塞敞开以泄放系统压力，这样在负荷活塞室里就不再有任何流体压力了（参见图 6 – 5 – 1）。

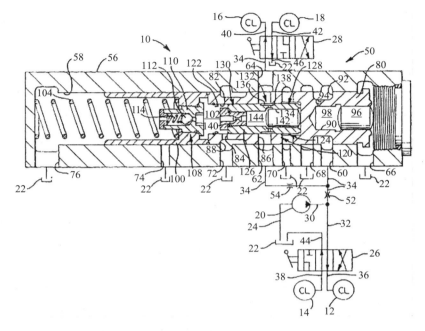

图 6 – 5 – 1　失效发明专利 CN1009748B 的附图

28—方向分配阀；26—速度分配阀；30，32—管道；50—调节安全阀；60—进口；88，92，136—环形凹槽；54，104—小孔；58—弹孔；80—阀活塞；128—第一端部；130—第二端部；126—阀门零件；102，144—压力室；72—排水口；142—芯子；100—负荷活塞；104—弹簧；124—比例阀部件；16—方向离合器；18—方向离合器

6.5.3　案例分析

重型机械和商用车辆（商用车辆包含所有的载货汽车和 9 座以上的客车）中，离合器液压致动器和气助力操纵系统目前已被广泛应用，但在用户实际使用过程中，却经常暴露出诸如离合器踏板回位迟缓、离合器踏板不完全回位导致的离合器异常磨损甚至烧片故障模式。研究表明，引起这些故障的主要原因是离合器操纵系统回位过程的随动性能无法满足使用要求。

重型机械和商用车辆中离合器的上述问题一直是各生产厂家关注的焦点，国内外的厂商，例如 International Harvester Company、Caterpillar Tractor Co. 等，一直致力于此问题的研发，以期提高产品使用的平稳性及降低使用过程中的故障率。该申请的申请人为了解决离合器异常结合导致的磨损或烧片等问题，研发了一种具有调节安全阀的流体系统，这种流体系统多用于控制具有液压致动的离合器传动装置，其目的是使调节安全阀的负载活塞在液压致动器加压前完全复位，从而保证离合器缓慢平稳地结合，防止离合器损坏。

想要解决重型机械或商用车辆离合器存在的问题，可以采用从多个方面来缓解离合器的急剧接合，而本申请的申请人采用的是通过控制离合器的液压致动器的压力的升高速率来防止离合器的急剧接合。尤其是通过比例阀在输送给力传送装置的流体压力和作用在调节压力安全阀的负荷活塞上的流体压力之间建立比例关系，从而控制离合器内的液压致动器的压力的升高速率，以便使负荷活塞完全复位。

在已知上述发明专利已经处于专利权终止状态的情况下，即该发明已经属于无效专利时，为了能更好地利用该专利，课题组尝试着从多角度分析该专利，旨在从该失效专利中获得更多的信息，如对失效专利的技术领域进行分析和跟踪，根据申请企业的特点查找行业内重要申请人和产品，分析失效专利的后续专利以寻找技术发展趋势等。

6.5.3.1 技术领域分析确定

从上述分析可以看出，该发明实际的技术改进点所涉及的技术领域为液压阀中的比例阀领域。比例控制技术是20世纪60年代末人们开发的一种可靠、价廉、控制精度和响应特性能满足工业控制系统实际需要的控制技术。电液比例阀是指采用电液比例控制技术对液压系统流量、压力和方向流量等物理量进行控制的电液控制元件，代表了流体控制技术的发展方向。但是如果仅仅针对比例阀的失效专利进行查找就忽略了阀门部件的应用特性以及考虑要解决的具体技术问题。目前，液压阀作为大型工程机械设备的核心关键部件，广泛应用于各种大型工程机械中，液压阀的性能直接影响着整机成品的性能和质量，因此在寻找失效专利并进行分析时，要考虑液压阀应用的领域。

从这个角度来看，该失效专利主要涉及工程机械中液压阀的改进，而目前液压阀的行业由于加工工艺和材料技术的差距，液压件尤其是液压阀的核心技术一直稳稳地掌控在行业龙头手中，如博世力士乐等。而在工程机械领域也存在相似的情况，虽然国内的大小工程机械企业已经达到了整机出口的水平，但是整机的核心液压件仍然要依赖进口，所以在分析该专利时，同样要关注工程机械领域的世界级公司，例如卡特彼勒公司等。因为这些公司最有可能面临同样的工程机械液压件存在的技术问题，也有去解决这些问题的动机和能力。

综上所述，在上述液压阀领域和工程机械领域寻找优秀的失效专利，以该篇核心专利为核心，向上、向下追溯其技术发展路线，以期寻找到合适的技术拓展点，以在今后的工程机械行业发展中指导企业做到对这些专利的更快、更好的升级工作。

6.5.3.2 行业特点及发展情况

衡量一个国家的发达程度，主要是比较国家的工业水平，工业水平的发展程度体现了一个国家的总体发展水平，没有强大的工业水平就不能称之为发达国家，提到工业就不得不说工程机械，这个称之为"工业的心脏"的部分。目前中国已经成为世界最大的工程机械市场，尤其是中国的超大型工程机械已然成为世界级的企业，但是这些主机厂商的产品的核心部件在很大程度上都是国外产品，比如机械设备的传动件、控制件、液压件、发动机等，这些关键的技术始终被国外的行业龙头企业所掌控，该失效专利就主要涉及工程机械中液压件的改进，目前液压件的行业状况与工程机械行业类似，由于加工工艺和材料技术的差距，液压件尤其是液压阀的核心技术一直稳稳地掌控在行业龙头手中，如博世力士乐等。所以，在我国相对落后的领域寻找优秀的失效专利，以期在今后的行业发展中做到对这些专利的更快、更好的升级工作是本课题组利用失效专利的重点。要做好这项工作首先要求我们在基础性工业研究上下足工夫，只有基础提高了，一切赶超才有可能；其次要求我国的企业走出去，只有参与到国际竞争中去，才有可能通过国际市场的倒逼来促使我国的工程机械巨头走上转型升级之路，尤其是在提升工程机械产品的科技含量上有质的突破。

6.5.3.3　失效专利申请人

该申请的申请人为履带有限公司（卡特彼勒），该公司自创立至今已有85年历史，现已成长为全球最大的建筑工程机械和采矿设备、柴油和天然气发动机、工业用燃汽轮机以及柴电混合动力机组生产企业。由该申请人的企业性质和主要经营范围可以看出，该企业技术发展重点是在大型工程机械等重型机械上，因此其主要在该领域进行研发和创新。皮实、耐用是卡特彼勒产品最大的特点，该公司连续九年入选道琼斯可持续发展世界指数（DJSI）榜50家企业。

卡特彼勒是世界上最大的土方工程机械和建筑机械的生产商，也是全世界柴油机、天然气发动机和工业用燃汽涡轮机的主要供应商。

表6-5-3是2014年全球工程机械制造商前30位的排名，从该表中可以很容易地看出该失效专利的申请人卡特彼勒位于榜首，并且其销售额远远高出排名第二位的日本小松制作所。可见卡特彼勒在行业内的地位之显著。

表6-5-3　2014年全球工程机械制造商前30名选登排行榜

排名	企业	国别	销售额/亿美元
1	卡特彼勒	美国	317.15
2	小松制作所	日本	166.21
3	沃尔沃建筑设备	瑞典	83.12
4	利勃海尔	德国	77.57
5	徐工集团	中国	77.06
6	日立建机	日本	76.27
7	特雷思克	美国	70.84
8	阿特拉斯·科普柯	瑞典	64.19
9	中联重工	中国	63.66
10	三一重工	中国	61.66
11	山特维克	瑞典	61.20
12	约翰迪尔	美国	58.66

续表

排名	企业	国别	销售额/亿美元
13	斗山 infracore	韩国	54.53
14	JCB	英国	44.42
15	美卓	芬兰	42.29
16	豪士科（JLG）	美国	38.88
17	神户制钢所	日本	34.66
18	现代重工	韩国	31.16
19	柳工集团	中国	26.76
23	住友重机械	日本	218.29

为了加大投资力度和发展业务，卡特彼勒中国投资有限公司 1996 年在北京成立。至今，卡特彼勒在中国建立了 23 家生产企业，制造液压挖掘机、压实机、柴油发动机、履带行走装置、铸件、动力平地机、履带式推土机、轮式装载机、再制造的工程机械零部件以及电力发电机组。

卡特比勒及其旗下产业截至 2014 年共申请了 44418 项专利，其中涉及阀的改进专利共计 7871 项，涉及离合器的改进专利 1260 项，该公司拥有 1 万多名工程师、科学家和技术人员，在遍布全球的多个研发基地进行产品开发，公司拥有授权专利 6000 多项。向国家知识产权局申请的专利共计 1798 项，其中涉及阀改进的专利共计 409 项，涉及离合器的改进 45 项。

通过上述数据可以看出，该失效专利的申请人卡特彼勒虽然主营的产品为大型工程机械的整机设备，但是其对工程机械的上下游产品及零部件也同样投入了很大的科研精力，如工程机械的液压件、传动件等方面也拥有不小的专利申请量和专利权保有量。在中国卡特彼勒不但在产业上大规模建厂，在专利申请上也走在了前列。其巨大的申请量和专利权保有量使得其在行业内稳稳地掌握着核心技术，同时还通过系列申请等方式完成其专利战略布局，使竞争对手很难侵犯其专利权。

了解完技术领域后，课题组初步可以获知该领域内产业的发展情况、该领域的龙头企业、该领域内的重要核心技术以及该核心技术的专利权归属情况，同时还能进一步了解重要申请人的相关技术发展脉络和专利布局情况，以期避免在使用失效专利时出现侵权等法律纠纷。

6.5.4 失效专利引证情况及关键技术点分析

一项专利可以引用其他专利（后向引用），同时也可以被其他专利引用（前向引用），专利引文分析的对象是大量的专利引用数据，但是并不是所有的专利引文都可以用来研究。专利引文由以下两部分组成，一部包含在申请人为了说明技术发展历史现状给出的参考引文撰写的专利说明书中；另一部分是由审查员标注在说明书的扉页上，通过对该发明的"三性"（新颖性、创造性、实用性）审查，检索出的与该发明有关的关键文献。国外相关研究表明，专利引文分析一般是以审查员给出参考引文为基础，审查员参考引文与申请人参考引文具有很大的重复性。就引文数量来看，审查员参考引文量常达到申请人参考引文量的 2 倍。由此可见，以审查员参考引文作为专利引文分析的基础，不论从质量上还是从数量上都可以保证分析结果的可靠性，但同时也要注意一种情况，当专利本身的内容涉及交叉领域时，审查员在出具检索报告是有可能引用不同领域的引文供公众参考。专利引文量是一项专利在后来的专利或非专利文献被引用的总数，引文数量通常被认为是专利技术影响力的示量，具有明显创新性或行业内主流产品的关键技术点的专利会被更多地引用。专利引文量的分析能够进行质量和影响力的评价，以及考察引用和被引用的国家之间，公司间和科技领域之间的联系。

正如上面所述，分析专利之间的引用情况不但可以找到一段时期内本行业的关键技术点，还可以从不同层次的引用关系中梳理出该行业关于该技术点的发展脉络，这对失效专利的利用具有深远意义。因为科技发展到目前为止，大部分发明都是以技术改进的形式进行的，这说明技术改进在产品研发和创新中起到重要的作用，尤其是对某些国内相对落后的产业，对已经失效的专利进行技术改进也许能为我国传统产业的振兴提供有效的帮助。通过对失效专利向上和向下引用的专利网的分析，尝试着找到关键的技术节点专利，这样就给创新和下一步改进提供了方向性的指引和实质性的技术指导，这无形中就节省了大笔用于科研和开发产品的资金，所以这种办法对我国中小企业甚至某行业的大企业来说不失为一种突破产品生产瓶颈的捷径。

6.5.4.1 失效专利 CN1009748 的专利引用情况分析

（1）引用情况概述

为了更好地说明问题，课题组在数据库中以 CN1009748B 为核心检索了引证失效专利的文件和被其引用的文件，以期通过对引用文献的脉络的梳理和分析，寻找解决该问题的现有技术研发中的基础性、引导性的专利或思路，其中引证该专利的文件共计 11 篇，被该文件引用的文件共计 8 篇。引用该失效专利和被该失效专利引用的专利文献的申请人国别以美国和德国为主，申请人多为汽车、工程机械生产厂家或零配件厂家，这就和课题组对上述失效专利的技术领域的分析相吻合，即虽然该专利的主要改进是利用比例阀来实现安全阀的快速复位，但从其解决的技术问题来看，还是为了解决汽车或工程车辆在使用中离合器出现的急剧接触而易损的问题，经常面临这些问题并有动机进行改进的申请人一定是和该行业相关的企业或个人，因此在追溯该失效专利的引用关系时，发现有很多生产工程机械的企业也在从事这方面的研发并申请了专利。这也给国内的相关企业一定启发，工程机械企业的工程技术人员或科研人员可以对该专利给予更多的关注。

课题组以该专利为核心，系统地检索了与其相关的专利引证情况，前向、后向各引用两级查找到 5 个层次的专利引证文件共计 252 篇，这些文献并不是单层次的单级引用，其引用关系错综复杂，为了更好地梳理各个文件之间的关系和看清技术发展的脉络，本课题组将通过专家筛选后的与该申请相关度高的文件绘制为图 6－5－2（见文前彩色插图第4页），清晰地展示了各文献之间的引证和被引证关系。

图6-5-2为失效专利CN1009748A引用文件层级的关系图，其核心专利为CN1009748B，经分析可知，该失效专利的申请人为了解决离合器异常结合导致的磨损或烧片等问题，研发了一种具有调节安全阀的流体系统，这种流体系统多用于控制具有液压致动的离合器传动装置，其目的是使调节安全阀的负载活塞在液压致动器加压前完全复位，从而保证离合器缓慢平稳的结合。该专利解决了重型机械和商用车辆中离合器踏板回位迟缓、离合器踏板不完全回位导致的离合器异常磨损甚至烧片故障模式。

离合器的上述问题一直是各生产厂家关注的焦点，国内外的厂商一直致力于此问题的研发，以期提高产品使用的平稳性及降低使用过程中的故障率。从图6-5-2的5个层级的引用层级图中分析，下二层的专利文献在面对离合器的上述问题时，多采用了改进原有产品结构来尝试提高离合器控制的准确性，而下一层的专利文献在改进原有产品结构的同时还尝试从新的角度，即添加新的结构来解决离合器的可靠性问题；至于该失效专利和其系列申请专利则更近一步，试图通过添加可靠性强的标准件结构，即添加比例阀来控制离合器液压控制系统，力图实现准确的控制并且保证控制的可靠性；随着行业的发展，在上一层的引用文献中利用液压阀来控制离合器系统已经是较为常规的控制手段，那么如何更加准确可靠地实现控制则是研发人员需要进一步解决的问题，因此研发人员在系统中添加控制部力图实现准确的控制并且保证控制的可靠性；随着科技的发展，如何可靠地实现控制成为研发人员需要进一步解决的问题，因此改进控制部件，在控制方式上进行进一步的探索则是这一层次的专利文献集中探讨的问题。通过对图6-5-2的分析可以看出，在重型机械和商用车辆的离合器失效问题上，该行业的研发人员一直遵循着"从简单到复杂，从基本合格到精确可靠"的研发路线。在复杂的引用层级关系网中各个专利之间引用关系相互交织、引用频繁，多项专利前向、后向的引用次数均很多，而且层级之间各个专利也存在相互引用的关系，在引用关系网中存在多条研发的技术线路和多项关键技术点，下面课题组将尝试以核心专利CN1009748B为中心梳理出以一条技术发展路线和其上的关键技术节点来分析该失效专利。

（2）引用线路分析

课题组以CN1009748B为核心展开分析，该专利的申请人卡特彼勒公司为了解决上述技术问题，提出了包括该失效专利在内的一系列申请，其形成了专利引用关系图中的核心层，其中包括公开号为US4676348和US4676349两篇专利文献，这两篇文献同样是通过液压阀来实现对离合器的传动装置内的压力控制，从而实现离合器平稳接合。其采用了相似的技术手段，解决了相同的技术问题。可以看出，当时卡特彼勒公司对该产品重视度较高，其希望在各个方面布局该专利，以达到最好的专利防护壁垒。

课题组选取了失效专利CN1009748B直接引用的专利文献层，即图中的"下一层"，来看同一层专利文献之间的引用情况。其中专利US4046160于1977年9月6日公布的。从形式上看，引用了7篇文件作为其背景技术或者现有技术，同时其还与同一个引证层次上的文献共同引用了文献 US3389770、US3583422 和 US2935999、US3991865，可以看出，在当时的工程机械领域上，上述失效专利中涉及的技术问题是当时研究的重点，各国的不同生产厂家都在探索更好的解决办法，其中美国公司在该领域的竞争更加激烈一些，而且采取了各种不同的手段。

另外，课题组尝试从"下二层"的一项专利开始，沿着引证和被引证的链条梳理下去，看看各层之间的引用关系是如何反映技术发展过程的。

首先，看下二层的专利文献，自 US3991865 起，本领域的工程技术人员就开始尝试对离合器传动装置系统的压力升高速率进行有效的控制。其利用一个连接液压源和负载活塞之间的通道和快速复位活塞来使得腔内充满液压流体而使得腔内的压力峰值减缓达到，从而实现控制系统内压力升高速率的控制。

其次，看下一层的专利文献，引用 US3991865 文件作为背景技术或现有技术的美国专利 US4046160，其也是对具有方向和速度离合器传动装置的控制系统做了进一步改进，不同之处在于其包括一个隔离活塞，该活塞在传动装置里的方向和速度改变时能响应于方向离合器和速度离合器里的压力控制快速排气管的开口以便使得负荷活塞快速复位。为了使得负荷活塞快速回位，系统里的压力必须下降到方向离合器加负荷压力的压力等级，因此离合器在系统压力下降到需要的水平前可能被加负荷。

再次，看下间接引用 US3991856 文件的美国专利 US3799308，其也位于下一层，还是对具有方向和速度离合器的传动装置的控制系统进行了改进，不同的是，其在系统中增添了一个负荷活塞的调节减压阀，通过对调节减压阀的控制实现对离合器接合时致动器内的压力升高速率的控制。

现在回顾一下核心层的本失效专利 CN1009748B，该失效专利引用了专利 US4046160 和 US3799308 两篇文献，其同样是对具有方向和速度离合器的传动装置的控制系统进行了改进，不同的是其是在具为活塞的调节减压阀设置了能精确控制其动作的比例阀，这样能有效地保证负荷活塞完全快速的复位，从而防止离合器的不良接合。

最后，看上一层的引用层次中，引证该失效专利的专利，第一项是 CN1924387，申请人为通用汽车公司，该专利是关于一种扭矩传递调节系统采用的通过接合和脱开的控制将流体压力从压力源分配到扭矩传递机构的阀机构。阀机构具有与其相关的压力感测器机构，将控制信号分配到电子控制模块（ECM）以便告知 ECM 扭矩传递机构的操作状态。阀机构在扭矩传递机构脱开过程中供应第一压力信号，在扭矩传递机构填充过程中供应第二压力信号，并且在扭矩传递机构完全接合状态下供应第三信号。

第二项是 US6148982A，申请人为博世，该专利涉及具有至少一个控制阀的耦合控制装置具有至少一个阀，通过该阀控制至少一个连接件，并且在所述阀和连接件之间至少设置一个节流装置。博世是液压阀行业的巨头，申请的这项专利更关注与对阀体本身控制性能的改进，虽然没有涉及车辆离合器，但是作为本课题组研究的失效专利的核心部件来说，阀的改进能大幅度地提高整个装置的性能，而且其改进点和该失效专利控制系统的内部关键部件的设置功能相近，具有一定的借鉴意义。

通过对图 6-5-2 的解读，课题组尝试从其中选取一条引用线路，寻找关于该失效专利涉及的技术问题所采用的改进方案（参见图 6-5-3）。可以看出，最初在面对这类问题时，US3991865 的发明者首先尝试从最简单经济的手段出发来改进发明，当然相对于控制来说，结构类的改进是最容易想到和实施的，因此在这种基本构思的引导下，其在原有离合器传动装置的控制系统中的液压流体流路和压力传递方式做了简单的改进，达到了一定的效果，但是并不理想。

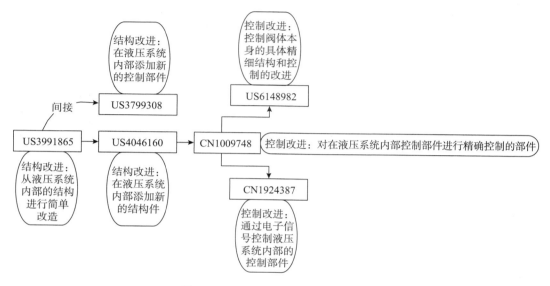

图 6-5-3　引用专利技术改进分析

为了取得更加良好的效果，后续专利 US4046160 的发明人尝试从更进一步的方面去解决这个问题，该发明人同样采用结构改进的方式，但是其不是简单地对原有结构进行改造，而是尝试在控制系统中添加新的独立部件——隔离活塞，通过该活塞在传动装置里响应于压力控制快速排气管的开口的方式使得负荷活塞快速复位。从上述改进可以看出，当在原有部件的基础上做细微变动已经不能满足实际工况的需求时，尝试添加新的有效部件来专门解决所述的技术问题也是技术人员常常采用的行之有效的手段。

同时期的科研工作者并不满足于现有专利解决该问题所达到的效果，他们从多方面尝试实现可靠性更高的技术方案，间接引用 US3991865 专利的美国专利 US3799308 就是很好的例子，为了提高对离合器传动装置更加可靠的控制，除了在控制系统中独立设置结构件外，采用阀这种标准的、可靠的控制元件给该装置的改进拓宽了更加广阔的空间，其在系统中增添了一个负荷活塞的调节减压阀，通过对调节减压阀的控制来实现对离合器接合时致动器内的压力升高速率的控制。

但是，上述改进仍然存在控制的速度和精确度不足的缺陷，因此失效专利 CN1009748 从另外一个角度去解决该问题。以往的改进多涉及结构类的改进，该失效专利的发明人尝试从控制的角度去完善该控制系统的精确度。为了使活塞的调节减压阀更快速准确地响应系统内压力的变化，其在控制系统中专门设置了能精确控制条件减压阀动作的比例阀，这样能有效地保证负荷活塞完全快速的复位，从而防止离合器的不良接合。

后续的改进并没有终止，虽然该失效专利申请于20世纪80年代，但是直到2006年，该专利还一直被引用，这说明业内对于控制的可靠性和准确性的要求在不断提高，为了适应不断提高的需求，本领域的技术人员也一直在探索更好的控制装置的结构和方法。其中在后续引证CN1009748的通用汽车公司的专利CN1924387尝试利用电子控制模块来控制压力感测机构，使其更加灵敏地响应于系统内压力的变化，而罗伯特博世公司的US6148982A则在阀体本身的控制和改进上下足了工夫，作为工程机械行业的上游产业，好的产品直接影响到下游厂商的产品质量和后续的销量，因此在关注失效专利的相关信息时，查找上下游产业的重要专利有时也会带来良好的效果。

至此课题组完整分析了该失效专利的一条技术线路的发展，在这个具有代表性意义的线路分析中课题组发现，很多产品的研发都遵从着"改进原有产品结构—添加新的结构—添加可靠性强的标准件结构—添加控制部件或改变控制方式—对控制方式进行改进"的这种"从简单到复杂，从基本合格到精确可靠"的研发路线。这给本课题组提供了一种思路，就是当要利用失效专利进行分析时，可以顺着这种研发的技术路线来找准本企业的产品在这个技术线路中所处的位置，这样不但可以丰富以往解决类似问题的技术手段，更能方便地预期和选择后续的发展方向，以大大减少企业投入的资金，有效地缩短企业研发新产品的时间。

6.5.5　结论与建议

6.5.5.1　小　结

通过上述分析发现，这些引证和被引证文献的申请人或专利权人多为美国、日本和德国的工程机械公司，这可以看出在20世纪七八十年代工程机械领域在利用液压元件来缓解离合器急剧接合的问题上进行了广泛和深入的探索。在课题组的上述举例分析中可以看出，国内企业在进行失效专利分析时，不但要关注失效专利的实质性内容，还要注意失效专利申请人情况和被引用的频次等相关信息，这样的指标可以显示在某一阶段该失效专利在行业内的重要性，为选取合适的失效专利提供了选择的依据。同时企业找到核心专利后，不仅要仔细研究该失效专利本身，还要关注其引用与被引用文献的层级关系，通过对引用关系文献的梳理，有可能找到该核心技术的发展路线，那么企业就可以根据企业自身在该技术路线中的位置来确定下一步研发的方向，这样就大大地提高了研发新产品的效率和研发的可靠性与准确性。

同时，通过对图6-5-2的分析和对其中技术路线的阐述可以发现，围绕一项失效专利，利用其引证与被引证的关系能编制出一张专利的大网，这张网中的各项专利之间的引用关系错综复杂，需要技术人员从中一一梳理、认真筛选。但是分析筛选仅仅是手段，分析和筛选的目的是为了指导企业进一步更好地利用失效专利，因此利用现有分析得出的资料和图表指导企业利用专利是课题组更需要关注的问题。

（1）结合自身产品在技术路线图中的定位

在利用失效专利时，最直接的应用就是将失效专利转化成产品用于直接的销售活动。那么在开发新产品时，如果企业拿自身的产品与上述技术路线图（参见图6-5-2）中的核心失效专利相比，发现该失效专利与自身产品类似或与本企业研发水平处于同一等级，那么企业就可以尝试在技术路线图中进一步发展的层级分析和研究研发的方向，这对企业确定今后发展方向，制定市场政策具有较高的指导意义和较大的参考价值；同时，关注下一步发展路线中的专利产品，这样至少可以避免产品研发的重复性以及防止研发技术含量较低的产品，同时，可以避免造成侵权；如果在下一步发展路线中发现仍存在有利用价值的失效专利，合理开发和利用这种专利，既能充分利用专利信息资源，又能最大限度地节省开发经费。

如果拿企业的自身产品与图6-5-2中的核心失效专利相比，发现企业的产品处于该失效专利发展技术路线中的上一步，那么企业最简单的研发选择就是直接利用该失效专利作为新的产品研制方向，这样能最大限度地节省研发的投入。同时还可以关注失效专利进一步发展状况的技术分支路线，从多条技术路线中寻找一条或几条适合本企业产品研发的途径，以拓宽企业研发的思路。

（2）关注引用层级路线图中的国外专利

在分析图6-5-2时可以发现，在引用核心专利的那一层级的文献中存在大量的未在中国授权的国外专利，利用专利的地域性特征，失效专利中未在中国授权的国外专利，企业可以在中国免费进行产品的生产和销售。因此高度关注引用层级关系图中的国外专利，但是开发出产品后需注意产品的输出国不能是该国外专利及其同族专利享有专利权的国家，以防止侵犯他人专利权。对于那些超过保护期限的专利，则应具体情况具体分析。我国某些领域，如医药产品领域的技术水平与国外相比还有5~20年的差距，那些在发达国家逾期失效的专利也可能正符合我国技术的发展特点。

（3）失效专利的二次开发

利用失效专利的方法中，除了直接利用转化成产品外，最常见的也是要努力发展的是对于失效专利进行二次开发。所谓的二次开发就是吃透原有失效专利的技术，然后在该失效专利的基础上研发新的产品或专利。"失效专利的二次开发"也是一种创新，某种意义上还是一条便捷的创新途径。在分析图6-5-2时，可以发现一项创造发现或发明不是凭空诞生的，其发展是沿着引用层级来延伸的，就像生活中人们往往能在音乐声中浮想联翩；一些作家在创作前通常要披卷阅读，从中寻找创作的灵感或写作的切入点，灵感和启示的获得均借助于此前存在的某种载体，这就像引用层级图中下一层作为上一层的基础一样，为上一层的技术改进提供"灵感"和"启示"，从而实现专利的进一步开发。

"专利二次开发"不是简单地复制或拷贝一项专利技术，而是借助于已公布的专利技术文献资料和实物技术，研发者要投入大量的心血、智力和精力，学习和研究该项专利技术，然后提出新的技术设计或改造途径，因此，它也是一种创造发明。企业在进行二次开发时可以采用多种方法，比如把已有的失效专利与企业自身产品的改进需求相结合，寻找已有的失效专利中是否存在能够解决和改进企业自身产品性能的技术，或利用失效专利中是否存在能为企业制造工艺做进一步完善的工艺改进，例如在图 6-5-2 中，某一层的不同专利之间存在可以将两项或多项专利结合，彼此取长补短形成新的具有技术革新的专利等。专利二次开发的方法有多种多样，除了上述几种常见的方法外，企业还需要在实际的失效专利利用和生产实践中不断积累经验，更好地做好专利的二次开发，真正地做到从模仿到创新的突破。

（4）了解市场动态，评估专利价值

专利一般在 10 年或 20 年之后才成为失效专利，在这段时间里可显示出这个项目的技术分布、市场走向，对于投资者今后的投资取舍具参考价值。同时，由于专利凝结了发明者的智慧，因此一般专利发明人对于专利都会报出一个非常高的价格，如何才能评估这种无形价值呢？及时检索有关的失效专利无疑是最好的方法之一，将对方专利的细节与有关失效专利的细节进行比较，分析出这项专利的市场价值，就可以得出一个令双方都信服的价格。

（5）失效专利的情报分析工作

在利用失效专利前应做好失效专利的情报分析工作。首先，要确定失效专利的技术领域和跟踪机制，对专利资料进行收集后，根据企业自身特点，拟定开发失效专利的可行性报告，并制定具体的利用策略。其次，除了对失效专利进行开发外，还要注意分析失效专利的相关及后续专利，如衍生物专利、其他组合和用途专利等，以寻找并挖掘潜在的技术发展趋势、市场动向和合作机构，并规避不必要的专利陷阱。

综上所述，之所以多角度、深层次地挖掘专利背后蕴藏的信息，是因为在失效专利的利用过程中，如果企业只是停留在现有失效专利模仿的层次上，就难以获得长久的技术优势和市场竞争力，企业发展就会受到掣肘，所以，失效专利的利用将促使企业更着眼于模仿之后的再创新行为。通过对失效专利的信息分析，企业不仅可以了解相关技术发展的脉络，还可以找到剩余的市场空间，明确企业技术发展方向。通过对现有失效技术的再创新，企业不仅可以获得巨大的商业利益，还可以为下一步的技术创新打下良好的基础，从而使企业走上"模仿—模仿创新—自主创新"的良性发展轨道。

6.5.5.2　合理利用失效专利

对失效专利的分析旨在选取合适的专利对其加以合理利用。那么怎样合理利用失效专利就是企业面临的问题。将失效专利作为技术升级和改进的有效手段，可以使研发的方向更加灵活有效，降低了技术改进的难度和风险，同时侵犯他人专利权的可能性也大大降低，为国内企业提供了一个更好利用专利的方法和思路。在利用失效专利进行技术改进的过程中，可以尝试从已有技术的权利要求书中未涉及的技术方案中寻找新的改进点；还可以利用专利权人在审查过程中放弃的权利要求或者背景技术涉及的文献来寻找新的改进思路和方法。

怎样将经过筛选和分析的专利转化成实际产品，目前还面临着很多困难。首先，研发投入长期不足。国内企业在产品技术发展理念上与国外一些发达公司有着明显的差距。研发资金投入不足，已经成为制约液压阀企业自主研发的一个重要因素。其次，自主创新能力薄弱。我国机械制造行业引进技术的消化吸收缓慢，大部分企业技术创新能力不强，主要机械产品核心技术来源的57%依靠引进。国内企业大多承担产品的低端加工环节，自主化的广度和深度有待提高。如现在商用车辆及工程机械等行业其关键的核心技术大部分仍需依赖进口。最后，行业共性技术研究缺失。由于体制等原因，一些面向行业服务的研究院所成为各自为战的企业，结构性质与工作重心发生了很大的变化。其行业技术支撑作用日益弱化，新技术、新工艺开发速度缓慢，设计、工艺、材料与制造等标准很难与国外对接。研发和生产各自为政，没有实现"研发—生产—反馈—再研发"的良性循环。因此出现一方面科研基金白白浪费，科研成果束之高阁，另一方面企业科研能力薄弱，对合作成本相对低廉的新技术成果翘首以盼的局面。

为了更好地解决上述问题，首先，各企业应建立鼓励企业自主创新的新机制。通过区域性主导技术和产品开发实验室、试验基地和产品研制中心，关注产业内关键专利及周边专利，尝试通过有效的专利分析和技术思考寻找新的改进点。同时合理利用失效专利这个"免费的技术金矿"，梳理和挖掘已有技术来获得新的改进思路和研究方向，节省研发成本、降低开发风险。

其次，还要健全科技培训体系，完善知识产权的保护体系。建立和完善高校、科研单位和中等职业学校的培训服务职能与基础教育的衔接，充分发挥各级机构的力量。进一步完善新产品创新的市场环境，积极推进新产品开发，企业和科研单位建立健全的自主开发的新产品管理规章制度。

6.5.5.3 失效专利使用中法律风险的防范和规避

虽然人们常说"失效专利的开发是免费的午餐""失效专利是待开发的金矿"，本课题组也在失效专利的分析和利用方面加大了笔墨，但是这不意味着失效专利的利用是没有成本、没有风险的。失效专利的开发和利用不是如此简单，谨慎、合理地利用失效专利可以让企业轻松的节省研发投入、赢得市场；而草率地照搬和抄袭失效专利也许会给企业带来法律上的风险。因此如何合理地利用失效专利，且尽可能地规避法律风险则是企业在开发利用失效专利时需要重点考虑的因素。

（1）认真检索专利文献

和失效专利打交道首先是和专利文献打交道。对失效专利正确的选择是专利开发利用取得成功的基础和前提。只有通过细致、全面检索才能确定失效专利的法律状态，避免侵权情形的产生。在检索失效专利时可用"三步检索法"，第一，检索该失效专利的发明人和申请人，以发现和绕开该申请人布下的专利陷阱；第二，检索该失效专利的完整名称或者相近名称，以避免失效专利原来保护的内容与其他的专利有相同或者部分相同的情况出现；第三，检索该失效专利所涉及的技术及技术领域，以便更加准确地辨别专利保护内容的状况。在进行了这3步检索后，必要时可以与该发明人或者申请人进行联系和确认，以便对此失效专利的相关技术进一步了解。

（2）建立企业专题专利数据库

企业要在充分利用政府提供的专利信息公服务平台和专利信息中介服务机构提供的专利信息服务基础上，建立企业的专题专利数据库。企业专题专利数据库是根据企业技术发展包括对失效专利开发利用的特殊需要而建立的，不仅可以将本领域的有效专利与失效专利信息收集齐全，而且可以方便及时地更新信息和进行战略分析；针对企业技术发展需要，对重要的竞争对手设置公司或专利权人代码，对重要的术语设置中英文或多国语言同义词等专门化的信息检索手段。这些特点是一般互联网和其他未经加工的专利数据库所无法达到的。这也为防范失效专利利用的法律风险设置了一道屏障。

（3）针对失效专利产生的原因进行风险规避

不同原因产生的失效专利，法律风险存在的概率大不同。例如，利用因专利权限期满而成为失效专利的技术所存在的法律风险远远小于因被宣告无效而失效的专利。这是由于一项专利技术在法定的期限内一直有效，仅说明该专利有一定的市场价值，而且在法律上表现出相当的稳定性。还要指出，失效专利的开发利用，不能只由法律人员或技术人员来完成，要由既懂法律又懂技术的复合型人才来实施才行。目前，国家知识产权局正在大力实施知识产权人才战略，各地的知识产权管理部门时常开办有关专利业务的各种培训，企业要善于利用这些有利条件，通过实施人才战略，大力培养和启用开发利用失效专利所需的专业人才。

综上所述，对失效专利的分析和利用还有很长的路要走，实际的利用过程中也会面临很多的法律问题和技术问题。要想合理地、低风险地利用失效专利还需要企业的技术人员和知识产权法务人员严格地筛选和把关。对于不同规模的企业，在利用失效专利进行技术改进和再创新的过程中除了投入大量的精力去研发高精尖的技术外，更要在基础性工业研究上下足够的工夫，如改进加工工艺或提高加工精度等，只有基础提高了，一切赶超才有可能；另外要求我国的企业走出去，只有参与到国际竞争中去，才有可能通过国际市场的倒逼来促使我国的工程企业走上转型升级之路，尤其是在提升产品的科技含量上有质的突破。❶

---

❶　邢素军. 国外失效专利开发利用中的法律风险防范［J］. 合作经济与科技，2012，11（452）.

第7章 主要结论

（1）国内液压阀企业的专利技术缺乏核心竞争力

我国液压阀企业的专利技术基础比较薄弱，在主要技术领域更是缺乏核心竞争力。我国是液压阀的制造大国，但并非液压阀制造强国，液压阀的专利技术基础薄弱。尤其是在电液伺服阀领域，由于研究起步晚，发展目标不明确等因素，造成专利申请数量较少，涉及基础技术和核心技术的重要专利几乎是空白。以电液伺服阀领域为例，穆格、力士乐、博世等巨头几乎垄断了该领域的专利申请。国外企业尤其在电液伺服阀的射流管电反馈前沿技术的研发上具有非常明显的优势地位，国内申请人在该领域的专利申请几乎为零，仅出现几件以仿制产品的实用新型专利申请，而且主要集中于次要结构的修补和改进上，几乎没有涉及核心结构的改进，即国内的液压阀企业还未对专利申请起到了足够的重视，在创新性方面也缺乏核心竞争力。

（2）应对国外在电液伺服阀领域的专利优势给予足够重视

从申请量上来看，国外并未在我国对电液伺服阀做出大量的专利申请，这主要是因为在该领域，国外发展的优势特别明显，相同的产品，即使我国依照国外的阀体结构进行制造，但是由于工艺上的缺陷，依然不能达到与国外相同产品一样的效果，而且差距还比较大。从目前情况来看，电液伺服阀在我国的航空、航天、舰船及工业控制领域中得到了广泛应用。根据使用场合不同，对电液伺服阀的要求也不一样。而且其应用范围在不断扩大，国内电液伺服阀生产厂家对其研制力度也在不断加大，产品规模及质量都得到提高，但是与国际水平相比，以及考虑我国各行业发展的需求，无论是产品品种还是产品性能及稳定性、可靠性上，国产电液伺服阀还存在一定差距，还需要进行大量的研究工作。

（3）电液比例阀和电液数字阀领域存在专利研发和布局空间

我国在电液比例阀和电液数字阀领域存在专利研发和布局空间。电液比例阀和电液数字阀的发展历史都不长，是随着计算机控制技术的发展而逐渐发展起来的，国外液压阀生产和研发巨头还没有开始在中国进行专利申请，博世、力士乐、油研这些液压阀生产和研发巨头虽然在该领域具有领先的技术优势，并且在欧美国家开始大量布局，但由于产品价格、市场需求等因素的影响，国外液压阀生产和研发巨头暂时还没有在我国形成有效的专利布局，这对于我国从事相关产品的企业是一个发展良机。只要我国企业关注专利布局，有机会先于国外液压阀生产和研发巨头在上述领域形成以我国企业为主导的专利申请布局。因此国内企业应学习国外先进技术，充分利用国外大公司未进入中国或已失效的专利信息和非专利信息，在技术发展上少走弯路，在国外液压阀生产和研发巨头的技术基础上，加大对相关液压阀的研究力度，尽早进行专利申请布局，从而在未来电液比例阀和电液数字阀的专利申请布局上占据先机。

（4）学习借鉴国外企业的专利申请和布局策略

我国液压阀行业应当充分学习和借鉴国外企业的专利申请策略和布局策略。以电液伺服阀领域为例，国外各技术领先企业在保持研发优势的同时，更注意专利布局的合理性。比如博世力士乐的技术研发和专利布局策略就值得国内企业认真发掘和学习。博世力士乐产品在市场上，特别是液压技术较为落后的地区，已在一定程度上形成垄断地位，就我国而言，其阀已占领我国市场。另外，我国国内液压阀起步晚，与之相比，在很多技术分支上技术悬殊较大，并且因为材料、工艺等因素很难对其相关产品进行仿制。因此博世力士乐在中国并没有采取专利申请来保护其相关技术。而在重点关注的德国和美国，其专利申请份额占其总申请量的3/4。足以说明博世力士乐在相对竞争激烈的市场上非常注重专利申请布局。

（5）注重已经失效的液压阀专利技术

我国液压阀行业应当注重已经失效的液压阀专利技术，合理利用失效专利，将其作为技术升级和改进的有效手段，可以使研发的方向更加灵活有效，降低技术改进的难度和风险，同时侵犯他人专利权的可能性大大降低，这给国内企业提供了一个更好利用专利的方法和思路。在利用失效专利进行技术改进的过程中，还可以尝试从已有技术的权利要求书中未涉及的技术方案寻找新的改进点；还可以利用专利权人放弃的过程权利要求或者背景技术涉及的文献来寻找新的改进思路和方法。

关键技术三

高精度齿轮

目　　录

第1章 研究概况

1.1 研究背景

齿轮是机械工业的基础零件，在机械传动及整个机械领域中的应用极其广泛。齿轮传动的主要优点是：具有准确的瞬时传动比、适用的圆周速度及传递功率的范围广、效率高、寿命长、工作可靠、结构紧凑等。随着加工技术的进步，齿轮机构的性能越来越高，适应的范围也越来越广。以齿轮为代表的基础零部件不仅是我国装备制造业的基础性产业，也是国民经济建设各领域的重要基础。其产业关联度高、吸纳就业强和技术资金密集，是各类主机行业产业升级、技术进步的重要保障，是我国发展战略性新兴产业的重要支撑，是我国从制造大国向制造强国转变的标志性产业。

1.1.1 技术概况

齿轮按外形可分为圆柱齿轮、锥齿轮、非圆齿轮、齿条、蜗杆蜗轮等。按齿线形状可分为直齿轮、斜齿轮、人字齿轮、曲线齿轮等。按轮齿所在的表面可分为外齿轮、内齿轮。按制造方法可分为铸造齿轮、切制齿轮、轧制齿轮、烧结齿轮等。

齿轮的齿形包括齿廓曲线、压力角、齿高和变位。渐开线齿轮比较容易制造，因此现代使用的齿轮中，渐开线齿轮占绝大多数，而摆线齿轮和圆弧齿轮应用较少。

渐开线齿轮加工方法有两大类：仿形法和范成法。可用滚齿机滚齿、铣床铣齿、插床插齿、剃齿机剃齿、磨齿机磨齿等加工方式。

齿轮的制造材料和热处理过程对齿轮的承载能力有很大的影响。制造齿轮常用的钢有调质钢、淬火钢、渗碳淬火钢和渗氮钢。

未来齿轮正向重载、高速、高精度和高效率等方向发展，并力求尺寸小、重量轻、寿命长和经济可靠。

1.1.2 行业概况

齿轮行业在全球范围内也是机械基础零件中规模最大的行业，是一个充分竞争的行业。一直以来，欧美国家凭借先进的技术，在国际齿轮传动与驱动部件的制造行业中始终处于领先地位。从具体产品市场看，国际工业齿轮的市场规模最大，竞争也最激烈。但由于工业齿轮行业产品种类多样，整体集中度较低。

在工业齿轮的生产企业中以车辆齿轮传动制造企业为重中之重，其市场份额达到60%。技术创新已经成为国际汽车齿轮市场竞争的关键。汽车齿轮企业之间的技术创新竞争主要表现在4个方面：新产品开发快速地适应市场需求，关键工艺技术不断创新，产品质量不断上升，员工素质不断提高。计算机技术和数控技术快速发展，提高了汽车齿轮产品的加工精度和加工效率，推动汽车齿轮产品向多样化、整机配套模块化、标准化和造型设计艺术化方向发展。

中国齿轮行业快速发展，行业规模不断扩大。根据国家统计局公布的数据，2005～2010年中国齿轮行业的工业总产值逐年增加，且同比增幅均在18%以上，齿轮行业已经成为中国机械基础件中规模最大的行业。中国齿轮制造业已经形成门类齐全、拥有1000多家较大规模制造企业的大产业，其中骨干企业300余家，年产值亿元以上的企业50余家。我国齿轮行业的基础是国有企业，近几年，经过股份制改造，许多此类企业得到很大发展。例如秦川机床集团有限公司、南京高精齿轮集团有限公司、重庆齿轮箱有限责任公司、杭州前进齿轮箱集团有限公司、上海汽车股份有限公司汽车齿轮总厂和陕西法士特齿轮有限责任公司等，已成为齿轮行业内的骨干企业，年销售额都在10亿～60亿元。独资企业和合资企业发展迅速，例如美国的格里森、德国的SEW、日本的住友和丰田等。

1.1.3　产业需求

2012年我国正式出台《高端装备制造业"十二五"发展规划》。高端装备制造业是装备制造业的高端部分，具有技术密集、附加值高、成长空间大、带动作用强等突出特点，装备制造业是一个国家的战略性产业和工业崛起的标志，是一个国家制造业的基础和核心竞争力所在。高端装备制造业在发展方向上着眼5个细分行业：航空、航天、高速铁路、海洋工程、智能装备；智能装备方面包括精密和智能仪器仪表与试验设备、智能控制系统、关键基础零部件、高档数控机床与智能专用装备。其中关于关键基础零部件，工业和信息化部又进一步细化了机械基础件发展规划，提出将重点发展11类机械基础件，而其中就包括超大型、高参数齿轮。

根据工业和信息化部相关发展规划，中国齿轮专业协会组织制定了《中国齿轮行业"十二五"发展规划纲要》，根据近年来市场需求和未来20年的发展趋势，确定我国齿轮产业未来市场需求的重点发展领域。汽车、高铁、冶金、风电、船舶、环保、航天、能源装备、工程机械等将继续保持较好增长态势，这为齿轮行业带来广阔的市场发展空间。

我国已成为世界第一大汽车生产国，强大的汽车工业必然需要强大的齿轮加工装备业支撑。车辆驱动桥、主被动弧齿锥齿轮、直齿锥齿轮、轮边减速机等产品基本能满足国内配套需要。汽车手动变速器、工程机械换挡变速器、大型和中型农机变速传动机构、摩托车齿轮、轿车变速器等，已基本立足国内生产，基本满足了主机厂的配套需要，已经有部分齿轮或变速器出口。但是目前汽车自动变速器仍被进口产品控制。

国内市场对兆瓦级风力发电机组需求十分迫切，而我国具备风电齿轮箱生产能力的企业较少，在运行可靠性方面国产风电齿轮箱与国外一流产品相比还有较大差距。

国家船舶产业政策的出台也将有力地促进国内造船业的发展，目前我国船用齿轮箱产品技术水平与欧洲齿轮箱制造商等国际大型企业存在一定差距。

轻轨和高铁传动齿轮箱，要求质量轻、体积小、传动精度高、可靠性要求高等，不仅设计制造技术水平要求高，难度大，还存在严格的准入许可制度。到目前为止仍大量依赖进口，核心技术为少数几个国外公司掌握，一定程度上已成为制约我国轨道交通装备自主发展的重要瓶颈。

未来 10 年，我国将迎来核电建设的高潮，资金投入估计将达万亿元之巨。核电齿轮箱在核电站设备中虽为附件，但至关重要。核电用齿轮箱比常规的大型火力发电站用齿轮箱的技术特点和要求高。由于核电装备属于特高精密性制造领域，在已经建成投运的核电机组中，同其他关键设备一样，所有齿轮箱机组均无一例外地进口发达国家的设备。为了加快核电设备国产化进程，企业应该加快研发力度。

1.2　研究对象和方法

齿轮涉及的行业较多，其广泛应用于汽车、风电、高铁、航空航天、船舶、兵器、冶金、建材、能源、石油化工等行业。同时，齿轮涉及基础技术、加工技术、工艺装备、材料、热处理等诸多方面。本报告的研究对象选取对齿轮技术发展起到关键作用的热点部分进行研究，涉及齿轮近净成形、螺旋锥齿轮切削加工、齿轮热处理等。

1.2.1　技术分解表

在前期调研过程中，课题组与行业内专家进行充分讨论，从技术层次上加深了对齿轮领域相关技术的认识。在此基础上，综合考虑行业习惯、专利检索和研究的可行性以及行业发展的关键技术点，本报告对齿轮领域进行了如表 1 - 2 - 1 所示的技术分解。

表 1 - 2 - 1　齿轮领域技术分解表

一级分支	二级分支	三级分支
齿轮	基础技术	新齿形
		标准化
	关键加工技术	齿轮精锻近净成形
		超硬加工
		螺旋齿轮切削加工
		大型齿轮修复技术
		干切削技术
		机床加工精度保持技术
		齿轮材料热处理
	关键工艺装备	数控滚齿机
		数控磨齿机
		数控衍齿机
		数控锻压机械

续表

一级分支	二级分支	三级分支
齿轮	齿轮新材料	高强度塑料齿轮
		等温球铁齿轮
		粉末冶金齿轮

1.2.2　检索策略

分类号的选取。首先在分类表中找出所有相关的分类号，去掉不必要的分类号，形成初步检索式中的分类号集合，适当使用通配符，避免错分到相近分类号的专利文献。得到检索结果后，通过对检索结果的分类号统计分析，发现存在一些之前没有注意的分类号下的文献，或者是分类中易于混淆为其他分类号但是和本技术领域非常相关的文献。其次根据这些分析调整检索式中的分类号，检索中增加或减少分类号，再次进行检索，对结果进行分析。通过这样一个不断反馈的过程完善检索式中的分类号。特别需要指出的是，课题组不仅使用了国际专利分类体系（IPC）分类号，还使用了欧洲专利分类体系（ECLA）和日本分类体系（FI/FT）分类号进行了检索，主要检索的分类号为：（齿轮精锻）B21J13/＋、B21J5/＋、B21K1/30、4E087/HA＋；（螺旋齿轮切削加工）B23F9/＋、B23F17/＋、B23F19/＋、B23Q、G05B19/＋、B23P；（齿轮材料热处理）F16H55/06、C23C8/＋、C21D9/32 等。

关键词的选取。先列出尽可能的表达方式，形成关键词的合集。在关键词的取舍上主要遵循以下原则：含义明确不易混淆的核心关键词必须保留，其他关键词要慎重取舍，对于每一个加入或删去的关键词要对其可能带来的噪声文献量进行评估。使用关键词进行检索，根据检索式取舍关键词后再次进行检索，对结果进行分析。通过这样一个不断反馈的过程完善检索式中的关键词。比如，检索的德温特（WPI）专利数据库，由于中英文表达的差异，在"螺旋"和"齿轮"中间往往存在一些其他修饰词汇，经过试验检索，确定为使用"螺旋 2w 齿轮"的算符是合适的，可以包括超过 40 种"螺旋齿轮"的表达，而漏检的数量很少，噪声也不大。并且，针对不同的"螺旋""锥"的英文表达，对于容易引入噪声的，如"SCREW""ANGLE"并不积极使用"2w"算符。同时，所有关键词都要去除明显排除的直齿齿轮，如"直齿锥齿轮"。

检索过程中，要达到专业的检索，需要结合分类号和关键词选取合适的数据库。齿轮加工是历史悠久的行业，在各国都具有一定的产业规模和历史。而各国的专利文字表述习惯和分类体系不同，因此不同的数据库对检索不同国家的专利有不同的长处。课题组在 WPI 专利数据库中使用准确的关键词或者公司代码（CPY）检索，在 SIPO-ABS 数据库中使用 EC/FT/FI 分类号进行检索，在 CNABS 数据库中检索中文专利。比如，英文专利在名称中很少提及"螺旋锥齿轮""锥齿轮"，CNABS 和 SIPOABS 库的摘要中也都很少提及上述类别的关键词，而 WPI 专利数据库在名称、摘要、用途等处往往提及上述类别的关键词，所以使用关键词的检索，重点检索 WPI 专利数据库。

去除噪声。课题组使用以下步骤：①确定去噪的分类号或关键词或特殊字符，在检索结果中进行去噪；②浏览去除的文献，评估去噪的效果，如果去除的文献中含有较多和技术主题相关的文献，对这些文献进行统计分析，对去噪检索式进行调整；③利用调整后的去噪检索式继续去噪，达到满意的效果为止。比如，通过去除分类号没有 B23F9/＋、发明名称中有"夹具""工装"等词的专利，成功地批量去除了螺旋齿轮切削加工关键技术的部分噪声。

1.2.3　查全查准

查全率主要按照申请人进行筛选查看，通过对天津一机床厂、格里森、奥利康、戚墅堰车辆所、NTN、新日铁、太平洋精锻、飞船、本田等公司的文献进行核查，其有效专利文献数量是 627 篇，本报告检索得到的专利文献数量是 586 篇，查全率为93.5%。

查准率通过抽取样本的方法和按照申请人的方法分别筛查。抽取样本 600 篇专利文献进行核查，有效专利文献 544 篇，查准率为 90.7%。通过应用查全率对部分上述申请人进行核查，本报告检索得到的专利文献数量是 687 篇，有效专利文献数量是 633篇，查准率为 92.1%。

1.2.4　相关事项和约定

本报告涉及的"螺旋齿轮的切削加工"，不包括"新类型的齿轮""齿轮刀具""齿轮夹具/工装""齿轮的检测、测量"以及"通用机床结构""通用控制方法"。

本报告所指的"螺旋齿轮"，是指包括各种齿面从半径方向看到齿是弯曲的齿轮，包括准双曲面齿轮。不包括可以明显排除的直齿齿轮（如直齿锥齿轮可以排除）。

近净成形：近净成形技术是指零件成形后，仅需少量加工或不再加工，就可用作机械构件的成形技术。

齿轮精锻：是指通过精密锻造直接获得完整齿形，且齿面不需或仅需少许精加工即可使用的齿轮制造技术。

齿轮热处理：主要研究以下 3 种，渗碳、渗氮、碳氮共渗和氮碳共渗等复合热处理。

油淬：使用油来冷却的淬火方式。

气淬：使用气体作为冷却介质的淬火方式。

本报告涉及的背压技术是指齿轮精锻过程中使用背压的技术。"背压"通常是指运动流体在密闭容器中沿其路径流动时，由于受到障碍物或急转弯道的阻碍而被施加的与运动方向相反的压力。

本报告涉及的诉讼中的齿轮技术，包括齿轮传动、齿轮制造和齿轮应用。

本报告中，俄罗斯的专利数据包括苏联的专利数据，德国的专利数据包括东德和西德的专利数据。

第 2 章　齿轮精锻近净成型

为深入分析齿轮加工重点技术，本章着重研究了齿轮精锻的专利申请状况。首先，对齿轮精锻全球专利数据进行了分析和研究；其次，对齿轮精锻中国专利数据进行了分析和研究。在此基础上，研究了当前重点关注的模具技术，通过分析技术发展历程梳理了模具结构的技术发展路线图，并按照重要专利筛选标准，给出了代表性专利。

本章报告的统计分析基础为 2014 年 5 月 31 日提取的已公开全球专利数据和中国专利数据，经检索，全球相关专利为 1181 项，中国相关专利为 312 件。

2.1　技术水平概况及发展趋势

目前国内的齿轮加工仍以传统的滚齿、插齿、剃齿和研齿等冷加工技术为主。这种常规的切削加工工艺，材料利用率低、能耗大、成产效率低，尤其是使金属流线被切断，造成轮齿强度与疲劳寿命下降，因此，近年来国内已开始着重发展更有前途的塑性成形工艺来取代原有加工方式。尤其是以（近）净成形为目标的精密成形工艺正成为齿轮加工技术的发展方向。同传统的金属加工方法相比较，（近）净成形加工方法具有明显的优势：加工效率高，成本低，工艺过程简单，可以获得金属的纤维组织，因而轮齿的弯曲疲劳强度、齿面接触疲劳强度与耐磨性、使用寿命等都比较高，材料损耗小，有利用环保和人类社会可持续发展。

目前采用（近）净成形制造齿轮的方法很多，如精锻、精冲、挤压、轧制等。精锻成形是齿轮近净成形的主要方式之一。齿轮精锻是指通过精密锻造直接获得完整齿形，且齿面不需或仅需少许精加工即可使用的齿轮制造技术。与传统的切削加工工艺相比，齿轮精锻工艺具有以下特点：

① 改善了齿轮的组织，提高了其力学性能。精锻使得金属材料的纤维组织沿齿形均匀连续分布，晶粒及组织细密，微观缺陷少，因此，精锻齿轮的性能优越，齿的弯曲强度、接触疲劳强度和耐冲击性明显高于切削齿轮。

② 提高了生产效率和材料利用率。通过精锻成形，齿轮精度能够达到精密级公差标准，不需或仅需少量后续精加工，即可以进行热处理或直接投入使用，生产率和材料利用率高。

③ 精锻齿轮减少了热处理时的齿廓变形，提高了齿的耐磨性和齿轮啮合时的平稳性，提高了齿轮的使用寿命。[1]

---

[1]　孙宗强，田福祥. 直齿圆柱齿轮精锻研究的现状及发展趋势 [J]. 青岛建筑工程学院学报，2000，21（4）.

本章针对齿轮精锻领域进行专利数据分析，汇总相关技术领域的专利申请情况，研究全球及中国主要申请人的专利申请，对齿轮精锻领域的各个技术分支的专利技术、热点技术和发展趋势等进行归纳和总结，为未来行业的发展提供借鉴和参考。

2.1.1　我国齿轮精锻技术水平状况

在我国同行业内，仅有少数企业已接近或达到国际同行先进水平，但行业总体水平与国际先进水平相比，诸如在齿轮产品强度、精度与振动噪声、抗疲劳寿命等方面，仍有一定差距。国内齿轮行业的技术水平差距主要表现为大部分企业自主开发能力较弱、装备水平落后、数控水平偏低、质量控制能力不强、检测能力薄弱等，没有系统地掌握从原材料到成品齿轮制造全过程的工艺制造技术。

随着汽车工业的发展，国内领先的汽车精锻齿轮生产企业通过引进先进的模具加工设备、精密锻造设备、机加工设备和检测设备以及与国外领先企业开展技术交流与合作等方式，在机器装备水平与自动化程度、CAD、CAE、CAM、PLM、CAPP等辅助技术的应用、模具设计与加工、精密锻造复合成形及加工、热处理水平等方面逐步接近国际先进水平。❶

2.1.2　行业技术发展趋势

冷温热复合精锻近净成形产品的精密化、轻量化、复杂形状和高质量是我国汽车精锻齿轮的发展趋势和方向。

提高齿轮模具和工装夹具的加工精度，应用三轴、五轴高速切削加工中心制造高精度、高质量、复杂形状的标准齿轮和电极齿轮，应用先进的高速加工中心进行热处理后硬切削加工高精度模具与工装夹具，应用先进的放电加工技术加工超硬合金齿形模具等；大幅度提高模具寿命，主要通过高承载紧凑型预应力组合式齿轮精锻型腔模具结构的优化设计、高性能模具材料的选用及先进的表面处理方法等的综合应用来实现。

提高齿轮锻件的内在质量，更好地应用金属塑性变形的理论和数值模拟技术实现工艺优化，达到对产品质量的有效控制；应用内在质量更好的材料，如真空处理钢和真空冶炼钢；正确进行锻前预热处理、锻前加热和锻后热处理。

研制生产率和自动化程度更高的锻压设备和生产线；在专业化生产条件下，确保工艺的稳定性和产品的一致性，大幅度地提高劳动生产率和降低成本。

发展柔性锻压成形系统（应用成组技术、快速换模等），使多品种、小批量的锻压生产能利用高效率和高自动化的锻压设备或生产线，使其生产率和经济性接近于大批量生产的水平，增强市场的快速反应能力。❷

---

❶❷　2013 年中国汽车精锻齿轮行业技术水平及特点和行业特征解析［EB/OL］．［2014－05－30］. http：//www. chinairr. org/view/v06/201312/16－146324. html.

2.2 全球专利分析

齿轮精锻技术是未来齿轮加工的重要研究方向，为了了解齿轮精锻技术专利发展脉络和重点技术，本节对齿轮精锻近净成形技术全球申请趋势、技术构成、来源国或地区、目标国或地区分布以及申请人分布等方面进行分析。

2.2.1 专利申请态势

图 2 - 2 - 1 显示了齿轮精锻领域全球专利申请量随年份的发展趋势，从该图的全球申请量发展趋势来看，自 1965 年以来，齿轮精锻技术在全球范围内大致经历了 3 个发展阶段。

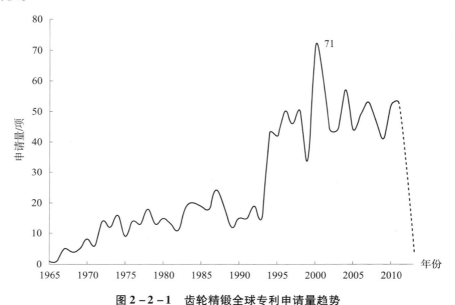

图 2 - 2 - 1　齿轮精锻全球专利申请量趋势

（1）起步发展期（1965～1993 年）

由于能源危机，绿色环保、节省能源的齿轮精锻技术开始发展起来，这一阶段的齿轮精锻专利申请量总体上呈增长趋势，可见，齿轮精锻技术开始起步发展，这一时期专利申请主要集中在德国、日本、美国等西方国家，但每年的增长量不大，这一阶段各个国家对齿轮的需求还未呈现出快速增长，传统的机加工方式仍为当时主要的齿轮制造方式，因此齿轮精锻领域的申请量不高，主要改进方向为齿轮精锻工艺和模具的改进。

（2）快速发展期（1994～2003 年）

随着经济的发展，大型制造业例如汽车行业得到了迅速发展，受到来自汽车工业降低成本的压力，由于精锻近净成形技术具有节能、环保以及节约成本的优点，齿轮精锻技术得到各个国家的重视，开始快速发展起来。在这一时期，齿轮精锻全球专利申请呈现出快速增长的趋势，在 1999 年申请量有一定的减少，主要原因是受到金融危机的影响，申请量在 2000 年达到了峰值 71 项，这一时期齿轮精锻研究的方向主要为高强度、高精度以及低成本。

（3）技术稳定期（2003 年至今）

齿轮精锻全球申请量在此阶段基本保持稳定，每年的申请量在 40～50 项，由此可见，该技术已步入成熟时期，但模具和锻件材料仍是该领域的研究热点，主要改进方向在于模具的寿命和齿轮精度。

2.2.2 技术构成

2.2.2.1 技术构成比例分析

图 2 - 2 - 2 示出了全球齿轮精锻技术专利申请的技术构成情况，首先结构的申请量最大，占到了 66%，其次是工艺，最后为智能化设计。由于模具的结构、工艺以及锻件的材料等技术为齿轮精锻的核心技术，因此，针对这些结构的改进是该领域的主要技术研发热点。

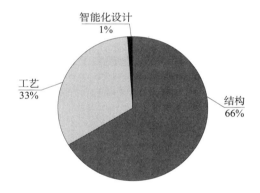

图 2 - 2 - 2 齿轮精锻全球主要技术构成比例

2.2.2.2 主要技术构成申请量趋势

图 2 - 2 - 3 为齿轮精锻加工技术专利申请主要技术构成的申请量发展趋势，该 3 个主要技术构成的趋势与总体申请量趋势保持一致，并且结构部分的申请量在每年的申请量均最大，可见在该领域对结构方面的改进一直是该领域的研究热点，因此其申请量最大，并在 2001 年达到了最高值。在结构的改进中，提高模具寿命及齿轮精度一直是该领域的主要研究方向。另外，对工艺方面改进的申请量也占有比较大的比例，近几年来复合锻一直是工艺改进的研究重点，其可以提高生产效率并且提高成形齿轮的精度。而齿轮精锻智能化设计方面正处于发展阶段，其专利申请量非常少，但随着计算机水平的提高，以及为了提高精锻的生产率，其应为该领域今后发展的热点。

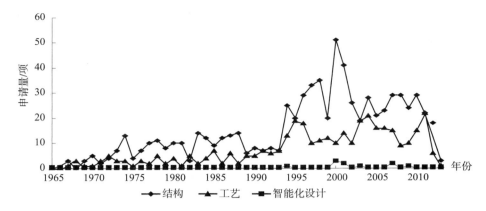

图 2 − 2 − 3　齿轮精锻全球主要技术构成申请量趋势

2.2.3　来源国或地区分布

图 2 − 2 − 4 示出了齿轮精锻全球专利申请的来源国或地区分布状况，日本的申请量最大，为 686 项，远远高于其他国家，可见日本在齿轮精锻领域技术处于世界领先地位，中

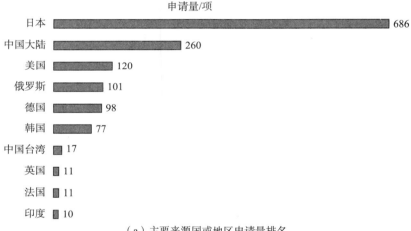

（a）主要来源国或地区申请量排名

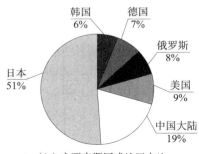

（b）主要来源国或地区占比

图 2 − 2 − 4　齿轮精锻全球专利申请主要来源国或地区分布状况

国的申请量排在第二位，说明齿轮精锻技术在中国也有了较大发展。日本是全球经济大国，其制造业相当发达，汽车行业在全球也处于领先地位，由于其国土面积小并受地理位置所限，能源及材料缺乏，因此非常重视相对于传统机加工齿轮更加绿色环保的齿轮精锻研究，进而日本在全球齿轮精锻方面申请量和所占比例最大，比例已超过50%。随着中国经济的快速发展，中国汽车行业也迅速发展起来，进而带动齿轮精锻行业在中国也得到了快速发展。同时，在排名靠前的国家中均为经济较发达的欧美国家。

2.2.4 目标国或地区分布

图2-2-5示出的是齿轮精锻领域专利申请的目标国流向图，其示出了由日本籍、中国籍、美国籍、德国籍、俄罗斯籍以及韩国籍申请人所申请的专利布局的国家或地区，从中可以发现专利申请人对进行专利布局地区的市场和技术竞争的重视程度。

从该图的专利申请的技术流向来看，其呈现出三个特点：

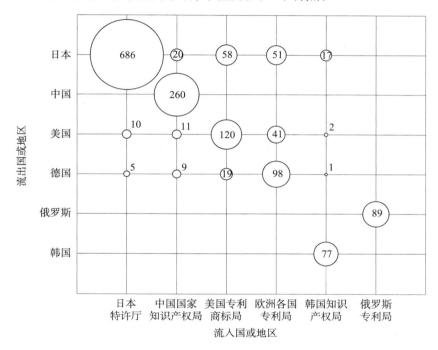

图2-2-5 齿轮精锻全球主要国家的专利申请的目标国或地区

注：图中数字表示申请量，单位为件。

第一，日本的专利申请流向欧洲、美国、中国和韩国，这显示日本的市场主体在专利申请的布局上，侧重于全面的保护，而其向外申请的专利占比不大，显示其在专利布局上更多的是选取比较重要和核心的专利技术向外申请。

第二，美国的专利申请主要流向欧洲，其在日本和中国也有少量的专利申请，显示了美国的市场主体更加注重于欧洲市场，在专利布局上也主要考虑保护欧洲市场的需要；而德国的申请主要流向美国，显示出德国比较注重美国市场的专利布局。

第三，中国、韩国以及俄罗斯对外申请专利在该领域为空白，说明我国企业还基本只停留在开发国内市场的层次，没有与国外大型企业在其他地区展开竞争的可能，因而对外申请专利的需求较低，且技术研发力量和专利布局战略也比较薄弱，还处于技术研发的上升期，需要进一步提高自身研发实力和竞争思维。

2.2.5 主要申请人分析

图2-2-6为齿轮精锻全球主要申请人的排名情况，在申请量排名前12位申请人中，有10位来自日本，前3位分别为武藏精密、新日铁及富士，其中武藏精密是全球著名的汽车机械零部件企业，专业生产汽车变速箱等零部件，设有齿轮精密锻造研究中心，在齿轮精锻方面具有很强的研发实力；新日铁是日本最大的钢铁制造企业，在锻件材料、模具材料方面处于全球领先水平；富士也是全球知名的汽车企业，其也非常重视汽车零部件的生产及研发，其中汽车用齿轮主要采用精锻生产，因此，在齿轮精锻方面也具有很强的实力，由此再次证明日本在该领域的技术研发实力很强。

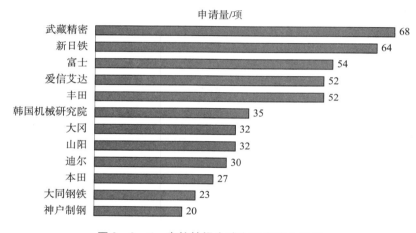

图2-2-6 齿轮精锻全球主要申请人排名

2.3 中国专利分析

2.3.1 专利申请态势分析

图2-3-1示出了齿轮精锻在中国专利申请量的总体态势以及申请中实用新型与发明的比例，从该图中可以看出，在齿轮精锻领域发明所占比例为60%，实用新型为40%，发明申请量大于实用新型申请量，可见，在中国的专利申请中齿轮精锻的技术含量较高。随着以汽车业为代表的大规模制造业在我国的迅速发展，齿轮精锻在我国也得到了较快发展。齿轮精锻专利申请在中国的申请量主要可以分为3个阶段。

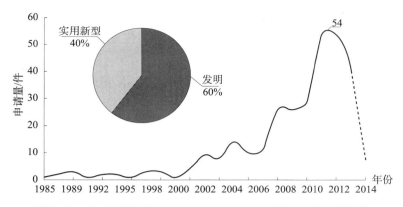

图 2 - 3 - 1　齿轮精锻中国专利申请趋势及发明和实用新型比例

　　第一阶段（1985～2000 年），该领域在中国的专利申请量较少，每年的申请量只有几件，可见，该阶段齿轮精锻技术在中国处于技术萌芽时期。

　　第二阶段（2000～2007 年），这一阶段，齿轮精锻在中国的专利申请量开始呈现快速增长的趋势，并且申请量逐年稳定增长。这一时期，随着我国能源危机、环境污染等问题的出现，相对于传统齿轮的切削加工工艺，绿色环保的齿轮精锻在我国得到了快速发展，相应地，该领域在中国的专利申请量第一次快速增长，并且随着我国知识产权事业的迅速发展，各个企业在重视齿轮精锻技术的同时，也开始加强专利申请和布局，从而促进了齿轮精锻专利申请量的增长。

　　第三阶段（2007 年至今），从 2007 年起，随着中国经济的快速发展，汽车行业在中国也快速发展起来，并成为制造业的龙头行业，为了提高汽车用齿轮的生产效率和降低生产成本，齿轮精锻技术在中国也得到了快速发展，相应地，该领域在中国专利申请量也进入第二次快速增长时期，并在 2012 年达到最高值 54 件，虽然申请量在2013 年以后有了较大减少，可能是一部分申请尚未公开，在数据库中不能检索到。

2.3.2　技术构成

2.3.2.1　主要技术构成分析

　　图 2 - 3 - 2 显示了齿轮精锻技术构成比例，从该图可以看出，齿轮精锻领域在中国专利申请中结构类申请比例远远大于工艺类申请，而在结构改进方面齿轮精锻模具占据了最大比例，由此可见，齿轮精锻模具是齿轮精锻的重要技术分支，首先，主要原因是精锻齿轮模具的精度和寿命决定了齿轮精锻成品齿轮的精度、强度以及生产成本；其次，结构类申请中锻件也在结构分支占有一定的比例，锻件的材料、形状以及热处理等也对精锻近净成形齿轮产品的精度和强度有较大影响，其也是齿轮精锻领域的一个重要技术分支。

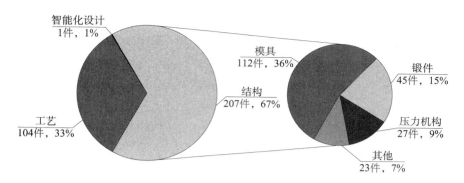

图 2 - 3 - 2　齿轮精锻中国专利技术构成比例

2.3.2.2　中国专利申请结构类申请量态势分析

图 2 - 3 - 3 为齿轮精锻中国专利申请结构分支的申请量趋势，从该图可知，无论是模具、锻件还是压力机构，均在 2001 年后申请量开始快速增长，主要原因是随着我国汽车行业的迅速发展，由于汽车用齿轮适合采用精锻工艺加工，具有成本低、绿色环保等特点，由此齿轮精锻也开始迅速发展，各个企业均开始重视该领域的技术研发，模具一直为研发的主要对象，其次为锻件，最后为压力机构。

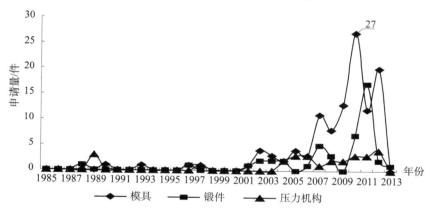

图 2 - 3 - 3　齿轮精锻中国专利申请结构分支申请趋势

2.3.3　来源国或地区分布

2.3.3.1　省市分布

图 2 - 3 - 4 示出了齿轮精锻领域中国专利申请省市分布情况，由该图可以看出，齿轮精锻在中国专利申请省市分布主要集中在江苏，申请量为 82 件，远远超过其他省市的申请量，这是由于该领域在中国的主要生产企业例如太平洋精锻、飞船、威鹰等公司均分布在江苏，其余省市的申请量均在 20 件以下，说明我国齿轮精锻技术分布不均，需要改善。另外，我国各个省市的专利申请实用新型均占了比较大的比例，说明我国各个省市的专利申请质量有待提高。

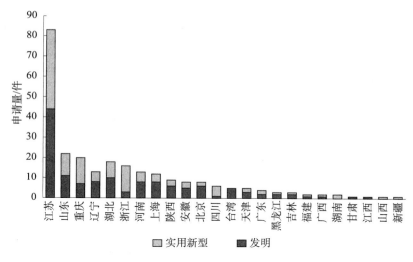

图 2 - 3 - 4　齿轮精锻中国专利申请省市分布情况

2.3.3.2　来源国分布

图 2 - 3 - 5 示出了在中国申请的主要国家分布及主要国家在中国申请趋势，由该图可知，在该领域，国外申请人主要来自日本、德国、美国和澳大利亚，其中日本在

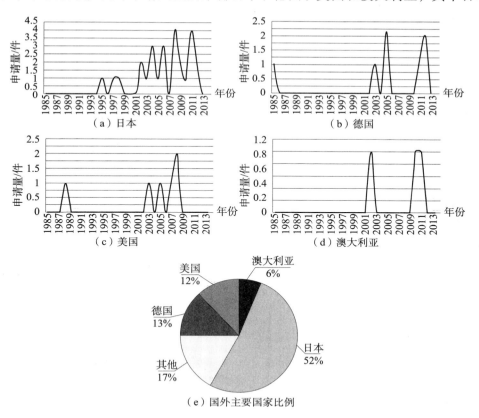

图 2 - 3 - 5　齿轮精锻主要国家在中国申请趋势及比例

中国申请比例最大，为52%，远远多于其他国家，可见日本非常重视该领域在中国的专利布局，其原因主要在于我国企业主要依靠进口日本先进的齿轮精锻设备，另外德国和美国也占有一定的比例，可见日本、德国、美国是该领域的主要技术来源国。从各个国家的申请趋势来看，2000 年后，各个国家在我国专利申请开始快速增长，其中日本申请量最多，其次是德国和美国，主要原因是随着我国汽车行业的迅速发展，我国齿轮精锻技术也有了迅速发展，无论是国内申请人或是国外申请人均开始重视这一领域的技术研发和专利保护，因此，在该领域我国企业应开始重视这些国外申请人在国内的专利布局，一方面关注国外企业授权的专利，避免侵权，另一方面也可以研究国外申请人失效的专利，在其基础上进行技术开发。

2.3.4 主要申请人分析

2.3.4.1 申请人类型分析

如图2-3-6 所示，无论从整体上看，还是从国内申请人和国外申请人构成来看，齿轮精锻的中国专利申请人以公司占据主导地位，其申请量的总比例达到了65%。可见，齿轮精锻的创新主体主要为公司。同时，共同申请也占据了一定的比例，国内的共同申请主要来自公司与大学或研究机构的共同申请，说明齿轮精锻领域的公司非常重视与高校和研究结构合作，从而更快地提高企业研发能力。同时，在国内申请人中，大学和研究机构也在齿轮精锻领域申请量占有一定的比例，它们也是我国齿轮精锻领域研发的重要力量。而相比之下，国外申请人主要以公司为主。

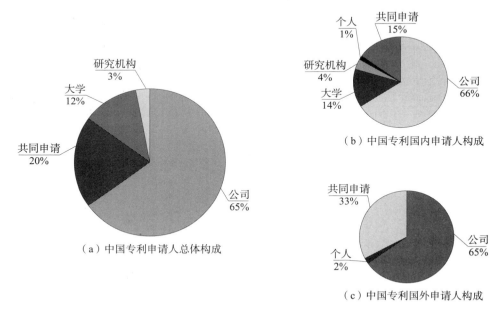

(a) 中国专利申请人总体构成

(b) 中国专利国内申请人构成

(c) 中国专利国外申请人构成

图2-3-6 齿轮精锻中国专利申请人构成

2.3.4.2 主要申请人申请情况分析

图2-3-7 示出了齿轮精锻领域在中国申请的主要申请人及其专利申请的授权状

况，从该图中可以看出，太平洋精锻申请量最大，其专利申请的授权率也较高，由此可见，该公司为该领域在中国的龙头企业。值得注意的是，三星精锻虽然专利申请量只有7件，但该7件申请均获得了授权，可见该公司在该领域专利申请的质量较高，具有较强的研发能力。另外华中科技大学和北京机电研究所作为科研单位也在该领域有一定的技术研发能力，国外大公司在中国申请量不多，排名在前的只有日本的爱信艾达，可见国外齿轮精锻企业没有在华进行有效的专利布局，这也给我国齿轮精锻企业的研发带来了发展空间。

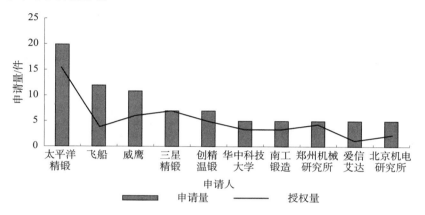

图2－3－7　齿轮精锻在中国申请的主要申请人及其专利申请的授权状况

2.3.4.3　中国专利主要申请人申请态势

图2－3－8示出了齿轮精锻中国专利申请排名前四位主要申请人的申请趋势，从该图中可以看出，这4家企业是我国齿轮精锻领域的主要企业，企业成立时间均较早，但该4位申请人在1999年前没有专利申请，这与我国知识产权事业的发展有一定的关

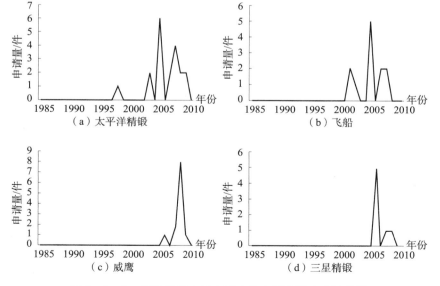

图2－3－8　齿轮精锻中国专利4位主要申请人申请趋势

系；太平洋精锻从 2000 年开始申请专利，是 4 家企业中最早申请专利的企业，随着各家企业知识产权意识的加强，该 4 位申请人都开始申请专利，均主要集中在近几年，由此可见，我国主要申请人的专利保护意识不强，有待加强，在专利布局上应学习国外大企业围绕核心专利积极改进的作法。

2.3.5 法律状态分析

图 2-3-9 显示了齿轮精锻中国发明专利申请法律状态分布比例，由于国家知识产权局近几年实施加快专利审查的政策，因此处于未决状态的申请比例较少，仅占所有申请中的 29%。同时，在该领域的专利申请中有近一半的申请处于授权有效状态，授权专利的稳定性较高，这些有效授权的专利是国内企业研发和生产时需要密切关注和规避侵权风险的主要对象。未决申请的比例略高于失效申请的比例，主要原因是近几年各家企业重视专利保护，专利申请量逐年增加，而在失效的申请中，视撤和因费用终止的申请占据了主要地位，说明了该领域在中国的专利申请技术含量和创新水平还有很大的提升空间，申请人应多关注技术创新及专利的市场应用性，尽量减少技术含量和创新水平低的专利。同时对于失效专利，公开内容已处于免费利用阶段，可作为国内企业克服相关技术难题的途径之一。

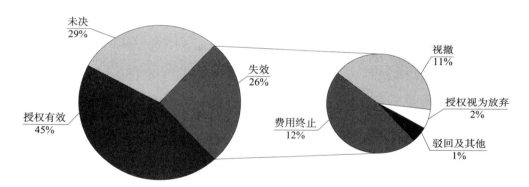

图 2-3-9　齿轮精锻中国专利申请法律状态分布比例

2.4　功效分析

2.4.1 技术需求历年分布

为了分析方便，将齿轮精锻专利申请的发展过程人为地以 5 年为一个时间单位进行年代划分。图 2-4-1 示出了每 5 年齿轮精锻领域各功效的申请量，从横向来看，1995 年开始，各个技术功效所涉及的专利申请量开始大幅度增长，从纵向来看，在各个技术功效中，提高精度和提高齿轮寿命一直是该领域研究的重点，另外提高生产效率也越来越得到重视。

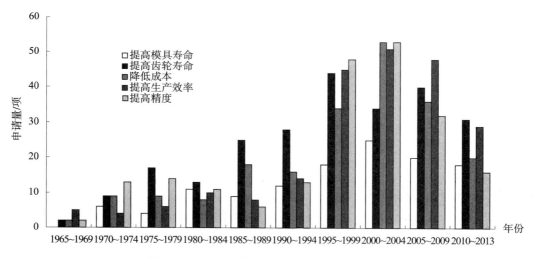

图2－4－1 齿轮精锻功效全球年份分布状况

2.4.2 技术功效分析

如图2－4－2所示，横向来看，锻件对应提高齿轮寿命和提高生产效率方面的专利申请量最多，模具结构、制造工艺以及热处理在对应提高模具寿命和提高齿轮精度方面的专利申请量也比较大，因此，为了提高齿轮寿命和齿轮精度，需要重点研究模

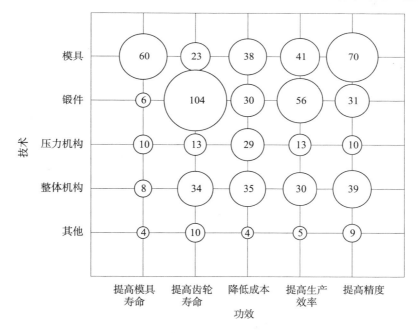

图2－4－2 齿轮精锻全球结构技术功效图

注：图中圈内数字表示申请量，单位为项。

具和锻件技术。对齿轮精锻影响较大的功效主要集中在提高齿轮精度、提高齿轮寿命和提高生产率三个方面。纵向来看，对于提高齿轮寿命的功效贡献最大的是锻件，而整体结构及模具两方面专利申请的贡献相近；对于提高精度功效，模具的专利申请量最大；对于提高生产效率的功效，主要涉及锻件、模具和整体结构三方面的专利申请。

2.5 技术演进历程

2.5.1 模具结构技术路线

通过对全球专利数据样本引证绝对频次和相对频次的统计排序，结合产业发展状况，并根据国内企业专家对专利技术的筛选，本报告遴选出 1976 年以后，齿轮精锻模具技术发展历程中具有代表性的 10 项专利，梳理了齿轮精锻模具结构技术的技术发展路线。

图 2-5-1 显示了齿轮精锻模具技术的技术发展路线。齿轮精锻技术源于德国。由于齿轮精锻技术相对于传统齿轮加工（切削等）具有绿色环保的特点，随着全球能源危机问题的产生，这一技术开始发展起来。早期的齿轮精锻技术主要集中于齿轮模具型腔的锻造，例如专利 DE2446413A 和 US4590782A。但由于当时模具的寿命不高，这一技术没有迅速发展起来。

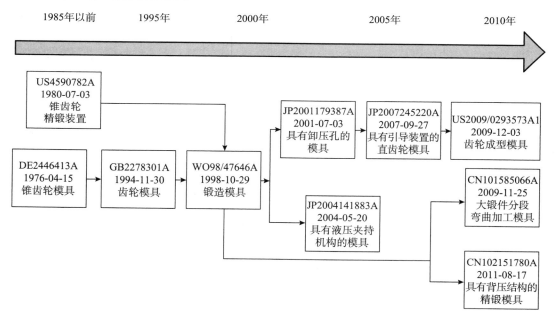

图 2-5-1　齿轮精锻模具结构的技术发展路线

随着全球大型制造业的发展，特别是汽车业的迅速发展，同时能源危机问题更加凸显，在20世纪90年代，齿轮精锻技术开始迅速发展起来，尤其在能源危机比较严重的日本，各个企业开始重视精锻模具的研发，主要的方向在于提高模具的寿命和精锻齿轮的精度，由日本几个公司共同申请的专利WO98/47646A由于采用了背压技术❶，很好地解决了精锻齿轮模具寿命短的问题，齿轮精锻技术开始迅速发展。该专利的发明人所在公司是日本你期待模具公司，各个企业争先与其合作，在该专利的基础上进一步提出了一系列新的技术，例如专利JP2001179387A、JP2001141883A、JP2007245220A等，这些专利通过设置泄压孔、上下模引导装置及模具夹持装置来进一步提高模具寿命及齿轮精锻，此时，各个国家汽车用齿轮多由齿轮精锻技术制造，可见，日本主要大企业围绕该技术进行了大量的专利申请，形成了较完整的专利布局。与此同时，我国的一些大学和公司也在上述专利的基础上对其进行了改进，例如专利CN101585066A、CN102151780A等，可见背压技术在齿轮精锻模具领域起到了非常重要的作用，从时间点上看，我国围绕背压技术进行改进的专利申请是在2009年以后，相比国外企业晚了较长时间，并且数量较少，仍需进一步提高。

目前齿轮精锻模具的主要方向仍然是提高模具寿命和齿轮精度、寿命和提高生产效率，各个国家的企业也积极研发该技术，例如美国的US2009/0293573A。

2.5.2 重要专利

为了深入了解齿轮精锻的专利申请情况，本节将采用专利技术分析时所使用的重要专利筛选的评价标准对齿轮近净成形模具重要专利进行筛选。对于该重要专利的筛选评价标准，由于目前专利技术分析已经异常成熟，对其不再作具体介绍。初步筛选的齿轮精锻模具重要专利如表2-5-1所示。

---

❶ "背压"通常是指运动流体在密闭容器中沿其路径流动时，由于受到障碍物或急转弯道的阻碍而被施加的与运动方向相反的压力。

表 2－5－1　齿轮精锻领域重要专利列表

序号	公开号	优先权日	地域申请情况	发明点	申请人	所属技术分支	引用频次/次
1	US4111031A	1978－09－05	US	直齿轮模具	通用	模具结构	22
2	WO098/47646A	1998－10－29	JP，DE，US	具有背压结构的齿轮模具	你期待	模具结构	15
3	EP0581483A	1992－07－14	EP，CA，DE，JP	该模具结构具有一空腔，锥齿形成部形成在该空腔内，具有起模器并穿过该空腔	爱信艾达	提高齿轮寿命	10
4	FR2275261A	1974－06－20	FR，US，DE，GB，JP，CA，AT	在下模上安装有起模器，以便精锻齿轮的取出	BAYERISCHES LEICHT	模具结构	10
5	GB2278301A	1994－11－30	GB，DE，JP，US	可以提高模具精度和齿轮寿命的齿轮模具	新日铁	模具结构	9
6	WO9743067A1	1996－05－09	WO，AU，EP，JP，MX，DE，ES，CA	上下模具形成闭式模腔，压头之间保持有固定间隙	STACKPOLE LTD	模具结构，提高生产效率	8
7	US5465597A	1994－07－18	US	模具结构包括安装在引导柱上上模和下模，利用液压机构进行导向	福特	模具结构，提高精度	7
8	US200323479A1	2002－06－21；2003－05－28	US，DE，JP，CN	利用半径端铣刀加工锥齿轮锻模，提高了模具精度	丰田	模具的制造工艺，提高齿轮精度	5
9	JP2006305599A	2006－11－09	JP	上下模同时移动的模具	本田	模具结构	5
10	JP2001205385A	2000－01－24	JP	在模具下模形成有特定的凸凹部，凸凹部逐渐变小在下部模具上	丰田	模具结构，提高齿轮寿命	4

续表

序号	公开号	优先权日	地域申请情况	发明点	申请人	所属技术分支	引用频次/次
11	US5295382A	1992-05-11	US	该模具包括沿轴向延伸圆柱形内部表面，每个表面包括引导部，一齿形成部和一齿形引流部	福特	模具结构，提高模具寿命	4
12	DE2446413A	1976-03-30	DE、NL、JP、SE、FR、BR、US、GB、SU、IT	锥齿轮模具	KABEL&METALL WERKE	模具结构	4
13	JP2000233257A	2000-08-29	JP	具有径向停靠部的模具	丰田	模具结构	4
14	JP2007245220A	2006-03-07	JP	用于制造螺旋齿轮的模具装置，从外部利用内部齿轮驱动机构施加旋转力，旋转的模具被压头沿旋转方向移动，利用引导气缸引导上下模具准确运动	富士	模具结构及提高精度	3
15	EP1574271A	2004-03-12	EP、US、JP	该模具的内部周表面形成有多个上部表面和侧面表面，上部表面与下部表面平滑连接，从而利于提高齿形根部的强度	大冈	模具结构，提高齿轮寿命及降低成本	3
16	JP54068753A	1985-07-16	JP	锥齿轮模具，压力机构穿过上下模	三菱	模具结构	2
17	JP2003117630A	2003-04-23	JP	具有泄压孔的模具	本田	模具结构	2
18	US4590782A	1986-05-27	US、EP、DE	锥齿轮成形模具	KABEL&METALL WERKE	模具结构	2
19	JP2001179387A	2001-07-03	JP	具有泄压孔的模具	大冈	模具结构	2
20	JP2004141883A	2004-05-20	JP	具有液压夹持机构的模具	本田	模具结构	2
21	US20090293571A1	2009-05-22	US、JP、DE	齿轮成形模具，具有模具夹持结构，并有引导孔	武藏	模具结构	2

2.6　本章小结

　　齿轮精锻已成为齿轮加工的重要技术之一。本章主要通过对齿轮精锻领域相关专利统计定量分析与重要专利定性分析相结合的方式，对齿轮精锻技术专利状况进行了分析和研究，主要包括申请态势、法律状态、技术构成、来源国、目标国、主要申请人以及技术发展历程。总体上看，一些发达国家尤其是日本已在该领域技术研发上取得明显优势，并在专利布局上积极行动，优势企业在全球范围内广泛申请专利，尤其是在齿轮模具方面，日本重要企业围绕背压技术申请了多项专利，已形成了较为系统与完善的专利布局体系，这对我国发展自主技术构成了一定阻碍。而我国在该领域技术起步较晚，各主要企业开始申请专利的时间较晚，并且缺少核心专利，专利申请限于国内，没有在国外积极展开布局，因此，我国企业可围绕该领域的核心专利进行改进，并自主研发核心技术，在国内、国外进行专利布局，以使我国齿轮精锻行业快速发展。

第3章　螺旋齿轮切削加工

螺旋齿轮是机械传动系统的主要零件之一，其齿面结构复杂，切齿机床结构及其加工调整最为复杂，同时加工刀具、机床参数设置、加载变形及装配误差等都会引起其啮合、承载及振动性能的改变，使得螺旋齿轮在设计和制造中的质量控制极其困难。因此，对螺旋齿轮的切削加工进行研究分析，无疑具有重大意义。

本章旨在全面分析螺旋齿轮切削加工领域专利技术，包括全球及中国专利申请状况、重要申请人、技术构成、技术功效、技术演进历程等多方面关注和分析等。通过这些分析，以期能使行业内人士对该领域技术走向有整体了解，掌握该领域技术的研发热点，使本行业内的中国企业可以了解竞争对手和国外的专利布局，从中找到自己的发展方向。

本报告统计的数据分别来源于德温特（WPI）专利数据库和中国专利文献数据库（CNPAT），检索日期截至 2014 年 5 月 31 日，其中德温特专利数据库检索得到的专利申请共 1235 项，中国专利文献数据库检索得到的专利申请共 540 件。

3.1　技术水平概况及发展趋势

螺旋齿轮，最常见的弧齿锥齿轮和准双曲面齿轮副，在很多工业领域，特别是汽车工业获得了重要的应用。世界上很多机床厂设计并制造了一系列准双曲面切齿机床，种类型号很多，包括铣齿机、拉齿机、研齿机、磨齿机等。另外，还有很多配套设备，加工工艺更是方法众多。

螺旋齿轮齿面结构复杂，其加工精度及啮合质量的控制一直是齿轮制造技术中的难题。螺旋齿轮是机械传动系统的主要零件之一，其齿面精度和啮合质量是保证机械产品效率、噪声、传动精度和使用寿命等综合性能的关键。由于螺旋齿轮的几何特性、啮合过程及其切齿机床结构，使其加工调整最为复杂，同时加工刀具、机床参数设置、加载变形及装配误差等都会引起其啮合、承载及振动性能的改变，使得螺旋齿轮在设计和制造中的质量控制极其困难。而其特殊的用途与优异的啮合性能对齿面几何精度和啮合质量要求十分苛刻，因此，改善螺旋齿轮齿面加工精度及啮合质量一直是各国专家学者广泛关注和研究的对象，并成为齿轮制造的关键技术和终极目标。

螺旋齿轮齿面加工技术与成形理论及其加工机床的发展密切相关，随着机床制造技术的不断提高、成形理论的不断完善，螺旋齿轮的加工质量也在不断提高。总体来看，目前螺旋齿轮加工机床发展与齿面加工技术大体分为两个阶段：传统机械铣齿机床及其加工技术、现代数控铣齿机床及其加工技术。传统机械铣齿机床结构复杂，传动链长且异常复杂，从而使得传动误差增大，在一定程度上降低了机床精度，导致齿轮加工质量稳定性差。另外，传统机械铣齿机床的加工调整复杂，尤其是在加工批量小、参数不同的轮坯时，需要对机床上的刀位、轮位及各种挂轮装置等进行多次调整，这样才能获得较好的接触区，并且它对操作人员要求高，加工周期较长。随着计算机技术、数控技术、齿轮加工及成形技术的发展，螺旋齿轮的齿面加工技术及加工精度控制技术也逐步向数字化发展，螺旋齿轮的加工机床由传统机械铣齿机床发展到了现代数控铣齿机床。格里森为加工弧齿锥齿轮和准双曲面齿轮，设计研发了 Phoenix Ⅰ、Ⅱ系列的数控铣齿机和磨齿机，我国天津一机床、精诚股份、中大创远、秦川及科大越格等企业也相继研制出具有自主知识产权的 CNC 螺旋齿轮数控铣齿机和磨齿机。❶❷❸

在美国、日本、德国以及瑞士等齿轮制造强国，螺旋齿轮的数字化闭环制造已经替代了传统制造模式，齿面的数字化检测与修正技术已成为制造过程中不可缺少的关键环节，其齿轮产品的几何精度和啮合质量等综合性能非常优越，甚至达到了互换的程度。数字化闭环制造技术，就是将螺旋齿轮的数控加工技术和数字化检测技术，通过中心计算机有机地结合起来，组成具有自动反馈修正功能的螺旋齿轮齿面闭环加工新技术；它充分利用齿轮测量中心的精密检测功能和数控机床的加工与修正能力，提高加工过程的智能化和集成优化，极大地提高齿面加工精度、啮合质量和生产效率。这是高品质螺旋齿轮制造的重要途径和发展趋势。

我国的螺旋齿轮制造技术虽然有了一定的发展，但是其总体水平不高。加工精度差、效率低，如何积极借鉴国外的先进技术促进我国的产业技术发展已经成为刻不容缓的课题。课题组从专利角度，希望引导国内产业界关注国外螺旋齿轮方面的专利技术，从最公开最便捷的途径获得技术支持，从而有利于科研和技术进步。

3.2 全球专利分析

螺旋齿轮切削加工领域的专利申请量随着时间的推移在不断变化，在全球范围内地域之间分布并不均衡，不同的分支技术领域发展水平也有差距。本节针对该领域的全球专利数据进行分析。

3.2.1 专利申请态势

图 3 - 2 - 1 是螺旋齿轮切削加工领域全球专利申请趋势。从申请年份趋势上看，整体上专利申请量呈波动性增长。大致分为以下 4 个阶段：成长期（1972 年之前）、振荡增长期（1973 ~ 1990 年）、技术稳定期（1991 ~ 2004 年）、快速发展期（2005 年至今）。

---

❶ 李春芳. 数控螺旋锥齿轮加工机床控制系统的研究 [D]. 长春：吉林大学，2011.
❷ 李天兴，等. 螺旋锥齿轮齿面展成及加工精度控制的现状与趋势 [J]. 矿山机械，2013 (7).
❸ 李强，等. 螺旋锥齿轮加工机床发展综述 [J]. 机床与液压，2012 (8).

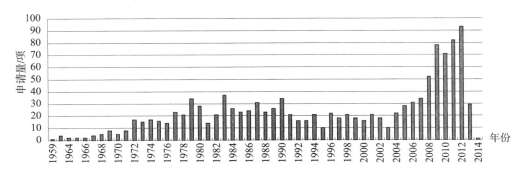

图 3 - 2 - 1　螺旋齿轮切削加工领域全球专利申请趋势

3.2.2　技术构成

　　螺旋锥齿轮切削加工技术领域，可以从加工装置和加工工艺两方面分析。具体的技术构成参见图 3 - 2 - 2。

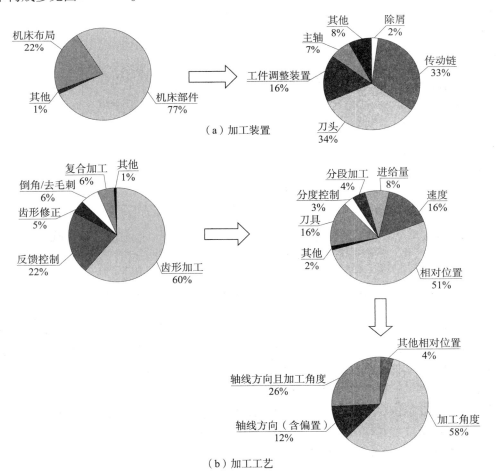

（a）加工装置

（b）加工工艺

图 3 - 2 - 2　螺旋齿轮切削加工领域全球专利申请技术构成

就加工装置而言，主要包括机床布局和机床部件两部分，而机床布局由于模式有限、改进困难而不构成专利申请的主要部分，机床部件由于结构细致、局部改进容易实现、容易考量改进效果而受到发明人的青睐。机床部件的发明大致集中在以下几方面：传动链、刀头、工件调整装置、主轴等。

就加工工艺而言，主要包括齿形加工、复合加工、齿形修正、倒角／去毛刺、反馈控制等。而齿形加工作为最基础的加工形式，专利申请量最大；反馈控制作为新兴的技术手段发展迅速，也占据了较大的份额。具体到齿形加工技术，可以从刀具、分度控制、分段加工、进给量、速度、相对位置等方面分析。这些方面对螺旋齿轮的切削加工都具有重要意义。而相对位置作为最重要的因素，直接影响齿形，是齿形加工专利申请的集中之处，其中，角度的控制较之轴向位置的控制对螺旋齿形的影响更大。

加工装置和加工工艺在几十年的发展历程中，各技术方面的发展并不均衡，此消彼长。下面针对加工装置和加工工艺的主要技术分支进行具体分析。图 3－2－3 示出了加工装置的机床部件技术分支中各具体技术的发展情况。

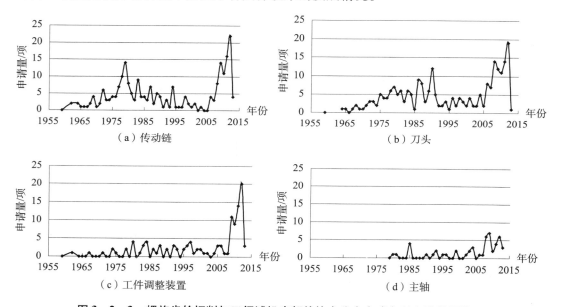

图 3－2－3　螺旋齿轮切削加工领域机床部件技术分支全球专利申请发展情况

传动链方面，20 世纪 70 年代后期到 80 年代初出现了一个发展的小高峰，是国外新技术发展的高峰期。格里森等巨头企业领头，在螺旋齿轮的加工中越来越少使用机械传动而越来越多地使用控制技术，可以精确地控制各种动作，减少了机械传动的误差、噪声，提高了传动链的刚度，从而提高精度。随后传动链的发展进入低谷。2005年以后专利申请量迅速攀升，这与中国制造市场的迅猛发展有关，这一时期，中国的液压、电子技术发展很快，在该领域申请了大量的专利。

刀头方面，在 20 世纪 70 年代后期和 20 世纪 80 年代发展不错，创造了一个高峰时期。20 世纪 90 年代进入稳定低速发展期。2005 年之后专利申请量迅速攀升。

　　工件调整装置方面，专利申请量一直在低水平，直到 2005 年之后才有起色，受到中国专利申请的影响，专利申请量突飞猛进。

　　主轴方面，专利申请量一直在低水平、稳定地发展。2005 年之后专利申请量也迅速出现了上涨的趋势。

　　螺旋齿轮切削加工领域中，相对于加工装置的申请量，加工工艺的申请量虽然较少，但是齿形加工工艺作为齿轮加工工艺的重点，却被反复地提及。图 3 - 2 - 4 是对齿形加工工艺专利申请的分析。相对位置的控制是齿形加工工艺中的重点，与之密切相关的速度、进给量和刀具使用也对齿形质量影响很大。而分度控制由于是一般齿轮加工都要精确控制的，分段加工也是所有齿轮加工最常见的，在针对螺旋齿轮切削加工进行的特定分析中并不是重点。从申请量比较大的相对位置技术方面可以明显看出，与装置专利申请相同，20 世纪 70 年代后期到 20 世纪 80 年代的螺旋齿轮切削加工工艺发展迅速，专利申请量明显高于其他时期，20 世纪 90 年代之后回落。2005 年之后，受到发展中国家，特别是中国专利申请量的影响，才又迅速增长。

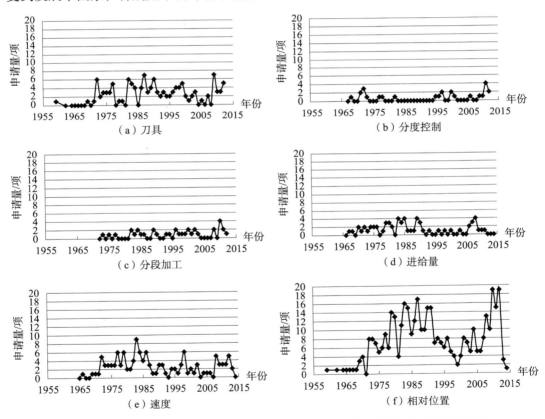

图 3 - 2 - 4　螺旋齿轮切削加工领域齿形加工工艺技术分支全球专利申请发展情况

3.2.3　来源国分布

　　通过图 3 - 2 - 5 可以清楚地看出，第一梯队包括中国、俄罗斯；第二梯队包括德国、日本和美国；第三梯队是瑞士。螺旋齿轮切削加工技术领域中，中国专利的申请总量当仁不让，成为申请量第一位的专利申请大国。俄罗斯的专利申请量占据世界第二的位置，是实力强国。随后依次是制造业强国德国、日本和美国。德、美、日三国在"二战"后的迅速发展奠定了其工业霸主的地位。作为螺旋齿轮切削加工领域的领头企业之一——奥利康的发源地，以旅游经济为主的瑞士，依然在螺旋齿轮切削加工领域占有重要的位置。

通过图 3-2-6 可以清晰地看出，近些年中国专利申请数量的激增，不仅直接导

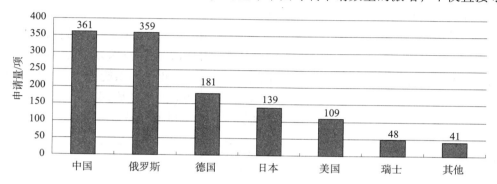

图 3-2-5　螺旋齿轮切削加工领域全球专利申请来源国构成

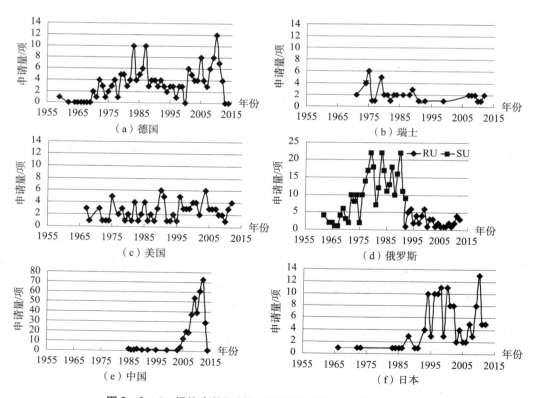

图 3-2-6　螺旋齿轮切削加工领域全球专利申请来源国趋势

致了近些年中国的专利申请量领先，还间接导致了全球专利申请量的上升。现在，中国的申请量数据已经主导了全球申请量数据的趋势，中国成为了该领域名副其实的专利申请量大国。

尽管俄罗斯的经济近些年不景气，但是其在螺旋齿轮切削加工领域依然保持一定的专利申请量，不过与苏联专利申请第一大申请国相比，逊色了很多。

日本从 20 世纪 90 年代初开始在该领域发展迅速，在 2002 年之前申请量攀升到了中国以外的排名第一的位置。2002～2005 年经低谷之后，又进入高峰期。

值得特别提出的是美国、德国和瑞士这些国家，一直是相对稳定地波动。德国在 20 世纪 80 年代出现一波小高峰，20 世纪 90 年代末期至今波浪式增长，一浪高过一浪，2010 年的申请量已经达到 12 项，尽管考虑到申请到公开的时间因素，近两年的申请趋势量已经难以作为参考，但是其在 2010 年后回落趋势明显。2005 年之后，德国的专利申请量明显高于美国，这与奥利康齿制的发展势头比较迅猛有关。美国在 20 世纪 90 年代初专利申请量高于德国。总体看来，德国的技术水平还是高于日本，而德国的专利申请量在近几年与日本不相上下，这是因为日本的专利申请发明点都比较细小，申请量比较大的缘故。

3.2.4　目标国或地区分布

比较图 3 - 2 - 5 和图 3 - 2 - 7，螺旋齿轮切削加工领域全球专利来源国和目标国在构成上有很大相似性。与来源一样，第一梯队包括中国、俄罗斯，第二梯队包括德国、日本和美国，不同的是，还包括欧洲局专利。通过欧洲专利局申请进入欧洲地区的专利申请数量已经达到了与第一梯队国家可比的水平。进入老牌资本主义国家美国的专利申请量大于后起之秀日本。值得指出的是，进入美国、德国的专利数量远远大于本国申请人申请的数量，这些区域的市场竞争相当激烈。

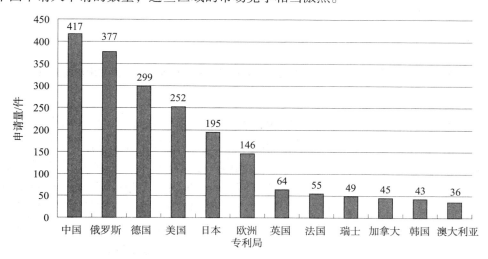

图 3 - 2 - 7　螺旋齿轮切削加工领域全球专利申请主要目标国或地区构成

第三梯队是英国、法国、瑞士、加拿大、韩国、澳大利亚。奥利康的发源地瑞士在专利申请量上依然占有重要的位置。老牌资本主义国家英国、法国、加拿大也都占有一席之地。新兴工业国家韩国已经可以和英国、法国处于同等量级。澳大利亚也不甘落后，居于韩国之后。

图3-2-8是螺旋齿轮切削加工领域全球专利申请主要国家或地区技术流向分布。申请人都首先立足本国，专利申请一般都进入本国，同时向外申请。中国和俄罗斯向国外申请专利数量很少，而德国、美国、日本和瑞士这些本领域的技术强国则在各主要国家都有较多专利申请，欧洲专利局、德国和美国的专利技术战最为焦灼，德国比美国更重视日本市场，美国比德国更重视中国市场。

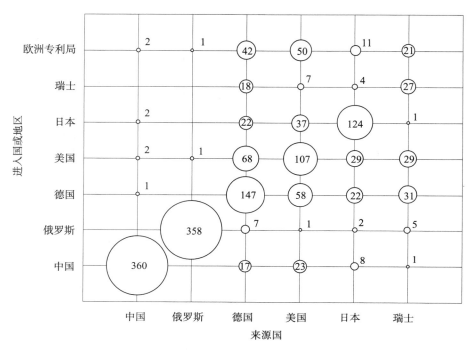

图3-2-8　螺旋齿轮切削加工领域全球专利申请主要国家或地区技术流向分布

注：图中数字表示申请量，单位为件。

通过比较图3-2-6和图3-2-9，在螺旋齿轮切削加工领域全球专利申请来源国与目标国或地区的趋势也有很大相似性。欧洲专利申请保持了波浪式上涨的趋势；美国的波浪式上涨趋势不明显；德国明显呈现两个波浪的申请态势；俄罗斯整体上出现了明显的申请量下滑。在1975～1990 年，德国、美国与俄罗斯（苏联）保持了基本一致的发展趋势，当时苏联还保持第一位、德国次之，然后才是美国。美国与德国相比，在早期还比较逊色。瑞士、英国、法国三国的申请量出现了明显的下滑态势；中国、日本、韩国三国的申请量则在近些年迅速增涨。

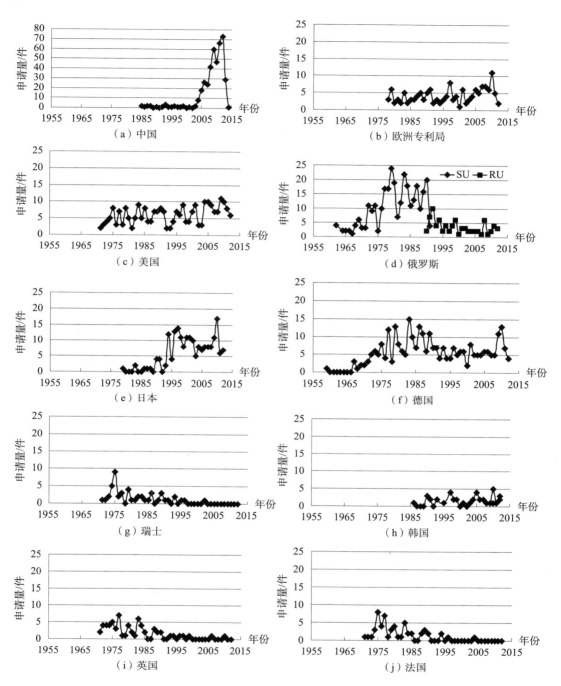

图 3 - 2 - 9　螺旋齿轮切削加工领域全球专利申请进入国或地区状况趋势图

3.2.5　主要申请人分析

螺旋齿轮切削加工领域，从全球主要申请人的申请量来看，世界两大巨头格里森和奥利康并列在第一位，天津第一机床总厂位于第三位，精诚股份列于第四位。SAR-AT GEAR 是苏联时期的申请人，苏联解体之后已经没有专利申请，但是仅仅凭借其在苏联时期的专利申请就占据了第五的位置，足见其技术基础之雄厚。紧随其后的是日系的申请人尼桑、本田、三菱。从图3-2-10中可以看出，格里森和奥利康两大集团相互竞争、你追我赶。历年来，两大巨头各领风骚，分享了世界螺旋齿轮切削加工领域的饕餮盛宴。从图3-2-11中还能清楚地看出，天津一机床和精诚股份近些年的年专利申请量迅猛增长。

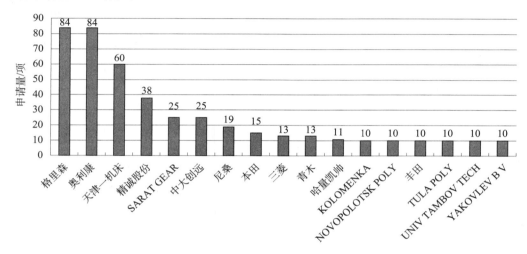

图3-2-10　螺旋齿轮切削加工领域全球专利申请重要申请人

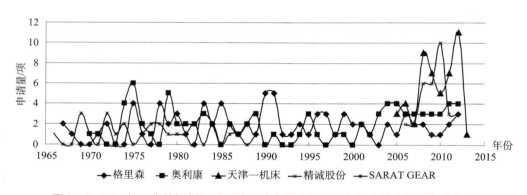

图3-2-11　螺旋齿轮切削加工领域全球专利申请重要申请人的申请量年份趋势

表3-2-1是在各机床部件方面申请量居全球前几位的申请人。天津一机床赫然居于首位，精诚股份位于第三位。格里森和奥利康分别位于第二位、第五位。SARAT GEAR（苏联）、YAKOVLEV B V 和 UNIV TAMBOV TECH 分别位于第四位、第六位和第七位。日本的尼桑紧随其后。鉴于格里森和奥利康的世界霸主地位和中国的发展阶段，上述排名仅仅说明中国的专利意识已经觉醒。而当年的苏联的技术实力不可轻视。

表 3 - 2 - 1 　机床部件技术分支全球专利申请主要申请人申请分布　　　　单位：项

申请人	除屑	传动链	刀头	工件调整装置	主轴	其他
天津一机床	3	12	14	20	9	2
格里森	3	13	12	8	2	1
精诚股份	3	5	6	7	6	5
SARAT GEAR	0	8	6	3	0	0
奥利康	1	6	20	5	4	3
YAKOVLEV B V	0	5	8	0	0	0
UNIV TAMBOV TECH	0	7	3	0	0	2
尼桑	0	4	4	0	1	2

　　表 3 - 2 - 2 和表 3 - 2 - 3 充分说明，关于加工工艺，中国如果想成为一个螺旋齿轮加工强国，还有很长的路要走。尽管在加工装置的申请量上，天津一机床已经占据了第一的位置，而在加工工艺上，只有近些年中国在比较重视的自动控制技术方面有 8 项专利申请，与格里森和奥利康之外的其他申请人差别不是很大。但是在加工工艺的其他方面，天津一机床作为唯一进入前几名的中国申请人，仅仅只有 2 项专利申请，是上榜所有申请人里面数量最少的；技术力量雄厚的格里森和奥利康不仅加工工艺的申请量大，而且覆盖面广，涉及了所有研究的技术分支。日本的尼桑、丰田、本田、三菱等企业在加工工艺方面申请量也排在前十位，日本是欧美之外的螺旋齿轮切削加工强国。各种加工工艺中，齿形加工是最基础也是最重要的，齿形加工技术上述各分支的刀具、分度控制、分段加工、进给量、速度、相对位置等也都与螺旋齿轮的精度、寿命、噪声、效率等密切相关。齿形加工技术上述各分支的总体排名中，格里森和奥利康仍然占据前两名，日本的三菱、尼桑、本田、丰田也仍位于前十名中，却见不到中国申请人的名字。这些都与我国现亟须发展高精度、高寿命的重载齿轮现状相符。要实现高精度、高寿命的重载齿轮的加工，还需要高端的加工工艺。

表 3 - 2 - 2 　加工工艺技术分支全球专利申请主要申请人申请分布　　　　单位：项

申请人	齿形加工	齿形修正	倒角/去毛刺	反馈控制	复合加工
奥利康	42	4	6	34	5
格里森	42	7	5	17	2
尼桑	9	3	1	3	2
本田	8	0	3	5	1
SARAT GEAR	11	0	0	2	0
UNIV TAMBOV TECH	4	0	0	9	0
天津一机床	2	0	2	8	0
丰田	7	1	1	3	0
KOLOMENKA	9	0	0	2	0
三菱	9	0	0	2	0

表3－2－3 齿形加工技术分支全球专利申请主要申请人申请分布   单位：项

申请人	刀具	分度控制	分段加工	进给量	速度	相对位置	其他
格里森	9	3	1	8	6	36	3
奥利康	8	1	3	7	7	31	1
TULA POLY	2	0	1	2	3	7	0
三菱	6	0	0	0	6	2	0
尼桑	2	1	2	0	2	6	0
SARAT GEAR	2	1	0	0	3	6	0
LIKHACHEV	3	0	1	3	2	1	0
MACH TOOL	0	0	0	0	4	6	0
丰田	2	0	0	1	3	3	1
UNIV ROST	1	0	0	2	1	6	0

3.3 中国专利分析

在螺旋齿轮切削加工技术领域，近些年中国的专利申请量在全世界范围内已经占据了主导地位，然而中国在该领域的技术实力与国际水平相比，甚至与邻国日本相比，仍然有很大差距。因此，分析中国专利的申请状况具有重大意义。

3.3.1 专利申请态势分析

图3－3－1清楚地显示了螺旋齿轮切削加工领域中国专利申请的态势。该领域在中国的专利申请量在2003年以前一直处于低谷期，2003年之后专利申请量呈波浪式快速增长，仅在2007年出现小幅回落，不过很快又回升。这不仅与我国大力发展制造业有关，也是我国实施知识产权强国战略取得的成绩。虽然国外申请人在中国的申请量

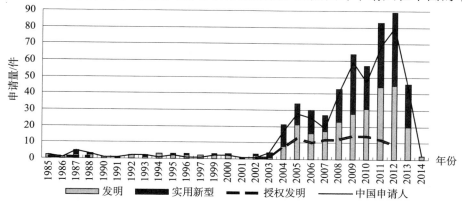

图3－3－1 螺旋齿轮切削加工领域中国专利申请态势

有所增加，但更主要的还是中国申请人的专利申请量增长迅速。不过，中国专利中实用新型的申请量占据了专利申请总量的半壁江山，而且整体上看，发明专利授权的比例也略有下降。中国在该领域的技术水平还有待于提高。

3.3.2　技术构成

图 3-3-2 显示了螺旋齿轮切削加工领域中国专利申请的技术构成。比较该图与图 3-2-2 中全球专利申请的技术构成，可以看到，两者的相似性比较高。机床加工装置的各个分支技术领域和加工工艺的各个分支技术领域中基本一致。但是在相对位置分支技术领域，中国专利申请更注重轴线方向和加工角度共同作用的技术研究，而全球专利申请更注重加工角度的技术研究。

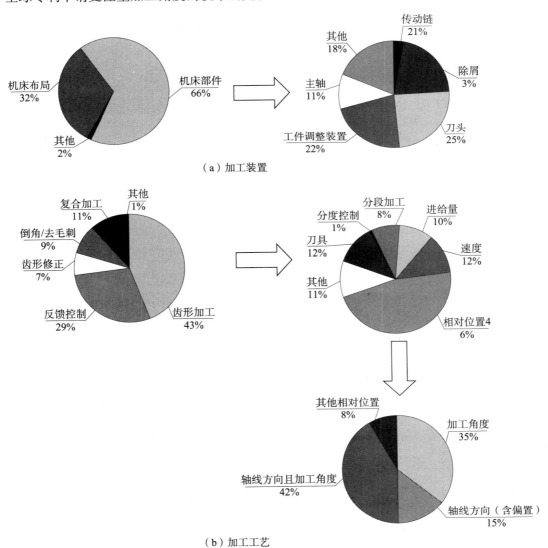

（a）加工装置

（b）加工工艺

图 3-3-2　螺旋齿轮切削加工领域中国专利申请的技术构成

3.3.3 来源国或地区分布

图3-3-3显示了螺旋齿轮切削加工领域中国专利申请来源国或地区的分布情况。该领域中，中国申请人占申请总量的85.7%，美国和德国分别居于第二位、第三位，都接近5%的份额，日本、瑞士居于第四位、第五位。

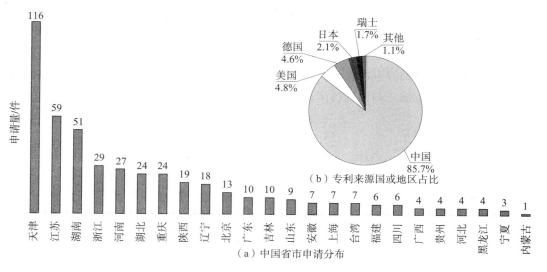

图3-3-3 螺旋齿轮切削加工领域中国专利申请来源国或地区分布

中国申请人的专利申请量占申请总量的85.7%，这一数据充分说明，中国申请人在本土申请量占绝对优势。由于中国整体上技术水平比较低，申请人比较分散，所以虽然整体上申请数量很多，但是多数申请人的申请量却不多（参见图3-3-4）。

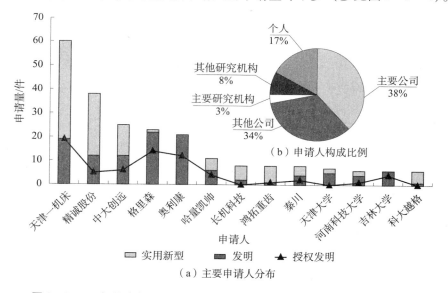

图3-3-4 螺旋齿轮切削加工领域中国专利申请主要申请人及构成分析

　　格里森和奥利康两大巨头占据了中国高端齿轮加工制造领域很大的市场份额，因而专利申请受到充分的重视，美国和德国的专利申请量也很大。日本作为中国的近邻，技术相对比较先进，产品价格低于欧美，也受到中国消费者的青睐，日本这个对专利保护一直重视的国家也在中国申请了数量不少的专利。瑞士，由于奥利康在世界齿轮加工界的地位，申请量也不少，该公司后与科林基恩伯格合并。进入中国的申请人所在国，除了前五位的国家之外，其他国家的申请人仅占1%。

　　尽管中国申请人是中国专利申请的主力，但是申请人比较分散。具体看，天津最集中，以116件专利申请占申请总量的27%，江苏排第二位，以59件专利申请占申请总量的13%，湖南以51件专利申请占申请总量的11%，排第三位；随后依次是浙江、河南、湖北、重庆、陕西、辽宁、北京，相对于前三位之间的巨大差距，这些省市相差不大，区域发展差距可见一斑。天津一机床、精诚股份、天津大学作为前十位的国内主要申请人支撑了天津地区的区域申请量，湖南的中大创远、哈量凯帅使得湖南的整体申请量居前；而江苏、浙江则因制造大省而占据了第二位和第四位。

3.3.4　主要申请人分析

　　螺旋齿轮切削加工领域的技术门槛不高，但是高精尖的技术还是掌握在少数实力企业和科研单位。从图3-3-4可以看出，中国专利申请中，申请量进入前十名的主要企业和科研单位的专利申请量占到了总申请量的41%，其他公司或科研单位的专利申请量占总申请量的42%，个人申请占总申请量的17%。

　　进入前十名的主要企业中，天津一机床在螺旋齿轮加工领域其技术和市场占有率国内第一，其专利申请量排名第一位。由天津一机床部分离职人员创立的精诚股份传承了其技术优势和专利申请意识，排名第二位。中大创远作为后起之秀，生产螺旋齿轮数控机床技术先进，申请量迅速攀升到第三位。世界上赫赫有名的两大巨头格里森和奥利康分别列在第四位、第五位。哈量凯帅与中大创远技术起源相同，市场发展较晚，列在第六位。长机科技紧随其后。鸿拓重齿专注于重型齿轮的生产，占据了第八位的位置。秦川基于其雄厚的技术力量，依靠国内磨齿机床老大的实力，居于第九位。天津大学，技术基础强，与天津一机床合作密切，专利申请量达到国内第十位，是唯一进入前十位的科研院校。考虑到国内企业的实用新型申请量比例较大，且授权率相对较低，格里森和奥利康两大巨头在中国专利申请的技术水平实际上比其申请量更靠前。

3.3.5　法律状态分析

　　专利申请的法律状态可以从侧面说明一个技术领域专利申请的技术含量。有效比例较高、维持年限较长，一般都是申请人重视该领域专利技术的表现。

　　从图3-3-5中可以看出，螺旋齿轮切削加工领域中，专利申请后失效的比例还不高，只占25%，而维持有效的比例可以占到55%，考虑到20%的在审量，55%这个数字还不算低。失效专利中授权维持过一段时期的比例占58%（包括因费用终止、专利权有效期满、放弃、视为放弃）。

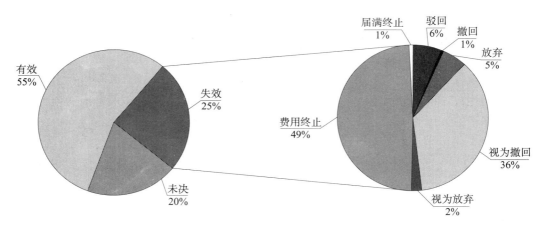

图3-3-5 螺旋齿轮切削加工领域中国专利申请法律状态分析

从表3-3-1中看，中国专利总体平均维持年限为2.4年，维持年限3年以内的专利占58%，3~5年的专利占36%，6~10年的专利占6%，没有维持超过10年的专利。发明专利和实用新型专利的维持年限也相差不大。作为中国专利申请总量排在前几位的重要申请人，曾经获得授权并维持过的专利数量也居于前列（河南科技大学和天津大学除外）。其中，精诚股份和奥利康的专利维持年限在3~5年的比例分别是65%和73%，其他企业一般都将50%以上的专利维持年限保持在3年内；天津一机床和中大创远维持6~10年的专利接近20%，其他一般都不高于12%。值得特别指出的是，格里森的专利维持年限在3年以内为67%，3~5年为33%，迄今为止没有维持过超过5年的专利；奥利康也没有维持过超过5年的专利。

表3-3-1 螺旋齿轮切削加工领域专利维持状况 单位：件

申请人	3年内	3~5年	6~10年	总计	平均维持年限/年
中国专利总计	198	125	36	359	2.6
实用新型总计	135	86	30	251	2.7
发明总计	63	39	6	108	2.4
天津一机床	25	19	10	54	3.0
精诚股份	8	20	3	31	3.2
中大创远	10	4	5	19	3.2
奥利康	3	8	0	11	2.8
长机科技	0	3	3	6	6.3
哈量凯帅	7	2	0	9	1.4
格里森	6	3	0	9	2.6
鸿拓重齿	1	7	0	8	3.5

申请人	3年内	3～5年	6～10年	总计	平均维持年限/年
吉林大学	4	1	0	5	1.4
科大越格	5	0	0	5	1.0
秦川	5	0	0	5	1.0
河南科技大学	1	2	0	3	3.7
天津大学	2	0	0	2	0.0

3.4 技术功效分析

图3-4-1是螺旋齿轮切削加工领域机床部件、加工工艺、齿形加工3个分支技术领域全球专利申请的技术功效图。

机床部件是在螺旋齿轮切削加工装置上最热门的发明方向。

因为螺旋齿轮的切削加工中，由于螺旋齿轮齿形复杂，并且相对于其他齿形的齿轮而言更多用于重载装置，所以保证齿形的加工角度是保证精度和安全可靠性以至于提高效率、降低成本的首选。刀头和工件调整装置由于直接涉及刀具和工件的相对位置（包括角度）从而影响齿形，所以是研究的热点。传动链对于降低传动造成的振动和传动误差效果明显，因此对于提高精度的作用较大。主轴由于其在传动以及刀头和工件箱中的重要作用，也紧随刀头其后。

螺旋齿轮加工方法中，齿形加工是最基础的，也是申请量最大的。反馈控制系统由于近20年的发展，迅速攀升到第二的位置。对于螺旋锥齿轮切削加工，齿形加工首先要保证的还是精度，成本和效率是技术稳定期各生产商愿意发展的。降低噪声和提高寿命是近些年新追逐的目标，发展还处于比较基础的状态。

反馈控制，首先特别有利于提高精度。实现高精度，通过反馈控制的方法在成本和效能以及实现上，远远优于基础零部件、材料性能、工艺的改进。电力、电子技术的迅速发展为此提供了契机。当反馈控制的自动化程度得到提高之后，效率自然大大提高了。

齿形加工作为加工工艺中的重点，其在刀具运动轨迹（相对位置和刀具）、进给控制（包括速度和进给量）等方面聚集了申请人的智慧。通过这些申请，主要达到了提高精度、提高效率的功效，也容易实现降低成本的目的。

图3-4-2示出的螺旋齿轮切削加工领域中国专利申请技术功效与图3-4-1示出的全球专利申请技术功效相近。区别在于，在加工装置部分，全球专利申请中对传动链降低成本的作用更加注重，而中国专利更注重使用工件调整装置提高齿轮加工精度；在加工工艺部分，对齿形加工速度和相对位置的重视程度上全球专利申请高于中国专利申请。

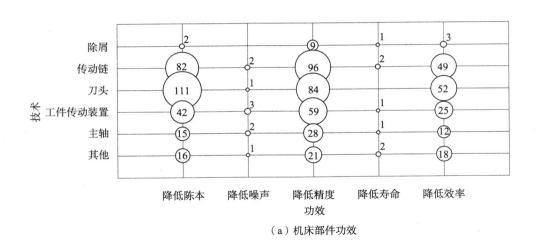

（a）机床部件功效

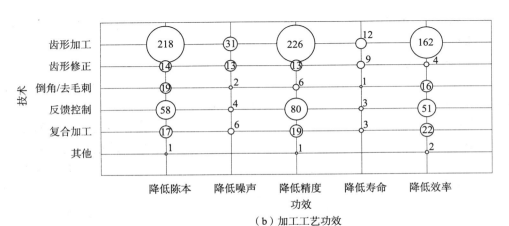

（b）加工工艺功效

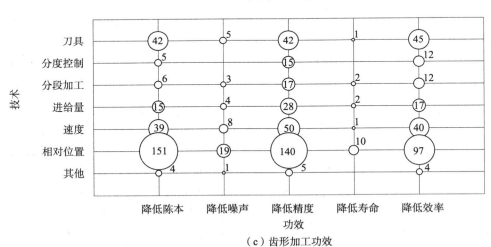

（c）齿形加工功效

图 3 - 4 - 1　螺旋齿轮切削加工领域全球专利申请技术功效图

注：图中数字表示申请量，单位为项。

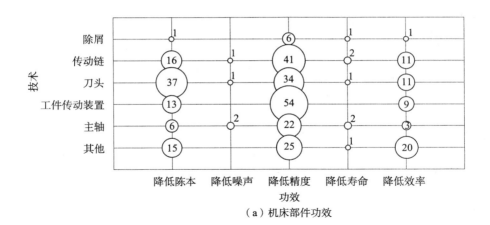

（a）机床部件功效

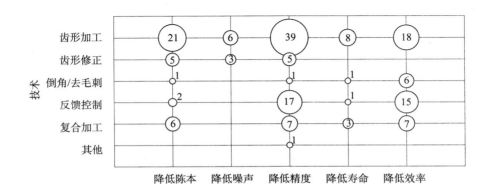

（b）加工工艺功效

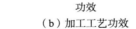

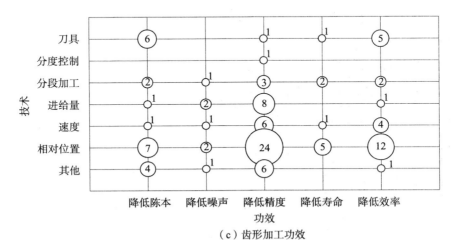

（c）齿形加工功效

图 3 - 4 - 2 螺旋齿轮切削加工领域中国专利申请技术功效图

注：图中数字表示申请量，单位为件。

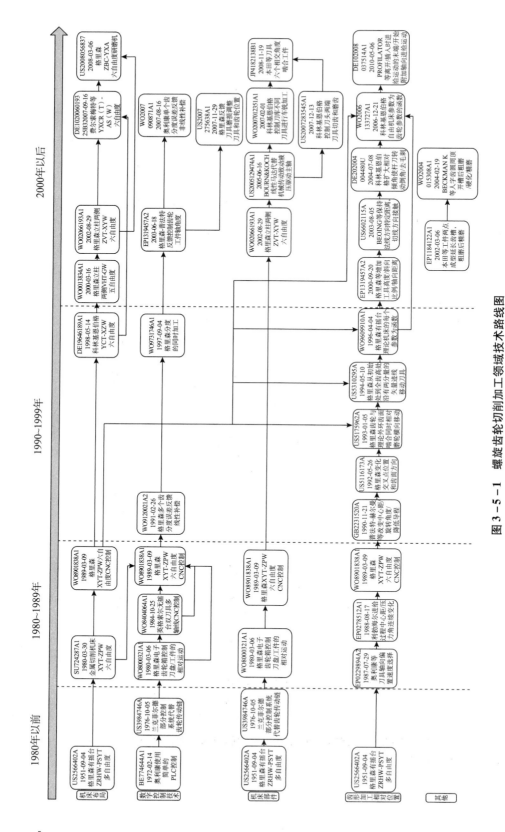

图 3－5－1　螺旋齿轮切削加工领域技术路线图

3.5　技术演进历程

本报告在考虑了技术内容、进入国家、被引证次数、授权状况、维持状况、影响力等诸多因素的基础上，特别考虑了技术内容的先进性及影响力，筛选出重要专利，绘制成技术演进历程图，并对技术演进历程和重要专利进行了介绍。

螺旋齿轮切削加工领域中，早期的很多重大发明都涉及多个分支技术领域，比如1951 年的专利 US2566402A 涉及了机床布局、机床部件、齿形加工方法/相对位置；1989 年的专利 WO8901838A1 也涉及了机床布局、控制技术、机床部件、齿形加工方法/相对位置。随着技术的进步，专利技术逐步精细化（如高效/高精度），每个专利技术针对特定的技术问题，如专利 WO9120021A2、WO9731746A1 涉及的分度控制。直到进一步低成本化，如专利 WO2007012351、US2007283545A1 涉及的小型通用的经济性机床。下面将按照各个技术分支对技术发展历程进行详细的介绍（参见图 3 - 5 - 1）。

3.5.1　机床布局技术演进历程

机床布局是螺旋齿轮加工机床的最基本形式，相对于机床部件的改进，每个机床布局的发明都更具有创新性。

（1）US2566402A

1951 年，格里森的专利 US2566402A 公开了后来的 No. 116 型铣齿机床的结构，如图 3 - 5 - 2 所示，其成为机械摇台式螺旋锥齿轮加工机床中的经典机床，也是格里森一直推崇的基本模型机床。图 3 - 5 - 3 是这种机床的原理图，它带有刀倾机构，采用有摇台 ZRHT - PSYW 多自由度结构，也可以安装变性机构采用变性法加工锥齿轮。它是第一台能够把齿轮高级啮合理论在螺旋锥齿轮副上变成现实的机床。直到现在，这种机床还在一定范围内被广泛地使用，其使用了初步的电气控制技术。

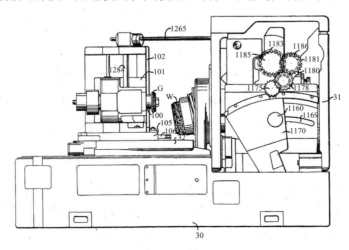

图 3 - 5 - 2　US2566402A 的技术方案示意图

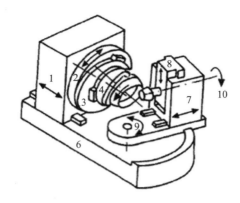

图3－5－3　US2566402A 的原理图

1—刀头立柱；2—摇台；3—偏心装置；4—刀转角装置；

5—刀倾角装置；6—机座；7—工件箱；8—轴偏移滑块；

9—回转台；10—工件轴

（2）SU724287A1

1980年，苏联的金属切削机床公司申请的专利 SU724287A1 被公开，该专利公开了无摇台 XYT－ZPW 形式的六自由度机床，使用直线滑轨代替复杂的摇台机构进行螺旋锥齿轮的加工。如图3－5－4所示，该结构形式就是后来广为流传的格里森六自由度无摇台自由机床的基本版本。刀具在刀具支架上关于刀具轴旋转，工件齿轮在工件支架上关于工件轴旋转，刀具支架和工件支架在3个直线方向上提供相对运动。相对角向运动由不止一个旋转轴提供。工件齿轮与工件和刀具协作运动加工工件齿轮。但是该专利没有公开如何对刀头进行控制才能实现螺旋锥齿轮的复杂加工。

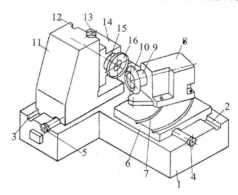

图3－5－4　SU724287A1 的技术方案示意图

（3）WO8901838A1

1989年，格里森在其专利 WO8901838A1 中公开了后来广泛使用的典型的数控六自由度自由机床。如图3－5－5所示，该机床使用与 SU724287A1 大致相同的结构形式，取消机床摇台、刀倾及其他复杂的机械调整环节，间歇分度加工采用六轴五联动、连续分度加工采用六轴六联动的高档数控系统，实现真正的完全数控。可以用于加工格里森齿制、奥利康齿制或克林根贝尔格齿制的齿轮。从理论上讲，这种机床可以实现齿面加工的任何运动，所以也称为 Free – form 型机床。此后的螺旋齿轮主流加工机床迄今为止仍然是在自由机床的范畴，不过是各种自由机床的变形形式。

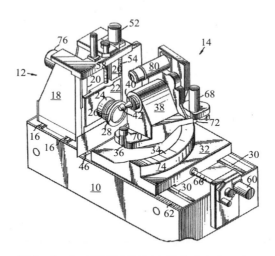

图 3 – 5 – 5　WO8901838A1 的技术方案示意图

（4）DE19646189A1

1998 年，科林基恩伯格申请的专利 DE19646189A1 被公开，其公开了一种 YCT – XZW 的六自由度加工机床，这也是一种典型的自由加工机床。如图 3 – 5 – 6 所示，该机床具有一个高度可调节的支架支撑刀轴，沿着机器壳体侧面相对于床身水平设置。工件轴具有第二支座和具有绕旋转轴 C 旋转的旋转装置，以相似的方式沿着床身设置。壳体的侧面选择地使工件轴与设置的机床壳体坐标轴 X 平行，主轴支架沿着垂直于坐标轴 Y 垂直设置。该结构可以经济地实现无偏差运动。由于刀轴并不位于水平导轨的加工区域之上，其可以在刀轴之下设计一个切屑收集器，切屑在重力作用下可以落入其中。刀具轴的平行设计是一个新的机器概念，具有紧凑的结构和较好的切屑排除结构，这样机床特别适用于干铣加工。

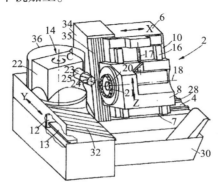

图 3 – 5 – 6　DE19646189A1 的技术方案示意图

（5） WO0013834A1

格里森在 WO8901838A1 专利公开的机床基础上又开发了一种新的立柱式螺旋齿轮研磨机床，2000 年公开于专利 WO0013834A1，如图 3 - 5 - 7 所示，它包括：一个机器支柱、支柱两侧相互垂直的两侧面，第一侧具有围绕第一轴线旋转的第一工件主轴，第二侧面具有一可围绕一第二轴线旋转的第二工件主轴，第一工件主轴、第二工件主轴分别可动地固定于第一侧、第二侧。第一和第二工件主轴可以沿着一个或多个相互垂直的 G 向、H 向和 V 向彼此相对移动。两主轴的至少其中一个，最好是两个主轴都是直接驱动主轴。在两主轴和两主轴沿 G 向、H 向和 V 向的相关齿轮构件的任一相对位置处，它们各自轴线的各交点保持不变。该数控机床的组成零件更少，占地面积更小，并且与科林基恩伯格的专利 DE19646189A1 的六自由度机床一样同样能够适用于干切削。

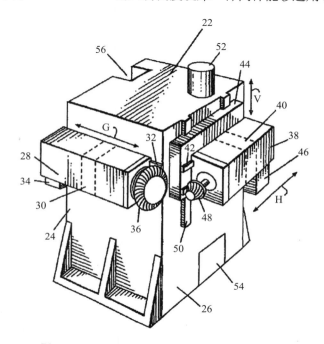

图 3 - 5 - 7　WO0013834A1 的技术方案示意图

（6） WO02066193A1

后来，2002 年格里森又在 WO0013834A1 专利的基础上进一步作了改进，把 3 个直线轴和 3 个转动轴安装在一个立柱的两个侧面上，机床各轴都是用电机直接驱动。该技术于 2002 年公开于专利 WO02066193A1 中。如图 3 - 5 - 8 所示，第一侧面可移动地固定有围绕第一主轴轴线转动的第一主轴，第二侧面可移动地固定有可绕第二轴线转动的第二主轴。第一和第二主轴最多可在三个直线方向（X、Y、Z）上彼此相对地线性移动，第一和第二主轴中至少有一根可相对于其相应的侧面以角度方式运动。第一和第二主轴中至少一根的这种角度运动是围绕一相应的枢转轴线（F）进行的，枢转轴线与其相应的侧面基本平行。

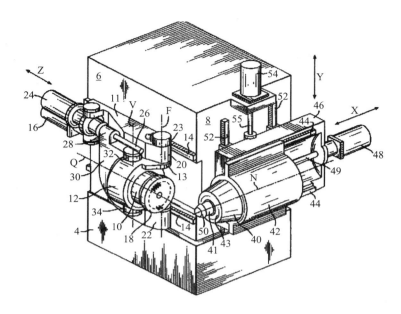

图 3 – 5 – 8　WO02066193A1 的技术方案示意图

（7）DE102006019325B3

2007 年，费尔索梅特的专利 DE102006019325B3 公开了一种新的六自由度加工机床，如图 3 – 5 – 9 所示，其包括能绕主轴线 A 旋转的旋转架，布置在旋转架上具有平行于主轴线 A 定向的主轴轴线的两个工件主轴，两个工件主轴绕主轴线 A 对称布置；该机床还包括支撑用于加工两工件主轴之一上的工件刀具的刀具架，刀具可围绕垂直于主轴线 A 垂直延伸的水平旋转轴 B 旋转，刀具架可相对工件在一平面内被倾斜或倾

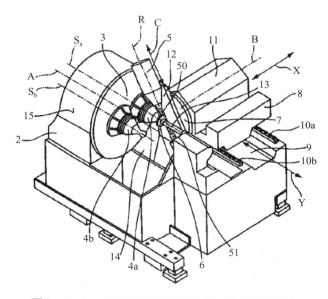

图 3 – 5 – 9　DE102006019325B3 的技术方案示意图

倒，该平面相对于旋转轴线 B 垂直，刀架还布置在相对于旋转架沿着线性轴 C 可移动的刀座上，C 轴相对于 B 轴垂直；旋转架的主轴线 A 水平地延伸。通过分隔切屑可减少对旋转架和工件主轴的污染，并使刀具相对于工件平行于主轴轴线的相对进给运动的结构复杂性降低。

（8）US2008056837A1

2008 年格里森在专利 US2008056837A1 中公开了一种精磨齿轮机床的改进机型，可适应宽范围的齿轮对轴间角，同时又可提供更高的机器刚度和增强的机器构件设置。如图 3 - 5 - 10 所示，该机器具有与静止柱为一体的基部，可动地安装到所述静止柱的第一心轴；设置在所述基部上的倾斜床部分；可动地安装到倾斜床部分的第二心轴并可围绕竖直枢转轴线 B 枢转；第一心轴和所述第二心轴可相对于彼此沿多达三个不同的方向平移。与静止柱一体的基部、倾斜床部分也设置在基部上、第二心轴可动地安装到倾斜床部分并可围绕竖直枢转轴线 B 枢转，齿轮对轴间角可小于、等于和大于 90 度。

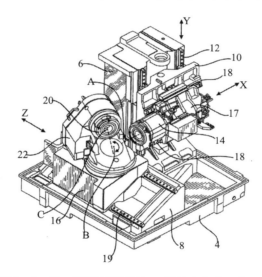

图 3 - 5 - 10　US2008056837A1 的技术方案示意图

3.5.2　控制技术演进历程

螺旋齿轮切削加工技术领域的控制技术是随着数控技术的发展逐步发展起来的，从简单数控阶段到自动加工阶段，自动设置和操作阶段，再到精细控制阶段，是一个不断进步的过程。

（1）BE774644A1

1972 年，奥利康的专利 BE774644A1 公开了一种研磨齿轮的装置，其首次将 PLC 控制技术应用于机床中，这标志着螺旋锥齿轮加工技术进入了简单数控阶段。由独立的控制装置用于控制每个部分的运动，改变其运动轨迹和速度，并由控制装置产生的同一时序的信号相互协调（参见图 3 - 5 - 11）。

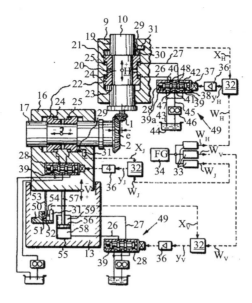

图 3 – 5 – 11　BE774644A1 的技术方案示意图

（2）US3984746A

1976 年，兰克菲尔德工学院的专利 US3984746A 公开了一种齿轮成形装置，如图 3 – 5 – 12 所示，包括转动的工件支撑装置、90 度以内摇动的刀具支架和刀具旋转轴，三者独立运动，控制装置具有主从电子控制系统，部分地实现了电子控制系统代替机械传动链，实现了加工过程的自动化。但是该机床还需要人工设置和调整。

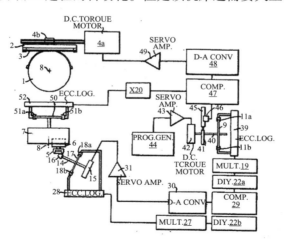

图 3 – 5 – 12　US3984746A 的技术方案示意图

（3）WO8000321A1

1980 年，格里森的专利 WO8000321A1 公开了一种螺旋齿轮加工机床的传动链结构，直接利用电子齿轮箱来控制刀盘轴和工件轴之间的相对运动，去掉了复杂传动系统中的大部分传动链，从而使机床结构大大简化（参见图 3 - 5 - 13）。

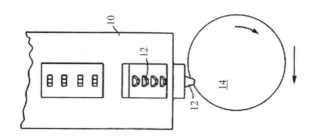

图 3 - 5 - 13　WO8000321A1 的技术方案示意图

（4）WO8404064A1

随后，1984 年英格索尔铣床公司在其专利 WO8404064A1 中公开了一种具有真正意义上的数控螺旋齿轮加工机床，其使用 CNC 控制系统，可以自动进行设置和加工，无需人工设置。但是该机床使用单根轴线生成螺旋齿面，其结构决定了需要控制大量的轴线的运动才可以实现复杂的螺旋齿面加工（参见图 3 - 5 - 14）。

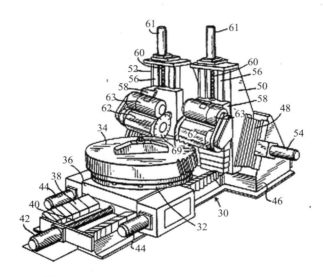

图 3 - 5 - 14　WO8404064A1 的技术方案示意图

（5）WO8901838A1

1989 年，格里森在其专利 WO8901838A1 中公开了后来广泛使用的典型的数控六自由度自由机床。如图 3 - 5 - 15 所示，该机床使用与 SU724287A1 大致相同的结构形式，取消机床摇台、刀倾及其他复杂的机械调整环节，间歇分度加工采用六轴五联动、连续分度加工采用六轴六联动的高档数控系统，实现真正的完全数控。可以用于加工格里森齿制、奥利康齿制或克林根贝尔格齿制的齿轮。从理论上讲，这种机床可以实现齿面加工的任何运动，所以也称为 Free - form 型机床。此后的螺旋齿轮主流加工机床迄今为止仍然是在自由机床的范畴，不过是各种自由机床的变形形式。同时，控制技术的改进开始与机床部件紧密结合，广泛地应用于控制机床的各种运动。

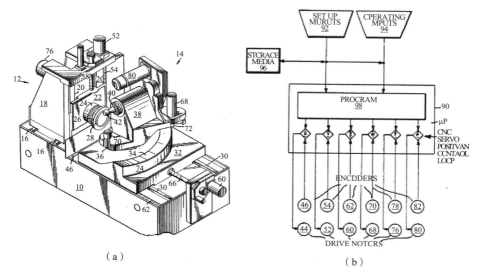

（a）

（b）

图 3-5-15 WO8901838A1 的技术方案示意图

（6）WO9120021A2

1991 年，格里森的专利 WO9120021A2 公开了一种多个齿分度误差反馈线性补偿方法，其非接触测量多个齿的累积误差，将累计误差信号与标准值比较，调整分度位置，从而调整分度误差（参见图 3-5-16）。这是一种线性补偿的方法，将多个齿的累积误差平均分配。控制技术的发展进入了精细控制阶段。

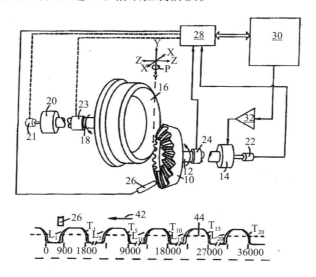

图 3-5-16 WO9120021A2 的技术方案示意图

（7） WO9731746A1

1997 年格里森的专利 WO9731746A1 进一步公开了一种就改善分度方法提高加工效率的方法，如图 3 – 5 – 17 所示，该方法包括通过绕工件旋转轴线间断旋转将各个齿槽连续带到一最后加工位置而将工件分度；在至少一部分分度的同时，使工具定位与工件接触，以开始加工齿槽；并在分度过程中切入工具，在对工件进行分离的同时移动工具以使工具保持位于齿槽中；工具的切入、移动，以及分度继续，直至到达最后加工位置。该方法在一定程度上改善了格里森齿制的展成加工不能连续分度加工浪费加工时间的缺陷。

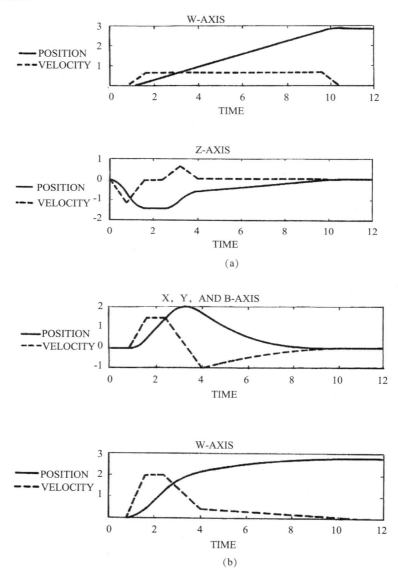

图 3 – 5 – 17　WO9731746A1 的技术方案示意图

（8）EP1319457A2

2003 年，格里森－普法特的专利 EP1319457A2 公开了一种齿轮加工方法，其使用反馈控制刀轴角度的方法自动快速地校正角度从而大大改善了加工精度（参见图 3 – 5 – 18）。

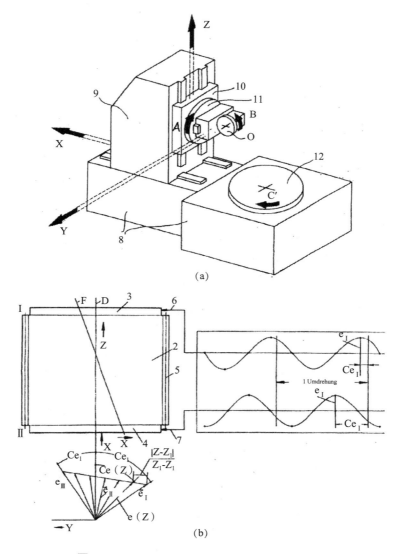

图 3 – 5 – 18　EP1319457A2 的技术方案示意图

（9）US2007275638A1

2007 年，格里森在其专利 US2007275638A1 中公开了在螺旋齿轮加工领域对刀具磨损进行检测从而调整刀具和工件相对位置的反馈控制方法，进一步提高了加工精度。如图 3 – 5 – 19 所示，该方法用于螺纹磨削轮磨削齿轮，包括在所述磨削的至少一部分期间使所述齿轮相对于磨削轮移动，在磨削轮使用期间根据所述磨削轮的直径来改变移动的量以保持恒定的磨削方法，在所述使用期间，磨削轮的直径从第一尺寸减小，且移动的量从第一量增加。其在移动过程中所使用的磨削轮材料的量在例如由于磨光而磨削轮直径减小时磨削保持恒定，并在当磨削轮直径减小时调节磨削轮移动的量。

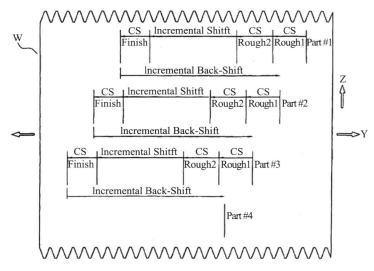

图 3 – 5 – 19　US2007275638A1 的技术方案示意图

（10）WO2007090871A1

2007 年，奥利康对分度方法又作了进一步的改进，在 WO9120021A2 基础上推出了单个齿分度误差反馈的方法，称为"具有完全分度误差补偿的分度法"，如图 3 – 5 – 20 所示，其是一种可以进行非线性补偿的方法，根据每个齿的误差特点进行针对性的补偿，提高了加工精度。该方法公开于专利 WO2007090871A1 中。一种机床，具有用于

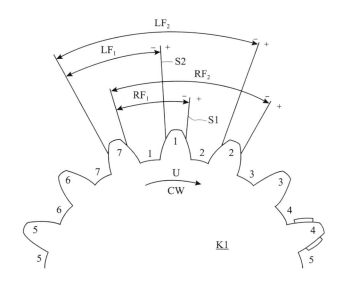

图 3 – 5 – 20　WO2007090871A1 的技术方案示意图

支撑伞齿轮的工件轴、用于接纳工具的工具轴以及多个以单分度法加工伞齿轮的驱动器（X、Y、Z、B、C、A1），还包括有测量系统连接的接口装置，该接口设计成使得所述装置自所述测量系统以下述方式接收修正值或修正系数，装置在开始生产一或多个伞齿轮之前基于所述修正值或修正系数来修改原本存储于所述装置的一存储器内的主数据或中性数据。

3.5.3　机床部件技术演进历程

机床部件是螺旋齿轮加工机床的重要组成部分，其技术发展往往伴随着机床布局的改变，或者控制方式、加工方法的改变。但是由于机床部件的专利多属于局部的发明，影响力往往不如机床布局、控制方式、加工方法的相关专利。

（1）US2566402A

1951 年，格里森的专利 US2566402A 公开了后来的 No. 116 型铣齿机床的结构，其成为机械摇台式螺旋锥齿轮加工机床中的经典机床。图 3 - 5 - 2 是这种机床的原理图，刀倾机构、摇台结构是该机床创造性地使用的机床部件，可以安装变性机构采用变性法加工锥齿轮。它是第一台能够把齿轮高级啮合理论在螺旋锥齿轮副上变成现实的机床。直到现在，这种机床还在一定范围内被广泛地使用。

（2）US3984746A

1976 年，兰克菲尔德工学院的专利 US3984746A 公开了一种以齿轮成形装置，包括转动的工件支撑装置、90 度以内摇动的刀具支架和刀具旋转轴，三者独立运动，控制装置具有主从电子控制系统，部分地实现了电子控制系统代替机械传动链。但是该机床还需要人工设置和调整（参见图 3 - 5 - 12）。

（3）WO8000321A1

1980 年，格里森的专利 WO8000321A1 公开了一种螺旋齿轮加工机床的传动链结构，直接利用电子齿轮箱来控制刀盘轴和工件轴之间的相对运动，去掉了复杂传动系统中的大部分传动链，从而使机床结构大大简化（参见图 3 - 5 - 13）。

（4）WO8901838A1

1989 年，格里森在其专利 WO8901838A1 中公开了后来广泛使用的典型的数控六自由度自由机床。该机床使用与 SU724287A1 大致相同的结构形式，取消机床摇台、刀倾及其他复杂的机械调整环节，间歇分度加工采用六轴五联动、连续分度加工采用六轴六联动的高档数控系统，实现真正的完全数控。可以用于加工格里森齿制、奥利康齿制或克林根贝尔格齿制的齿轮。从理论上讲，这种机床可以实现齿面加工的任何运动，所以也称为 Free - form 型机床（参见图 3 - 5 - 15）。

（5）US2005129474A1

2005 年，BOURN & KOCH 的专利 US2005129474A1 被公开，其使用了线性马达代替机械凸轮和弹性传动链作用于液压阀来控制液压致动器沿着主轴线性地驱动主轴。液压齿轮切削机床具有线性马达驱动阀门控制液压致动主轴，液压阀相对于阀在方向相反的上下腔之间响应阀的状态驱动主轴（参见图 3 - 5 - 21）。

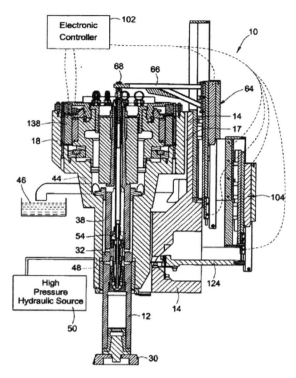

图 3 – 5 – 21　US2005129474A1 的技术方案示意图

（6）WO02066193A1

后来，2002 年格里森又在 WO0013834A1 专利的基础上进一步作了改进，把 3 个直线轴和 3 个转动轴安装在一个立柱的两个侧面上，机床各轴都是用电机直接驱动。该技术于 2002 年公开于专利 WO02066193A1 中。如图 3 – 5 – 8 所示，第一侧面可移动地固定有围绕第一主轴轴线转动的第一主轴，第二侧面可移动地固定有可绕第二轴线转动的第二主轴。第一和第二主轴最多可在三个直线方向（X、Y、Z）上彼此相对地线性移动，第一和第二主轴中至少有一根可相对于其相应的侧面以角度方式运动。第一和第二主轴中至少一根的这种角度运动是围绕一相应的枢转轴线（F）进行的，枢转轴线与其相应的侧面基本平行。

（7）WO2007012351A1

2007 年，科林基恩伯格还提出了两种对刀头进行改进的方法，都是用于加工软螺旋齿轮，分别公开于专利 WO2007012351A1 和专利 US2007283545A1 中。

专利 WO2007012351A1 是一种用于伞齿轮软加工的通用机器，如图 3 – 5 – 22 所示，包括车床，具有工作轴及与该工作轴的旋转轴线（B1）同轴设置的用于同轴地夹紧工件坯的尾座。设置有多功能刀座，可相对于夹持在该车床中的该工件坯移动，并且包括安装成绕基本平行于该工作轴的旋转轴线（B1）延伸的轴线（B2）旋转的刀库，且该刀库配置为用于固定至少一刀具。设置具有铣刀头的刀架，该刀架可相对于夹持在该车床中的该工件坯移动，并且该铣刀头安装成绕铣刀头轴线（B3）旋转。设置有控制器，该控制器用于控制不同的移动步骤以首先利用固定至该刀库的刀具对该工件坯进行车削加工，然后利用该铣刀头进行轮齿加工。该装置特别针对硬化处理之前的齿轮进行加工，相对比较廉价，可以在采用复杂且昂贵的机床不经济的场合使用。

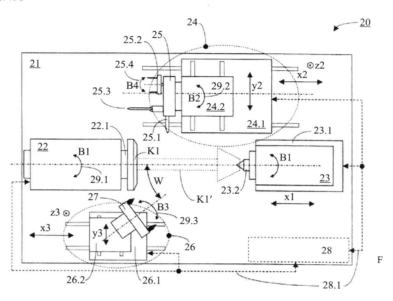

图 3 − 5 − 22　WO2007012351A1 的技术方案示意图

（8）US2007283545A1

专利 US2007283545A1 也是用于锥齿轮软加工的装置。如图 3 − 5 − 23 所示，其具

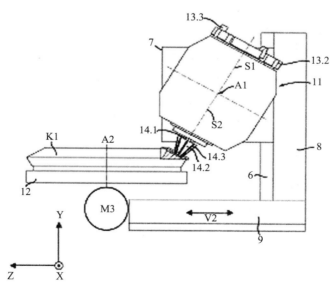

图 3 − 5 − 23　US2007283545A1 的技术方案示意图

有一用来接纳锥齿轮坯的座，并具有用来接纳一刀盘的工具心轴。该装置包括一具有一枢轴轴线（A1）的加工臂，加工臂在第一侧上具有用来接纳刀盘的工具心轴，加工臂在第二侧上具有用来接纳端铣刀具的工具心轴。CNC控制器将端铣刀具置于快速转动，并在生成预加工过程中在锥齿轮坯上切削出预定数量的齿隙。在加工臂枢转之后，可使用作为锥齿轮抛光工具的刀盘。在后加工过程中将端铣刀具置于慢速的转动，使用锥齿轮抛光工具加工锥齿轮坯。

（9）JP2009034788A

2009年，日本本田公开了一种螺旋齿轮加工装置，见于专利JP2009034788 A。如图3-5-24所示，该装置具有一个工件支撑装置支撑被加工的齿轮。一加工部分相对于工件支撑部分移动。加工部分上有刀具支撑部分以轴向角度支撑刀具与被加工齿轮啮合。另一加工部分具有刮刀加工齿轮齿面。由于刀具与齿轮以轴向角度啮合，所以抑制了齿面末端表面角度部分的变形。

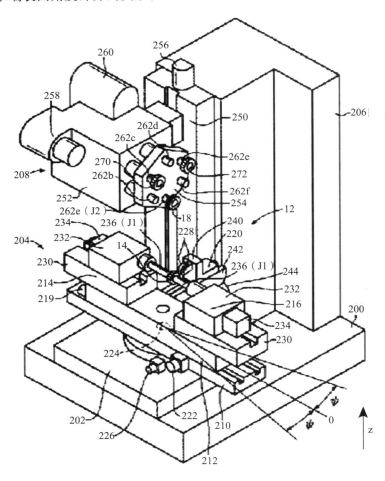

图3-5-24　JP2009034788A的技术方案示意图

3.5.4 齿形加工技术演进历程

齿形加工方法或齿形修正方法（以下简称"加工方法"），特别是刀具和工件的相对位置，对于加工螺旋齿形的重要性无需多言。加工方法的发明也往往会影响机床布局或者控制方法。在数控技术中，加工方法的专利也常常以控制装置或控制方法的形式出现，更多的是对各种加工参数或机床参数本身的研究。

（1）US2566402A

1951 年，格里森的专利 US2566402A 公开了机械摇台式螺旋锥齿轮加工机床中的经典机床，并提出了刀倾法加工，也可以安装变性机构采用变性法加工锥齿轮。它是第一台能够把齿轮高级啮合理论在螺旋锥齿轮副上变成现实的机床。直到现在，这种机床还在一定范围内被广泛地使用（参见图 3 – 5 – 25）。

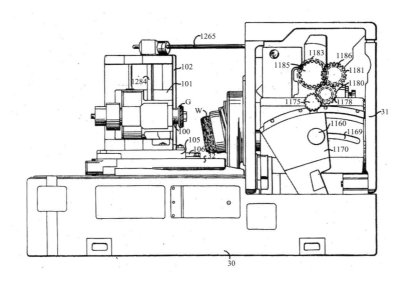

图 3 – 5 – 25 US2566402A 的技术方案示意图

（2）EP0229894A2

1987 年，奥利康 – 伯尔格公开了一种使用螺旋锥齿刀具加工螺锥齿轮的方法。如图 3 – 5 – 26 所示，螺旋锥齿轮齿面由关于其轴线被驱动旋转的刀具加工，该刀具具有螺旋锥齿面，并具有轴向偏置以及至少一个磨削齿面。刀具和工件同时被驱动，按它们齿数的比例相互啮合。选择轴向偏置和速度，使得相对滑动速度落入需要的磨削速度范围，选择进给速度保证所有的齿腹一次被研磨。该方法可以用于小型或中型系列的加工，不依赖于齿形。反向驱动时，可由内摆线代替外摆线加工或者外摆线代替内摆线加工。

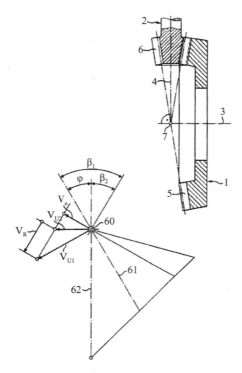

图 3 - 5 - 26　EP0229894A2 的技术方案示意图

（3）EP0278512A1

1988 年，利勃海尔公开了一种螺旋齿轮磨削方法，如图 3 - 5 - 27 所示，其使用蜗杆砂轮刀具执行连续的斜向滚动，给予连续变化的压力角进行加工。磨轮的长度大于工作区域的长度，获得较宽范围内的球面效应，同时在磨轮和齿轮轴线之间的距离改

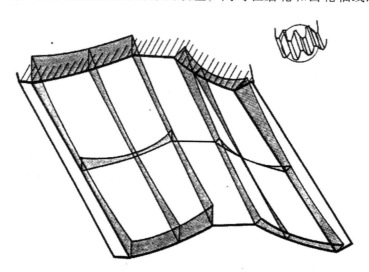

图 3 - 5 - 27　EP0278512A1 的技术方案示意图

变。磨轮的齿形从一端到另一端沿轴向改变，例如，在相反方向上的左侧或右侧齿形改变。齿形的角度从一端的最大值开始连续减少，在磨轮一端右向齿的最大接触角度相应于左向齿的最小接触角度。使用该方法可以获得比较完善的齿形。

（4）WO8901838A1

1989 年，格里森在其专利 WO8901838A1 中不仅公开了后来广泛使用的典型的数控六自由度自由机床，还公开了间歇分度加工采用六轴五联动或连续分度加工采用六轴六联动的数控加工方法。可以用于加工格里森齿制、奥利康齿制或克林根贝尔格齿制的齿轮（参见图 3 - 5 - 15）。

（5）GB2231520A

1990 年，普法特 - 赫尔曼公开了一种精磨齿轮方法，见于专利 GB2231520A。该加工方法通过独立的加工方法分别加工左、右齿轮齿表面进行修正，修正采取通过支架的轴向位移改变中心距和/或改变工件相对于刀具的附加旋转运动达到。在刀架的轴向位移过程中，一个或同时多个调节参数，包括刀具的偏置中心距，旋转角度和降低的导程以及附加的旋转运动自动改变，从而由加工齿轮齿面产生的变形被修正（参见图 3 - 5 - 28）。

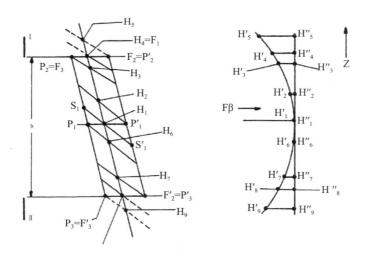

图 3 - 5 - 28　GB2231520A 的技术方案示意图

（6）US5116173A

1992 年，格里森的专利 US5116173A 公开了一种同时加入附加控制运动的螺旋齿轮齿形加工方法，如图 3 - 5 - 29 所示，该方法包括旋转刀具并可操作地在预定关于理论旋转轴线的滚动位置啮合刀具和齿轮。理论轴线代表声称齿轮的理论旋转轴线，理论轴线与工件齿轮节平面正交并生成齿轮。理论生成齿轮与工件齿轮啮合，并具有由刀具切削表面代表的齿面。滚动运动的同时，理论轴线和节平面的交点相对于工件变化和/或理论生成齿轮的齿面方向相对于理论生成齿轮的本体变化。

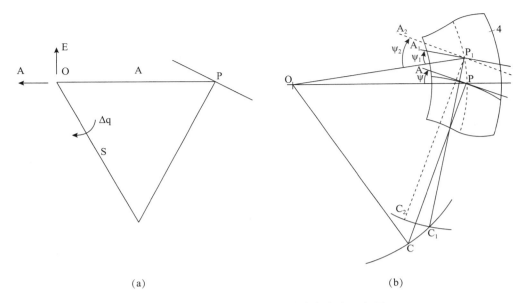

(a)　　　　　　　　　　　　　　　　(b)

图 3 – 5 – 29　US5116173A 的技术方案示意图

（7）US5175962A

1993 年，格里森的专利 US5175962A 被公开。理论环齿轮的外齿面沿着磨轮宽度方向相对磨削面变化，磨轮的旋转引起理论环齿轮的旋转。齿轮工件与内环齿面啮合，同时横向与磨轮的宽度方向啮合，此时工件齿轮中心关于理论环齿轮沿着一轨迹移动（参见图 3 – 5 – 30）。

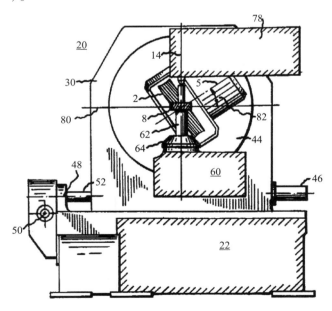

图 3 – 5 – 30　US5175962A 的技术方案示意图

（8）US5310295A

1994年，格里森公开了一种加工圆锥齿轮和准双曲面齿轮过程中使刀具相对于工件进给的方法，如图3-5-31所示，该方法是一种使刀具进给到工件的预定深度的方法，见于专利US5310295A。工件绕加工轴线转动，并与理论范成齿轮啮合，理论范成齿轮可绕产形齿轮轴线转动，使所述刀具绕刀具轴线转动与工件接触，使刀具沿一条进给迹线相对于工件进给到预定深度，至少进给迹线的一部分由一进给矢量限定，该进给矢量至少包括第一和第二进给矢量分量，第一和第二进给矢量分量位于一轴平面内，而该轴平面由所述的产形齿轮轴线和加工轴线限定，第一进给矢量分量基本上在产形齿轮轴线方向上，而第二进给矢量分量基本上垂直于产形齿轮轴线。用这种进给迹线可使不需要的刀具偏移和工件螺旋角变化显著地减小。

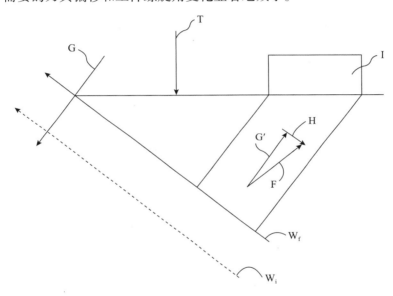

图3-5-31　US5310295A 的技术方案示意图

（9）WO9609910A1

1996年，格里森公开了一种通过对用刀具从被切齿轮上去除坯料的过程加以控制来生产齿轮中改型齿侧面的方法，见于专利WO9609910A1。如图3-5-32所示，该方法包括设置一个齿轮加工机床，机床具有一个可绕一工件轴线转动的被切齿轮以及一个可绕一刀具轴线转动的刀具，刀具和被切齿轮可沿着和/或围绕多根轴线相对运动，设置一个理论上的基本机床，它包括多个机床参数，以使所述刀具和被切齿轮互相之间相对定位和移动，每一机床参数都被定义为可变参数，每个可变参数均可由一函数表示。通过限定每一可变参数的一组系数来确定一所需的齿侧面改型。然后，为所述每一可变参数确定所述系数的基础上，为每一可变参数确定函数。把每一可变参数的函数由所述理论机床转换成所述齿轮加工机床的轴线配置。通过这样的转换，可以在所述理论机床上定义的可变参数运动在所述齿轮加工机床的一根或多根轴线进行，以便根据所述可变参数函数，用所述刀具从所述被切齿轮上去除坏料。这种方法被称为"基于基本机器模型的机床参数即数"原理。

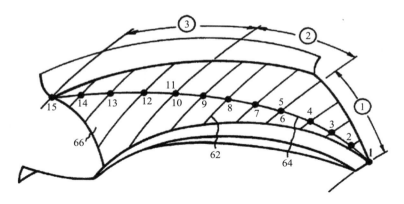

图 3 – 5 – 32　WO9609910A1 的技术方案示意图

（10）EP1319457A2

2003 年，格里森等公开了一种齿面修正方法，见于专利 EP1319457A2。该方法适用斜向滚动工具加工工件，修正刀具的移动高度、倾角、刀具和工件的轴向距离、刀具相对于工件的螺旋运动的旋转分量，可以获得希望的齿形宽度和偏置（参见图 3 – 5 – 33）。

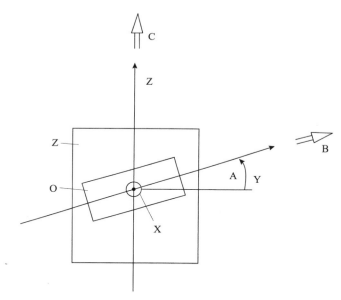

图 3 – 5 – 33　EP1319457A2 的技术方案示意图

（11）DE202004004480U

2004 年，科林基恩伯格公开了专利 DE202004004480U，其在专利 DE19646189A1 中公开的 YCT – XZW 的六自由度加工机床上通过控制杆刀运动轨迹实现倒角去毛刺。通过调整至少一根数字可控制的轴线，工件心轴连同锥齿轮可相对于刀具头倾斜，当工件心轴围绕工件心轴轴线转动以及刀具头围绕工具心轴轴线同时转动时，杆刀可一个接着一个插入相邻齿的齿中间空间内，并相对于边缘执行倒角或清理毛刺的运动（参见图 3 - 5 - 34）。

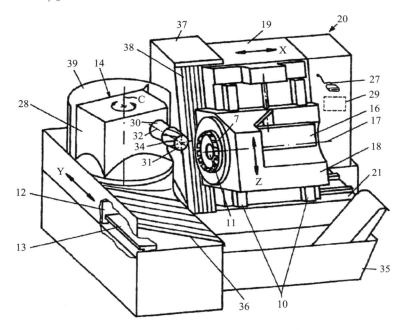

图 3 - 5 - 34　DE202004004480U 的技术方案示意图

（12）WO2006133727A1

在格里森"基于基本机器模型的机床参数函数"的专利 WO9609910A1 的基础上，科林基恩伯格于 2006 年提出了改进方案，提出了基于自由机器模型的机床参数函数，用于锥形齿轮及准双曲面齿轮之自由形状最佳化，见于专利 WO2006133727A1。该方法将锥形齿轮或准双曲面齿轮的表面几何形状或与它相关的尺寸最佳化，用于在一自由形状机床上制造齿轮，该几何形状可以用可逆方式一对一地映像到一个具有至多六条轴的自由形状基本机床上直到对称为止，该自由形状基本机床有一个要加工的齿轮和一工具，该齿轮与工具可各绕一条轴转动，且该工具与要加工的齿轮可沿着或绕着多数轴相对作运动，特别是移动或转动，其中该锥形齿轮或准双曲面齿轮的表面几何形状或与它相关的尺寸系用以下方式最佳化：选出一个或数个控制参数，该参数系对该锥形齿轮或准双曲面齿轮的表面几何形状或与它相关的尺寸有影响者，将该参数利用该齿轮的制造程序的仿真，和/或在该自由形状基本机器上滚动及/或作负荷接触分析而一直改变，一直到使该锥形齿轮或与它相关的尺寸至少对应于一预设之目标值为止（参见图 3 - 5 - 35）。

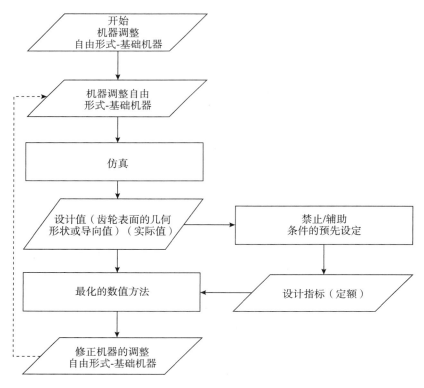

图 3 − 5 − 35　WO2006133727A1 的技术方案示意图

（13）DE102008037514A1

2010 年 PROFILATOR 的专利 DE102008037514A1 公开了一种使用齿轮加工装置进行位置控制的方法。如图 3 − 5 − 36 所示，加工齿轮装置具有可旋转驱动齿轮工件的工件轴和可旋转驱动具有切削刃的刀具的刀具轴。刀具轴和工件轴之间有固定的或可变的轴向交角，为了前向进给和横向进给，刀具轴相对于工件旋转轴线在径向和轴向方向上可移动。控制位置的电控装置控制定位装置并可以预订的旋转速度比旋转地驱动刀具轴和工件轴，可选择以改变的相位位置。为了扩大加工范围，控制装置可以被设

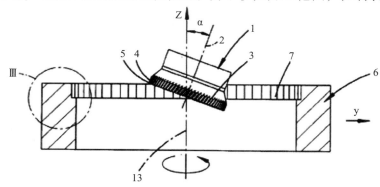

图 3 − 5 − 36　DE102008037514A1 的技术方案示意图

置成如下方式，齿形粗加工预成形或未成形齿的过程中，径向离开齿轮工件的运动在进给运动的末端被附加轴向进给运动，和/或径向插入被加工的齿轮的运动在进给运动的开始被附加轴向进给运动。

3.6　格里森和奥利康的"战争"

格里森和奥利康是螺旋齿轮切削加工领域最有实力的两家企业。两家企业都拥有悠久的历史和遍布全球的分公司。格里森和奥利康分别创造了格里森齿制和奥利康齿制的两种齿轮，并开发了一系列制造这些齿轮的刀具、机床以及应用这些刀具、机床的加工方法、控制方法等。格里森和奥利康的发展历史中，充满了并购和竞争。本节仅从格里森和奥利康的专利技术方面分析它们之间的技术竞争和市场竞争。

3.6.1　技术之争——申请方向分析

图3-6-1是格里森和奥利康各技术分支申请的分布状况。总体上看，格里森和奥利康两家企业在大部分技术分支的申请量不相上下（各技术分支划分参见第8章的技术分解表）。二级技术分支上，机床布局、机床部件、齿形加工、齿形修正、倒角/去毛刺、相对位置这些技术分支的申请总量上基本保持相近的态势，反馈控制这一技术分支的申请量上，奥利康明显多于格里森。这是因为奥利康齿制与格里森齿制不同，加工技术难度大，所以奥利康更多地借助于控制技术提高其加工精度。三级技术分支上，格里森更重视传动链、工件调整装置、整体控制轴线方向和加工角度的相对位置这些技术分支的专利申请；奥利康更重视刀头和加工角度这些技术分支的专利申请；其他技术分支专利申请量差别不大。同样是因为奥利康齿制需要比较先进的技术，使得奥利康早期的发展受到限制，特别是数控技术应用的早期，格里森对传动链进行了比较完善的改进，不过受到控制技术发展的限制，其需要工件调整装置与刀头配合运

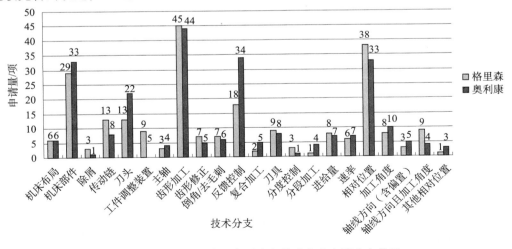

图3-6-1　格里森和奥利康各技术分支申请分布状况

动加工，所以也更重视轴线方向和加工角度的综合控制；而奥利康在后期成长迅速，此时的控制技术已经非常成熟，可以做到加强对刀头的控制从而实现高精度的齿形加工，而重视加工角度的专利申请也是因为奥利康齿制的特殊性。

奥利康和格里森两大巨头在全球的专利技术布局参见图3-6-2（a）和图3-6-2（b）（见文前彩色插图第5页）。

格里森在技术上起步较早。但是很快奥利康在齿形加工方面就有了新进展，特别是对于加工过程中相对位置的控制取得了很大的发展，申请了一定数量的专利，并于1973年首先在专利BE774644A1中公开了在齿轮加工机床中使用PLC的技术。

然而，奥利康的这种发展由于技术瓶颈而受到限制，专利申请量进入低谷。经过积蓄力量，格里森在20世纪70年代末至80年代初抓住发展时机，在螺旋齿轮切削加工机床的部件上有了突破，特别是在传动链方面形成了蓬勃发展的格局，1984年格里森首先在专利WO8000321A1中公开了使用电子齿轮箱控制刀具和工件协同运动的技术，这一发展就是五六年。在该时期，奥利康在齿形加工方面有了进一步的进展，在刀具轴向偏置、中心距、压力角的变化对齿轮加工和齿形修正方面产生了一定影响，但是没有获得技术上的重大突破。

奥利康在低速发展时期还没有来得及冲击新的高峰，20世纪90年代初格里森的第二波发展高峰来了，在1989年格里森在专利WO8901838A1中公开了后来广泛使用的典型的数控六自由度自由机床；该机床使用与SU724287A1大致相同的结构形式，取消机床摇台、刀倾及其他复杂的机械调整环节，间歇分度加工采用六轴五联动、连续分度加工采用六轴六联动的高档数控系统，实现真正的完全数控；可以用于加工格里森齿制、奥利康齿制或克林根贝尔格齿制的齿轮；从理论上讲，这种机床可以实现齿面加工的任何运动。该专利技术在传动链、控制技术、齿形加工方法等方面都有重大突破。20世纪90年代初格里森的这一发展势头断断续续持续到20世纪90年代中期，期间格里森又公开了累计误差分度控制（WO9120021A2）、齿形加工中改变中心距、旋转角度、交叉点位置、齿面方向等有影响的一些专利技术，并于1996年公开了有摇台理论机床的参数为可变函数的重大原理性专利WO9609910A1。

20世纪90年代末期，奥利康在忍耐中终于获得了技术上的突破，于1998年公开了其自主研发的YCT-XZW的六自由度加工机床的专利DE19646189A1，该机床具有一个高度可调节的支架支撑刀轴，沿着机器壳体侧面相对于床身水平设置；工件轴具有第二支座和具有旋转轴旋转C的旋转装置，以相似的方式沿着床身设置；壳体的侧面选择的使工件轴与设置的机床壳体坐标轴X平行，主轴支架沿着垂直于坐标轴Y垂直设置。该结构可以经济地实现无偏差运动。刀具轴的平行设计是一个新的机器概念，具有紧凑的结构和较好的切屑排除结构，这样机床特别适于用干铣加工。奥利康迎来了转机，随后尽管2000年格里森公开了立柱两侧VHT-GW五轴式螺旋齿轮加工机床专利WO8901838A1，并于2002年公开了在此基础上的改进的机型——立柱两侧ZVT-XYW六轴式螺旋齿轮加工机床专利WO02066193A1，并且这两种机型在市场上也大获成功，但是仍然没有能够遏制奥利康的生机。不过，格里森还在此基础上在齿形修正和控制上做了一些改进工作。奥利康也于 2004 年在专利 DE19646189A1 中记载的 YCT - XZW 的六自由度加工机床的基础上开发了倒角/去毛刺的功能。

2005 年之后是奥利康对格里森的反攻时期。2006 年，奥利康直接推出了重量级专利 WO2006133727A1，直接指出专利 WO9609910A1 中有摇台理论机床的参数为可变函数的原理对自由机床的限制，公开了一种直接应用自由机床参数为齿轮参数的函数的原理性方法。并且，2007 年奥利康还直接指出 WO9120021A2 的累计误差分度控制的弊端，公开了根据每个齿的误差特点进行针对性补偿的非线性补偿方法。同时还推出了几种经济型机床。尽管格里森也在刀具磨损反馈控制方面、ZBC - YXA 六轴精磨机床方面有所创新，但是奥利康在机床结构、部件和齿形加工方面获得了技术上的突破，使得其已经占据了先机，专利申请量大增。而该时期，格里森的发展则受到了限制。

3.6.2　市场之战——目标地分析

奥利康和格里森两大世界巨头在全球的专利申请布局参见图 3 - 6 - 3（a）和图 3 - 6 - 3（b）（见文前彩色插图第 6 页）。总体来看，在螺旋齿轮切削加工领域，格里森在全球各地的申请量相加的总和达到 486 件，奥利康在全球各地的申请量相加的总和达到 411 件，格里森的申请量比奥利康多。这不仅与奥利康更多地申请欧洲专利有关，也与奥利康齿制的加工方式在技术上的发展缓慢有关，直到近些年，奥利康齿制在技术上才获得突破。也基于此，其应用才比之前广泛。而格里森齿制在技术上很早就发展比较成熟，因此较早地占领了很大的市场。特别是在 20 世纪 90 年代，奥利康在技术上的发展一度接近停滞状态，专利申请量很低，而格里森则发展势头不错。所以，格里森在全球各国的申请量总和多于奥利康。

就地区分布而言，格里森和奥利康两大集团都很重视美国、德国、欧洲的市场，是全球专利申请量最集中的区域，也是两大集团竞争最激烈的区域。在向欧洲专利局申请专利成为主流之前，法国、英国、意大利、瑞士、巴西也都是专利申请比较集中的区域。尽管奥利康和格里森进入新兴市场的时间不同，但是其区域目标基本一致，这些地区有中国、日本、韩国、墨西哥、印度。在瑞士，奥利康的本土优势尽显，美国在瑞士的专利申请量不足奥利康的 1/3。而在澳大利亚，格里森在 20 世纪 90 年代专利技术申请量达到 21 件，奥利康则并未涉足；当进入 21 世纪，格里森不再在澳大利亚申请专利，奥利康却在 2008 年和 2010 年分别申请了 1 件专利技术。在俄罗斯，1967 年至今的近 50 年里，格里森仅仅在早期申请了 2 件专利，2009 年申请了 1 件；而奥利康则在自身技术发展受阻严重的 10 年间，断断续续在俄罗斯申请了 10 件，特别是 2003 年开始到 2008 年申请了 5 件专利。加拿大尽管是美国的近邻，但是格里森的专利占领加拿大的辉煌时期已经成为历史，进入 21 世纪，奥利康完全取代了格里森。另一个值得注意的国家是西班牙，格里森仅仅在 1996 年和 2001 年在该国申请了 1 件专利，而奥利康则在 2003 年之后连续申请了 7 件专利；奥利康在该国的霸主地位可见一斑。

3.7　本章小结

螺旋齿轮齿面结构复杂，其加工精度及啮合质量的控制一直是螺旋齿轮制造技术中的难题。本章通过对螺旋齿轮切削加工领域的专利进行分析，对申请趋势、技术构成、来源国、目标国、重要申请人、法律状态、技术发展历程都展开进行了分析，总结如下。

① 专利布局：申请人将其所在国作为目标国的比重最大，日、美、欧等发达国家或地区已在螺旋齿轮切削加工技术研发上取得明显优势，优势企业在全球范围内广泛申请专利，已形成了较为系统与完善的专利布局体系。日本也非常重视美国、中国和欧洲的专利布局；美国比德国更重视中国和日本的市场。作为新兴市场的中国，不仅美国和德国，其他各国的申请人也都给予了高度的重视，其进入中国的专利申请位居前几位。

② 研究热点与重点：螺旋齿轮切削加工专利技术中装置上刀架和工件调整是研究的热点；齿形加工方法和反馈控制也是研究的热点，多集中在提高精度和提高加工效率方面；齿形加工方法中刀具与工件的相对位置是研究的热点，刀具运动轨迹（相对位置和刀具）、进给控制（包括速度和进给量）值得重点研究。

③ 重要申请人：在齿轮加工技术方面，格里森在 20 世纪 90 年代初期和中期注重多轴齿轮机床的研发。随着对于齿轮加工精度要求的提高，格里森更重视传动链、工件调整装置、整体控制轴线方向和加工角度的相对位置这些技术分支的专利申请。欧洲的奥利康以等高齿形加工方面技术为基础，更重视刀头和加工角度这些技术分支的专利申请，早期对于加工过程中相对位置的控制申请了专利，到 2005 年前后在机床部件和齿形加工方面获得了技术上的突破。以格里森为首的美国系、奥利康为首的欧洲系以及以尼桑、本田、三菱和丰田为代表的日本系，作为该技术领域的领导者，已经形成了完整齿轮的数字化闭环制造体系。不论在加工装置还是加工工艺上，都领先于中国。

我国的螺旋齿轮制造技术虽然有了一定的发展，但是其总体水平不高，加工精度差、效率低，特别是在加工工艺方面与国外差距明显。我们应当积极借鉴国外的先进技术促进我国的产业技术发展。精度和效率成为我国在螺旋齿轮切削加工领域技术发展的重点。精度方面，如何精确地控制齿轮和刀具的相对位置是我们研究的重点。以此为契机，可以大利促进我国机床零部件、整机以及螺旋齿轮加工工艺的进步。

第4章　齿轮热处理

本章主要分析齿轮热处理技术，齿轮的热处理对齿轮的承载能力有很大影响，一直是齿轮研究的重点。本章通过对重点技术的专利态势分析、重要专利技术和申请人技术分布等方面的分析来深入了解齿轮热处理方面的专利发展状况。本章的数据分别来源于 WPI 数据库和 CNPAT 数据库，检索日期截至 2014 年 5 月 31 日，其中德温特专利数据库检索得到的专利申请共 1769 项，中国专利文献数据库检索得到的专利申请共442 件。

4.1　技术水平概况及发展趋势

制约我国齿轮产品质量的一个重要因素就是齿轮的抗疲劳性能。具体包括齿轮的齿面接触疲劳强度与齿根弯曲疲劳强度，其中齿面接触疲劳强度取决于齿根滑动率、齿廓曲率半径和齿面硬度。齿轮热处理技术能够提高齿轮的表面硬度，进而提高齿轮的抗疲劳强度。

重点分析齿轮热处理技术中的渗碳、渗氮和碳氮共渗的复合热处理。

① 渗碳：渗碳是指使碳原子渗入到钢表面层的过程，也是使低碳钢的工件具有高碳钢的表面层，再经过淬火和低温回火，使工件的表面层具有高硬度和耐磨性，而工件的中心部分仍然保持着低碳钢的韧性和塑性。渗碳被广泛应用以提高零件强度、冲击韧性和耐磨性，以延长零件的使用寿命。

② 渗氮：渗氮是在一定温度下和一定介质中使氮原子渗入工件表层的化学热处理工艺。常见有液体渗氮、气体渗氮和离子渗氮。渗氮后的钢件得到高的表面硬度、耐磨性、疲劳强度、抗咬合性、抗大气和过热蒸汽腐蚀能力、抗回火软化能力，并降低缺口敏感性。与渗碳工艺相比，渗氮温度比较低，因而畸变小，但由于心部硬度较低，渗层也较浅，一般只能满足承受轻、中等载荷的耐磨、耐疲劳要求，或有一定耐热、耐腐蚀要求的机器零件。

③ 碳氮共渗：由于温度比较高，碳原子扩散能力很强，所以以渗碳为主，形成含氮的高碳奥氏体，淬火后得到含氮高碳马氏体。由于氮的渗入促进碳的渗入，使共渗速度较快，同时由于氮的渗入，提高了过冷奥氏体的稳定性，加上共渗温度比较低，奥氏体晶粒不会粗大，所以钢件碳氮共渗后可直接淬油，渗层组织为细针状的含氮马氏体加碳氮化合物和少量残余奥氏体。碳氮共渗层比渗碳层有更高的硬度、耐磨性、抗蚀性、弯曲强度和接触疲劳强度。但一般碳氮共渗层比渗碳层浅，所以一般用于承受载荷较轻，要求高耐磨性的零件。

我国目前的技术水平是齿轮渗碳淬火变形大，磨齿时容易出现磨削裂纹、烧伤和磨削台阶，且渗碳周期较长、能耗高，易产生内氧化，影响齿根弯曲疲劳强度；渗氮渗层薄，不适合较大模数的齿轮，若增加层深，时间太长，而且相成分控制困难。齿轮热处理工艺技术落后，是造成我国齿轮产品承载能力低、可靠性低、废品率高的重要原因，应该加大研究力度，改变这种状况。

4.2 全球专利分析

4.2.1 专利申请态势

图 4 - 2 - 1 中示出了全球齿轮热处理领域随年代的发展趋势，全球申请量总体经历了一个波动上升式的发展过程，大致可以分为以下 3 个阶段。

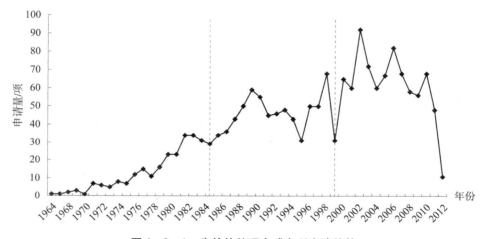

图 4 - 2 - 1　齿轮热处理全球专利申请趋势

① 萌芽期（1964 ~ 1985 年）：1985 年以前齿轮热处理领域在全球的专利申请较少，平均每年的申请量不足 40 项，处于对技术改进的初步探索阶段。

② 成长期（1986 ~ 2000 年）：从 1986 年开始专利申请总体趋势明显增长，但是随着 20 世纪 90 年代欧洲、亚洲金融危机的爆发，汽车工业受到一定程度的影响，齿轮热处理领域的申请量变得很不稳定并有所下降，到 2000 年跌落到一个较低水平。

③ 发展期（2001 年至今）：从 2001 年开始齿轮热处理领域的专利申请进入了一个高速发展时期，专利申请量大幅增长，在 2004 年达到新的申请量高峰。

4.2.2 技术构成

图 4 - 2 - 2 显示了全球齿轮热处理领域专利申请的技术构成分布，其中渗碳的申请量最大，占比 50%；其次为渗氮，占比 27%；最后为碳氮共渗，占比 23%。可见渗碳是齿轮热处理领域的主要技术研发热点。

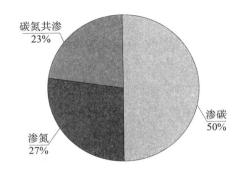

图 4 - 2 - 2　齿轮热处理全球专利申请技术构成

图 4 - 2 - 3 显示了全球齿轮热处理领域专利申请主要技术构成的申请量发展趋势，可以看出渗碳、渗氮和碳氮共渗的申请量随着年份都在增加，这表明 3 项技术均处于发展阶段。渗氮技术虽然有畸变小、能耗低等优势，但是存在承载能力低等局限性，因此其专利申请量少于渗碳领域，说明渗氮的应用范围不如渗碳技术那么广泛。碳氮共渗复合热处理兼具渗碳和渗氮技术的优点，但具备渗层浅等局限性，其专利申请量少于其他两种技术。不过正如美国热处理技术发展路线图中指出的，齿轮渗碳技术仍面临着能耗高、污染重、畸变大等问题，这些问题不能得到解决的话，也将制约齿轮渗碳技术的发展。

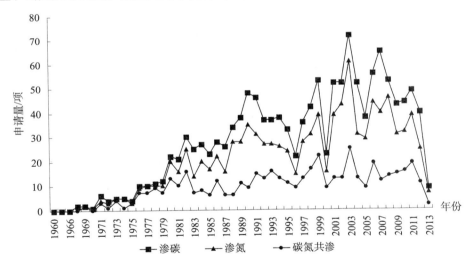

图 4 - 2 - 3　齿轮热处理全球专利申请技术构成的发展趋势

4.2.3　来源国分布

图 4 - 2 - 4 对齿轮热处理全球专利申请的来源国进行了分析，日本的申请量最大，达到 1349 项，远远高于其他国家，日本在齿轮材料和齿轮热处理方面有很深的造诣，代表着齿轮热处理最先进的技术水平；排名靠前的其他国家均为制造业较发达的国家，如美国、俄罗斯、德国等。

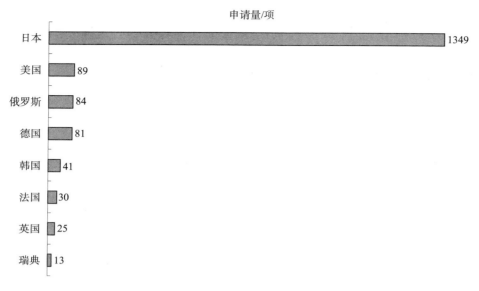

图 4 - 2 - 4　齿轮热处理全球专利申请来源国

4.2.4　目标国或地区分布

图 4 - 2 - 5 对主要申请人的目标国或地区进行了分析，数据表明，申请人将其所在国作为目标国或地区的比重最大，全部 10 个日本本土公司均重视其在日本本土的专利布局；新日铁、大同钢铁、神户钢铁、本田等公司基本一致，除在日本专利布局以外，分别在美国、中国和欧洲进行了专利布局；而丰田、住友、日产、马自达、NTN、日立对市场的重视程度按照美国、欧洲和中国递减。说明日本企业都比较重视美国、中国和欧洲市场。

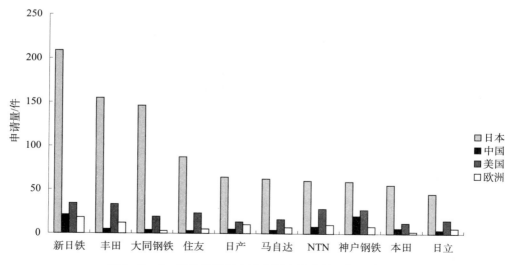

图 4 - 2 - 5　齿轮热处理全球主要申请人的目标国或地区

4.2.5 主要申请人分析

图 4-2-6 显示出齿轮热处理领域全球主要申请人分布。排名前三位的分别是日本的新日铁、丰田和大同钢铁，其专利申请量分别为 277 项、194 项和 178 项。新日铁是国际市场竞争力最强的钢铁企业之一，总部位于日本东京，产品包括钢轨、工字钢、圆钢、冷轧钢板、热轧钢板、镀锡板、各种钢管、合金钢、不锈钢、各种钢坯、炼铁用成套设备、各种工业机械。丰田是世界十大汽车工业公司之一，创立于 1933 年，丰田的产品范围涉及汽车、钢铁、机床、农药、电子、纺织机械、纤维织品、家庭日用品、化工、化学、建筑机械及建筑业等。大同钢铁创立于 1916 年，是日本最具规模的钢铁企业之一，主要产品包括渗碳钢、高合金钢等特殊钢产品。通过图 4-2-6 可以看出前十位申请人全部是来自日本的公司，这充分体现了日本在该领域技术的绝对领先优势。前十位申请人主要包括汽车企业和钢铁企业，这是因为汽车行业尤为重视齿轮热处理技术，车辆快速启动或急刹车时，对差动、传动齿轮施加了过剩的外力，齿根部产生较高应力，热处理工艺能够提高齿轮寿命；而齿轮的材料是影响热处理性能的一个重要因素，所以钢铁企业的研发力度也非常大。

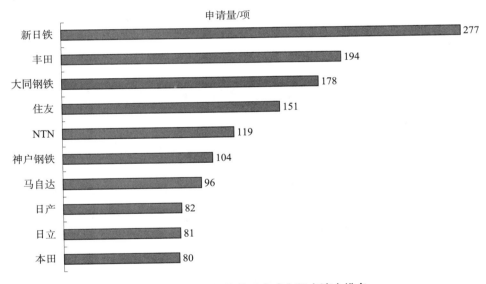

图 4-2-6 齿轮热处理全球主要申请人排名

4.3 中国专利分析

4.3.1 专利申请态势

从图 4-3-1 可以看出，2000 年以前齿轮热处理领域中国总申请量曲线一直处于缓慢积累期，此段时间的年平均申请量均低于 10 件，申请量较少；2001 年开始快速增长，随着航空、航天、汽车、风电、高铁、船舶等高端领域对长寿命、高可靠性齿轮的需求，齿轮热处理技术逐渐得到重视，进入高速发展期，在 2012 年达到历史峰值 91 件。从变化趋势来看，中国国内申请与中国总申请的变化趋势基本一致，国外来华申请波动中保持平稳发展。将国内申请量与国外来华申请量比较后发现，国内申请总量为 371 件（占 84.1%），国外来华申请总量为 69 件（占 15.9%），从数量上看，国内申请人占显著优势。进一步分析国内和国外来华申请人的历年专利申请情况，近几年国内申请量快速持续增长，但国外来华申请从 2001 年开始微量增加，导致国内申请量与国外来华申请量差距不断扩大，表明国内申请人更加积极地参与到齿轮热处理技术的研发当中，国内企业在齿轮热处理领域的发展和专利布局还是具有很大的空间。

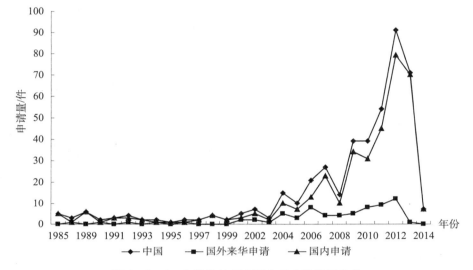

图 4 - 3 - 1   齿轮热处理中国专利申请发展趋势

图 4 - 3 - 2 显示了中国专利的申请类型分布，在齿轮热处理领域中，中国专利申请以发明专利为主（380 件，在总申请量中占比 87%），实用新型为辅（59 件，在总申请量中占比 13%）。而发明专利中又以非 PCT 申请为主（334 件，在总申请量中占比

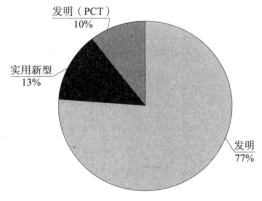

图 4 - 3 - 2   齿轮热处理中国专利申请类型分布

77%），其次是进入中国国家阶段 PCT 申请（46 件，在总申请量中占比 10%）。国内申请人的申请主要是非 PCT 发明专利申请，实用新型为辅；而国外申请人则是以 PCT 进入中国国家阶段为主在中国进行专利布局。

4.3.2 技术构成

图 4 – 3 – 3 显示了中国齿轮热处理领域专利申请的技术构成分布，其中渗碳的申请量最大，占比 61%；其次为碳氮共渗，占比 22%；最后为渗氮，占比 17%。可见渗碳技术在齿轮热处理领域的中国专利中也是最主要的技术研发热点。

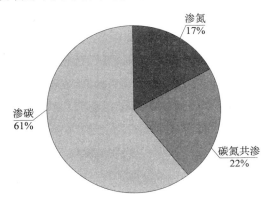

图 4 – 3 – 3 齿轮热处理中国专利申请技术构成分布

4.3.3 来源国分布

从图 4 – 3 – 4 中可以看出，在中国专利申请量最多的国外申请人来源于日本，占比 12%，远远超过其他国家，说明日本非常重视齿轮热处理领域在中国的专利布局，也反映了日本在该领域领先的技术研发能力。另外德国和美国作为汽车行业的传统强国在中国也有一定数量的申请，各自占比 2%；排名在其后的分别是法国等其他国家，占比 1%。

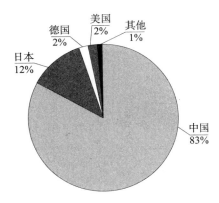

图 4 – 3 – 4 齿轮热处理中国专利申请来源国分布

4.3.4 主要申请人分析

图4-3-5显示出齿轮热处理领域中国专利申请量排在首位的是爱信艾达和新日铁，均为12件；排名第三位至第十位的申请人的申请量差距不大，其余没有列入前十名的申请人的申请量也很平均，说明各公司技术水平相差较小。其中来华布局的外国企业有爱信艾达、新日铁、NTN、本田，分别排名并列第一位、第五位和第十位，全部为日本企业，表明日本企业很关注中国齿轮热处理行业；申请量排名前十位的申请人还包括大连海事大学，表明我国高校也已在齿轮热处理领域取得了一定的科研成果。

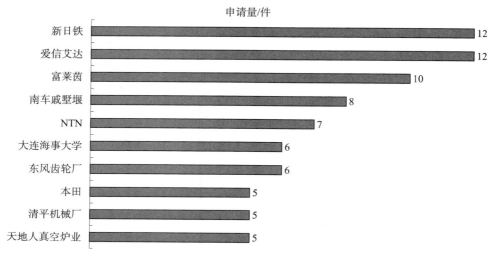

图4-3-5 齿轮热处理中国专利申请人排名

图4-3-6对专利申请人的类型进行了分析，数据表明，公司作为申请人的比重最大，为73%，占主导地位，这是由于齿轮热处理技术较为成熟，世界范围内应用非常广泛，产业体系化程度较高，各公司对此项技术的研发均非常重视；大学申请人比

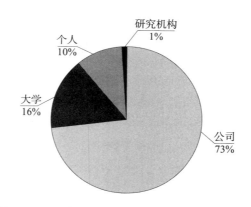

图4-3-6 齿轮热处理中国专利申请人类型分布

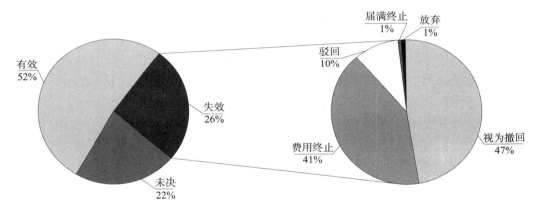

例次之，达到 16%，可见大学对该技术的研究热情也很高，还需进一步寻求产学研相结合；个人和研究机构申请人比例分别为 10% 和 1%。

4.3.5　法律状态分析

图 4 – 3 – 7 显示了中国专利申请法律状态的分布比例，由于近几年专利申请量逐渐增加，未决专利占比 22%。齿轮热处理领域中国专利申请的授权有效专利达 52%，失效专利占 26%。失效专利中包括驳回、视为撤回、届满终止、费用终止、放弃等，而在其中视为撤回和因费用终止的申请占据了主要地位，分别为 47% 和 41%，说明申请的技术含量和创新水平还有很大的提升空间，研发人员应该多关注技术创新及专利的市场应用性，尽量减少技术含量和创新水平低的专利。另外，授权有效专利的稳定性较高，这些专利是国内企业研发和生产时需要密切关注和规避侵权风险的主要对象；而对于失效专利，公开内容已处于免费利用阶段，可作为国内企业克服相关技术难题的途径之一。

图 4 – 3 – 7　齿轮热处理中国专利申请法律状态的分布比例

4.4　技术功效分析

4.4.1　全球技术需求历年分布

图 4 – 4 – 1 显示了齿轮热处理全球技术需求的发展过程，1985 年之前 5 种全球技术需求量都较少，从 1986 年开始各技术需求所涉及的专利申请量开始大幅度增长。在这 5 种技术需求中，提高齿轮的表面硬度一直是齿轮热处理尤其是渗碳、渗氮技术解决的重点问题；研发人员其次重视的需求就是减少热处理的变形，这种控制齿轮变形的技术需求保持着逐年平稳的增长；缩短热处理时间也越来越受到申请人的关注，热处理时间的缩短意味着提高加工效率，从而降低生产成本。

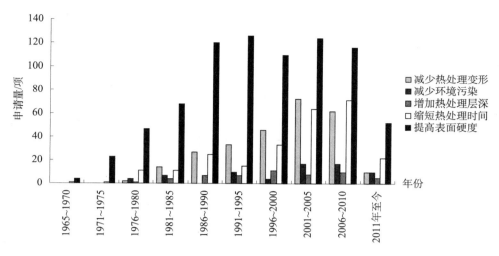

图 4 - 4 - 1　齿轮热处理全球专利申请技术需求每 5 年分布状况

4.4.2　技术功效分析

图 4 - 4 - 2 为齿轮热处理全球专利申请技术分布的气泡图，通过主要解决的技术问题所对应采用的技术手段来说明目前研究的状况。渗碳专利申请主要集中在提高表面硬度、减少热处理变形、缩短热处理时间 3 个方面，申请量分别为 338 项、96 项以及 132 项。渗氮专利申请主要集中在提高表面硬度、减少污染、增加热处理层深、减少热处理变形、缩短热处理时间 5 个方面，申请量分别为 251 项、68 项、43 项、58 项以及 48 项。碳氮共渗等复合热处理专利申请主要集中在提高表面硬度、减少热处理变形、缩短热处理时间 3 个方面，申请量分别为 196 项、75 项以及 71 项。

几种渗碳淬火方式中，传统的油淬应用范围最广，在提高表面硬度、减少热处理变形、缩短热处理时间 3 个技术问题方面的申请量分别为 218 项、23 项以及 26 项；从研发的角度出发，由于已经有众多油淬相关专利文献可以借鉴，在研发过程中可以避免走很多弯路，能够省去很多重复工作，提高工作效率。气淬在提高表面硬度、减少热处理变形、缩短热处理时间 3 个技术问题方面的申请量分别为 24 项、38 项以及 61 项，可见气淬和油淬相比优势在于畸变小、淬火时间短，不过由于生产成本比油淬高，其应用不如油淬广泛。高频淬火是使工件表面产生一定的感应电流，迅速加热工件表面，然后迅速淬火的热处理方法，与传统淬火方式相比具有变形小、加热时间短、工件表面硬度高等优点；高频淬火专利申请主要集中在提高表面硬度、减少热处理变形、缩短热处理时间 3 个方面，申请量分别为 20 项、61 项以及 19 项。另外在一部分专利申请中，淬火工艺之后采用了喷丸工序，主要目的是通过在齿轮工件表面产生残余应力来提高疲劳强度，在提高表面硬度、减少热处理变形、缩短热处理时间 3 个技术问题方面的申请量分别为 92 项、19 项以及 32 项。

气体渗氮在提高表面硬度、减少热处理变形、缩短热处理时间、增加热处理层深、减少环境污染等 5 个技术问题方面的申请量分别为 214 项、61 项、40 项、34 项以及 10

项，几乎可以解决全部技术问题，因此得到了科研人员的广泛采用。离子渗氮在提高表面硬度、减少环境污染、缩短热处理时间、增加热处理层深等4个技术问题方面的申请量分别为11项、59项、11项以及8项；离子渗氮又称为辉光渗氮，是利用工件阴极和阳极之间产生的辉光放电进行渗氮的工艺，从专利数量来看，各专利权人是以离子渗氮更为环保、渗速快这两方面作为研发的切入点，研发人员在该方面可以继续关注。

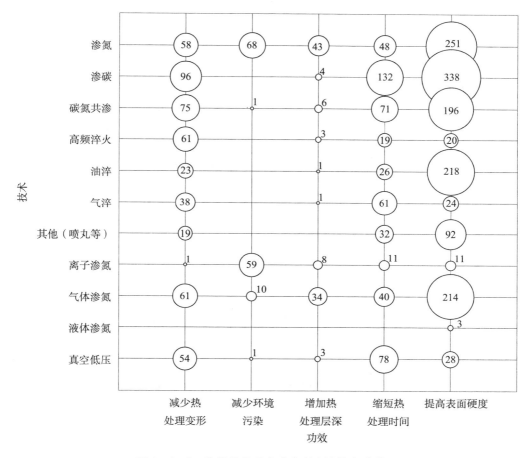

图4－4－2　齿轮热处理全球专利申请技术功效图

注：图中数字表示申请量，单位为项。

真空低压热处理主要解决的技术问题是缩短热处理时间、减少热处理变形、提高表面硬度和增加热处理层深，专利申请量分别为78项、54项、28项和3项。真空低压热处理的专利数量占比约15%，与采用大气条件进行的热处理工艺相比，真空低压热处理工艺具有温度高、工艺时间短、渗层深等优势。1974年日本海斯株式会社首先研发出真空热处理炉，获得多个国家乙炔真空渗碳专利，此后在日本真空热处理技术被广泛应用于以镍为原料的日本汽车零部件企业，占据日本镍原料汽车齿轮热处理80%市场份额。

图 4 - 4 - 3 为齿轮热处理中国专利申请技术分布的气泡图，从图 4 - 4 - 2 和图 4 - 4 - 3 中得出中国专利申请和全球专利申请相比在以下几方面差距较大。

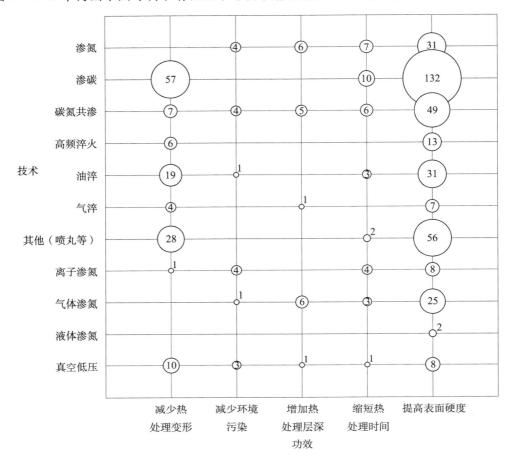

图 4 - 4 - 3　齿轮热处理中国专利申请技术功效图

注：图中数字表示申请量，单位为件。

① 高频淬火：高频淬火在减少热处理变形、缩短热处理时间和提高表面硬度等 3 个技术问题方面的中国专利申请量分别为 61 件、19 件和 20 件，相对全球专利申请来说高频淬火领域的中国专利申请量较少，遇到的专利壁垒也少，可开发的空间较大。

② 真空低压热处理：真空低压在减少热处理变形和提高表面硬度等两个技术问题方面的中国专利申请量分别为 10 件和 8 件，和全球专利申请量相差较多；该领域技术在全球范围尤其是日本已经非常成熟，难免遇到较多的专利壁垒，研究人员可以借助之前已有的专利文献开发外围专利或者是改进专利，例如法国 ECM 于 1988 年获得真空低压渗碳专利 infracarb（专利号 EP0388332A1），上海汽车变速器有限公司引进了 ECM 的真空低压渗碳生产线，并在 ECM 专利的基础上申请了一些外围专利。

③ 渗氮：在增加渗氮层深方面的中国专利申请量为 43 件，少于全球专利申请量，而渗层浅正是制约渗氮技术发展的主要因素之一，因此可以加大这方面的研发力度；

离子渗氮的中国专利申请量仅为十几件，与全球水平差距也很大，这种渗氮技术更为环保、渗速更快，研发人员应当给予关注。

④ 减少热处理变形：渗碳热处理解决的技术问题除了提高工件表面硬度之外最主要的就是减少热处理变形。减少热处理变形的技术手段包括齿轮钢元素配比调整、加热冷却的温度和时间调节、工件的摆放和装夹等。其中齿轮钢元素配比调整、加热冷却的温度和时间调节是全球专利申请应用最多的技术手段，却是中国研发人员涉及较少的方面，从侧面反映了在齿轮材料领域与全球领先技术之间的差距；不过也可能是由于中国产业应用存在障碍等问题，导致这两种技术手段的中国专利产出较少。元素配比和工艺布置的调节对齿轮材料的性能影响很大，与通过设计工装来避免热处理变形相比，使用这两种技术手段对于中国研发人员来说可以作为未来发展的突破口。

4.5　技术演进历程

齿轮热处理的重点专利是综合考虑了其被引证频次、同族情况以及技术专家的意见筛选确定的。其中施引频次居首位的专利申请是 LUCAS IND PLC 的 EP0077627A2，优先权日为 1981 年 10 月 15 日，其施引频次 51 次，其在德国、美国、日本均有专利保护申请。该专利申请的施引专利也较多，达 5 项，为德国和日本专利申请。其提供一种齿轮钢元件的碳氮共渗方法，可用于提供齿轮的表面硬度。首先将工件加热至550 ~ 720℃，进行气体碳氮共渗 4 小时，其次将工件置于氧化气氛 2 ~ 120 秒形成层深小于 1 微米的富氧层，油淬。

马自达在日本的专利申请 JPH0288714A，优先权日为 1988 年 9 月 27 日，施引频次达到 16 次，其同族专利有 US5019182A、JPH0756043B，即在美国、日本均有专利保护申请。该专利申请的施引专利为 5 项，均为美国、日本专利申请。其提供一种齿轮碳氮共渗热处理方法。齿轮钢元素配比为（重量比）C：0.1 ~ 0.4，Si：0.06 ~ 0.15，Mn：0.3 ~ 1，Cr：0.9 ~ 1.2，Mo：0.3 ~ 0.5，余量为铁；930℃碳氮共渗 3 小时，840℃保温 30 分钟，油淬，喷丸。

大同钢铁在日本的专利申请 JPH07242994A，优先权日为 1994 年 3 月 9 日，施引频次达到 17 次，其同族专利有 US5595613A、JP3308377B，即在美国、日本均有专利保护申请。该专利申请的施引专利为 3 项，均为美国、日本专利申请。其提供一种齿面硬度较高的渗碳齿轮及其制造方法。其中齿轮钢元素配比为（重量比）C：0.1 ~ 0.3，Si：0 ~ 1，Mn：0 ~ 1，Cr：1.5 ~ 5，余量为铁；制造方法：900℃渗碳 5 小时、890℃加热 1 小时、油淬、170℃回火 1 小时、喷丸和磨削精加工。

ECM 的专利申请 WO2006111683A1，优先权日为 2005 年 4 月 19 日，施引频次为 8 次，其同族专利有 FR2884523A1、EP1885904A1、CN101180416A、KR20080005281A、US2011036462A1、JP2008538386A 等 18 件，输出国或地区涉及法国、欧洲、中国、韩国、美国、日本、德国、加拿大、墨西哥等国家或地区，施引专利也达 5 项。其提供一种齿轮的真空低压渗碳氮化方法，在低压炉中对钢齿轮工件进行渗碳氮化处理，第一步骤期间渗碳气体（丙烷或乙炔）注入炉内，第二步骤的一部分期间注入氮化气体（氨气），脉冲控制气体流量，淬火方式为气淬；由于碳化气体和氮化气体分开注入，能够精确地、可重复地控制工件的碳氮浓度分布，提高了齿轮的表面硬度和抗疲劳性能。

本田在日本的专利申请 JP2004162161A，优先权日为 2003 年 2 月 17 日，施引频次为 7 次，其同族专利有 WO2004029314A1、EP1548141A1、CN1685073A、US2006048860A1 等 7 件，输出国或地区涉及欧洲、中国、美国、日本等国家或地区，施引专利为 2 项。其提供一种通过渗氮处理进行表面硬化处理的齿轮部件，并改善了弯曲度矫直性能；渗氮处理时，表层硬化的程度会受到被加工部件的钢材组分的影响，Cr、C、Mn 和 Si 效果依次递减，有效提高内层硬度的组分是 C、Cr、Cu、Ni、Mn 和 Si，效果依次递减，Cr 为 0.72% ~ 1%，C 为 0.65% ~ 0.86%，并用公式限定其他元素含量。内层部分的维氏硬度调整至 190 ~ 260Hv，表层部分距表面 50μm 深处的维氏硬度达到 270 Hv，渗氮层深大于等于 0.3mm。

丰田在日本的专利申请 JPH0565592A，优先权日为 1991 年 9 月 7 日，施引频次为 9 次。其提供高硬度齿轮，齿轮钢元素配比为（重量比）C：0.1 ~ 0.35，Si：0.05 ~ 0.35，Mn：0.6 ~ 1.50，P：0 ~ 0.01，S：0.015，Cr：1.1 ~ 2.0，Mo：0.5 ~ 1.0，V：0.03 ~ 0.13，B：0.0005 ~ 0.0030，Ti：0.01 ~ 0.04，Al：0.01 ~ 0.04，余量为铁；850℃ ~ 1050℃ 高频淬火，回火后进行软氮化处理，减少了齿轮热处理变形（参见表 4 - 5 - 1）。

表 4 - 5 - 1　齿轮热处理全球重点专利申请

序号	公开号	优先权日	地域申请情况	发明点	申请人	所属技术分支及技术效果	引用频次/次
1	EP0077627A2	1981 - 10 - 15	EP、US、DE、JP	碳氮共渗—通入 20 秒氧化气氛形成表面 0.2 ~ 0.7 微米厚的富氧层—油淬	LUCAS IND PLC	渗氮及提高表面硬度	51
2	JPH07242994A	1994 - 03 - 09	US、JP	齿轮钢组分含量，经渗碳—淬火—回火—喷丸工艺	大同钢铁	渗碳及提高表面硬度	17
3	JPH0288714A	1988 - 09 - 27	US、JP	碳氮共渗—油淬—喷丸	马自达	碳氮共渗及提高表面硬度	16
4	US4145232A	1977 - 06 - 03	US、FR、DE	渗碳气体的成分做出了改进，节约渗碳用气氛	UNION CARBIDE CORP	渗碳及缩短热处理时间	15

序号	公开号	优先权日	地域申请情况	发明点	申请人	所属技术分支及技术效果	引用频次/次
5	EP0371340A1	1988 – 11 – 16	EP、JP、DE	盐浴液体渗氮—油淬—将齿根硬化层深度控制在齿顶硬化层深度的80%	日产	渗氮及减少热处理变形	15
6	WO2006111683A1	2005 – 04 – 19	WO、US、JP、EP、CN	真空炉内精确可重复获得预期的碳氮浓度分布，分两阶段分别注入渗碳和渗氮气体	ECM	碳氮共渗及提高表面硬度	8
7	JPH0565592A	1991 – 09 – 07	JP	高频淬火—回火—软氮化	丰田	高频淬火及减少热处理变形	9
8	JP2002030344A	2000 – 07 – 19	JP	真空渗碳—两阶段喷丸工艺	铃木	渗碳及缩短热处理时间	5
9	KR19980035538A	1996 – 11 – 14	KR	渗碳—淬火—通入氨气重新加热0.5～1小时	现代	渗碳及提高表面硬度	8
10	JP2004162161A	2003 – 02 – 17	WO、EP、US、JP、CN	渗氮深度与氮浓度分布的关系	本田	渗氮及提高表面硬度	7

　　按照时间顺序来研究重点申请人丰田的专利申请，会发现齿轮渗碳热处理技术的发展以材料科技为核心，以提高齿轮表面硬度和疲劳强度、减少热处理变形为主要目的（参见图4-5-1）。

　　渗碳齿轮用钢的各种合金元素如铬、镍、硅、锰、钼等的选择和含量，都会影响渗碳齿轮的性能。铬元素能提高钢的淬透性、加强渗碳作用，镍元素能提高钢的强度、又保持良好的塑性和韧性，硅元素能显著提高钢的弹性极限和抗拉强度，锰元素能提高钢的淬透性、改善热加工性能，钼元素能使钢的晶粒细化、提高淬透性、抑制合金钢的脆性。综上所述，元素配比的调节和优化一直是丰田的一个研发方向（包括使用公式进行成分的限定）。

　　为了提高齿轮表面硬度和疲劳强度、减少热处理变形，传统的渗碳油淬逐步发展为高频感应淬火，这种加热方式得到的工件硬度高、变形小；渗碳之后采用喷丸工艺，涉及喷丸工艺的专利申请一直在寻求喷丸工艺参数对表面强化和表面损伤的临界范围，选择正确合理的喷丸强度；还有在汽车、航空航天等领域获得了广泛应用的真空低压渗碳技术，真空低压渗碳具有工件变形小、过程易于控制、工艺时间短等很多优点。

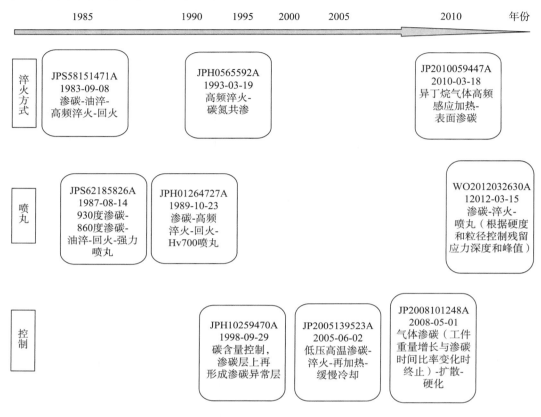

图4－5－1　齿轮热处理全球主要申请人丰田的技术路线

近几年丰田的齿轮渗碳技术发展的趋势是精确可控渗碳。不止是渗碳炉内气体流量的控制，包括碳浓度分布、渗层深度、表面硬度、渗碳时间、工件重量变化比率等，都能通过实时监控、程序设计等方式进行精确地控制。

4.6　本章小结

本章主要通过对齿轮热处理技术的专利统计定量分析与重要专利定性分析相结合的方式，对齿轮热处理技术专利状况进行了深入的分析与研究。总体上看，日、美、欧等发达国家或地区已在该领域的技术研发上取得明显优势，并在专利布局上积极行动。优势企业在全球范围内广泛申请专利，已形成了较为系统与完善的专利布局体系。反观我国在该领域技术起步晚、发展慢、创新度不高。通过前面的分析，本报告形成了下述有关该技术领域的意见和建议，供企业参考。

（1）加强热处理变形的研究力度

齿轮热处理变形对齿轮的承载能力有很大影响，也是各大企业的发展重点。目前国内企业的研究重点主要是工件的摆放和装夹，通过工装的设置来限制热处理变形只是一种治标不治本的方法；而国外企业更为注重钢元素配比的调整、工艺温度时间的精确控制和真空炉热处理等技术，而且都已比较成熟，改进的空间不大。高频感应淬火和残余应力的控制能够很好地满足减少热处理变形的要求，相关专利数量相对较少，我国企业也可在该方面多投入一些研发力量进行研究。

（2）集中力量攻克行业内未突破的技术瓶颈

渗氮热处理比渗碳变形小，也更顺应低能耗的环保趋势，但是其专利申请量一直低于渗碳，这是由于渗氮的渗层浅导致齿轮承载能力低这一缺点没有得到有效的解决。如何解决深层渗氮的技术障碍，例如哈尔滨工业大学的稀土催渗技术是否能解决这个技术问题，我国企业可以给予更多关注，将会有不错的发展前景。

（3）鼓励企业与高校/科研院所之间开展合作研发

目前我国齿轮热处理研发的申请人除了几个汽车领域的企业之外都比较分散，有高校与科研院所，还有个人申请，实际应用率较低。这不仅不利于该行业的健康发展，对高校与科研院所自身而言也是资源的浪费。如果能够建立起企业与高校和科研院所之间的技术研发与成果应用对接通道，通过合理有效的技术与专利转让机制，促使专利权能够在其创新主体与市场主体之间畅通流动，则能够真正实现专利实用价值。

第5章 格里森

经过一个多世纪发展,格里森成为全球齿轮加工技术的领先者,其引领了齿轮技术发展的潮流。因此,本章选择格里森作为齿轮加工领域的主要申请人,对其专利申请情况进行分析,以期掌握其技术发展脉络以及专利布局态势。格里森在全球的专利申请量为 293 项,其中在中国的专利申请量为 75 项。可以看出,格里森非常重视中国市场,其在中国的专利申请量占全球总申请量的 26%,并在中国设立了两家生产基地。因此,研究格里森的技术发展脉络和专利布局态势对中国的齿轮加工企业有较好的参考作用。

5.1 格里森简介

格里森,英文全称 Gleason Works,创立于 1865 年,总部位于美国纽约罗切斯特。
格里森倡导完整的齿轮解决方案。因此,不论是圆柱齿轮传动还是斜齿轮传动,无论是直径小到一个硬币大小的齿轮还是直径 10 米以上的大型齿轮,无论是齿轮检测设备还是所有系列齿轮刀具和工装夹具,无论是各种齿轮加工机床还是硬齿面、软齿面齿轮加工工艺,格里森都能够提供全面解决方案。格里森的产品涵盖齿轮加工与检测、齿轮刀具、工装、备品备件、售后服务、应用开发、齿轮设计与检测软件。格里森机床销售到全世界 50 多个国家,其用户遍布全球汽车、航空航天、能源、特种车、电力等行业。例如用于卡车传动系统的高精度圆柱齿轮解决方案,用于风力发电机的大型齿轮加工,车桥上使用的螺伞齿轮加工。

在发展过程中,格里森通过不断的并购以扩大生产规模和增加市场份额。2013 年9 月 20 日,格里森收购位于日本新泻的 Saikuni 机械有限公司,Saikuni 机械有限公司是齿轮刀具刃磨设备、刀具检测设备、齿条铣床及其他金属切削和精加工设备的主要制造商。2013 年 12 月,格里森收购德国 IMSKOEPFER 刀具有限公司,IMSKOEPFER 刀具有限公司是一家提供优质齿轮切削刀具以及相关产品的制造商,这家公司随后被命名为格里森刀具股份有限公司。

格里森在全球有 2200 名雇员,分布在 20 个国家的生产基地和服务销售机构。其中9 个生产基地分别生产设计滚齿机、切齿机、磨齿机、研齿机、检测机、工装卡具、刀具。在美国有 3 个工厂,除了总部所在厂房外,还有 Gleason Cutting Tools(格里森刀具股份有限公司)和 Gleason Metrology Systems(格里森计量系统股份有限公司);欧洲有3 个工厂,分别是 Gleason – Pfauter(格里森 – 普法特机械制造有限公司)德国和瑞士两家工厂,以及 Gleason – Hurth(格里森 – 胡尔特);亚洲有 3 个工厂,1 家在印度,另外 2 家在中国苏州，其中一个制造小型滚齿机，另一个生产全系列齿轮刀具。

5.2　格里森全球专利分析

为了解格里森关于齿轮加工的技术发展脉络和重点技术，本节重点研究了格里森的全球专利申请趋势及布局。

5.2.1　全球专利申请趋势

图 5 - 2 - 1 示出了 1964 ~ 2013 年格里森齿轮加工领域在全球的专利申请情况，其中，格里森在美国的专利申请量为 108 项，在中国的申请量为 75 项，在德国的申请量为 41 项，在欧洲的申请量为 24 项。从数字上看，格里森在美国的专利申请量最多，这说明，作为美国的企业，格里森对本土市场进行了充分布局。随着经济的迅猛发展，中国对于齿轮的需求日益强劲，因此，中国也是格里森专利布局的主要目的地。在中国的专利量为 75 项，充分说明了格里森对于中国市场的重视，这也是格里森海外市场拓展的重要策略。截至 2010 年，格里森在全球的申请量整体呈增长态势。近 12 年势头有所放缓，这与近年来齿轮行业的激烈竞争有关。

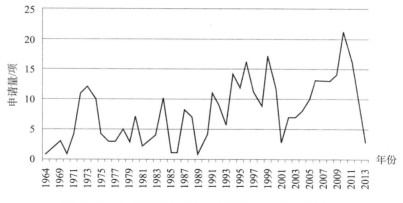

图 5 - 2 - 1　格里森齿轮加工领域全球专利申请情况

5.2.2　来源国申请态势

除美国本土的总部以及 3 家工厂以外，格里森在海外 20 个国家还分布有生产基地和服务销售机构。然而，通过梳理格里森专利申请的数据（如图 5 - 2 - 2 所示）可以发现，发端于美国的专利申请为 225 项，占专利申请总量的 61.3%，德国和欧洲分列第二位和第三位，分别为 12.5% 和 3.8%。格里森将研发的核心团队设置于其总部所在地——美国，德国和欧洲有少量的研发团队。这表明格里森在扩大规模、占领市场的同时，对于技术输出较为谨慎。值得一提的是，格里森的专利申请均没有来源于中国，其在中国设置的两家工厂是生产基地，不具备研发的实力。

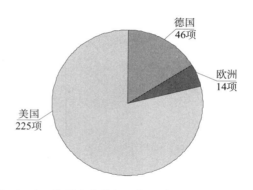

图 5 – 2 – 2　格里森齿轮加工领域专利申请来源国态势

5.2.3　目标国或地区申请态势

如图 5 – 2 – 3 所示，格里森进入美国的专利申请数量最多，显示出其将美国视为最重要的市场和专利布局的首要之地。作为经济迅速发展、市场不断扩大的中国，格里森给予了高度的重视，其进入中国的专利申请达到了 75 件，位居第二位。通过提交 PCT 申请也是其进行专利布局的重要途径。欧洲是格里森的传统市场区域，在巩固本土市场和拓展新市场的同时，格里森没有忽略既有的传统市场，其进入欧洲的专利申请数量排名也较为靠前。

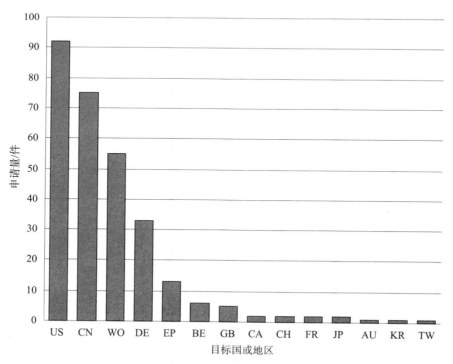

图 5 – 2 – 3　格里森齿轮加工领域专利申请目标国或地区态势

5.3　格里森中国专利分析

5.3.1　中国专利申请趋势

图 5 - 3 - 1 示出了 1994 ~ 2013 年格里森齿轮加工领域在中国的专利申请情况。格里森在中国的专利申请量为 75 件，占据其全球专利申请总量的 26%。值得注意的是，格里森在中国的专利申请均为发明专利，这反映出格里森对于专利制度的熟悉程度以及布局中国市场的强烈意愿。发明专利的保护周期长，可以充分维护格里森自身的权益，有利于其进行技术垄断以及保持技术领先的优势。

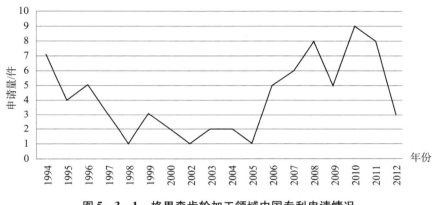

图 5 - 3 - 1　格里森齿轮加工领域中国专利申请情况

格里森在中国的专利申请量整体上呈现为 U 字形，1998 ~ 2005 年为谷底，之后整体呈增长趋势。这反映出格里森对于中国市场的认知有起伏并且逐渐深化。2007 年，格里森建立了格里森齿轮科技（苏州）有限公司，2009 年，格里森建立了格里森刀具（苏州）公司，这标志着格里森对于中国市场的全面重视，通过在中国设立生产基地以满足市场需求并且加速对市场的反应灵敏度，进一步维护其市场领先的优势。期间，格里森在中国的专利申请量整体呈上升趋势。

5.3.2　中国专利法律状态分析

如图 5 - 3 - 2 和图 5 - 3 - 3 所示，格里森在中国的专利申请共有 75 件，专利权有效为 34 件，专利权失效为 21 件，专利权未决为 20 件。格里森在中国的专利申请均为发明专利，并且专利权未决的专利申请的申请日基本处于 2010 年之后，这说明专利权未决的发明专利申请正处于实质审查过程中。在所有专利权失效的专利申请中，费用终止为 15 件，视为撤回为 5 件，驳回为 1 件。视为撤回和驳回共 6 件，因此，授权的发明专利申请占据经过实质审查的专利申请的比例，即授权率达到 89%，由此可知，格里森在齿轮加工领域具有较强的技术实力，在中国的专利布局较为成功。费用终止的专利申请为 15 件，这反映出齿轮领域的技术发展速度较快，20 世纪 90 年代的技术已经没有继续保有的价值，因此格里森选择不再缴纳费用从而放弃专利权。

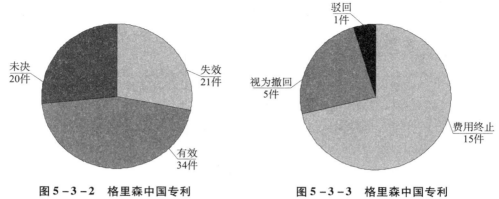

图 5 – 3 – 2　格里森中国专利
申请的法律状态

图 5 – 3 – 3　格里森中国专利
申请失效原因分布

5.4　技术路线分析

5.4.1　齿轮加工的技术路线

如图 5 – 4 – 1 所示，在齿轮加工技术方面，格里森在 20 世纪 90 年代初期和中期注重多轴齿轮机床的研发。随着对于齿轮加工精度要求的提高，格里森将研究重点定位于刀具与工件之间的进给方式，通过改善刀具的进给方式和路径，使得刀具与工件之间存在复杂的相对运动，从而提高加工精度和获得复杂齿形的齿轮。

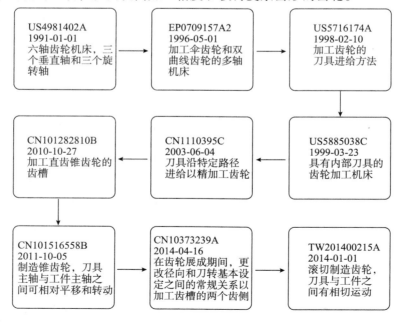

图 5 – 4 – 1　齿轮加工的技术路线

5.4.2 磨削齿轮的技术路线

磨削是精加工齿轮的重要手段，格里森对于磨削齿轮技术给予了足够的重视和投入了相应的研发力量。如图 5-4-2 所示，在 20 世纪 90 年代末期，格里森的磨削齿轮技术在于避免刀具的过早磨损。然后，格里森开发了两主轴的齿轮研磨机。近年来，格里森开始关注磨削过程中磨削轮的修整，以及关注研磨过程中扭矩的控制，这与齿轮加工精度要求和齿轮性能要求的提高相关联。

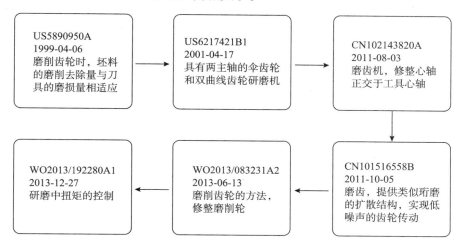

图 5-4-2 磨削齿轮的技术路线

5.5 主要技术分析

格里森的专利申请主要分布于多轴加工机床、控制与测量、磨削、加工刀具、进给方式和其他方面。格里森在全球的专利申请量为 293 项，各技术分支在全部专利申请中所占的比例如图 5-5-1 所示。

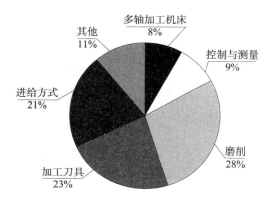

图 5-5-1 格里森主要技术在全部专利申请中所占的比例

在齿轮加工技术中，磨削是提高加工精度的重要技术手段。格里森涉及磨削的专利申请不仅包括磨削齿轮的技术，还包括修整磨削刀具和多轴磨削。对磨削技术，格里森最为重视，涉及磨削的专利申请量占据全部专利申请量的首位。

格里森的加工刀具主要涉及齿轮加工用刀具，刀具的结构决定了齿轮加工的效率和精度。对一些特殊结构的齿轮，刀具对加工效果起着决定性的作用。对此，格里森投入了充足的研发力量，并且成立了专门的刀具生产基地，涉及刀具的专利申请在格里森的全部专利申请中占据第二位。

进给方式包括滚切、刨齿以及其他刀具与工件之间产生相对运动以精加工齿轮的加工方式，通过上述加工方式，可以减少切削量、缩短加工时间或者降低齿轮啮合滚动时的噪声。关于进给方式的技术，格里森的专利申请占专利申请总量的21%，显示出其对进给方式给予了足够的重视。

控制和测量、多轴加工机床也是齿轮加工中的重要技术，格里森涉及上述两项技术的专利申请量分别达到了全部专利申请量的9%和8%，显示出这两项技术在格里森的研发规划中占据一定的位置。

5.6 重要专利分析

（1）US4981402A

该专利的公开日为1991年1月1日，被引证112次，分别进入韩国、欧洲、澳大利亚、日本、加拿大和德国等国家或地区。

技术方案：一种伞齿轮和双曲线齿轮的制造机床，是由计算机控制的六轴机床，用以制造伞齿轮和双曲线齿轮，包括三个垂直轴 X、Y、Z 和三个旋转轴 T、W、P，其中，轴 T 为刀具轴，轴 W 为工件轴，轴 P 调整轴 T、W 之间的角定位（参见图5-6-1）。

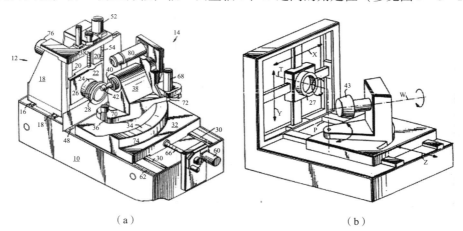

（a）　　　　　　　　　　　　　　　（b）

图 5-6-1　重要专利 US4981402A 的技术方案示意图

关于上述专利，还有一项改进后的专利申请，US5116173A，公开日为1992年5月26日，被引证68次，分别进入德国、澳大利亚、日本、欧洲和加拿大等国家或地区。

为得到理想的齿面，加工伞齿轮和双曲线齿轮时，在标准的展成运动中加入附加运动。附加运动包括变更理论上的展成齿轮轴线与节面的交点位置，和/或变更理论上的展成齿轮的齿面相对于齿轮本体的方位（参见图5－6－2）。

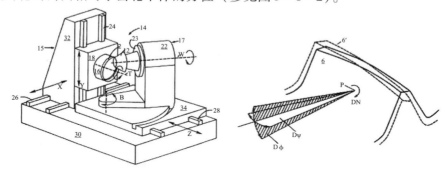

图5－6－2　改进专利US5116173A的技术方案示意图

（2）US4575285A

该专利的公开日为1986年5月11日，被引证59次，进入德国、欧洲、韩国、加拿大和日本等国家或地区。

技术方案：一种用于滚切齿轮的切削刀具，冶金处理前切削面，第一切削面处于刀具的部分长度上，第二切削面处于刀具的整个长度上。刀具用于切削齿轮上的槽，并且可以被重磨（参见图5－6－3）。

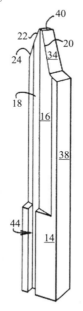

图5－6－3　重要专利US4575285A的技术方案示意图

（3）US2013337726A1

该专利的公开日为 2013 年 12 月 19 日。

技术方案：刀具主轴箱，包括三个刀具主轴，其中一个刀具主轴朝向第一方向，另外两个刀具主轴朝向与第一方向成 180 度的第二方向。刀具主轴用以磨削制造锥齿轮的刀具（参见图 5 - 6 - 4）。

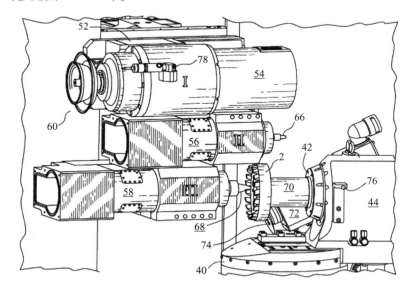

图 5 - 6 - 4　重要专利 US2013337726A1 的技术方案示意图

5.7　本章小结

从本章的分析可知，作为总部位于美国的企业，格里森对于本土市场给予了足够的重视，在总部设置了较强的研发力量。发源于美国的技术，占据格里森专利申请总量的近 2/3，充分说明了格里森对于本土市场的重视。而对于中国，格里森虽然高度关注中国市场，但其并未在中国设置研发力量。格里森公司的专利申请主要分布于多轴加工机床、控制与测量、磨削、加工刀具、进给方式等方面，通过梳理其技术脉络，磨削和进给方式是格里森近年来较为关注的技术点。在参考和借鉴格里森的专利申请所公开技术方案的基础上，中国的齿轮加工企业需要进行技术创新和拓展，增强自身的技术实力和市场竞争力，并且有望形成专利交叉许可，从而突破格里森的专利布局和制约。

第6章 齿轮技术相关专利权的保护和利用

获得专利权最主要的目的之一是保护专利，有关齿轮或齿轮传动的专利申请一旦获得专利的授权，专利权的保护就拉开了序幕。专利竞争的背后是产业竞争和商业利益之争。专利权的保护主要体现在维权诉讼上。下面就专利权的国际保护和国内保护分别进行研究。

6.1 齿轮相关专利的国外侵权与保护

由于检索手段有限，所以选取了几个典型案件，美国格里森的滚齿机专利侵权案例、美国"337调查"的硒鼓齿轮系列案例和中德齿轮变速器外观设计纠纷和解案例，以体现齿轮相关专利技术国际保护的不同方面。

6.1.1 滚齿机专利在美国的维权诉讼

因为美国的专利制度有100多年的历史，美国的专利保护案例具有典范的意义，同时格里森是齿轮制造行业的佼佼者和领头羊，其他齿轮制造企业为了抢占市场、为了利润最大化，纷纷仿造格里森的先进齿轮技术产品。格里森利用专利武器来保护自己的市场份额和利益。

案情如下：格里森作为原告，以自己的专利US4981402（计算机控制的齿轮滚齿机），在美国起诉多家企业侵权系列案。首先，格里森起诉瑞士克林根贝格公司（KLINGELNBERG – OERLIKON GEARTEC VERTRIEBS – GMBH）；然后，格里森起诉在美国的奥利康和利勃海尔公司（Liebherr – America, Inc.）。后来，格里森继续起诉在美国的奥利康等公司。涉案专利情况参见表6 – 1 – 1，格里森的专利的发明名称为"计算机控制的齿轮滚齿机"，公告号为US4981402A（以下简称"402专利"）。

表6 – 1 – 1　格里森的专利"计算机控制的齿轮滚齿机"的基本情况

申请日/公告日	1987年8月24日/1991年6月1日
公开号	US4981402A
名称	计算机控制的齿轮滚齿机
专利权人和原告	格里森
被告	奥利康等

续表

有效证据类型	专利
争议点	创造性，权利要求的解释等
结论	在权利要求缩小范围的前提下，起诉人铬里森的动议上述部分获得肯定

402专利的发明点在于具有六轴运动控制，补偿运动角度偏差。六轴是指图6-1-1中表示的X、Y和Z三个直线轴，以及W、T和P三个旋转轴。

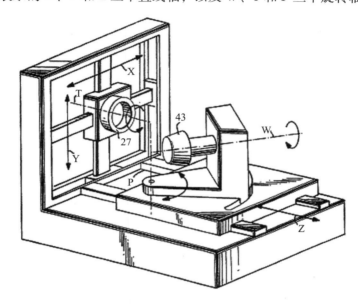

图6-1-1　数控滚齿机 US4981402A 的六轴示意图

其技术内容为：在一台生产纵向弧齿锥齿轮和准双曲面齿轮的机器上中使用具有切削表面的工具，这种类型的机器包含：可动轴包括3个直线的轴（X、Y和Z）和三个转动轴（T、W和P）。相互正交的直线轴排列的方向。其中，轴T为刀具轴，轴W为工件轴，轴P调整轴T、W之间的角定位。本专利的发明点在于：同时控制工件和工具支持之间的角相对运动，从而达到了不需要完成一个单独的工具轴对机器倾斜的结果。

有关本案第一部分：

专利权人格里森依据计算机控制多轴锥齿轮和准双曲面齿轮滚齿机的美国专利（即402专利），控告有侵权行为的瑞士公司。被控侵权人认为，被控侵权人搬到不受纽约管辖的地区。但纽约地区法院的拉里默首席法官认为，被控侵权人是受纽约管辖权。被告奥利康的动议驳回被拒绝，专利权人在有关管辖权的动议中获胜。由于格里森第一部分争议点不在技术问题上，就不进一步展开了。

有关本案第二部分：

① 背景：原告格里森的专利侵权诉讼指控被告克林根贝格（Kingelnberg）－奥利康有限公司、奥利康和利勃海尔公司。格里森控诉，德国公司克林根贝格、瑞士公司奥利康制造齿轮和侵犯402专利权，弗吉尼亚州的利勃海尔公司销售侵权产品。对克林根贝格、奥利康等在美国的代表，格里森寻求赔偿、禁令救济、宣告性救济。

② 概要：402专利所有者格里森提出侵权指控请求。竞争对手提出反诉进行不公平竞争及合作和商业合同关系的侵权干扰。关于反诉简易判决业主动议，纽约地区法院的拉里默首席法官认为：a. 对主张权利要求的专利动议进行判决是恶意的、过早的、潜在的侵权权利解决；b. 专利权人的信件对客户没有虚假或误导；c. 专利权人不侵权干扰对手的契约或预期的业务关系。专利权人格里森在有关侵权干扰的反诉中获胜。

由于格里森案例第二部分争议点不在技术问题上，就不进一步展开了。

有关本案第三部分：

402专利的所有人格里森起诉竞争对手侵犯了自己的专利，当事人起诉文件和口头辩论争议相对较少数量的权利要求条款已经缩小了。这里争议的焦点集中在如何解释权利要求中的"调整"和"控制"的词语含义上。

对于被控侵权的新机器，其工件由旋转某一变量调节，原告称某一变量为"α"，为了消除倾斜对加工的影响。此外，在一个连续的加工过程中，即当所有齿轮的齿被切割的同时，一个额外的变量"β"被添加到工件旋转运动中。总之，这些调整是必要的。而被告主张权利要求应被解释为要求两个步骤调整工件齿轮刀具和相对转动。被告人认为这个过程调整包括一个中间步骤，确定α或β的调整值和第二步骤中的值被添加一个预定值，由此产生的控制信号以建立齿轮工件旋转或工具旋转。但是原告认为，权利要求不应该如此解释。原告认为，402专利正确的解释是只需要工件的旋转和机器的其他部分被移动到相应的位置，来弥补倾斜工具的影响。原告一方观点如下：α和β是嵌入在旋转的工件位置计算还是分别计算没有区别，只有需要"调整"的工件实现了旋转。

通过对这一问题的意见询问，法官同意原告的402专利请求不需要两个步骤的过程，并扩大到包括调整工件转动α和β大小的机器，没有分别计算这两个值的过程中的独立步骤。

美国联邦巡回上诉法院的法官还援引了韦氏第三版新国际英语词典（1981）提出了"调整"定义解释："给一个真实或有效的相对位置（如一个设备的部分）的……"援引了牛津英语词典"调整"的定义："安排或处理（一件事）适当的部分；把顺序或位置规范化。"法官相信这反映了普遍意义上的"调整"方式，是在402专利中使用时与上述定义一致的，并不表明一定有两个步骤的过程中，调整值是参考一些值首先计算，然后加上或减去其他值。被告人试图通过违反这些原则引用α和β来限制权利要求。402专利表明，α和β值规范的信息披露了规定数量或大小的调整需要，但要求有一个单独计算α和β的步骤，会违背这个行之有效的判断。

交叉动议简易判决如下，纽约地区法院的拉里默首席法官认为：①工件的"调整"

不需要多个步骤的工艺要求；②事实上存在的问题是专利最满意的方式和要求；③专利是可用的。结果：起诉人格里森的动议上述部分获得肯定。

从格里森系列案件中可以学习到，作为专利的所有者如何维权，从收集证据到提出诉讼，应对反诉，有理有据地阐述专利的保护范围，在适当的时机缩小自己专利权利要求的保护范围，用于争取诉讼中的主动权等；还可以学到，初到美国的企业，如果被别人警告或起诉，如何维权，如何找到专利的瑕疵，如何证明自己的产品没有侵权，并尽可能利用管辖地的诉讼、反诉等法律手段争取诉讼的主动权，获得更多的准备诉讼的时间。双方争议的焦点就在齿轮加工的控制步骤是否有先后的微小区别上，这使得权利要求的解读变得至关重要，所以在撰写专利申请说明书时对于权利要求的每个特征及其代表的技术细节应该表示得尽可能清楚；同时法官的判断引用了公知的国际英语词典，使得法官的判断更具有说服力，这提供了阐述观点时尽可能举证，从而使他人更信服的榜样。

6.1.2 包含美国"337调查"的硒鼓齿轮系列案例

技术壁垒的设置，一直是打击假冒的最佳手段之一。在佳能及其OEM的激光打印产品上，就通过硒鼓的力传导齿轮来设置技术壁垒。

硒鼓齿轮系列案例案情如下：日本佳能在2012年1月13日向美国纽约州南部地区法院起诉Nukote公司侵犯了其持有的美国专利US5903803和US6128454。佳能于2013年2月14日宣布，根据纽约州南部法院的判决，Nukote公司被永远禁止在美国市场生产、使用、销售和提供涉及侵犯佳能专利的硒鼓产品，也不能向美国市场进口相关产品，日本佳能维权大获全胜。

日本佳能的齿轮专利战在2014年6月已波及法国地区。佳能在法国巴黎一审法院起诉了Zephyr SAS公司和Aster Graphics公司。佳能指出，这两家公司进口、供应和销售相关打印机上使用的硒鼓，侵犯了佳能欧洲专利EP2087407。

以上诉讼的产品是硒鼓，而硒鼓专利的技术核心是齿轮的传动部分的一个带扭曲表面的啮合连接件。

首先了解涉及案件的两件专利。US5903803A，权利要求为："1. 一种可拆卸地安装在电子摄影图像形成设备的主组件上的处理总成，其中所述主组件包括一个马达、一个用于接收来自所述马达的驱动力的主组件侧齿轮、一个由扭曲表面限定的孔……以及一个能够与所述扭曲表面相啮合的突出部，所述突出部被设置在所述感光鼓的一个沿着长度方向的端部上，其中当所述主组件侧齿轮在所述孔与突出部彼此啮合的情况下转动时，转动驱动力被从所述齿轮通过所述孔与所述突出部之间的啮合而被传递到所述感光鼓；以及一个……"案件另一项专利US6128454A的权利要求1中也有类似的内容。位于感光鼓一侧传动齿轮的顶端，是呈现一个扭曲盘旋的结构。没有扭曲结构，感光鼓机械动力的传动就会有问题。传动齿轮顶部扭曲设计成为专利诉讼的焦点。任何相关企业的感光鼓上的这个结构，必须与齿轮侧面垂直，否则就是对于上述日本佳能专利的侵犯。

　　佳能美国公司的感光鼓的齿轮顶部扭曲设计成为专利诉讼的焦点，但是起初谁都没有在意这个小零件，事情在 2010 年突然急转直下，佳能美国公司在美国国际贸易委员会对中国纳思达公司提起"337 调查"❶ 及指控，指责其侵犯了佳能的两项硒鼓专利。❷ 佳能及其 OEM 的激光打印产品占据了全球激光打印市场近乎半壁江山。相关企业都担心这次诉讼会对自身的业务造成干扰。2014 年初，美国国际贸易委员会裁定佳能胜诉，佳能以全胜的姿态结束涉嫌侵犯佳能专利"803"和"454"的"337 调查"案件，其中涉及专利的厂商已经协商解决。佳能请求美国国际贸易委员会发布禁止进口令，以阻止一切侵权产品进入美国市场。相关企业都担心普遍排除令会对自身的业务造成大困扰。行业内人人自危，纷纷推出自己的专利技术，以规避佳能的专利风险。

　　课题组核查了该两项美国专利，发现日本佳能不愧是知识产权运用的能手。从最开始的优先权申请到遍布世界各主要国家的同族申请，早在 1995 年就开始专利布局，参见表 6 – 1 – 2。

表 6 – 1 – 2　硒鼓齿轮 US5903803 专利的同族专利

申请号	申请日	公告号	公告日	优先权（优先权日）
CN 96107267. 9	1996 – 03 – 27	CN1096629C	2002 – 12 – 18	JP19950067796（1995 – 03 – 27）、JP19960064105（1996 – 03 – 21）
KR19990043362	1999 – 10 – 08	KR100355723B1	2002 – 10 – 09	
CN02120435. 7	1996 – 03 – 27	CN1210633C	2005 – 07 – 13	

　　从表 6 – 1 – 2 中可以看出，硒鼓齿轮专利 US5903803 的最早优先权申请是日本申请 JP19950067796，最早优先权日 1995 年 3 月 27 日。在美国 2009 年获得授权，2010 年开始向使用企业发难，用了 14 年时间准备、低调潜伏，到现在收起专利网，在美国市场、欧洲市场屡战屡胜。佳能的该专利申请的战略战术值得我们学习。实际上，佳能布局的专利也有中国专利；第一项美国专利 US5903803 的中国同族：CN1210633C、CN1096629C，第二项美国专利 US6128454 的中国同族：CN1210633C、CN1096629C。

　　经查，前两项专利都正常缴费，都是有效的专利，都到 2017 年 3 月 27 日保护期满。期满前都是随时可以在中国起诉的有力证据、潜在的"地雷"。只要企业的硒鼓产品利润可观，佳能可能会找上门来收专利费。

　　一波未平，一波又起。2014 年 1 月 29 日，日本佳能美国公司向纽约州南区联邦法院起诉了 18 家通用耗材企业。其中包括了中国天威集团的 5 家子公司。佳能表示，这些公司侵犯了其感光鼓"万向节"齿轮（dongle gear）的多项相关专利，该专利齿轮用于佳能和惠普 50 多款激光打印机中。佳能称，涉及美国专利 US8135304、

---

❶ 所谓 337 调查是美国法律规定的独立于联邦法院系统的行政救济制度或者说是准司法救济制度，因这条制度最初来源于美国 1930 年关税法第 337 条而得名。

❷ 小专利整死你，原装打印的技术壁垒［EB/OL］.［2013 – 11 – 20］. http：//oa. 2ol. com. cn/413/4133769. html.

US8280278、US8369744 等。佳能申请相应的损害赔偿和禁令救济。

2014 年 5 月，日本佳能向美国国际贸易委员会起诉 33 家打印耗材企业，控告他们侵犯其硒鼓"万向节"齿轮的多项专利（参见表 6 – 1 – 3）。上述天威集团的 5 家子公司均再次"榜上有名"。佳能要求美国国际贸易委员会发布普遍排除令或有限排除令，禁止相关公司向美国进口或在美国出售相关侵权产品。

涉案专利共 15 项，对应地进入中国的专利 12 件，大部分已经在 2012 年、2013 年授权❶，如表 6 – 1 – 3 所示，同样这些专利都有可能引发侵权诉讼，请相应的企业研发时注意避开。

表 6 – 1 – 3　佳能的第二次"337 调查"的美国专利及中国同族专利

专利号/类型	对应中国同族专利/公开日期
US5903803A、US6128454A	CN1096629C/2002 – 12 – 18
US6128454A	CA2172593C/2001 – 11 – 27
US8135304B2	CN102067042B/2013 – 07 – 10
US8280278B2	CN101568887B/2013 – 06 – 26
US8369744	CN102067044A/2011 – 05 – 18
US8433219	CN101609299B/2011 – 11 – 16
US8437669B2、US8688008	CN101595433B/2012 – 01 – 18
US8494411	CN101609299B/2011 – 11 – 16
US8532533B2	CN101583910B/2013 – 07 – 24
US8565640、US8676085B1	CN102067043B/2013 – 03 – 20
US8630564	CN103293896A/2013 – 09 – 11
US8676090	CN101583910B/2013 – 07 – 24

与前一案件保护打印机将发明点埋藏在整机的诸多特征不同，这些案件都是围绕保护感光鼓部件的，发明点非常突出。主要涉及动力传递的"万向节齿轮"结构。即佳能在 2006 年底再一次布局专利意图非常明显，就是为了有朝一日再发起侵权诉讼。多个申请保护的技术点略有不同，而这种打包申请、打包诉讼的策略也值得我国企业研究和借鉴。因为专利许可费、专利诉讼费与专利案件的个数相关，具体需要进一步研究。

而目前此案件已有新的进展，据天威集团透露，其已经与佳能就"万向节"齿轮诉讼案达成了和解方案。天威集团在其正式声明中称，天威集团的 5 家子公司，包括天威控股、天威北美分公司、UTec、天威飞马打印耗材有限公司以及科汇精工有限公司，均已经与日本佳能签署了和解协议，结束日本佳能在纽约州南区法院和美国国际

---

❶　专利号最后的字母为 C 或 B，表示已经授权。

贸易委员会对天威集团的侵权指控。

　　有关齿轮专利的"战争"还在继续，我国的企业已经行动，为了避免可能的专利纠纷，一些企业都加快了研发的步伐，尽量申请自己的齿轮专利，避免与佳能发生官司纠纷。天威集团正在计划推出重新设计的非侵权硒鼓产品。作为非侵权硒鼓产品的技术保障，珠海天威技术有限公司递交了美国专利申请（参见图6-1-2）。

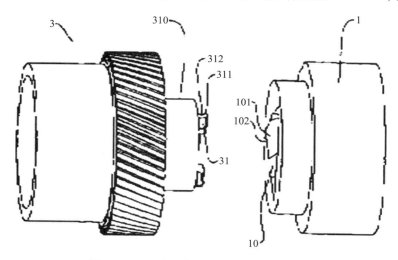

图6-1-2　美国专利US827529B摘要附图

　　珠海天威技术有限公司涉及非扭曲感光鼓齿轮及其粉盒的美国专利申请已于2012年9月25日被美国专利商标局授予专利权，美国专利号为US827529B。该项新产品通过均匀分布在齿轮安装部端面上的多个凸起，以及凸起啮合部的防脱槽，实现传动功能，受力集中，传动可靠。珠海天威技术有限公司成为该技术领域首个获得美国专利授权的中国企业，为兼容耗材厂商规避侵权风险提供了有力支持。

　　珠海天威技术有限公司的美国专利US827529B，其中国同族专利为CN200720056212、CN2008071145。可见国内企业在日本佳能发起侵权诉讼的2010年之前就已经研发了自己的核心专利CN201110941Y，如表6-1-4所示，授权公告日为2008年9月3日，值得注意的是，这样重要的专利却是实用新型，说明企业当年申请的重心在国外。这样的申请策略也值得其他创新企业借鉴。

表6-1-4　珠海天威的核心专利CN201110941Y情况

申请号	2007200562127	申请日	2007-08-23	优先权日	
主分类号	G03G 15/00（2006-01）	审查阶段	授权后保护	审查状态	专利权维持
发明创造名称	驱动力传递部件及处理盒				

　　这个专利在与佳能的专利战斗中增加了有力的实力支撑，为珠海天威技术有限公司和佳能的和解做了有效的贡献。说明我国的企业不是只能被动被诉，也有自己的专

利武器。

本案说明，日本佳能熟悉国际知识产权保护规则，从 1995 年开始，有计划、有步骤地布局核心专利、周围专利等系列专利，耐心等待使用该专利"侵权"产品的企业发展壮大，等待时机成熟，到 2010 年开始发起系列侵权诉讼，遏制对手的进一步发展，在美国和欧洲都取得了胜利。日本佳能有关硒鼓齿轮的专利战略是在国际市场上成功运用知识产权的榜样，很值得我国企业学习借鉴。

另外，通过以上诉讼可以看出，虽然日本佳能的专利涉及技术点"万向节"齿轮很小，但是可以发现这是真正的核心专利，是让全世界的感光鼓制造者闹心又无奈的专利。怎样在申请时就能及时认出该专利是核心专利，认出其产品是具有市场潜力的专利产品？反思在 2000 年和 2004 年左右，突然有很多日本的专利申请，谁也没有想到这大量申请涌入中国的背后动机，特别是没有分析几乎同样的申请为什么要反复申请，更没有用专利分析的视角看待类似主题的申请会在几年或十几年后成为绕不开的专利壁垒。另外关注一下这些专利的优先权一般都在来源国本国申请，都在早于进入其他国家的 12 个月时间内，如果能够关注对手在其本国申请的动向，就能更先一步了解技术发展的动向。进一步，专利有时会伴生外观专利或实用新型专利，而外观专利、实用新型审批周期短，很容易被发现。

怎样在申请公开时，最晚在授权时就能及时认出该专利是核心专利，认出其产品是具有市场潜力的专利产品，从而早做应对准备，例如开发新技术、申请周围专利等，以避免过大的市场丢失和经济损失，这是我国企业需要下大力气去研究的问题。这需要企业技术人员和从事专利行业人员的共同智慧。但是已经在国际诉讼中使用的专利武器，无疑属于核心专利，例如前面所述的扭曲齿轮专利和万向节齿轮专利。

中国带齿轮的产品（如减速器、电机和减速器的组合等）如果要进入国际市场，也需要类似的有核心技术的专利保驾护航，必须在进入国际市场之前递交该国的申请，或者利用 PCT 申请指定该国，在进入国际市场之前获得授权更好。

6.1.3 齿轮变速器外观设计专利侵权纠纷庭外和解的案例

一些专利无效案件经过无效审查后又进入了法院，在中级法院审理后有的还进入了高级法院和最高人民法院，对于企业来说，这是一种巨大的人力、财力和时间的消耗战，有的企业不愿意投入如此大的精力和时间而谋求其他解决办法，如庭外和解。

齿轮变速器外观设计专利侵权案案情如下：2005 年 4 月，在德国汉诺威设备展上，德国 SEW 传动设备公司认为杭州减速机厂、浙江通力变速机械有限公司、台州清华机电制造有限公司等 4 家中国企业的参展产品侵犯其外观设计专利，遂向展会所在地有关部门提起临时禁令，撤销了中方 4 家企业的展位，并扣压了参展产品。❶ 根据德国知识产权法律规定，遭遇临时禁令的企业必须参与随后由临时禁令申请人提起的法律诉

---

❶ 德国 SEW 传动设备公司与中国企业齿轮专利纠纷和解［EB/OL］.（2007 - 04 - 20）http：//www. sipo. gov. cn/dfzz/zhejiang/xwdt/200709/t20070924_ 203172. htm.

讼，并与其进行抗辩，一旦被判侵权，将会被要求作出赔偿。如果企业拒绝出庭，则该企业无论是侵权还是非侵权，产品一旦登陆德国就会被扣押。由于德国为欧盟成员国，临时禁令申请人的权利还会延伸至欧盟各成员国，所以，被提起临时禁令的企业将有可能与欧洲市场绝缘。

此次事件后，德国 SEW 传动设备公司与中方 4 家企业进行洽谈，寻求解决方案。该案引起了中国齿轮专业协会的重视，在其牵头下，德国 SEW 传动设备公司代表与中方 4 家企业于 2005 年 11 月坐上了和解的谈判席。在经过多次的协商、沟通，对协议每一条款进行反复探讨和修改，经历了长达 1 年的时间，德国 SEW 传动设备公司与这几家企业达成了和解条款，并正式签订了和解协议。根据和解协议，德国 SEW 传动设备公司将基于先前的临时禁令不再寻求进一步的法律权力，因此，中方这几家企业的产品也将能再次登陆德国及欧洲市场。

一场历时 2 年的中德外观设计专利纠纷以和解的方式结束。本案给课题组的启示是，知识产权较量的背后是经济利益的较量，为了企业的长远利益，双方为了占有国际市场，在一定条件下和解，也是一种较好的专利纠纷解决办法。在展会上的专利纠纷屡见不鲜，这些专利往往是技术生命力很强的专利，是有市场前景的专利，应该引起企业的重视。最好还在参展前就应该检索一下该国同行的变速器专利（包括发明专利、实用新型专利和外观设计）。如果有一样的专利或很相似的专利，应事先做好预案，准备应诉。另外，和解是双方实力的较量，企业必须有较强的技术实力、经济实力，同时有我国广阔的市场和雄厚的购买力等因素作后盾，才有可能与对方和解。企业的技术实力有一部分就体现在是否拥有高技术含量的专利。所以企业应该将技术创新的成果申请专利。有实力的企业也可以考虑购买高技术含量的专利。

6.2　齿轮专利权的国内侵权与保护

在国家知识产权局专利复审委员会的网站上检索到多件有关齿轮专利的无效专利案件，❶ 检索日期为 2014 年 6 月 20 日。其中请求人是企业的占绝大多数，被诉人是企业的占绝大多数，有的专利权被请求宣告无效不止一次，有的专利专利权人被多个请求人同时请求宣告无效，这体现了市场竞争的激烈和广泛性。其中接近一半的专利被宣告无效，使得专利权人主张权利的行动终止，而多数的专利经过无效程序后依旧维持了专利权有效。

下面通过梳理齿轮技术的 25 起无效审查专利案件，课题组重点阐述多次被宣告无效的和同时间被多人请求宣告无效的案件，试图找出专利保护的一些策略。

如图 6 - 2 - 1 所示，25 起无效审查专利案件（发明专利案件 2 起，其余为实用新型或外观设计），经过 1 次无效审查，保持有效的 10 件专利占整体比例 40%，保持部分有效的 3 件专利占整体比例 12%，其余全部被无效 12 件占整体比例 48%。

❶　[EB/OL].　[2014 - 05 - 30].　http：//app. sipo - reexam. gov. cn/reexam_ out/searchdoc/search. jsp.

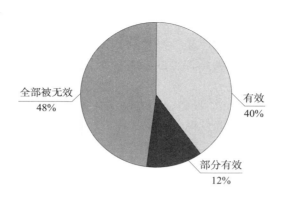

图6-2-1 齿轮专利无效案件结果类型比例分布

其中2件发明专利全部被维持有效，而在全部被无效的案件中实用新型占大多数，所以实用新型或外观设计的专利权稳定性较差。

25起无效审查专利案件的请求人为企业的有14起，为大学和科研院所的有3起，为个人占有7起，为其他类型占有1起，企业由于保护市场份额的需要，成为发起无效宣告请求的主要力量。有些企业是由于专利权人到法院告其侵权，为了自身的经济利益而提起无效宣告请求。众多企业提起无效宣告请求，体现了市场竞争的激烈。无效审查专利案件请求人及被请求宣告无效专利权人类型为个人的有15起，企业的有8家，其中外国企业3家，大学和科研院所2家，其他1家。这些专利成了宣告无效对象，一方面，说明这些专利所涉及的技术比较重要，比较容易生产，专利产品进入市场后利润可观，所以有人仿冒、有人侵权；另一方面，说明专利权人的知识产权保护意识较强，在获得专利后，它们能够主动维权，依靠国家法律赋予的独占权，去制止他人的侵犯专利权行为。

这25起案件的专利权人大多数为中国的请求人，也含有3家外国企业，其中莫蒂夫公司是意大利的企业，莫蒂夫公司在减速器制造上属于国际上的龙头企业，还有一家SEW-工业设备（天津）有限公司是由德国独资。

国内专利权的保护主要体现在侵权诉讼和专利无效。下面分为几类介绍3起案件，可分为保护专利权维权成功或部分成功、专利权维权不成功、或是通过庭外和解。

6.2.1 保护专利权维权成功的案例

发动机的平衡器从动齿轮专利无效案，基本情况见表6-2-1。

表6-2-1 "发动机的平衡器从动齿轮"专利基本情况

决定号	WX16188
申请号	200480027364.3
名称	发动机的平衡器从动齿轮
专利权人	本田技研工业株式会社

续表

请求人	重庆市双庆机电有限公司
有效证据类型	专利
争议点	创造性等
结论	维持专利权有效

授权公告的权利要求书如下：

1. 一种发动机的平衡器从动齿轮，包括：衬套部件；

……，其特征在于所述外突榫（23a、23b、23c、23d、23e、23f）被非均匀地分开，并且，所述外突榫（23b、23c、23e、23f）和所述内突榫（33a、33b、33c、33d）的形状和尺寸中至少之一相对于平衡器从动齿轮（11）的轴是不对称的。

还有从属权利要求2~9。

重庆市双庆机电有限公司（以下简称"请求人"）于2010年8月17日向国家知识产权局专利复审委员会提出无效宣告请求，理由是：

a. 本专利权利要求1~9保护范围不清楚，得不到说明书的支持，不符合中国《专利法》第26条第4款的规定；

b. 权利要求1~9不具备《专利法》第22条第3款规定的创造性，并随无效宣告请求书提交了下列附件作为证据：

证据1：JP平4-54347A号日本公开特许公报；

证据2：JP平3-36523U号日本公开实用新案公报；

证据3：CN1217821A号中国发明专利申请公开说明书；

证据4：CN1215504A号中国发明专利申请公开说明书；

证据5：CN1423374A号中国发明专利申请公开说明书。

请求人认为，对于理由a有关清楚问题，根据权利要求1中的描述无法确定外突榫和内突榫如何不对称，权利要求1的保护范围不清楚，不符合《专利法实施细则》第20条第1款的规定。专利权人认为是清楚的。

合议组认为：权利要求1中，所谓外突榫和内突榫的形状和尺寸中至少之一相对于平衡器从动齿轮的轴不对称是指关于作为对称中心的平衡器从动齿轮的轴，外突榫和内突榫的形状和尺寸中至少之一不构成点对称关系，这样的表述方式对于本领域技术人员是完全清楚的。

对于理由b有关创造性的问题，权利要求1的技术方案与证据1公开技术内容的区别在于：该专利中外突榫被非均匀地分开，且外突榫和内突榫的形状和尺寸中至少之一相对于平衡器从动齿轮的轴是不对称的。而证据1中的内外突榫均为等分设置。

合议组认为：根据权利要求1的技术方案，至少外和内突榫的形状和尺寸中之一是不对称的。当采用正常方法以外的组装方法时，某些突榫的顶端与相关的部分相干扰，突榫无法令人满意地容纳在其正常位置。因此，除非按照正确方式进行组装，否则不能正常装配，避免了误操作的可能。另外，由于外突榫被非均匀地分开，在外突榫之间可以根据需要来容纳不同形状和尺寸的弹性部件，不仅能够进一步确保按照正确方式组装平衡器从动齿轮，还能够提高减振效果，通过不同弹性部件的形变来抑制振动，从而实现平稳的扭矩传输。请求人试图以证据3~5佐证上述区别技术特征为本领域公知常识。对此合议组认为，证据3~5中所公开的都是电池单元、插头等结构，与本专利的平衡器从动齿轮的结构没有任何关联，属于与本专利完全不同的技术领域，因此，本领域技术人员不可能从证据3~5中获得将上述区别技术特征应用到证据1从而获得权利要求1请求保护技术方案的技术启示。综上，没有证据显示上述区别技术特征为本领域公知常识或惯用的技术手段，且上述技术特征为本专利带来了显著的技术效果，由此权利要求1相对于证据1具有突出的实质性特点和显著的进步，具有专利法第22条第3款规定创造性。

从该案中可以看出专利权人的原始申请的质量，特别是附图的质量很好，如图6-2-2所示，很好地反映了发明点"所述外突榫……相对于平衡器从动齿轮（11）的轴是不对称的"。所以当对手质疑时，能够证明权利要求1是清楚的。这提醒我们在撰写申请文件时，有关权利要求的发明点在附图中的要清楚地显示出来，能够与权利要求的文字相对应。

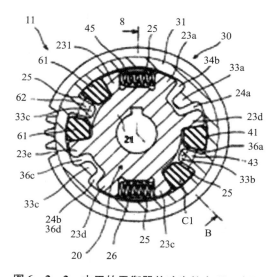

图6-2-2　本田的平衡器从动齿轮专利示意图

从中还可以看出，证据与该专利的技术领域远近与是否有结合的启示、是否有创造性密切相关，哪怕是教科书、工具书上的技术内容，如果领域相隔很远，就不能够认定为本领域的公知常识，必须考虑是否有结合启示。专利权人在反击对方时，证据与专利技术的领域远近可以是一个突破口。

6.2.2　保护专利权维权部分成功的案例

电动切管套丝机用齿轮变速装置专利无效案，基本情况见表6-2-2。

表6-2-2　"电动切管套丝机用齿轮变速装置"专利基本情况

决定号	WX16069
申请号	200720107193.6
名称	电动切管套丝机用齿轮变速装置
专利权人	杭州力士机械有限公司
请求人	杭州宁达套丝机厂
有效证据类型	专利文献，手册，书籍
争议点	创造性等
结论	维持实用新型专利权有效

2008年2月20日授权公告、名称为"电动切管套丝机用齿轮变速装置"的实用新型专利，针对该专利，杭州宁达套丝机厂（以下简称"请求人"）于2010年7月8日向专利复审委员会提出无效宣告请求，认为该专利不符合2000年《专利法》第22条第2款、第3款的规定。请求人同时提交了如下附件：

附件1：公告号为CN2089381U的中国实用新型专利；

附件2：授权公告号为CN22363380Y的中国实用新型专利；

附件3：颜子平译、上海科学技术出版社出版、1965年5月第1版《机床齿轮变速箱最佳传动方案》共6页；

附件4：陈国华编著、上海科学技术出版社出版、1986年3月第1版、《仪器结构及其应用》共11页。

请求人认为：该专利权利要求1相对于附件1不符合2000年《专利法》第22条第2款有关新颖性的规定；与附件1~4相比，该专利权利要求1~4（见下）不符合2000年《专利法》第22条第3款有关创造性的规定。

该专利授权公告的权利要求书如下：

1. 一种电动切管套丝机用齿轮变速装置，它包括一与电机（1）相连的输入轴（2），在输入轴（2）与输出轴（3）之间至少有一组相互啮合的传动齿轮组，其特征在于所述的输出轴（3）上套置有两个输出齿轮（4），而在两个输出齿轮（4）之间设置有由换挡机构带动的、可分别与两输出齿轮（4）结合的换挡结合子（5）。

2. 根据权利要求1所述的电动切管套丝机用齿轮变速装置，其特征在于所述的传动齿轮组包括一固连在输入轴（2）上的输入齿轮（6），该输入齿轮（6）与传动轴（7）上的输入传动齿轮（8）啮合，同轴上的输出传动齿轮（9）与固定在中间轴（10）上的输入中间齿轮（11）啮合，同轴上安置有两只输出中间齿轮（12），且它们分别与输出轴（3）上的两个输出齿轮（4）相啮合。

3. 根据权利要求1或2所述的电动切管套丝机用齿轮变速装置，其特征在于所述的两个输出齿轮（4）之间的轴上固连有换挡结合子（5），一主要由内置于输出齿轴中心的推拉变速杆（13）构成的换挡机构与固连于输出轴（3）上的换挡结合子（5）相连。

4. 根据权利要求 3 所述的电动切管套丝机用齿轮变速装置，其特征在于所述的变速杆（13）上设置有快速、静止和慢速三挡位置凹槽（14），输出轴（3）的后闷盖（15）上设置有径向安置的由定位钢珠（16）、压缩弹簧（17）和调节螺钉（18）构成的换挡锁定机构，换挡结合子（5）通过一横销与输出轴（3）相连。

针对无效宣告请求受理通知书，专利权人于 2010 年 8 月 8 日提交的权利要求书修改替换页。经合议组审查，专利权人对权利要求书的修改实质上是删除了授权公告的权利要求 1、权利要求 2，以及权利要求 4 中间接引用权利要求 2 的技术方案。修改后的权利要求书如下：

1. 一种电动切管套丝机用齿轮变速装置，它包括一与电机（1）相连的输入轴（2），在输入轴（2）与输出轴（3）之间至少有一组相互啮合的传动齿轮组，其特征在于所述的输出轴（3）上套置有两个输出齿轮（4），而在两个输出齿轮（4）之间设置有由换挡机构带动的、可分别与两输出齿轮（4）结合的换挡结合子（5），所述的两个输出齿轮（4）之间的轴上固连有换挡结合子（5），一主要由内置于输出齿轴中心的推拉变速杆（13）构成的换挡机构与固连于输出轴（3）上的换挡结合子（5）相连。

2. 根据权利要求 1 所述的电动切管套丝机用齿轮变速装置，其特征在于所述的传动齿轮组包括一固连在输入轴（2）上的输入齿轮（6），该输入齿轮（6）与传动轴（7）上的输入传动齿轮（8）啮合，同轴上的输出传动齿轮（9）与固定在中间轴（10）上的输入中间齿轮（11）啮合，同轴上安置有两只输出中间齿轮（12），且它们分别于输出轴（3）上的两个输出齿轮（4）相啮合。

3. 根据权利要求 1 所述的电动切管套丝机用齿轮变速装置，其特征在于所述的变速杆（13）上设置有快速、静止和慢速三挡位置凹槽（14），输出轴（3）的后闷盖（15）上设置有径向安置的由定位钢珠（16）、压缩弹簧（17）和调节螺钉（18）构成的换挡锁定机构，换挡结合子（5）通过一横销与输出轴（3）相连。

结果是专利权人最后获得在其于 2010 年 8 月 8 日提交的权利要求第 1～3 项的基础上维持本专利有效，有关创造性的争辩情况请阅读第 16069 号无效宣告请求决定。

本案给我们的启示是面对强有力的证据，专利权人采取了适当缩小保护范围的灵活保护策略，对权利要求书进行适当修改，在剔除明显没有创造性的权利要求 1 和 2 等后，据理力争，最后维权胜利。这说明在撰写专利申请的权利要求书时，就要考虑到授权后的无效或侵权的修改需要，要有足够的从属权利要求作为第二、第三或更多道防线，虽然缩小了保护范围但保住了专利权。对于请求人，由于使用了有力的证据，迫使对方删除了 4 个技术方案，也取得了不错的战绩。我们可以从请求人那里学习到，事先透彻地检索找到很有力的证据是争取成功的基础。

6.2.3 保护专利权维权不成功的案例

蜗轮蜗杆式带动力回转支承装置专利诉讼，基本情况见表 6－2－3。

表6－2－3　"蜗轮蜗杆式带动力回转支承装置"专利基本情况

决定号	WX18849
申请号	200920092687.0
名称	蜗轮蜗杆式带动力回转支承装置
专利权人	河南承信齿轮传动有限公司
请求人	江阴市华方新能源高科设备有限公司
有效证据类型	专利文献、手册、书籍、标准
争议点	新颖性、创造性等
结论	宣告专利权全部无效

　　2014年8月中旬，北京市第一中级人民法院作出判决，驳回河南某齿轮公司的诉讼请求，维持国家知识产权局专利复审委员会就专利号为ZL200920092687.0、名称为"蜗轮蜗杆式带动力回转支承装置"的实用新型专利作出的专利权全部无效的决定。❶

　　河南某齿轮公司是一家在行业中专门生产特色齿轮产品的民营知名企业。2010年，该公司在剖析欧洲某国模块化平板运输车关键齿轮部位后，通过技术改进，研制出了"蜗轮蜗杆式带动力回转支承装置"，并于2010年获得国家知识产权局授予的实用新型专利权（以下简称"涉案专利"）。2010年，利用涉案专利制造的架桥机在郑州黄河二桥工程建设中，显示出了其巨大的"威力"，并立即引起了国内同行的密切关注。其中，就包括江苏省江阴市某新能源设备有限公司（以下简称"江阴某公司"）。经过专利检索，江阴市某公司发现河南某齿轮公司对该技术提交了专利申请并获权。2010年12月，江阴某公司就涉案专利向专利复审委员会提出无效宣告请求，理由是："这件齿轮专利的几乎每个零部件和技术结构，都能在教科书、机械设计手册等工具书中找到，属于公知技术。"

　　虽然意外地接到了专利复审委员会的答辩通知，但专利权人对自己专利的创新性胸有成竹。河南某齿轮公司找来其法律顾问，在技术人员的协助下，写了满满3页纸的技术答辩意见，向专利复审委员会提交。2012年10月，在口头审理过程中，请求人江阴某公司显然是有备而来，其聘请出庭的专利代理人逻辑缜密，发言有理有据。而河南某齿轮公司聘请的律师，不懂专利保护范围、技术特征等，只能疲于应付，辩护苍白无力，而该公司总经理也是有理说不出，有话插不上。

　　专利权人感到庭审过程明显对他们很不利，便找到某专利事务所，试图"亡羊补牢"。经过专利代理人对双方提交的答辩材料进行仔细分析后，告诉当事人，他们错过了最佳的口头审理答辩机会。"按照《专利法》的有关规定，这件专利在撰写时，确实将一部分现有技术写进了权利要求书。但在口头审理时，允许对专利的保护范围进行

---

　　❶　齿轮公司缘何痛失专利权？［EB/OL］.［2014－08－28］. http：//www.iprchn. com/Index. News Contont. aspx? newsId＝76367.

合并、删除等修改。如果将涉案专利的权利要求进行一些合并，虽然缩小了保护范围，但最起码这件专利的核心技术部分可以保住。"

专利复审委员会下达决定书宣告该专利权全部无效。该齿轮公司不服，上诉到北京市第一中级人民法院，但最终法院还是维持了专利复审委员会的决定。一件花费3年心血、几十万元研发费用的专利就这样变成了现有技术。"由于失去了专利权保护，我们公司的产品也被迫降价，该产品的利润也较之前下降30%左右。"该公司总经理表示。

本案给我们的启示是，该企业虽然申请了实用新型专利来保护自己的产品，有一定的知识产权保护意识，但是企业在专利撰写时没有认真检索，剔除现有技术部分，使得权利要求的保护范围与现有技术有重合的地方。又由于实用新型专利只进行初步审查，虽然容易授权但权利的稳定性较差。最好应该由懂专利的人对其撰写的权利要求保护范围进行科学的、有法律攻防目的的谋划和布局。因为递交申请之后，按《专利法》第33条的规定，申请后的修改不能超出原始的说明书和权利要求数范围，修改受到限制，递交申请后再请专利代理人就不如一开始请他们介入；之后，当企业遇到同行模仿或卷入专利无效宣告案件时，企业首先要做的是聘请有经验的专利代理人，而不是普通的律师、法律顾问来应对，因为无效宣告请求中的修改方面的法律要求更多。

如果申请发明专利而不是实用新型专利，虽然授权慢一些，但经过评价"新颖性、创造性和实用性"等严格审查，授权发明的权利要求稳定性比实用新型好得多，在无效诉讼中会主动得多。

6.3 本章小结

综上所述，齿轮技术的专利保护战在国际上和国内都已经展开，而且国际上齿轮应用领域的专利诉讼有增加的趋势。日本佳能在美国、欧洲的多次起诉就是很好的证据。国内的无效案例主要集中在中小型齿轮应用产品上，而不是齿轮制造上，这说明国内齿轮制造业的市场竞争还没有达到很活跃的程度。国内外争议专利类型也比较全面，包含了发明、实用新型、外观设计，但发明和实用新型还是诉讼或无效的重点。篇幅所限，没有能够展开介绍全部的案例。但从介绍的案例中可以借鉴。

① 谋划在先。例如日本佳能谋划确定专利申请保护策略，有目的地申请，有目的地布局，不仅仅布局一两项扭曲齿轮专利，还布置了同样是传递扭矩的"万向节"齿轮一组专利。耐心等待时机成熟，实施保护措施，值得我国的企业借鉴；又如江阴某公司经过高质量专利检索认定对手的专利没有创造性，准备充分后请求无效该专利，所以无效的成功机率高。

② 积极应对。若企业被诉侵权，应该积极应对，如杭州力士机械有限公司适当修改权利要求书，又如德国克林根贝格、美国奥利康、瑞士公司联手反诉对手，再如杭州减速机厂等4家中国企业与德国人积极谈判等。参加诉讼本身不论胜负都能够提高

企业的知识产权运用能力，赢得诉讼使企业获得走向更大市场的通行证。

③ 增强实力。无论是争辩还是谈判，必须有实力作后盾，例如珠海天威技术有限公司应对佳能的扭曲感光鼓齿轮专利，自主研究发明了非扭曲感光鼓齿轮技术，并且有计划地在中国、美国申请了专利并被授权，值得学习；积极累积知识产权保护方面的经验，包括成功和不成功的经验，例如河南某齿轮公司积极总结应对无效专利知识欠缺的经验，例如中国齿轮专业协会积极总结应对国外展会外观设计专利纠纷和解的成功经验。通过不断的学习、实践和总结，从中学习到起诉、应诉专利无效和侵权的有效方法，不断提高运用知识产权的能力。

第7章   主要结论

本报告对齿轮技术，侧重齿轮加工技术的全球专利申请和中国专利申请进行了系统分析，回顾其关键技术和重点技术、重要申请人以及国内外专利诉讼，具体总结如下。

7.1   齿轮技术的专利申请概况

截至2014年5月底，齿轮技术在全球的专利申请量约11万项，在中国的申请约3万余件。本报告根据行业专家的建议以及整体专利态势，选取了齿轮关键加工技术中的齿轮精锻近净成形、螺旋齿轮切削加工、齿轮热处理技术的专利申请进行了系统的分析，选取以格里森在齿轮关键加工技术和齿轮关键加工装备专利申请进行了系统的分析。以上范围的齿轮加工技术在全球的专利申请量为4318项，在中国的申请量为1264件。选取齿轮技术（包括齿轮基础、关键加工技术、关键工艺装备和齿轮的应用等）的全球和中国的专利无效及诉讼案件涉及全球专利共66项。

研究表明，上述齿轮加工技术在全球的专利申请呈总体上扬，伴有阶段性回落的趋势。申请量最多的是日本，特别突出是在齿轮热处理技术方面申请量的前10位均是日本企业，其次是中国，紧随后面的是德国、美国、俄罗斯。

申请人将其所在国作为目标国的比重最大，日本除本国外的专利布局，分别为美国、中国和欧洲；日本企业都比较重视美国、中国和欧洲市场；日本已在该领域技术研发上取得明显优势，并在专利布局上积极行动，优势企业在全球范围内广泛申请专利，已形成了较为系统与完善的专利布局体系。而德国进入美国的专利数量远远大于进入德国自己国家的申请数量，说明德国十分重视美国市场。美国以格里森为代表，进入美国的专利申请数量最多，显示出其将美国视为最重要的市场和专利布局的首要之地。作为市场不断扩大的中国，格里森给予了高度的重视，其进入中国的专利申请居第二位。通过提交PCT申请也是其进行专利布局的重要途径；其次是德国和欧洲。

中国和全球相比，特别是在加工工艺方面的专利与国外差距明显。

7.2   关键技术

本报告根据行业专家的建议以及整体专利态势，本报告认为应以齿轮精锻近净成形、螺旋齿轮切削加工、齿轮热处理技术为国内齿轮加工技术发展的关键技术。

7.2.1　热点技术

研究表明，齿轮近净成形专利技术中模具的结构、工艺以及锻件的材料等技术结构的改进是该领域的主要技术研发热点，锻件的申请集中在提高齿轮寿命方面，模具的专利申请集中在提高精度功效方面。

螺旋齿轮切削加工专利技术中装置上刀架和工件调整是研究的热点；齿形加工方法和反馈控制也是研究的热点，齿形加工、刀具与工件的相对位置也是研究的热点，所有这些都集中在提高精度或提高加工效率方面。

齿轮热处理技术中提高齿轮的表面硬度和减少热处理变形是齿轮热处理尤其是渗碳渗氮技术是研究的热点，真空低压热处理是专利研究的一大热点。

加工特殊结构齿轮的刀具以及刀具进给方式是齿轮关键工艺装备的热点；齿轮高精度磨削过程中齿轮磨削、磨削轮的修整、多轴磨削也是齿轮关键工艺装备的热点。

7.2.2　值得关注的技术

齿轮精锻复合锻一直是工艺改进的研究重点；而齿轮精锻智能化设计方面正处于发展阶段，但随着计算机水平的提高，以及为了提高精锻的生产率，其发展的潜力可观。

螺旋齿轮切削加工专利技术中齿形加工方法在刀具运动轨迹（相对位置和刀具）、进给控制（包括速度和进给量）方面是值得研究的重点。

齿轮热处理技术中高频感应淬火和残余应力的控制能够很好地满足减少热处理变形的要求，相关专利数量相对较少，我国企业也可在该方面多投入一些研发力量进行研究。渗氮的稀土催渗技术能够达到低能耗、减小齿轮变形，是值得研究重点。元素配比和工艺布置的调节对齿轮材料的性能影响很大，与通过设计工装来避免热处理变形相比，使用这两种技术手段对于国内科研人员来说可以作为未来发展的突破口。真空低压热处理有较多的专利申请，研究人员也可以借助之前已有的专利文献开发这种外围专利或是改进专利。

齿轮关键工艺装备的关注点：研磨过程中扭矩的控制，控制和测量、多轴加工机床。

总体上看，日、美、欧等发达国家或地区已在齿轮加工技术研发上取得明显优势，并在专利布局上积极行动。优势企业在全球范围内广泛申请专利，已形成了较为系统与完善的专利布局体系。反观我国在该领域技术起步晚，发展慢，创新度不高。

7.3　重点申请人

美国的格里森以齿轮加工与检测、齿轮刀具、齿轮设计与检测软件的技术为基础，格里森机床齿轮加工销售到全世界 50 多个国家。在齿轮加工技术方面，格里森在 20 世纪 90 年代初期和中期注重多轴齿轮机床的研发。随着对于齿轮加工精度要求的提高，格里森更重视传动链、工件调整装置、整体控制轴线方向和加工角度的相对位置这些技术分支的专利申请。近年来，格里森为了提高齿轮加工精度、关注磨削过程中磨削轮的修整，以及关注研磨过程中扭矩的控制的研发。

欧洲的奥利康以等高齿形加工方面技术为基础，更重视刀头和加工角度这些技术分支的专利申请，早期对于加工过程中相对位置的控制申请了专利，到2005年前后在机床部件和齿形加工方面获得了技术上的突破。

日本的武藏、新日铁和丰田在齿轮热处理和齿轮精锻近净成形方面技术研发实力雄厚。

以格里森为首的美国系、奥利康为首的欧洲系以及以新日本制铁和丰田为代表的日本系，作为该技术领域的领导者，已经形成了完整齿轮的数字化闭环制造体系。不论在加工装置还是加工工艺上，都领先于中国。

7.4 专利诉讼

本报告给出了中国25起专利无效案件（实用新型或外观设计占23件）的统计分析，经过1次无效审理，保持有效的占比40%，保持部分有效的占比12%，其余全部被无效占比48%，说明实用新型或外观设计专利的稳定性较差。

本报告介绍了6组典型案例，研究表明，齿轮的专利保护战在国内或国际上都已经展开，而且国际上齿轮应用领域的专利诉讼有增加的趋势。国内的无效案例主要集中在中小型齿轮应用产品上，而不是齿轮制造上，这说明国内齿轮制造业的市场竞争还没有达到很活跃的程度。国内外争议专利类型包含了发明、实用新型、外观设计，但发明和实用新型还是诉讼或无效的重点。

7.5 建　　议

我国的齿轮制造技术虽然有了一定的发展，但是其总体水平不高。加工精度差、效率低，应当积极借鉴国外的先进技术促进我国的产业技术发展。通过前面的分析，本报告形成了下述有关该技术领域的意见和建议，供企业参考。

（1）齿轮加工技术发展的重点在提高精度和加工效率；由于国内缺少核心专利，在参考和借鉴格里森的专利申请所公开技术方案的基础上，中国的齿轮加工企业需要进行技术创新和拓展，增强自身的技术实力和市场竞争力，并且有望形成专利交叉许可，从而突破格里森的专利布局和制约。因此，我国企业可围绕该领域的核心专利进行改进，并自主研发核心技术，在国内、国外进行专利布局。

（2）加强热处理变形的研究力度，集中力量攻克行业内未突破的技术瓶颈。减少热处理变形的技术有：真空低压热处理、渗氮热处理、高频感应淬火和残余应力的控制技术，我国企业可在这些方面多投入一些研发力量进行研究。提高齿轮的表面硬度的热门技术有：渗碳、碳氮共渗和油淬，研究人员也可以借助之前已有的专利文献开发这些技术的外围专利或是改进专利。

（3）专利诉讼上应该有计划布局申请、积极应对诉讼，但最根本的是增强实力，加大研发力度；同时逐步积极累积知识产权保护方面的经验，包括成功和不成功的经验，依靠行业协会将各企业的经验汇总，从中梳理出起诉、应诉专利无效、侵权的有效方法。

第8章 技术分解和标准

8.1 关键技术分解

8.1.1 齿轮近净成型

表 8 - 1 - 1 齿轮近净成型技术分解表

一级分支	二级分支	三级分支	四级分支
齿轮精锻（近）净成形	结构	模具	模具结构
			模具制造工艺
			模具材料
		锻件	锻件材料
			锻件形状
			热处理
		压力机械	—
	工艺	冷锻	—
		温锻	—
		热锻	—
		复合锻	—
		其他	—
	智能化设计	—	—
	其他		

8.1.2　螺旋齿轮切削加工

表 8 - 1 - 2　螺旋齿轮切削加工技术分解

一级分支	二级分支	三级分支	四级分支	五级分支
螺旋齿轮切削加工	加工工艺	齿形加工	相对位置	轴线加工方向且加工角度
				轴线方向运动
				加工角度
				其他相对位置
			进给量	—
			速率	—
			分度控制	—
			分段加工	分时段
				分区域
			其他	—
		齿形修正	工具修形	—
			相对运动	—
			按位置	—
			其他	—
		齿形修复	—	—
		反馈/计算机控制	—	—
		复合加工	—	—
		倒角/去毛刺	—	—
	加工装置	机床部件	主轴	—
			除切屑	—
			刀头	—
			传动链	—
			工件调整装置	—
		机床布局	—	—
		复合加工装置	—	—
		刀具（不研究）	—	—
		夹具（不研究）	—	—

8.1.3　齿轮热处理

表 8 - 1 - 3　齿轮热处理技术分解表

一级分支	二级分支	三级分支	四级分支	五级分支
齿轮热处理	热处理类型	渗碳	淬火方式	高频感应淬火
				气淬
				油淬
				其他
		渗氮	渗氮方式	离子渗氮
				气体渗氮
				液体渗氮
		复合热处理	—	—
	炉内压力	真空低压	—	—
		其他	—	—
	碳（氮）势控制	气体流量控制	—	—
		脉冲控制	—	—
		其他	—	—
	催渗方式	稀土催渗	—	—
		BH 催渗	—	—
		其他	—	—

8.2　齿轮标准及其最新发展

8.2.1　我国齿轮标准现状

到 2010 年底，我国齿轮标准化技术委员会的标准总数为 79 项。其中，国家标准 54 项，行业标准 17 项，国家标准化指导性技术文件 8 项，前两类标准皆为推荐性标准。54 项国家标准中，基础标准 37 项，占 68.5%；方法标准 16 项，占 29.6%；产品标准 1 项，占 1.9%。17 项行业标准中，基础标准 7 项，占 41.18%；产品标准 6 项，占 35.29%；方法标准 4 项，占 23.53%。8 项国家标准化指导性技术文件均为方法标准。

从与国际标准的关系来看，54 项国家标准中，采用 ISO 标准 23 项，占 42%；采用国外先进标准 6 项，占 11%。17 项行业标准中，采用 ISO 标准 1 项，采用国外先进标准 2 项。8 项国家标准化指导性技术文件均采用了 ISO/TC。

　　我国齿轮行业的标准化工作已经取得了一定成绩，但是，我国齿轮标准尚不够完善。主要表现在以下几个方面：

　　第一，标龄过长，标准老化现象比较严重，使标准的一些内容在技术上与产品的发展不相适应，无法促进产业的发展。54 项国家标准中，1986～1989 年发布的标准 16 项，占 29.6%；1990～1999 年发布的有 19 项，占 35.2%；2000 年以后发布的标准仅有 19 项，占 35.2%。17 项行业标准中，2000 年以后发布的 7 项，占 41%。为适应产业的发展，急需对标龄较长的标准进行修订。

　　第二，标准制修订经费的问题。多年来，标准的制修订经费投入严重不足，且主要集中于重点标准方面，仅靠少量的补助费要想做好标准化工作是远远不够的。而整个齿轮行业的标准前几年几乎没有经费支持，随着产品的升级换代和新产品的不断开发，行业标准严重缺乏。

　　第三，缺乏基础性标准化研究。如在齿轮材料热处理金相检验方面的标准缺乏，不论是在工业齿轮、车辆齿轮方面等均是如此，急待投入经费和研究力量，进行研究、总结和制定标准。

　　第四，制定和推广脱节，应投入力量对可直接促进行业技术进步的重点基础性标准进行推广应用。

　　第五，标准化工作队伍不稳定，人员流失较多。

　　同时，我国与先进工业国家相比，齿轮标准化工作也存在很大差距。主要表现在以下几个方面：

　　第一，在齿轮标准化方面，一些先进工业国家采用 ISO 标准的趋势越来越明显，以齿轮精度为例，日本、美国、俄罗斯等国先后等同采用了国际标准。

　　第二，不少先进工业国家将自己的国家标准、协会标准的内容渗透到 ISO 标准（或直接转化作为 ISO 标准）的趋势也越来越明显。

　　第三，随着经济全球化的发展，我国齿轮生产企业也开始直接采用 ISO 或国外先进工业国家标准，但是只限于少数企业，并未广泛推广。❶

8.2.2　齿轮标准

　　我国现有齿轮标准主要包括以下 15 项：

　　① 齿轮基础标准；

　　② 渐开线圆柱齿轮标准；

　　③ 圆弧圆柱齿轮标准；

　　④ 锥齿轮及锥双曲面齿轮标准；

　　⑤ 蜗轮蜗杆标准；

　　⑥ 行星齿轮标准；

❶　解巍，齿轮行业要发展标准需先行 ［EB/OL］．（2011－10－13）［2014－05－22］．http：//www.cinn.cn/wzgk/wsm/245793.shtml.

⑦ 齿轮材料热处理标准；

⑧ 齿轮装置试验及其他标准；

⑨ 摩托车齿轮五项标准；

⑩ 齿轮检测仪器、样板、检定、校正标准；

⑪ 齿轮刀具标准；

⑫ 齿轮——金属材料标准；

⑬ 齿轮——金属镀覆和化学处理标准；

⑭ 齿轮（坯）——金属锻压标准；

⑮ 齿轮加工机床标准。

具体为：

GB/T 2821—2003 齿轮几何要素代号；

GB/T 3374.1—2010 齿轮术语和定义第1部分：几何学定义；

GB/T 3374.2—2011 齿轮术语和定义第2部分：蜗轮几何学定义；

GB/T 3481—1997 齿轮轮齿磨损和损伤术语；

GB/T 10853—2008 机器理论与机构学术语；

GB/T 12601—1990 谐波齿轮传动基本术语。

8.2.2.1 渐开线圆柱齿轮标准

GB/T 1356—2001 通用机械和重型机械用圆柱齿轮标准基本齿条齿廓；

GB/T 1357—1987 渐开线圆柱齿轮模数（注：包括了模数≤1的范围）；

GB/T 1357—2008 通用机械和重型机械用圆柱齿轮模数（注：只规定了模数≥1的范围）；

GB/T 2362—1990 小模数渐开线圆柱齿轮基本齿廓；

GB/T 2363—1990 小模数渐开线圆柱齿轮精度；

GB/T 3480—1997 渐开线圆柱齿轮承载能力计算方法；

GB/T 3480.5—2008 直齿轮和斜齿轮承载能力计算第5部分：材料的强度和质量；

GB/T 3481—1997 齿轮轮齿磨损和损伤术语；

GB/Z 6413.1—2003 圆柱齿轮、锥齿轮和准双曲面齿轮胶合承载能力计算方法第1部分：闪温法；

GB/Z 6413.2—2003 圆柱齿轮、锥齿轮和准双曲面齿轮胶合承载能力计算方法第2部分：积分温度法；

GB/T 6443—1986 渐开线圆柱齿轮图样上应注明的尺寸数据；

GB/T 6467—2010 齿轮渐开线样板；

GB/T 6468—2010 齿轮螺旋线样板；

GB/T 10063—1988 通用机械渐开线圆柱齿轮承载能力简化计算方法；

GB/T 10095.1—2008 圆柱齿轮精度制第1部分：轮齿同侧齿面偏差的定义和允许值；

GB/T 10095.2—2008 圆柱齿轮精度制第2部分：径向综合偏差与径向跳动的定义

和允许值；

　　GB/T 10096—1988 齿条精度；

　　GB/T 1356—2001 通用机械和重型机械用圆柱齿轮标准基本齿条齿廓；

　　GB/T 13924—2008 渐开线圆柱齿轮精度检验细则；

　　GB/Z 18620.1—2008 圆柱齿轮检验实施规范第 1 部分：轮齿同侧齿面的检验；

　　GB/Z 18620.2—2008 圆柱齿轮检验实施规范第 2 部分：径向综合偏差、径向跳动、齿厚和侧隙的检验；

　　GB/Z 18620.3—2008 圆柱齿轮检验实施规范第 3 部分：齿轮坯、轴中心距和轴线平行度的检验；

　　GB/Z 18620.4—2008 圆柱齿轮检验实施规范第 4 部分：表面结构和轮齿接触斑点的检验；

　　GB/T 19406—2003 渐开线直齿和斜齿圆柱齿轮承载能力计算方法工业齿轮应用；

　　JB/T 3887—1999 渐开线直齿圆柱测量齿轮；

　　JB/T 7512.3—1994 圆弧齿同步带传动设计方法；

　　JB/T 8415—1996 内燃机正时齿轮技术条件；

　　JB/T 8830—2001 高速渐开线圆柱齿轮和类似要求齿轮承载能力计算方法；

　　JB/T 10008—1999 测量蜗杆。

8.2.2.2　圆弧圆柱齿轮标准

　　GB/T 1840—1989 圆弧圆柱齿轮模数；

　　GB/T 12759—1991 双圆弧圆柱齿轮基本齿廓；

　　GB/T 13799—1992 双圆弧圆柱齿轮承载能力计算方法；

　　GB/T 15752—1995 圆弧圆柱齿轮基本术语；

　　GB/T 15753—1995 圆弧圆柱齿轮精度。

8.2.2.3　锥齿轮及锥双曲面齿轮标准

　　GB/T 10062.1—2003　锥齿轮承载能力计算方法第 1 部分：概述和通用影响系数；

　　GB/T 10062.2—2003　锥齿轮承载能力计算方法第 2 部分：齿面接触疲劳（点蚀）强度计算；

　　GB/T 10062.3—2003　锥齿轮承载能力计算方法第 3 部分：齿根弯曲强度计算；

　　GB/T 10224—1988　小模数锥齿轮基本齿廓；

　　GB/T 10225—1988　小模数锥齿轮精度；

　　GB/T 11365—1989　锥齿轮和准双曲面齿轮精度；

　　GB/T 12368—1990　锥齿轮模数；

　　GB/T 12369—1990　直齿及斜齿锥齿轮基本齿廓；

　　GB/T 12370—1990　锥齿轮和准双曲面齿轮术语；

　　GB/T 12371—1990　锥齿轮图样上应注明的尺寸数据。

8.2.2.4　蜗轮蜗杆标准

　　GB/T 10085—1988　圆柱蜗杆传动基本参数；

GB/T 10086—1988　圆柱蜗杆、蜗轮术语及代号；

GB/T 10087—1988　圆柱蜗杆基本齿廓；

GB/T 10088—1988　圆柱蜗杆模数和直径；

GB/T 10089—1988　圆柱蜗杆、蜗轮精度；

GB/T 10226—1988　小模数圆柱蜗杆基本齿廓；

GB/T 10227—1988　小模数圆柱蜗杆、蜗轮精度；

GB/T 12760—1991　圆柱蜗杆、蜗轮图样上应注明的尺寸数据；

GB/T 16442—1996　平面二次包络环面蜗杆传动术语；

GB/T 16443—1996　平面二次包络环面蜗杆传动几何要素代号；

GB/T 16848—1997　直廓环面蜗杆、蜗轮精度；

JB/T 8809—1998　SWL 蜗轮螺杆升降机型式、参数与尺寸。

8.2.2.5　行星齿轮标准

GB/T 10107.1—1988　摆线针轮行星传动基本术语；

GB/T 10107.2—1988　摆线针轮行星传动图示方法；

GB/T 10107.3—1988　摆线针轮行星传动几何要素代号；

GB/T 11366—1989　行星传动基本术语；

JB/T 10419—2005　摆线针轮行星传动摆线齿轮和针轮精度。

8.2.2.6　齿轮材料热处理标准

GB/T 8539—2008　齿轮材料及热处理质量检验的一般规定；

GB/T 9450—2005　钢件渗碳淬火硬化层深度的测定和校核；

GB/T 17879—1999　齿轮磨削后表面回火的浸蚀检验；

JB/T 5078—1991　高速齿轮材料选择及热处理质量控制的一般规定；

JB/T 5664—1991　重载齿轮失效判据；

JB/T 6077—1992　齿轮调质工艺及其质量控制；

JB/T 6141.3—1992　重载齿轮渗碳金相检验；

JB/T 7516—1994　齿轮气体渗碳热处理工艺及其质量控制；

JB/T 9171—1999　齿轮火焰及感应淬火工艺及其质量控制；

JB/T 9172—1999　齿轮渗氮、氮碳共渗工艺及质量控制；

JB/T 9173—1999　齿轮碳氮共渗工艺及质量控制；

QC/T 29018—1991　汽车碳氮共渗齿轮金相检验；

QC/T 262—1999　汽车渗碳齿轮金相检验。

8.2.2.7　齿轮装置试验及其他标准

GB/T 6404.1—2005　齿轮装置验收规范第1部分：空气传播噪声的试验规范；

GB/T 6404.2—2005　齿轮装置验收规范第2部分：验收试验期间齿轮装置的机械振动测定；

GB/T 8542—1987　透平齿轮传动装置技术条件；

GB/T 8543—1987　验收试验中齿轮装置机械振动的测定；

GB/T 11281—2009　　微电机用齿轮减速器通用技术条件；

GB/T 13672—1992　　齿轮胶合承载能力试验方法；

GB/T 14229—1993　　齿轮接触疲劳强度试验方法；

GB/T 14230—1993　　齿轮弯曲疲劳强度试验方法；

GB/T 14231—1993　　齿轮装置效率测定方法；

GB/T 17879—1999　　齿轮磨削后表面回火的浸蚀检验；

GB/Z 19414—2003　　工业用闭式齿轮传动装置；

GB/T 19935—2005　　蜗杆传动—几何参数—蜗杆传动装置的铭牌、中心距、用户提供给制造者的参数；

GB/T 19936.1—2005　　齿轮—FZG 试验方法　第 1 部分：油品胶合承载能力 FZG 试验 A/8.3/90；

GB/T 19936.2—2005　　齿轮—FZG 试验方法　第 2 部分：胶合承载能力 FZG 分步加载试验 A10/16、6R/120；

GB/Z 22559.1—2008　　齿轮–热功率–第 1 部分：油池温度在 95° 时齿轮装置的热平衡计算；

JB/T 5076—1991　　齿轮装置噪声评价；

JB/T 5077—1991　　通用齿轮装置型式试验方法；

JB/T 6078—1992　　齿轮装置质量检验总则；

JB/T 7514—1994　　高速渐开线圆柱齿轮箱；

JB/T 7929—1999　　齿轮传动装置清洁度；

JB/T 8831—2001　　工业闭式齿轮的润滑油选用方法；

CGMA 1001. C01 – 2007 CK　系列斜齿轮–圆锥齿轮减速箱；

CGMA 1001. A01 – 2007 CR　系列圆柱斜齿轮减速箱；

CGMA 1001. B01 – 2007 CF　系列平行轴斜齿轮减速箱；

CGMA 1001. D01 – 2007 CS　系列斜齿轮–蜗轮蜗杆减速箱；

CGMA 1002. A01 – 2007 WN　系列圆柱蜗杆减速箱；

CGMA 1002. B01 – 2007 WP　系列圆柱蜗杆减速箱。

8.2.2.8　摩托车齿轮五项标准

JB/T 10420—2004　　摩托车花键轴冷挤压件技术条件；

JB/T 10421—2004　　摩托车齿轮噪声测量方法；

JB/T 10422—2004　　摩托车齿轮坯精锻技术条件；

JB/T 10423—2004　　摩托车齿轮零件、组件技术条件；

JB/T 10424—2004　　摩托车齿轮材料及热处理质量检验的一般规定。

8.2.2.9　齿轮检测仪器、样板、检定、校正标准

GB/T 6467—2001　　齿轮渐开线样板；

GB/T 6468—2001　　齿轮螺旋线样板；

GB/T 9246—2008　　显微镜目镜；

GB/T 22097—2008　齿轮测量中心；

JJG　332—2003　齿轮渐开线样板检定规程；

JJG　408—2000　齿轮螺旋线样板检定规程；

JJG 1008—2006　标准齿轮检定规程；

JJF 1124—2004　齿轮渐开线测量仪器校准规范；

JJF　1233—2010　齿轮双面啮合测量仪校准规范；

JB/T 3887—1999　渐开线直齿圆柱测量齿轮；

JB/T 10008—1999　测量蜗杆。

8.2.2.10　齿轮刀具标准

（1）齿轮刀具

GB/T 5103—2004　渐开线花键滚刀通用技术条件；

GB/T 5104—2004　30°压力角渐开线花键滚刀基本型式和尺寸；

GB/T 5105—2004　45°压力角渐开线花键滚刀基本型式和尺寸；

GB/T 6081—2001　直齿插齿刀的基本型式和尺寸；

GB/T 6082—2001　直齿插齿刀通用技术条件；

GB/T 6083—2001　齿轮滚刀的基本型式和尺寸；

GB/T 6084—2001　齿轮滚刀通用技术条件；

GB/T 9205—2005　镶片齿轮滚刀；

GB/T 10952—2005　矩形花键滚刀；

GB/T 14333—1993　盘形剃齿刀；

GB/T 14348.1—1993　双圆弧齿轮滚刀型式和尺寸；

GB/T 14348.2—1993　双圆弧齿轮滚刀技术条件；

JB/T 2494—2006　小模数齿轮滚刀；

JB/T 3095.1—1994　小模数直齿插齿刀基本型式和尺寸；

JB/T 3095.2—1994　小模数直齿插齿刀技术条件；

JB/T 3227—1999　高精度齿轮滚刀通用技术条件；

JB/T 4103—2006　剃前齿轮滚刀；

JB/T 7427—1994　滚子链和套筒链链轮滚刀；

JB/T 7654—2006　整体硬质合金小模数齿轮滚刀；

JB/T 7967—1999　渐开线内花键插齿刀基本型式和尺寸；

JB/T 7968.1—1999　磨前齿轮滚刀第1部分：基本型式和尺寸；

JB/T 7968.2—1999　磨前齿轮滚刀第2部分：通用技术条件；

JB/T 7970.1—1999　盘形齿轮铣刀第1部分：基本型式和尺寸；

JB/T 7970.2—1999　盘形齿轮铣刀第2部分：技术条件；

JB/T 8345—1996　弧齿锥齿轮铣刀1:24圆锥孔尺寸及公差；

JB/T 9990.1—1999　直齿锥齿轮精刨刀第1部分：基本型式和尺寸；

JB/T 9990.2—1999　直齿锥齿轮精刨刀第2部分：技术条件；

JB/T 10004—1999　硬质合金刮削齿轮滚刀技术条件；

JB/T 10156—1999　带模滚刀型式和尺寸；

JB/T 10157—1999　带轮滚刀型式和尺寸；

JB/T 10158—1999　带轮和带模滚刀技术条件。

（2）拉刀

GB/T 3832.1—2004　拉刀柄部第 1 部分：矩形柄；

GB/T 3832.2—2004　拉刀柄部第 2 部分：圆柱形前柄；

GB/T 3832.3—2004　拉刀柄部第 3 部分：圆柱形后柄；

GB/T 5102—2004　渐开线花键拉刀技术条件；

GB/T 14329.1—1993　平刀体键槽拉刀型式与尺寸；

GB/T 14329.2—1993　加宽平刀体键槽拉刀型式与尺寸；

GB/T 14329.3—1993　带倒角齿键槽拉刀型式与尺寸；

GB/T 14329.4—1993　键槽拉刀通用技术条件；

JB/T 5613—1991　小径定心矩形花键拉刀；

JB/T 7962—1999　圆拉刀技术条件；

JB/T 6357—1992　圆推刀；

JB/T 9992—1999　矩形花键拉刀技术条件；

JB/T 9993—1999　带侧面齿键槽拉刀。

8.2.2.11　齿轮——金属材料标准

GB/T 221—2000　钢铁产品牌号表示方法；

GB/T 222—2006　钢的成品化学成品允许公差；

GB/T 699—1999　优质碳素结构钢（包括 2000 年第 1 号修改单）；

GB/T 700—2006　碳素结构钢；

GB/T 702—2008　热轧钢棒尺寸、外形、重量及允许偏差；

GB/T 1172—1999　黑色金属硬度及强度换算值；

GB/T 1220—2007　不锈钢棒；

GB/T 3078—2008　优质结构钢冷拉钢材；

GB/T 3190—2008　变形铝及铝合金化学成分；

GB/T 4423—2007　铜及铜合金拉制棒；

GB/T 14981—2004　热轧盘条尺寸、外形、重量及允许偏差；

GB/T 18253—2000　钢及钢产品检验文件的类型；

GB/T 20878—2007　不锈钢和耐热钢牌号及化学成分。

8.2.2.12　齿轮——金属镀覆和化学处理标准

GB/T 3138—1995　金属镀覆和化学处理与有关过程术语；

GB/T 4879—1999　防锈包装；

GB/T 6807—2001　钢铁工件涂装前磷化处理技术条件；

GB/T 9799—1997　金属覆盖层钢铁上的锌电镀层；

GB/T 11376—1997　金属的磷酸盐转化膜；

GB/T 11379—2008　金属覆盖层工程用铬电镀层；

GB/T 12332—90　金属覆盖层工程用镍电镀层；

GB/T 12611—2008　金属零（部）件镀覆前质量控制技术要求；

GB/T 13911—2008　金属镀覆和化学处理标识方法；

GB/T 15519—1995　钢铁化学氧化膜；

GJB/Z 594A—2000　金属镀覆层和化学覆盖层选择原则与厚度。

8.2.2.13　齿轮（坯）——金属锻压标准

GB/T 8541—1997　锻压术语；

GBT 12361—2003　钢质模锻件通用技术条件；

GBT 12362—2003　钢质模锻件公差及机械加工余量；

GBT 13320—2007　钢质模锻件金相组织评级图及评定方法；

GBT 17107—1997　锻件用结构钢牌号和力学性能；

GB/T 20078—2006　铜和铜合金锻件；

GJ/B 904A—1999　锻造工艺质量控制要求。

8.2.2.14　齿轮加工机床标准

GB/T 4686—2008　插齿机精度检验；

GB/T 21946—2008　数控剃齿机精度检验；

GB/T 25380—2010　数控滚齿机精度检验；

JB/T 6198.1—2007　摆线齿轮磨齿机第1部分：型式与参数；

JB/T 6198.2—2007　摆线齿轮磨齿机第2部分：精度检验；

JB/T 6342.1—2006　数控插齿机第1部分：精度检验；

JB/T 6342.2—2006　数控插齿机第2部分：技术条件；

JB/T 6345—2006　重型滚齿机技术条件；

JB/T 9925.1—1999　蜗杆磨床精度检验；

JB/T 9925.2—1999　蜗杆磨床技术条件；

JB/T 9933.1—1999　小模数齿轮滚齿机精度；

JB/T 9933.2—1999　小模数齿轮滚齿机精度检验；

JB/T 21945—2008　数控扇形齿轮插齿机精度检验。

8.2.3　齿轮标准发展趋势

《机械通用零部件行业"十二五"发展规划》中强调，齿轮行业要跟踪国际先进技术发展趋势，注重与国际标准接轨，积极参与国际标准制修订工作，从整体上提升行业水平，促进自主创新产品进入国际市场。

8.2.3.1　齿轮标准发展重点领域

目前，我国齿轮标准应根据市场化、国际化原则，加强重点领域关键技术标准的研制成为标准化工作突破的关键。重点领域主要包括以下几个领域。

齿轮材料领域：在该领域内，到目前为止，没有工业用、通用齿轮的金相组织标准，为了提高齿轮的内在质量，行业上急需这类标准，如调质齿轮金相检验、渗碳齿轮金相检验标准，应在相关上级部门进行列项，组织力量进行技术研究，然后制订标准。

风力发电齿轮装置：在这方面我国起步较晚，但发展较快。然而我国没有该方面齿轮装置的设计规范，急需制订。

石油和天然气工业用齿轮装置和超临界、超超临界火电齿轮装置：目前我国无相应的标准或规范，急需制订。

大型、特大型齿轮传动装置的技术标准：包括海洋石油钻井平台，大型、特大型升船机用齿轮传动装置，这方面我国没有相应的标准或规范，急需制订。

8.2.3.2　齿轮精度标准急需发展

齿轮精度国际标准由 ISO 第 60 技术委员会（ISO/TC60，以下简称"TC60"）负责制订。TC60 成立于 20 世纪中叶，是国际标准化组织中专门负责各种齿轮标准制定的委员会，因而 TC60 也称为齿轮委员会。工业发达国家对 TC60 很重视，均组织本国最权威的机构和专家参与其工作，如美国齿轮协会（AGMA）、德国机械设备制造业联合会（VDMA）等。我国是 ISO 常务理事国，20 世纪 80 年代曾有专家参加过 TC60 的工作会议，后因诸多原因未能延续，致使我国没能参与上一轮齿轮国际标准的制订。

旧版齿轮精度国际标准发布于 1995 年，即 ISO 1328 – 1：1995（E）。我国现行齿轮精度国家标准（GB 10095.1 – 2008）就是等效采用 ISO 1328 – 1：1995（E）的。

新版齿轮精度国际标准的修订内容很多，旧版仅有 31 页，而新版标准（ISO 1328 – 1：2013）则有 58 页，新版国际标准对各项偏差的评价过程规定更细，对各精度等级的公差值计算公式也有所调整。这将对齿轮产品和各种齿轮装备产生重大影响。

齿轮精度标准是机械行业的基础标准，更是齿轮行业的核心标准，因而各国都非常重视齿轮精度这个标准。齿轮精度国际标准（ISO 1328 – 1：2013）正式颁布后，工业发达国家迅速启动了新标准的采纳过程。从 2013 年 11 月 TC60 德国会议的报告来看，英国和意大利已经采纳了新标准，美国、日本、德国、法国已经启动了采纳的进程。

齿轮精度国际新标准的颁布也需要引起我国齿轮行业，特别是齿轮出口企业的重视。国外一些著名的齿轮机床、仪器和刀具生产企业对新版齿轮精度标准的制定和颁布过程一直很关注。比如德国，在国际标准制定阶段，机床厂、仪器厂、工具厂和齿轮设计软件商就已经参与和跟进，标准一发布，相关企业紧跟着就推出了采用新标准的仪器设备或者发布适应新标准的产品。齿轮精度新标准的颁布，必将导致一系列其他相关标准的修订和市场的变化，期待我们国家能及时采用该新版标准，希望国内企业能抓住这次国际齿轮标准修订的机会，及时跟进，积极谋划，快速转变，化作推进我国齿轮行业做强的动力。❶

---

❶　解巍，齿轮行业要发展标准需先行［EB/OL］.（2011 – 10 – 13）［2014 – 05 – 22］. http：//www. cinn. cn/wzgk/wsm/245793. shtml.

关键技术四

精密模具

目　　录

第1章 研究概况

1.1 研究背景

模具在机械制造加工中占有非常重要的地位，是工业化生产中必不可少的基础工艺装备，在国际上被称为"工业之母"，模具生产技术也是衡量一个国家制造工艺水平的重要标志之一。当前，我国工业生产的特点是产品品种多、更新快和市场竞争激烈，在这种情况下，用户对模具制造的要求是交货期短、精度高、质地好、价格低。模具企业生产向管理信息化、技术集成化、设备精良化、制造数字化、精细化、加工高速化及自动化方向发展；企业经营向品牌化和国际化方向发展；行业向信息化、绿色制造和可持续方向发展。现在，汽车零部件的 95%、家电零部件的 90% 均为模具制件，IT 消费电子、电器、包装品等诸多产业中 80% 的零部件都是由模具孕育出来的，模具对我国经济发展、国防现代化和高端技术服务起到了非常重要的支撑作用。

1.1.1 技术发展概况

模具的历史非常久远，早在中国古代就已经开始使用模具制造工件，模具技术经过漫长的发展，逐步形成目前的各个技术分支。现代模具与传统模具不同，它不仅形状与结构十分复杂，而且技术要求更高，用传统的模具制造方法已难以实现，必须结合现代化科学技术的发展，采用先进制造技术，才能达到技术要求。目前，模具技术的发展主要有以下几个方面：

① 随着零件微型化及精度要求的提高，模具精度的要求也越来越高；

② 由于零件大型化的趋势，以及高生产率要求的一模多腔所致，模具日趋大型化；

③ 进一步缩短产品的生产周期，提高生产效率，发展多功能复合模具；

④ 随着塑料原材料的性能不断提高，各行业的零件将向以塑代钢、以塑代木的方向发展，从而刺激塑料模具的发展；

⑤ 模具标准化及模具标准件的应用能够极大地影响模具制造周期，同时还能提高模具的质量和降低模具制造成本；

⑥ 随着增材制造技术的发展，快速成型模具已引起人们的重视和关注，应大力发展快速模具技术。

1.1.2 产业现状及需求

2011 年以前，国际模具市场以日本、德国、美国为垄断地位的先进模具生产技术吞噬着全球模具市场，这 3 个大国对于高精度与复合性模具的开发，在设计能力、制造技术上都保持着领先的地位，同时，这 3 个大国也都拥有精良的技术研发人才，这些绝对优势使这三国成为当之无愧的模具头领。然而，在全球经济面临萎缩的境地下，模具需求市场也开始一蹶不振，加上原材料价格的不断上涨使得包括这 3 个大国在内的发达国家的模具产业发展日趋困难。与此同时，数字样机、3D 打印、4D 打印、5D 打印不断精进的技术理念及应用体验也在不断地与行业应用相结合，促进模具制造业企业转型升级和商业模式革新。

目前国内的模具企业约 3 万家，中国模具在国际模具采购中具有高性价比的优势，在国际舞台扮演着越来越重要的角色。我国模具行业的下游产品不断地细分化、专业化。在区域发展方面，中国已经形成了珠三角、江浙沪、河北及京津、中国中部四大模具集聚区。与此同时，外资企业纷纷抢滩中国模具市场，其中最具代表性的是日系企业。目前，日本主要汽车制造商都在中国建立了模具公司，如丰田、东芝、夏普、本田、三菱、富士等；同时日本的多个模具制造企业也加快在中国的发展，如荻原、黑天精工、旭光等。此外，美国、欧洲的模具企业也开始布局中国模具市场。

在进出口方面，由于我国模具设计制造水平和能力不能满足市场要求，因此，每年我国都在大量进口高档模具，出口的却是以中低档为主。在进出口方面，2010 年我国模具首次实现外贸顺差，改变了长期的逆差局面，参见表 1 - 1 - 1。

表 1 - 1 - 1　2005 ~ 2013 年我国模具行业销售总额及进出口额❶

年份	销售总额/亿元	进口额/亿美元	出口额/亿美元
2005	610	20.68	7.38
2006	720	20.47	10.41
2007	870	20.53	14.13
2008	950	20.04	19.22
2009	980	19.64	18.43
2010	1120	20.62	21.95
2011	1240	22.35	30.05
2012	—	24.84	37.31
2013 年 1 ~ 9 月	—	18.04	31.28

我国对模具产业的发展十分重视，尤其是近些年来，国家连续出台了多项政策措施，将模具产业的发展提升到了新的高度。由中国模具工业协会编制的《模具行业"十二五"规划》指出，中国模具行业总销售额至 2015 年将达 1740 亿元左右，其中出口模具占 15% 左右。

---

❶　中国模具工业协会. 2012 年中国模具工业年鉴［M］. 北京：机械工业出版社，2012.

1.2 研究对象和方法

一方面，模具涉及的行业较多，其广泛应用在机械、航空航天、汽车、电子电器、医疗器械、轻工、建材等行业中；另一方面，其所涉及的技术领域也非常广泛，包括模具结构、模具材料、模具制造方法、模具装配方法、模具装配装置等，因此，考虑到技术热点、行业需求和社会关注程度等因素，本报告中的模具仅涉及模具结构。

1.2.1 技术分解

技术分解是对所研究的技术主题的进一步细化，是课题研究的重要基础内容之一。由于在业内对技术分支存在多种划分方式，为了完成本技术分解表，课题组进行了如下工作：①查阅了大量的文献资料，了解行业发展状况、技术发展状况和行业的分类习惯；②根据专利分类表，制定了初步的技术分解表，并进行了初步的检索和评估工作；③向中国模具工业协会和企业专家咨询意见，听取他们的修改建议，并对技术分解表进行进一步的完善，经历了不断反馈修正的过程，最终确定了如表1-2-1所示的技术分解表。

表1-2-1 模具技术分解表

一级分支	二级分支	三级分支	四级分支
高分子材料模具	塑料类模具	光学塑料成型模具	注塑模
			浇注模
			压制模
		其他工件塑料类模具	—
	橡胶类模具	橡胶注塑模	—
		橡胶挤出模	—
		橡胶传递模	—
		橡胶压缩模	—
无机材料模具	玻璃模具	玻璃压制模	—
		玻璃拉制模	—
		玻璃浇注模	—
		玻璃烧结模	—
	陶瓷模具	压制瓷模	—
		热压铸瓷模	—

续表

一级分支	二级分支	三级分支	四级分支
金属模具	铸造模具	普通砂型模	—
		负压造型模	—
		熔模铸造模	—
		消失模铸造模	—
		磁型铸造模	—
		负压铸造模	—
		石膏型铸造模	—
		壳型铸造模	—
		悬浮铸造模	—
		金属型铸造模	—
		连续铸造模	—
		压力铸造模	—
		低压铸造模	—
		真空吸铸模	—
		差压铸造模	—
		离心铸造模	—
	锻造模具	锤锻模	—
		平锻模	—
		旋转锻模	—
		多向锻模	—
		辊锻模	—
		无飞边锻模	—
		精密锻模	—
		超塑性锻造模	—
		粉末冶金锻造模	—
	冲压模具	汽车覆盖件冲压模具	落料模
			拉深模
			斜楔模
			复合模
			级进模（多工位模）
			包边模
			其他
		其他工件冲压模具	—
	粉末冶金模具	钢模成形模	—
		软模成形模	—
		无压成形模	—

1.2.2 数据检索

（1）数据来源及数据范围

本报告采用的专利数据来自国家知识产权局提供的以下相关专利数据库：

① 中国专利数据主要来自 CPRS（中国专利文献数据库）；

② 全球专利数据主要来自 WPI（德温特世界专利数据库）和 EPODOC（欧洲专利局世界专利数据库）。

本报告所采用的专利样本均为自有记载开始至检索截止日终止的所有专利。如无特殊说明，本报告的数据统计截止时间为 2014 年 7 月 1 日。

（2）检索策略

① 对于汽车覆盖件冲压模具技术分支，首先，由于覆盖件各模具的分类号、文字记载上均不能清楚区分，因而整体上采取总体检索的模式，即先检索出所有与覆盖件模具相关的文献，再通过标引对其进行细分。其次，汽车覆盖件模具的 IPC 分类具有这样的特点，各类模具之间的边界并不能明显区分，但是总体的分类清晰，覆盖件模具主要归类于冲压模具，在 IPC 分类体系下，集中在 B21D 范围下，可通过该大组下具有明确分类的技术分支分类号检索，但是仅仅通过分类号检索肯定会漏检，可用准确分类号检索结果 A 和准确的关键词结合噪音后检索结果 B 综合的结果得到汽车覆盖件模具的数据结果。并且，汽车覆盖件模具专利文献具有以下特点：其具体涉及两个领域，一个是冲压模具领域，另一个则是汽车部件领域。但是在冲压模具领域中，专利文献未必会体现出与车体部件有关的词汇，而在汽车部件领域进行检索，则又会带来很多与覆盖件模具无关的车体文献。在检索中需要反复浏览检索到的数据，从中提取噪音源，即边检索边去噪。

② 对于光学塑料成型模具这个技术分支，检索采取了分-总的方式进行，即先把各个四级分支的数据分别检索出来，然后相加形成三级分类光学塑料成型模具的总的检索数据。由于注塑成型模具、浇注成型模具和压制成型模具的边界清晰，分类号比较集中准确，从而根据上述特点，制订检索要素表。

第 2 章　汽车覆盖件冲压模具专利技术分析

汽车产业是我国国民经济的重要支柱产业之一，在国民经济和社会发展中发挥着重要作用。改革开放以来我国汽车工业发展迅猛，各大汽车集团争相开发新产品，车型更新日新月异，产品品质不断提高。在汽车整车产品中，汽车覆盖件部分是整个产品最直观的部分，对车身整体的外观质量起到决定性的作用，同时也是人们决定购买的一个重要因素。可以说汽车覆盖件模具，特别是大中型冲压件模具，是车身制造技术的重要组成部分，也是汽车自主开发的一个关键环节。但是目前我国的生产能力不能满足大中型汽车覆盖件模具的需求量，中高档轿车外覆盖件模具主要依靠进口，国产化程度比较低，这已成为我国汽车工业发展的瓶颈，极大地影响了我国新车型的开发。因此，对汽车覆盖件冲压模具行业的相关专利进行全面系统的分析，从专利技术角度解析行业发展存在的问题，对促进汽车覆盖件冲压模具行业发展具有重要的现实意义。

为了了解全球及中国汽车覆盖件冲压模具专利申请的整体态势，本章根据汽车覆盖件冲压模具领域全球及中国专利申请数据，主要对专利申请趋势、主要国家或地区专利申请量、专利申请人、中国专利申请法律状态以及六大技术分支（落料模、拉深模、斜楔模、复合模、级进模与多工位模、包边模）的专利申请概况等进行分析。

截至 2014 年 7 月 1 日，全球涉及汽车覆盖件冲压模具技术的专利申请量累计达3906 项；中国涉及汽车覆盖件冲压模具技术的专利申请量累计达 1378 件。

2.1　产业技术概况

2.1.1　产业现状

汽车产业是衡量一个国家工业水平的重要标志，与欧、美、日等汽车制造大国相比，我国的汽车产业起步较晚，但随着社会和经济的快速发展，我国的汽车工业进入了快速的发展阶段，成为名副其实的全球最大汽车生产国和消费国。汽车制造企业间的竞争越来越白热化，生产研发周期不断缩短，更新换代的步伐不断加快，呈现出几乎每年都有款式新颖、乘坐舒适、质量高、性能好的新车型面市的竞争格局。在汽车设计研发到制造的过程中，车身模具的设计和制造占据了很大的比重，成为能否缩短汽车研发生产周期、减少时间和资金成本、提高汽车产品品质的制约因素。

车身是汽车的标识性总成，汽车覆盖件是指构成汽车车身或驾驶室、覆盖发动机和底盘的薄金属板料的异形体表面。在汽车整车产品中，汽车覆盖件部分是最直观的，其表面上任何微小的缺陷都会在涂漆后引起光线的漫反射而损坏汽车外形的美观，因此覆盖件表面不允许有波纹、皱折、边缘拉痕和其他破坏表面美感的缺陷。欧、美、日等发达国家生产的A级表面精度的汽车覆盖件有引擎盖板，车顶盖，左、右车侧围，前、后车门，前、后、左、右翼子板，行李箱盖板等（参见图2-1-1）。

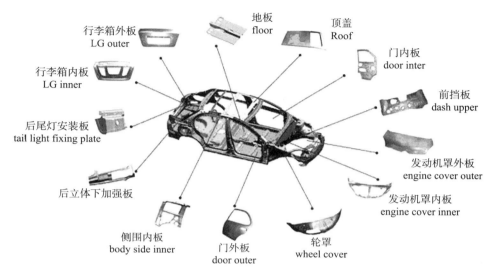

图2-1-1 汽车覆盖件结构示意图

汽车覆盖件冲压技术是衡量一个国家冲压技术水平的重要标志，考察汽车覆盖件的生产水平可以看出一个国家冲压行业的技术现状。汽车覆盖件与一般冲压件相比，具有材料薄、形状复杂、结构尺寸大和表面质量要求高等特点，汽车覆盖件的冲压成形相比其他零件更为复杂和困难，需要在表面质量、尺寸形状、刚性、工艺性等各方面均满足一定的质量及工艺要求，因此汽车覆盖件的制造一直以来都是汽车车身制造的关键环节，其模具的设计开发也处于汽车自主开发制造的核心位置，占整个汽车研发周期约2/3的时间和资金。[1] 覆盖件模具的设计与制造事实上已经成为进一步缩短汽车换型周期、提高汽车品质的主要瓶颈。因此快速开发汽车覆盖件模具，以满足汽车企业的研发生产能力已成为现在汽车企业的当务之急。

早在2011年前，以日本、德国、美国为垄断地位的先进模具生产技术就吞噬着全球模具市场。这三个大国对于高精度与复合性模具的开发，在设计能力、制造技术上都保持着领先的地位。经过近十多年的发展，我国冲压模具的设计制造能力已经具有较高水平，例如我国已能生产高档轿车的部分覆盖件模具；部分高精度多工位级进模和多功能模已达到世界水平，且模具制造周期也不断缩短。据中国模具工业协会资料显示，2010年，我国汽车模具销售总额为1120亿元，模具出口21.96亿美元，模具进口20.62亿美元，模具出口已略大于模具进口，稍有顺差。这说明我国汽车车身模具

---

❶ 徐刚，等．金属板材冲压成形技术与装备的现状与发展［J］．锻压装备与制造技术，2004（4）．

装备业已经得到较大发展，完全依赖进口的局面彻底被打破。至2012年中国的重点骨干模具企业达到近110家，其中，冲压模具约占37%，中国已成为名副其实的汽车模具制造大国。❶ 其中一汽模具制造有限公司、东风汽车模具有限公司、天津汽车模具有限公司（以下简称"天汽模"）、四川成飞集成科技股份有限公司等模具厂都已具备了生产大中型汽车覆盖件模具200万左右工时的能力，模具年产值都已超过亿元。除此之外，近年还新涌现出一批年产值超过或接近亿元的企业，例如福臻实业公司、普什模具有限公司、北京比亚迪模具有限公司、哈尔滨哈飞汽车模具制造有限公司、跃进汽车集团南京模具装备有限公司、上海千缘汽车车身模具有限公司、河北兴林车身制造集团有限公司和潍坊模具厂等。国内进入汽车领域的模具企业和模具产品逐年增加，模具出口也带动了模具水平的不断提高。主要体现为我国模具向大型、精密、复杂方向发展成果突出，例如已生产出单套重达100吨的巨型模具及型腔精度达到0.5μm的超精模具，模具专业化和标准化程度得到进一步提高。

虽然如此，我国汽车覆盖件冲压模具的设计制造能力与市场需要和国际先进水平相比仍有较大差距，在美国、日本等汽车制造业发达的国家，模具产业超过50%的产品是汽车模具，而在我国仅有1/3的模具产品是在为汽车制造业服务，还有很大的发展余地。❷ 我国进口模具中大部分是技术含量高的大型精密模具，相对应的出口模具中大部分是技术含量低的中低档模具。国内在高档轿车和大中型汽车覆盖件模具及高精度冲模上，无论在设计还是加工工艺和制造能力方面，与国外均有较大差距。造成这种现状的原因主要是：国内冲压件生产集中度低，许多汽车集团"大而全"，导致冲压件生产规模小，集中度低，低水平重复建设，难以满足专业化分工生产要求；先进冲压工艺应用不多，技术研发投入少，国外汽车企业研发投入占年销售额的3%~5%，我国重点企业却不足1%；大型、精密、复杂、长寿命的模具大部分依赖进口，模具设计、制造、模具材料都满足不了国内汽车发展的需要，因此国内汽车覆盖件冲压模具技术的发展依然任重道远。

要加快汽车覆盖件冲压模具的发展步伐，我国的冲压行业应加速体制改革，走专业化道路，改变目前企业存在的"大而全"现象，这样才能把冲压零部件做大做强。同时，汽车车身覆盖件冲压应向单机联线自动化、机器人冲压生产线特别是大型多工位压力机方向发展；板材成形设备向自动化、柔性化方向发展；冲压模具设计制造技术向信息化、高速化、高精度、标准化方向发展。这就要求我国的冲压企业，进一步跟踪行业先进技术，加快产、学、研联合步伐，加快科研成果转化为生产力的步伐，使我国冲压行业尽快进入既能开发创新，又能迅速产业化的良性循环轨道。

国外各大汽车公司都对汽车模具的设计和制造技术的发展极为重视，大型汽车企业都拥有自己的模具制造厂，用来生产汽车关键零件的模具，特别是主要外观件所用的模具。其中德国大众模具的生产方式代表了当今汽车模具的高水平生产方式，其将

---

❶ 中国模具工业协会.2012年中国模具工业年鉴［M］.北京：机械工业出版社，2012.
❷ 胡兴军.推动我国汽车模具业的大发展［J］.模具技术，2004（5）.

传统的单件生产通过信息化技术，实现了自动化流水生产。可换工作台式自动化加工，减少了工件反复装夹，提高了前后工序的衔接效率。自动化数控加工，在模具加工车间几十台带工作台的无人驾驶小车带着被加工零件行驶在加工中心之间，按照信息指令在不同的设备上完成所有的工序加工，并按计划时间准时送达装配工位，解决了长期困扰模具管理的大型模具的装配和调试难题。这样的"流水作业的生产方式"可称之为汽车模具生产管理的一次革命。

日本丰田的冲压模具工厂也是世界上最大、最先进的汽车模具制造厂之一，其主要负责整车零件的冲压工艺、整车模具的协调和设计及制造车身内外覆盖件等主要零部件的模具，并不生产丰田所需的全部模具，模具自制率约为60%。

除了汽车生产厂家的模具厂外，还有大批的汽车模具专业公司为汽车制造业服务，其中知名的包括加拿大麦格纳、日本荻原等。麦格纳为全球最大的汽车零部件制造商之一，旗下全资子公司卡斯马国际是世界首屈一指的汽车金属车身供应商，可为客户提供先进的汽车车身、整车框架、底盘系统以及完整白车身的开发、设计和制造，并且在该领域应用多种创新的科技例如液压成形、冲压、冷弯成形等。

日本荻原是全球最大的独立汽车模具生产企业之一，在世界模具行业中，以独具特色的经营和管理方式而著名，丰田、本田及通用等都是其供应对象。2010年比亚迪收购日本荻原旗下的汽车模具工厂，主要生产发动机罩等主要车体构成钢板的模具。

国内在安徽地区汽车覆盖件冲压模具生产企业较为集中，包括奇瑞汽车股份有限公司（以下简称"奇瑞"）、瑞鹄汽车模具有限公司、江淮汽车股份有限公司等，其中奇瑞现已成为国内最大的集汽车整车、动力总成和关键零部件的研发、试制、生产和销售为一体的自主品牌汽车制造企业，以及中国最大的乘用车出口企业。瑞鹄汽车模具有限公司是奇瑞汽车的关联企业，是一家专业从事汽车主模型，汽车钣金件模、夹、检具开发与制造以及汽车小批量白车身焊装分总成生产制造的高新技术企业。安徽江淮福臻车体装备有限公司是由安徽江淮汽车股份有限公司和台湾福臻实业股份有限公司合资的高新技术企业，主营业务包括汽车车身开发、制造、销售；模具、检具的设计、制造、销售及维护、保养服务。

天汽模是经营、设计、制造汽车车身内外覆盖件模具的专业公司，有近四十年的模具制造历史，曾为国内外诸多汽车制造厂家提供服务。近年投资过亿元在空港新厂区建成世界级先进水平的汽车模具研发中心。1997年与大发公司合作生产夏利Z913模具。1998年与丰田签订技术合作协议，赴丰田技术培训，丰田的模具专家到公司指导。

长城汽车股份有限公司旗下的整车模具研发中心，现拥有大型数控加工设备22台，大型调试设备7台，图形工作站120台，并配备了UG、FORM等模具加工及模具设计专业软件。具备独立建型、冲压工艺分析、模具设计、实型制作、数控加工、模具的装配调试的能力。

平湖爱驰威汽车零部件有限公司成立于2009年2月11日，是爱驰威实业有限公司独资的出口型企业，经营汽车零部件的冲压生产，主要与东风悦达起亚进行二级配套。

2.1.2 技术概况

1953 年，长春第一汽车制造厂在中国首次建立了冲模车间，并于 1958 年开始制造汽车覆盖件模具。我国于 20 世纪 60 年代开始生产精冲模具。在经过漫长的发展道路之后，目前我国已形成了 300 亿元以上各类冲压模具的生产能力。❶ 近几年，在我国上市的数十款自主开发和合资生产的轿车，其模具有一半以上是由国内制造的。多功能模具、高效多件冲压模具、多工位模具、大中型骨架件级进模等新型模具已起步，高强度板和不等厚焊板模具水平正稳步提高，不少模具已进入国际市场。

未来 5 年，我国汽车覆盖件模具行业将拥有一个非常好的发展机遇。一方面是我国汽车工业仍将保持较快的发展，2015 年汽车产量将达到 3000 万辆。据行业数据，2010 年我国汽车产销量为 1840 万辆，相当于美国历史上最高的汽车销售纪录。我国已成为汽车模具"制造强国"，但还不是"创造强国"，就汽车模具装备需求总量来说，相当一段时间内汽车模具装备的产能尤其是中高档模具装备的生产能力差距依然很大，这也是汽车车身模具装备进口量仍在增大的主要原因。另一方面是近年来我国汽车模具装备制造水平的快速提高，得到了欧美汽车工业的关注。出于成本的考量，发达国家的装备制造业向亚洲转移，并向我国采购大量的汽车模具装备。我国汽车模具装备行业，要做好充分准备，迎接国内和国际模具装备制造业的挑战。

模具日趋大型化和精度的不断提高是世界上模具发展的两大共同趋势。冲压模具技术的未来发展趋势主要是信息化、高速化、高精度化。我国汽车覆盖件冲压模具的发展重点是技术要求高的中高档轿车大中型覆盖件模具；高精度、高效率和大型、高寿命的级进模；厚板精冲模和大型精冲模，并不断提高其精度。这些模具供求矛盾突出，发展前景很好。

国内汽车覆盖件冲压模具的发展趋势具体表现在以下 4 个方面。

① 数字化模具技术：近年来得到迅速发展的数字化模具技术，是解决汽车模具开发中所面临的许多问题的有效途径。总结国内外汽车模具企业应用计算机辅助技术的成功经验，数字化汽车模具技术主要包括三维设计、可制造性设计、智能化型面设计技术等。并行工程、协同设计具有非常重要的意义，代表了数字化模具技术的一个发展方向。虚拟制造技术代表了数字化模具技术的最高发展水平。

② 高速加工和模具加工自动化：先进的加工技术与装备是提高生产效率和保证产品质量的重要基础。大型自动化冲压线，全封闭无人自动冲压，效率高，产品稳定性好，同时也对模具设计提出了更高的要求，大型自动化模具为汽车企业提高生产效率做出巨大贡献。一体化加工中心是一种粗精加工一体化的五面加工中心，其优点是除底面加工之外，一次装卡可实现全部加工面的高速、高精度加工，生产效率非常高，是模具自动化加工技术的一个重要发展方向。

③ 新型模具研发和产业化生产：随着汽车产品开发平台化战略的实施，一个平台

---

❶ 重庆汽车工程学会调研组. 汽车覆盖件模具行业调查［J］. 西南汽车信息，2011.

多种车型的产品会不断出台，这样多种车身共用同一种冲压件会更多，对模具品种的需求也会发生变化。为了满足汽车平台化战略的需要，大型多工位自动化快速模具、大型自动化快速级进模的需求也会迅速增加。我国汽车模具今后的发展方向之一就是调整产品结构，大力发展结构复杂、精度高、技术含量高的高档模具，包括多工位自动化模具、级进模、多功能模具等新型模具。双槽、多槽模具的开发与制造也是汽车覆盖件冲压模具行业的一个发展方向，双槽、多槽模具大而复杂，设计、制造、调试难度均大，但能减少总模具套数，节约成本。能够采用双槽结构模具冲压的外覆盖件通常有门内外板、发动机罩内外板、行李箱内外板、左右翼子板等。根据产品特点，合理分配冲压工艺，在一套模具上可实现一模四件。

④ 高强度、超高强度钢板冷冲模具制造技术：绿色环保、安全性要求模具行业跟随汽车产业的发展调整自身的发展方向。近年来，高强钢板、超高强钢板等轻量化材料应用越来越多，发展迅速，大部分中高级车骨架件中高强板比重基本达到 50% 以上，但高强钢板成形性差、扭曲变形难以控制，是汽车模具行业必须解决的难题。

2.2　全球专利申请发展态势分析

本节主要从汽车覆盖件冲压模具的全球专利申请发展趋势、国家区域分布、主要申请人、主要技术分支等方面对全球专利申请状况进行分析，揭示全球汽车覆盖件冲压模具技术领域专利申请的发展历程和现状。

2.2.1　发展趋势

图 2-2-1 显示了汽车覆盖件冲压模具技术领域全球专利申请总量随年份的变化趋势，其中 1912 年首次出现第一项专利申请。

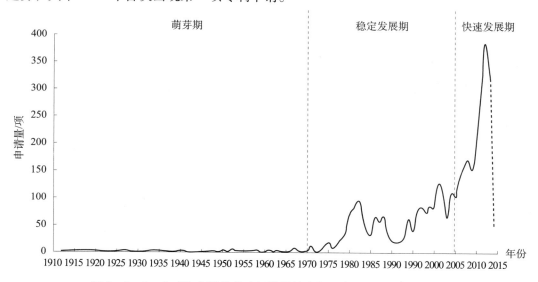

图 2-2-1　全球汽车覆盖件冲压模具技术领域专利申请趋势变化图

从图 2 - 2 - 1 可以看出，全球汽车覆盖件冲压模具技术的发展大致经历了以下 3 个主要发展阶段。

第一阶段（1912～1970 年）为萌芽期。该阶段涉及汽车覆盖件冲压模具的专利申请共有 106 项，年度申请量均在 10 项以下，多边申请的比例较低，属于汽车覆盖件冲压模具技术的引入阶段，发展速度持续维持在较低水平，技术没有针对特定的市场，对专利技术的认识较低，是技术的起步萌芽阶段。

其中第一项专利申请为美国申请人佩廷格尔机器公司于 1912 年申请的金属板材裁切、卷边装置（GB191225791A）；美国通用汽车公司则于 1966 年将级进模技术引入车身的制造过程中（US3415089A），实现了板材的连续送料。

这一阶段，专利申请的主体为美国申请人，这是因为美国在第一次世界大战前就凭借福特的流水线生产模式进入了汽车普及时代，并将 20 世纪 30 年代作为时尚代名词的流线型车身改变为船型车身，由于汽车覆盖件模具直接关系到汽车车型，因此车型的变化促进了汽车覆盖件冲压模具技术的发展。

第二阶段（1971～2005 年）为稳定发展期。全球汽车覆盖件冲压模具的专利申请量有较为明显的增长趋势，在 2001 年前后形成了一个小的申请高峰，但该阶段每年的专利申请量均在 130 项以下，多边申请的比例有所提升。申请人数大幅上升，参与市场竞争的主体日益涌现。这表明越来越多的研发人员认识到汽车覆盖件冲压模具行业的发展潜力，从而投入到该领域中并加大了研发力度，竞争日趋激烈。

这一时期，日本汽车企业势头强劲，打破了美国独占鳌头的局面，这是由于 20 世纪 70 年代后石油危机的爆发使人们逐渐转向了经济实用的小型车，尤其是日系车。而出于对汽车零配件工艺，尤其是生产车身的冲压模具的妥协，方方正正的车型在 20 世纪 80 年代异军突起，沃尔沃就是其中的佼佼者，随后方正的车型被日本厂商发扬光大至 20 世纪 90 年代。

这一阶段，代表性专利包括丰田于 1998 年申请的用于冲压弯曲金属板材的装置（DE19818471A1），通过斜切与冲头相对的冲模凹口角部，能有效地减少或防止弯曲产品弯曲部分的突起和局部变形，能高精度地把可锻性材料弯曲成理想形状。

第三阶段（2006 年至今）为快速发展期。该阶段涉及汽车覆盖件冲压模具的专利申请共有 1897 项，其中巅峰期 2012 年的申请量高达 384 项，专利申请量快速增长。这一阶段中国专利申请量大幅增长，推动了整个全球专利申请的增长量。

这一阶段，经济的快速发展使人们更加追求个性，思想更加多元化，导致多种车型风格同时涌现，汽车更新换代速度越来越快，这对汽车覆盖件冲压模具技术的发展提出了更高的要求，因为在汽车设计制造的整个周期中，车身覆盖件及其模具的设计制造水平，是制约汽车开发速度与品质的核心因素。

其中本田于 2006 年申请了一种折边加工设备（WO2007066670A1），通过减小机械手的姿势保持力，使可动金属模具处于相对于车辆可移位的浮动式状态，能够切实地使工件与模具接触，防止工件发生扭曲或变形，使辊以较高的速度准确地沿凸缘运动，能够在折边加工前或加工中迅速地定位辊，防止出现褶皱、裂痕等缺陷。

2.2.2　全球专利布局

2.2.2.1　申请量及趋势

图2-2-2反映了全球汽车覆盖件冲压模具技术领域专利申请量排名前十位的国家的专利申请量情况。排名前十位的依次为日本、中国、美国、德国、法国、加拿大、英国、俄罗斯（包含苏联）、瑞典及意大利，其中，日本以1576项专利申请领先于其他国家或地区，可见日本作为汽车生产大国非常重视汽车覆盖件冲压模具的研发和自主知识产权保护；中国申请量排名第二位，共计1378项，这说明中国汽车模具企业虽然起步较晚，但比较重视汽车覆盖件冲压模具技术领域的自主知识产权保护。

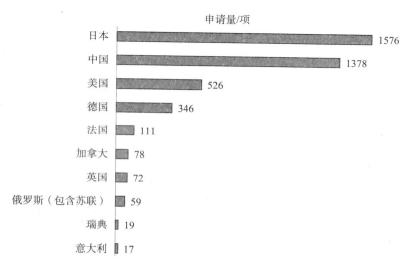

图2-2-2　全球汽车覆盖件冲压模具技术领域专利申请量排名前十位国家分布图

为更直观地看出专利申请量排名靠前国家的历年申请情况，图2-2-3反映了日本、中国、美国、欧洲各国（含英、德、意、法）自1970年以后的专利申请趋势。

从图2-2-3中可以看出，日本、美国及欧洲四国自1970年后涉及汽车覆盖件冲压模具专利的申请量变化趋势基本相同，基本属于稳中有升、偶有波动的发展趋势，这是因为自20世纪70年代以来，各汽车生产大国进入了汽车产品的多样化时期，车型日新月异的变化带动了汽车覆盖件冲压模具领域的发展。而我国自20世纪90年代才出现首件涉及汽车覆盖件冲压模具的专利申请，这主要是由于改革开放之前我国的汽车工业才刚起步，模具生产纯属依附于企业的一个配件加工车间，模具制造业发展缓慢；之后随着我国汽车工业的全面发展，汽车覆盖件冲压模具领域发展迅速，特别是自2005年以来专利申请量快速增长，说明国内对汽车覆盖件冲压模具的研发起步虽晚，但近年来发展很快，且注重自主知识产权的保护。

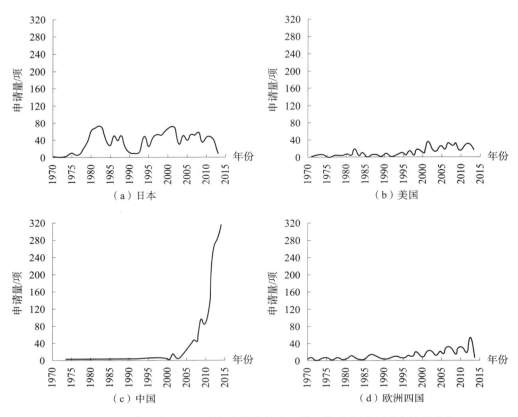

图 2 - 2 - 3　中、美、日、欧汽车覆盖件冲压模具技术领域专利申请量趋势

2. 2. 2. 2　申请动向

为了直观地反映在汽车覆盖件冲压模具技术领域中，中、美、日、欧四方之间的专利申请状况，对其专利申请与相互布局情况作了图例描述。

从图 2 - 2 - 4 可以看出，日本专利申请量最大，且对其他三方的专利布局也最为积极，其主要布局目标是美国，其次是欧洲与中国；美国布局的主要目标是欧洲，其次是中国与日本；在通过欧洲专利局进入中、美、日三方的专利中，美国排名第一，日本排名最后，表明欧洲申请人更加看好美国的汽车覆盖件冲压模具市场；而中国申请人目前没有对外进行专利布局。整体而言，美、日属于专利输出国，而中国属于专利输入国。

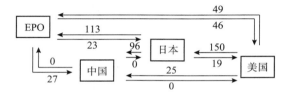

图 2 - 2 - 4　中、美、日、欧汽车覆盖件冲压模具技术领域专利申请动向图

注：图中数字表示申请量，单位为项。

目前，我国汽车覆盖件冲压模具产品出口保持高速增长，这一方面是由于我国模具产品技术水平提高很快，性价比进一步提高，竞争力进一步增强；另一方面是工业发达国家为了降低生产成本，所需模具向我国转移态势进一步发展。在此产业化背景下，我国对外专利申请量过少的状况，将在一定程度上影响汽车覆盖件冲压模具领域未来的对外出口贸易，这一点值得关注。

2.2.3　主要技术分支

汽车覆盖件模具领域分为 6 个技术分支：落料模、拉深模、斜楔模、复合模、级进模与多工位模、包边模。图 2-2-5 示出了全球汽车覆盖件冲压模具技术领域 6 个分支的发展趋势。

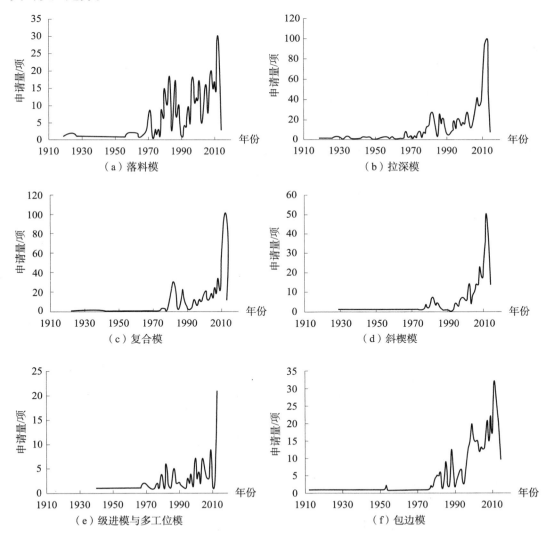

图 2-2-5　全球汽车覆盖件冲压模具技术领域各技术分支发展趋势

从图 2 - 2 - 5 中可以看出，6 个技术分支的全球专利申请量总体呈现震荡中上升的趋势。其中拉深模及复合模的申请量较高，巅峰期的年申请量在 100 项左右，与国内申请人在这两个技术分支的专利申请多有一定关系；代表冲压模具先进水平的级进模与多工位模的历年申请量不大，20 世纪 80 年代后研究步伐加快，至 2010 年以后专利申请量有大幅增长。

2.2.4 主要申请人

图 2 - 2 - 6 描述了当前全球汽车覆盖件冲压模具技术领域多边专利申请量排名前 11 位的申请人及其申请量情况。

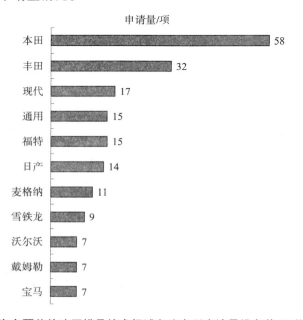

图 2 - 2 - 6   全球汽车覆盖件冲压模具技术领域多边专利申请量排名前 11 位申请人及申请量

从图 2 - 2 - 6 中可以看出，该领域全球多边申请量排名前 11 位的申请人多集中在欧、美、日等汽车强国。其中，日本申请人占据了专利申请量排名的前两位，在该领域整体上占据绝对主导地位，其中本田以 58 项多边申请居于首位，丰田以 32 项多边申请紧随其后，多边专利申请总量达到该技术全球多边专利申请总量的 25% 以上，专利布局严密。此外，在排名前 11 位的申请人中，有 10 家整车生产商，仅有 1 家单独模具生产企业麦格纳，这也反映出汽车覆盖件冲压模具领域仍是以传统整车企业为技术主导的领域。

下面研究全球汽车覆盖件冲压模具领域 4 家知名企业不同时间阶段关于各技术分支的申请情况，以研究其对生产汽车覆盖件的各类冲压模具的研发重点，其中包括本田、通用、麦格纳以及戴姆勒。

（1）日本本田

本田是日本的一家跨国企业，是世界七大汽车制造商和赢利最高的汽车制造商之一，成立于 1948 年。本田在日本占有 15% 的市场份额，是日本第三大汽车制造商。目前除本国之外，本田在全世界 29 个国家拥有 120 个以上的生产基地。本田的汽车产量已高达约 300 万辆，其中雅阁和思域汽车被用户评为质量最佳和最受欢迎的汽车。在几乎占据了本田营业利润 2/3 的北美市场，本田已经建立了 5 家汽车装配厂，并且正在对"三大"汽车制造商最后的堡垒——轻型卡车市场发起进攻。本田在新型燃料方面也占据着重要地位。在其他汽车制造商正在就行驶里程和排放——主宰 21 世纪汽车工业的两大问题大伤脑筋时，本田在这两个领域已处于领先地位。

1963 年，本田第 1 辆汽车 S500 跑车在日本市场投放，总共生产了 1363 辆。其采用后驱形式，搭载一台排量为 531 毫升的直列 4 缸 DOHC 发动机，红线转速高达 9500 转，并匹配 4 速手动变速箱（参见图 2 - 2 - 7 （a））。

（a）1963年本田生产的第一辆汽车S500敞篷跑车

（b）1972年本田思域

（c）1976款本田雅阁

（d）1985款里程豪华轿车

（e）1995款本田CR-V

（f）1999款本田Insight

图 2 - 2 - 7　本田汽车代表车型示意图

1972 年，本田的明星车型 Civic 问世，其出色的设计、优良的性能表现使思域取得了巨大的成功，现如今它已经发展到第 9 代，在全球取得了超过 2000 万辆的累积销量（参见图 2 - 2 - 7 （b））。

1976 年，本田汽车发布最著名的代表性产品 Accord 雅阁轿车，是市场上一款非常成功的中级车，其在中国中级车市场上同样扮演着极为重要的角色（参见图 2 - 2 - 7 （c））。

1985 年，本田推出旗舰车型 Legend 里程豪华轿车。同年，为了与德系的诸如宝马、奔驰两个豪华品牌相竞争，其在美国推出了讴歌豪华品牌，本田也成为日本第一家推出高级品牌的汽车制造商（参见图2-2-7（d））。

1995年，本田推出CR-V，这是一款大小适中、设计时尚的SUV车型，提供两驱和四驱型号，城市化的定位令其大获成功（参见图2-2-7（e））。

本田在混合动力车领域也具备相当的实力（参见图2-2-7（f））。截至2012年9月，本田混合动力车全球累计销量已突破100万辆，成为世界上为数不多的将混合动力车推向市场并取得不错销量的厂商之一。2012年，本田发布了全轮精准转向技术（PAWS）和基于EARTH DREAMS技术的油电混合动力战略，并提出了运动型混合动力的定位，技术上更为先进。

图2-2-8示出了本田汽车覆盖件冲压模具领域各技术分支发展趋势图。

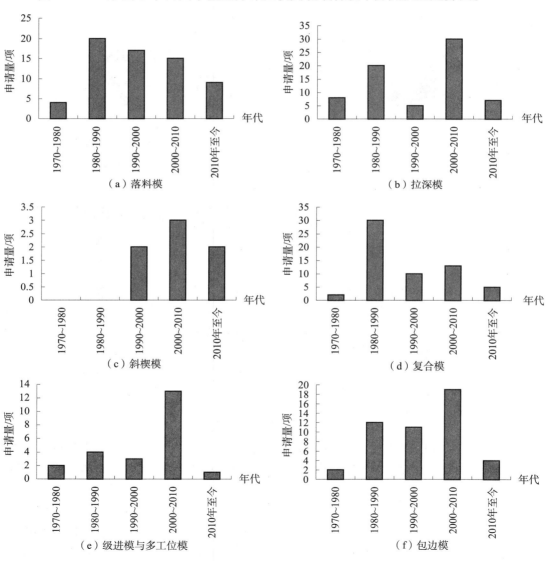

图2-2-8　本田汽车覆盖件冲压模具领域各技术分支发展趋势

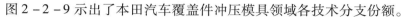

可见本田自 20 世纪 70 年代开始不断研发新的车型开始，与车型密切相关的汽车覆盖件冲压模具的专利申请量也开始稳步上升。早期本田对技术较简单、应用广泛的落料模和拉深模研究较多；为减少工序，本田在 20 世纪 80 年代的研发重点落在复合模技术领域；2000 年后，本田对汽车覆盖件冲压模具的专利申请量大幅增长，其中拉深模、包边模及代表先进技术的级进模的申请数量有较大增长。

图 2 - 2 - 9 示出了本田汽车覆盖件冲压模具领域各技术分支份额。

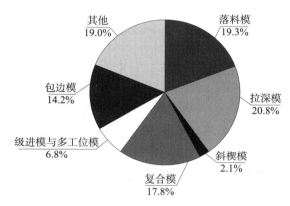

图 2 - 2 - 9 　本田汽车覆盖件冲压模具领域各技术分支份额

从图 2 - 2 - 9 中可以看出，本田对各技术分支的研发还是有所侧重，其中落料模与拉深模的专利申请数量最大，其次为复合模，进入 21 世纪后加强了对代表汽车覆盖件冲压模具领域先进水平的级进模与多工位模的不断研发，专利申请数量有较大增长。

（2）美国通用

通用是一家美国的汽车制造公司，自 1931 年起成为全球汽车业的领导者。旗下拥有雪佛兰、别克、GMC、凯迪拉克、霍顿、欧宝、沃克斯豪尔及吉优等品牌。通用的加工工厂遍布美国 30 个州和世界 33 个国家，其汽车产品销往 200 多个国家，是全球最大的汽车制造商之一。1993 年通用销售量占美国市场的 35%，世界市场的 7%，其中小汽车和轻型卡车 745.1 万辆；2002 年通用售出了全球轿车与卡车总量 15% 的汽车；2007 年通用全球销售 937 万辆汽车，成为销售量世界冠军，也是连续 77 年全球汽车销售冠军。2008 年全球销售量被丰田超越成为第二名，但在美国市场销售量则一直保持第一名。2011 年通用销售量又重回全球第一。

通用的发展也历经多个阶段（参见图 2 - 2 - 10）。

第一阶段（1900 ~ 1929 年）：人们逐步进入汽车时代。1905 年凯迪拉克率先推出了封闭式车身汽车，1908 年全球第一大汽车生产厂商通用汽车公司成立，公司创建人杜兰特采用以股票换股票的方式将 20 多家汽车制造厂、汽车零部件制造厂及汽车推销公司合并起来，其中包括凯迪拉克、庞蒂克等知名汽车企业，形成了一家巨型汽车企业。随着汽车的造型成为汽车制造过程中的一个重要步骤，通用率先成立了艺术与色彩生产部门。在这个时期流行汽车车身定做，即先购买某种汽车的机械部件，然后再另外设计定做车身。1927 年 3 月，凯迪拉克推出了一款新车型——LaSalle，柔和、圆

（a）1905年凯迪拉克推出了封闭式车身汽车

（b）1927年通用LaSalle汽车开创汽车设计先河

（c）1936年Opel Olympia流线形汽车

（d）凯迪拉克1959 款 El Dorado

（e）1965年第一款概念车欧宝问世

（f）90年代多功能车SUV

图2－2－10　通用代表车型示意图

形的车身轮廓以及大汤匙型的前挡泥板因为漂亮的油漆工艺而给人印象深刻。

第二阶段（1930～1942 年）：利用空气动力原理，汽车的引擎设计在这个时期出现长足的进步。然而，第二次世界大战使汽车制造厂商投入军事车辆及机械的制造，汽车外观并无明显演变，几乎无造型可言的吉普车的出现完全是基于实际的需要。美国通用 Packard 汽车公司共制造 7 种时速可达 100 英里的高性能 Packard Speedstar 汽车，被视为当时豪华汽车的代表。当时全球市场上有 15 家厂商制造豪华型汽车，Packrad 汽车公司就占了 50% 的市场。

第三阶段（1943～1959 年）：随着喷气飞机时代的来临，汽车造型也趋向更低、更长、更宽，并在车后加上大大的尾翅。这个时期的通用汽车造型有两大特色，一是车身的防撞设计，二是尾翅的流行。

第四阶段（1960～1979 年）：消费者抛弃以往强调越大越美的汽车造型，传统而保守的造型蔚然成风，以甲壳虫为代表的小型汽车大为流行。一些价格合理的小跑车普遍受到欢迎，小型汽车市场开始增长。1960 年通用雪佛兰分部推出了后置发动机的"考尔维尔"。这一阶段通用致力于减小汽车尺寸，设计生产小型车，在 20 世纪 60 年代销售额进入了高峰期。

第五阶段（1980年至今）：从20世纪80年代起，美国汽车工业几乎难以招架日本汽车业的凌厉攻势，日本的本田、日产、三菱和富士相继在美国设厂。通用为此不断推出新造型汽车，被称为小型箱式车的客货两用轻型汽车一举成为最受家庭喜爱的车种。1991年起，约翰史密斯接掌通用董事长，通用的业务更加全球化。1997年约翰史密斯代表通用在北京签署了汽车合资项目，投资15.7亿美元成立上海通用汽车有限公司。

图2-2-11示出了通用覆盖件冲压模具领域各技术分支发展趋势。

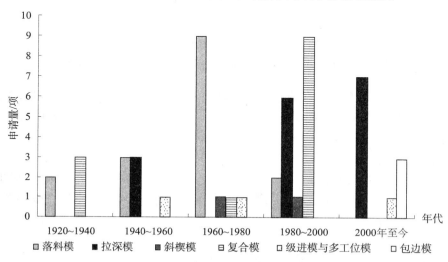

图2-2-11　通用汽车覆盖件冲压模具领域各技术分支发展趋势

从图2-2-11可知，通用在生产汽车之初即重视汽车覆盖件冲压模具的研发，早期对落料模、拉深模和复合模都有一定的专利申请；20世纪80年代后为满足不断开发新车型的需要，与车型密切相关的汽车覆盖件冲压模具的专利申请量也开始大幅增长。相对来说，通用的研发重点在落料模与拉深模，而涉及包边模、斜楔模、级进模与多工位模的专利申请数量较少。

（3）麦格纳

麦格纳总部位于加拿大安大略省，为全球最大的汽车零部件制造商之一，也堪称全球最多元化的汽车零部件供应商。2011年全球销售额287亿美元。作为一家世界五百强企业，公司在全球共设有294家工厂、87个工程、研发和销售中心，拥有超过11万名员工，服务于北美、南美、墨西哥、欧洲、南非和亚太区等26个国家或地区。麦格纳的产品包括内饰系统、座椅系统、闭锁系统、金属车身与底盘系统、镜像系统、外饰系统、车顶系统、电子系统、动力总成系统的设计、工程开发、测试与制造以及整车设计与组装。麦格纳在中国已设有18个工厂、6个工程研发中心，拥有近8000名员工。

图2-2-12示出了麦格纳汽车覆盖件冲压模具领域各技术分支分布。

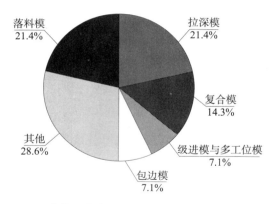

图2-2-12 麦格纳汽车覆盖件冲压模具领域各技术分支分布

从图2-2-12可知，麦格纳作为独立模具生产企业，其比较重视落料模和拉深模的研发与专利保护，其次为复合模。相对来说，包边模、极进模与多工位模的专利申请数量较少。

（4）戴姆勒

戴姆勒（Daimler AG）是一家总部位于德国斯图加特的汽车公司。根据销量，戴姆勒是世界第十三大汽车制造商和第二大卡车制造商。截至2013年，戴姆勒拥有或持股的汽车公司包括梅赛德斯－奔驰公司、梅赛德斯－AMG公司、斯玛特公司、福莱纳卡车公司、西星卡车公司、托马斯客车公司、赛特拉公司、婆罗多奔驰公司和三菱扶桑卡车客车公司，同时也与腾势公司、卡玛斯公司、北京汽车集团、特斯拉汽车公司和雷诺－日产联盟有合资关系。

戴姆勒是世界上资格最老的厂家，也是经营风格始终如一的厂家。从1926年至今，公司不追求汽车产量的扩大，只追求生产出高质量、高性能的高级别汽车产品。在世界十大汽车公司中，戴姆勒公司产量最小，不到100万辆，但它的利润和销售额却名列前五名。其产品奔驰轿车的最低级别售价也在1.5万美元以上，而豪华汽车则在10万美元以上，中间车型也在4万美元左右。

戴姆勒的载重汽车、专用汽车、大客车品种繁多，仅载重汽车就有110种基本型。戴姆勒是世界上最大的重型车生产厂家，其全轮驱动3850AS载重汽车最大功率可达368千瓦，拖载能力达220吨。1984年戴姆勒投放市场的6.5～11吨新型载重汽车，采用空气制动、伺服转向器、电子防刹车抱死装置，使各大载重汽车公司为之震动。

图2-2-13示出了戴姆勒汽车覆盖件冲压模具领域各技术分支发展趋势。

从图2-2-13可知，20世纪80年代之前戴姆勒涉及汽车覆盖件冲压模具的专利申请量不大，20世纪90年代至今，戴姆勒的专利申请量大幅增长，主要集中在拉深模领域，对落料模与复合模的研发也在不断进行，涉及斜楔模的专利申请很少。

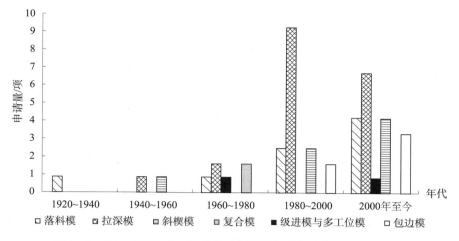

图 2-2-13　戴姆勒汽车覆盖件冲压模具领域各技术分支发展趋势

2.3　中国专利申请状况

本节主要从中国专利申请发展趋势、国家区域分布、主要申请人、主要技术分支、申请法律状态等方面分析汽车覆盖件冲压模具技术领域的中国专利申请态势。

2.3.1　发展趋势

图 2-3-1 显示了汽车覆盖件冲压模具技术领域在我国的专利申请总量自 1985 年以来随时间变化的趋势，其中在 1990 年才出现第一件专利申请。

图 2-3-1　中国汽车覆盖件冲压模具技术领域专利申请总量的变化趋势

从图 2-3-1 可以看出，专利申请量总体呈上升趋势，其中近几年发展迅速。总体来看，汽车覆盖件冲压模具技术在中国总共经历了以下 3 个发展阶段。

第一阶段（1990～2003年）为萌芽期。该阶段汽车覆盖件冲压模具技术研发还处于起步阶段，共有41件中国专利申请，其中发明专利34件，包括31件国外申请人的来华申请；实用新型专利7件，专利申请总量较小。这一阶段专利申请量增长缓慢，专利申请主要集中在中国、美国和日本申请人手中，但国内申请人呈现较为分散的状态，且多为实用新型专利申请，这说明了国内的汽车覆盖件冲压模具技术起步较晚，发展初期主要通过引进国外先进的模具加工设备与工艺，自主研发水平与国外先进水平相比还存在差距。

其中第一件专利申请为1990年美国的图形科技有限公司和阿姆科钢铁公司联合申请的液压成形薄板的装置和方法（CN1056641A）；而最早的中国申请人赵云路于1993年申请了名为汽车后桥壳体修边装置（CN2191055Y），通过由铰链座、铰链和压板组成的铰链机构将修边零件侧向压紧在芯杆上，借助冲床的冲击力来完成质量好、效率高的修边操作；中国一汽于1994年申请了名为金属冷成形机浮动导向切边装置的实用新型专利（CN2223660Y），其中切边凸模装置上包括浮动导向装置，可以在冷成形机上加工杆径尺寸相差大的阶梯形杆件，从而扩展了金属冷成形机加工零件的范围，2000年后中国一汽一直重视汽车覆盖件冲压模具领域的技术研发和知识产权保护，至今已有该领域专利申请48件；丰田则于1996年申请了发明名称为"用于多种工件的模具组件"的发明专利，提供了一种可通用于多个不同种类工件的模具组件，解决了现有冲压模具对于不同的产品需要不同种类的模具加工，加工时间长的问题。

第二阶段（2004～2009年）为稳定发展期。该阶段涉及汽车覆盖件冲压模具的中国专利申请共有330件，其中发明专利158件，包括84件国外申请人的来华申请；实用新型专利172件，专利申请量保持稳定增长。与第一阶段不同的是，这一阶段的专利申请除了仍然以中国、美国和日本申请人为主，法国标致、韩国现代等企业也加入了汽车覆盖件冲压模具的专利申请行列。其中国内申请人的发明专利申请数量较前一阶段有了大幅增长，说明国内企业已经充分认识到汽车的更新换代主要取决于车身的开发周期，而车身开发的关键在于汽车覆盖件模具的设计与制造，因此逐渐将企业的研发重点聚焦在此，发展策略倾向于自主知识产权的研发，并有意识形成自己的专利布局；同时国内申请人仍有大量的实用新型专利申请，国外申请人的来华申请数量有一定涨幅，也说明了我国汽车覆盖件冲压模具的设计制造能力与市场需要和国际水平相比仍有较大差距，国外申请人对中国市场较为关注，有意进行专利布局。

值得一提的是，比亚迪股份有限公司（以下简称"比亚迪"）于2004～2006年申请了大量涉及汽车覆盖件冲压模具的专利，共有51件专利申请。这是由于比亚迪于2003年正式进军汽车制造业，其意识到车身模具是整车制造技术的重要组成部分，也是形成汽车自主开发能力的关键环节，于是注入巨资在北京建成了国内一流的汽车模具制造中心，为汽车工厂提供模具业务，在模具研发方面达到了国内领先水平，同时非常注重自主知识产权的保护。

这一阶段，国内申请人展开了对汽车覆盖件冲压模具领域中先进技术的研究，如上海贝洱热系统有限公司于2005年首次申请了加工汽车散热器侧板的级进模（CN2825153Y），其可确保加工精度，使级进模冲裁工艺在汽车散热器侧板零件制造中得以推广和应用；比亚迪于 2005 年申请了切边吊冲孔复合模具（CN2855572Y），其通过上模镶块和下模镶块之间的作用先对制件进行切边，然后通过斜楔机构，利用冲头和凹模套之间的作用对制件进行吊冲孔，能够在一个工序中完成对制件的切边和吊冲孔，增加了生产效率，降低了制件的制造成本，同时还提高了加工精度。

第三阶段（2010 年至今）为快速发展期。该阶段涉及汽车覆盖件冲压模具的中国专利申请共有 1007 件，其中发明专利 355 件，包括 50 件国外申请人的来华申请；实用新型专利 652 件，专利申请量快速增长。从近两年专利申请的数据来看，国内专利申请量明显高于国外来华，这与我国"十二五"规划中强调要推进汽车行业的结构调整、强化整车研发能力、实现关键零部件技术自主化等政策密切相关，这些政策的推出必将给我国的汽车覆盖件冲压模具产业带来巨大的发展契机。

这一阶段国内申请人相对更加集中，奇瑞、安徽江淮、福田模具、瑞鹄模具等企业的专利申请量大幅增长，说明国内冲压企业的研发能力日益提高，逐步与国外先进加工技术接轨。其中奇瑞于 2010 年申请了大型浅拉延冲压件修边模具的定位机构（CN201720347U），通过在凸模底座上设有穿过压边圈设置的定位凸模，实现将板料料边拉延出半圆状定位槽，多控制了一个方向的空间自由度，定位效果更好。

这一阶段的主要国外来华申请人组成与之前类似，日本企业所占比重最大，超过国外来华申请总量的 50%，且申请主要源于本田、丰田这样的技术优势企业，美国紧随其后，说明上述两个国家比较重视在华专利布局。其中本田于 2010 年申请了冲压成形用金属模具和冲压成形方法（CN101786122A），通过设置能够相对于上模有自由位移的可动模，使板材成形时能切实且容易地到达塑性区域，因此能够在成形的板材不产生裂缝、皱折等的情况下得到高品质的成形品。

2.3.2　国家区域分布

2.3.2.1　总体分布

图 2 - 3 - 2 为中国汽车覆盖件冲压模具技术领域专利申请区域分布图，将中国专利申请分为国内和国外来华申请。

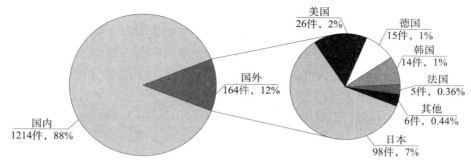

图 2 - 3 - 2　中国汽车覆盖件冲压模具技术领域专利申请区域分布图

从图 2 - 3 - 2 中可以看出，国内申请人涉及汽车覆盖件冲压模具的申请量所占份额较大，以 1214 件占中国申请总量的 88%；而国外来华申请量仅占中国申请总量的

12%。从申请量来看，国外申请人对在中国进行专利布局的重视程度不是很高。这给我国的汽车覆盖件冲压模具领域带来了发展机遇，国内申请人应充分掌握国外企业的专利布局，正确把握技术研发方向，并积极寻求新的突破点。同时也是因为外资企业近年来开始进入中国，其中日资企业最为活跃。例如富士瑞鹄技研有限公司由瑞鹄汽车模具有限公司与富士技术株式会社于2010年6月合资而成，是一家专业从事汽车相关模具、冲压件及车身装配的开发、设计、制造的高新技术企业，自2011年至今已申请涉及汽车覆盖件冲压模具的专利十余件。

从图2-3-2中可以看出，在国外来华申请中，日本以98件专利申请排名第一位，其次为美国、德国、韩国、法国等国家。日本的专利申请占国外来华申请总量的一半以上，说明与其他国家相比最重视中国市场。

2.3.2.2　国内分布

本节数据基础为中国专利申请中由国内申请人提交的专利申请，图2-3-3为国内汽车覆盖件冲压模具技术领域专利申请区域分布图，其中列出了国内25个省市的专利申请量及主要申请人的区域分布情况。

从图2-3-3中可以看出，汽车覆盖件冲压模具领域的国内申请人主要集中在华东地区以及华北地区。排名前十位的省市专利申请总量占国内申请总量的84%，专利集中度相对较高。

在华东地区，安徽、江苏、上海、山东、浙江申请量都较大，特别是安徽，申请量位居全国各省市排名的第一位，专利申请总量为370件，占国内申请总量的30%，这主要是由于其集中了4个主要申请人，即奇瑞、安徽江淮汽车股份有限公司两大汽车企业和瑞鹄汽车模具有限公司、安徽成飞集成瑞鹄汽车模具有限公司两大汽车模具企业，是国内汽车覆盖件冲压模具领域技术创新的重要力量。江苏和上海分别以89件、80件专利申请排名第二位、第四位，代表性的申请人有上海众大汽车配件有限公司、平湖爱驰威汽车零部件有限公司、苏州唐氏机械制造有限公司等。

在华北地区，天津、北京、河北的专利申请量分别位于全国各省市排名的第五位至第七位，创新实力不容小觑，代表性的申请人包括天汽模、北京比亚迪模具有限公司等。其中天汽模是国内最大的汽车模具生产企业之一，已为汽车车身开发了全套的"模、检、夹"工艺装备，为国内外诸多汽车制造厂家提供服务。同时天汽模采取积极的专利策略，成立专门的专利工作小组，对专利申请项目也均有相应奖励，至今涉及汽车覆盖件模具的专利申请已有67件，其中发明19件，实用新型48件。

国内汽车覆盖件冲压模具领域的专利申请人多分布在上述区域，也是由于这些地区形成了汽车覆盖件的模具生产基地，除了上海和河北省泊头市各有不少汽车覆盖件模具生产企业集中在一起之外，湖北省十堰市、天津市及周边地区、哈尔滨、成都等地都相对集中了一批汽车覆盖件模具生产企业，并已形成了一些协作关系，从而提高了整体能力。这种生产集聚基地和战略联盟的形成可以逐步做到各企业之间的相互配套、协作协调和优势互补，从而可以发挥出群体优势。

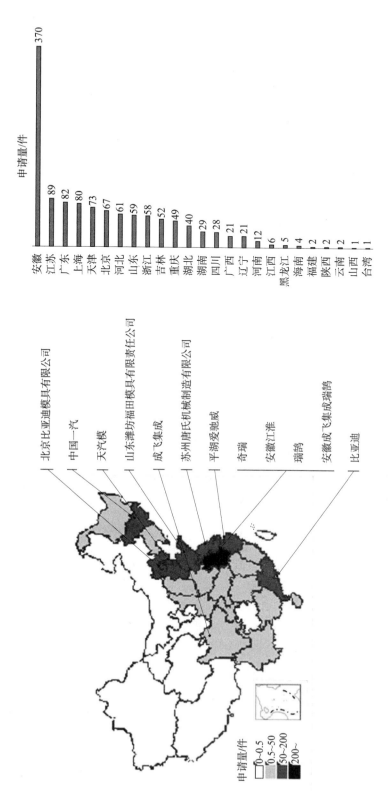

图 2 - 3 - 3　国内汽车覆盖件冲压模具技术领域专利申请区域分布

在东北地区，吉林是主要的申请省份，其次是辽宁和黑龙江。主要代表性的申请人是中国一汽，是我国最早进行汽车覆盖件专利申请的企业之一。

在华南地区，广东是最主要的申请省份，其申请量为82件，位于全国各省市排名的第三位，主要代表性的申请人包括比亚迪等。

省市专利申请量也在一定意义上反映该地区的科技发展水平和经济竞争力，从图2-3-3中可以看出专利申请排名前十位的省市多位于东南沿海地区，说明上述区域经济发达，汽车工业发展较快，具备一定实力的汽车企业逐步走向自己设计车型的自主研发道路；同时也说明我国汽车覆盖件冲压模具行业的发展在地域分布上存在不平衡，东南沿海地区发展快于中西部地区。

2.3.3 法律状态

图2-3-4示出了中国汽车覆盖件冲压模具技术领域专利申请的法律状态。

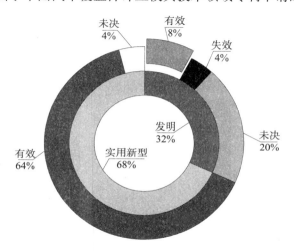

图2-3-4 汽车覆盖件冲压模具技术领域中国专利申请法律状态

从图2-3-4中可以看出，涉及汽车覆盖件冲压模具的中国专利申请中发明专利仅占32%，而其中有效发明专利更是仅有8%；实用新型专利占68%，说明国内申请人将相当一部分精力放在实用新型专利，其中主要涉及现有冲压模具装置的改良，发明创造程度相对较低。在有效发明专利中，国内申请人中比亚迪与奇瑞所占份额较大，说明两家公司在汽车覆盖件冲压模具领域研发实力较强；国外申请的有效率要高于国内申请，其专利的稳定性相对较高，其中部分早期国外申请已处于失效法律状态，可供国内研发人员加以学习和利用。

2.3.4 主要技术分支

汽车覆盖件模具领域分为6个技术分支：落料模、拉深模、斜楔模、复合模、级进模与多工位模及包边模。图2-3-5示出了中国汽车覆盖件冲压模具技术领域各分支的发展趋势及分布。

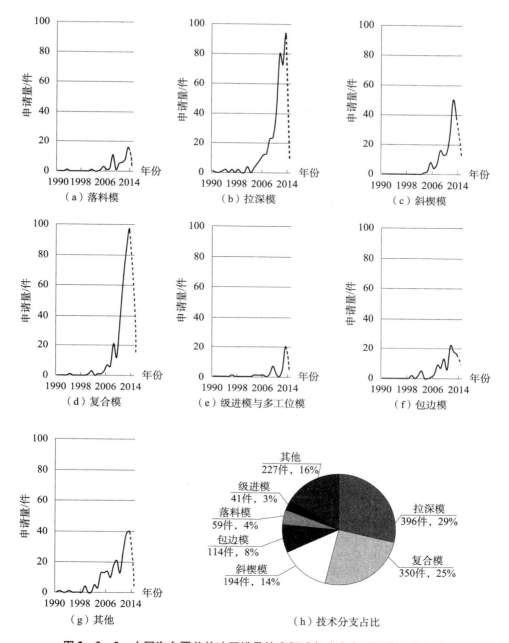

图2－3－5　中国汽车覆盖件冲压模具技术领域各分支发展趋势及分布图

从图2－3－5中可以看出，自1990年至今，6个技术分支的中国专利申请量均稳步增长。其中拉深模及复合模的申请量最多，分别占总申请量的29%和25%，说明国内申请人的研发重点多集中在此；斜楔模申请量占总申请量的14%，也属于国内申请人较侧重的技术分支；而技术含量高的级进模与多工位模申请数量较少，仅占总申请量的3%，说明国内申请人的研究尚处于起步阶段，技术发展缓慢，与国际先进水平相比存在较大差距。

2.3.5 主要申请人

2.3.5.1 申请人类型分析

图2－3－6为国内汽车覆盖件冲压模具技术领域专利申请人按照公司、大学和科研机构、个人和其他等类型统计分析的示意图。

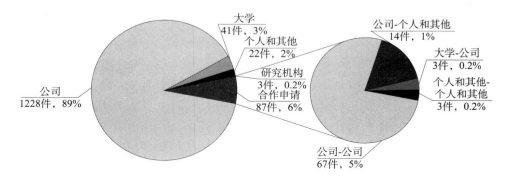

图2－3－6 中国汽车覆盖件冲压模具技术领域专利申请人类型

从图2－3－6中可以看出，在汽车覆盖件冲压模具领域，公司是专利申请的主体，申请量占中国专利申请总量的89%，大学和科研机构、个人、合作申请的数量较少，其中合作申请的申请量占总量的6%、大学的申请量仅占总量的3%；而在为数不多的合作申请中，几乎全部是公司之间的合作申请，公司与科研机构、高校、个人的合作很少，这是由于我国目前对汽车覆盖件冲压模具的研发与创新更多集中在汽车制造公司和模具生产企业。

2.3.5.2 申请人排名分析

图2－3－7示出了中国汽车覆盖件冲压模具技术领域排名前17位的主要专利申请人排名情况。

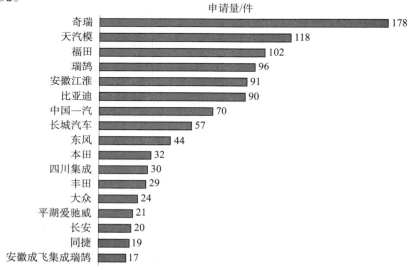

图2－3－7 中国汽车覆盖件冲压模具技术领域主要专利申请人及申请量

从图2-3-7中可以看出，中国汽车覆盖件冲压模具技术领域排名前17位的主要专利申请人中，除本田、丰田与大众外，申请量排名靠前的专利申请人均为国内申请人，可见国内申请人在中国申请的申请量占据绝对优势。奇瑞和天汽模以178件、118件专利申请排名前两位，福田模具有限公司以102件专利申请紧随其后，其中奇瑞作为一家从事汽车生产的国有控股企业，其汽车冲压件质量标准在国内轿车用冲压件领域居于前列，同时非常注重汽车覆盖件冲压模具领域的自主知识产权保护，在斜楔模、拉深模、复合模等领域专利申请量较多；专利申请量排名在第四位至第六位的分别为瑞鹄、安徽江淮和比亚迪，表明上述3家企业在模具生产制造领域也具有一定的实力。

2.4 汽车覆盖件冲压模具技术分析

汽车覆盖件冲压成形是冲压技术的重要组成部分，由于其结构特点和外观质量的要求，一个完整、质量合格的覆盖件不可能在一道工序中完成，主要用到的模具包括落料模、拉深模、包边模、冲孔模等。通过对汽车覆盖件冲压模具领域各技术分支中重要专利的分析，可以得到不同技术分支的发展历程。图2-4-22示出了汽车覆盖件冲压模具领域各技术分支的发展趋势。

2.4.1 落料模

在汽车覆盖件模具中，落料模相对简单。美国通用于1924年提出了关于落料模的专利申请（US1736958A）；为提高生产效率，丰田于1982年申请了包括卷料输送装置的落料模装置（JPS5843836U），使卷料在连续输送的状态下进行冲压，冲压效率提高；为避免金属板材表面出现损伤，丰田于1982年申请了用于单工位冲压机的精准冲压模

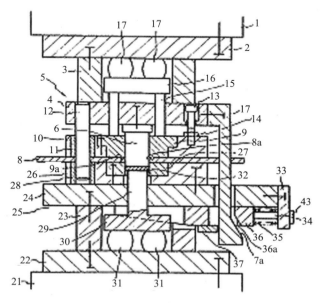

图2-4-1 JPS5945036A的技术方案示意图

（JPS5945036A，如图2-4-1所示），当上模上升时，通过制动装置使上模与产品之间形成规定的缝隙；本田于2002年申请了能在单工步内完成车身板件的成形工艺，其不会在引擎盖构架和背垫板之间形成空隙（JP2002059218A，如图2-4-2所示）；为使卷料在冲压步骤完成后能顺利地排出，本田于2012年申请了用于生产汽车侧围板的落料装置（JP2013215747A）。

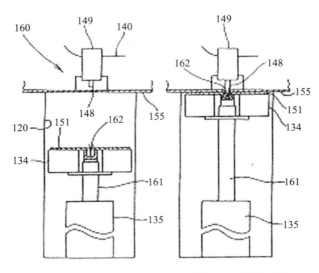

图2-4-2 JP2002059218A 的技术方案示意图

2.4.2 拉深模

拉深是利用材料的塑性，借助专用的模具使平板坯料变形成为开口空心零件的一种加工工序。拉深成形是汽车覆盖件制造中的关键工序，是汽车覆盖件基本形状的保证。由于汽车覆盖件质量的好坏在很大程度上受拉延件质量的影响，因此各大汽车公司对拉深模的研发都很重视。

美国福特于1913年创造了世界上最早的汽车生产流水线，为全球汽车工业的生产模式开辟了一条具有决定性意义的生产经营之路，也奠定了美国汽车强国的地位。其从最初的冲压方法主要依据经验，到提出多种理论，通过材料的拉延实验测出数据，绘出材料拉延受力图、成形极限图等，使得冲压生产从经验到定量分析，实现了汽车工业化生产。但首件关于拉深模的专利申请（US1360450A）由美国约翰逊汽车公司于1919年提出，为一种金属板的成形装置，采用具有自动补偿功能的凹、凸模来生产汽车翼子板，具有坚固耐用、结构简单、生产效率高的优点。

至20世纪50年代，涉及汽车覆盖件的拉深模专利申请数量不大，且基本都是英美两国的申请。英国申请GB163700A对金属板的冲压设备进行了改进，下模固定，而冲头设置为可往复运动的；1932年的英国申请GB393484A中，如图2-4-3所示，针对如汽车翼子板等大型不规则形状的冲压板材，通过模具A-D的配合操作，使金属板材承受较小并且均匀受力；20世纪60年代德、法涉及拉深模的专利申请有所增多，这一时期模具组合形式逐渐灵活，模具形式也根据需要进行了调整，例如板材纵向移动时，多个模具互相配合使产品成形，或者一个模具本身可以横向移动/旋转，使得板材产生弯曲，如 GB943389A、DE1233814B 等（参见图 2－4－4）。

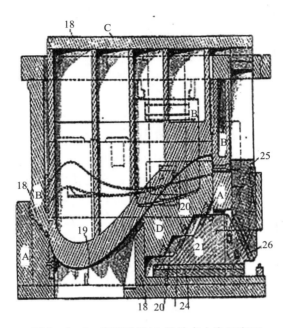

图 2－4－3　GB393484A 的技术方案示意图

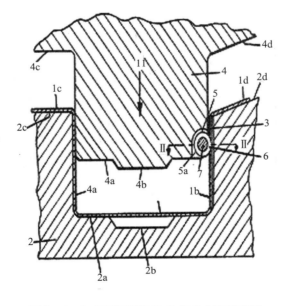

图 2－4－4　DE1233814B 的技术方案示意图

　　20世纪70年代起关于拉深模的专利申请量开始增加，日本汽车企业开始进行覆盖件冲压模具领域的研发与专利申请，改变了汽车覆盖件拉深模具的专利申请集中在英、美、德、法的格局。模具的变化和改进是多种多样的，如德国专利DE2630710A1为增加板料曲率，采用由液压缸驱动的弯曲压头来冲压成形车门板类的外覆盖件；德国戴姆勒奔驰于1975年申请了模具的精度控制设备（DE2545405A1），通过在下模设置两边对称的标准件实现模具的快速精准定位；丰田于1976年申请了旋转式冲压模（JPS6015416B），包括上下模座和导向装置，导向装置可使上模相对于固定下模进行移动。

　　深拉延模具虽在20世纪60年代即已出现，却是在20世纪70年代末开始出现大量专利申请，本田于1979年申请的拉深模具中（JPS5656732A），如图2-4-5所示，通过模具与冲头沿相反方向作用的方法来加大拉伸深度；日产申请的专利JPS5732833A在一个工艺中包括预弯曲与深拉，板材可达到良好的拉深效果；为有效避免出现板材破损、板厚不均的现象，日本专利JP2001121599A在放置板材的下模处设置支撑装置以形成凹面的深拉部分。如图2-4-6所示，由于深拉延工艺可在一次冲压行程中垂直地完成若干次拉深，提高了生产效率，而且由于模具对中性好，又有效地利用了各次拉深的塑性变形热，从而可以得到壁厚均匀的拉深件，因此深拉延模具至今仍是汽车覆盖件拉深模领域的研发重点。

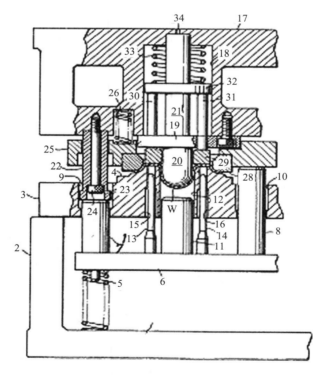

图2-4-5　JPS5656732A的技术方案示意图

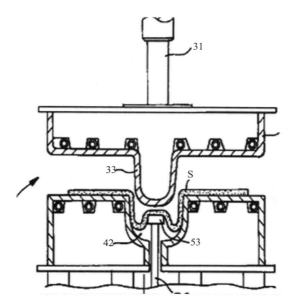

图 2 - 4 - 6　JP2001121599A 的技术方案示意图

20 世纪 80 年代至今，汽车覆盖件拉深模领域的专利侧重于提高生产效率和加强薄板材的压制，因而提高精度，防止起皱、开裂和回弹的技术是专利申请的主流，例如，丰田于 1984 年申请的专利 JPS60148628A 中，通过将其中一个模具表面制成球状表面，另一个模具表面形成凹槽形状，并使凹槽深度大于球体来防止产生皱纹和裂痕；本田申请的专利 JPS6360020A 中，如图 2 - 4 - 7 所示，通过在冲头和弯曲模表面设置衬垫来提高板材的拉深精度。同时压制不同厚度板材的拉深模组件也是专利申请的一个热点，如本田申请的专利 JP2002331317A（参见图 2 - 4 - 8）和 JP2009050863A 等。

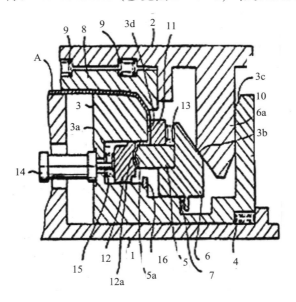

图 2 - 4 - 7　JPS6360020A 的技术方案示意图

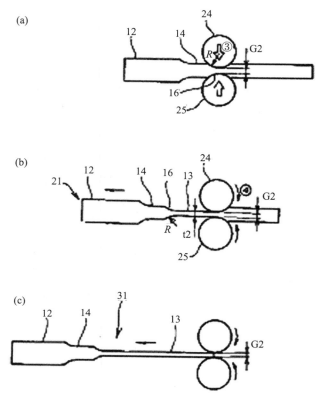

图 2-4-8　JP2002331317A 的技术方案示意图

2.4.3　斜楔模

　　一般冲压加工为垂直方向，当某些覆盖件零件加工方向必须倾斜时，竖直的冲压结构解决不了型面的侧向冲压成形问题，就应当采用斜楔机构。斜楔机构包含着斜楔和滑块，通过二者的相互配合运用来改变垂直运动的方向。采用斜楔机构可把压力机冲压的竖直运动转化为任意方向的侧向运动，完成零件特殊方向的冲压加工工艺，尤其是应用于覆盖件的侧向冲孔、切槽、弯曲、翻边、修边等工序。

　　斜楔模具机构的历史较长，在汽车出现之初，西方发达国家的汽车公司（如美国福特、德国奔驰、美国通用等）就对斜楔模具设计技术进行研究。美国哈德逊汽车公司于 1929 年提出了关于斜楔模的专利申请（US1812046A，如图 2-4-9 所示），将斜楔结构用于生产金属车身的冲压模具中以改变冲压加工方向；1952 年的英国申请 GB715155A 中对生产翼子板的冲压机进行了改进，如图 2-4-10 所示，其包括支撑一个或多个冲头机构的平台，冲头机构具有由凸轮或楔形件控制的冲头。但覆盖件对加工工艺的严格要求决定了斜楔模具设计的复杂性和重要性，由于当时生产条件和设备的限制，斜楔模的研究水平有限，实际应用程度不高。

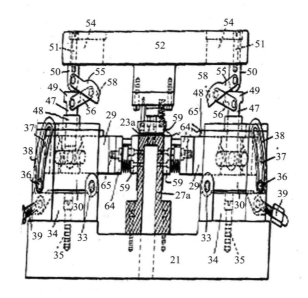

图 2 − 4 − 9　US1812046A 的技术方案示意图

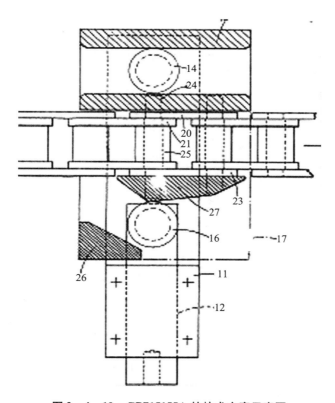

图 2 − 4 − 10　GB715155A 的技术方案示意图

至 20 世纪 70 年代，随着技术的进步，斜楔模具机构的研究取得了相当的进展，逐渐改变了传统斜楔模具设计对设计人员的设计经验依赖程度高的状况。相应地用于生产汽车覆盖件的斜楔模的专利申请量有了大幅增长，并出现了双向运动斜楔、旋转斜楔等改进的斜楔模结构，丰田、日产等日本汽车企业关于斜楔模的专利申请所占比例较大。如丰田于 1982 年申请了冲压模具中的双向运动斜楔（JPS58122127A，如图 2 - 4 - 11 所示），具有减少工序、提升效率的优点。随着模具加工技术的提高，在翼子板、前盖外板、车顶等外覆盖件的翻边整形工序中，采用了一种称之为"旋转斜楔"的新工艺。旋转斜楔是一种特殊的斜楔，它是将压力机的垂直运动转换成旋转运动的一种机构。旋转斜楔上的凹槽部分是冲压件需整形的区域，当整形过程完成后，汽缸驱动的托架推动旋转斜楔绕滚筒转动，从而达到对零件让位的目的，方便整形后的零件从模具上取出。旋转斜楔机构的优点是模具结构简单，结构刚性强且翻边整形零件型面与其他零件的托料型面在拼接处光滑顺畅，避免了在冲压件上产生起皱等缺陷，代表性专利申请包括 JPS5868435A、JP2009148798A、JP2010207896A（参见图 2 - 4 - 12）等。

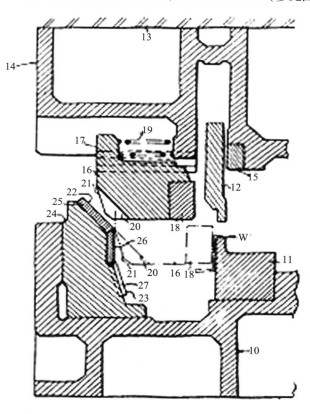

图 2 - 4 - 11　JPS58122127A 的技术方案示意图

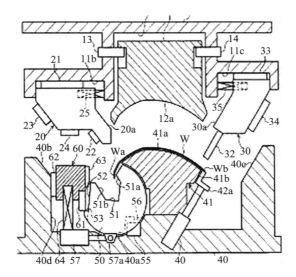

图 2 - 4 - 12　JP2010207896A 的技术方案示意图

因为汽车覆盖件斜楔模具设计是覆盖件模具设计的重要内容，也是设计中的难点，其设计时间占覆盖件模具设计时间的很大一部分，所以其设计效率在很大程度上直接决定了覆盖件模具的设计效率。可以说斜楔模具对现代大规模生产的意义日益凸显，其研究水平也相应大幅提高。如为消除由于滑动模具的翘曲导致的工件与冲头中心的偏差，提高工件精度，日产于 1982 年申请的专利 JPS58148029A 中在斜楔模上安装提升装置以同时提升工件及模具，如图 2 - 4 - 13 所示；而美国专利 US2008282757A1 中将液压装置应用于成形设备中，其具有垂直的液压圆筒和可移动组件，用于控制楔形组件，液压圆筒可用于控制密封及敞开状态下两个模具的运行（参见图 2 - 4 - 14）。

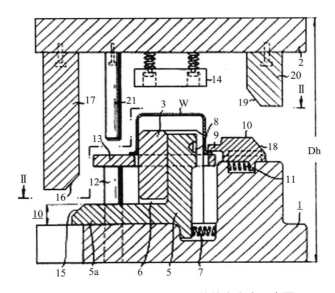

图 2 - 4 - 13　JPS58148029A 的技术方案示意图

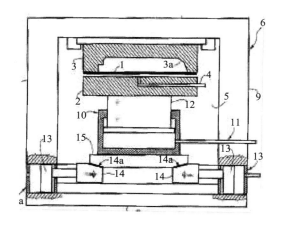

图 2 - 4 - 14　US2008282757A1 的技术方案示意图

2.4.4　包边模

汽车外覆盖件的制造工艺是为了保证各覆盖件总成的尺寸精度要求及表面质量要求，其边缘外观及外缘的尺寸精度很大程度上取决于包边质量。包边是指在汽车覆盖钣金件中，如车门、顶盖以及前后盖等的制造中，采用一个零件的折边包裹住另一个零件周边的方式进行连接。包边工艺非常复杂，是覆盖件成形中最重要的工艺，常被作为覆盖件冲压成形的最后一个步骤，其成形质量对覆盖件边缘的外观质量以及整个覆盖件的外形尺寸精度有着重要的影响。

最早涉及包边模的专利申请为佩廷格尔机器公司于 1912 年提出的申请，早期涉及汽车覆盖件包边模的专利申请中，日本申请量最多，其次是德国和美国。为降低生产成本，丰田于 1978 年申请的包边模专利（JPS5575819A）中，通过在上、下模座处设置导轨来实现根据产品类型的不同来更换包边模；本田于 1999 年申请的专利 GB2337716A 中公开了用于汽车左右门生产的包边设备，如图 2 - 4 - 15 所示，可一次同时生产左右车门，提高了生产效率；欧洲专利 EP0958870A2 中采用一根驱动轴同时驱动第一和第二机械装置，简化了包边模结构。

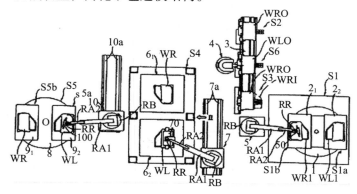

图 2 - 4 - 15　GB2337716A 的技术方案示意图

2000 年后，现代等韩国汽车生产企业非常重视包边模技术的研发，专利申请量所占比例较大，美、日、德等国申请人也依然保持了强劲的研发实力。本田于 2006 年申请了折边加工设备（JP4523542B2），其包括可动金属模具，能够切实地使工件与模具接触，防止工件发生扭曲或变形，使辊以较高的速度准确地沿凸缘运动，能够在折边加工前或加工中迅速地定位辊，防止出现褶皱、裂痕等缺陷；韩国株式会社宇信系统于 2008 年申请了用于将车辆内外面板折边的设备（KR100872601B），如图 2 - 4 - 16 所示，其包括辊组件，该辊组件包括以 90°间隔安装在辊头内的 45°折边辊、90°折边辊和卷曲折边辊，其可顺序实现各折边操作，以减少加工时间，实现大批量生产，并能提高折边质量；发那科株式会社则于 2010 年将装载了力传感器的机械手应用于卷边加工模具来生产汽车门板等，能够进行不受位置误差影响的包边操作。

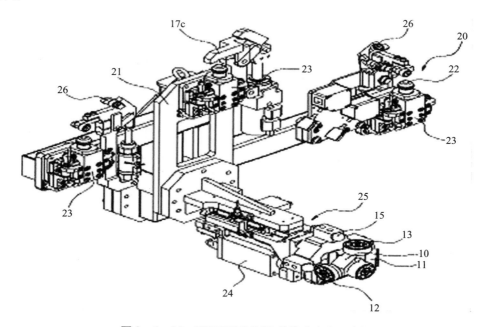

图 2 - 4 - 16　KR100872601B 的技术方案示意图

2.4.5　复合模

汽车覆盖件大多结构复杂，需要数套模具才能加工成形，为减少工序、提高生产效率并保证零件精度，采用复合模具备相当的优势，汽车覆盖件生产过程中常用复合模包括修边冲孔模、修边翻边模、翻边冲孔模等。1980 年申请的专利 SU1005988A 中保护了一种金属板材穿孔包边机，如图 2 - 4 - 17 所示，通过驱动装置使模具与冲头之间可产生相对运动，在冲孔的同时可完成包边操作，因此能够简化工序并在生产如翼子板等大型部件时提高工作质量；专利 WO2009070756A2 中则公开了一种生产车门的剪切、冲压及封边复合模，如图 2 - 4 - 18 所示，能够减少生产成本及剪切时间，工件转移成本降低。近年复合模的发展较为迅速，丰田、本田、雪铁龙等公司都申请了集弯曲、切边、冲孔等操作于一体的汽车覆盖件复合模具。

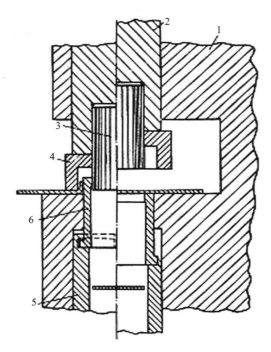

图 2 - 4 - 17　SU1005988A 的技术方案示意图

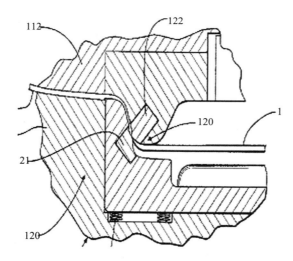

图 2 - 4 - 18　WO2009070756A2 的技术方案示意图

2.4.6　级进模与多工位模

随着汽车工业的高速发展和车型日新月异的变化，单工序冲压模具已不能满足市场对汽车覆盖件冲压模具的大量需求，因此级进模与多工位模应运而生。级进模，又称连续模，是指沿被冲压原材料的直线送进方向上，在一副模具内具有两个或两个以上工位，并在压力机的一次行程中，在模具的不同工位上完成数道工序的冲压模具。它是在单工序冲压模具基础上发展起来的多工序集成模具。

为提高生产效率和避免车身上形成细小缺陷，美国通用于 1966 年申请了冲压金属板的连续模（US3415089A），其实现了板材的连续送料。但该阶段由于技术水平的限制，主要是制造高精度困难，因此模具的工位数相对较少。

至 20 世纪 80 年代，涉及汽车覆盖件的级进模与多工位模的专利申请数量增多，级进模技术的研究取得了新的进展，其中以丰田、日产为代表的日本汽车企业实力不容忽视。其中日产于 1982 年申请了一种级进冲压模（JPS5966933A），如图 2-4-19 所示，可以实现卷料的均匀进料，通过在切削冲头及其表面形成一个倾斜面，产生凸缘模具及两倍冲程冲头的支撑表面，提供一个水平表面和反向倾斜面来阻止切口毛刺和刻痕的产生。丰田也申请了一系列关于级进模的专利，其中 JPS5951000A 公开了一种包括拉深、成形、冲裁等工位的级进模，集若干功能在一副模具上，如图 2-4-20 所示，使得制作产品的工序减少，能大幅提高生产效率，提高残品质量；专利 JPS60231534A 和 JPS62203623A 也都公开了生产汽车覆盖件的级进模，实现自动化送料，可降低生产成本且易于自动化。

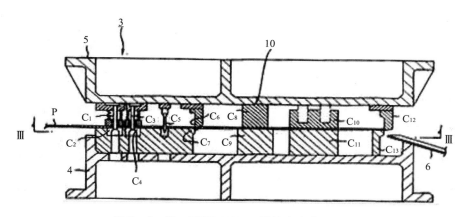

图 2-4-19　JPS5966933A 的技术方案示意图

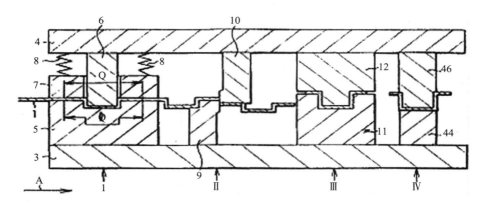

图 2 - 4 - 20 JPS5951000A 的技术方案示意图

随着制造高新技术的应用与模具设计的进步，工位数逐渐不再是限制级进模设计与制造的关键。在一副模具中可以完成冲裁、落料、弯曲、拉深、切边等多种冲压工序的多工位级进模成为汽车覆盖件冲压模具领域的发展重点，因为其工序集成度之高、功能之广是其他模具无法与之相比的。各大汽车生产企业也十分重视这标志着冲模技术先进水平的多工位级进模，注重级进模技术的研发和自主知识产权的保护，其中专利 EP1797974A2 中公开了一种级进模，如图 2 - 4 - 21 所示，包括金属板材在预冲压工位进行冲孔，在深拉伸工位进行深度拉伸，然后在成形工位弯曲形成横梁横截面；丰田于 2011 年申请了专利 JP2013139043A，其利用滑块和支架分别固定上、下冲模，以便调整多工位级进模单个工序中的模具。

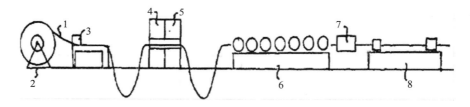

图 2 - 4 - 21 EP1797974A2 的技术方案示意图

由级进模技术发展的脉络可以看出，如图 2 - 4 - 22 所示，多工位级进模作为在普通级进模的基础上发展起来的一种高精度、高效率、长寿命的模具，容易实现复杂冲压件的自动化生产，其能采用自动化送料、可在高速压力机上工作、设有安全监测保护装置和可实现高速无人冲压生产，因此多工位级进模已成为实现大生产、高效率、低成本的最佳选择，是汽车覆盖件冲压模具的发展方向。

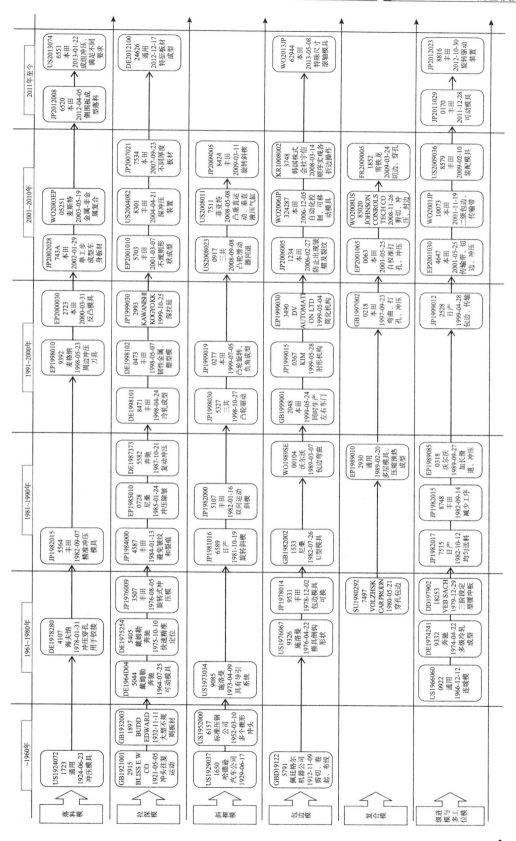

图 2 - 4 - 22　汽车覆盖件冲压模具领域各技术分支发展趋势

2.5　小　　结

从对钢板的冲压实现制造汽车覆盖件和生产出第一辆用冲压钢板为覆盖件车身骨架的汽车以来，已经经历了一百多年的历史发展。通过冲压钢板材料得到车身覆盖件，促进了模具的开发与研究，提高了生产效率，实现了大批量、生产线生产，推动了汽车工业的发展。本章对汽车覆盖件冲压模具领域的相关专利进行了全面系统的分析，从专利技术的角度说明了汽车覆盖件冲压模具的发展是随着汽车技术的发展，及人们对汽车使用要求、汽车外观要求的提高而相应发展的。

自 1970 年以来，全球汽车覆盖件冲压模具的专利申请量有较为明显的增长趋势，近十年来更是进入了快速发展期，基本上呈现逐年上升的态势。日本、中国、美国以及德国的专利申请量总和超过全球申请总量的 90%，其中日本名列第一。丰田、本田占据专利申请人排名的前两位，充分说明日本在汽车覆盖件冲压模具领域是研发与创新能力最强的国家。

虽然中国在汽车覆盖件冲压模具领域的专利申请从 20 世纪 90 年代才出现，但是近年中国专利申请量明显上升，其中国内申请人涉及汽车覆盖件冲压模具的申请量所占份额较大，国外来华申请量仅占中国申请总量的 12%，国外申请人对在中国进行专利布局的重视程度不是很高。这给我国的汽车覆盖件冲压模具领域带来了发展机遇，国内申请人应充分掌握国外企业的专利布局，正确把握技术研发方向，并积极寻求新的突破点。与其他国家相比，日本汽车企业最重视中国汽车覆盖件冲压模具市场。

中国汽车模具企业虽然起步较晚，但比较重视汽车覆盖件冲压模具技术领域的研发与自主知识产权保护；但也应注意到，其中实用新型专利所占份额高达 68%，说明国内申请人将相当一部分精力放在现有冲压模具装置的改良上，发明创造高度相对较低。

通过对汽车覆盖件冲压模具领域各技术分支（落料模、拉深模、斜楔模、复合模、级进模与多工位模、包边模）中重要专利的分析，可以得到汽车覆盖件冲压模具技术的发展历程。全球多边申请量排名前 11 位的申请人多集中在欧、美、日等汽车强国，各技术分支的重点专利也均集中在日、美、德、法的大型汽车企业中，充分说明国外专利申请人研发实力强，国外大型汽车企业的专利技术水平高，专利保护力度大。国内申请的技术水平与国外企业相比存在相当大的差距，要想改变技术要求高的中高档轿车大中型外覆盖件模具依赖进口的现状，我国汽车覆盖件冲压模具领域的发展道路依然任重道远。

第3章 光学塑料成型模具技术专利分析

光学塑料成型模具是利用光学塑料成型技术来成型光学元件的模具，作为一种能够替代光学玻璃的新型材料成型模具而备受业界关注。光学塑料成型技术是当前制造塑料非球面光学零件的先进技术，包括注塑成型、浇注成型和压制成型等技术，它们所采用的成型模具包括注塑成型模具、浇注成型模具和压制成型模具等。光学塑料注塑成型模具主要用来大量生产直径 100mm 以下的非球面光学零件，也可制造微型透镜阵列，而光学塑料浇注和压制成型模具主要用于制造直径为 100mm 以上的非球面透镜光学零件。光学塑料成型技术虽然起步较晚，但近年来一直保持迅猛增长的势头，且各大制备精密光学元件的公司也纷纷加大投入，将其作为重点研发方向。因此，本章选取光学塑料成型模具中的 3 种主要成型模具作为关键技术进行重点研究。

本章将针对光学塑料成型模具领域的专利申请状况进行分析，通过分析光学塑料成型模具领域的产业技术状况，采用分析技术发展路线、首次申请国、目标申请国及申请人等分析方法，研究光学塑料成型模具的全球及中国专利发展趋势、光学塑料成型模具的技术发展路线、各技术分支专利布局等内容，为了解全球光学塑料成型模具的具体发展脉络和重点技术提供指导和借鉴作用；并重点从注塑成型模具、浇注成型模具、压制成型模具等技术分支入手，对全球及中国的光学塑料成型模具的具体发展脉络和重点技术进行深入分析并进行深层次的技术挖掘。

本章中全球专利申请的发展态势分析涉及的数据样本为截至 2014 年 7 月 30 日，光学塑料成型模具技术在全球的专利申请共 1625 项，主要来自 WPI 数据库，其中 1965 年之前的专利数据来自 EPODOC 数据库；中国专利申请的发展态势分析涉及的数据样本为截至 2014 年 7 月 30 日，光学塑料成型模具技术在中国的专利申请共 440 件。

3.1 产业技术概况

3.1.1 产业现状

现代光学精密模压技术属于无切削加工，对光学零件制造来说是一次革命，它不仅节约了原材料、能源和劳动力成本，而且由于在模压光学表面的同时可以形成精确的定位面，从而大大减少了系统的装配时间和成本。目前我国已经可以大批量生产中、低精度的光学塑料非球面零件，大多用于手机的照相模组、眼科镜片和 LED 的聚光透镜。非球面制造技术，特别是光学塑料精密模压技术，目前已发展到比较成熟的阶段。下一个值得关注和等待解决的问题是高精度、深而陡的非球面和自由曲面的制造和检测技术。在含有非球面镜片的光学系统中，非球面透镜的精确准直是特别重要的，因为它对光学成像质量的影响要远远大于球面透镜。假如非球面不能和系统光轴重合的话，成像质量会大大降低。镜头的口径愈大，非球面透镜的精确准直就愈重要。而非球面的边缘区起着重要的作用，这些边缘区和球面形状有很大的偏差，对光学成像质量有很大的影响。具体的准直方法还要根据非球面零件的制造方法和几何形状来定，用模压和用抛光方法制造的非球面有明显的差别。为了能有最佳的准直效果，要求避免由透镜楔形角所产生的误差，结构零件的内孔必须达到很高的精度。❶

目前中国的光学塑料成型模具市场大部分被国外厂商垄断，从20世纪80年代起，国内有不少研究机构开始设计光学塑料成型模具并利用其制备光学塑料制品，但是在设计、制造工艺等环节和国外的技术还有较大差距。目前，国内还没有一家综合实力能和发达国家光学塑料成型模具企业相抗衡的企业，国内的申请人多是处于起步和学习阶段。从国内主要申请人在中国的分布来看，除了成都奥晶科技有限公司是中西部的企业外，其余申请人均分布在我国东南沿海地区，如图3－1－1所示，这也和我国工业总体发展水平的分布大体一致。

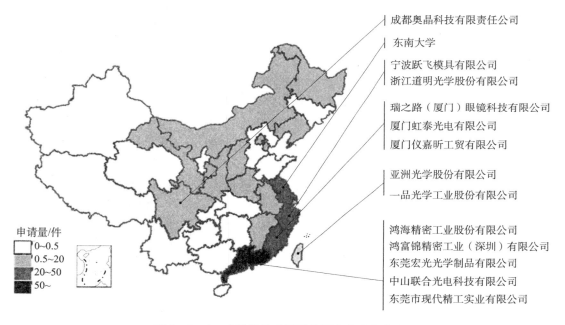

图3－1－1　光学镜片成型模具国内企业分布图

3.1.2　技术概况

目前，光学塑料的加工方法主要有两大类：模塑成型法和直线加工法。其中，模塑成型法是指采用模具进行成型的方法，主要包括注塑成型法、浇注成型法和压制成

---

❶　[EB/OL].［2014－05－30］. http：//www.opticsjournal.net/OEPNNews.htm？id＝PT111209000069dJfMi.

型法等，本章主要针对上述三种成型方法所采用的模具进行研究分析。

注塑成型模具是采用注塑成型方法时所采用的模具，注塑成型主要用于成型热塑性塑料，适用于大批量中小型零件的生产。注塑成型的工艺是将热塑性塑料加热到流动状态，以较高的压力和较快的速度将其注入精密的不锈钢模具中，经过一定时间的冷却将成型零件从模具中取出，经过表面处理就可用作光学零件。因其成型零件形状的范围广而使得注塑成型方法得到广泛的应用，除了成型一般的凹透镜、凸透镜、双凹透镜、双凸透镜以及弯月透镜外，还可成型透镜阵列、棱镜和非球面透镜等系列透镜，且因注塑成型模具可设计成多腔模具而使其成型的效率高、成本低。图 3 − 1 − 2 是典型的注塑模具结构图。❶

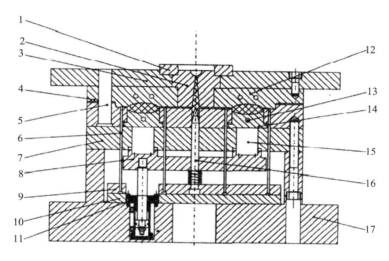

图 3 − 1 − 2 塑料透镜模具结构装配图

注：1—定位环；2—主流道衬套；3—定模固定板；4—定模板；5—导柱；6—顶杆；
7—动模垫板；8—加压板；9—顶杆固定板；10—顶出底板；11—液压缸；12—动模板；
13—冷却水孔；14—凸模；15—导力柱；16—拉料杆；17—动模底座

图 3 − 1 − 3 是典型的浇注模具结构图。❷ 浇注成型模具是采用浇注成型方法时所采用的模具，一般用于成型热塑性塑料和热固性塑料，而热固性塑料被广泛用于成型眼镜片。浇注又称铸塑，由金属浇铸发展而来。浇注成型是在流动的塑料单体或部分聚合的塑料中加入引发剂后浇入模具中，在一定的温度下经过一定时间固化成型，从而得到与模具型腔相似的制品，浇注成型工艺对固化成型过程中的温度控制要求较高。浇注模具一般按结构类别可分为敞开式浇注、水平浇注（正浇注）、侧立式浇注和倾斜式浇注。

❶ 柳鹏，等. 非球面塑料透镜的精密注塑模具设计 ［J］. 工程塑料应用，2007（11）：60 − 62.

❷ ［EB/OL］. ［2014 − 05 − 30］. http：//wenku.baidu.com/link? url = wUj9Jdw ＿ G5r3syGVN − PwDLslNXJ 36eUaH3eQggnhURhhL xDVNWsIw3 qb NB6CXrtifLO9eKpdRq31xRI7b＿ nvoaMDksivnxTC − KCM1JC8DPS.

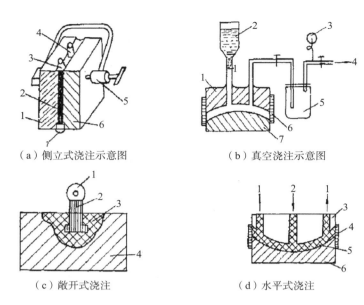

（a）侧立式浇注示意图　　　　（b）真空浇注示意图

（c）敞开式浇注　　　　　　　（d）水平式浇注

图 3 - 1 - 3　典型的浇注模具结构图

注：（a）1—模具；2—制品；3—排气口；4—浇口；5—G 形夹；6—模具或基体；密封物；

（b）1—阴模或基体；2—浇注用环氧塑料容器；3—真空表；

4—连接真空装置；5—过滤器；6—密封板；7—阳模体；

（c）1—固定嵌件及投出制品圆环；2—嵌件；3—制品；4—阴模；

（d）1—排气口；2—浇口；3—基体；4—密封板；5—环氧塑料；6—阴模

　　压制成型模具是采用压制成型方法时所采用的模具，压制成型是将预热过的塑料（粉状、粒状或纤维状）放入模具型腔中，合模后施加压力使塑料充满型腔，加热塑料保持压力直至成型，成型后待模具中的零件冷却至一定温度后再取出成型零件。该方法适于流动性差的塑料，主要用于成型各种屏、菲涅尔透镜阵列等大中型制品。图 3 - 1 - 4 是典型的压制模具结构图。❶

　　塑料非球面光学镜片具有重量轻、成本低、光学零件和安装部件可以注塑成为一个整体、节省装配工作量、耐冲击性能好等优点，因此在军事、摄影、医学、工业等领域有着非常好的应用前景。美国在 AN/AVS - 6 型飞行员微光夜视眼镜中就采用了 9块非球面塑料透镜，此外在 AN/PVS - 7 步兵微光夜视眼镜、HOT 夜视眼镜、"铜斑蛇"激光制导炮弹导引头和其他光电制导导引头、激光测距机、军用望远镜以及各种照相机的取景器中也都采用了非球面塑料透镜。美国某公司在制造某种末制导自动导引头用非球面光学零件时，曾对几种光学塑料透镜成型法作过经济分析对比，认为采用注塑成型法制造非球面光学塑料透镜最为合算。

　　光学塑料成型模具成型的零件主要是照相机透镜、眼科镜片、手机摄像头透镜、太阳镜、车灯透镜灯等领域，而应用这些零件的产品则渗透到我们的日常生活中，如

---

❶　[EB/OL].［2014 - 05 - 31］. http://www.docin.com/p - 289052110.html.

数码相机、手机、数码摄影机、监测摄像头、隐形眼镜等。除民用外，光学塑料成型模具成型的零件在军事领域也得到了广泛的应用。

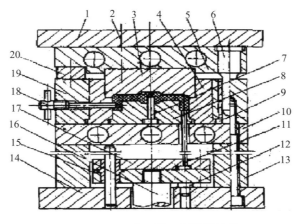

图 3 - 1 - 4　典型的压制模具结构

注：1—上模版；2—连接螺钉；3—上凸模；4—凹模；5—加热板；6—导柱；7—型芯；
8—下凸模；9—导套；10—加热板；11—推杆；12—挡钉；13—垫块；14—底板；15—推板；
16—尾轴；17—推杆固定板；18—侧型芯；19—下模板；20—承压板

3.2　全球专利申请发展态势分析

本节针对光学塑料成型模具全球专利状况进行分析，主要从全球专利申请发展趋势、全球专利申请国别/地区分析、申请人等方面分析光学塑料成型模具技术全球的专利申请态势。

3.2.1　发展趋势

图 3 - 2 - 1 中示出了光学塑料成型模具在全球申请专利趋势。由图 3 - 2 - 1 可知，光学塑料成型模具在全球的专利申请整体呈上升趋势，大致可分为以下 3 个阶段。

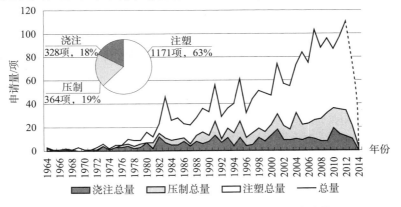

图 3 - 2 - 1　光学塑料成型模具全球专利申请趋势

（1）缓慢发展期（1965～1982年）

工业上采用光学塑料制造光学模具始于第二次世界大战期间，以满足战时大量制造望远镜、瞄准镜、放大镜和照相机的需要。之后受光学材料本身和加工工艺的限制使得光学塑料的应用一度下降，直到20世纪60年代后，随着合成技术的发展，光学塑料的成型才得到进一步改善。1946年，强生提出一种用于成型光学塑料的注塑成型模具的专利申请GB581197A；1959年，美国光学公司提出了一种用于成型眼科透镜的浇注成型模具的专利申请US2890486A；1961年，美国专利申请US3005234A突破性地采用光学塑料进行模制0.1524厘米厚的光学透镜，成功地控制了光学塑料的流速来避免成型产品的应力变形。

从1965～1982年，光学塑料成型模具在全球的专利申请呈现缓慢发展的趋势，其间专利一共只有110项。这一时期的模具材料基本选择玻璃、陶瓷和塑料等非工具钢类材料。美国申请人匹兹堡平板玻璃公司（PITTSBURG PLATE GLASS CO）于1965年11月24日提出了第一项专利申请US3422168A，其优先权为US19640415055，优先权日为1964年12月1日，请求保护一种用塑料制备光学眼科透镜的浇注模具，所述模具由热塑性塑料制成，且成型模具在每次浇注成型后再熔化成型继续使用。1973年DEUT SPEIEGELGLAS AG提出的专利申请DE2354987B请求保护一种注塑模具，其从模具成本考虑，采用陶瓷玻璃材料代替传统的石英玻璃材料制备注塑模具，且采用陶瓷玻璃模具制备的光学塑料表面具有更高等级的光学质量。1982年由日本申请人松下电子有限公司（MATSUSHITA ELEC IND CO LTD）提出了压制树脂材料的压制模具，所述压制模具采用金属材料，采用多个控制器通过控制压制成型过程的温度、压力等参数制备高精确度的光学塑料。早期阶段的申请人多为欧美国家申请人，日本申请则在1978年以后才逐渐增多。这一时期的光学塑料成型模具多用于成型对精确度和表面质量要求不高的光学塑料（EP0061619A、JPS54129054A），且由于材料品种少、质量低，而使得光学塑料并未得到广泛应用。

（2）成长期（1983～2000年）

在成长期中，光学塑料成型模具在全球的专利申请量呈现出波动走向，但整体趋势仍然是增长的。这一时期随着合成技术的发展，光学塑料品种增加，加工工艺的改善以及表面改性技术的出现，进一步提高了光学塑料的性能，[1] 使得光学元件的应用得到普及和推广，从而带动了光学塑料成型模具领域的发展。同时随着人们生活水平的提高，对照相机的便携性也有了更高的要求，传统的照相机的透镜镜片多采用玻璃材质，而玻璃材质的镜片重量相对较大，从而使照相机的总重量也较高，而光学镜片的重量相对于玻璃镜片较轻，这在一定程度上扩展了光学镜片的应用，使其向照相机领域的应用发展。进而推进了光学塑料成型模具的进一步发展，尤其是在对镜片精度要求较高的照相机透镜（JP2007261142A、CN1958266A）、手机摄像头透镜（JP2008055713A）等，使得这一时期的申请量总体增长，但是由于这些镜片的精度和表面质量要求高，

❶ 杨淑丽，等．光学塑料的发展与应用［J］．应用光学，1991（4）．

导致在发展过程中遇到一系列瓶颈，比如吸水率大、耐热温度低、折射率随温度变化大等技术问题，从而导致这一时期的年申请量起伏较大。

由于高端镜片对成型镜片的精确度、表面质量要求较高，因此在制备时也需要特别注意一些参数，比如公开号为 JP2007261142A 的专利申请中公开了一种注塑成型照相机用光学镜片的金属模具，其对模具结构尺寸进行了特别的设计，将模具的外径和内径的比例限定在 2.5 以下，同时对模具的材料进行了特别的选择，将模具的热传导率控制在特定的、能够保证镜片质量的范围内，因为在注塑成型光学镜片时，材料注入腔体后进行固化随后进行冷却，固化温度和冷却温度对光学镜片的成型至关重要，温度下降得太快不行，太慢也不行，针对某种材料要制定一个合理的温度下降范围才能保证成型的光学镜片的表面质量和精度。

这一时期参与进来的申请人有很多生产相机的日本公司，比如奥林巴斯、柯尼卡美能达、住友、佳能、富士、尼康等。这就导致此阶段的申请人中日本申请人占的比例相当大，不过此阶段的日本申请中多边申请并不多，这跟其惯于保护国内市场有很大关系。在照相机领域透镜主要使用的是取景器透镜、中心快门照相机摄影透镜、单镜反射式照相机的交换透镜和视频照相机用连续变焦距镜头等。此阶段除了成型高精度的照相机透镜外，用于成型眼科透镜的成型模具的申请也非常多（US5837314A、US5935492A、US5916494A），这和眼科透镜成型技术成熟后其市场扩大有关，此领域比较活跃的是强生，且此阶段的模具都是针对提高光学镜片的表面质量而进行的改进，从提高表面质量和尺寸精度的目的出发而做出的改进。

强生针对现有技术中成型的镜片在脱模时容易损伤表面而对模具结构和脱模材料作了改进并提出专利申请 US5837314A，提供涂布一薄层聚合分模剂至绕模具部分之前曲面延伸之表面部分，诸如凸缘表面之新颖打印站，设想使二部分模具曲面的至少一模具托板或一对模具托板（其适合随后与模製隐形眼镜基底曲面之模具部分配合）直接位于一由许多印模所构成之打印头下面，其各适于分别贴合绕位于模具托板或诸托板上之前曲面延伸之表面或凸缘部分之一。包含一分模剂储器，例如一种聚合分模剂诸如 Tween 80 之垫片配置，包括许多分立垫片适合在打印头下面移动，并于打印头的印模向下移动和每一与其关联之垫片接触时，允许留在该处，然后向上缩回，允许垫片自打印头下面移出。打印头之印模及设于分模剂储器中与其对准分模剂浸渍之垫片，其间上述接触，因此导使每一印模被分模剂（实际被 Tween 80 分模剂）所润湿。其后，使打印头向下向模具托板或诸托板移动，使诸印模能各分别接触一绕一位于模具托板上的个别前曲面延伸与其对准之表面或凸缘，藉以将一薄层或薄膜之受控制厚度之分模剂敷着于每一个别前曲面周围之表面上。然后使有印模之打印头向上缩回，并且机器循序至二部分隐形眼镜模具前曲面之次一模具托板或次对托板，同时使在其模具托板或诸托板上之前面涂布分模剂之诸前曲面向一执行后曲面组装至前曲面之机器端前进。

美国科技资源国际公司（TECHNOLOGY RESOURCE INT CORP）于 1998 年针对现有技术中成型镜片的中心区域，也即光学上最有效的区域，由于成型过程中气泡的存在产生的光学缺陷做出的提高性改进提出了专利申请 US2002047220A1，该申请请求保护的模具包括一个前模、一个后模和一个锁合件，该锁合件具有一个内表面和一个外表面，与所述前模和后模一起在其间形成一个用于模制眼镜镜片的模制腔，其中该锁合件具有至少一个排气口和至少一个浇铸口，在所述模制腔的上部分彼此以锐角隔开，所述排气口和浇铸口由一个位于所述内表面的凹槽信道相连。所述浇铸口与模制腔保持流体相通并且由所述锁合件的外表面与环境空气隔开，所述的锁合件是用于与一个前模和一个后模一起模制眼镜镜片的条带，包括一个本体，具有一个第一端和一个第二端，以及一个内表面和一个相对的外表面；和形成在所述内表面上的凹槽信道。所述凹槽通道可以形成为从所述排气口至浇铸口连续地延伸。所述孔用以接收所述前模和后模以限定模制腔。另外，浇铸口形成在本体部分的外表面与所述孔之间，使得浇铸口由本体部分的外表面与环境空气隔开并且与模制腔保持流体相通。

（3）快速发展期（2001 年至今）

从 2001 年开始，光学塑料成型模具在全球的专利申请量进入持续快速增长期。每年的申请量都能达到 50 项以上，很多年份的申请量接近 100 项。这一时期随着光学塑料成型技术的成熟，使得模具的需求量也随之增长。此阶段的申请人也更加多样，除了日本、欧美的申请人保持了更高的活力外，中国台湾、韩国的申请人也开始活跃，而且在这一阶段的申请中，涉及照相机透镜（JP2007261142A、JP4824081B）的申请比例更大，说明光学塑料成型的高端技术也趋于成熟。

柯尼卡美能达于 2006 年针对照相机用高端镜片的成型模具提出了一项专利申请 JP2007261142A，所述模具填充熔融材料、形成光学透镜，由可动侧及固定侧构成，具有形成光学透镜的光学面的光学面成形型芯，及位于该光学面成形型芯的外周面、且与所述光学面成形型芯一起成形光学透镜的模板，所述可动侧与所述固定侧中的至少一侧具有抑制导热光学面成形型芯，该抑制导热光学面成形型芯在所述光学面成形型芯与所述模板间并且在光学面一侧具有大的间隙，若所述间隙为 2G，则所述 2G 满足以下关系式：$0.010 \leqslant 2G \leqslant 0.025$，2G 的单位是 mm。所述模具能够抑制形成光学透镜的光学面的光学面成形型芯的温度降低，还能够抑制成形时的光学透镜的光学面的温度降低，从而实现良好的复制性。

2003 年，中国台湾的鸿海集团针对现有技术中注塑成型装置的冷却系统不适合骤冷成型产品提出了专利申请 CN1618595A，所述注射成型装置，包括注射单元、锁模单元以及控制单元，其中注射单元包括模具及冷却系统，该冷却系统包括形成于模具壁内的冷却媒体导管以及在导管中流动并起导热作用的冷却媒体，其中该冷却媒体为纳米超流体，其包括超流体及分散悬浮于超流体中的碳纳米管。与现有技术相比，所述注射成型装置有以下优点：冷却系统中冷却媒体为内部分散有碳纳米管的纳米超流体，超流体黏滞系数约为零，超流体与碳纳米管管壁的摩擦力很小，纳米超流体在冷却系统导管中以紊流形式流动，同时碳纳米管导热能力极强，因此，纳米超流体导热效率高，用于注射成型装置的冷却系统，使该注射成型装置特别适合生产需要骤冷成型的产品。

2005 年 11 月，由中国台湾鸿海集团深圳鸿富精密工业有限公司提出了一种用于成型照相机透镜的模具结构的专利申请 CN1958266A，所述模具结构的模仁可旋转且可沿轴线移动地装设在上模的凹槽内，且该模仁上还开设有分流道及与该分流道不连通的多个上型腔。注射塑料时，先拉动及旋转该模仁，使该模仁与下模之间有一定间距，并使该分流道对准下模具的下型腔。待注完塑料后，旋转模仁一定角度，使模仁的上型腔对准下模的下型腔。之后推动该模仁向下模方向移动，直至该模仁与该下模完全贴合，即使该下型腔与该上型腔配合形成多个完整型腔。因该塑料从该型腔的轴线方向进入，故可以避免该型腔内的镜片冷却速度不同而引起的左右不对称的缺点。又因该模仁的上型腔与下模的下型腔均没有与分流道相连，故注射完塑料后型腔内的镜片不会与分流道相连接，即该镜片上不会残留废料。

2006 年 8 月 30 日，日本住友重机械工业株式会社针对现有技术中难以高精度地设置形成空腔的位置并成型具有期望精度的塑料透镜的技术问题提出了一种用于成型移动电话的摄像头所采用的光学透镜的注塑成型模具的专利申请 JP2008055713A，该模具具有合模装置，包括一对模具；和注塑装置，以与所述模具中的一个模具接触的状态射出熔融树脂；所述一个模具具有保持部，该保持部在所述一对模具开模的状态下保持成型品。或者也可以在所述一个模具上设置浇口部，该浇口部连接该模具内的树脂流路和空腔，并形成所述成型品的侧面的一部分。此外，在所述一个模具上也可以设置浇口阀机构，该浇口阀机构开放或封闭连接所述树脂流路和所述空腔的所述浇口部。并且，所述保持部也可以自由移动地设置在所述一个模具上，在所述一对模具开模的状态下，所述保持部进行移动，由此所述成型品被从所述一个模具分离并取出。还可被安装为，在与所述模具的合模方向大致垂直方向上可接触所述一个模具，所述熔融树脂在与所述合模方向大致垂直方向上供给到所述一个模具。此时，可以为所述注塑装置是纵置式，所述合模装置是横置式，也可以为所述注塑装置是横置式，所述合模装置是纵置式。另外，所述一对模具可以是可动模具也可以是固定模具。

2006 年 8 月 30 日，日本住友重机械工业株式会社提出了一项专利申请 JP4824081B，该申请可以基于成形品或成形循环时间适当地调节加热汽缸温度分布图的射出成形机。为了达到上述目的，根据本发明的射出成形机具有射出装置，射出装置包含被供应成形材料的汽缸、在所述汽缸中被驱动而对所述成形材料进行计量的计量部件，所述射出成形机包含多个加热器，该多个加热器沿所述汽缸的轴向排列设置，并分别将所述汽缸各个部分加热至预定的设定温度；控制器，分别控制所述多个加热器的所述设定温度；在所述多个加热器的所述设定温度中，当对应于完成计量时在螺杆前方积存熔融树脂的位置的设定温度被设定时，所述控制器基于成形条件进行计算而求出所述加热器以外的所述设定温度。该成形机可以基于成形品的大小或成形循环时间适当地调节用于加热树脂等成形材料的汽缸的温度分布图。据此，可以调节汽缸中的成形材料的加热程度，可以防止成形材料因加热引起的变质，而且可以防止黏着。并且，可以使在螺杆前方熔融的树脂保持一定温度。

3.2.2 全球专利布局

专利申请的国别/地区代表了申请人所属的国家/地区，通过对申请国别/地区的分析，可以了解哪些国别/地区掌握着光学塑料成型模具领域的相关专利申请。由图3-2-2（见文前彩色插图第7页）可知，光学塑料成型模具专利申请主要由日本提出，申请量超过了总量的一半，所占比例为58%，其次是中国和美国，所占比例分别为16%和12%，最后是韩国、德国、法国和俄罗斯，它们的申请量分别占到了5%、3%、1%和1%，而中国的申请中有相当一部分是中国台湾申请。其中日本申请主要涉及的是相机领域，且这些申请也均由日本著名的制作相机的公司提出，比如奥林巴斯、柯尼卡美能达、理光、松下、日立、佳能、富士和佳能等，可见，在相机领域也即在高精密的透镜领域，光学透镜已经被重视并占有一席之地。

3.2.3 主要技术分支

光学塑料成型模具主要包括注塑成型模具、压制成型模具和浇注成型模具。其中注塑成型模具因其成型零件的形状范围广，生产效率高，成本低而得到最广泛的应用，其次是压制成型模具和浇注成型模具。

图3-2-3是光学塑料成型模具领域全球专利申请的主要技术构成的发展趋势，从图3-2-3中可以看出，各技术构成的申请量趋势和总申请量的趋势基本吻合，但稍有不同。其中，作为光学塑料成型模具的最主要技术注塑成型模具的申请量趋势的吻合程度最高，压制成型模具和浇注成型模具的申请量的萌芽期都比较漫长，大概在2007年以后才有了较明显的增长。

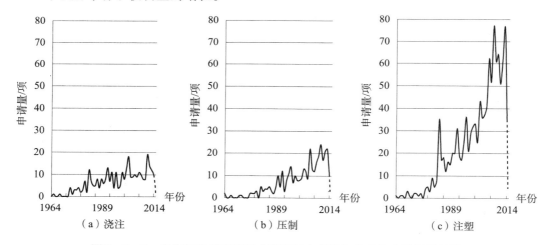

图3-2-3 光学塑料成型模具全球专利申请的各技术构成的发展趋势

3.2.3.1 浇注成型模具

对于光学塑料的浇注成型模具而言，其在全球的第一项专利申请始于1965年，在随后的十多年里一直保持着较低水平的申请量，直到1982年由于日本奥林巴斯等制造相机的著名企业开始进入浇注模具领域使得本年的申请量大幅增加达到 12 项，在此之后直至 1990 年，浇注成型模具领域的年申请量都在个位水平，没有太大的增幅。而在 1990 年之后，该领域的年申请量有了一定的增加，但非常不稳定，呈现出时多时少的状态，多的能达到 10 多项，少的则只有几项。可见，光学塑料的浇注成型模具由于其本身结构的局限性使得具有较强生产能力的大公司未对其进行大范围的专利布局。

3.2.3.2 压制成型模具

光学塑料的压制成型模具用于成型各种屏和菲涅尔透镜阵列，其在全球的专利申请始于 1964 年，虽然光学塑料的压制成型模具领域的专利申请开始较早，但在之后的 20 多年里，光学塑料的压制成型模具领域的专利并未进行大量的申请，而是一直维持着低于 5 项的年申请量。在 1989 年之后，光学塑料的压制成型模具在全球的专利申请量有了较大的增长，年申请量基本都在 10 项以上，或者接近于 10 项。这跟光学塑料的压制成型模具可成型菲涅尔透镜阵列有关，但由于压制成型工艺本身的局限性使得在该领域并未被进行大范围的专利布局。

3.2.3.3 注塑成型模具

光学塑料的注塑成型模具在全球的专利申请始于 1964 年，1964 ~ 1982 年，该领域的专利年申请一直在低位徘徊，直到 1983 年，光学塑料的注塑成型模具在全球的专利年申请量达到了 35 项，且在此之后一直保持着很高的申请量，虽然个别年份有所降低，但总体上还是呈现出增长的趋势。这和光学塑料的注塑成型工艺广泛的应用性有关，其可成型隐形眼镜、照相机透镜等光学透镜，且因为采用光学塑料注塑成型使上述透镜相对于传统的玻璃材料制备的透镜具有很大的优越性而使得在该领域被广泛进行专利布局。

3.2.4 主要申请人

申请人是专利创新和申请的主体，也是技术发展的主要推动力量，通过对申请人尤其是主要申请人的分析，可以发现本领域的申请主体的特点以及主要申请人的专利战略特点。对于光学塑料成型模具技术领域，在全球范围内，申请量前 15 位的申请人均为公司，可见公司在行业创新中占据主导地位，企业的发展水平基本代表了光学塑料成型模具技术领域的整体发展水平。

从全球的专利申请量来看，如图 3 - 2 - 4 所示，排名前 10 位的申请人中有 9 位来自日本，在前 15 位的申请人中日本的申请人也有 13 位，另外两位是排名第六位的中国台湾申请人鸿海和排名第十位的美国申请人强生。其中奥林巴斯申请量超过 100 项排名第一，领先第二名柯尼卡美能达近 20 项，申请量在 50 项以上的还有位列第三位至第九位的理光、松下、富士、鸿海、日立、佳能，申请量分别为 73 项、69 项、67 项、66 项、66 项、60 项和 54 项，前 15 名中的其他申请人是精工、强生、旭金属、豪雅、东芝、美尼康、尼康，申请量分别是 40 项、40 项、39 项、27 项、22 项、22 项和 17 项。可见，日本申请人在全球范围内的光学塑料成型模具技术领域非常活跃，光学塑料成型模具所成型的产品涉及眼科镜片、相机透镜、手机摄像头透镜、车灯透镜等领域。其中强生的申请主要围绕眼科镜片的成型模具、中国台湾鸿海集团的申请则主要围绕手机摄像头透镜和一般相机透镜，日本企业则覆盖了上述领域，即对上述应用领域均有涉及。

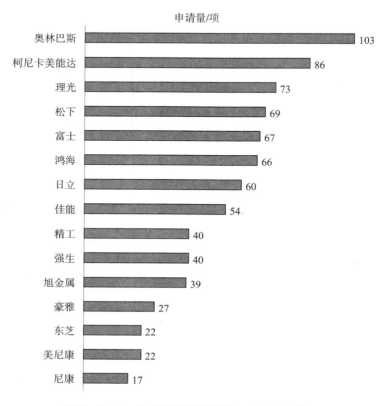

图3－2－4　光学塑料成型模具全球申请人排名

下面通过研究全球光学塑料成型模具领域3家知名企业在此领域的专利申请情况，来研究其在光学塑料成型模具领域的研发重点。

奥林巴斯创立于1919年，1920年在日本第一次成功地将显微镜商品化；在癌症防治领域起着极其重要作用的内窥镜，也是奥林巴斯于1950年首次开发的。人们熟知的一般只是奥林巴斯的照相机，其实奥林巴斯在显微镜、医疗仪器、传统相机、数码相机、打印机等图像解决方案产品以及高科技生命工程学等领域均取得了一定的成绩。例如，内窥镜从开发初期的胃窥镜发展至纤维内镜、电子内镜，迄今不仅在检查、诊断方面，而且在诊断和治疗方面也已成为不可缺少的设备，奥林巴斯的内窥镜在全世界拥有80%的市场份额。

奥林巴斯关于光学模具的专利申请只涉及相机透镜、医疗仪器透镜，始于20世纪80年代初期。到1990年之后申请量开始大幅增长，进入快速增长期，其中1991年最高达10项。在2000年之后，奥林巴斯在光学模具领域的专利申请依然保持较高的年申请量。该公司的模具大部分涉及光学透镜的注塑模具，通过对局部结构的调整和改进来提高成型的精度和质量，比如采取调整模具表面的压力、改变模具材质、采用紫外线加热、在模具上留设释放气体和热量的通道等措施。奥林巴斯在光学模具领域的专利申请数量虽然最多，但是其多边申请却很少，绝大部分申请均在本国申请，并未在其他国家进行专利布局，可见其对国内市场更加重视和保护。

鸿海集团又称鸿海精密集团（以下简称"鸿海"），是3C（电脑、通信、消费性电子）代工集团，其前身是1974年成立的台湾鸿海塑胶企业有限公司，现已成为研发生产精密电气连接器、精密线缆及组配、电脑机壳及准系统、电脑系统组装、无线通信关键零组件及组装、光通信元件、消费性电子、液晶显示设备、半导体设备、合金材料等产品的高新科技企业。鸿海集团在光学模具的专利申请始于2004年，起步稍晚，但是申请量却不容小觑，已达到全球第六位，共计66项。鸿海集团在光学模具的专利申请主要布局在中国台湾地区、美国和中国大陆，领域大部分涉及相机透镜。专利申请主要布局在如何排出成型过程中的气泡、改变成型制品的光学特性、节约成型材料、控制成型温度、如何固定和配合模具及喷嘴以使其满足加工精度要求方面，在解决如何固定和配合模具及喷嘴以使其满足加工精度的技术问题上，提出了通过在模具外周设置对准标记和对准孔、增设测镜片折射率的装置、于模仁上设置弹性体等措施来解决。

强生成立于1886年，是世界上规模最大、产品多元化的医疗卫生保健品及消费者护理产品公司，其产品在175个国家或地区销售，生产及销售产品涉及护理产品、医药产品和医疗器材及诊断产品市场等多个领域。强生在全球57个国家建立了260多家分公司，其中在美国本土大约有64家公司，拥有11.6万余名员工。旗下拥有"强生婴儿""露得清""可伶可俐""娇爽""邦迪""达克宁""泰诺""强生美瞳""ACU-VUE"等众多知名品牌。强生关于光学模具的专利申请只涉及隐形眼镜模具，始于20世纪80年代。1995年之后申请量开始大幅增加，进入了快速增长期，从1995~1997年强生共申请有关模具的专利24项，这个时期也是强生抛弃式隐形眼镜产品向全球扩张的时期，技术的发展也是使得产品质量上有很大突破，这一时期强生隐形眼镜的舒适度和透氧性也得到改善。2000年以后强生的申请量进入了平稳发展期，每年的申请量也较平均。强生几个阶段的布局情况表明，强生已经通过多年的专利积累，在隐形眼镜模具领域进行了较为完整的布局。强生有关隐形眼镜模具的全球申请量并不多，仅40项，但其中在全球布局的就有31项，占所有申请的77.5%，这也与强生一直致力于全球发展的战略基本一致。强生是2000年以后才开始在中国进行隐形眼镜模具专利布局的，从2000年以后逐步开始增大布局力度，虽然在绝对数量上并不多，但中国的迅速崛起也带动了隐形眼镜研究市场的不断扩大，因此可以预见强生势必会在华加快申请的步伐。

3.3 中国专利申请状况

本节针对光学塑料成型模具中国专利状况进行分析，主要从申请趋势、申请人类型及主要申请人、中国专利申请法律状态、中国专利申请国别分析、技术构成等方面分析光学塑料成型模具技术的中国专利申请态势，涉及的数据样本为截至2014年7月30日光学塑料成型模具技术在中国的专利申请，共440件。

3.3.1 发展趋势

图3-3-1示出了中国专利申请的申请量和多边申请量的发展趋势。光学塑料成型模具在中国的专利申请整体呈上升趋势，大致可分为以下3个阶段。

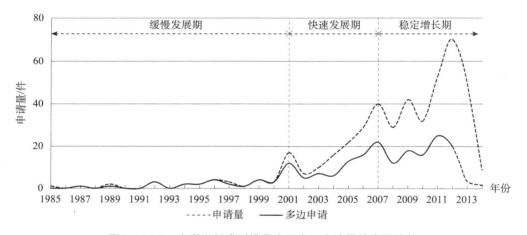

图3-3-1 光学塑料成型模具中国专利申请量的发展趋势

（1）缓慢发展期（1985～2000年）

1985～2000年，光学塑料成型模具在中国的专利申请呈现缓慢发展的趋势，其间专利只有26件，每年申请量最多不超过4件，还有好几个年份零申请。且在这26件申请中，有24件是欧、美、日企业申请和2件是中国申请，其中欧、美、日的申请主要是日本和美国，其次是英国2件和瑞典1件，2件中国申请为中国大陆个人申请。此阶段的多边申请量也和在中国的总申请量保持大体一致的总量和增长趋势，且这一时期的多边申请均为国外申请人所申请。

在这一时期，国内的光学塑料成型模具的发展相当缓慢，只有仅仅2件个人申请，具有较大生产能力的企业和具有较高科研水平的高校和科研院所还未涉足该领域，未意识到光学塑料在未来的发展前景，其实这一时期全球的光学塑料成型模具已经涉及高精密度的相机透镜的成型模具、眼科镜片的成型模具、车灯透镜的成型模具等，也即采用模具成型的光学塑料的应用已经非常广泛。

（2）快速发展期（2001～2007年）

2001～2007年，光学塑料成型模具在中国的专利申请呈现快速发展的趋势，其间达到了144件，年申请量基本呈逐年上升的趋势，虽然这一时期的专利申请主要还是外国公司，但是中国的申请人已经从个人申请扩展到具有较强生产能力的企业公司，这说明中国申请人已经意识到光学塑料在中国的市场潜力。此阶段随着技术的发展，成型光学塑料的塑料出现了对人体伤害较小的用于成型眼科镜片的材料类型，从而使得眼科镜片的受用人群进一步扩大，由于眼科镜片的推广和普及，成型眼科镜片的模具也得到较快的发展，光学镜片成型模具中隐形眼镜占的比重较大。这一时期多边申请量同样保持着和总申请量一致的增长趋势，而多边申请的申请人多为外国公司，其中就有生产隐形眼镜的博士伦公司。

（3）稳定增长期（2008年至今）

2008年至今，光学塑料成型模具在中国的专利申请在保持了较大的申请量的基础上稳步增长，除2013年由于公开滞后造成的申请稍低。这一时期的申请中除了隐形眼镜外，出现了较多用于制备相机透镜的成型模具，即光学塑料从一般的生活用品扩展到了对精度要求非常高的相机透镜。而此阶段中的申请人除了外国公司，中国的申请人也更加活跃，除了较多的公司和个人参与外，还有一些高校也参与了进来。但是由于中国企业和个人技术的落后，使得这一时期的申请量较大的申请人还是集中在国外公司和中国台湾公司。此阶段的中国申请人并未参与对技术要求较高的相机透镜的模具领域的专利申请，这一时期中国申请人的申请仍然围绕对精度要求相对低的眼科镜片和汽车车灯透镜成型模具领域进行专利申请，这跟中国申请人对此项技术的掌握能力和整体水平有关。在这一时期，多边申请量仍然保持着与总申请大体一致的增长趋势，且多边申请的申请人仍然多为外国公司，只是已经发展到相机透镜模具领域，比如，此阶段申请量较多的有柯尼卡美能达、中国台湾鸿海精密、日本佳能、日本富士、日本豪雅、美国博士伦以及韩国三星等企业。

3.3.2　中国专利申请国别分析

如图3-3-2所示，在中国进行专利申请的申请人中46%是外国申请人，其中日本、美国、韩国和瑞士的申请人最多。可见，日本和美国最重视中国市场，在该领域进行了大范围的专利布局，为该领域的产品进入中国市场做了充分的工作。

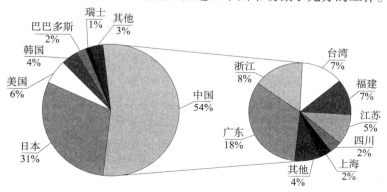

图3-3-2　光学塑料成型模具中国专利申请的国别分布以及中国国内的申请人省市分布

而在国内申请人的省市地区分布来看，光学镜片成型模具领域的国内研发中，广东、台湾、浙江、江苏、福建占了总申请量的一大半，尤其是广东占到了近1/3的比例，一方面，这和广东的制造业发展程度较高有很大的关系；另一方面，广东的申请量较大和中国台湾申请人鸿海精密和鸿富锦精密在深圳设立公司有关，因为广东的78件专利申请中，有37件为鸿海精密和鸿富锦精密所申请。

3.3.3 法律状态

如图3-3-3所示，光学塑料成型模具领域的440件专利申请中43%的专利处于有效状态，33%的专利处于失效状态，24%的专利处于未决状态。因1993年之前的专利数量很少，可以忽略不计，故因专利期满失效的因素可以不考虑。在这些有效的专利申请中，由于早期中国的申请较少，因此早期的有效专利绝大部分集中在国外申请人手里。从2004年下半年起，才有极少量的有效专利为中国台湾申请，然后随着时间的推移，该领域中国大陆地区的有效专利数量才慢慢增多。而在2010年下半年以后的有效专利中，绝大部分为中国大陆地区的专利申请，这跟国外申请人已经在早期进行了专利布局有关。在失效的专利中较多为涉及眼科镜片的成型模具。因此，对于希望能借鉴国外先进技术的我国中小企业来说，充分研究相关企业的专利状况，既可以充分利用现有技术，避免重复劳动节省企业研发成本，又可在申请专利时对有效专利申请进行规避，在生产时对有效专利申请进行风险评估。

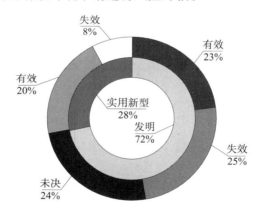

图3-3-3 光学塑料成型模具中国专利申请的法律状态

从中国专利申请的发明专利来看，国内申请共252件，占总量的71%；国外来华申请共104件，占总量的29%。其中国内的专利申请中，有效专利共136件，占总量的38%；失效专利共71件，占总量的20%；未决专利共45件，占总量的13%。在国外来华申请中，有效专利共52件，占总量的14%；失效专利共38件，占总量的11%；未决专利共14件，占总量的4%。

如图3-3-4所示，虽然国内申请和国外来华申请的有效专利量占总发明专利申请量的比例不同，但是国内申请和国外来华申请的有效专利量占各自总专利申请量的比值（52/104、136/252）却十分接近，和其他领域所表现出来的特点不太一致，因为在传统领域里，发达国家的科技起步早、发展水平高而使之表现出国外来华申请的有效发明专利数量占其总量的份额远高于国内。这跟光学塑料成型模具领域发展较晚有关，因为在其高速发展时，中国的科技发展水平也在快速发展，虽然也有所滞后，专利申请技术含量不太高，但并没有在很大程度上影响国内申请人在此领域的专利布局数量。这也说明国内申请人很看好光学塑料成型模具的未来发展前景并持有在此领域占有一席之地的美好愿望，只是它们更需要从该领域专利申请的技术上进行改进提高以掌握和拥有核心技术。

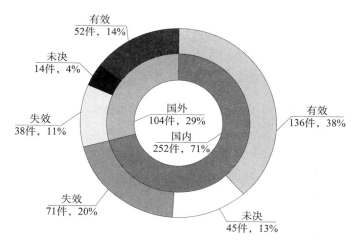

图3-3-4　光学塑料成型模具中国发明专利申请的法律状态

在这些有效发明专利中，排名前五位的申请人依次为：鸿海、柯尼卡美能达、强生、富士和厦门虹泰、夏普，除了厦门虹泰持有 5 件与富士并列第四位外，其他均为国外企业和中国台湾地区企业，由此也看出，中国大陆企业个体在此领域占的份额并不大，也就是说，光学塑料成型模具领域的有效发明专利在中国大陆申请人中的分布很散，并不是很集中，能够和国外来华的申请人在数量上相抗衡的企业不是很多。

3.3.4　主要申请人

在中国专利申请的主要申请人排名中，前十位中有 8 家国外企业，2 家中国台湾企业，分别是鸿海精密和鸿富锦精密，而这两家企业实际上都隶属于鸿海集团，也就是中国大陆地区常说的富士康集团，它们一直以共同申请人出现。在鸿海精密和鸿富锦精密的 37 件专利申请中，有 36 件为共同申请，另外 1 件是鸿海精密和广东本地的企业共同申请，也就是说，在光学塑料成型模具领域前十位申请人中并没有中国大陆地区的申请人。另外 8 家国外企业中有 7 家日本企业和 1 家美国企业，而这家美国企业就是生产日用品的强生，该企业仅仅涉及眼科镜片的光学塑料成型模具，其他领域尤其是相机用高精密镜片的光学塑料成型模具已被日本企业进行大范围的专利布局。

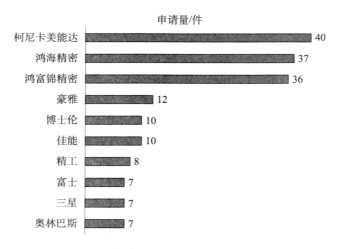

图 3 - 3 - 5　光学塑料成型模具中国申请人排名

3.3.5　主要技术分支

光学塑料成型模具主要包括注塑成型模具、压制成型模具和浇注成型模具。其中，注塑成型模具因其成型零件的形状范围广，生产效率高，成本低而得到最广泛的应用，其次是压制成型模具和浇注成型模具，它们所占的比例如图 3 - 3 - 6 所示，其中光学塑料的注塑模具占 64%、光学塑料的浇注模具占 14%、光学塑料的压制模具占 22%。

图 3 - 3 - 6 是光学塑料成型模具领域中国专利申请的主要技术分支的专利申请量及占比情况，从图 3 - 3 - 6 中可以看出，各分支的申请量趋势和总申请量的趋势基本吻合，但稍有不同。其中，作为光学塑料成型模具的最主要技术注塑成型模具的申请量趋势的吻合程度最高，压制成型模具和浇注成型模具的申请量的萌芽期都比较漫长，大概在 2007 年以后才有了较明显的增长。

3.3.5.1　浇注成型模具

对于光学塑料的浇注成型模具而言，在中国的第一件专利申请始于 1992 年，在经历了长达十多年的缓慢发展期，直到 2006 后，才有了较为明显的增长，在所有光学塑料的浇注成型模具的中国专利申请中，国外申请人的比例远大于国内申请人。

3.3.5.2　压制成型模具

光学塑料的压制成型模具用于成型各种屏和菲涅尔透镜阵列，其在中国的专利申请始于 1989 年，1989~2000 年，仅有零星几件专利申请，这一时期的申请人绝大部分是国外申请人，只有一个国内个人申请人，其在后来也未继续对此领域进行深入研究。在 2000 年之后，光学塑料的压制成型模具在中国的专利申请量有了较大的增长，虽然这一时期的申请人仍然是国外申请人，但是国内的申请人除了个人申请外，还有一部分申请人是公司。

3.3.5.3　注塑成型模具

光学塑料的注塑成型模具是热塑性塑料成型采用的主要模具，适用于大批量中小型零件的生产。其在中国的专利申请始于 1989 年，1989～2000 年，也仅有少量专利申请，一直在低位徘徊，这一时期的申请人绝大部分是国外申请人，只有 2 件国内个人申请，一件是中国台湾个人申请，另一件是中国大陆个人申请。在 2000 年之后，光学塑料的注塑成型模具在中国的专利申请量开始高速增长，国外的公司加紧在中国的专利布局，同时国内申请人在光学塑料的注塑成型模具方面申请的专利量也大幅增加（如图 3 – 3 – 6 所示）。

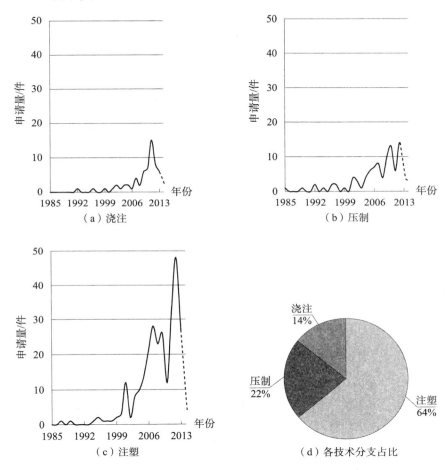

图 3 – 3 – 6　光学塑料成型模具中国专利申请的技术构成比例及发展趋势

3.3.6　申请人类型

如图 3 – 3 – 7 所示，光学塑料成型模具的专利申请的申请人主要以公司为主，总体占到了总量的 77.45%，也就是说该领域的技术领导者和创新的主体是公司。其次是个人申请，占到了总量的 7.52%，高校和科研机构所占比例较小，分别为 2.50% 和不到 0.23%。该领域中国专利申请中的合作申请也占了相当的比例，占到了总量的 12.3%，其中又以公司与公司之间的合作申请为主，占到了绝大部分，在 12.3% 的比例中占了 11.39%，其余的则为公司和个人之间的合作申请，占了 0.68%，而公司和大学之间的合作申请量极其少。

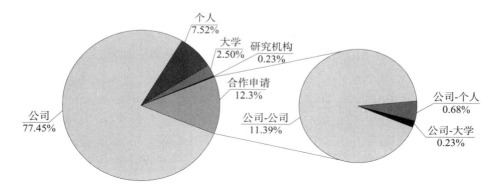

图 3 - 3 - 7　光学塑料成型模具中国专利申请的申请人类型

3.3.7　菲涅尔透镜——光学塑料压制成型的典型产品

随着全球能源的日渐枯竭，人类的环保节能意识日益增强，以光伏为核心的太阳能发电行业也得到了快速的发展。而太阳能电池低的转化效率却一直是该行业发展的阻力，在此情况下，聚光光伏太阳能发电技术受到了关注和重视。聚光光伏太阳能发电的核心部件聚光透镜将太阳光汇聚并投射到电路板上和与各个聚光透镜相对应的光伏电池晶片的接受面上，从而使各个光伏电池晶片产生电流，电流通过电路板的线路输出。而目前业界比较公认的聚光透镜的最佳选择就是菲涅尔透镜，因为菲涅尔透镜的焦点正好落在太阳能芯片上，当菲涅尔透镜面垂直面向太阳时，光线将会被聚焦在太阳能电池芯片上，汇聚更多的能量，节约电池芯片面积。

菲涅尔透镜除了用于光伏太阳能外，还由于其特殊的光学原理被应用在投影显示、航空航海领域。菲涅尔透镜连续表面部分"坍陷"到一个平面上，从剖面看，其表面由一系列锯齿型凹槽组成，中心部分是椭圆型弧线。每个凹槽都与相邻凹槽之间角度不同，但都将光线集中一处，形成中心焦点，也就是透镜的焦点如图 3 - 3 - 8 所示。

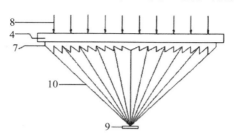

图 3 - 3 - 8　菲涅尔透镜结构聚光示意图

注：4—钢化玻璃；7—硅胶材质菲涅尔透镜；8—太阳光；

9—太阳能转换接收器；10—太阳光聚光方向

目前菲涅尔透镜成型的方式主要有两种，一种是单点切削冷加工方式，采用组合成型刀具加工点聚焦菲涅尔透镜；另一种成型方式是采用光学塑料的压制加工方式。由于切削加工成型的菲涅尔透镜质量一般而使其应用受到一定的局限，目前压制成型的菲涅尔透镜应用更加广泛。图 3 - 3 - 9 是典型的制备该菲涅尔透镜的压制模具的示意图。

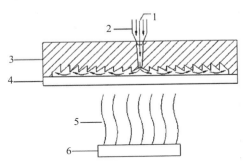

图 3 - 3 - 9　菲涅尔透镜的模具结构示意图

注：1—液态硅胶；2—注料管；3—菲涅尔透镜结构模具腔体；
4—钢化玻璃；5—热气；6—加热器

菲涅尔透镜的压制成型通常是提供一个压制模具，压制模具具有一个与待制造的菲涅尔透镜的形状互补的成型面。为了方便将成型后的菲涅尔透镜与模具的成型面相互分离，在成型面上铺设一层隔离薄膜。将成型镜片的材料形成于该成型面的隔离薄膜上，然后采用压印模座向成型材料施加压力，材料固化成型后便可得到菲涅尔透镜。

对菲涅尔透镜的压制成型模具进行专利布局始于 1985 年，其后的专利布局大都围绕压制成型模具的局部结构的调整来改进成型的菲涅尔头透镜的质量和精度，比如通过控制成型过程中的温度和冷却速率，改变模具端面结构；直到 1994 年，菲涅尔透镜的压制成型质量才有了突破性进展，发现压制成型过程中产生的气泡会对菲涅尔透镜表面质量有极大的破坏并且气泡的存在使得成型板材与模板不能紧密贴合，基于此，该领域纷纷对如何去除菲涅尔透镜的压制成型过程中产生的气泡进行专利布局，从开始通过排气槽进行排气发展到后来的通过抽气孔道排气，目的就是最大限度地去除压制过程中产生的气泡，在解决排气的过程中还有对将成型模具包含一层紫外线遮光膜来避免成型产品瑕疵进行的专利布局；此后出现的专利申请还对如何提高成型的菲涅尔透镜对光的转化率而对压制成型模具结构做出的调整进行了布局，因为目前菲涅尔透镜的大部分应用是在光伏太阳能上，而光的转化率是光伏太阳能电池非常重要的一个指标。而国内对菲涅尔透镜的压制成型模具进行专利布局开始的时间比较晚，始于 2001 年，主要在菲涅尔透镜的压制成型模具的排气结构、成型产品的光转化率等方面进行了专利布局。图 3 - 3 - 10 示出了菲涅尔透镜的压制成型模具的专利技术演进情况。

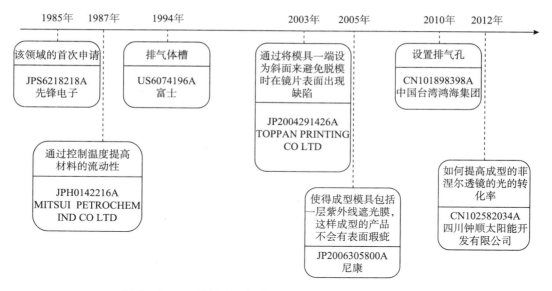

图 3 – 3 – 10　菲涅尔透镜的压制成型模具的技术演进情况

3.4　光学塑料成型模具技术分析

　　为了了解光学塑料成型模具的具体发展脉络和重点技术，本节对该领域的代表性专利进行筛选，从光学塑料成型模具的三个技术构成的发展阶段和进程角度给出了光学塑料成型模具的技术发展路线。

　　代表性专利是指在所属领域内具有一定的开创性或得到行业的普遍认可，在业内的关注较高，相关企业对此投入较大。这是一个相对概念，对行业内的技术发展具有重要作用。为了能够从光学塑料的成型模具领域找出代表性专利，初步判断其重要程度及可能对行业技术发展产生的潜在影响，课题组在征询模具行业相关企业专家意见的基础上，对光学塑料成型模具在全球的专利申请进行分析，选择光学塑料成型模具领域的代表性专利，对这些代表性专利所包含的信息进行分析，这些信息主要包括专利的引用情况、申请思路、布局分析等方面。最后筛选出46件代表性专利。

3.4.1　技术路线

　　从筛选的代表性专利来看光学塑料的成型模具技术路线，总体来说，代表性专利主要集中在光学塑料注塑成型模具，其次是浇注成型模具，最后是压制成型模具，但是在早期这个情况并不明显，且浇注成型模具的数量相对较高。这和不同的成型方法、成型的材料类型以及成型制品有关。热固性塑料多采用浇注成型模具，且多用于眼镜片，对精度的要求没那么高，而采用注塑成型模具和压制成型模具的多为热塑性塑料，且它们主要用于成型透镜的镜片，透镜镜片多用于相机、摄像头等领域，这些领域对于透镜的精度要求都非常高。而在光学塑料代替光学玻璃初期，由于塑料本身对温度的敏感度更高，使得制备的光学透镜在环境温度变化的情况下不能保证很高的精度，故使得初期的注塑成型模具和压制成型模具并没有得到很普遍的认可，所以初期的代表性专利数量也非常少。而在 2000 年以后，随着光学塑料种类的丰富以及对成型技术的改进而使得成型的光学透镜的精度得到提高，从而使得注塑成型和压制成型工艺得到更广泛的应用，最终使得注塑成型模具和压制成型模具领域的代表性专利数量也得到提升。

（1）光学塑料注塑成型模具

光学塑料注塑成型模具领域的代表性专利始于 1982 年的一项德国专利申请，该项专利涉及成型热塑性塑料的注塑成型模具，改进点在于对模具基本结构的设计以满足基本的成型需求。

1992～2001 年，光学塑料成型模具领域的专利申请较多涉及对模具结构的改进，以解决原有注塑模具成型时光学材料流动性慢、传热效率低导致的制品内应力分布不均匀和成型的塑料需要后续再加工的技术问题。这一时期的专利申请较多涉及注塑成型眼科塑料的模具。

从 2003 年开始，光学塑料成型模具的设计重点开始转向对技术要求更高的成型相机透镜和手机摄像头透镜的注塑成型模具，这一阶段的光学塑料成型模具技术日趋完善，在设计成型光学塑料的模具时，更多地涉及对模具成型镜片的同心度、象散和使用镜片的舒适度等改进，同时还出现了成型光学功能透镜的注塑模具，比如成型衍射镜片等模具。这一时期的代表性专利数量明显比 2003 年之前的代表性专利数量要多，可见光学塑料注塑成型模具的参与者和申请量在 2003 年以后都在逐渐增加，且申请的技术含量也明显提高。

从 2007 年开始，光学塑料成型模具技术逐渐转向追求成型更高精度、更高质量的高精密镜片的模具上，比如通过改变原有的模具配合方式、成型材料的腔室的温度分布和内部结构、引入新的加热光学塑料的热源等手段来实现模具成型的制品具有高精密度。

1982 年起，德国申请人 ZEISS STIFTUNG CARL 提出了第一件成型光学热塑性塑料模具领域的代表性专利 EP0061619A，提出该专利后，之后有 17 件专利申请在该项专利周围进行专利布局。布局的这些专利主要涉及对光学塑料成型模具结构的改进，其次是模制过程、脱模方法等（参见图 3-4-1）。

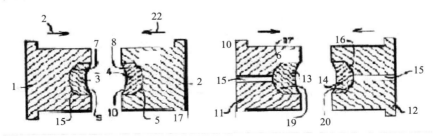

图 3-4-1　EP0061619A 的技术方案示意图

　　1987 年 4 月 10 日，德国人 PIRINGERH 提出了一种模具的专利申请 DE3712128A，其采用高热传递性能材料的模具可降低应力，提高成型制品的表面硬度，进而延长制品的使用寿命（参见图 3 - 4 - 2）。

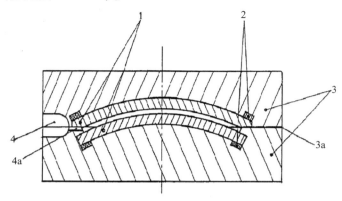

图 3 - 4 - 2　DE3712128A 的技术方案示意图

　　1992 年的欧洲申请 EP0505738A1 就是针对模具结构作出的改进，采用绝热多层模具使得各层之间更紧密，通过控制各层之间的热传递来提高成型制品的表面质量。该申请提出后，在注塑模具领域引起了很大的反响，以致其后出现了 40 多件专利申请在该专利周围进行布局。

　　1995 年的欧洲申请 EP0686486A2 对模具的内部结构作出改进，尤其是对注塑成型隐形眼镜边缘部位的模具结构进行改进，以使得采用该模具生产的隐形眼镜可直接使用，无须进一步加工，省去了后续加工步骤，节约了整体加工时间和成本。

　　1999 年强生提出一件用于制造眼用镜片的模具的专利申请 US7156638B2，如图 3 - 4 - 3所示，涉及一种模子包括与一第二半模连结以形成眼用装置的第一半模，其中该第一半模包括至少一可更换的卡匣，该卡匣包括形成该眼用装置的插入件。此模子可用以制造眼用装置，此模子最好与注塑成型机械配合使用，用以制造透镜曲面件，此曲面件用以制造隐形眼镜。在配合注塑成型机使用时，模制时至少一垂直移动的半模可以由运输机构水平地移动，且简单地由立式注塑成型机中之一新半模所取代，只花极少的机器停工时间，而使模制工作更经济和更有效率。

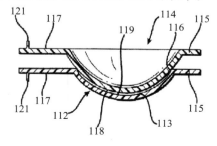

图 3 - 4 - 3　US7156638B2 的技术方案示意图

　　1998 年日本株式会社小糸制作所针对现有技术中模制不同尺寸透镜时需特制不同的模具提出车辆用灯具的树脂制品成型用的模具装置的专利申请 JP3792420B2，如图 3-4-4 所示，所述模具装置包括可作靠近离开动作的相对的一对模具本体；设在所述模具本体各自相对的一侧上、进行联动而划分成型模腔的成型面；设在所述模具本体内、将由注塑机射出的熔融树脂导入所述模腔的树脂通道，在所述模具本体上设有不同容积的 2 个以上的模腔，树脂注入各个模腔的每单位时间的射出量可调整成使树脂分别注入所述模腔的充填时间大致相同，树脂注入所述模腔的每单位时间的射出量，通过将向所述各个模腔延伸的树脂通道的横截面积形成与各个模腔的容积相对应的大小来调整。采用该申请模制车灯透镜时，可同时成型不同大小的 2 个以上成型品的车辆用灯具的光学透镜。

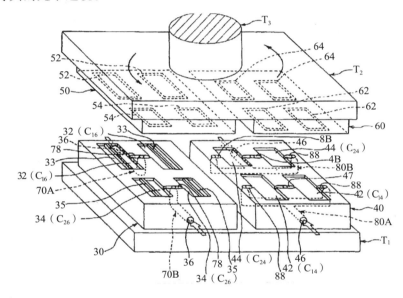

图 3-4-4　JP3792420B2 的技术方案示意图

　　美国申请人 CIE GEN OPTIQUE ESSILOR INT SA 针对现有技术中模具在加热时受热不均匀提出了一项专利申请 US2003113398A，其通过在模具的工作面上设置传热机构提高传热效率从而提高模制效率和精度。

　　2004 年日本申请人柯尼卡美能达针对现有的在光学镜片注射成形中，浇口和流道的各自形状对成型的传递性能和模制产品的稳定性的不良影响以及主流道的形状以及浇口和流道的形状对成型的传递性能和模制产品的稳定性的影响提出了一项有关照相机用光学镜片的成形装置，包括固定模具，能与固定模具接触且从固定模具分离的活动模具，其中受压时处于接触状态的固定模具和活动模具配有主流道、流道、浇口和成形传递部分，树脂材料通过主流道、流道、浇口注射进入成形传递部分产生多个光学元件，每个光学元件的外径为 2~12mm，表面粗糙度为 20nm 或更小，浇口和流道具有被分别确定为满足条件 0.2 < 最小浇口厚度/最大流道厚度 < 1 的厚度。浇口和横浇道尺寸之间的关系将布置成满足上述关系式能够避免浇口处流动通道面积的急剧减小，

并达到良好的树脂流动性，从而确保出色的传递性能，因为减少了浇口附近的应力，也就减少了双折射。

2005 年中国台湾申请人鸿海集团针对现有技术中光学镜片的同心度不好提出了专利申请 US2007122514 A1，其请求保护一种成型照相机用透镜的模具，包括一上模、一下模及调节元件。下模包括一下模座及一下模仁，下模座于其上开一开口，下模仁容置于该开口内，且下模仁与下模座开口之侧壁间留有间隙。下模座于其开口侧壁开设调节孔，调节元件容置于该调节孔内，以调节下模仁于下模座开口内之位置。相对于现有技术，所述模具可根据成型品之同心度检测而微调下模仁相对下模座之位置，使上下模达到最佳对位精度，并使成型品同心度尺寸达到最佳，提高产品生产良率；其调整不必修模，省时省力。

2005 年，中国台湾申请人鸿海集团还提出了一种模具结构的专利申请 CN1958266A，请求保护一种成型照相机用透镜的模具结构，用于塑胶注射成型产品，该模具结构包括一上模、一模仁及一下模，该上模包括一下表面，该下表面上开设有一凹槽及与该凹槽相连的一主流道；该模仁可绕该凹槽轴线旋转且可沿该轴线移动地装设在该凹槽内，该模仁上开设有多个分流道及与该分流道不连通的多个上型腔；该下模包括第一表面，该第一表面上开设有多个下型腔，该下表面贴合于该第一表面上，该主流道与该分流道相连通，注塑时，该模仁与上模、该第一表面围成一空隙，熔融塑胶经由该主流道及分流道沿下型腔轴线方向注入该空隙及下型腔，成型时，该模仁贴合于该第一表面，且该下型腔与该上型腔配合形成多个完整型腔，熔融塑胶经由该空隙注入该完整型腔形成产品。因该模仁的上型腔与分流道没有连通，故注完塑料后型腔内的镜片不会与分流道相连接，即该镜片上不会残留废料。

2006 年，日本申请人柯尼卡美能达针对现有技术中光学面成形型芯及成型时光学透镜的光学面温度降低导致复制性不好的技术问题提出了一种照相机用光学透镜注塑成型用模具，其填充熔融材料、形成光学透镜，由可动侧及固定侧构成。模具具有形成光学透镜的光学面的光学面成型型芯以及位于光学面成形型芯的外周面且与光学面成型型芯一起成型光学透镜的模板，可动侧与固定侧中的至少一侧具有抑制导热光学面成型型芯，抑制导热光学面成型型芯在光学面成型型芯与模板间，并且在光学面一侧具有大的间隙。该模具能够抑制形成光学透镜的光学面的光学面成型型芯的温度降低，还能够抑制成型时的光学透镜的光学面的温度降低，从而实现良好的复制性。

2006 年，日本申请人住友重机械工业株式会社提出了一项制备高精度手机摄像头透镜的注塑成型装置的专利申请 JP2008055713A，提供一种将形成空腔并形成成型品的侧面部分设置在一个模具内，并可以制造高精度的成型品的注塑成型机、模具以及注塑方法。其中合模装置包括一对模具；注塑装置在与所述模具中的一个模具接触的状态下射出熔融树脂；所述一个模具具有保持部，该保持部在所述一对模具开模的状态下保持成型品。

2007 年，美国申请人 COOPERVISION INT HOLDING CO LP 提出了一项专利申请 US2008054505A1，如图 3－4－5 所示，该申请提供用于制造眼镜之模具构件，该模具构件包含一模具构件主体，该模具构件主体具有一可用于形成眼镜之前部面或前部表面或者后部面或后部表面的表面。该模具构件主体经设定尺寸且经调适以与另一模具构件主体组装在一起而界定其间包括该表面的空腔（诸如镜片状空腔）。该模具构件主体包含一极性聚合材料，且具有一小于 3800MPa（包括上文所描述之特定值）的挠曲模数，通过使模具结构过盈配合来制造高质量表面。

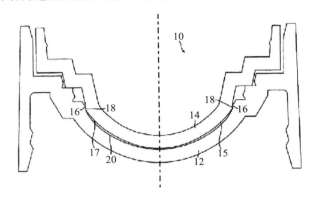

图 3 - 4 - 5　US2008054505A1 的技术方案示意图

2006 年，日本申请人住友重机械工业株式会社提出了一项成型相机透镜设有加热气缸更方便控制温度的注塑装置，该装置包含被供应成形材料的加热汽缸、在加热汽缸中被驱动而对成形材料进行计量的螺杆。多个加热器沿加热汽缸的轴向排列设置，并分别将加热汽缸的每个部分加热至预先设定的温度。汽缸温度控制器分别控制加热器的设定温度。在加热器的设定温度中，如果已预先设定一个温度，则汽缸温度控制器基于成形条件进行计算而求出剩下的设定温度。根据该申请，可以基于成形品的大小或成形循环时间适当地调节用于加热树脂等成形材料的汽缸温度分布图。据此，可以调节汽缸中的成形材料的加热程度，可以防止成形材料因加热引起的变质，而且可以防止黏着。并且，可以使在螺杆前方熔融的树脂保持一定温度。

2007 年，中国台湾申请人鸿海集团提出了一项照相机用透镜的注塑模具，用于射出成型一种元件，其包括一个第一模仁、一个与所述第一模仁相对的第二模仁、设置于第一模仁和第二模仁下方的元件收集箱、一个穿设于所述第一模仁内的顶出装置、一个元件阻挡装置及一个料头夹。所述第一模仁用于在第一模仁和第二模仁分模后收容所述元件，所述顶出装置用于顶出所述元件，所述元件阻挡装置用于在所述顶出装置顶出所述元件时设置于与所述元件相对的一侧，在所述元件被顶出后阻挡所述元件并使其落入所述元件收集箱内，所述料头夹用于夹取料头。可以防止由于元件在顶出时的顶出力过大而使元件弹射至元件收集箱以外的区域，从而防止元件的损伤。

2009 年，韩国申请人 CHAMTECH CO LTD 提出了一项使得熔融材料流通得更顺畅光学镜片成型的注塑模具结构，如图 3 - 4 - 6 所示，通过对内部腔体结构的改进避免成型材料遗留在腔体内。

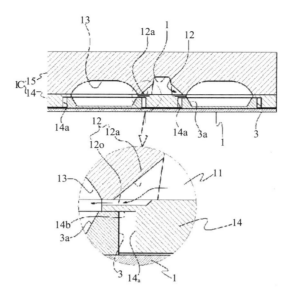

图 3 - 4 - 6　KR100901435B1 的技术方案示意图

　　2009 年，日本申请人柯尼卡美能达提出了一种成型晶片透镜的注塑模具，该模具具有多个腔室，通过对腔室结构的调整使得成型后的晶片透镜表面的平滑度更高。

　　2009 年，日本申请人柯尼卡美能达还提出了一种成型光学镜片的注塑模具结构的专利申请 WO2011040158A1，如图 3 - 4 - 7 所示成型过程中采用激光短波加热，同时对腔室的压力和温度进行控制，从而实现制备高精度光学镜片的目的。

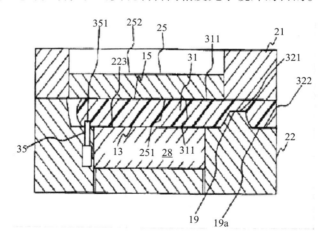

图 3 - 4 - 7　WO2011040158A1 的技术方案示意图

　　2010 年，日本申请人柯尼卡美能达针对现有技术中物镜镜片存在象散的问题提出了一项成型物镜的模具的专利申请 WO2011122201A1，如图 3 - 4 - 8 所示其在从型芯部到支撑部件所配置的接续面、即垫块的表面与型芯部的背面之间设局部性的空隙，所以，能够利用型芯部与支撑部件之间设有的空隙使型芯部弹性性歪曲变形，能够利用固定部件的拧紧状态调整型芯部的歪曲量。此时，型芯部在歪曲变形方向的垂直方向几乎不形成歪曲，所以，能够微调整为光学面转印面的光学面形成面等象散的方向和量。

2012 年，意大利申请人 BORROMINI SRL 针对现有技术中腔体中容易沉积灰尘，提出了一项注塑模具结构的专利申请 WO2012046186A1，如图 3 – 4 – 9 所示，其通过在模具结构之间设置一个传输的部分来避免原料以及灰尘等的沉积。

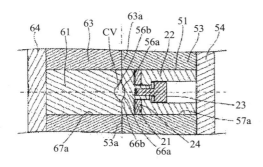 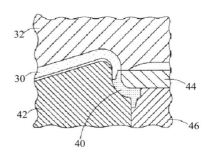

图 3 – 4 – 8　WO2011122201A1 的技术
　　　　　　方案示意图

图 3 – 4 – 9　WO2012046186A1 的技术
　　　　　　方案示意图

（2）光学镜片浇注成型模具

光学镜片浇注成型模具领域的代表性专利始于 1965 年，出现的较早专利涉及浇注成型眼科镜片的基本模具结构。此后，该领域陆续出现了一些代表性专利，这与光学眼科镜片的普及和推广使用有很大的关系，因为光学眼科镜片多采用浇注成型。光学镜片浇注成型模具的改进多涉及成型镜片边缘部分的模具结构，一般光学眼科镜片对其舒适度的要求非常高，而镜片边缘部分的成型好坏对舒适度起到关键作用，所以成型模具的改进有相当一部分是对模具局部结构的改进。

除了对成型镜片边缘部分的模具结构的改进外，还有一部分代表性专利是在模具上设有释放气体的凹槽结构，因为在浇注成型光学镜片过程中基本都会通过加热光学塑料随后冷却使其固化，而加热会产生气体，产生的气体如果不及时释放就会对成型的光学镜片的表面质量产生破坏。

在 2000 年之后的代表性专利中，与注塑模具类似，也相继出现了对加热成型光学塑料的热源改进，表现为采用激光、射线等新加热热源。因浇注模具多成型眼科镜片，眼科镜片对舒适性的要求较高，而眼科镜片的边缘部分对舒适度起着至关重要的作用，故在之后的代表性专利中还有相当一部分涉及了通过在模具表面、成型镜片外增加阻止热源辐射的遮挡物手段的专利申请，以及通过如何改进与镜片边缘相对应的部分的模具结构来实现成型高舒适度的眼科镜片的浇注模具的专利申请。

光学镜片浇注成型模具领域的第一件代表性专利 FR1462519A 由美国申请人 PITTS-BURG PLATE GLASS CO 于 1965 年提出，该项专利提出后，很快就引起了浇注成型模具领域的广泛关注，其后有 44 项专利申请在该专利周围进行布局，该项专利涉及如何设计和装配上下模来提高模具的同轴度进而提高成型质量（参见图 3 – 4 – 10）。

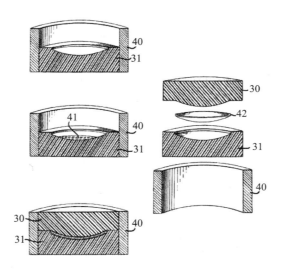

图 3 - 4 - 10　FR1462519A 的技术方案示意图

在之后很长一段时间，光学镜片浇注成型模具领域都没有出现代表性专利，这种状态一直持续到 1987 年。意大利人 PADOAN G M 提出了 1 件浇注成型光学镜片模具的专利申请 IT1191569B，如图 3 - 4 - 11 所示，其在模具接口处采用密封，避免灰尘等遗留在模具腔体内，采用相对简单的模具结构，节省了成本。

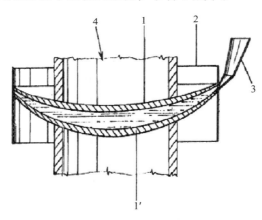

图 3 - 4 - 11　IT1191569B 的技术方案示意图

1989 年，美国人 DREW A J 针对由于模具结构本身会使得成型的光学镜片存在压力提出了专利申请 EP0347043A，如图 3 - 4 - 12 所示，该申请请求保护一种浇注成型模具，由于采用了圆柱形的模具结构易于成型且使得成型的镜片具有较低的应力。

1995 年，美国人 DEACON J 针对目前成型的眼科透镜需要后处理提出一种光学眼科镜片的浇注成型模具的专利申请 US5620720A，如图 3 - 4 - 13 所示，该模具的凸模和凹模相配合的部分是圆柱形的环面，这样成型的镜片边缘不需进行再处理。

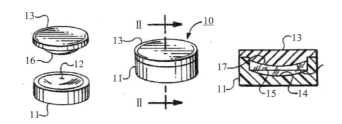

图 3 – 4 – 12　EP0347043A 的技术方案示意图

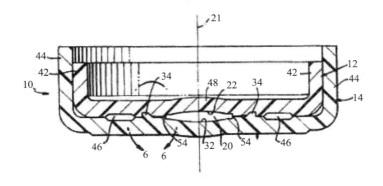

图 3 – 4 – 13　US5620720A 的技术方案示意图

2000 年，强生提出了 1 件用于生产隐形眼镜片的模具的专利申请 US6444145B1，所述模具的前半模包括具有凹面、凸面和圆周边缘的中心曲线部分的第一制件，第一制件还具有绕凹面的对称轴，在凹面对称轴下面约 5°～15°的平面上与圆形边缘连续并从其向外延伸的内部配合面，沿内部配合面的圆周延伸的环状凹槽，从环状凹槽向上延伸的向外锥形壁，与向外锥形壁成一体的环状法兰；后半模包括具有凹面和凸面的中心曲面部分的第二制件，第二制件还包括绕凸面的对称轴，从凸面向外延伸的台肩，形成向外延伸的台肩和凸面之间的连接凸起，与台肩连续的并从此处向上延伸的向外锥形壁，与向外锥形壁成一体的环状法兰。该模具可生产具有仿形边缘的隐形眼镜片，避免了镜片边缘碰撞镜片佩戴者的结膜片，镜片能移动，眼泪能够在镜片背面或凹面和镜片佩戴者的角膜之间流动。

2001 年，美国申请人 ALTMANN G E 提出专利申请 US2001054774A1，如图 3 – 4 – 14 所示，其请求保护一种模具结构，该模具结构在成型时采用射线辐照加热，通过控制射线的辐射范围和能量密度来实现均匀加热，从而使得成型的眼科镜片无造窝和热变形。

2002 年，美国申请人 HAGMANN P 针对加热方式提出了一项眼科镜片的浇注成型模具的专利申请 US2003077350A1，该模具在成型时通过紫外线加热，同时在模具上设置铜板，使得仅在有透镜材料部位加热，这样就可以通过低成本的代价成型高质量的光学眼科镜片。

2003 年，日本豪雅公司提出一项专利申请 JP2004216673A，在模具系统中设置衬

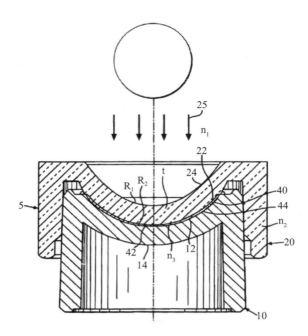

图 3 - 4 - 14　US2001054774A1 的技术方案示意图

垫使得控制透镜厚度更方便。

在 2003 年以后的光学镜片的浇注成型模具领域的代表性专利申请中，大多涉及眼科镜片的舒适度和镜片模制精度的提高性改进。

2010 年，韩国人 CHUN S 提出了一项光学眼科镜片的浇注成型模具的专利申请 KR20100130140A，其在模具结构上与成型镜片边缘对应的部位设置一个圆角，这样使得成型的眼镜片避免伤害到角膜，提高佩戴的舒适度。

2012 年，荷兰人 SINKELDAM J J 提出了一项光学眼科镜片的浇注成型模具的专利申请 NL2006921C，其在模具系统内设置弹簧装置，使其向腔体中心运动以补偿收缩量，从而提高光学眼科镜片的成型精度。

（3）光学塑料压制成型模具

光学镜片压制成型模具主要用于成型各种屏和菲涅尔透镜阵列等大中型制品，而由于这些上述各种屏和菲涅尔透镜阵列等大中型制品应用没有那么广泛，使得光学镜片压制成型模具的发展也比较缓慢。

光学塑料压制成型模具领域的代表性专利出现的时间也比较早，第一件代表性专利由美国申请人 SHEPHERD T H 于 1977 年提出，该项专利提出后，引起了广泛的关注，其后有 95 项专利在该项专利周围进行布局，该项专利涉及对模具边缘部分的改进，其将凸模和凹模之一采用弹性边结合以保证成型镜片具有好的光学性能。

1981 年，日本申请人 MATSUSHITA ELEC IND CO LTD 公司提出了一项制备高精度光学透镜的压制模具的专利申请 JPS57187231A，如图 3 - 4 - 15 所示，对现有的压制模具径向改进，提高压制成型的光学镜片的精度。类似地，提高压制成型镜片的精度的专利申请还有 JPS58215319A、JPH01275109A1 和 JPH0564816A，均为日本申请，它们分别通过利用超声波检测压制模具的接触情况、调整模具结构和在两个模具之间放置衬垫使得模具接触更柔和来提高模制精度。

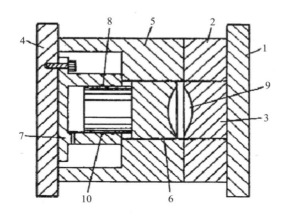

图 3 - 4 - 15　JPS57187231A 的技术方案示意图

1997 年，日本专利申请 JPH1138301A 公开了一种压制成型模具，如图 3 - 4 - 16 所示，其在模具内部设置圆环防止光蔓延到成型材料外部来提高模制精度，也即仅仅在有光线塑料的模具部位加热，其他部位用圆环遮挡，该方法在 2002 年时被应用在光学镜片的浇注成型模具领域。

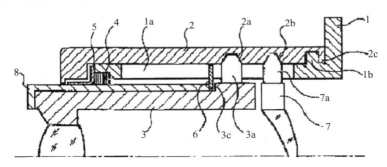

图 3 - 4 - 16　JPH1138301A 的技术方案示意图

2009 年，中国台湾申请人鸿海集团提出了 1 项光学元件的压印模具的专利申请 CN101870151A，其成型面上设有微结构、第一对位标记和第二对位标记；提供一个基板，其表面划分为多个压印分区，每个压印分区的边界处设置有第三对位标记，每个压印分区内的成型区设置有第四对位标记；于基板上的每个成型区内涂覆成型材料，将压印模具朝向成型材料压下并固化。使得压印过程中，每个压印分区内压印模具与基板均能对准。图 3 - 4 - 17 为光学镜片成型模具技术发展路线图，该图通过代表性专利的分布年代大体上展示了光学镜片成型模具的 3 个主要分支技术注塑、浇注和压制的整体发展情况。

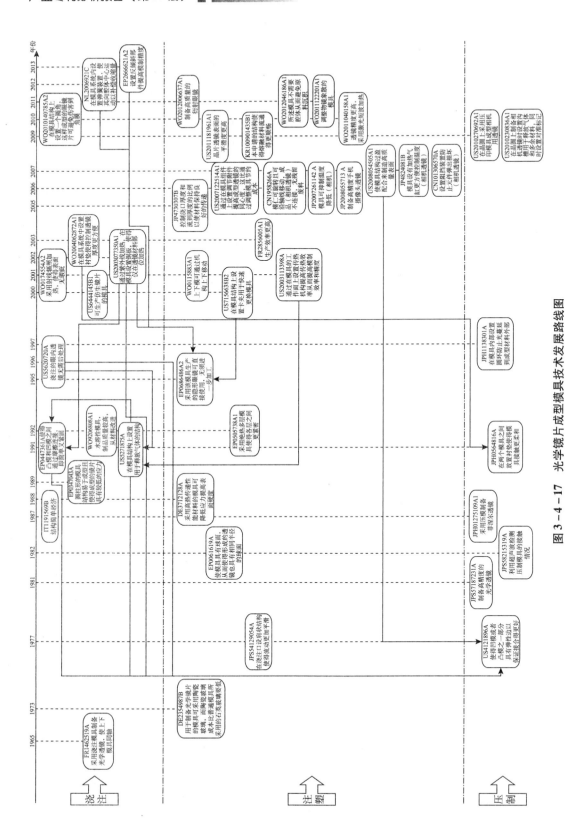

图 3-4-17　光学镜片成型模具技术发展路线图

3.4.2 代表性专利分析

（1）代表性专利案情介绍

从专利申请布局的国家数量和克服的技术问题的重要性选取了西巴－盖吉公司于1992 年 8 月 6 日申请的 US5252056A 进行重点分析。该专利的详细信息参见表 3－4－1，该专利申请于 1993 年 10 月 12 日公开，先后进入了 12 个国家或地区，其中在 7 个国家或地区被授权，一共被引证 38 次。

表 3－4－1　代表性专利 US5252056A 基本案情

公开号	发明点	申请人	公开日	进入国家
US5252056A	用于浇注成型隐形眼镜的模具通过摩擦连接被紧固	西巴－盖吉公司	1993 年 10 月 12 日	EP、AU、CA、JP、PT、US、DE、ES、IE、IL、KR
权利要求 1	一种接触镜片的浇注成型模具，包括两个半模，第一个半模是凹模，具有凹面的成型表面，第二个半模是凸模，具有凸面的成型表面，其中所述成型表面构成一个封闭的具有凹凸的腔体，且当凹模和凸模连接后形成对称的形状，所述凹模具有圆柱体的形状包围在凸模成型表面，所述圆柱体部分的垂直外壁具有固定部件，所述凸模部分具有圆柱形的、包围在凹模外周的凸出部分，所述凸出部分与固定部件通过摩擦接触连接在一起，所述固定部件为垂直挡边			
说明书附图	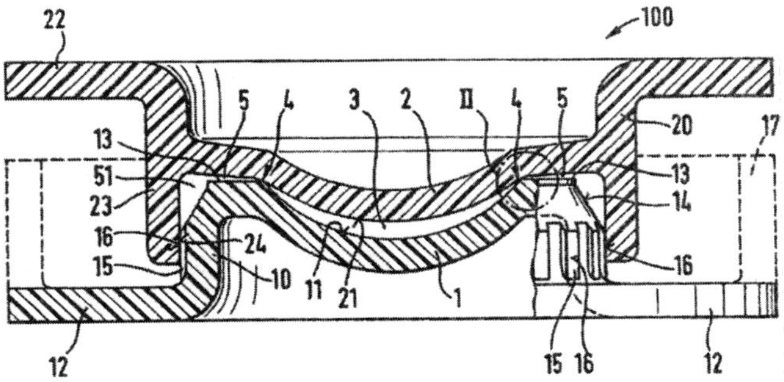			

（2）代表性专利分析

代表性专利可用于扩展本技术领域的研究思路，对整个行业产生深远影响。专利申请 US5252056A 涉及改进成型光学镜片的模具之间的固定，提出了一种固定模具的结构。由图 3－4－18 可知，该项专利提出后，有 38 项相关专利在其周围进行了专利布局，这 38 项申请中有 37 项为多边申请，先后在不同的国家/地区进行申请和公布。其中，强生在该专利申请外围布局了 7 项专利申请，其自身也在该专利申请外围布局了 1 项专利申请。

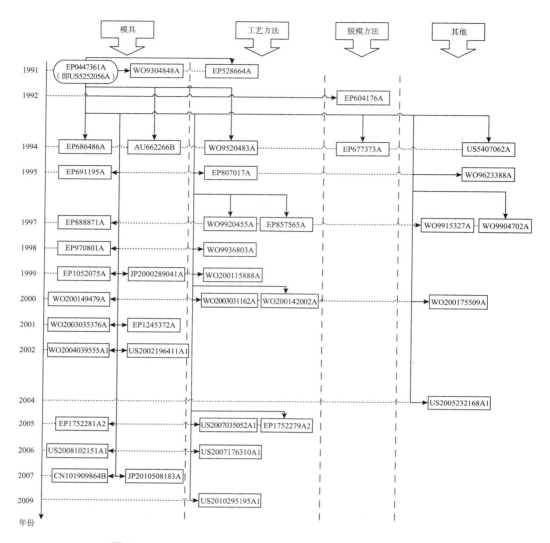

图 3 - 4 - 18　US5252056A 周围布局的趋势和布局专利的领域

图 3 - 4 - 18 还示出了在专利申请 US5252056A 周围布局的 38 项专利申请所涉及的技术领域，主要包括成型光学塑料的模具结构、成型光学塑料的工艺、脱模方法以及其他相关领域。

其中包括 1994 年强生在此专利申请周围进行专利布局的 EP0686486A2，如图 3 - 4 - 19 所示，该申请请求保护一种制备隐形眼镜的模具组件，用于制备可立即使用的隐形眼镜镜片，且由该模具生产的镜片厚度均匀，精度高；该专利为多边申请，分别在 11 个国家进行专利布局，足见强生对于该项技术的重视。

随后，在 1995 年，强生又在专利申请周围进行进一步的专利布局而申请了一种制备隐形眼镜的系统 US5744357A，如图 3 - 4 - 20 所示，该系统采用激光作为加热源，可同时成型多个隐形眼镜。该专利也是多边申请，分别在 12 个国家进行了专利布局，可见强生对于该项技术非常重视。

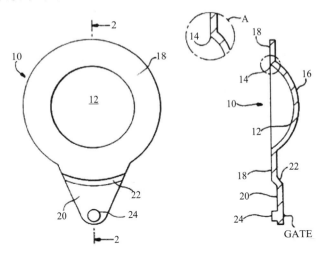

图 3 - 4 - 19　EP0686486A2 的技术方案示意图

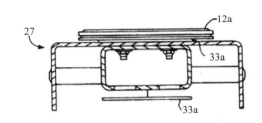

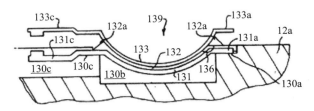

图 3 - 4 - 20　US5744357A 的技术方案示意图

在 1999 年，强生继续在该专利周围进行深度布局，申请了一种用于成型眼科透镜的注塑模具的专利申请 US6592356A，该申请请求保护的模具包括第一模具和第二模具，在成型的过程中，所述两个模具装配后，它们中间的部分用于成型眼科镜片。

除了强生以外，美国眼科科学公司也在该专利周围进行了多方位的布局。其中，2000 年，美国眼科科学公司申请了一种用于模塑复曲面接触透镜的方法的专利申请 EP1248702A，所述模塑接触透镜的方法包含以下步骤，提供第一接触透模具半型，例如最好是含有接触透镜镇定部段或部分反面印痕或与接触透镜镇定部段或部分相对应的轮廓；提供模塑设备及将要固定在模塑设备内的插入工具，该插入工具将要固定在相对于模塑设备的多个不同转动方位上；在相对于模塑设备的多个不同转动方位中的一个方位上将插入工具固定于模塑设备中，并在模塑设备中用固定入其内的插入工具制成第二模具半型。这个第二模具半型含有接触透镜的复曲面光学区的反面印痕或与接触透镜的复曲面光学区相对应的轮廓。第一模具半型及第二模具半型被组装起来。本方法不需组装前对准模具半型的复杂机器或为所需的每个轴线定向而制造专用的工具，不需模具半型的相对转动。

2000年，该公司还针对现有技术中成型的眼睛边缘不光滑会对眼睛造成伤害提出了一种用于铸塑成形具有圆边形状的接触眼镜的方法，所述生产接触眼镜的方法包括一种背面工具，具有一个表面和一个凸形曲线，该表面基本上对应于接触眼镜表面，而凸形曲线沿着其外部半径；将工具定位在模塑设备中；将一种可模塑材料加入模塑设备中，并使可模塑材料经受对形成第一模具部分有效的条件，第一模具部分具有工具表面的一种负型腔；将第一模具部分和第二模具部分装配在一起，以便在它们之间形成一个镜片形状的模腔；在装配好的模具部分的镜片形状的模腔中形成一个接触眼镜件。所述生产接触眼镜的方法，使眼镜边缘光滑，对眼镜不会造成损伤。

2005年，美国眼科科学公司提出了一种隐形眼镜模具及其制造系统和方法的专利申请EP1752281A2，所述隐形眼镜模具部分，其包含透镜界定区，其具有呈现隐形眼镜的光学性能前表面的底版的第一透镜界定表面，相对置的呈现隐形眼镜的光学性能后表面的底版的第二透镜界定表面，环绕所述第一透镜界定表面和所述第二透镜界定表面的凸缘区，和伸长区，其大体上从所述凸缘区径向向外延伸，所述伸长区包括具有大体上均一宽度的第一部分和具有渐扩宽度的第二部分，所述第二部分邻接所述凸缘区且比所述伸长区的第一部分薄；其中所述第一透镜界定表面和所述第二透镜界定表面位于一单个隐形眼镜模具部分上；其中，所述伸长区的长度至少和所述第一透镜界定表面的直径一样大。采用该模具制备隐形眼镜速度快、精度高。

同年，美国眼科科学公司继续在该代表性专利周围进行专利布局，提出了一件用于制造硅酮水凝胶隐形眼镜的系统和方法的专利申请EP1754591A2，所述系统包括隐形眼镜模形成台、使隐形眼镜模具部分填充眼镜前驱体组合物且将第二模具部分放置在所填充的模具部分上以形成隐形眼镜模具组合件的台、形成隐形眼镜的固化台、模具组合件分离台和提取/水合台。本发明的方法包括形成多个模具部分，将眼镜前驱体组合物放置在第一模具部分的表面上，将第二模具部分放置在所述第一模具部分上，使所述眼镜前驱体组合物聚合，分离所述第一模具部分与第二模具部分，从一个所述模具部分中移出所述硅酮水凝胶隐形眼镜，从所述隐形眼镜中提取可提取的组分和水合所述隐形眼镜。所述隐形眼镜的制法可减少制造时间、减少系统的组件数目。

此外，美国生产隐形眼镜的博士伦公司也在US5252056A专利出现后在其周围进行了多方位的布局。1991年，博士伦公司提出了一件模压透镜的方法和模制透镜的模具组件的专利申请WO9304848A1，所述模具包括第一模构件和第二模构件，它们分别具有第一模腔表面和第二模腔表面，从而形成了其间的一个模腔；还包括为所述第一模构件和第二模构件的每一个而设置的配合工作的中心定位装置，其中，所述第一模构件的第一模腔表面以一个可变形的、环绕的周边轮缘为其终端，而所述第二模腔表面以一个反向成一角度的、可变形的、位于所述周边轮缘相应直径处的啮合表面为其终端。该模具组件能够模压具有光滑边缘并可直接戴在眼睛上的隐形眼镜。

1998 年，博士伦公司继续在 US5252056A 周围进行专利布局，提出一种复曲面轴线校准机和方法，该眼镜片的前后表面上有一复曲面轴线和一镇重部轴线。前后半模上在与复曲面轴线和镇重部轴线对应的位置上分别有可检测部件。其上有检测装置的一轴线校准工具用来把两半模置于一已知角位上。所需轴向位移输入一计算机中，从而确立两半模之间的轴向位移。本方法可控制两半模的转动校准；除了输入所需转动位移，只需操作员进行很少的其他操作。

2009 年，中国台湾企业鸿海集团也在 US5252056A 周围进行了一项专利布局，该项专利 CN101890817A 请求保护一种压印成型透镜阵列的方法，其包括以下步骤：提供一个基板和一个模仁；于该承载面涂布成型材料，该成型材料的体积大于该透镜阵列内所有透镜的体积之和；将该模仁压向该承载面上的成型材料，使该成型材料依该复制结构的轮廓分布；对该成型材料初次加压，并在第一温度条件下固化该成型材料，以形成与透镜的结构相接近的预形体；对该预形体再次加压，并将该第一温度升高至第二温度，在该第二温度条件下固化该预形体以使该成型材料进一步填充该间隙；将该模仁与该基板分离以得到透镜阵列。本发明提供的压印成型透镜阵列的方法提高了成型精确度，也提高了透镜质量。

一项代表性专利对该技术领域的影响是持久的。通过图 3 - 4 - 18 列出了专利申请 US5252056A 后，其他申请人在该专利周围的布局次数随时间的变化关系。可以看出该申请自申请日在行业内一直得到持续的关注，尤其是在模具结构领域，从 1991 年以后几乎每年都会在专利 US5252056A 周围进行布局。布局频次在 1997 年达到最高为 5 次，且这 5 项申请都是多边申请，先后在多个不同的国家/地区申请公布，直到 2010 年仍然有专利申请对该领域进行布局，说明该项专利在模具结构领域的影响是深远和持久的。

一项代表性专利的出现不仅带动本领域的一系列专利申请的出现，能够在该专利申请的基础上迅速介入研究，而且还能开发出质量较高的专利申请。在布局的 38 项专利申请中，包括 18 项 2007 年以前的专利申请，它们申请后，有超过 10 项以上的专利在其周围进行进一步布局，其中包括了 3 项布局频次超过 100 的，而对于 2007 年以后的专利申请，由于公开时间短，布局频次较少，但全部都是具有 3 件以上的同族申请。因此从专利布局和同族专利数量来看，在一定程度上印证了专利申请的关注度较高。

3.5　小　　结

塑料光学元器件因具有低成本、高产量、生产周期快、产品精度高、易于实现功能集成、利用先进的模具和注模技术可以制造出复杂形状的特点而在市场上占据越来越大的份额，但是高精度的塑料光学透镜对制品的透光率、光轴同轴度、面形精度和折射率要求非常高。在透镜的注塑过程中，由于塑料收缩率的存在，通常会引起制品面形收缩，产生内应力，达不到尺寸精度和使用要求，因此，要对高精度塑料光学透镜进行产品化时，难度差异很大，我国的高精度塑料光学透镜模具制造业的设计和制造还处于起步阶段。

对于光学塑料的成型模具技术在中国的专利申请，国内申请人的专利申请占总量的 54%，国外申请人的专利申请占总量的 46%。其中，国内申请人的专利申请中有一定量的、具有较领先技术水平的专利申请为中国台湾地区申请人所申请，国外申请人中按申请量依次为日本、美国、韩国和瑞士等。可见，日本和美国最重视中国市场，在该领域进行了大范围的专利布局，为该领域的产品进入中国市场做了充分的工作。

从中国的光学塑料成型模具的专利布局来看，中国大陆地区的光学塑料的成型模具技术还处于起步、学习阶段，和该领域其他领先水平的国家相比还有一定的差距。

对于该技术在全球的专利申请而言，首先是日本申请量超过了总量的一半，所占比例为 58%，其次是中国和美国，所占比例分别为 16% 和 12%，最后是韩国、德国、法国和俄罗斯，它们的申请量分别占到了 5%、3%、1% 和 1%，且中国的申请中有相当一部分是中国台湾申请。其中日本申请主要涉及的是相机领域，且这些申请也均由日本制作相机的公司提出，比如奥林巴斯、柯尼卡美能达、理光、松下、日立、佳能、富士和佳能等。可见，在全球的相机领域也即在高精密的透镜领域，光学透镜已经被重视并占有一席之地。

从该领域全球的专利布局来看各个国家/地区的光学塑料成型模具技术，日本遥遥领先，其次是美国和中国台湾地区，最后是韩国、德国、法国和俄罗斯。

从国内外专利申请状况的对比来看，中国的专利申请量已拥有相当的数量，但是应该清楚地看到，总体而言，我国的光学塑料的成型模具设计制造技术和日本、美国等发达国家还有一定的差距，因为我国在此领域的申请大都停留在 20 世纪八九十年代研究初期简单的成型水平，对更深层次的分析设计模具领域并未有太多的专利布局，且中国申请中有一定技术含量的申请中有相当一部分是中国台湾地区申请人提出的申请。

综上所述，随着科技的发展，高附加值的光学塑料塑料的成型技术越来越集中在高精成型技术上，而高精度、高表面质量的光学塑料成型模具技术已成为我国在光学塑料产品领域研发、生产的关键技术之一，因此，如何在光学塑料成型过程中通过调整成型工艺和成型模具来实现高精度和高表面质量的光学元件是目前我国政府应高度重视的。同时，针对国内的科研院所和有实力的企业，建议引导并扶持其将技术向知识产权的转化，以加快专利布局工作。相关政府部门（特别是知识产权管理部门）应积极跟踪国际光学元件的成型模具技术的发展动态，做好相关的专利预警工作，监控国内外主要竞争机构的专利申请动态和专利布局情况，及时为国家、企业和科研院所提高技术发展和知识产权保护的相关信息，并根据实际情况考虑在法律框架允许的情况下制定和出台相应的政策。

第4章 丰　　田

汽车覆盖件冲压模具是汽车生产中极其重要而又不可或缺的生产工具，既是高新技术载体又是高新技术产品。由于汽车覆盖件冲压模具直接影响汽车外观以及车身质量，因此越来越受到汽车企业的关注。目前，丰田是汽车覆盖件专利申请量最大的公司。虽然丰田进入汽车行业的时间比福特、宝马这样的公司要晚，并且初期都是学习了其他公司的车型，但丰田发展迅速又成功开发出多种畅销车型，还打入了北美和欧洲市场，丰田研发出的雷克萨斯更是高端车的典范。丰田的模具制造周期非常短，模具制造能力强、效率高、技术水平高。因此，丰田对我国的汽车企业有很好的借鉴意义，综合考虑申请量、技术实力、市场占有情况、技术贡献以及发展前景，选择丰田作为汽车覆盖件模具的主要申请人进行分析。

4.1 丰田总体情况

4.1.1 公司简介

丰田是世界十大汽车工业公司之一，日本最大的汽车公司。丰田汽车隶属于丰田财团，丰田财团是以丰田自动织机为母体发展起来的庞大企业集团，创始人为丰田喜一郎。丰田财团旗下拥有5家世界500强企业，分别是丰田汽车、丰田自动织机、丰田通商、爱信精机、日本电装。丰田财团产业链覆盖汽车产业从上游原料到下游物流的所有环节。不仅如此，丰田还立足于汽车产业的未来，不断在环保和新能源领域投资，丰田自2008年开始逐渐成为世界领先的车企。其旗下车型主要包括"皇冠""花冠""锐志""普锐斯""卡罗拉""普拉多""汉兰达""雅力士""雷克萨斯"等。

丰田从1933年才开始生产汽车，最初生产汽车主要靠学习其他车企的车型。图4-1-1示出了1936年丰田制造的A1型轿车和1934年上市的克莱斯勒Airflow车型的对比图，1940年丰田制造的AE轿车和1938年上市的沃尔沃PV56轿车。从图中可以明显看出，A1型轿车学习了克莱斯勒Airflow，丰田AE轿车则学习了沃尔沃PV56轿车。丰田早期从学习其他企业车型入手，在学习过程中不断进行改进，并开发出自己特有的车型BJ系列越野车。后期又瞄准经济型轿车市场开发出了经典的车型——皇冠，为了进军高端车市场，又研发了雷克萨斯。可以说丰田走出了一条从学习到创造、从中低端车型到高端车型的发展之路，在这个过程中丰田强大的汽车模具制造能力就是其发展的基础。

（a）丰田A1型轿车 　　　　　　　　　（b）克莱斯勒Airflow轿车

（c）丰田AE轿车 　　　　　　　　　　（d）沃尔沃PV56轿车

图4-1-1　丰田汽车公司与其他汽车公司车型对比图

4.1.2　丰田发展历史

　　1933年，丰田创始人丰田喜一郎在"丰田自动织布机制造所"设立了汽车部开始制造汽车，但是在汽车制造方面丰田并没有任何经验。1935年丰田喜一郎的同学隈部一雄从德国给他买回一辆DKW牌前轮驱动汽车，经过两年的拆装研究，终于将汽车研制成功并于第二年开始投产。1937年丰田成立了"丰田汽车工业株式会社"，地址在爱知县举田町，初始资金1200万日元，员工300多人（参见图4-1-2）。

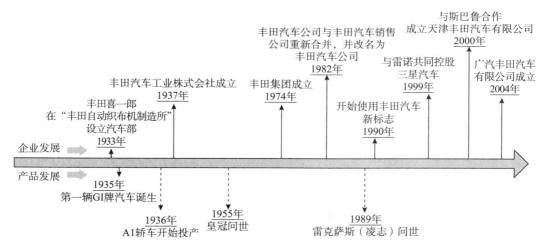

图4-1-2　丰田大事记

　　经过了十几年的发展，丰田在汽车制造方面积累了一些经验，但车型也主要靠学习其他企业。1950年6月，朝鲜战争爆发，美军急需汽车供给，丰田看准时机拿下了美军 46 亿美元的巨额订单，由此丰田迅速发展起来。1955 年丰田开发了新车型皇冠，该车型也成为打开欧美市场钥匙。

为了扩大生成规模，从 1963 年开始丰田在美国、委内瑞拉、泰国和南非建立汽车配件加工工厂。

1974 年，丰田开始了内部的结构重组，丰田与日野、大发等 16 家公司组成了丰田集团，同时与 280 多家中小型企业组成协作网。丰田从开始制造汽车就一直生产中低端车，但丰田不甘心只拥有这部分市场。1989 年丰田在美国推出雷克萨斯（曾用名：凌志），在豪华车市场开始崭露头脚。1990 年初丰田开始使用现在被公众所熟知的三个椭圆的标志。

为了进军中国市场，丰田先后在中国成立了多家汽车子公司，2000 年 6 月在天津成立天津丰田汽车有限公司；2004 年 9 月 1 日在广州成立广州丰田汽车有限公司。经过几十年的发展，丰田已经在汽车领域具有相当大的规模。2012 年 10 月 10 日，丰田宣布在全球召回 743 万辆汽车，涉及其品牌下大部分车型，主要问题在于油门踏板在高速行驶下的控制问题。

4.1.3　丰田的技术研发概况

丰田能够走出一条独特的发展道路跟其重视研发是分不开的，丰田在技术研发方面投入的资金非常多，丰田在研发上的支出通常占上一年销售收入的 4% ~ 5%，例如 2007 年丰田的开发费约 9400 亿日元，而 2006 年丰田的总营业收入是 210369 亿日元，开发支出约 4.5%。日本丰田的国内工作人员为 6.8 万人，其中科研人员为 1.2 万人，占总人数的近 1/5。丰田研究已走向全球化，在美国、欧洲、本国都设立了一流设施、一流人才的技术开发和设计中心，可见丰田对研发的重视程度。而丰田研发部门的职能之一就是对具有独立知识产权的新发明、应用、外观等进行专利申请保护，在专利申请管理上也有完备的制度。

丰田在其内部指定研发人员考核制度，相应设立"创造发明委员会"，下属各部门也都建立了创造发明小组，负责具体的创造发明活动，并在公司内部开展"全员创造发明设想运动"，具体命名为"建议制度"，意在鼓励每个员工不忘发明新技术，发明一经采纳即付奖金，这项措施也在石油危机中取得了显著成绩。

丰田还在海外设立设计和技术中心，例如在美国加州设立 CATHLY 设计研究所，该研究所有 50 余名设计人员以及设立设计部门，主要负责高端车型的研发工作；比利时布鲁塞尔的海外技术中心，致力于从欧洲市场收集情报，特别是日本和美国、欧洲设计中心的情报交换。❶

丰田在技术研发上投入大量资金，从事技术研发的人员也非常多，公司内部也有明确的鼓励发明创造的制度，并且在海外设立大量设计和技术中心，丰田始终坚持以科技为导向的发展路线，这也是丰田发展迅速且专利数量较多的原因。

---

❶　彼得·费尔利. 丰田的研发战略［J］. 科技创业，2009，7（114）.

4.2　丰田专利布局分析

4.2.1　全球专利申请布局

　　丰田最初技术还不成熟，汽车产量也非常低，并且由于创始人丰田喜一郎的离世以及第二次世界大战的影响，汽车发展也受到了很大影响。直到20世纪70年代，丰田通过公司生产格局的调整才逐步壮大，丰田也是从这一时期开始申请专利的。但伴随着第4次中东战争的爆发，世界经济遇到了第一次石油危机，对于石油资源几乎百分之百依赖进口的日本来说，整个经济活动都受到巨大影响。同时恶性通货膨胀再度席卷日本，以至于日本市场对汽车的需求一落千丈，丰田也受到相当程度的影响，因此这时期丰田的汽车模具专利比较少。为了应对市场的问题，20世纪70年代后期丰田不断开发出新的车型，因此与车型密切相关的汽车覆盖件模具申请量也开始大幅上升，并在1982年达到申请量的最高峰，也正是在此时丰田推出了新的经典车型——佳美（凯美瑞）。

　　丰田自成立以来一直走的是中低端路线，并且在中低端市场上也取得了非常不错的成绩，而为了在豪华市场上有所作为，1989年丰田在欧美市场推出了豪华品牌——雷克萨斯，"车型未推，专利先行"，1986～1988年丰田汽车覆盖件专利也出现了一个小幅增长期。到了20世纪90年代，丰田集团进入稳定发展期，依然不断推出新的车型，因此专利申请量也出现了几个峰值。

　　由于丰田始终非常重视专利申请，因此在所有汽车覆盖件模具申请人中排名第一。丰田的申请趋势图呈波动形式，这是因为汽车覆盖件模具与车型直接相关（参见图4-2-1）。

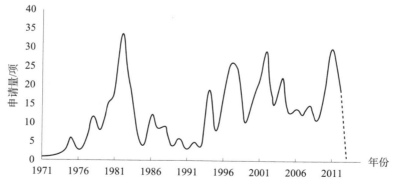

图4-2-1　丰田在汽车覆盖件冲压模具领域全球专利申请态势

4.2.2　美国专利申请布局

　　作为一个从日本成长起来的跨国企业，日本国内的需求是有限的，无法支撑长远发展，国际市场才是丰田的主要市场。由于专利布局的地域与目标市场直接关联，因此，图4-2-2中数据实际上也能从专利角度反映出丰田的市场布局。丰田非常看重美国市场，早在20世纪60年代丰田就在美国开设汽车工厂。但最初在美国市场丰田并未取得多少成绩，直到20世纪70年代，两次石油危机极大程度上改变了美国的汽车需求结构，人们的选择热点开始由大型车转向了节省燃油的小型车。丰田看准市场，研发出适合美国市场的花冠和CELICA等车型。从而，丰田于20世纪70年代末在美国市场站稳脚跟，从图4-2-2上也可以看出丰田从这个时候开始申请专利，即丰田从1979年开始在美国申请汽车覆盖件模具专利。20世纪80年代初期，为了与其他日本汽车公司争夺美国市场，丰田加大了自主研发车型的技术保护力度，因此1982年出现了汽车覆盖件模具申请量的最高峰。

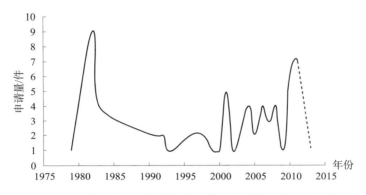

图4-2-2　丰田在汽车覆盖件冲压模具领域美国专利申请态势

但随着以丰田为首的日本小型车企业的崛起，美国本土车企受到非常大的影响。缺少小型车生产技术的美国汽车厂家逐渐地失去了往日的竞争优势，通用、福特和克莱斯勒等公司都出现了亏损，克莱斯勒更是濒临倒闭。为了保护自己国家的汽车工业，美国政府出台了"对美出口轿车自主限制协议"，对日本车企做出了诸多限制。为了不失去美国汽车市场，同时丰田也担心失去那些钟爱小型车的美国消费者，丰田与通用进行合作生产，并向通用转让小型轿车的生产技术。

虽然丰田成功在美国市场生存，但针对日本车企的限制还是影响了丰田在美国的市场，因此丰田把视线投向了另一个消费市场——欧洲。丰田在20世纪70年代就开始在欧洲进行专利布局，并逐步加大申请力度。但丰田并没有将市场重心直接转移到欧洲，这也体现在专利申请方面，丰田在美国的汽车覆盖件模具专利申请仍然是重点。

4.2.3　中国专利申请布局

经历了20年的改革开放，中国经济迅速崛起，中国的汽车消费市场不断扩大。丰田也意识到中国市场的重要性，丰田收购的大发汽车公司已经在中国从1986年开始经营多年，并且大发汽车公司也生产了在中国人心目中具有时代意义的"夏利"汽车。但丰田其他品牌的汽车进入中国的过程并不顺利，因此丰田在1996年才在中国开始申请专利，这个时期申请量也比较小。

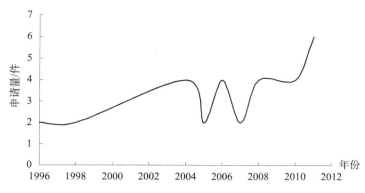

图 4－2－3　丰田在汽车覆盖件冲压模具领域中国专利申请态势

由于模具生产离不开手工劳动，日本本国的人力成本高，因此丰田也谋求向第三世界国家转移，2000 年在天津成立天津丰田汽车有限公司后申请量开始逐步增多。2009 年中国成为世界第一汽车生产地和最大新车消费市场，为了扩大市场、保护技术，丰田也加大了模具专利申请力度，在 2010 年达到了中国申请量的最高峰。目前，中国对任何汽车企业来说都是非常重要的市场，因此未来丰田势必会在中国不断申请模具专利。

4.3　专利技术发展分析

丰田的模具制造专业分工很细，整车所有件的冲压工艺和模具都是由丰田自己负责协调，但模具设计和制造只限于车身内外覆盖件，梁架件全部到定点厂家外部协调。丰田的模具技术在日本的模具厂家中也是十分突出的，无论是能力、效率以及技术都是一流水平，汽车对模具生产的需求最重要的是高质量和短周期，因此本节着重介绍一下丰田的模具设计和制造能力。

丰田与冲压模具设计制造有关的部门主要有两个，其中负责模具设计的是第八生产技术部，负责模具制造的是 ST 部（ST 为冲模的英文缩写），这两个技术均隶属于日本总公司。生产技术第一至第八部属于生产准备部，冲模部（ST 部）属于机械加工制造部门。第八生产技术部其主要职责是模具设计和冲压设备准备，加上它所属的其中与模具设计有关的技术室有三个。

一室：车身周边件模具设计（车门、机盖、后行李厢盖），约 70 人；

二室：主车身件模具设计（侧围、翼子板、顶盖等），约 75 人；

三室：底板、梁架件模具设计（地板、发动机舱等），约 30 人。

每个室又分为冲压工艺与模具结构设计两个组，每年大约可开发 10 个校车整车模具，模具产量（标准套）约 2000 套/年，内部制造率 60%（外协 40%），主要产品中模具占 80%，检验工具占 7%，其他占 13%，全年完成模具制造成本预算近 200 亿日元，人均模具产量 2 标准套/人年，模具制造成本（不含设计）约 600 万日元/套，工时成本（平均）约 1 万日元/小时，整车模具设计制造周期为 12 个月。

由车身设计完成至新车批量生产，其中包括整车全部模具设计周期 5 个月，制造周期 5 个月，调试周期 6 个月，丰田一年的轿车生产能力大概 500 万辆（日本国内约占 50%）。丰田的模具设计制造能力非常强，而标准单套模具的制造周期也只有三四个月。单套拉深模总周期 62 天（以下均指拉深模），其中制造周期 52 天，冲压工艺 20 天，模具设计 20 天。❶

综上所述，丰田的模具生产周期比较短，甚至推出新车型的周期可以用天计算，可见其模具设计和制造的成熟度。下面将对各年代车型使用模具和丰田汽车覆盖件模具专利技术进行详细介绍。

4.3.1　各年代车型使用模具介绍

上面已经交代了汽车覆盖件模具与车型密切相关，因此有必要介绍一下丰田各个时期的车型采用了何种模具怎样进行加工。图 4-3-1（见文前彩色插图第 8 页）示出了丰田各年代车型和专利的对应图，图中时间轴上方为丰田各个年代所推出的车型，下方为生产该车型的汽车覆盖件模具专利。

花冠（Corolla）可以说是丰田历史上最成功的车型，它将丰田带入全盛时期。但出于商业上的考虑或其他原因，最初丰田没有针对该车型进行专利保护。后期花冠不断推出新的改进车型，因此针对改进的花冠车型，于 1983 年申请了 JPS59165275U 专利，其对车顶到前挡风玻璃部分的加工做了详细限定。

1983 年为了与本田的雅阁系列轿车在北美争夺市场，丰田推出了凯美瑞（Camry）车系。丰田在推出车型前就在专利上做了准备，于 1977 年申请了佳美顶盖专利 JPS5464063A，该专利的模具采用了控制上下模具夹紧方式来提高顶盖的质量。JPS59218228A 是丰田于 1982 年提出的模具专利，该模具生产了于 1989 年推出的丰田高端车雷克萨斯的行李箱外板，该模具采用多块结构保证了雷克萨斯行李箱外板的加工精度。

RAV4 是丰田换代花冠的经典车型，图 4-3-1（见文前彩色插图第 8 页）中是 2012 年底推出的改进型 RAV4，生产该车型行李箱外板的专利是 JP201271338A，该专利将行李箱外板的线性凸凹部的冲压模具进行了保护。丰田于 2014 年推出了新款 Mark X，丰田于 2011 年就申请了新款 Mark X 的发动机罩板专利 JP2013091420A，该专利涉及发动机罩板前部弯曲部分的成形细节。

综上也可以看出，丰田在 20 世纪 60 年代的时候没有将车型技术进行保护，为了与其他公司进行竞争，20 世纪 70 年代才开始陆续申请专利。从 20 世纪 70 年代开始在推出车型之前就开始进行专利申请，20 世纪 80 年代以后更加快了专利申请的步伐并加强了专利保护的力度，现在丰田的覆盖件模具专利已经做到了全方位保护。丰田对汽车外型追求完美，模具加工的汽车覆盖件产品也很精细，对小的加工缺陷和误差都尽量避免，整车所有覆盖件的冲压工艺和模具都是丰田自己完成。在保证质量的前提下，使得模具的结构更合理，从而不断缩短加工周期，这也是丰田特有的也是其他车企都

---

❶　[EB/OL].［2014-05-30］. http：//www. newmaker. com/art_ 4081. html.

效仿的"丰田模式"。

4.3.2 拉深模专利分析

如图 4 - 3 - 2 所示，拉深模在丰田汽车覆盖件冲压模具中所占比例最大，拉深模在汽车覆盖件生产中使用也比较多，并且丰田一直致力于拉深模的研究（参见图 4 - 3 - 3）。为此，下节将对丰田的专利中具有代表性的拉深模进行研究，力图找出丰田在拉深模的专利研发特点和思路，以供学习和参考。

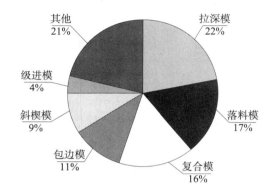

图 4 - 3 - 2　丰田汽车覆盖件冲压模具各种模具占比

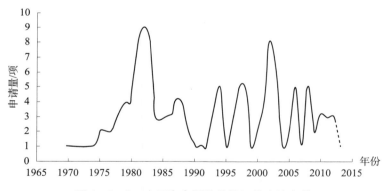

图 4 - 3 - 3　丰田汽车覆盖件拉深模申请态势

4.3.3 拉深模技术发展路线

丰田是从日本成长起来的汽车企业，日本国内的人力成本是非常高的，因此丰田越来越依赖高科技，这可以在一定程度上降低人工劳动，从而降低人工成本。丰田提出了取消钳工这种人工操作的工种，丰田已经基本实现这一目标。除了拉深面和拉深凸角外，推磨、修模和调配均不需要钳工修磨，大部分异常情况均可在模具设计和生产制造中得到解决。下面介绍一下丰田在拉深模具方面的专利技术发展，以供国内汽车覆盖件模具企业学习和借鉴。

拉深加工中工件拐角处容易产生局部变形、凸起、裂纹以及褶皱等问题（如

图4-3-4），因此丰田不断进行研究改进，图4-3-5示出了丰田在防止这种缺陷方面的专利演变路线。最开始丰田是在1982年申请了日本专利JPS5987925A，1997年丰田又研发了新的防止缺陷的方法并申请了专利CN1197699A，丰田于2008年申请的专利解决这一技术问题采用了两种不同的方法，并分别申请了专利JP2009131878A和CN101873901A。

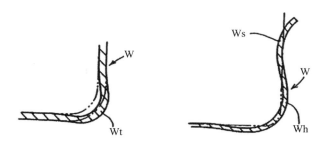

图4-3-4　汽车覆盖件拉深加工时拐角处易发的缺陷

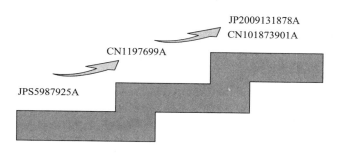

图4-3-5　汽车覆盖件拉深模演变路线图

最早防止这种缺陷的专利是1982年11月12日申请的日本专利JPS5987925A，其采用了两个模具垫即第一模具垫和第二模具垫，如图4-3-6所示。第一模具垫表面弯曲面，它用于成形板材的凸圆角部分，第二模具垫用于承接平直部分的板材。这样当冲头冲击板材的时候，就可以一定程度上防止拐角处的异常凸起。

CN1197699A沿用了JPS5987925A分块模具方式，并且将与冲头相对的冲模凹口斜切，这个被斜切的倒角面在斜切凹口的顶边边界处具有第三边缘，如图4-3-6所示。该冲头具有远离冲模的第一边缘和接近冲模的第二边缘，在冲头第一冲压进行一半的时候，使板材对应于第一和第三边缘弯曲，接着，板材在第二边缘处进一步弯曲，整个冲压弯曲板材的过程中，冲头的一部分在第一和第二边缘之间始终保持不与板材接触的状态。这种方法能够减少由于板材弯曲部分内外侧长度差所引起的应力，从而有效防止产品从冲压机取出后所产生的凸起和变形。

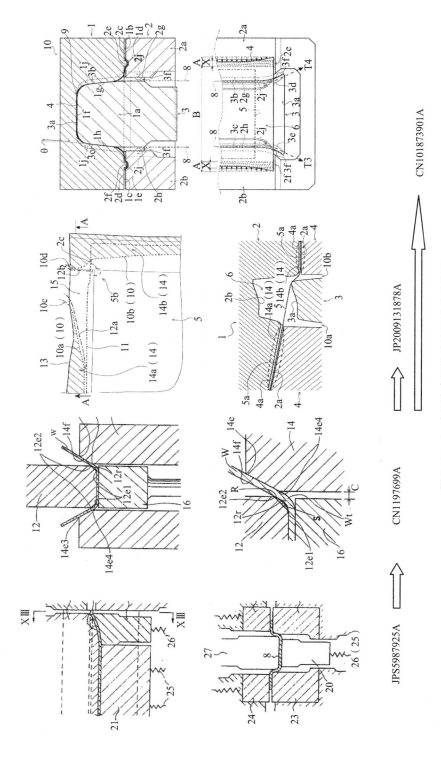

图 4 – 3 – 6　丰田汽车覆盖件拉深模发展路线

到了 2008 年解决该问题的方法就存在两种典型的方式。

JP2009131878A 的模具组件具有带折皱推压面的阴模，该模具组件还具有与折皱推压面对应的缓冲垫面压料圈，如图 4 – 3 – 6 所示，由折皱推压面和缓冲垫面来形成一夹持部，这个夹持部实际上有两个部分，即第一夹持部和第二夹持部，利用这两个夹持部来夹持板材，从而防止板材集中流入拐角部，并防止裂纹或折皱的产生，由于板材约束变松就很容易加大拉深的深度。

而 CN101873901A 采用另外一种方法改善板材成形缺陷，如图 4 – 3 – 6 所示，在与板材余料部对应的范围内，使冲头的宽度朝向冲头端部方向逐渐增大，从而使冲头的顶面部和侧面部形成的边界线向冲头的宽度方向的外侧弯曲，冲模的凹部宽度逐渐增大，最后，冲头和冲模设定的拉深轮廓朝向冲头宽度方向的外侧弯曲。这种方式也可以控制板材流入拐角部的流入量，防止产品发生皱纹或裂纹。

4.3.4　拉深模典型专利分析

拉深模在汽车覆盖件中应用非常广泛，例如保险杠、尾灯安装板、地板、车内板、发动机罩外板、行李箱外板等，下面介绍一下典型拉深模在丰田汽车覆盖件中的应用情况。如图 4 – 3 – 7 所示，JP2001137946A 是生产保险杠的丰田专利，其采用斜切的冲模凹口，这就减少了由于板材弯曲部分内外侧长度差所引起的应力，从而有效防止保险杠从冲压机取出后所产生的凸起和变形。生产尾灯安装板的拉深模具在 JPS63174921A 中被公开，其采用两个压固件紧固板材，从而在成形尾灯安装板这样的复杂面的情况下保证冲压机和模具有效接触。地板也是汽车覆盖件的一种，相应的专利是 JPS5951000A，JPS5951000A 公开了一种通过改变进料进给的方法，使得板材在层层有效推进中保证断面长度最小化，从而减少了板材材料的浪费。

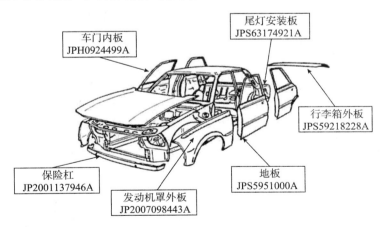

图 4 – 3 – 7　丰田汽车覆盖件拉深模在汽车各个部位的应用

涉及车门内板的专利 JPH0924499A 是一种比较特殊的拉深模，其可以用于多个不同种类的车门内板，叫做多面模，这种模具具有一个共有形状部分和一个特有形状部分，特有形状部分具有不同形状，可对应不同种类的车门内板，这种灵活的多面模既节约成本又能适应大批量生产，是典型的丰田式汽车覆盖件模具。

在加工面积较大的发动机罩外板时，为了使得铝制件均匀压制并且产品不会发生褶皱，JP2007098443A 使用了一种新外板材料，其顶部以小于等于外板材料的拉制限度量被拉制，外板材料具有一设置在外板材料周边的约束目标部分，该顶部位于约束目标部分的内侧，并且围绕外板来成形成产品，并与冲压床的成形面一致。

JPS59218228A 公开了一种行李箱外板拉深模具，为了保证行李箱外板这样的大型件的加工精度并且降低这种复杂面的加工成本，采用一种三维成形面模具，该模具由多个部分组成，各个部分通过螺栓连接在一起，这种模具结构可以保证行李箱外板断面的形状和精度。

4.3.5 级进模专利分析

级进模是所有汽车覆盖件模具中最复杂、最精密同时也是技术含量最高的模具。级进模在汽车冲压件的生产中应用于形状复杂的冲压件，特别是一些按传统工艺需要多副冲模分序冲制的中小型复杂冲压件，越来越多地采用级进模成形。在级进模方面丰田共申请了 21 项专利，虽然级进模在丰田所有模具中所占比例不算多，但从 1975 年至今丰田一直致力于这方面的研究。从研发所解决的技术问题来看，丰田研发的重点集中在模具喂料的进给。级进模各个工位加工方式都不同，因此如何协调各个工位的加工，使其按照预定顺序稳定地输送材料是影响加工精度的主要因素。同时使用级进模不但提高了复杂冲压件的加工精度，同时也为了提高生产率，表 4-3-1 显示了丰田在级进模方面典型专利情况。

表 4-3-1　丰田在汽车覆盖件级进模方面典型专利情况

申请日	公开号	主要技术要点	附图
1983-03-17	US4543811A	改变板材进料进给的方式，使得板材在每个工序有效推进，从而保证断面长度最小化，从而减少了板材材料的浪费	
1984-05-01	JPS60231534A	从冲压机中按顺序输送级进模，半成品板材被夹持在上下模具之间，控制板材的行进一部分板材被切段，余下板材以特定的间距继续送入下一个工序。从而杜绝半成品材料的浪费，并提高了生成率	

续表

申请日	公开号	主要技术要点	附图
1985 - 01 - 18	JPH61165234A	以一个固定节矩输送模具,连续拉深和弯曲同时完成冲孔和成形,从而消除板材的方差和干涉,提高产品的刚度	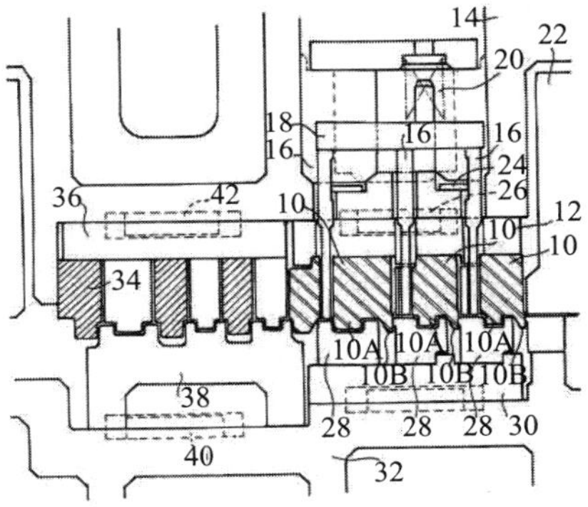
1986 - 02 - 28	JPS62203623A	按照进给间距输送板材,并对板材进行拉深、弯曲、修边加工,级进模输送装置对应于进给间距设置在板材两端,从而简化了级进冲压加工,提高生产率	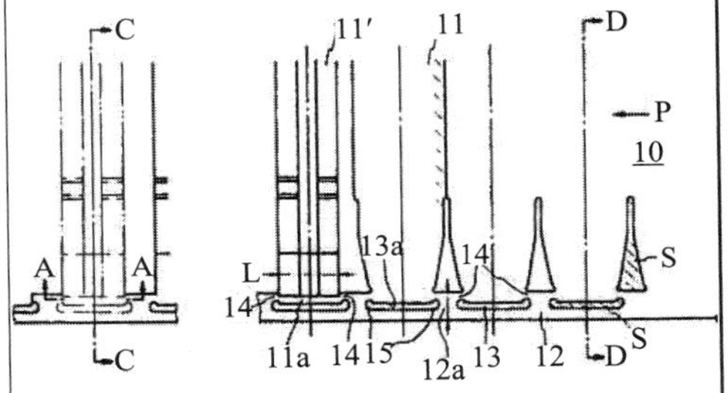
1986 - 02 - 28	JPS62203626A	在冲压机上安装定矩输送设备,使得整体进料过程有效推进,确保产品尺寸精度,提高生产率	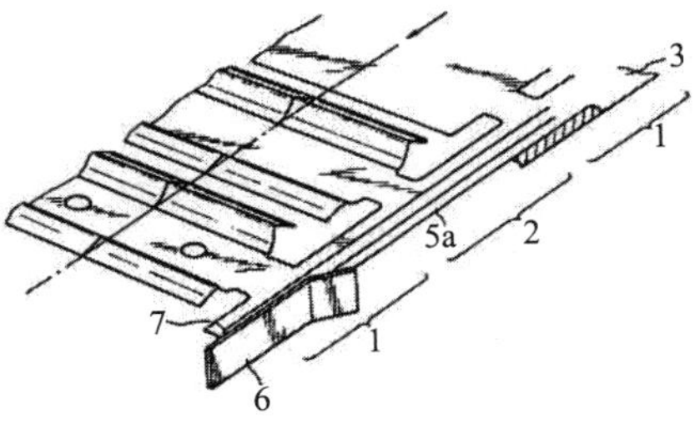

4.4 丰田合作申请

丰田的合作申请较多,其合作对象主要是材料公司和一些机械公司。材料公司主要有住友轻金属工业株式会社、新日铁住金株式会社、新日本制铁株式会社、神户制钢所株式会社,机械公司包括亚乐克株式会社、东海兴业株式会社、星技术有限公司、高津运动精机株式会社、盟和产业株式会社(参见图 4 - 4 - 1,见文前彩色插图第 9页)。丰田经过百年的发展,已经具有相当大的规模,旗下的公司众多。从汽车覆盖件模具的专利情况来看,丰田内部的合作申请也比较多,例如,丰田自动车和丰田合成、丰田自动车和精机株式会社、丰田合成和精机株式会社等,可见丰田的内部合作机制非常健全,在研发方面能做到相互融合。

从图 4 - 4 - 1 中可以知道，丰田与住友轻金属工业株式会社、新日铁住金株式会社合作最频繁，合作申请的专利数量也最多，2002～2010 年丰田与住友轻金属工业株式会社合作申请了 8 项，丰田与新日铁住金株式会社在 2001～2010 年共申请了 7 项。

住友轻金属工业株式会社和新日铁住金株式会社在模具材料的制造上具有一定的优势，因此与丰田合作的专利也主要涉及金属模具的制造方面。这两家企业中住友轻金属工业株式会社于 2002 年与丰田合作申请了 JP2004050188A、JP2004050187A、JP2004050189A，2004 年与丰田合作申请了 JP2004323897A、JP2005305510A、JP2004353026A，2012 年合作申请了 CN102782188A。新日铁住金株式会社于 2001 年与丰田共同申请了 JP2002346650A、JP2002346797A、JP2003001344A 3 项专利，2002 年与丰田合作申请了专利 JP2003245738A、JP2004050253A、JP2004066277A。

住友轻金属工业株式会社和新日铁住金株式会社与丰田在多种模具的研发上进行合作，虽然这两家企业的专长均在金属材料上，但也都有所侧重，如图 4 - 4 - 1（见文前彩色插图第 9 页）所示，住友轻金属工业株式会社主要提供了铝合金和特殊钢板两种汽车覆盖件板材，而新日铁住金株式会社侧重在模具抗应变金属材料和特殊金属模具材料，两家公司还分别与丰田共同开发了镀锌金属板。而这些特殊材料生产的模具以及对特殊材料的板材进行加工，是这两家公司与丰田共同研发的重点。

另外两家材料企业分别是神户制钢所株式会社和新日本制铁株式会社，他们与丰田分别合作了 1 项专利，神户制钢所株式会社与丰田于 2000 年申请了专利 JP2001087816A，新日本制铁株式会社也参与了新日铁住金株式会社与丰田的合作申请 JP2002346650A，该专利涉及的是抗应变金属模具的开合模设备。

在与丰田合作的机械公司中合作数量最多的是亚乐克株式会社，共有 4 项专利，2001 年合作申请了专利 JP2003062846A，2002 年申请了 2 项专利 JP2003094473A 和 JP2004181481A，2003 年申请了专利 JP2004338219A，其中 JP2003062846A 和 JP2004338219A 均涉及车门板的修边和整形的复合模。高津运动精机株式会社与丰田也合作了 2 项申请，分别为 2001 年申请的 JP2002137029A 和 JP2003094126A，两项专利均涉及车门包边模。从与这两家公司合作上可以看出，丰田对车门覆盖件的制造上可能依靠外协，但每家公司的侧重也有所不同，亚乐克株式会社主要在于车门的修边和整形，而高津运动精机株式会社主要在于车门包边加工方面。

东海兴业株式会社、星技术有限公司和盟和产业株式会社 3 家公司与丰田的合作申请较少，东海兴业株式会社与丰田的合作申请为 2009 年的专利 JP2010269713A，星技术有限公司于 2010 年与丰田合作申请的专利为 JP2012071364A，专利 JP2001105051A 是盟和产业株式会社与丰田在 1999 年的合作申请。经分析发现，这 3 家公司与丰田的合作专利均涉及的是模制汽车覆盖件的修边或成形设备，这些设备与模具配合使用从而生产出精度更高的覆盖件产品，因此丰田汽车覆盖件模具加工设备可能主要由这 3 家公司外协。

丰田的合作模式具有一定特点：发挥自身的技术长处，利用各个企业的技术优势，形成优势互补，提高研发效率，实现共赢。这种合作机制值得汽车覆盖件模具企业学习，从而避免重复开发和浪费研发资金，同时也利用了其他企业的技术优势，缩短了开发周期，抢占了市场先机。

4.5 丰田发明人团队分析

主要发明人是对本行业发明创造做出创造性贡献的人，是引领本领域技术进步的主要带头人，因此主要发明人的专利技术是本行业最需要关注的技术。丰田对技术的研发是非常重视的，为了全面了解丰田在汽车覆盖件模具技术领域中的重要发明人以及这些发明人的具体研究方向信息，以发明人为入口来获取目标对象信息，本节以丰田的重要发明人为研究目标，展开了丰田重要发明人追踪分析。

丰田有着百年的历史，旗下公司众多，因此很多丰田都会有研发汽车覆盖件模具的人员，例如，丰田自动车株式会社、丰田车体株式会社、关东自动车工业株式会社以及大发工业株式会社等。对丰田的发明人进行分析发现比较活跃的发明人主要有17人，他们分别是吉井博、广泽绣刚、竹田研一、伊藤雄一、久保正男、萼经夫、铃村敬、野尻熏、津田智司、长谷川幸嗣、须腾诚一、水谷敢、内田晃治、横井俊治、加藤久佳、藤井清志、生岛幸一等。这些发明人分别隶属于不同的丰田子公司，活跃在不同的技术领域。

丰田自动车株式会社的汽车覆盖件研究跨度较长的发明人比较多，共10位，他们分别是竹田研一、伊藤雄一、久保正男、萼经夫、铃村敬、野尻熏、津田智司、长谷川幸嗣、须腾诚一、水谷敢，这10位发明人服务的年代和主要从事的技术领域也各不相同，下面分别介绍。

竹田研一、伊藤雄一和久保正男在丰田自动车株式会社参与研发时间最长，竹田研一在1976～1999年的23年间均服务于丰田自动车株式会社，主要从事配合各种模具如斜楔模、拉深模和落料模的冲压机的研究；伊藤雄一主要从事拉深模和落料模、斜楔模、级进模几种模具的研发，从1979～2006年在丰田自动车株式会社期间，他的专利申请年份跨度长达27年；从1978～2008年的30年间，久保正男都服务于丰田自动车株式会社，主要从事拉深模和落料模的开发。还有一位发明人在丰田自动车株式会社服务时间较长，那就是野尻熏，他从1993年到2011年都一直致力于落料模、斜楔模、拉深模的研究。

在丰田自动车株式会社中也有不同年代活跃的发明人，他们分别在不同年代不同技术领域进行研发。须腾诚一和水谷敢是丰田自动车株式会社中在20世纪80年代最活跃的发明人，水谷敢在1978～1980年主要涉及落料模的研究，而须腾诚一在1981～1983年主要涉及弯曲模的申请。而在20世纪90年代后最活跃的发明人是萼经夫，他从1994～1998年主要涉及拉深模和复合模的研究。进入21世纪，丰田自动车株式会社加快了发展的步伐，因此这个时期活跃的发明人也增多了，主要有3位：铃村敬、津田智司和长谷川幸嗣。铃村敬主要从事汽车覆盖件模具研究，铃村敬从1999～2004年主要从事拉深模和落料模研究。而津田智司和长谷川幸嗣主要从事各种设备的研发，前者在 2010～2011 年致力于包边设备的研究，后者从 2011 年到 2012 年从事多级压机的研究。

丰田车体株式会社中比较活跃的发明人分别是内田晃治、横井俊治、加藤久佳、藤井清志等 4 位，20 世纪 90 年代主要的发明人是藤井清志，他主要从事斜楔模的研究，在他之后最活跃的发明人是内田晃治，内田晃治的发明主要涉及包边模，而横井俊治和加藤久佳相互合作共同申请了拉深模、落料模、斜楔模和级进模等多种模具专利，横井俊治和加藤久佳共合作了 7 年。

大发工业株式会社是丰田并购的公司，大发工业株式会社中主要发明人有两位，分别是吉井博和广泽绣刚，吉井博于 1997～2008 年主要从事斜楔模的研发，2008 年后吉井博就未出现在大发工业株式会社发明人名单中，取而代之的是广泽绣刚，他从 2009～2012 年主要从事大发车门加工的研究。

关东自动车工业株式会社也是丰田的子公司，该公司最活跃的发明人是生岛幸一，他在 1997～2004 年主要从事拉深模和落料模、复合模等模具的研究。

发明人吉川幸宏不属于丰田，他是住友轻金属工业株式会社的研发人员，但他与丰田在 2004～2011 年长期合作，与丰田的研发人员合作完成了很多有关其他模具的发明。

综上所述，丰田的研发团队非常强大，且各个子公司都拥有代表性的汽车覆盖件发明人，正是这些发明人才使得丰田汽车能够一直保持良好的性能。

4.6　小　　结

通过上述分析可知，丰田有着百年的历史，1933 年就开始制造汽车，但相比于奔驰、福特这样的老牌汽车公司，丰田进入汽车领域的时间相对较晚，最初也只是以学习为主，但丰田后期加大了研发力度，研发出了各种经典车型，并在市场中站稳了脚跟。最初丰田只生产中低端车型，但丰田不甘心只在低端市场徘徊，因此加大了高端车研发的投入力度，开发出了雷克萨斯这样的经典高端车型，因此可以说丰田走出了一条从学习到创造、从中低端车到高端车的发展之路。在这个过程中丰田强大的汽车模具制造能力就是其发展的基础，注重创新、重视专利保护的发展思路也是丰田发展迅速的重要因素，这种独特的创新之路值得中国汽车覆盖件模具企业学习。

由于进入汽车行业的时间较晚，因此专利申请的时间也较晚，但是丰田非常注重专利的申请和保护，从 1970 年至今不断有新的发明问世，在汽车覆盖件模具专利申请人中申请量排名第一，同时丰田汽车覆盖件模具也具有很高的技术含量，在各种模具方面都进行研发，由于汽车加工中的人工成本不断上涨，同时也为了提高劳动生产率，丰田着重在拉深模方面进行研发，研发投入力度也非常大，因此在这方面申请的数量也较多。丰田在拉深模专利技术方面的成果充分体现了丰田的汽车覆盖件加工能力，也充分体现了丰田的模具设计和制造能力。

丰田还与很多企业进行合作研发，丰田发挥自身的技术长处，利用合作企业的技术优势，形成优势互补，提高研发效率，实现共赢。丰田也拥有一支实力很强的发明人团队，他们长期从事汽车覆盖件的研究和开发，发明人之间也有非常好的传承关系，他们代表了丰田技术发掌的方向。

　　总之，通过分析丰田的发展历史、丰田的汽车覆盖件模具技术、丰田研发概况、丰田的专利申请态势、丰田的专利布局、丰田与其他公司的合作和丰田发明人，可以清楚地了解到，丰田运用专利的策略和手段，已经非常成熟。丰田的发展模式、研发模式、合作模式以及专利布局方式都非常值得我们国内企业学习和借鉴，国内汽车覆盖件模具企业还需要不断吸收经验，提高自身竞争力。

第5章 强　　生

光学镜片是一种精密光学产品，隐形眼镜是光学镜片产品中精度较高、加工难度较大的产品，隐形眼镜产品的外观 70% 的影响因素在模具上，隐形眼镜模具是隐形眼镜加工中最重要的工具，同时也是光学塑料成型模具中重要的组成部分。隐形眼镜模具较复杂，技术含量较高，它的研发和改进需要长期的技术积累。目前，在隐形眼镜模具领域，强生是专利申请量最大的公司。虽然强生进入隐形眼镜行业的时间较晚，但却是最早生产抛弃型隐形眼镜的企业，并且强生还引领了抛弃型隐形眼镜的浪潮，强生也是目前全球最大的生产抛弃型隐形眼镜公司。同时强生也非常注重专利布局，从一开始申请专利就在全球进行布局，强生还针对隐形眼镜模具进行了重点性研发，并在原有模具技术的基础上不断进行改进和创新，在着色和散光隐形眼镜模具技术方面进行了技术创新。因此，强生的技术发展思路和专利布局方式都对我国的光学模具企业有很好的借鉴意义。

5.1　强生总体情况

5.1.1　公司简介

强生成立于 1886 年，是世界上规模最大、产品多元化的医疗卫生保健品及消费者护理产品公司，其产品畅销于 175 个国家或地区，生产及销售的产品涉及护理产品、医药产品和医疗器材及诊断产品市场等多个领域。强生在全球 57 个国家建立了 260 多家分公司，其中在美国本土大约有 64 家公司，拥有 11.6 万名员工。旗下拥有"强生婴儿""露得清""可伶可俐""邦迪""达克宁""泰诺""强生美瞳""ACUVUE"等众多知名品牌。

5.1.2　发展历史

1886 年，强生和他的两个兄弟在美国新泽西州的新布鲁斯威克，共同开创创建了强生，第二年正式命名为 Johnson & Johnson。经过几十年的发展，强生于 1919 年在加拿大成立第一家子公司，开始了全球扩张；1926～1946 年，强生的业务逐步扩展到墨西哥、南非、澳大利亚、法国、比利时、爱尔兰、瑞士、阿根廷和巴西等。

最开始强生只生产药品和婴儿用品，但强生一直注重产品的多元化，因此在 20 世纪 80 年代在美国佛罗里达州的杰克逊维尔，成立了 Johnson & Johnson Vision Care，Inc。通过技术引进，强生开始生产抛弃型隐形眼镜。强生于 1987 年在美国正式推出了世界上第一副 ACUVUE 抛弃型软性隐形镜，接下来又在美国、欧洲进行销售，20 世纪 80 年代末也开始在亚洲市场销售。

　　由于隐形眼镜存在不能解决眼球表面弧度不平均的矫视问题，强生的琼森视力护理中心于 2000 年研发出一种新的 ACUVUE TORIC 隐形眼镜，如图 5 - 1 - 1 所示。该镜片备有双层纤薄设计，确保镜片稳妥地贴于眼球，矫正散光的效果理想。这次科技突破，获得空前成功，市场反应热烈，销售额过亿美元。2000 年以后随着中国隐形眼镜市场的扩大，强生在中国陆续推出了新的隐形眼镜产品，并于 2006 年在中国成立强生视力健（上海）商贸有限公司。现在强生早已跻身于隐形眼镜大型企业的行列。

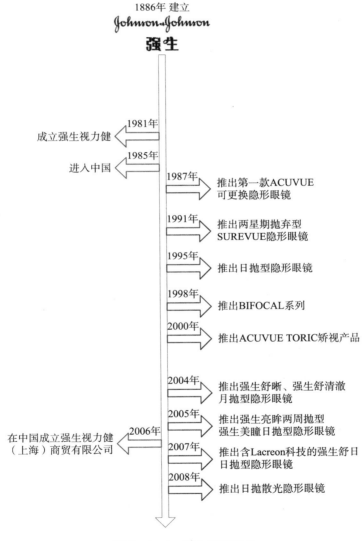

图 5 - 1 - 1　强生发展历史

5.2 强生专利布局分析

5.2.1 全球专利申请态势

强生关于光学塑料成型模具的专利申请只涉及隐形眼镜模具，因此本章只研究隐形眼镜模具。通常来说申请日是反应申请人取得技术成果并开始寻求专利保护的日期，能客观地表明专利申请技术的发展规律。图5-2-1示出了1991~2013年强生全球隐形眼镜模具专利趋势，从图5-2-1中可以看出，1991~2013年强生专利申请总量的态势并没有呈现逐步增长的状况，而出现了一个急剧增长期。

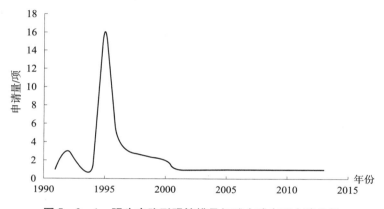

图5-2-1 强生在隐形眼镜模具领域全球专利申请趋势

强生是20世纪80年代进入隐形眼镜行业，1991~1994年这一时期强生隐形眼镜模具的申请量较少，1991年10月18日强生提出了第一件涉及隐形眼镜模具的专利（US5219497A）。

1995年之后申请量开始大幅增加，进入了快速增长期，1995~1997年强生共申请有关模具的专利24件，这个时期也是强生抛弃式隐形眼镜产品向全球扩张的时期，技术的发展也是使得产品质量上有很大突破，这一时期强生隐形眼镜的舒适度和透氧性也得到改善。

2000年以后强生的申请量进入了平稳发展期，每年的申请量也较平均。

5.2.2 全球专利申请布局

强生在隐形眼镜模具领域的全球申请总量为40件，其中31件在全球多个国家进行专利布局，占其申请总量的77.5%，这也与强生一直致力于全球发展的战略基本一致。

强生的第一件涉及模具的专利就在多个国家进行布局，强生首先在本土美国进行申请，然后以PCT申请的形式向欧洲、日本、加拿大、澳大利亚、墨西哥、韩国、中国大陆和中国台湾等国家或地区进行申请。由于专利布局的地域与目标市场直接关联，因此，以上数据实际上也反映了强生的市场定位。强生一直比较重视欧洲市场，因此在欧洲的布局也较多，达到了 28 项申请。中国台湾地区是隐形眼镜的生产基地之一，同时也是强生的全球市场目标之一，因此强生也十分重视在中国台湾地区的专利布局，在中国台湾地区布局了 11 项专利申请。近些年隐形眼镜在中国的市场不断扩大，因此在中国的布局也逐步展开。

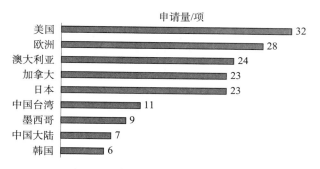

图 5 - 2 - 2　强生在隐形眼镜模具领域全球各个国家或地区的专利申请量

5.2.3　中国专利申请布局

随着中国改革开放的深入，中国也成为隐形眼镜的重要市场，强生也逐步在中国进行布局。2006 年强生在中国成立了强生视力健（上海）商贸有限公司，加快了进军中国的步伐。然而早在 2000 年强生就开始在中国进行隐形眼镜模具专利布局，强生也是在 2000 年开始在中国市场发售 ACUVUE 强生舒晰、ACUVUE 强生舒澈两款月抛型镜片，2000 年以后也逐步开始增大布局力度。虽然在绝对数量上并不多，共 7 项，其中 4 项还处于审查过程中，如表 5 - 2 - 1 所示，但中国的迅速崛起也带动了隐形眼镜市场的不断扩大，因此可以预见强生势必会加快在华申请的步伐。

表 5 - 2 - 1　强生隐形眼镜模具在中国专利申请情况

序号	公开号	申请日	发明名称	法律状态
1	CN1273164A	2000 - 05 - 08	一种形成眼用装置的模具	失效
2	CN101073905A	2007 - 05 - 18	用于形成生物医学器械的模具部件	授权
3	CN101516611A	2007 - 09 - 26	一种用来生产至少一个半模的成型设备	授权
4	CN102271900A	2009 - 10 - 21	一种形成眼科镜片的方法	在审
5	CN102271899A	2009 - 10 - 23	一种形成眼科镜片的方法	在审
6	CN103978593A	2014 - 02 - 07	一种用于形成眼科装置的注模组件	在审
7	CN104002411A	2014 - 02 - 10	一种用于形成眼科装置的注模组件	在审

5.3 强生专利技术发展分析

5.3.1 强生专利技术发展路线

本节通过对强生隐形眼镜模具专利信息进行技术发展路线的分析，找到强生隐形眼镜模具的技术演进情况，以便全面了解强生隐形眼镜模具的技术发展脉络，为企业技术开发提供知识和信息基础，为政府提供决策依据。

如图5-3-1所示，强生的技术发展可以分为以下阶段：

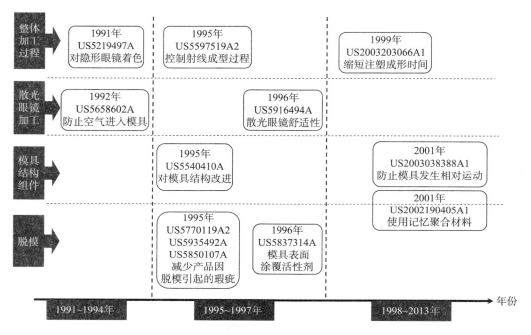

图5-3-1 强生在隐形眼镜模具领域专利技术发展路线图

（1）初步发展期（1991～1994年）

一直以来隐形眼镜的技术从材料到生产方法都在不断进步中，最初人们并没有意识到隐形眼镜会对眼镜产生不良的影响，直到20世纪80年代初，人们才逐渐认识到软性隐形眼镜的镜片沉淀物和污染可引起视力下降，并且与眼部过敏反应和感染有着显著的关联，于是就产生了隐形眼镜需要更换的想法。1984年，一位丹麦的眼科医师发明了铸模成型工艺并生产了DANA镜片，这也是最早成为商品的抛弃型隐形眼镜。强生引进了DANA镜片技术专利（US4573775A、US4680336A），并将这一技术量产化，同时首次推出了抛弃式佩戴方法，提出了隐形眼镜佩戴方式的新概念。由此可以看出最初强生进入隐形眼镜行业，采取的也是"借鸡下蛋"的策略，这一时期强生申请的专利并不多，例如美国专利US4574775A、US5219497A、US4782942A以及US5658602A，而且这些专利不只是在美国本土进行申请，其中涉及隐形眼镜盒体的美国专利US4782942A

还进入了中国，但美国专利 US4574775A 和 US4782942A 均不涉及模具。

　　强生首次涉及隐形眼镜模具的专利是 1991 年 10 月 18 日申请美国专利 US5219497A，如图 5-3-1 所示，该专利涉及的是浇注成型方法的着色问题，该专利也是强生的开创性发明，其为后来强生推出彩色系列产品提供了技术储备。为了防止在真空加工镜片过程中气泡的产生，强生还研发了模制成型设备并于 1992 年 9 月 18 日申请了美国专利 US5658602A。

　　这个时期强生申请的专利量比较少，涉及模具的专利也非常少，但强生的专利技术在这一时期得到了初步发展，并为后来的发明打下了坚实的基础。

　　（2）快速发展期（1995~1997 年）

　　强生在 1994 年开始在美国的奥玛哈及拉斯维加斯试售每日抛弃型隐形眼镜，销售成绩非常好，因此 1995 年在全球正式推出日抛型隐形眼镜，这种产品的推陈出新也反映在专利中。强生于 1995 年在美国申请了 23 项相关专利，并且这 23 项发明全部以 PCT 申请的形式进入了欧洲专利局，这是因为 1995 年日抛弃型隐形眼镜正式在欧洲国家推出，这也反映出强生在隐形眼镜产品上的研发是立足本土、进军欧洲的策略。这 23 项专利涉及隐形眼镜的制造，其中有关模具制造的专利高达 14 项，这些专利不但覆盖了隐形眼镜的生产过程，并且还涉及了很多特色产品的具体生产方法，下面将具体介绍强生在 1995 年的专利技术布局情况。

　　初步发展期强生生产的隐形眼镜的舒适度和透氧性还不够完美，生产过程也没有完全实现自动化，因此生产效率仍然比较低，所以强生注重在这些方面进行研发，并申请了相应的专利。很多公司进行专利申请时，会把一个集成的发明分解成很多不同的专利进行申请，这些专利申请经常层层深入，一环套一环，层层保护，强生也采取了相同的策略。强生在 1995 年申请的 14 件专利中，将整个隐形眼镜的整个加工过程进行了全覆盖（如图 5-3-2 所示），其中包括"三明治"的双模具组合结构和装配专利（US5540410A），聚合材料的预硫化过程并且沉降到模具中（US5914074A），将可能多余的模具材料去除（US6039899A），锁定模具并将模具组合运输到射线中进行单体混合物成型（US5965172A、US5597519A2），冷却模具（US5545366A），将隐形眼镜从模具中移除（US5770119A2、US5935492A、US5850107A），在冲洗室内对隐形眼镜进行冲洗（US5476111A），最后包装上市。

　　模具是制造隐形眼镜中必须也是非常重要的生产工具，模具本身的材料、尺寸和形状都决定了生产出隐形眼镜的精度和质量，提高注塑模具质量也是强生一直关注的重点，US5540410A 公开了强生的一组注塑成型软性隐形眼镜所使用的精密模具，这种模具大大缩短了加工时间，降低了生产成本。如图 5-3-1 所示 US5597519A2 对整体的成型加工方法进行了保护，这种成型方式是紫外线成型方法，其通过对聚合物在开始阶段和增殖过程进行差别控制，由此控制了隐形眼镜单体材料的成型质量。

　　脱模过程是造成隐形眼镜高次品率的一个步骤，因此各大隐形眼镜企业都非常重视这一技术的研发，强生在脱模技术上也一直进行创新。初步发展期强生在脱模生产中需要对模具进行加热，这势必会耗费额外的能源并且也需要相应的加热设备，从而也增加了设备投入和维护的成本。强生在脱模方面进行了重点研发并申请了专利 US5935492A、US5770119A2、US5850107A，这些专利均采用的是简单地和机械地"撬开"模具部分，并且不需要额外加热，这种模具分离方式不冲击隐形眼镜，有效地降低了隐形眼镜的瑕疵。

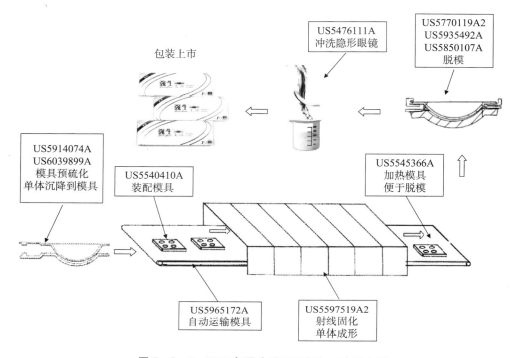

图 5 - 3 - 2　1995 年强生隐形眼镜加工专利布局

采用这条生产线生产出的隐形眼镜很少会出现浑盹和气穴的现象，并且这种工艺提高了隐形眼镜的精度、舒适度以及透氧性，该生产线实现了隐形眼镜生产中的几乎全自动化，提高了生产率、降低了成本。

强生在 1995 年申请量的高峰期后，于 1996 年又申请了 2 项比较重要发明专利，分别涉及模具组件和脱模两个方向的技术。

强生于 1996 年 4 月 30 日申请了有关用于生产隐形眼镜的模具组件的 US5916494A 发明专利，这项技术很好地解决了眼球表面弧度不平均而引起的视力下降的问题，矫正散光视力的效果理想（如图 5 - 3 - 3）。这篇专利也是强生最重要的模具专利之一，并为 2000 年强生推出了 ACUVUE TORIC 镜片提供了技术储备，该产品被设计成双层纤薄结构，镜片稳妥性好，散光矫正效果理想，得到了消费者的认可。在这之后多家隐形眼镜公司，纷纷围绕这项技术进行了生产设备等技术的布局（详见 5.3.2）。

快速发展期在脱模这项技术上，强生也有一定突破，为了防止脱模过程中眼镜可能的损伤，强生在 1996 年申请了适合于大规模生产和制造的专利 US5837314A，采用在模具中涂敷表面活性剂的方式便于脱模，这是在 1995 年发明基础上做的非机械式改进。

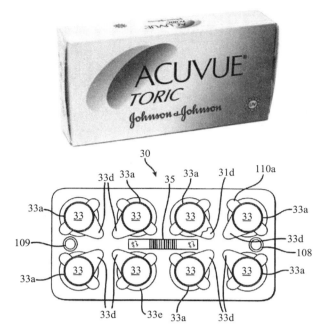

图 5 - 3 - 3　强生 ACUVUE TORIC 产品和加工该产品的模具

强生在这段时期里提出了大量申请，很多重要专利也出现在这一时期，也为后来的生产奠定了坚实的基础。

（3）革新期（1998 ~ 2013 年）

强生一直非常重视技术创新，在隐形眼镜产品上不断革新，快速发展期的模具仍然会造成隐形眼镜的瑕疵、注塑加工的成型时间长等问题，因此强生仍然在模具技术上不断创新，并在多焦点和模具材料方面取得长足地进步。

之前的加工方法需要加热模具，成型镜片材料时需要镜片毛坯的光轴完全与冲模对准，这给镜片生产带来很大困难，因此这种加工方法不适合一些柔性隐形眼镜的加工（如受热不容易变形的热固性材料），强生研发了一种新的模具材料记忆聚合物并在2001 年申请了美国专利 US2002190405A1，这项技术既降低了模具成本又不需要加热模具，而且还适用多种眼镜的生产。

为了防止空气进入前后半模中，在初步发展期模具组件专利 US5658602A 的基础上进行了改进，于2001 年提出了美国专利 US2003038388A1，该专利涉及一种用于隐形眼镜模具装配的方法和装置，该装置设置了运动防止机构，有效防止了因前曲半模运动而进入空气，从而生产出没有气泡的产品。

这一时期的整体成型技术也有了一些进步，1999 年申请的美国专利 US2003203066A1公开的模具缩短了成型时间，提高了生产率、降低了成本。

通过对强生二十几年的专利技术分析可以看出，强生在隐形眼镜模具领域专利申请的发明点从上色方式到控制单体聚合再到缩短成型时间、从防止空气进入模具到提高隐形眼镜舒适性再到防止模具发生相对运动、从减少产品瑕疵到便于加工的不断转变和演进，而专利申请发明点的变化，也可以从侧面反映出强生研发关注点的变化。

5.3.2　典型专利介绍

强生最初引进的专利 US4573775A 和 US4680336A 采用的是铸模成型工艺，该工艺的整个过程就是将成料按精密分量注入凹模，用凸模套入凹模进行铸压，或将成料均匀混入预定的水分进行铸压，用紫外线辐照旋转状态中的材料，使单体聚合，液态单体聚合成固态的聚合体，就制造成隐形眼镜毛坯，后期开模后可以进行着色等加工步骤。但最初的这种铸模加工成型工艺，制作一片镜片必须具备一个凸模和一个凹模，称为套模，且不同的屈光度、基弧和直径必须设计不同的母板模具，铸模成型工艺需要制备一个至少有 100 余套母板模具的模具库。

综上所述，基于生产中的不足，强生研发了一种新的减少模具库的成型方法，并且还专门针对散光产品进行针对性研发，并申请了专利 US5916494A。这种针对散光设计的亲水性非球面隐形眼镜技术，采用的是旋转分度底弯曲面放注阵列，这样的阵列允许单一形式的底弯铸模相对前弯铸模选择性地旋转至多个不同角度，这套模具是在前弯模中注入排气的隐形眼镜聚合单体，然后由交替式栈盘拾取后弯半模，最后在真空作用下组装前后弯半模，多余的单体在压力作用下排出模具。这种方法还可用于其他镜片，例如一些非球面隐形眼镜，从而减少了母板模具的数量，同时又纠正了眼球表面弧度不平均。

因此，这项技术是强生在散光隐形眼镜领域的重大研发成果，在这之后强生将这项技术进行了改进，同时博士伦、诺华、眼科科学、韦斯利－杰森等公司，也纷纷围绕这项技术在隐形眼镜模具输送、模塑设备、模具结构、自动成型控制、镜片检测、复曲面轴线校准机等方面进行了布局。

经过检索和统计，如图 5－3－4 所示，专利 US5916494A 被后续专利引证总共 46 次（包括自引），通过引证关系进行统计分析，在这篇专利的基础上，包括强生在内的企业是如何布局的规律，绘制了专利 US5916494A 的专利布局图，如图 5－3－5 所示。

1996 年 4 月 30 日的专利 US5916494A 提出了一个大的复曲面真空模塑成型方法并公开了实施该方法的模具，之后，包括博士伦在内的诸多隐形眼镜公司在此基础上进行后续改进，并申请了相应专利，这些改进分别在以下几个方面。

① 对加工的模具结构进行改进，主要包括在模具上设置新的部件，例如 1999 年国际资源公司将在该模具的基础上增加了一个垫圈，并申请了 US6082987A 专利进行布局；2000 年诺华公司的专利 US6669460B1 是在模具上设置了一个固定一个模具的保持器。

强生针对这种加工方法也进行了改进并申请了专利，例如 2001 年强生的专利 US2003030161A1，设置了防止模具移动装置，增加了模具整体的稳定性；2007 年强生对两个半模的位置进行精确控制的方法，从而有效防止了模具的倾斜或多余的旋转，并申请了专利 US200717310A1。

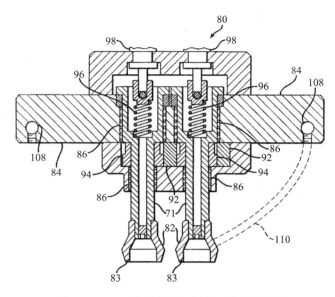

图 5 - 3 - 4　US5916494A 的技术方案示意图

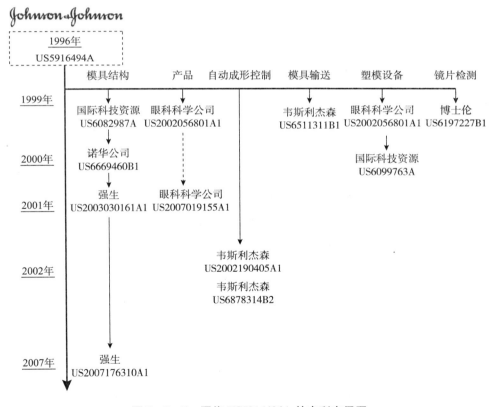

图 5 - 3 - 5　围绕 US5916494A 的专利布局图

② 围绕该方法生产的产品进行布局，例如眼科科学公司于 1999 年申请了 US2002056801A1，2001 年申请了专利 US2007019155A1，该专利对该方法所生产出的产品进行了布局，并对采用该方法生产出的隐形眼镜镜片的厚度、精度等具体参数进行了限定。

③ 围绕该方法的自动成型控制进行布局，例如韦斯利杰森公司在 2002 年的专利 US2002190405A1 和 US6878314B2 是在加工设备中增加一个信息标签，从而控制模具的闭合。

④ 围绕隐形眼镜模具的输送进行布局，例如韦斯利杰森公司于 1999 年申请了专利 US6511311B1，对隐形眼镜模具的输送装置的具体输送手段进行了布局，其将输送装置与模具间的锁定或开锁的控制进行了改进。

⑤ 围绕模塑设备进行布局，例如眼科科学公司于 1999 年申请的专利 US2002056801A1，其是在该加工方法的模塑设备上增加一个插入工具，从而控制模具多方位的转动；国际科技资源公司对成型加工中的移动模具的机械手和活塞进行改进，并于 2000 年申请了专利 US6099763A。

⑥ 围绕镜片检测进行布局，例如 1999 年博士伦申请的专利 US6197227B1，其是在 US5916494A 的模具基础上进行了改进，在前后半模上设置检测部件，并且对复曲面加工中的设备——校准机进行限定，这也是一种典型的外围布局方式。

综上所述，一个申请人研发出一种先进的技术，其他申请人纷纷效仿，并在这种技术基础上进行小改进，并围绕该技术进行各种专利布局，这是一种典型的外围布局方式。同时，也可以看出强生这项散光技术的重要性。对强生的典型专利分析结果表明，行业领先的申请人掌握了大量的关键技术，并相对应地拥有数量较多的专利，形成完善的技术保护体系，其他企业只能从外围寻求专利跟随。而掌握原创造性的技术需要强大的技术研发实力和良好的机遇，并不是任何企业都可以做到的，对于一般的企业来说关注关键技术、跟随关键技术才是有效和可行的。例如，强生研发了散光隐形眼镜的新模具并申请了专利，其他公司进行检索和分析及时发现了这些关键技术，并积极跟进，吸收再创新，在这项技术基础上进行研究和改进，并及时申请专利保护，这是一种行之有效的技术发展策略和专利应对方式。

5.3.3 技术构成

强生所生产的抛弃型隐形眼镜的主要生产过程就是，先将隐形眼镜单体材料进行处理，然后将单体材料以精密分量注入凹模，压上或套上凸模进行模具装配，将装配后的模具组件送入紫外线进行照射，使得单体材料在模具组件中固化成型，采用机械方法脱模，然后拾取隐形眼镜进行冲洗，这个时候有一些隐形眼镜已经可以包装上市了，但有一些隐形眼镜还需要进行后续机械加工，例如在镜片上刻字或进行着色等。

根据隐形眼镜的整个加工过程将强生专利技术可分 5 个部分，分别是整体加工过程、脱模、模具结构和组装、模具操作以及模具组件循环控制，图 5 - 3 - 6 示出了强生申请的技术构成情况，下面将详细介绍这 5 个部分的具体内容。

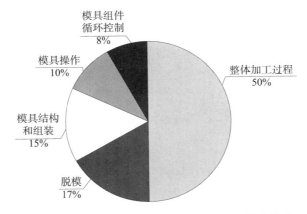

图 5 - 3 - 6   强生在隐形眼镜模具领域专利技术构成

（1）整体加工过程

整体加工过程是指隐形眼镜材料的整体成型加工过程，这是塑料产品加工中最重要的部分，塑料的成型过程对产品质量也起到了决定性作用，因此整体成型加工过程在强生的申请中占了最大的比例，占到了 50%。强生所采用的射线成型方法，是将装有材料单体的模具组件被放置在一个树脂玻璃搬运器，运输装置携带装有模具的搬运器一起进入可以产生射线的壳体，如图 5 - 3 - 7 所示，将紫外线控制在一定强度内，并且紫外线要发射到指定平面，模具组合中的聚合物通过这个过程膨胀缩减，从而达到需要的形状。紫外线射线照射过程控制聚合物在开始和增殖过程的差别，从而生产出既符合严格标准又舒适的隐形眼镜。

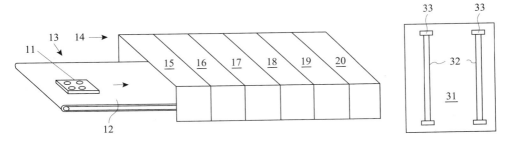

图 5 - 3 - 7   强生隐形眼镜射线成型方法

生产彩色隐形眼镜是在成型毛坯上再涂敷一层彩色单体，因此着色加工过程被归入了整体成型加工过程。强生典型的着色技术（如图 5 - 3 - 8），采用的是将预制塑料镜片与模具的表面形成一个包围树脂的空腔，然后该空腔对应于曲度变化，空腔中充满树脂，最后采用紫外线固化树脂，并且树脂中还加入了加热的启发剂，这种方法的固化时间需要 5 ~ 30 分钟，这种镜片能够大致做到镜片的镜头中心的镜片校正与预制镜片的镜头中心处的预制镜片校正相同。

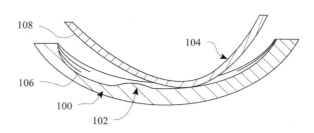

图 5 - 3 - 8   强生隐形眼镜着色成型方法

（2）模具结构和组装

模具结构和组装是指模具本身的形状、尺寸和模具组装起来的结构，产品的外观 70% 的影响因素在模具上，因此强生在模具结构方面的申请也较多，共申请了6 项。

强生采用的是"三明治"模具结构，如图 5 - 3 - 9 所示，该结构是由两个模具相互配合，即第一模具和第二模具，第一模具为凸模，第二模具是凹模，中间的空腔充满聚合物，膨胀或不膨胀的隐形眼镜都可以在这套模具中成型。

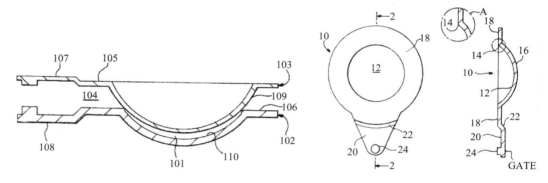

图 5 - 3 - 9   强生隐形眼镜"三明治"模具结构

图 5 - 3 - 9 示出的是单一的模具结构，为了提供生产率，加工隐形眼镜通常需要很多个模具阵列，但模具通常都非常昂贵，因此为了防止因单个模具的破坏而抛弃整个模具组件。如图 5 - 3 - 10 所示，强生还研发了一种带更换卡匣的模具，如图 5 - 3 - 10所示是在前曲面件和背曲面件的半模中设置了一可更换的卡匣，这个卡匣用来设置形成隐形眼镜的插入件。为了生产更多的隐形眼镜，这个卡匣数目可以更多，这样镜片曲面的光学临界侧边就由模具的可更换卡匣形成，如此镜片曲面的光学特征就可以改变，却不会改变模具的两侧，如图 5 - 3 - 11 所示。这是一个巧妙的设计，改变了很小的结构却节约了模具成本。

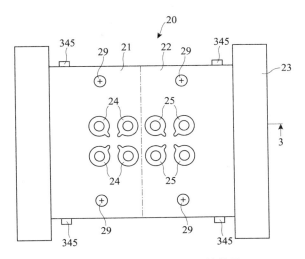

图 5 - 3 - 10　带更换卡匣的模具

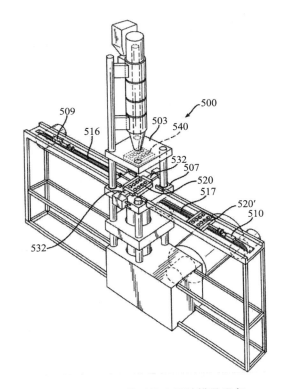

图 5 - 3 - 11　带更换卡匣的模具设备

（3）脱模

　　成型后的脱模处理也是隐形眼镜加工中比较重要的工序，强生共布局了6项专利。脱模过程强生采用的是机械式的，但通常需要额外加热模具，这会耗费能源，因此强生研发了一种新型模具，如图 5 - 3 - 12 所示，在原有的模具结构的基础上增加了两个挡板即抑制梳状挡板和分离挡板。抑制梳状挡板支靠于前模部分的边缘，而分离挡板支靠于后模部分的边缘。这项技术使得加工过程更简单，分离过程也不损坏隐形眼镜并且所需能量也非常少。

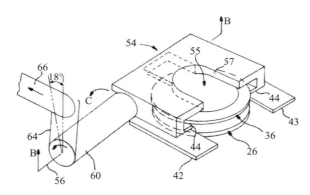

图 5 - 3 - 12　机械脱模

除了机械式脱模，强生还采用非机械方法进行脱模（参见图 5 - 3 - 13），在两个模具表面之一涂敷表面活性剂，从而在脱模过程中使得成型隐形眼镜更易于脱离模具元件，并且有利于移除额外的黏附地沉淀到模具表面的聚合模具材料。这种方法有效地杜绝了脱模后出现次品，并且非常适合于大规模生产和制造，这也为脱模技术提供了新的技术思路。

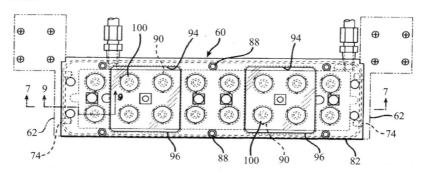

图 5 - 3 - 13　模具上涂敷表面活性剂

（4）模具操作

模具操作主要指模具装配、模具冷却、模具锁定、模具环境处理（如真空和氮气环境）等方面，强生在模具结构和组装方面布局了4项专利。

强生采用的是在真空环境进行模具装配，因此装配过程是不允许空气进入隐形眼镜成型材料中的，因为如果空气一旦进入材料就可能在材料中形成气泡，造成次品，为此强生研发了一种成型设备，这种设备设置了真空抽吸装置，在半模结合时保持模具周围绝对真空（见图 5 - 3 - 14）。然而由于后曲半模与前曲半模在真空环境中装配在一起时，有可能造成前曲半模运动，导致空气进入模具组件中，为此强生研发了新的装置，在前曲半模上设置一个运动防止机构，也就是一个机械手，该装置有效防止了前曲半模可能发生的运动，确保了装配过程不会夹杂空气，从而生产出复合质量要求的产品（见图 5 - 3 - 15）。

　　模具组件循环控制包括模具输送等技术，强生在这个方面布局较少只占到了申请总数的 8%，在此就不进行具体介绍了。单从一件专利并不能得到完整的方案，因此强生这样成体系的布局方式就加强了专利保护的效果，使得其他人比较难于集成复制，这也是值得借鉴和学习的布局方式。

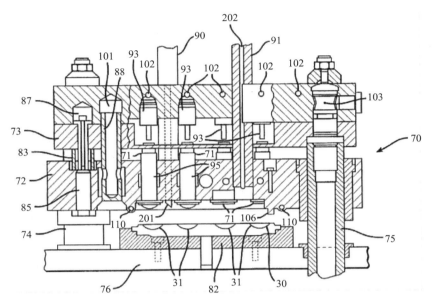

图 5 - 3 - 14　防止空气进入装置

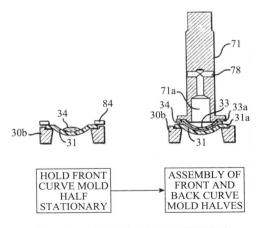

HOLD FRONT CURVE MOLD HALF STATIONARY → ASSEMBLY OF FRONT AND BACK CURVE MOLD HALVES

图 5 - 3 - 15　防止空气进入装置方法

5.3.4　技术功效

　　图 5 - 3 - 16 示出了强生全球申请技术功效图，从技术功效来看，强生隐形眼镜比

较注重减少瑕疵、精度和舒适度、生产率、自动化 4 个方面，其中隐形眼镜的瑕疵主要是指隐形眼镜的损坏如隐形眼镜的背弧面破裂、隐形眼镜变形、隐形眼镜表面的光洁度、隐形眼镜其他表面缺陷以及隐形眼镜出现空洞、气泡和混沌等现象，瑕疵也是跟生产的次品率直接相关的，从技术功效图可以直接看出，强生隐形眼镜最为看重对产品瑕疵的控制，所以强生在这个方向上研发力度也很大。而生产率和生产自动化是强生历来比较关注的技术功效，由于传统的隐形眼镜加工方法在运输模具和脱模等工序中不能实现自动化，因此强生一直致力于这两个方向的探索。

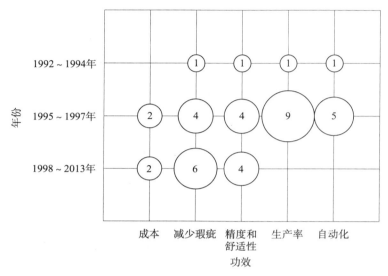

（a）强生隐形眼镜模具技术效果与年代关系

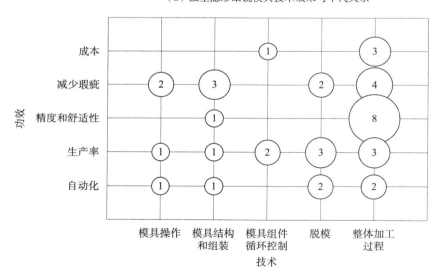

（b）强生隐形眼镜模具技术构成和技术效果的关系

图 5 - 3 - 16　强生在隐形眼镜模具领域的技术功效图
注：圈内数字表示申请量，单位为项。

　　图 5 - 3 - 16 示出了强生技术功效年统计图，从图可以直接看出 1995 年以前强生申请的技术功效在于自动化、减少瑕疵和生产率以及精度和舒适度等 4 个方面。1995 ~ 1997 年对所有 5 个方面均进行了申请，但显然更注重生产率的研发。2000 年后就只在减少瑕疵、成本以及精度和舒适度等 3 个方面申请专利了。

　　自动化是强生关注的重点，由于不能实现自动化，很多工序如开启模具、隐形眼镜脱模、成型后去除多余材料等都需要人工参与，减少人工直接参与生产是降低人员成本的有效途径，因此强生在这方面投入了相当大的精力，1997 年以前只申请了 6 项相关专利，从后期的申请量来看，这个时期已经非常完善地解决了自动化生产的技术问题。

　　精度和舒适度是跟产品质量直接相关的技术功效，也是消费者最为关注的点，1995 ~ 1997 年是 ACUVUE 日抛型隐形眼镜在美国、加拿大、日本及部分欧洲国家推出的时候，为了得到消费者的认可，强生加大了这方面的研发力度，在后期的申请量也可以看出，强生还是取得了不错的效果。但对各种不同产品质量的追求是分阶段的，所以在 2004 年以后仍然出现了一些申请。

　　对生产率的追求只出现在 1997 年以前，强生的产品主要是抛弃型隐形眼镜，这个时期也是强生推出产品种类增多并且销售额增加的时期，因此需要大批量生产产品，所以在 1997 年以前研发的重点在生产率。

　　从图 5 - 3 - 16 中可以清楚地看出，瑕疵主要出现在整体成型加工过程、模具操作、脱模以及模具结构和组装 4 个方面。由于脱模本身是依靠机械设备如机械手移出成型的产品，因此脱模过程容易造成诸如背弧面破裂的机械损伤和隐形眼镜其他表面缺陷。由于隐形眼镜的材料主要是水凝胶和硅凝胶这两种单体组合物，成型过程中单体组合物先膨胀然后收缩，如果掌握不好开始的膨胀和接下来的收缩就会造成一些隐形眼镜产品的变形、空洞和混沌等现象。而一些隐形眼镜的生产必须在真空环境下进行，如果在这个过程中模具装配处理不当就会造成空气进入隐形眼镜材料中，隐形眼镜就会有气泡现象，因此模具结构和组装也是造成瑕疵的因素。从图 5 - 3 - 16 中也可以清楚地看出强生对这些技术点均进行了申请，而且在这些方面创新的数量也比较平均，这也反映了强生对产品的追求是精益求精的。

　　强生主要在脱模、整体成型过程两个方面提高自动化，模具组装过程中和成型如压制中都需要人工参与，这会加长生产的时间因此强生着重在这两方面进行研发。同时强生也在这两方面着重提高了生产率，比如成型过程时间的控制，最初成型时间约 24 秒，经过技术改造时间减少到 2 ~ 6 秒；另外注塑成型过程中需要在注射单体组合物后，将多余的单体材料去除，这个过程的时间控制也直接影响生产率，合理的模具结构会使得这个时间控制在合理的范围，从而提高了生产率。模具组件循环控制是整个隐形眼镜生产过程都需要的，它是将模具从一个工序运输到下一个工序，比如从模具锁定排气到单体注入、从模具装配到射线成型、从射线成型到脱模等，因此模具组件循环控制是贯穿整个加工过程的。对模具的运输以及控制势必会影响生产率，强生也在这个方面布局了两项发明。强生对生产率的追求贯穿于整个加工过程，每个环节生产效率均有所提高，从而整体的生产率就会上很大的台阶。

成型过程是影响隐形眼镜产品的精度和舒适度的主要因素，例如着色过程中模具是否与预制镜片对应、射线的照射能否很好地控制材料的膨胀和收缩等都是影响镜片精度和舒适度的因素。模具的质量也影响了隐形眼镜的精度和质量，强生在模具结构上也布局了一件专利。

5.4 发明人分析

发明人是专利技术发展的主要推动力量，以发明人为研究入口，不仅可以针对单个发明人展开分析，明确其擅长的主要研究技术领域，也可以从中挖掘出企业研发团队，并获取这些发明团队主导的研究方向，由此获得有用的技术信息，供学习和借鉴。

5.4.1 主要发明人团队

就强生而言，申请量居前列的发明人如图 5 - 4 - 1 所示，其中专利数量最多的是 MARTINW A. 总数达到了 18 项，排在第二位到第四位的发明人分别是 KINDT - LARSENT T. 、LUST V. 和 WINDMAN M. F. ，ADAMS J. P. 有 8 项发明，ANDERSEN F. T. 和 BEATON S. R. 均有 6 项，BJERRE K. 、DAGOBERT H. A. 和 PEGRAM S. 均有 5 项，ANSELL S. F. 也有 4 项。因此对发明数量较多的发明人继续进行分析，按年代发现了发明人所处时间段的规律如下。

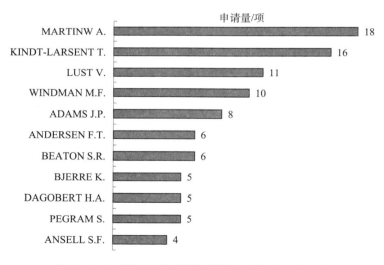

图 5 - 4 - 1　强生在隐形眼镜模具领域的主要发明人

① 第一阶段（1991 ~ 1994 年），这个时期作为核心发明人的是 ADAMS J. P. ，与 ADAMS J. P. 在这个阶段有过合作的是 ANDERSEN F. T. 、BEATON S. R. 、BJERRE K. 、LUST V. 、KINDT - LARSENT T. 、MARTIN W. A. 、WINDMAN M. F. 。

②第二阶段（1995～1997 年），这个阶段的主要发明人有 5 位，分别是 ADAMS J. P.、ANDERSEN F. T.、BEATON S. R.、BJERRE K. 和 ANSELL S. F.，其中 ANDERSEN F. T. 主要针对成型后处理的研发，BEATON S. R. 主要针对模具的表面处理，BJERRE K. 的研究方向是模具的运输。这个阶段强生的申请量处于一个急剧增长的时期（参见第 5.2.1 节），因此分析认为可能强生在这个时期成立了一个专项课题组，在各个方向研发突破。

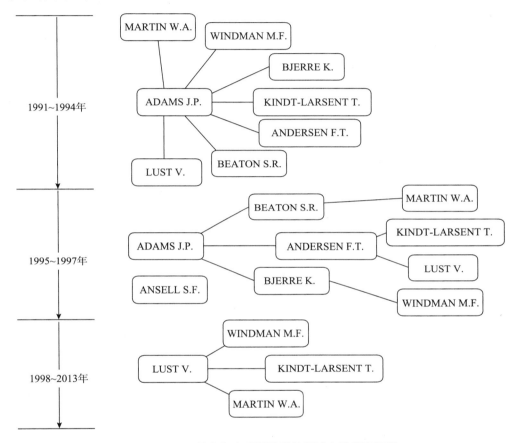

图 5 - 4 - 2　强生在隐形眼镜模具领域中的发明团队

在这个阶段 ANSELL S. F. 单独领导了一个团队，并且 ANSELL. S. F 的团体主要是针对注塑加工中的模具操作和模具循环控制。

专利数量较多的发明人 LUST V.、KINDT - LARSENT T.、MARTIN W. A. 和 WINDMAN M. F. 在这个时期都参与了发明，值得关注的是 LUST V. 在这个时期的发明人排名上已经上升到第三位和第二位的位置了，但是其他三位在发明人排名都处于比较靠后的位置。

③第三阶段（1998～2013 年），这个阶段是以 LUST V. 为核心的发明团队，LUST V. 团队的主要成员有 MARTIN W. A.、WINDMAN M. F.、KINDT - LARSENT T. 等。

通过进一步分析发现，KINDT - LARSENT T.、MARTIN W. A.、WINDMAN M. F.

这3位发明人在强生服务时间较长，所以发明数量较多，但他们在发明人团队中并不处于核心地位。而 LUST V. 从第一阶段发明人排名第十位或第七位到第二阶段排名到第三位或第二位、第三阶段成为了团队核心，也可以看出该发明人的成长轨迹，同时他也是所有发明人中发明跨度最长的一位。

强生的研发团队非常强大，且发明人有非常好的传承关系，正是这些重要的发明人才使得强生隐形眼镜能够一直保持良好的性能。

5.4.2 发明人 ADAMS J. P. 的专利情况

ADAMS J. P. 的主要发明如图 5 - 4 - 3 所示，1995 年之前 ADAMS J. P. 主要针对研究模具组件的输送（US2003203066A1）以及隐形眼镜材料单体的加工（US6220845B1），1995 年 ADAMS J. P. 研发关注点非常多，主要涉及模具的锁定和开启（US5753150A）、模具结构的改进（US5914074A）、单体装模（US5656208A）、模具环境处理（绝对真空或氮气包围 US6220845B1）、自动输送加工设备（US6039899A）、运输模具以及单体射线成型控制（US5597519A）。ADAMS J. P. 中有关射线成型的 US5597519A 是强生的基础性专利，后期强生也只是围绕这项技术做了小的改进。同时，软性隐形眼镜的自动输送加工设备专利 US6039899A 被引用高达 51 次，并且该专利在多个国家如美国、澳大利亚、日本、加拿大等进行专利布局。由此可知 ADAMS J. P. 参与了多项强生重点专利的研发，是强生发明人团队中最重要的核心人物。

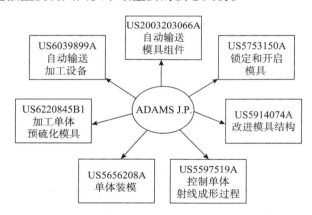

图 5 - 4 - 3　强生在隐形眼镜模具领域的主要发明人 ADAMS J. P. 专利

5.5　小　　结

强生有着百年的历史，但进入隐形眼镜行业的时间较晚，最初强生采取的也是"借鸡下蛋"的策略，引进他人专利批量生产出相应产品，后来逐渐研发出新的产品。在 20 世纪 90 年代逐渐拓宽隐形眼镜产品，后期还研发出特色技术如着色、散光等方面，并引领了隐形眼镜市场。

同时强生全面的专利布局方式和积极的专利政策，也是强生应对市场的有效武器，同样值得借鉴和学习。虽然强生发生了一系列召回事件，但这些涉及隐形眼镜的事件并未造成严重后果，同时通过有效的危机应对策略和积极的研发工作，强生必将走出低迷期。鉴于近几年隐形眼镜市场不断扩大，强生未来还会开发出适合各个区域的全新产品，而适应产品生产的模具也必将推陈出新。

第6章 模具技术与增材制造技术

传统的制造方法主要以车、磨、刨、铣等机械加工和精密铸造为主要手段，在科学技术迅猛发展的今天，愈发暴露出效率低、成本高、周期长的缺陷，并且随着对产品质量与精度要求提高，对模具的要求也越来越高。但是传统的模具制造方法已成为技术发展的瓶颈，特别是对一些形状复杂、材料特殊的模具，制造起来就更加困难，有时甚至无法制造。

增材制造技术是基于材料堆积法的一种新型制造技术，被认为是近20年来制造领域的一个重大成果。近20年来，其经历了从萌芽到产业化、从原型展示到零件直接制造的过程，发展十分迅猛。增材制造技术的出现为制造业带来了新的思路，利用增材制造技术可以直接制造产品，也可以进行模具制造，这能够在一定程度上解决以往传统加工方法难以解决甚至无法解决的一些问题，并能获得任意复杂的外形，似有颠覆传统制造方法的架势。

然而，对于技术成熟的传统制造方法以及新生的增材制造技术来说，难道两者之间的就是简单的取代与被取代的关系吗？本章从专利技术角度出发，对模具技术与增材制造技术之间的关系进行了梳理，介绍了这两种技术之间的取代关系、互补关系以及参照关系等现状。

6.1 增材制造技术的概念

首先，什么是增材制造技术呢？增材制造（Additive Manufacturing，AM）技术也被称为快速原型制造（Rapid Prototyping）、三维打印（3D Printing）、实体自由制造（Solid Free – form Fabrication）等，是采用材料逐渐累加的方法制造实体零件的技术，相对于传统的材料去除加工技术，是一种"自下而上"的制造方法。增材制造技术不需要传统的刀具和夹具以及多道加工工序，在一台设备上可快速精密地制造出任意复杂形状的零件，从而实现了零件"自由制造"，解决了许多复杂结构零件的成形，并大大减少了加工工序，缩短了加工周期。而且产品结构越复杂，其制造速度的提升作用就越显著。

增材制造技术的堆积过程按照工艺的不同可以主要分为（参见图6－1－1）：光固化快速成型技术（Stereo Lithography Apparatus，SLA）、分层实体制造技术（Laminated Object Manufacturing，LOM）、熔融沉积成型技术（Fused Deposition Modeling，FDM）、选择性激光烧结技术（Selected Laser Sintering，SLS）、选择性激光熔化技术（Selected Laser Melting，SLM）、3D打印技术；除了以上述六大增材制造技术外，还包括激光近净成型制造（LENS）、直接金属沉积（DMD）、直接金属激光烧结（DMLS）、激光增材制造（LAM）、电子束选区熔化（EBM）、无木模铸造成型技术（PCM）、精密喷射成型、掩模光刻成型技术、弹道微粒制造（BPM）、数码累积成型技术（DBL）等。

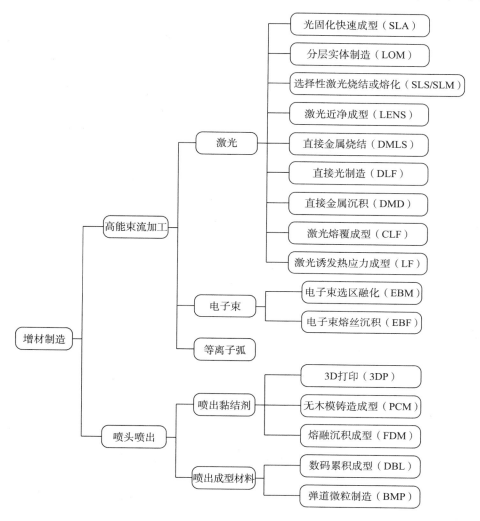

图 6-1-1　增材制造技术的堆积过程按照工艺的分类

增材制造技术对制造业设计产生了显著影响，相比于传统加工方法，其非常适合于小批量复杂零件或个性化产品的快速制造。尺寸越小、形状结构越复杂，增材制造技术的优势越明显，例如对于生产批量小于 10 万件的小型复杂塑料件，增材制造技术比模制技术更具优势。该技术一出现就取得了快速发展，目前已成功应用于消费电子产品、汽车、军工、地理信息、艺术设计等多个领域，甚至航空航天领域，如空间站、微型卫星、F-18 战斗机、波音 787 飞机，以及医疗领域，如个性化牙齿矫正器与助听器等，都得到了很好的应用。除此以外，对于增材制造技术还有一个特别好的应用，就是各种设备备件的生产与制造，特别是对于已经停产的零部件，可以利用逆向工程技术快速得到相应的三维 CAD 模型，然后利用增材制造技术快速制造出所需的备件。

美国专门从事增材制造技术的技术咨询服务协会（Wohlers）在 2013 年度报告中指出，该技术在消费电子产品、汽车、航空航天、医疗、军工、地理信息、艺术设计等多个领域都得到了应用。从行业分布来看，消费电子领域仍然占主导地位，大约占 20.3%的市场份额，其他主要领域依次是汽车（19.5%）、医疗/牙科（15.1%）、工业及商用机器（10.8%）❶（参见图 6 – 1 – 2（a））。在应用方式上，目前直接零件制造占比仍然最大，为 28%，其他大量的应用分别为测试、展示、模具等（参见图 6 – 1 – 2（b））。

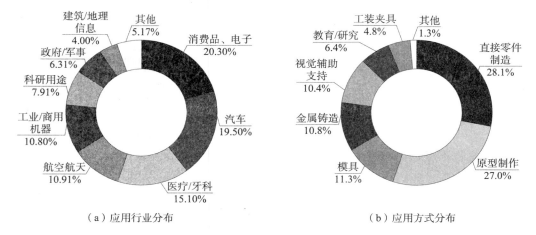

（a）应用行业分布　　　　　　　　　　　　　（b）应用方式分布

图 6 – 1 – 2　增材制造技术应用行业及应用方式分布

6.2　国内外发展情况

6.2.1　国外发展情况

业内通常认为现代意义上的增材制造技术诞生于 20 世纪 80 年代后期的美国，然而其思想雏形很早就有体现（参见图 6 – 2 – 1）。早在 1892 年，J. E. Blanther 就已经在其专利申请 US473901A 中提出用分层制造法加工地形图。10 年后的 1902 年，Carlo Baese 在其专利申请 US774549A 中提出了用光敏聚合物制造塑料件的原理。1969 年 CLEVITE 公司的专利申请 NL6910528A 提出了采用层叠方法制造印刷电路板。Paul L Dimatte 在 1976 年的专利申请 US3932923A 中进一步提出了一种与分层制造原理极其相似的制造方法。这些早期专利虽然都提出了增材制造技术的原理，但是还很不完善，可以说是增材制造技术思想的初步探讨。随着技术的发展，选择性激光烧结技术、直接金属激光烧结技术、光固化快速成型技术、熔融沉积成型技术、3D 打印技术等技术分支日渐成熟，并逐步形成了目前的技术构成模式。

---

❶　Wohlers Associates Publishes 2013 Report on Additive Manufacturing and 3D Printing, Reveals Trends. Wohlers Associates［EB/OL］.（2013 – 05 – 21）［2014 – 05 – 31］. http://wohlersassociates. com/press58. htm.

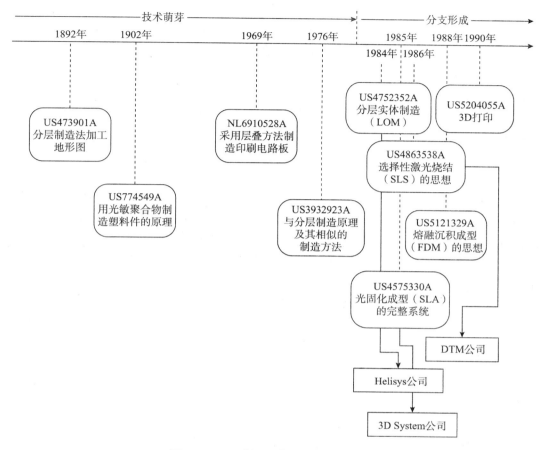

图6-2-1 增材制造技术的形成历史

20世纪70年代末到80年代初期，美国3M公司的Alanj. Hebert（1978年）、日本的小玉秀男（1980年）、美国UVP公司的Charles W. Hull（1982年）和日本的丸谷洋二（1983年），在不同的地点各自独立地提出了快速制造的概念，即利用连续层的选区固化产生三维实体的新思想。Charles W. Hull在UVP公司的支持下，完成了一个能自动建造零件的被称之为SLA的完整系统SLA－1，1986年该系统获得专利（US4575330A），这是快速制造发展史上的一个里程碑。同年，Charles W. Hull和UVP公司的股东们一起建立了3D System公司；随后许多关于快速成形的概念和技术在3D System公司中发展成熟。与此同时，其他的成型原理及相应的成型机也相继开发成功。1984年Michael Feygin提出了LOM的方法（US4752352A），并于1985年组建Helisys公司，1990年前后开发了第一台商业机型LOM－1015。1986年，美国得克萨斯大学奥斯汀分校的研究生C. Deckaed提出了选择性激光烧结技术的思想，并于1989年获得专利权（US4863538A），该项专利通过PCT国际申请方式先后进入了包括美国、日本在内的14个国家或地区。C. Deckaed稍后组建成了DTM公司，于1992年开发了基于选择性激光烧结技术的商业成型机（Sinterstation）。Scott Crump在1988年提出了FDM的思想（US5121329A），该项申请于1992年取得专利权，1992年开发了第一台商业机型3D-Modeler。该专利后于2009年失效，随后以美国Makerbot公司为代表的一批硬件创业公司开始大规模销售廉价的开源FDM 3D打印机，并鼓励用户复制、改进相关设计，最终把FDM 3D打印机带到普通大众身边，也让媒体、政府、相关领域的科研和工业界人士对3D打印有了更深的理解。

1990年美国麻省理工学院申请了专利US5204055A，公开了一种3D打印技术，该学院的4名科研人员Emmanuel Sachs、John Haggerty、Michael Cima和Paul Williams从喷墨打印机原理出发，研制出一种能在平铺着"塑料"粉末的平面上喷洒各种颜色"胶水"的打印机。当打印生成一层平面后，在平面上薄薄地铺一层新粉末，再继续打印。打印完毕后，吹走多余的粉末，就能得到一个彩色的实体物品，该项申请最终于1993年被授予专利权。运用麻省理工学院的这个专利，一些企业造出了按三维空间位置制造产品的"打印机"。其打印过程新增数字化三维模型构建，用处理软件生成不同高度的模型横截面图，将图形转化为打印控制代码。最终，3D打印机通过执行这段代码，逐层打印、固化，生成理想中的物品。

目前在增材制造技术中，最受追捧的莫过于3D打印技术，其已用于直接打印汽车、打印肾脏等。由设计公司KOR Ecologic、直接数字制造商RedEye On Demand以及制造商Stratsys合作完成了一款高燃油效率混合动力车Urbee。它是一种两人乘坐的三轮混合动力车，其主要动力为电力，辅以燃料乙醇，目标是成为最绿色的汽车。虽然大家都称它为"第一辆完全通过3D打印制造的车"，然而事实是现在仍无法仅通过3D打印的方式制造汽车里的关键部件，比如电机。这辆车全身上下唯一用3D打印来制造的部分只有外壳而已。最终，他们通过2500小时的打印，得到50个零件并组装出了Urbee的外壳。迄今宝马、现代等传统车商，也刚刚能做到用FDM技术加速开发新型方向盘和仪表面板。宝马等公司利用增材制造技术快速制造装调工具使汽车装配的精度、速度和人工美学程度都得到显著提高。

在某些生产规模无法达到"汽车"规模的领域，增材制造技术正逐渐成为主力生产方式之一。飞机工业就是一个典型，由于飞机产量较小，结构复杂，用传统制造方式成本高昂，浪费原料，周期很长。因此，波音公司正借助3D打印生产某些零件，并已装配到美国空军现役战机上。

在需要高度定制化的某些医疗领域，3D打印也可以大显身手。2012年3月初，一位美国患者借助3D打印技术及计算机断层扫描/磁共振成像数据，用美国"牛津高性能材料"公司的生物兼容塑料替换了自己75%的受损颅骨。此外，3D打印技术还可用于博物馆展品复制、个性化玩具及首饰定制等需要精确仿造或异想天开的设计等领域。

在政策方面，欧美发达国家纷纷制定了发展和推动增材制造技术的国家战略和规划，增材制造技术已受到政府、研究机构、企业和媒体的广泛关注。2012年3月，美国宣布将投资10亿美元帮助美国制造体系进行改革。其中，提出实现振兴美国制造计划的三大背景技术就包括了增材制造技术，该计划强调了通过改善增材制造材料、装备及标准，实现创新设计的小批量、低成本数字化制造。2012年8月，美国增材制造创新研究所成立，联合了宾夕法尼亚州西部、俄亥俄州东部和弗吉尼亚州西部的 14 所大学、40 余家企业、11 家非营利机构和专业协会。英国政府自 2011 年开始持续增大对增材制造技术的研发经费的发放。以前仅有拉夫堡大学一个增材制造研究中心，现在诺丁汉大学、谢菲尔德大学、埃克塞特大学和曼彻斯特大学等也相继建立了增材制造研究中心。英国工程与物理科学研究委员会中设有增材制造研究中心，参与机构包括拉夫堡大学、伯明翰大学、英国国家物理实验室、波音公司以及德国 EOS 公司等 15 家知名大学、研究机构及企业。

除了英美外，其他一些发达国家也积极采取措施，以推动增材制造技术的发展。德国建立了直接制造研究中心，主要研究和推动增材制造技术在航空航天领域中结构轻量化方面的应用；法国增材制造协会致力于增材制造技术标准的研究；在政府资助下，西班牙启动了一项发展增材制造技术的专项，研究内容包括增材制造共性技术、材料、技术交流及商业模式等四方面内容；澳大利亚政府于 2012 年 2 月宣布支持一项航空航天领域革命性的项目"微型发动机增材制造技术"，该项目使用增材制造技术制造航空航天领域微型发动机零部件；日本政府也很重视增材制造技术的发展，通过优惠政策和大量资金鼓励产学研用紧密结合，有力促进该技术在航空航天等领域的应用。

6.2.2　国内发展情况

目前，我国已有部分技术处于世界先进水平。其中，激光直接加工金属技术发展较快，已基本满足特种零部件的机械性能要求，率先应用于航天、航空装备制造；同时，生物细胞 3D 打印技术取得显著进展，已可以制造立体的模拟生物组织，为我国生物、医学领域尖端科学研究提供了关键的技术支撑。

我国的高校在该领域的研究非常活跃，其中包括华中科技大学、清华大学、西安交通大学、西北工业大学、南京航空航天大学和北京航空航天大学等单位。国内投身增材制造技术研究的单位逐年增加，增材制造技术市场也随之初步形成。

北京航空航天大学在金属直接制造方面开展了长期的研究工作，突破了钛合金、超高强度钢等难加工大型整体关键构件激光成形工艺、成套装备和应用关键技术，解决了大型整体金属构件激光成形过程零件变形与开裂"瓶颈难题"和内部缺陷和内部质量控制及其无损检验关键技术，飞机构件综合力学性能达到或超过钛合金模锻件（CN101429637A、CN101259534A、CN1542173A）。2012 年度"飞机钛合金大型复杂整体构件激光成形技术"获得中国国家技术发明一等奖，在此基础上生产出了我国飞机装备中迄今尺寸最大、结构最复杂的钛合金及超高强度钢等高性能关键整体构件，应用该技术实现了 C919 飞机大型钛合金零件激光立体成形制造。

西安交通大学以研究光固化快速成型技术为主，于 1997 年研制并销售了国内第一台光固化快速成型机，并分别于 2000 年、2007 年成立了教育部快速成形制造工程研究中心和快速制造国家工程研究中心，建立了一套支撑产品快速开发的快速制造系统，研制、生产和销售多种型号的激光快速成型设备、快速模具设备及三维反求设备，产品远销印度、俄罗斯、肯尼亚等国，成为具有国际竞争力的快速成型设备制造单位。西安交通大学在新技术研发方面主要开展了 LED 紫外快速成型机技术、陶瓷零件光固化制造技术、铸型制造技术、生物组织制造技术、金属熔覆制造技术和复合材料制造技术的研究。在陶瓷零件制造的研究中，研制了一种基于硅溶胶的水基陶瓷浆料光固化快速成型工艺，实现了光子晶体、一体化铸型等复杂陶瓷零件的快速制造。

我国在电子、电气增材制造技术上也取得了重要成果，"立体电路技术"（CN101859613A、CN101859613A）（SEA，SLS + LDS）是增材制造技术在电子电器领域的应用，是建立在现有增材制造技术之上的一种绿色环保型电路成型技术，有别于传统二维平面型印制线路板。传统的印制电路板一般采用传统的减法制造工艺，即金属导电线路是由蚀刻铜箔后形成的，其制造过程不环保；新一代增材制造技术采用加法工艺：用激光先在产品表面镭射后，再在药水中浸泡沉积上去。这类技术与激光分层制造的增材制造技术相结合的一种途径是，在激光选择性烧结粉体中加入特殊组分，先采用 3D 打印制造成型，再用 3D 立体电路激光机沿表面镭射电路图案，再化学镀成金属线路。"立体电路制造工艺"涉及的 SLS + LDS 技术是我国本土企业发明的制造工艺，是增材制造技术在电子、电器产品领域分支应用技术，也涉及激光材料、激光机、后处理化学药水等核心要素。

6.3　模具技术与增材制造技术的关系

模具工业是一个国家工业的基石，其技术水平的高低也是衡量一个国家制造水平的重要标志。模具技术的高速发展促进了汽车、电子、通信等多个行业产品更新换代的加速。模具零件具有精度高、形状复杂、硬度高、耐磨性好等特点，其制造要求较高、制造周期较长，常规的制造方法一般是经数控机床切削加工，费用较为昂贵，模具零件的制造直接影响着整套模具的质量和生产周期，在保证质量的前提下高效制造模具零件是行业的目标。具有内腔的模具锻造和加工都很困难，甚至不能适应现代工业的发展，对模具技术的要求越来越高。现代模具技术正向如下的方向发展：

（1）高精度

现代模具的精度要求比传统的模具精度至少要高一个数量级。

（2）寿命长

现代模具的寿命比传统模具的寿命高出一倍，如现代模具一般均可达到万次以上，最高可达亿次之多。

（3）高生产率

由于采用多工位的级进模、多能模、多腔注塑模和层叠注塑模等先进模具，可以极大地提高生产率，从而带来显著的经济效益。

（4）结构复杂

随着社会需求的多样化和个性化以及许多新材料、新工艺的广泛应用，对现代模具的结构形式和型腔的要求也日益复杂，若采用传统的模具制造方法，不仅成本高，生产率低，而且很难保证模具的质量要求。

传统模具的设计制造技术已逐渐不能满足市场对模具的要求，所以，长期以来快速、灵活地生产低成本、高寿命、符合使用要求的模具成为模具制造业迫切需要解决的问题。将增材制造技术应用到模具制造中，形成一种全新的模具制造技术正在成为技术的一个新的研究热点。

当两种制造方式用各自的方法实现着产品的制造时，各种声音也层出不穷，传统模具制造的支持者们对增材制造技术的发展前景保持质疑，认为其不但在工业方面应用受限，在民用方面也前景不明。而对增材制造技术前景看好的支持者们则期待它能够彻底取代传统的模具制造，像机械化、大规模生产和互联网那样，深远地改变人类的生产方式、生活方式乃至整个人类的历史。

6.3.1　取代关系

从加工对象来看，增材制造技术在最初都是用来直接制造最终产品的，因此增材制造技术在一定程度上取代了传统的模具加工方式，这种崭新的加工方式常被形象地称为"无模制造"。直接制造已经完全不再依赖于模具的限制，带来了高度自由化的制造方式。

目前，增材制造技术已被广泛应用于各个领域，特别是近几年来，在精密零部件、复杂零部件、医用领域等方面的应用得到大力推广，例如应用于医学领域，2010 年由 3D Systems 公司和 HANNA S D 共同申请的 EP1245369A2，如图 6 – 3 – 1 所示，其采用可光固化成型或可烧结成型的材料，用连续层铺的方法制备初始模型，然后通过提高初始模型的固化程度、在介质中浸泡、分解和/或转化毒物质等方法对材料中的有毒物质进行处理，该方法非常适于制备医疗设备、植入物或助听器外壳。

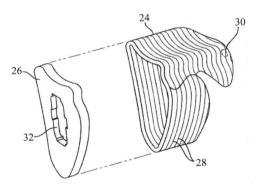

图 6 – 3 – 1　EP1245369A2 的技术方案示意图

增材制造技术还常用于制造原型，例如 1996 年由 DTM 公司提出的专利申请 WO9729148A1，公开了一种用于选择性激光烧结工艺的粉末以及采用该粉末制备原型的方法，并且还能够进一步制备模具（参见图 6 – 3 – 2）。

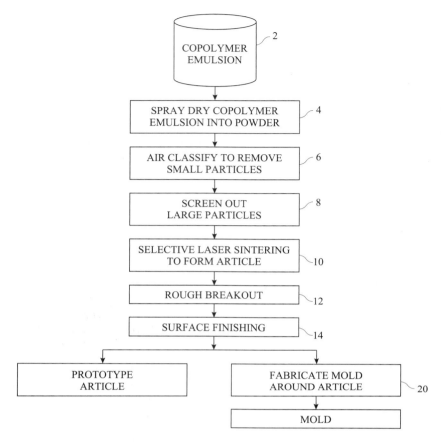

图 6 – 3 – 2　WO9729148A1 的技术方案示意图

6.3.2　互补关系

增材制造技术所制造的对象当然也可以包括在传统制造业中实现批量生产用的模具，虽然增材制造技术已经能够在很多领域独立完成最终产品的制造，但是一方面由于其使用材料的限制，其制作的原型在许多情况下还不能替代最终的真实产品。为获得真实材料制作的产品，且快速形成一定批量的生产能力，便产生了基于增材制造技术的快速模具制造技术；另一方面，当应用增材制造技术来制造模具零件时，能降低成本、缩短周期，因此有着非常广泛的应用前景。并且，在新产品开发过程中，由于增材制造技术的快速特性和自由特性，可以使产品开发设计人员构思中的概念模型迅速转换成实物，而根据试验产品的试用情况，需改进之处又能快速完善并制造出模具零件，减少模具制造所需成本和时间，对缩短整个产品开发时间及降低成本是非常有效的，使新产品能在极短的时间内生产出来，快速占领市场，企业获得更好的效益。因此，增材制造技术同传统模具行业有着非常好的结合点。

传统的模具制造方法一般分为两种，一种是借助母模翻制模具，另一种就是用数控机床直接制造模具。当将增材制造技术引入模具制造过程后，模具开发制造就是快速模具制造，也可分为母模翻制模具和直接制模。如图6-3-3所示，其中，直接制模是指采用增材制造技术直接堆积金属粉末制造出模具零件，通常采用的技术手段为SLA制模、LOM制模、SLS制模和FDM制模等。间接制模是指利用增材制造技术制造产品零件的原型，以原型为模芯、母模，再与传统的模具制造工艺相结合进行模具制造，其可以实现软质模具和硬质模具的制造。

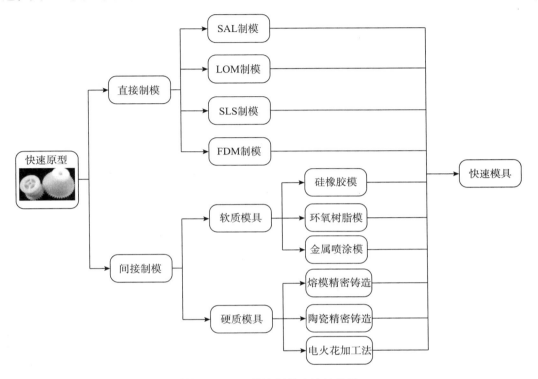

图6-3-3　快速制模方法的分类

6.3.2.1　直接制模

直接制模法在缩短制造周期、节能省资源、发挥材料性能、提高精度、降低成本方面具有很大潜力，从而受到高度关注。目前直接制模法技术研究和应用的关键在于如何提高模具的表面精度和制造效率以及保证其综合性能质量，从而直接快速制造耐久、高精度和表面质量能满足工业化批量生产条件的金属模具。目前已出现的直接制模法方法主要有以激光为热源的SLS和激光生成法（LG），以等离子电弧等为热源的熔积法（PDM）、喷射成形的3D打印法。

1984年由大阪府提出的专利申请JPS60247515A中，明确提出了用光固化快速成型方法制造模具，如图6-3-4所示，该方法采用激光束扫描光敏材料，能够得到任意需要的复杂结构，并且不依赖于操作人员的熟练程度。

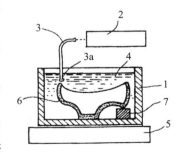

图6-3-4　JPS60247515A的技术方案示意图

多年来金属直接成型和快速制模技术主要是 SLS 直接制作金属模具，这种烧结件往往都是低密度的多孔状结构。目前，较为成熟的工艺有两种：一是美国 DTM 公司采用聚合物包覆金属粉末的工艺，即采用激光烧结包覆有黏结剂的钢粉，由计算机控制激光束的扫描路径，加热融化后的黏结剂将金属粉末粘结在一起，生成约有孔隙率的零件（WO9606881A2，如图 6-3-5 所示），干燥脱湿后，放入高温炉膛内进行烧结、渗铜，生成表面密实的零件，其材料成分为 65% 的钢和 35% 的铜，经过打磨等后处理工序，得到最终的模具。另一种是德国 EOS 公司在基体金属中混入低熔点金属的工艺（DE4305201C1，如图 6-3-6 所示），即通过烧结过程使低熔点金属向基体金属粉末中渗透来增大粉末间隙，产生尺寸膨胀来抵消烧结收缩，使最终的收缩率几乎为零。

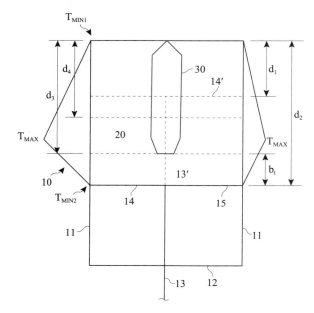

图 6-3-5　WO9606881A2 的技术方案示意图

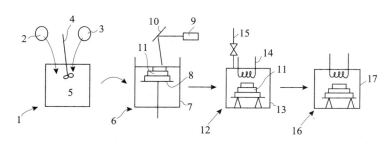

图 6-3-6　DE4305201C1 的技术方案示意图

然而，制件的强度与精度问题一直是难以逾越的障碍。Optomec 公司于 1998 年和 1999 年分别推出了 LENS-50、LENS-1500 机型。以钢、钢合金、铁镍合金、钛钽合金和镍铝合金为原料，采用激光净成形技术，将金属直接沉积成形，使该技术有所突破（US2007019028A1，如图 6-3-7 所示）。其生产的金属零件强度超过了传统方法生产的金属零件，精度 X／Y 平面可达 0.13mm，Z 向 0.4mm，但表面光洁度较差，相当于砂型铸件的表面光洁度。

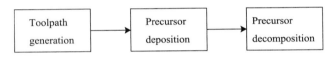

图 6 - 3 - 7　US2007019028A1 的技术方案示意图

3D Systems 公司开发的一种 ACES（Accurate Clear Epoxy Solid）工艺固化的树脂薄壳，并用铝填充环氧树脂作背衬而构成的注射模，称为 DAIM 模（Direct ACES Injection Molding）（US2008057217A1，2002 年），是用于小批试制的直接快速制模工艺。ACES 成型工艺的特点是采用渐进式固化方法，使液态环氧树脂先后两次接受紫外线照射，达到减小制件翘曲变形的目的。图 6 - 3 - 8 给出了直接制模技术的大致演进过程。

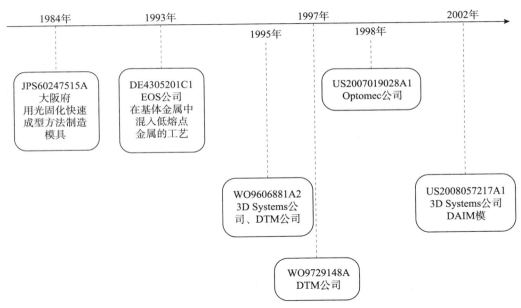

图 6 - 3 - 8　直接制模技术的演进

6.3.2.2　间接制模

受材料、成本、工件规格等因素的限制，直接制模难以满足高精度、高表面质量的耐久模具制造要求，由此人们采用了间接方法制备模具。富士通株式会社于 1992 年提出的专利申请 JPH05318489A，较早地提出了间接制备模具的方法，如图 6 - 3 - 9 所示，其具体采用光固化成型方法制造原型，再采用真空注型法注入树脂材料得到树脂模具。

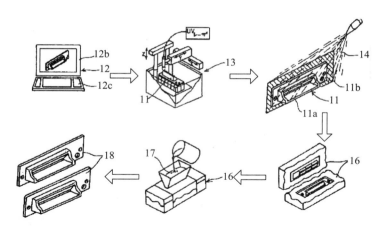

图 6 - 3 - 9　JPH05318489A 的技术方案示意图

　　1996 年由 HEK 公司、SIMMONDS RONALD I、SCHOENEBORN HENNER 和 FROHN HEINER 合作提出的专利申请 WO9815372A1 也公开了一种间接制造模具的方法，其采用了如 FDM 的快速成型技术制备原型，再将原型置入型腔内，注入熔融金属，最后去除原型得到最终金属模具。

　　目前具有竞争力的间接制模技术主要是粉末烧结、电铸、铸造和熔射等间接制模法，国内外这方面的研究非常活跃，如 3D systems 公司基于 SLA 原型的粉末成形烧结结合浸渗快速复制（Keltool）工艺（US5989476A，1998 年）。如图 6 - 3 - 10 所示，Keltool 方法的工艺路线是：由 SLA 方法生成快速原型→硅橡胶翻模得到模具的负型、

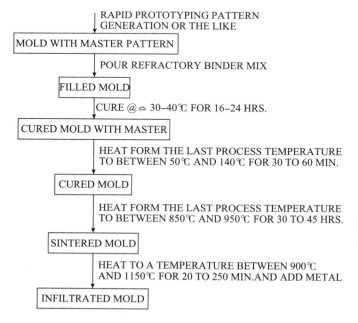

图 6 - 3 - 10　US5989476A 的技术方案示意图

填充金属粉末及黏结剂→放入高温炉膛内进行烧结、渗铜得到最终模具。KelTool 工艺过程利用 SLA 与最终塑料零件一样的正母模，比负母模更易于打磨和抛光，明显提高了模具的质量，但此法制模过程时间长，且工艺复杂。

　　除了采用翻模技术制备模具以外，增材制造技术还与熔模制造技术相结合，例如 1993 年由得克萨斯仪表股份有限公司申请的 EP0649691A1，如图 6 – 3 – 11 所示，其采用光固化装置制备中空原型，并且该原型在进一步制备模具的过程中熔化。以及 2006 年由西门子提出的一种用于制备精密零件的方法。

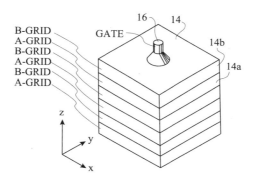

图 6 – 3 – 11　EP0649691A1 的技术方案示意图

　　在制备物理原型的步骤中，为了获取更为精确的物理尺寸还经常进一步结合扫描手段，例如在医疗领域，1996 年由强生提出的 EP0838286A1（参见图 6 – 3 – 12）；以及在精密零件制备领域，1999 年由贝克休斯公司提出的申请 GB2348393A（参见图 6 – 3 – 13）。图 6 – 3 – 14（见文前彩色插图第 10 页）给出了间接制模技术的大致演进过程。

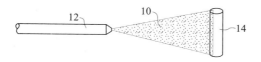

图 6 – 3 – 12　EP0838286A1 的技术方案示意图

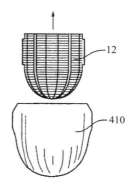

图 6 – 3 – 13　GB2348393A 的技术方案示意图

6.3.3 验证和参照关系

在直接制模和间接制模方面，增材制造技术起到了加快生产的积极作用，除此以外，其还用于工件制备过程中的验证和参考。2014 年申请的 CN103909268A 公开了一种金属粉末浆料的大尺寸固态自由成型打印机及打印方法，包括在线模具的打印装置、金属浆料泵给填充的打印装置、层黏结剂喷洒装置及大型多自由度的工业机器人手臂的运动驱动机构。这是一种基于塑料熔融挤压的方式打印在线模具作为金属浆料的包络轮廓，泵车进给的方式打印填充的金属浆料，快速增材打印出所需要的湿态金属浆料模型，凝固烘干后用物理或化学的方法去除打印的包络模具层，快速制作所需大尺寸金属部件的自由成型打印机。该发明能够快速打印大型钛合金、钴镁合金、不锈钢粉末模型，特别适用于航空航天领域大型产品设计研发阶段的验证

2004 年由北京工业大学申请的"一种钛合金颅骨修复体制备方法"（CN1586432A），如图 6 - 3 - 15 所示，基于患者 CT 图像设计、装配修复体，在存放有通用图像处理软件和反求设计软件的计算机将断层图像进行数据分割后，重建患者头部三维原型，依据三维原型设计缺损部位的修复体，然后采用快速原型系统制作修复体模型，比照模

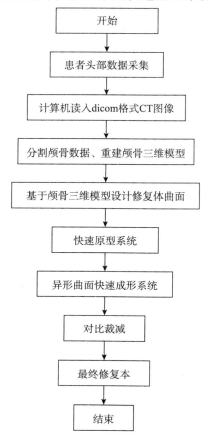

图 6 - 3 - 15　CN1586432A 的技术方案示意图

型压制钛网板，形成最终的修复体。具体为首先通过数字设计技术制作修复体模型，使用异形曲面快速成形系统，采用渐进成形方法压制钛网板，避免了采用无模多点技术压制大尺寸零件时产生的回弹、断裂、皱褶等问题。采用该发明的方法所完成的钛合金修复体制备精度高，成本低，速度快，最终修复体与患者颅骨吻合良好，实现了颅骨修复体的个性化定制。

6.4 小   结

虽然本章所列举的相关文献有限，但是管中窥豹，可见一斑，就目前的技术发展状况来看，用增材制造技术作为生产方式来取代大规模生产尚不太可能，甚至于还有相当长的一段路要走。到目前为止，模具的制造方法依然主要是车、铣、刨、磨等机械加工和精密铸造等，增材制造技术尚形成不了对传统制造业的冲击，但是前景不容小觑，其在模具工业中的应用越来越广泛，主要体现在以下几个方面：

① 直接制备模具：例如，直接制备低熔点合金模、硅胶模、金属冷喷模、陶瓷模等，以适应产品更新换代快、批量小的特点。

② 间接制备模具：例如，在铸造业生产中，铸造模具、模板、芯盒、压蜡模、压铸模的制造常常采用机加工的方法，有时还需要钳工进行修整，不仅周期长、耗资大，而且过程复杂、环节多，略有失误有时就需要返工。如果一些复杂铸件像叶片、叶轮、缸盖等，先用快速成型法制作蜡模，再经过涂壳、焙烧、失蜡、加压浇铸、喷砂和必要的机加工，就可以快速生产出产品。

③ 模具设计和样品验证：有的模具设计完成后，很难找出其外观和结构的缺陷。如果先用快速成型法制成塑料模型，不仅可以直接看出外观，而且其结构和产品可以直接得到验证，发现失误和缺陷可以在计算机上进行修改。

④ 装配和功能验证：一些塑料产品模具的设计，可以通过快速成型法制造出样品，并直接进行装配验证。一些产品经过设计后还要进行功能验证，这也可以先用精铸熔模材料借助快速成型法生产铸熔模，经过熔模铸造工艺得到铸造毛坯，再经过必要的机加工，就可完成成品的样品和功能验证。

虽然增材制造技术给传统模具行业带来了新的发展，但是还具有以下两方面的缺陷：

① 基于堆积成形原理的直接制模法在表面及尺寸精度、综合机械性能等方面尚难以满足高精度、高表面质量的耐久模具制造要求，且成本高、尺寸规格受限制。

② 增材制造等各种原型和铸造、熔射等技术相结合的间接法与直接法相比在实用性方面占优势，但因工序增加和受材料性质及制造环境的影响，致使精度控制难度大。开发尺寸稳定性好的制模材料、减少制模工序、实现工作环境的安定化是提高间接法制模精度的关键。

第7章 反垄断

　　我国《反垄断法》第55条规定："经营者依照有关知识产权的法律、行政法规规定行使知识产权的行为，不适用本法；但是，经营者滥用知识产权，排除、限制竞争的行为，适用本法。"

　　2014年开始，我国开始大力整治各领域中的反垄断情况。先后组织查办并公开曝光了液晶面板、白酒、乳粉企业，以及黄金饰品等价格垄断的大案要案。开展了全国旅游市场价格，涉及收费专项检查，对商业银行、教育、医药等重点领域乱收费进行了调查和整改。其中最值得注意的是对美国IDC公司、高通公司等通信领域的公司，以及眼镜行业领域都展开了有力的行动。众所周知，美国高通公司拥有大量的基础专利，依靠专利许可等手段大量获利，从而形成对市场价格的控制。本章先从理论上介绍有关垄断和反垄断的知识以及反垄断与知识产权法之间的关系，然后从光学塑料成型模具领域中几大国际知名生产商在中国的专利布局出发，探讨其在市场上、技术上产生垄断的可能性，同时针对各个公司的布局情况，为我国企业实现技术反垄断提出有利的建议。

7.1 反垄断

7.1.1 反垄断含义

　　反垄断❶是禁止垄断和贸易限制的行为。当一个公司的营销呈现垄断或有垄断趋势的时候，国家政府或国际组织的一种干预手段。在19世纪末期世界经济的发展进入了垄断资本主义时期，反垄断就成为了各国规制的对象，各国均采取严厉的立法来进行反垄断的法律规制。

　　早期的各国反垄断法制度比较严厉，对垄断地位和垄断行为控制较严。比如"大的就是坏的"被许多国家反垄断法所接受。现在各国普遍认识到不是单纯反对垄断，需要反对的是滥用垄断地位、进行不正当竞争的行为。比如美国的反垄断法就是重行为不重结果。我国将来实施的反垄断法也应该采取温和型的反垄断法律制度，这样有利于鼓励竞争者通过合法、妥当的方式，追求经济规模的扩大，也有利于协调反垄断制度与我国的知识产权制度、中小企业制度及产业政策之间的关系。

---

❶　[EB/OL]．[2014－05－30]．http：//baike. baidu. com/view/977616. htm#1.

7.1.2　中美反垄断比较

世界上有很多国家先后制定了反垄断法，而各国公认的现代意义的反垄断法产生于19世纪末，以美国谢尔曼法的颁布为起始标志。而美国在反垄断方面历史悠久，较为成熟，极具代表性。因此本小节将我国施行时间不长的《反垄断法》方面的内容与美国进行一个简单的对比，[1] 如表7－1－1所示。

由表7－1－1可见，我国《反垄断法》在法条的规定上略显抽象，缺少具体的实施细则和行为指南。对行政机关涉嫌行政性垄断所应当承担的责任过轻，只有行政机关的上级机关就可以处罚，而法院和反垄断执法机构只有向上级机关提出建议的权利。我国的反垄断机构不够独立，且执法权分散。

表7－1－1　中美反垄断比较

	中国	美国
反垄断法组成	2007年8月30日颁布的《反垄断法》	谢尔曼法、克莱顿法、联邦贸易委员会法
规制对象	垄断协议的达成、滥用市场支配地位的行为、经营者集中行为以及滥用行政权力排除、限制竞争行为	谢尔曼法——禁止垄断协议和独占行为；克莱顿法——限制集中、合并等行为；联邦贸易委员会法——涵盖上述，并规定消费者权益保护和禁止不正当竞争行为
执行机构	国务院设立的反垄断委员会——负责组织、协调、指导反垄断工作；国务院反垄断执法机构负责反垄断执法工作	联邦政府——又包括司法部门和各个州的竞争法执行部门；国家任一人
责任承担	《反垄断法》第七章中对相关行政机关处罚进行规定，但不详细。对引起的民事诉讼赔偿也作了规定，但较为模糊	刑事方面，情节严重，危害严重的，承担刑事责任；民事责任方面，以惩罚性为赔偿责任原则，3倍赔偿原则

7.1.3　目前我国《反垄断法》的执行情况

我国最早对并购的反垄断审查可追溯到2003年，[2] 当时原外经贸部等四部委制定了《外国投资者购境内企业暂行规定》，规定并购方在营业规模等达到一定标准后应向外经贸部及国家工商行政管理总局申报。2006年该暂行规定被商务部等六部委《关于外国投资者并购境内企业的规定》取代，当时的反垄断审查只针对外资并购，对内资并购并无要求。

2008年8月1日《反垄断法》实施后，把内资并购也纳入反垄断审查范围，随后国务院制定了经营者集中申报标准，当经营者集中得到申报标准时应当依法申报并接

---

❶　陈少华. 中美反垄断法比较研究［J］. 法制博览，2013（5）：149.

❷　曹岳峰. 浅论经营者集中反垄断审查制度在我国的实践［J］. 经营管理者，2014（1）：241.

受反垄断审查。后续商务部又制定了多部规章，用以规范反垄断的申报及审查程序。

《反垄断法》已经出台5年多，但是执行情况不甚理想。截至2013年上半年，商务部反垄断局共收到反垄断申报案件754件，立案690件。

按照反垄断局的官方统计，2013❶年全年各级价格监管机构查了3.44万件，实施经济制裁31.25亿元，其中退给消费者6.32亿元，没收违法所得9.07亿元，罚款15.8亿元，反垄断部门成立30年首度罚款数超过处理违法所得数。为了很好地解决了违法成本低的问题，国家发改委直接处罚达到8.49亿元，起到了一定的效果。近几年处罚并公开曝光绿豆、大蒜案，还有囤积党参、三七等中药材案件，案件处理后，中药材价格出现了拐点，到现在比较平稳。还包括对家乐福、沃尔玛等大型超市和电商的价格欺诈问题进行了处罚，对房地产商不真实公布房源信息，不明码标价，进行了几次检查和处罚，这些措施都起到了很好的效果。

7.2　反垄断与滥用知识产权的关系

7.2.1　知识产权法与反垄断法的关系

知识产权法有近400年的历史，反垄断法的出现则比较晚。❷ 主要可以通过如下几个阶段来认识反垄断法和知识产权法之间的关系（参见图7-2-1）。

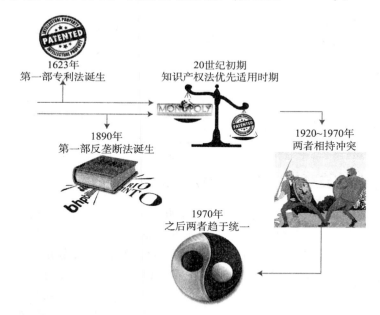

图7-2-1　知识产权法与反垄断法之间关系的发展历程

---

❶　[EB/OL]. [2014-05-30]. http://xwzx.ndrc.gov.cn/xwfb/201402/t20140219_579523.html.
❷　李亮. 论知识产权法与反垄断法关系的新特点 [J]. 黑河学刊, 2014 (3): 66-68.

（1）知识产权保护法律优先适用时期

在反垄断法颁布的早期，两种法律之间发生的冲突是明显的。当面对竞争法和知识产权法的事实相冲突时，美国等国家的法庭一般倾向于通过优先考虑知识产权拥有者的特权来解决争议。这可以在美国早期 E. Bement & sons v. National Harrow Co. 案例（拜门特公司诉联邦耙子公司）中法官的判决得到证明。该案是由一项专利共享协议引起的。经过几年的专利侵权诉讼，"浮动弹性齿耙子"的制造商解决了它们的争议。将它们所有的弹性齿耙子的专利让与联邦耙子公司，作为交换，将占有联邦耙子公司的股份以及联邦耙子公司赋予它们制造、使用、销售的许可。这种共享的规模很快扩展到了 22 家公司，大约占了美国所有生产、销售弹性耙子厂商的 90%。在这些共享成员的义务中，有两项是有特殊的利益：第一，每个公司都被要求在销售许可制造的商品时遵守统一的价目表；第二，每个公司都只能使用共享技术中的制造技术。当联邦耙子公司起诉拜门特公司（专利共享成员之一）以低于价目表的价格销售靶子，破坏许可协议时，拜门特公司辩解说，共享协议是不合法的，是没有执行力的，因为它违反了谢尔曼法。美国联邦最高法院站在联邦耙子公司的一边，解释说："原则上美国的专利法通常保护使用和销售知识产权的绝对自由。……通过合同形成的垄断或价格固定都会被认为是合法。"由此可见，知识产权者所拥有的特权被扩大至包括建立及保持价格固定的卡特尔协议的权利。

（2）知识产权与反垄断法相持冲突的时期

从 20 世纪 20 年代到 70 年代中期，两个法律既有"冲突"，又相互联系，分别适用，进入了相持阶段。专利法对于垄断的定义与谢尔曼法对垄断的否认背道而驰，这直接导致将反垄断法与知识产权法理解为两个不相容的法律。这两种法律之间关系紧张，呈现冲突和分立的态势。

（3）知识产权和反垄断法趋于统一时期

20 世纪 70 年代开始的一系列理论研究从根本上影响了反垄断法与知识产权法是水火不相容的关系。以 1995 年美国《知识产权许可的反托拉斯指南》确立的知识产权与反垄断法关系 3 个基本原则为特征，促进竞争的反垄断法与推进竞争的专利法开始趋于和谐、统一。

而我国《反垄断法》第 55 条规定，经营者依照有关知识产权的法律、行政法规规定行使知识产权的行为，不适用本法；但是，经营者滥用知识产权，排除、限制竞争的行为，适用本法。

反垄断法上的"垄断"主要指经济垄断，● 即大企业等市场经营者借助其经济实力，单独或者合谋在生产、流通、服务领域限制、排斥或控制经济活动的行为。其基本含义是基于企业等市场主体自身经济行为、以经济为内容和目的的垄断。

而知识产权的实质是一种"专有性"或者"排他性"的权利，而非一般所理解的

● 张敏. 反垄断法在知识产权领域的适用——兼评我国《反垄断法》第 55 条［J］. 经济与社会发展，2013，11（3）：143－146.

"合法垄断权利""垄断性的私权"。

反垄断法的规制对象是市场经营者的反垄断行为。知识产权的主体并不等同于市场经营者。且从著作权、商标权以及专利权的范畴来判断，知识产权权利人滥用知识产权导致垄断的领域主要是专利。

7.2.2　滥用知识产权的认定

据考证，"滥用知识产权"（abuse of intellectual property rights）的概念源于英国专利法。基于专利制度是为了促进本国技术进步的公共利益考虑，专利权人不实施专利在英国被视为对垄断权利的滥用（abuse of monopoly），滥用专利因此成为专利强制许可的依据❶。这个概念和制度被《巴黎公约》所采纳。这里的滥用垄断权（专利权）主要是指不实施专利或者不充分实施专利的行为。从法律解释学的视角来看，根据义文的解释，滥用（abuse）在英文原意是指辜负、虐待等，延伸到对权利的肆意利用，在汉语中指过度、无节制的利用状态，权利滥用意味着权利人的行为逾越了权利设立的目的，其表现出与立法目的的相违背。因此滥用知识产权的基本含义就在于权利人对其知识产权的不正当利用或者行使。

从我国《反垄断法》第55条可知，滥用知识产权是指知识产权的权利人在形式权利是超过法律所允许的范围或者正当的界限，❷ 导致对该权利的不正当使用，损害他人利益和社会公共利益的情形。由此可见，实施产权滥用可能侵犯他人个体合法利益或社会公共利益时，通常使用民法、反不正当竞争法等对侵害人给予私法救济。而只有在侵犯社会公共利益，且排除、限制市场的正当竞争秩序时，才可能受到《反垄断法》的规制。因此滥用知识产权行为不必然对应着《反垄断法》调整的垄断行为，即滥用知识产权行为并不等同于垄断行为。

与一般的市场竞争因素相似，仅当知识产权成为市场势力的决定性因素，且不合理地严重妨碍市场竞争的时候，它的形式才会受到《反垄断法》的禁止。

如何判断知识产权滥用，从法律角度出发主要看以下几个方面。❸

（1）拒绝许可

即知识产权人利用自己对知识产权所拥有的专有权，拒绝授予其竞争对手合理的使用许可，从而排除其他人的竞争，以巩固和加强垄断地位的行为。

最早期出现拒绝许可行为的时候，并不被认为是滥用知识产权行为。就如50年前美国联邦最高法院指出的，专利权所有人并不是站在公众利益的受托人的地位上，也不承担检查公众是否有权利获得使用发明的义务。他既没有义务使用发明也没有义务保证发明被其他人使用。如果他决定在申请中公开他的发明，那么他在完成了法律规定的仅有的义务后，就享有17年的排他权。这一原则早在1896年就被确定下来了。

---

❶　王先林. 我国反垄断法适用于知识产权领域的再思考［J］. 当代经济法学研究，2013（1）：34 – 43.

❷　张敏. 反垄断法在知识产权领域的适用——兼评我国《反垄断法》第55条［J］. 经济与社会发展，2013，11（3）：143 – 146.

❸　赵树文，等. 跨国公司垄断（限制竞争）行为及反垄断法规制分析［J］. 政治与法律，2007（1）：21 – 25.

然而，这一原则在 Special Equlpmen Co. v. Coe 案件中受到挑战，该案审理的法官认为专利局在专利申请人宣称他将不使用该技术的情况下仍然授予其专利的行为是不合理的。他认为阻碍专利的行为与为了"公众利益"而设定的专利法的"加快科学进程和使用技术"的目的不一致，应拒绝对不使用发明的发明者授予专利。因为这样"法律的目的就能够尽可能地实现——人类头脑中对产品的发明才会在经济生活发挥作用"。美国根据反垄断法的适用，调整了知识产权法对知识产权所有人的使用权限，对于专利申请人出于垄断专利的目的的专利申请行为进行排除，消灭了权利人创造垄断的可能性，防止滥用行为产生。但一般情况下，申请人不会在专利申请时明确地陈述其不使用专利技术的意图，多数都在专利权授予后的实际使用过程中根据具体的案情分析才能发现，因而对此类滥用行为的限制大多是通过对已授专利权的撤销程序来实现的。

（2）搭售行为

搭售是将两种或两种以上产品捆绑成一种产品进行销售，以致购买者为得到其所想要的产品就必须购买其他产品的行为。例如美国微软垄断案中，微软在其 Windows 操作系统中捆绑销售 IE 浏览器的行为。

（3）价格歧视

价格歧视也称为歧视性定价，指企业在提供或者接受产品或者服务的时候，对不同的客户实行与成本无关的价格上的差别待遇。

（4）掠夺性定价

掠夺性定价在中国常称之为低价倾销，它是价格歧视的一种，是《反垄断法》所禁止的滥用市场支配行为的一种重要的和典型的表现形式。

（5）对我国企业形成技术壁垒

外国企业在我国高新技术领域"布阵设雷"，申请大量相关专利，以期对我国企业形成技术壁垒。根据国家知识产权局统计，近年来，外国企业在我国申请的专利主要集中在光学、无线电传播、移动通信、电视系统、传输设备、遗传工程、计算机、西药等高新技术领域，同时外国企业在其专利中的权利要求和技术说明，往往十分宽泛，实际上能付诸实践的只是极少一部分。而且在主观上，外国企业也不急于在中国实施专利，大部分专利往往用来"圈地""布阵设雷"，为其今后进军中国市场对其产品和技术的保护打下基础。

（6）通过技术专利化、专利标准化方式，强化新的贸易壁垒

经济全球化是世界经济发展不可逆转的潮流，在此背景下，传统关税壁垒的作用日渐式微，作为知识产权大国的欧美等发达国家，越发倾向于利用知识产权保护国内贸易，对外国企业加以不正当的限制。

还有如一揽子许可、不经营竞争性商品的协议、过期使用费、基于总销售额的使用费、固定价格、地域限制、适用领域及顾客限制、回授条款、"假专利"恶意诉讼、不当发布侵权警告函等，都可纳入滥用知识产权的范畴内。❶

---

❶　郭君. 论知识产权的滥用［J］. 法制与社会，2007（9）：92.

　　从知识产权的发展来看，这样的滥用知识产权行为对我国企业形成了技术壁垒，阻碍我国自主知识产权的发展。这种行为严重限制了我国企业技术创新的空间，阻碍了我国企业的进步，并影响到我国技术创新体系和相应知识产权战略网的建立。

　　而与《反垄断法》第55条相关的案件最早出现在2007年1月17日。上海市第一中级人民法院开庭审理了四川德先科技诉上海索广电子公司及日本索尼株式会社涉嫌不正当竞争。2013年该案审结，❶ 法院最终判决认为，现有的证据表明被告索尼公司对设置 infolithium 技术的锂离子电池享有多项知识产权，而原告未能提供证据证明两被告通过不必要的技术手段，滥用知识产权，以实现不正当竞争的目的，因此，原告主张两被告的行为违反公平、诚实信用的原则和公认的商业道德，同样缺乏事实依据，因而认定四川德先科技有限公司的诉讼请求不予支持。

7.3　光学塑料成型模具领域反垄断分析

　　资料显示，2013年8月开始，❷ 国家发改委组织力量对眼镜行业主要镜片生产企业进行了调查，查实一些生产企业存在限制下游经营者转售价格的排除竞争行为，近期责成北京、上海、广东3个地方价格主管部门依据《反垄断法》进行了处罚，共计罚款1900多万元。

　　如图7-3-1所示，依视路、尼康、蔡司、豪雅等主要框架镜片生产企业和博士伦、强生、卫康等主要隐形眼镜片生产企业普遍对下游经营者进行了不同形式的转售价格维持，存在固定镜片转售价格或限定镜片最低转售价格的行为。有的框架镜片生产企业与经销商签订了含有限定转售价格条款的销售合同，并要求经销商严格按照其

图7-3-1　在华眼镜行业形成垄断的企业情况

---

❶　[EB/OL]．[2014-05-31]．http：//www.cnipr.net/article_show.asp?article_id=20364.
❷　[EB/OL]．[2014-05-31]．http：//www.ndrc.gov.cn/gzdt/201405/t20140529_613562.html.

制定的"建议零售价"销售镜片，直接维持转售价格；有的隐形眼镜片生产企业与其在全国或重点城市的直供零售商常年统一开展"买三送一"促销活动，相当于各零售商按照生产企业"建议零售价"的七五折销售隐形眼镜片，变相维持转售价格。为确保镜片市场价格体系得到维持，涉案企业通常采取惩罚性措施加以约束，如扣减保证金、取消销售返利、罚款、停止供货、口头（邮件）警告等。一旦经销商或零售商突破限定的价格（折扣）或擅自加大促销力度，就会遭到警告、停止供货等惩罚；反之，如果经销商或零售商严格遵守限定的价格或促销力度，则会获得销售返利等奖励。

作为眼镜行业市场规模较大、占据较大市场份额的知名品牌商，涉案企业的上述行为限制了经销商的自主定价权，违反了《反垄断法》第 14 条的相关规定，达成并实施了销售镜片的价格垄断协议，达到了固定转售镜片价格或限定镜片最低转售价格的效果，排除和削弱了镜片市场价格竞争，破坏了公平竞争的市场秩序，使相关镜片价格长期维持在较高水平，损害了消费者利益。各涉案企业受到调查后，均采取了有针对性的整改措施。

7.3.1 专利布局情况

由上述报道可见，根据国家的法律和政策，上述眼镜生产商在我国作出了垄断行为。而本小节则拟从专利布局的角度分析，判断其造成反垄断的难度和可能性，以期对光学塑料成型模具领域的未来发展方向提供新思路。

7.3.1.1 整体布局情况

截至 2014 年 7 月 30 日，检索到与光学塑料成型模具相关的已公开中国申请共计439 件。其中国外申请人来华申请的数量达 206 件，其中 201 件享有国外优先权。而这些在中国布局的国外申请人，主要来源于表 7 - 3 - 1 中所列举的几个国家。

表 7 - 3 - 1　光学塑料模具在华申请主要技术来源情况

来源国	在华申请量/件
日本	132
美国	42
韩国	15
英国	3

从目前国内专利布局情况来看，日本和美国的企业较早且较大量地进行了专利布局。在华提出的第一件与光学元件模具有关的申请由斯蒂姆索尼特公司于 1985 年提出。结合表 7 - 3 - 1 和表 7 - 3 - 2 可见，日本几大著名企业，例如柯尼卡美能达、佳能、豪雅、富士、奥林巴斯以及尼康等均在光学塑料成型模具上进行了不同程度的专利布局。而美国的两大眼镜生产商，博士伦和强生也有对应的布局。同时从表 7 - 3 - 1 和表 7 - 3 - 2 也可以看出，日本、美国、韩国企业申请人是在中国进行光学塑料模具进行布局的主要申请人。而富士康集团之下的中国台湾鸿富锦精密工业

（深圳）有限公司在该领域也有大量的布局。光学塑料广泛应用于电子产品，而富士康作为世界较大型的电子产品生产和组装企业，也对光学塑料模具的专利保护较为重视。

表7-3-2 在华申请主要申请人申请情况

企业	在华申请量/件
柯尼卡美能达	40
中国台湾鸿富锦精密工业（深圳）有限公司、鸿海精密工业股份有限公司	36
美国库柏维景国际控股公司	11
博士伦	10
佳能	10
豪雅	12
富士	7
强生	7
奥林巴斯	7
三星	7
LG	2
尼康	1

从2014年我国的反垄断举措来看，涉及反垄断的7家镜片厂家品牌包括豪雅、依视路、蔡司、尼康、强生、博士伦、卫康，除了卫康为中国台湾品牌外，其他几个品牌都是外国品牌。而根据数据统计可知，依视路和蔡司未在中国申请过相关的专利。而豪雅、强生、博士伦以及尼康的在华申请均存在这样的特点：同一技术，都在多个国家或地区进行专利布局。由于技术上和市场上的优势，上述4家企业各自的市场侧重点不同。

一般来说，美国和欧洲等眼镜市场较为发达，发展较为稳定，而亚洲和拉美洲的眼镜市场需求潜力巨大，显然美国这两家企业的发展历史和市场扩展上远比日本这两家企业要丰富和强大，并且美国企业的专利保护意识较强，产品市场与专利布局往往并驾齐驱，善于利用专利布局来保护市场发展和保护产品，由此可以根据表7-3-3中四大企业的专利布局情况来看，美国两家企业同一技术的布局范围较日本企业的布局来说更为广泛，美国两家企业的布局范围除了涉及传统的欧美国家外，还广泛地在亚洲多个国家进行了专利布局。日本两家企业则仍然主要局限于美洲、亚洲两个区域。

表 7 - 3 - 3 四大企业主要布局地区

企业	主要布局国或地区
豪雅	美国、澳大利亚、日本、中国大陆、韩国、中国台湾
博士伦	美国、澳大利亚、日本、中国、韩国、加拿大、德国、新加坡、西班牙、巴西
强生	美国、澳大利亚、日本、中国大陆、韩国、加拿大、德国、新加坡、中国台湾、中国香港、俄罗斯、墨西哥
尼康	美国、日本、中国

7.3.1.2 技术垄断可能性分析

根据我国 2014 年的反垄断整改可知，多家国外眼镜生产销售企业利用技术优势，联手控制了国内眼镜片市场部分产品的定价。由此可见，在镜片领域可以说技术控制市场。因而本小节拟从豪雅、博士伦、强生以及尼康在中国的专利布局情况进行分析，以期厘清其在华技术布局情况，借此探究其形成技术垄断的可能性。

（1）光学塑料注塑模具专利分析

光学塑料注塑模具（以下简称"注塑模具"）可用于制造眼镜片、隐形眼镜以及相机或者仪器用透镜。而注塑模具相对于光学塑料压制模具（以下简称"压制模具"）和光学塑料浇注模具（以下简称"浇注模具"）来说也是专利布局较为侧重的一个技术分支。豪雅、博士伦、强生以及尼康均在中国有相应的布局，而且这些布局与其主要优势一致。

豪雅在框架式镜片方面的市场份额较高，其大部分申请也都集中在框架式镜片方面。为了改善不同透镜在生产过程中容易在浇口附近形成熔接痕迹以及其他会影响透镜周边形状精度的痕迹，豪雅则在 1997 年提出了一种通过在浇口设置浇口垫件的方案（CN1161216B），针对不同的透镜在浇口附近设置不同的浇口垫件，从而提高透镜周边的制造精度，提高透镜质量。而为了提高镜片整体的性能，2004 年豪雅结合了超声波技术（CN100537186B），当树脂在模具中填充到一定程度之后，配合超声波振动，这在减少镜片的变形以及提高转印性方面有着显著的效果。

而作为框架式镜片的另一主要生产商，尼康则在 2000 年提出了树脂贴合型透镜的成型模具（CN100588531C）。一般的复合型非球面成型法制造的透镜被称之为 PAG 透镜，这类透镜是通过在玻璃等材质的母材上贴合树脂层而制得，生产过程中，模具和工艺很容易对母材造成损伤。而尼康所提出的这种模具仅仅通过使得模具成型外侧面的外缘上具有比成型面的曲率大的凹形曲面，从而克服了这一缺陷。值得注意的是，这项专利的权利要求保护范围较宽，因而我国其他企业的相关技术落入该专利保护范围的可能性也较大。

而作为隐形眼镜的主要生产商，强生和博士伦的申请都主要集中在隐形眼镜注塑模具上。一般来说利用同一个模具生产不同透镜，需要更换不同的型芯，而为了提高型芯更换的速度，强生于 1999 年提出的专利申请 CN1325240B 中，将插件设置在可更换卡匣之中，而卡匣则设置在第一半模之中，在制造过程中可以根据需要选择不同凹凸方向的插件制造不同的透镜。

博士伦的申请也主要涉及针对隐形眼镜的模具，其较为注重对流道的设计。比如1993年提出的专利申请 CN100376377B，针对将两种或多种不同材料制成的眼内植入物，根据流道的走向设计出"一凹三凸"的4个模具，大大提高生产效率的同时，还提高了晶状体的质量。继而博士伦又在2006年提出了专利申请 CN101031412B，主要针对双镜片晶状体设计第一和第二流道，这两种流道延伸到第一和第二镜片型腔之中，通过合理的设计，改善了模内流动动力学性能，提高晶片质量、消除浇口痕迹。

由上述专利布局情况以及图7-3-2可知，四家企业的技术各有侧重，但是四者若联合起来则形成了光学镜片注塑模具的全面布局，上述4家企业的专利申请覆盖了浇口、流道、型芯等主要模具部件，而豪雅还考虑了结合新的技术手段来提高材料稳定性。这对我国注塑模具制造企业来说，如没有创新技术，难以突出重围。

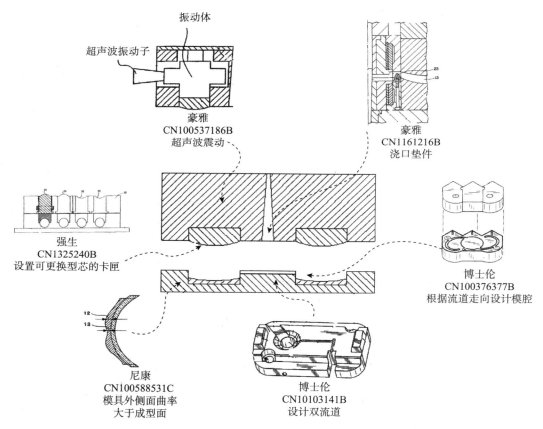

图7-3-2 四大企业在光学镜片注塑模具方面的专利布局情况

（2）压制和浇注模具

压制模具主要用来对玻璃材料压制，由此制成框架式镜片或者其他类型的光学透镜。而浇注模具则主要用于形成特殊类型的隐形眼镜。这两种模具的制造对象和手法相对注塑模具来说较为受限，因而这两种模具的专利申请量相对较少。

而对于框架式镜片的主要制造商之一，豪雅申请了两个与压制模具有关的模具（参见图 7－3－3），授权公告号分别是 CN101663244B 以及 CN101528616B，这两个申请旨在解决压制过程中上下模易于错位，继而使得透镜的偏心精度恶化的问题。这两个申请均通过在上下模的对应位置设置滚动装置，使得模具能够在冲压成形过程中根据压力调整，保证上下模的同轴精度。

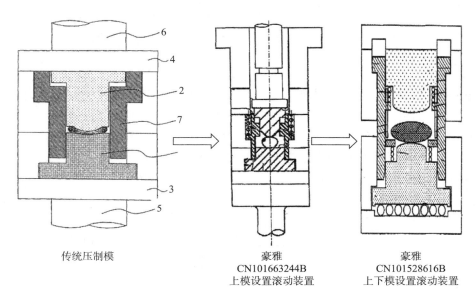

传统压制模　　　　　豪雅　　　　　　　　豪雅
　　　　　　　　　CN101663244B　　　　CN101528616B
　　　　　　　　　上模设置滚动装置　　　上下模设置滚动装置

图 7－3－3　压制模具专利布局情况

博士伦于 2009 年提出的专利申请 CN101909864A 中，对浇注模具进行了改进。其在传统模具的基础上，在浇注模具的上下模具之一上设置向外延伸的肋，而另一模具上设置对应的台肩，一方面有助于提高两个模具之间的对齐定位，另一方面则利于脱模。

由此这两种模具的布局来看，四大生产商并未形成大量、全面的专利布局。

（3）小结

通过对四大生产商在中国的专利布局来看，虽然各个生产商的注塑模具申请重点各不相同，但是如若四者联合，则已经形成较为全面的布局网络。我国企业若想在注塑模具方面有所突破，则需要积极研制新的技术，及时进行专利保护。

受到技术的牵制，四大生产商在压制和浇注方面的布局量和布局角度都相对较为薄弱，我国企业比较容易在这个方面争取到主动权。

7.3.2　光学塑料成型模具技术反垄断

从上述分析可知，著名眼镜片生产商依视路、蔡司未在中国申请任何关于光学塑料成型模具的专利。众所周知，这两家生产商生产的眼镜片在市场上占有较大份额且占据技术优势。同时其他如尼康、强生、博士伦等企业，在中国所申请的专利形成了较为全面的布局形势，这对国内企业造成了一定的威胁。为了解除这种困局，我国企业除了单纯地通过增加专利申请数量来扩大专利布局范围之外，更应该重视从自身技术创新上出发，研发出新的技术。但这一手段对于我国目前相对落后的光学塑料成型模具领域行业来说，起点低，难度大。

而根据专利的地域性原则，我国企业可以多参考上述眼镜制造商在其他重要市场，如美国、法国、日本、意大利等的专利布局中所公开的技术，结合我国眼镜市场的实际需求，研发出适合我国国情但又具有创新意义的模具。因而本小节着重探讨如何寻找、借鉴相关技术。

7.3.2.1 注塑模具

通过分析依视路的光学塑料成型模具专利申请可知，其所涉及的主要结构为上下模、三模形式的模具。而针对这类型的模具，其重点放在调整模具保持件上，通过使得保持件平稳、精确地控制模具的开合以及运行速度，提高所制造镜片的质量。同时，众所周知，依视路的镜片易于辨认之处在于其可辨识的标记，如专利 US8268544B2 中的专利技术便对如何在镜片上制造标记进行改进。

豪雅也在框架眼镜上占有较大份额，其在光学塑料成型模具上主要关注利用各种不同手段，不局限于对传统模具进行改良设置，而是增设其他装置改进模具制造眼镜片的过程中模具内化合物的聚合情况，提高镜片质量。比如，改进模具上所用的紧固螺栓（JP3965392B），以提高模具内聚合物的兼容性；利用滚柱泵（JP4761807B）或者过滤器（JP4671735B）提高塑料材料注入的稳定性；为了制造具有较小曲率半径的透镜，设计出了非反射防尘结构（JP5471125B）等。

而在隐形眼镜上具有一定市场占有率的强生，在制造模具上也各有侧重。强生的申请较为注重模具插入件的设置（US7422710B2、US7731148B2），同时其在整体的制造设备上也较为注重，比如设置与模具配合的切割部件的设备（KR120016834B）以及注入机构（US2010129484A1）的改进。

以上仅仅简单总结了各重要生产厂商所申请的特色专利。我国申请人应当广泛关注相关生产商的产品特点进行学习研究，结合我国眼镜消费市场的习惯，以及各生产者的具体情况，获得自身技术。

7.3.2.2 压制及浇注模具

在前面的小节中提过，光学塑料成型模具大部分主要制造框架眼镜镜片以及相机透镜镜片。

在压制模具方面，依视路的技术通常是在透镜压制过程中，在树脂材料的表面上压覆一定的涂层膜（US7857933B2）或者弹性隔膜（US8268544B2），从而提高镜片的透射效果或者标记的精确性。

而蔡司则申请了一个关于精确定位上下模的申请（US6994538B2），在合模过程中，由于这一精确定位的机构，并不会对所压制的产品产生任何影响。

浇注模具多数被用于制造透镜。而在这类型申请中，强生是较为重要的申请人。

强生注重在模具的设计中减少真空部分的产生（US6977051B2）；或者为了提高生产效率，在同一模具中设置多个注入模腔，减少模具的使用数量（US7516937B2）。

由此可知，每个生产商根据自己产品的特点设置出了特点各异的模具。也即光学塑料透镜的产品和模具之间是单一对应的关系，这也是在光学透镜模具的制造中最值得关注的一点。但是从上述不同专利中，都能看到各企业的主要研发特点和方向。这对我国光学塑料透镜的制造者来说是值得学习和借鉴的。

7.4　小　　结

（1）布局情况

在注塑模具方面，四大眼镜生产商豪雅、尼康、强生、博士伦联手在中国形成了严密的专利布局。而在压制和浇注模具方面，由于所压制材料以及产品的适用局限性，均未形成有利的布局形势，我国申请人如在压制和浇注模具上有一定优势，可以考虑在这两个方面开始有力的专利布局。

（2）明确主要垄断企业的技术特点

除了从专利布局上了解四家企业的技术特点以外，还需要结合产品和市场的实际情况，对垄断企业的技术有清晰的认识。这有助于帮助企业找到发展方向和目标。

（3）确定自身技术水平以及发展方向

各个企业都具有各自不同的特点，应当结合当前市场和专利布局的情况，找到适合自身的技术方向。

（4）利用专利布局特点提升企业技术水平

各企业应利用专利的地域原则，参考重要生产商未在中国布局的申请，结合自身实际技术情况和我国市场情况进一步研发，形成自身的有利技术。

第8章　主要结论

（1）新型成型技术将促进模具行业的发展

模具素有"工业之母"的称号，是重要的成型加工方式。而增材制造技术是基于材料堆积法的一种新型技术，近20年来，发展十分迅猛。人们期待它能够彻底取代传统的模具制造，像机械化、大规模生产和互联网那样，深远地改变人类的生产方式、生活方式。

根据对增材制造和模具相关的专利申请进行分析后发现，相当一部分申请是将增材制造技术用于模具制造。一方面说明增材制造技术并非取代模具制造，另一方面，增材制造技术解决了传统加工方法对一些形状复杂、材料特殊的模具加工方面存在的困难。同时增材制造技术缩短了模具设计、制造的周期。特别是在医学、航空航天领域，其产品个性化程度高，对模具的要求很高，增材制造恰能满足这些需求；而在制造大型零部件方面的技术瓶颈目前也得到了一些突破，特别是金属模具方面对模具材料的限制不再突出，相关企业可以在这些方面进行研发。增材制造技术为模具制造到模具智造的转型提供支撑，将促进模具行业的发展。

（2）国内光学镜片注塑行业面临国外企业的专利技术壁垒

以博士伦、强生和豪雅、尼康为代表的跨国企业，围绕光学镜片注塑模具在我国进行了相关专利布局。尽管几个企业的专利技术各有侧重，例如豪雅的专利申请重点在于框架式镜片方面，博士伦的申请主要是针对隐形眼镜；但这些企业在我国的专利布局已覆盖了光学镜片注塑模具的浇口、流道、型芯等主要部件，构筑了围绕光学镜片注塑模具专利技术壁垒。这对我国光学镜片注塑行业来说，若没有创新技术，难以突出重围。

然而，其他一些著名眼镜片生产商，如法国依视路、德国蔡司，未在中国申请关于光学镜片模具的专利，我国企业可以学习这些企业的先进技术。同时，根据专利保护的地域性原则，我国企业可以参考眼镜制造商在其他重要市场，如美国、法国、日本、意大利等国公开的，而未在中国申请专利保护的其他专利技术，结合我国眼镜市场的实际需求，研发出适合我国国情、又具有创新意义的模具。

（3）专利运营是企业赢取市场竞争的有效手段

在新商业环境中，基于专利的竞争逐渐从幕后走向前台，成为企业间相互角力的重要竞争形式。以美国强生为例，这家有着百年历史的企业，在20世纪80年代通过专利运营方式获得了DANA镜片专利技术，这也是最早成为商品的抛弃型隐形眼镜技术。强生以此技术为基础，进军隐形眼镜领域，并迅速占据市场。并且强生进行了持续创新研究，后续研发出特色技术，如着色、散光等，并在主要目标市场国家进行了专利布局，到20世纪90年代逐渐拓宽隐形眼镜产品，并引领了隐形眼镜市场。

对于国内资本充沛的大型企业而言，依靠自己在某方面的优势并精益求精，作为长期发展策略，同时理应考虑如何补足自身的缺陷，可以借鉴美国强生"借鸡下蛋"的专利运营模式来延伸自己的产业链，并通过持续的技术创新占据产业链的制高点。

（4）优势互补企业的合作是提高企业创新能力的重要途径

随着社会的发展，产业分工在细化。任何企业都很难在整个产业链上掌握全部的先进技术。丰田作为全球最大的汽车制造商，丰田在汽车覆盖模具的开发、创新中，既与产业链上游的住友轻金属工业株式会社、新日铁住金株式会社等材料企业合作，也与亚乐克株式会社、高津运动精机株式会社等机械制造业优势企业合作。借助于材料企业的合作，丰田实现了在模具抗应变金属材料和特殊金属模具材料方面的创新，通过与机械制造企业的合作实现了在车门的修边、包边和整形方面的技术提升。

而国内企业鲜有合作申请，这与产业发展的趋势不相符，随着新材料在汽车覆盖件上的应用，必然要带动汽车覆盖件模具的创新。因此，国内企业可以学习丰田的经验，发挥各个企业的技术优势，开展研发合作，形成优势互补，提高研发效率，实现共赢。

（5）国内企业可借鉴国外企业的专利申请策略和布局策略

以光学镜片模具行业为例，国外各技术领先企业在保持研发优势的同时，更注意合理的专利布局。比如强生的技术研发和专利布局策略值得国内企业认真发掘和学习。强生在抛弃型隐形眼镜面市之初，围绕隐形眼镜的生产过程在全球主要目标市场国进行了全面的专利布局；在抛弃型隐形眼镜技术日渐成熟的情况下，其技术研发逐渐转向对模具材料和结构细节的研究，更多地从完善镜片功能、提高生产效率、降低成本等角度着手，以适应新的技术发展趋势。同时值得关注的是，中国台湾企业在光学镜片领域与国外领先企业合作紧密，中国大陆企业可以考虑与中国台湾企业展开合作，由此紧跟国际步伐，实现自身技术突破。

此外，国外企业专利布局与市场发展相适应或适度超前的专利布局思维值得我国企业学习和思考。以强生为例，其往往对其全球扩张采取专利先行策略，强生于2006年在中国建厂之前就较早地在中国进行了专利申请布局。

附　　录

申请人名称约定表

约定名称	申请人名称
斯凯孚集团（瑞典）	SKF、SKF AB、SKF 瑞典股份公司、SKF 轴承、SKF IND TRADING & DEV、SKF GMBH、SKF SVENSKA KULLAGERFAB AB、斯凯孚公司
恩梯恩株式会社（日本）	NTN、NTN 公司、NTN CO LTD、NTN 轴承（欧洲）公司、NTN 株式会社、NTN TOYO BEARING CO LTD
捷太格特株式会社（日本）	JTEKT、JTEKT CORP
日本光洋精工株式会社（日本）	KOYO SEIKO CO、KOYO SEIKO CO. LTD、KOYO、KOYO 进口轴承株式会社
舍弗勒集团（德国）	SCHAEFFLER KG、舍弗勒集团公司、INA 公司、德国 INA 轴承公司、SCHAEFFLER TECHNOLOGIES GMBH、FAG 轴承、FAG 公司
日本精工株式会社（日本）	NSK LTD、NSK 公司、NSK 轴承、恩斯克公司、NIPPON SEIKO KK、NIPPON SEIKO KK
铁姆肯集团（美国）	TIMKEN CO、TIMKEN 轴承公司、美国铁姆肯轴承公司、TIMKEN 轴承轴承厂
米拉克龙公司（美国）	Milacron LLC、Cincinnati Milling Machine Co、Cincinnati Milacron
美蓓亚株式会社（日本）	NMB、NMB LTD、美蓓亚集团、MINEBEA
IMO 控股有限公司（德国）	IMOH – N、IMO HOLDING GMBH
哈轴集团（中国）	哈轴、哈尔滨轴承集团
洛轴集团（中国）	洛轴、洛阳 LYC 轴承有限公司
瓦轴集团（中国）	瓦房店轴承集团有限公司
协同油脂株式会社（日本）	KYODO YUSHI
三菱电机株式会社（日本）	MITSUBISHI ELECTRIC CORP
优必胜轴承公司（美国）	UBC（优必胜）轴承公司
穆格（美国）	MOOG、MOOG Inc、美国穆格公司、美国 MOOG、上海穆格
博世（德国）	BOSCH、罗伯特·博世、罗伯特·博世股份有限公司、中国博世、上海博世

约定名称	申请人名称
力士乐（德国）	德国力士乐、力士乐有限公司、Rexroth
博世力士乐	博世力士乐有限公司、Bosch rexroth
采埃孚（德国）	FRIEDRICHSHAFEN、采埃孚销售服务（中国）有限公司
派克（美国）	PARKER、美国派克、派克中国有限公司、派克汉尼汾公司
卡特彼勒（美国）	CATERPILLAR、CAT、卡特彼勒（中国）投资有限公司、卡特比勒、卡特比勒有限公司、卡特彼勒有限公司
油研（日本）	日本油研株式会社；油研公司；YUKEN NAKASHIMA；日本 YUKEN 公司；日本 YUKEN
格里森（美国）	格里森、格里森工厂、格里森工场、Gleason Woks、格里森—胡尔特、格里森—普法特、GLEASON – PFAUTER MASCHFAB GMBH、卡尔—胡尔特、C HURTH MASCH – & ZAHNRADF、胡尔特、HURTH MASCH & ZAHNRADFAB、HURTH VERWALTUNGS GMBH、HURTH MODUL GM-BH、巴伯—赫尔曼（科尔曼）、赫尔曼—普法特、PFAUTER GMBH & CO HERMANN、普法特、PFAUTER H & CO GMBH、普法特—马格、ZF Dream、米克朗、格里森刀具股份有限公司、Gleason cutting tools、格里森计量系统股份有限公司、Gleason metrology systems、普法特—赫尔曼
奥利康（瑞士）	奥利康、OERLIKON – BUEHRLE AG、OERLIKON GEARTEC AG、利勃海尔、LIEBHERR – VERZAHNTEC、MASCHFAB LORENZ GMBH、KLINGELNBERG A、KLINGELNBERG AG、科林基恩伯格、克林恩贝尔格、克林格恩贝格、Oerlikon – Maag、Sigma E Pool、奥利康—伯尔格
三菱（日本）	MITSUBISHI JUKOGYO KK、三菱重工株式会社
新日铁（日本）	NIPPON STEEL CORP、NIPPON STEEL & SUMITOMO METAL CORP、NIPPON STEEL、新日本制铁株式会社
丰田（日本）	TOYOTA JIDOSHA KK、丰田自动车株式会社
大同钢铁（日本）	DAIZ、DAIDO TOKUSHUKO KK、DAIDO STEEL CO LTD、大同特殊钢株式会社
住友（日本）	SUMITOMO METALS KOKURA LTD、住友金属工业株式会社
神户制钢（日本）	KOBE SEIKO SHO KK、KOBE STEEL LTD、株式会社神户制钢所
马自达（日本）	MAZDA MOTOR CORP、TOYO KOGYO CO、马自达汽车株式会社、马自达汽车股份有限公司
日产（日本）	NISSAN MOTOR CO LTD、日产自动车株式会社
日立（日本）	HITACHI METALS LTD、HITACHI FUNMATSU YAKIN K（KANA – N）KANAI JUYO KOGYO KK、日立金属株式会社、日立建机株式会社

约定名称	申请人名称
本田（日本）	HONDA MOTOR CO LTD、本田技研工业株式会社
ECM（日本）	ECM TECHNOLOGIES、机械研究与制造公司、依西埃姆科技公司
铃木（日本）	SUZUKI、铃木金属工业株式会社、铃木株式会社
现代（韩国）	HYUNDAI MOTOR CO LTD、现代自动车株式会社
武藏（日本）	MUSASHI SEIMITSU KOGYO KK、武藏精密工业株式会社
富士（日本）	FUJI HEAVY IND LTD、FU JI KIKO KK、FUJIKIKO KK、富士重工业株式会社
爱信艾达	AISW、AISIN AW CO LTD、爱信艾达株式会社
韩国机械研究院（韩国）	KOREA INST MACHINERY&MATERIALS、韩国机械研究院
山阳（日本）	SANYO TOKUSHU SEIKO KK、山阳特殊制钢株式会社
大冈（日本）	OOKA、O－OKA CORP、大冈技研株式会社
迪尔（美国）	DEERE&CO（DEEC）、DEERE & CO、美国迪尔公司
爱知（日本）	AICHI SEIKO KK、爱知株式会社
你期待（日本）	你期待公司、NICHIDAI CORP、NICHIDAI KK
通用（美国）	GENERAL MOTORS CORP、通用汽车公司、GENERAL ELECTRIC CO
福特（美国）	FORD MOTOR CO、福特汽车
青木（日本）	青木精密工业株式会社、YUKATA SEIMITSU KOGYO KK
SARAT GEAR（苏联）	SARAT GEAR MACHININ、SARAT GEAR
KOLOMENKA（苏联）	KOLOMENKA HEAVY MACH TOOL WKS、KOLOMENKA
LIKHACHEV（苏联）	MOSCOW LIKHACHEV CAR WKS、LIKHACHEV
MACH TOOL（苏联）	MOSC MACH TOOL INST、MACH TOOL
兰克菲尔德（美国）	CRANFIELD INST OF TECH、兰克菲尔德
英格索尔（美国）	INGERSOLL MILLING MACHINE CO、英格索尔
费尔索梅特（德国）	FELSOMAT GMBH&CO KG、费尔索梅特
金属切削机床（苏联）	METAL CUT MACH TOOL、金属切削机床
BOURN&KOCH（美国）	BOURN&KOCH INC、BOURN&KOCH
BOEING（美国）	BOEING CO、BOEING
太平洋精锻（中国）	江苏太平洋精锻科技股份有限公司、江苏太平洋齿轮传动有限公司
戚墅堰车辆所（中国）	南车戚墅堰机车车辆工艺研究所有限公司、戚墅堰车辆所
飞船（中国）	江苏飞船股份有限公司、飞船
威鹰（中国）	江苏威鹰机械有限公司、威鹰

约定名称	申请人名称
三星精锻（中国）	青岛三星精锻齿轮公司、三星精锻
创精温锻（中国）	重庆创精温锻成型公司、创精温锻
南工锻造（中国）	江阴南工锻造有限公司、南工锻造
天津一机床（中国）	天津第一机床总厂、天津一机床
精诚股份（中国）	天津市精诚机床制造有限公司、天津精诚机床股份有限公司
中大创远（中国）	湖南中大创远数控装备有限公司、中大创远
哈量凯帅（中国）	长沙哈量凯帅精密机械有限公司、哈量凯帅
长机科技（中国）	宜昌长机科技有限责任公司、长机科技
鸿拓重齿（中国）	洛阳鸿拓重型齿轮箱有限公司、鸿拓重齿
秦川（中国）	陕西秦川机械发展股份有限公司、秦川机床集团（有限）公司
科大越格（中国）	洛阳科大越格数控机床有限公司、科大越格
佳能（日本）	CANNON、佳能公司
天威（中国）	天威控股、天威北美分公司、UTec、天威飞马打印耗材有限公司、科汇精工有限公司、天威集团
SEW（德国）	SEW－工业设备（天津）有限公司、德国SEW传动设备公司
奇瑞	奇瑞汽车股份有限公司、奇瑞汽车有限公司
天汽模	天津汽车模具有限公司、天津汽车模具股份有限公司、天津天汽模车身装备技术有限公司、鹤壁天汽模汽车模具有限公司、天汽模（湖南）汽车模具技术有限公司
瑞鹄	瑞鹄汽车模具有限公司、富士瑞鹄技研（芜湖）有限公司、安徽瑞祥工业有限公司、安徽嘉瑞模具有限公司、芜湖瑞鹄铸造有限公司
比亚迪	北京比亚迪模具有限公司、比亚迪股份有限公司、比亚迪精密制造有限公司、上海比亚迪有限公司
东风	东风柳州汽车有限公司、东风模具冲压技术有限公司、东风汽车部件厂、东风汽车车轮有限公司随州车轮厂、东风汽车电子有限公司、东风汽车公司、东风汽车股份有限公司、东风汽车悬架弹簧有限公司、东风汽车有限公司、东风汽车有限公司设备制造厂、上海东风汽车专用件有限公司
福田	北汽福田汽车股份有限公司、北汽福田汽车股份有限公司潍坊模具厂、山东潍坊福田模具有限责任公司
中国一汽	中国第一汽车股份有限公司、中国第一汽车集团公司

约定名称	申请人名称
丰田	丰田自动车株式会社、丰田纺织株式会社、丰田合成株式会社、爱信精机株式会社、关东自动车工业株式会社、丰田工机株式会社、丰田车体株式会社、丰田纺织株式会社、大发工业株式会社、日野自动车株式会社、TOYOTA MOTOR、TOYODA、TOYODA GOSET、AISIN SEIKI KK、KNTO JIDOSHA KOGYO KK、KANTO AUTO WORKS LTD、TOYODA KOKI KK、TOYOTA AUTO BODY COLTD、TOYOTA BOSHOKU CORP、DAIHATSU MOTOR CO LTD、HINO MOTORS LTD、TOYOTA JIDOSHA KK、TOYOTA MOTOR CORP、TOYOTA MOTOR CO LTD、TOYOTA BOSHOKU CORP、TOYOTA BOSHOKU KK、TOYODA IRON WORKS CO LTD、TOYOTA BOSHOKU KABUSHIKI KAISY、TOYOTA BOSHOKU KK
本田	HONDA GIKEN KOGYO KK、HONDA MOTOR CO LTD、HONDA AMERICA MFG INC
福特	FORD GLOBAL TECHNOLOGIES LLC、FORD GLOBAL TECHNOLOGIES、FORD MOTOR CO、FORD GLOBAL TECHNOLOGIES INC
现代	HYUNDAI MOTOR CO LTD、HYUNDAI MOBIS CO LTD、HYUNDAI MOTOR CO
麦格纳	（MGIN）MAGNA INT INC、 （MGIN）MAGNA INT INC（CHAR – I）CHAREST P P（WILK – I）WILKES R J、 （MGIN）MAGNA INT INC（SMIT – I）SMITH J C、（MGIN）MAGNA INT INC（COSM – N）COSMA ENG EURO AG（COSM – N）COSMA ENG EUROP、AG（HORT – I）HORTON F A（KOTA – I）KOTAGIRI S S（STOE – I）STOEGER P（STRA – I）、STRANZ A（ZAKA – I）ZAK A
柯尼卡美能达	柯尼卡美能达精密光学株式会社、柯尼卡美能达先进多层薄膜株式会社、柯尼卡美能达株式会社、KONICA MINOLTA OPTO KK、KONICA CORP、KONICA MINOLTA OPTO INC、KONICA MINOLTA ADVANCED LAYERS INC、KONICA MINOLTA INC、KONICA MINOLTA HOLDINGS INC、MINOLTA CAMERA KK、KONISHIROKU PHOTO IND CO LTD
豪雅	HOYA 株式会社、HOYA 株式会社、HOYA 株式会社；出光兴产株式会社、HOYA、HOYA CORP、HOYA LENS THAILAND LTD、HOYA KK、HOYA LENS CO LTD
博士伦	博士伦公司、博士伦有限公司、BAUSCH&LOMB INC、BAUSCH & LOMB INC

续表

约定名称	申请人名称
富士	富士胶片株式会社、富士能株式会社、FUJI FILM CO LTD、FUJI FILM CORP、FUJI PHOTO FILM CO LTD、FUJI PHOTO OPTICAL CO LTD、MITO FUJI KOKI KK、FUJI XEROX CO LTD、SANO FUJI KOKI KK、SUZUKA FUJI XEROX KK
佳能	佳能元件股份有限公司、佳能株式会社、CANON KK
奥林巴斯	奥林巴斯光学工业株式会社、奥林巴斯株式会社、奥林巴斯医疗株式会社、OLYMPUS OPTICAL CO LTD、OLYMPUS CORP
三星	三星电机株式会社、三星电子株式会社、SAMSUNG ELECTRO – MECHANICS CO、SAMSUNG ELECTRONICS CO LTD、SAMSUNG LED CO LTD
鸿海	鸿海精密工业股份有限公司、HON HAI PRECISION IND CO LTD
美尼康	MENICON CO LTD
尼康	株式会社尼康、NIKON CORP、NIPPON KOGAKU KK
强生	庄臣及庄臣视力保护公司、JOHNSON & JOHNSON、JOHNSON & JOHNSON VISION CARE、JOHNSON & JOHNSON VISION PROD、JOHNSON & JOHNSON VISION、JOHNSON&JOHNSON VISION CARE、JOHNSON&JOHNSON VISION、JOHNSON & JOHNSON RES PTY LTD、JOHNSON IND INT INC

图 索 引

关键技术二　液压阀

表　索　引

书 号	书 名	产 业 领 域	定价	条 码
9787513006910	产业专利分析报告（第1册）	薄膜太阳能电池 等离子体刻蚀机 生物芯片	50	9 787513 006910 >
9787513007306	产业专利分析报告（第2册）	基因工程多肽药物 环保农业	36	9 787513 007306 >
9787513010795	产业专利分析报告（第3册）	切削加工刀具 煤矿机械 燃煤锅炉燃烧设备	88	9 787513 010795 >
9787513010788	产业专利分析报告（第4册）	有机发光二极管 光通信网络 通信用光器件	82	9 787513 010788 >
9787513010771	产业专利分析报告（第5册）	智能手机 立体影像	42	9 787513 010771 >
9787513010764	产业专利分析报告（第6册）	乳制品生物医用 天然多糖	42	9 787513 010764 >
9787513017855	产业专利分析报告（第7册）	农业机械	66	9 787513 017855 >
9787513017862	产业专利分析报告（第8册）	液体灌装机械	46	9 787513 017862 >
9787513017879	产业专利分析报告（第9册）	汽车碰撞安全	46	9 787513 017879 >
9787513017886	产业专利分析报告（第10册）	功率半导体器件	46	9 787513 017886 >
9787513017893	产业专利分析报告（第11册）	短距离无线通信	54	9 787513 017893 >
9787513017909	产业专利分析报告（第12册）	液晶显示	64	9 787513 017909 >
9787513017916	产业专利分析报告（第13册）	智能电视	56	9 787513 017916 >
9787513017923	产业专利分析报告（第14册）	高性能纤维	60	9 787513 017923 >
9787513017930	产业专利分析报告（第15册）	高性能橡胶	46	9 787513 017930 >
9787513017947	产业专利分析报告（第16册）	食用油脂	54	9 787513 017947 >
9787513026314	产业专利分析报告（第17册）	燃气轮机	80	9 787513 026314 >
9787513026321	产业专利分析报告（第18册）	增材制造	54	9 787513 026321 >

书　号	书　名	产业领域	定价	条　码
9787513026338	产业专利分析报告（第19册）	工业机器人	98	9787513026338
9787513026345	产业专利分析报告（第20册）	卫星导航终端	110	9787513026345
9787513026352	产业专利分析报告（第21册）	LED照明	88	9787513026352
9787513026369	产业专利分析报告（第22册）	浏览器	64	9787513026369
9787513026376	产业专利分析报告（第23册）	电池	60	9787513026376
9787513026383	产业专利分析报告（第24册）	物联网	70	9787513026383
9787513026390	产业专利分析报告（第25册）	特种光学与电学玻璃	64	9787513026390
9787513026406	产业专利分析报告（第26册）	氟化工	84	9787513026406
9787513026413	产业专利分析报告（第27册）	通用名化学药	70	9787513026413
9787513026420	产业专利分析报告（第28册）	抗体药物	66	9787513026420
9787513033411	产业专利分析报告（第29册）	绿色建筑材料	120	9787513033411
9787513033428	产业专利分析报告（第30册）	清洁油品	110	9787513033428
9787513033435	产业专利分析报告（第31册）	移动互联网	176	9787513033435
9787513033442	产业专利分析报告（第32册）	新型显示	140	9787513033442
9787513033459	产业专利分析报告（第33册）	智能识别	186	9787513033459
9787513033466	产业专利分析报告（第34册）	高端存储	110	9787513033466
9787513033473	产业专利分析报告（第35册）	关键基础零部件	168	9787513033473
9787513033480	产业专利分析报告（第36册）	抗肿瘤药物	170	9787513033480
9787513033497	产业专利分析报告（第37册）	高性能膜材料	98	9787513033497
9787513033503	产业专利分析报告（第38册）	新能源汽车	158	9787513033503